吉米多维奇

Борис Павлович Демидович

数学分析习题集题解

（第5版）

总主编　郭柏灵　张天德
主　编　邹文明

1

山东科学技术出版社
·济南·

图书在版编目（CIP）数据

吉米多维奇数学分析习题集题解. 1 / 邹文明主编. 5 版. -- 济南 : 山东科学技术出版社, 2024. 7.

ISBN 978-7-5723-2099-6

Ⅰ. 017-44

中国国家版本馆 CIP 数据核字第 2024AA5422 号

吉米多维奇数学分析习题集题解 1

JIMIDUOWEIQI SHUXUE FENXI XITIJI TI JIE 1

责任编辑：段 琰
装帧设计：孙 佳

主管单位：山东出版传媒股份有限公司
出 版 者：山东科学技术出版社
地址：济南市市中区舜耕路517号
邮编：250003 电话：(0531) 82098088
网址：www.lkj.com.cn
电子邮件：sdkj@sdcbcm.com
发 行 者：山东科学技术出版社
地址：济南市市中区舜耕路517号
邮编：250003 电话：(0531) 82098067
印 刷 者：山东华立印务有限公司
地址：山东省济南市莱芜高新区钱塘江街019号
邮编：271100 电话：(0531) 76216033

规格：16 开（184 mm × 260 mm）
印张：16.5 **字数**：410千
版次：2024年7月第5版 **印次**：2024年7月第21次印刷
定价：28.00元

序

在数学的广袤天地中，数学分析占据着举足轻重的地位。它是数学专业的基础课程之一，对于学习后续课程如复变函数、实变函数与泛函分析、微分方程、微分几何、计算方法、概率论与数理统计发挥着重要的基础作用。它更是深入研究工程力学、物理、经济等众多学科不可或缺的工具。在科研方面，数学和其他许多相关学科的新思想和新应用都源于对数学分析的深入研究。因此，数学分析不仅是数学研究的重要基础，也是其他自然科学领域研究的关键工具。

众所周知，学好数学需要通过不断的练习和思考，才能真正掌握其精髓。科学地做题不仅节省时间，而且能事半功倍。在这样一个背景下，一本优质的数学分析习题集就显得尤为重要。

我读大学时，全国的数学系学生做《吉米多维奇数学分析习题集》蔚然成风。这本书对培养人的数学思维功不可没，甚至可以说不亚于当年数学专业学生几乎人手一套的多卷本课外参考书、苏联数学家菲赫金哥尔茨的《微积分学教程》。在大学4年里，我做了逾2万道题，其中就包含了《吉米多维奇数学分析习题集》全部的4462道题。至今我仍清楚地记得，书中约有四分之一的题难度相当大，我和我的同窗们也正是通过攻下这些难题而逐步练就出解决数学分析难题的真功夫，为以后从事数学研究打下坚实的基础。如今我已经从教40年，在我的学生当中有被誉为“北京大学数学黄金一代”的80后数学家，也有新近在国际数学界脱颖而出的90后数学家，他们很多人都做过《吉米多维奇数学分析习题集》，可见理解和做完这本习题集中题目的价值和作用。

1980年，《吉米多维奇数学分析习题集题解》首版由山东科学技术出版社出版，当时是国内第一次对《吉米多维奇数学分析习题集》中的全部习题进行了一一解答。历经40余年，这套图书仍受到大家的喜爱，很令人欣喜。得知出版社近期对这套图书做了改版，增加了新的内容，希望能赋予这套图书新的活力，更好地适应现在的教育教学模式。

我衷心地希望各位读者能够从本书中受益，并在攀登数学分析这座山峰的旅途中取得更好的成绩和更大的进步！

中国科学院院士

2024年7月于北京大学怀宁园

第5版前言

《吉米多维奇数学分析习题集》是国内外高校最为经典的数学分析习题集之一，作者是白俄罗斯籍数学家吉米多维奇（Б.П.ДЕМИДОВИЧ）。本书自20世纪50年代引进以来，对我国数学分析、高等数学和微积分的教与学产生了重大影响。从事高等数学教学的教师，常以该书中的习题，作为检验学生是否掌握高等数学基本知识和基本技能的一项重要手段。长久以来，该书只有习题，没有解答，让不少初学者望而却步。

山东科学技术出版社于1980年策划出版了《吉米多维奇数学分析习题集题解》，对《吉米多维奇数学分析习题集》中的4462道习题逐一进行解答，成为国内第一套数学分析题解类图书，受到了广大读者的喜爱，先后于1999年、2005年和2012年三次再版，陪伴数以百万计的数学爱好者走过了四十余载春秋。从《吉米多维奇数学分析习题集》到《吉米多维奇数学分析习题集题解》，虽然只有两字之差，但后者包含了一代代数学大师们无数的心血，也让该书在数学分析、高等数学和微积分领域牢牢占据一席之地。

加强基础研究是建设科技强国和教育强国的关键要素。2023年4月，教育部启动了包括数学在内的基础学科“101计划”。为响应国家号召，助力核心课程建设，加之《吉米多维奇数学分析习题集题解》第4版出版距今已十余年，书中不少解题方法已不适用于现代教学，为此，山东科学技术出版社启动《吉米多维奇数学分析习题集题解》再版工作。

在多位专家的悉心指导和广大读者的热情支持下，第5版的再版工作得以顺利完成。我们深知，每一次更新迭代都是对知识深度和广度的双重挑战，因此，我们始终秉承对知识的敬畏和对读者的承诺，在再版过程中倾注大量心血，不断精益求精，力求将最完美的解答过程和最容易让读者理解的解题方法，呈现给热爱数学的读者，确保本书能够继续作为数学分析学习的黄金标准。

今天，我们荣幸地推出《吉米多维奇数学分析习题集题解》第5版，这不仅是对经典的传承，更是对未来的展望。根据读者反馈和实际教学中发现的问题，本书较第4版改动较大，主要体现在以下几个方面：

1. 对全书4462道习题进行了重新验算和解答，答题步骤、方法更贴合日常教学和考研标准，并在部分题目中增加了一题多解、方法总结等有助于读者发散思维的点拨。

2. 每章增加了本章概括和知识图谱，以帮助读者更好地把握整章知识脉络，在更高的维度上理解知识的前后逻辑关系。

3. 每节增加了知识点预览和知识拓展。知识点预览介绍本节知识点对应的题目序号，能够让读者快速检索题目所在的位置；知识拓展则可以帮助读者回忆类型题目所用到的公式、定理，为解题打下良好基础。

4. 题目按知识点模块化。将原有题目顺序进行微调，按照知识点重新分类，将同类题目模块化，有助于读者更清晰地了解每个知识点的考查方式和难易程度，更准确地查找相应题目进行练习，从而更有效地进行教学和复习。

5. 题目和解答字号大小有别。题目字号适当放大，解答字号则保持不变，使题目和解答可以明显区分开来，这样的改动方便读者先看题目、自己验算，再对照解答进行验证、勘误。

6. 每册图书最后增加各高校考研真题和解析，方便读者进行过关检测，在夯实知识的同时，保证学以致用、学有所得。

本书不仅适用于数学专业数学分析的学习，也同样适用于非数学专业理工科学生学习高等数学及微积分等科目。在历届大学生数学竞赛、硕士研究生招生入学考试中不乏出现本书原题，比如2019年全国硕士研究生入学招生考试数学一中第17题，即为本书第2410题的原题复现。

华东交通大学费定晖教授、山东大学周学圣教授对前4版的编写做出了突出贡献，对此深表感谢。清华大学邹文明教授，中国科学院数学与系统科学研究院丁彦恒研究员，中国科学技术大学李平教授，曲阜师范大学栾世霞教授、孙钦福副教授，海军航空大学刘波副教授为本书再版工作倾注了很多心血，在此一并表示感谢。感谢许多阅读了本书，并向我们分享见解的读者们，以及为本书付出努力的审稿专家和编辑们，谢谢你们！

本书虽然历经40余年的反复修订，但因规模庞大，编者水平有限，书中难免有错误和不当之处，敬请各位专家、同仁和广大读者批评指正，不胜感激。

中国科学院院士 郭柏灵

山东大学数学学院教授 張天德

2024年6月

第4版前言

本书自1980年出版发行以来，历经30多个春秋，一直畅销不衰，深得读者厚爱。在郭大钧教授的帮助和指导下，我们本着对读者高度负责的态度，对全书不断进行修订和补充，力求本书一直保持其先进性、完整性和准确性。读者通过学习本书，在掌握数学分析的基本知识、基础理论和基本技能方面，感到获益匪浅，赞誉其为学习数学分析"不可替代"之图书，对此我们倍感欣慰，鞭策我们为读者做出更多的奉献。

这次受山东科学技术出版社的邀请，并在郭大钧教授的大力支持下，我们进行本书第4版的改版工作，主要包括以下几方面：

第一，为全书4462题中的近三成的习题，根据题型的不同，在原题解的前面或给出提示，或给出解题思路，或给出证明思路。希望能启发读者怎样分析该题，怎样下手求解；启发读者怎样总结解题的规律；启发读者怎样正确使用有关的数学公式、概念和理论，开拓视野，活跃思路；帮助读者逐步解决学习中的困难，为他们在学习过程中提供一个良师益友。这是本次改版的主要工作。

第二，根据当前的语言习惯，对全书的文字做了较多的润色，使其表述更加准确，更加简洁。

第三，改正了第3版中的个别印刷错误，修正了函数图像中的个别问题和个别习题的答案。

第四，根据国家相关标准，规范了有关术语和数学公式的表达，并对全书使用的外国人名按照现行标准或通用译法重新翻译。

第五，对全书的版面和开本进行了调整，使其更富有时代的色彩。

我们殷切期望使用本书的读者，懂得只有通过个人的独立思考，加上勤学苦练才能取得成功。读者使用本书最好是不要先看题解，而是自己先对照教材中的有关概念、公式和理论独立进行思考，必要时可参照书中的提示、解题思路或证明思路独立完成解题，然后再查看书中是怎样解答的，比较自己的解答和书中解答的异同，从中找出差距，找出自己的问题所在，甚至找出书中解答的错误和不足之处，进而找到更为简洁的解答。只有这样才能提高自己的思维能力和创造才能，任何削弱独立思考的做法都是违背我们出版本书的初衷的。

山东科学技术出版社颜秀锦、宋德万、胡新蓉等老一代资深编辑为本书前三版的出版和发行付出了艰辛努力，责任编辑宋涛为本书第4版怎样提高质量倾注了不少心血，在此我们一并表示感谢。同时感谢山东大学、华东交通大学、山东师范大学等兄弟学校对本书出版的支持。感谢社会各界同仁对本书的支持。虽然历经30余年的反复修订，面对如此庞大的图书，限于作者水平，书中难免有错误和不当之处，敬请各位专家、同仁和广大读者批评指正，不胜感激。

编者

2012年5月

第3版前言

这套书自1980年出版发行以来，20余年一直畅销不衰，读者称其为学习数学分析“不可替代”之图书，我们对此倍感欣慰。

本次改版主要做了如下改动：

第一，修正了部分题目的解法，使其更加注重科学性、规范性和简明性。

第二，改正了第2版的个别印刷错误。

第三，在文字上进行了些润色，力求文字更加准确。

第四，对版面和开本进行了调整，突出了时代感。

本次改版得到山东科学技术出版社的大力支持，责任编辑宋德万、胡新蓉等对该书的再版付出了艰辛的劳动，在此深表感谢。

在第3版修改过程中由费定晖逐章逐题予以校阅，不当之处恳请指正。

编者

2005年1月

第2版前言

《吉米多维奇数学分析习题集》一书内容丰富，覆盖面广泛，是数学分析的经典之作。从事数学分析教学的老师也常以《吉米多维奇数学分析习题集》中的题目，作为检验学生掌握数学分析基本知识和基本技能的一项重要手段。

《吉米多维奇数学分析习题集》共4462道题目，涵盖了数学分析的全部主题，为了适应我国广大数学爱好者学习，我们将全书4462道题目一一解答，编写了《吉米多维奇数学分析习题集题解》，分六册出版。本书自1980年出版以来，一直畅销不衰，读者称其为学习数学分析“不可替代”之图书，我们对此倍感欣慰。

第2版较第1版主要做了如下改动：

第一，修正了部分题目的解法，使其更加注重了科学性、规范性和简明性。

第二，改正了个别印刷错误。

第三，在文字上进行润色，力求表述更加准确。

本次再版得到山东科学技术出版社的大力支持，在此深表感谢。

编者

1999年3月

首版前言

《吉米多维奇数学分析习题集》一书的中译本，自20世纪50年代初在我国翻译出版以来，在全国各大高校师生中引起巨大反响。凡从事数学分析教学的老师，常以该习题集中的习题，作为检验学生是否掌握数学分析基本知识和基本技能的一项重要手段。二十多年来，对我国数学分析的教学工作是甚为有益的。

该书四千多道习题，数量多，内容丰富，由浅入深，部分题目难度大。内容涉及函数与极限，单变量函数的微分学，不定积分，定积分，级数，多变量函数的微分学，带参变量积分以及重积分与曲线积分、曲面积分等等，涵盖了数学分析的全部主题。当前，我国广大读者，特别是肯于刻苦自学的广大数学爱好者，处在为四个现代化而勤奋学习的热潮中，迫切需要对一些疑难习题有一个较明确的回答。鉴于此，我们将全书4462题一一解答，汇辑成书，分六册出版。本书可以作为高等院校的教学参考用书，同时也可作为广大读者在自学数学分析过程中的参考用书。

众所周知，《吉米多维奇数学分析习题集》中所涉及的题目数量众多，其中不少习题如果认真习作的话，既可以深刻地巩固我们所学到的基本概念，又可以有效地提高我们的运算能力，特别是有些难题还可以使我们学会综合分析的思维方法。正由于这样，我们殷切期望初学数学分析的读者，一定要刻苦钻研，千万不要轻易查抄本书的解答，因为任何削弱独立思索的做法，都是违背我们出版此书的本意。何况作者所作解答并非标准解法，仅作参考而已。如有某些误解、差错也在所难免，恳请读者指正，不胜感谢。

本书承蒙潘承洞教授对部分难题进行了审校。特请郭大钧教授、邵品琮副教授对全书做了仔细审校。其中相当数量的高难度习题，是由郭大钧、邵品琮亲自作解。

楼世拓、姚琦、陈兆宽同志参加了本书的审校工作，黄春朝同志参加了本书的编演工作。本书在编审过程中，还得到山东大学、山东工学院、山东师范学院和曲阜师范学院的领导和同志们的大力支持，特在此一并致谢。

编者

1979年4月

目录

第1章　分析学引论

第1章 分析学引论

本章概括

本章为分析学引论，包括《吉米多维奇数学分析习题集》中与分析学引论相关的820道习题及解析，涵盖了实数理论、极限、连续等核心知识点，是对微积分学深入探究的“敲门砖”.

本章共10节，分别为实数理论、数列的极限、函数及其性质、函数的图像表示法、函数的极限、无穷小和无穷大的阶、函数的连续性、反函数与用参数形式表示的函数、函数的一致连续性、函数方程.第一节实数作为数学分析的奠基石，习题中深入渗透了实数的性质和运算规律，为后续的学习打下坚实的基础；极限是数学分析中最重要的概念，习题通过多种角度和方法的应用，深入应用极限的概念和性质；本章还对连续函数作经典解析，强化掌握连续函数的特点和性质.

知识图谱

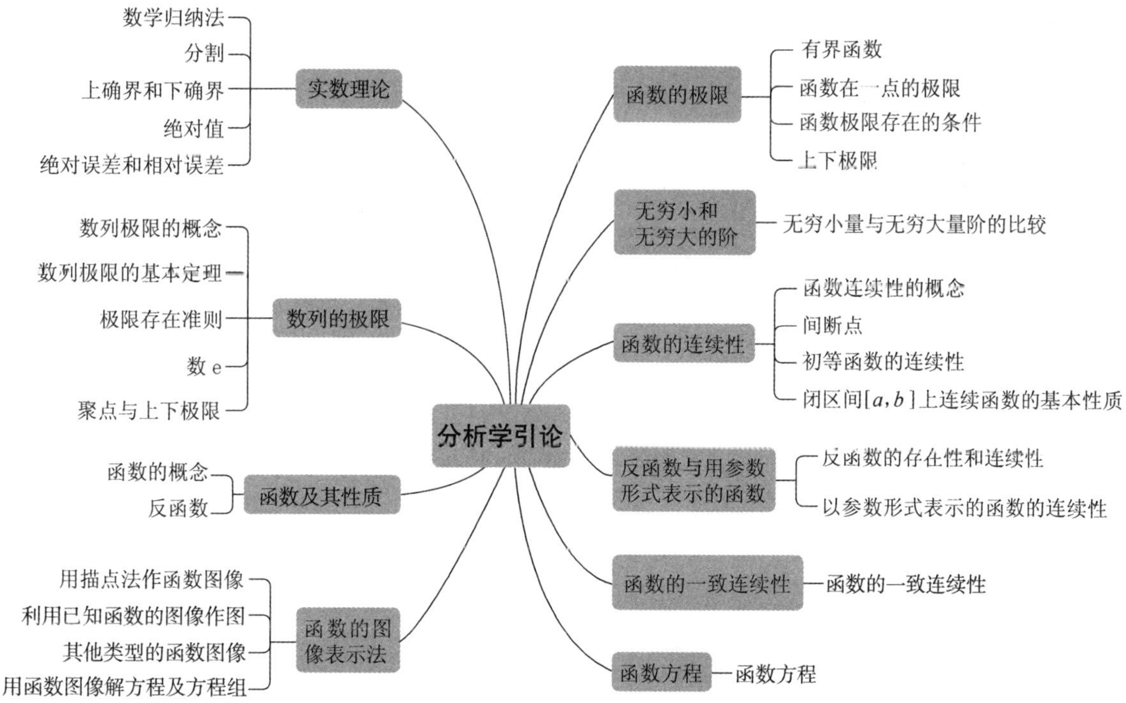

第1节 实数理论（习题1—40）

知识点预览

序号	知识点	题目序号	所在页码
1	数学归纳法	1—10	P2
2	分割	11—14	P6
3	上确界和下确界	15—20	P8
4	绝对值	21—30	P12
5	绝对误差和相对误差	31—40	P13

知识点1 数学归纳法

为了证明某定理对大于或等于 n_0 的正整数 n 为真，只需证明下面两点即可：

(1)定理对 $n=n_0$ 成立；

(2)假设定理对正整数 $n(n\geqslant n_0)$ 成立，则它对正整数 $n+1$ 也成立.

·知识拓展·

第二数学归纳法

设正整数集合 $\mathbf{N}_+$，$n\in\mathbf{N}_+$，$P(n)$为与 n 有关的命题，若命题 $P(n)$满足：

(1)当 $n=1$ 时，$P(1)$成立；

(2)假设对正整数 $k>1$，当 $n<k$ 时，命题 $P(n)$成立，推出命题 $P(n=k)$也成立.

那么命题$P(n)$对一切正整数都成立.

习题 1—10 数学归纳法

【利用数学归纳法证明下列等式对任何正整数 n 皆成立(1—4)】

【1】 $1+2+\cdots+n=\dfrac{n(n+1)}{2}$.

证 当 $n=1$ 时，等式显然成立.

假设当 $n=k$，$k\in\mathbf{N}_+$ 时，等式成立，即 $1+2+\cdots+k=\dfrac{k(k+1)}{2}$，则当 $n=k+1$ 时，有

$$1+2+\cdots+k+(k+1)=\frac{k(k+1)}{2}+k+1=\frac{(k+1)[(k+1)+1]}{2},$$

即当 $n=k+1$ 时等式也成立.

于是，由数学归纳法知，对任何正整数 n，有 $1+2+\cdots+n=\dfrac{n(n+1)}{2}$.

【2】 $1^2+2^2+\cdots+n^2=\dfrac{n(n+1)(2n+1)}{6}$.

证 当 $n=1$ 时,等式显然成立.

假设当 $n=k$ 时,等式成立,即 $1^2+2^2+\cdots+k^2=\dfrac{k(k+1)(2k+1)}{6}$,则当 $n=k+1$ 时,有

$$\begin{aligned}1^2+2^2+\cdots+k^2+(k+1)^2&=\frac{k(k+1)(2k+1)}{6}+(k+1)^2\\&=\frac{1}{6}(k+1)[k(2k+1)+6(k+1)]\\&=\frac{(k+1)[(k+1)+1][2(k+1)+1]}{6},\end{aligned}$$

即当 $n=k+1$ 时,等式也成立.

于是,由数学归纳法知,对于任何正整数 n,有 $1^2+2^2+\cdots+n^2=\dfrac{n(n+1)(2n+1)}{6}$.

【3】 $1^3+2^3+\cdots+n^3=(1+2+\cdots+n)^2$.

证 当 $n=1$ 时,等式显然成立.

假设当 $n=k$ 时,等式成立,即 $1^3+2^3+\cdots+k^3=(1+2+\cdots+k)^2$,则当 $n=k+1$ 时,有

$$\begin{aligned}1^3+2^3+\cdots+k^3+(k+1)^3&=(1+2+\cdots+k)^2+(k+1)^3=\frac{k^2(k+1)^2}{4}+(k+1)^3\\&=\frac{(k+1)^2(k+2)^2}{4}=\left\{\frac{(k+1)[(k+1)+1]}{2}\right\}^2\\&=[1+2+\cdots+(k+1)]^2,\end{aligned}$$

即当 $n=k+1$ 时,等式也成立.

于是,由数学归纳法知,对于任何正整数 n,有 $1^3+2^3+\cdots+n^3=(1+2+\cdots+n)^2$.

【4】 $1+2+2^2+\cdots+2^{n-1}=2^n-1$.

证 当 $n=1$ 时,等式显然成立.

假设当 $n=k$ 时,等式成立,即 $1+2+2^2+\cdots+2^{k-1}=2^k-1$,则当 $n=k+1$ 时,有

$$1+2+2^2+\cdots+2^{k-1}+2^k=(2^k-1)+2^k=2^{k+1}-1,$$

即当 $n=k+1$ 时,等式也成立.

于是,由数学归纳法知,对于任何正整数 n,有 $1+2+2^2+\cdots+2^{n-1}=2^n-1$.

【5】 设 $a^{[n]}=a(a-h)\cdots[a-(n-1)h]$ 及 $a^{[0]}=1$,证明:

$$(a+b)^{[n]}=\sum_{m=0}^{n}C_n^m a^{[n-m]}b^{[m]},$$

其中 C_n^m 是由 n 个元素中选取 m 个元素的组合数,由此推出牛顿二项式公式.

证 当 $n=1$ 时,由于 $(a+b)^{[1]}=a+b$ 及 $\sum\limits_{m=0}^{1}C_1^m a^{[1-m]}b^{[m]}=a+b$,所以等式成立.

假设当 $n=k$ 时,等式成立,即

$$(a+b)^{[k]}=\sum_{m=0}^{k}C_k^m a^{[k-m]}b^{[m]}, \qquad ①$$

则当 $n=k+1$ 时,有

$$(a+b)^{[k+1]}=(a+b)^{[k]}(a+b-kh). \qquad ②$$

将①式代入②式,并注意到 $C_m^n+C_m^{n+1}=C_{m+1}^{n+1}$ 可得

$$\begin{aligned}(a+b)^{[k+1]}&=(a+b-kh)\sum_{m=0}^{k}C_k^m a^{[k-m]}b^{[m]}\\&=(a+b-kh)(C_k^0a^{[k]}b^{[0]}+C_k^1a^{[k-1]}b^{[1]}+\cdots+C_k^ka^{[0]}b^{[k]})\end{aligned}$$

$$
\begin{aligned}
&=[(a-kh)+b]C_k^0a^{[k]}b^{[0]}+\{[a-(k-1)h]+(b-h)\}C_k^1a^{[k-1]}b^{[1]}+\cdots+\\
&\quad\{(a-h)+[b-(k-1)h]\}C_k^{k-1}a^{[1]}b^{[k-1]}+[a+(b-kh)]C_k^ka^{[0]}b^{[k]}\\
&=C_k^0a^{[k+1]}b^{[0]}+C_k^0a^{[k]}b^{[1]}+C_k^1a^{[k]}b^{[1]}+C_k^1a^{[k-1]}b^{[2]}+\cdots+C_k^{k-1}a^{[2]}b^{[k-1]}+\\
&\quad C_k^{k-1}a^{[1]}b^{[k]}+C_k^ka^{[1]}b^{[k]}+C_k^ka^{[0]}b^{[k+1]}\\
&=C_{k+1}^0a^{[k+1]}b^{[0]}+(C_k^0+C_k^1)a^{[k]}b^{[1]}+\cdots+(C_k^{k-1}+C_k^k)a^{[1]}b^{[k]}+C_{k+1}^{k+1}a^{[0]}b^{[k+1]}\\
&=C_{k+1}^0a^{[k+1]}b^{[0]}+C_{k+1}^1a^{[k]}b^{[1]}+\cdots+C_{k+1}^ka^{[1]}b^{[k]}+C_{k+1}^{k+1}a^{[0]}b^{[k+1]}\\
&=\sum_{m=0}^{k+1}C_{k+1}^ma^{[k+1-m]}b^{[m]},
\end{aligned}
$$

即当 $n=k+1$ 时,等式也成立.

于是,由数学归纳法知,对于任何正整数 n,有 $(a+b)^{[n]}=\sum\limits_{m=0}^{n}C_n^ma^{[n-m]}b^{[m]}$. ③

在式子 $a^{[n]}=a(a-h)\cdots[a-(n-1)h]$ 中,令 $h=0$,即得 $a^{[n]}=a^n$. ④

将④式代入③式,得牛顿二项式公式 $(a+b)^n=\sum\limits_{m=0}^{n}C_n^ma^{n-m}b^m$.

【6】 证明伯努利不等式:

$$(1+x_1)(1+x_2)\cdots(1+x_n)\geqslant 1+x_1+x_2+\cdots+x_n,$$

其中 $x_1,x_2,\cdots,x_n$ 是符号相同且大于 -1 的数.

证 当 $n=1$ 时,此式取等号.

假设当 $n=k$ 时,不等式成立,即

$$(1+x_1)(1+x_2)\cdots(1+x_k)\geqslant 1+x_1+x_2+\cdots+x_k,$$

则当 $n=k+1$ 时,由于 $x_i(i=1,2,\cdots,n)$ 大于 -1,所以 $1+x_i>0$. 因而,有

$$
\begin{aligned}
&(1+x_1)(1+x_2)\cdots(1+x_k)(1+x_{k+1})\\
&\geqslant(1+x_1+x_2+\cdots+x_k)(1+x_{k+1})\\
&=(1+x_1+x_2+\cdots+x_k+x_{k+1})+(x_1x_{k+1}+x_2x_{k+1}+\cdots+x_kx_{k+1}).
\end{aligned}
$$

由于 $x_ix_j\geqslant 0(i,j=1,2,\cdots,k+1)$,所以

$$(1+x_1)(1+x_2)\cdots(1+x_{k+1})\geqslant 1+x_1+x_2+\cdots+x_{k+1},$$

即当 $n=k+1$ 时,不等式也成立.

于是,由数学归纳法知,对于任何正整数 n,有

$$(1+x_1)(1+x_2)\cdots(1+x_n)\geqslant 1+x_1+x_2+\cdots+x_n.$$

【7】 证明:若 $x>-1$,则 $(1+x)^n\geqslant 1+nx(n>1)$,且仅当 $x=0$ 时,等号成立.

证 **方法一** 只要在上题的伯努利不等式中,令 $x_i=x(i=1,2,\cdots,n)$,即可得 $(1+x)^n\geqslant 1+nx$. 从6题的证明过程中看出,仅当 $x=0$ 时,上式才取等号.

方法二 要证 $(1+x)^n\geqslant 1+nx$,只须证 $\sqrt[n]{1+nx}\leqslant 1+x$. 由均值不等式有

$$\sqrt[n]{1+nx}=\sqrt[n]{(1+nx)\cdot\underbrace{1\cdots1}_{n-1\text{个}}}\leqslant\frac{1+nx+n-1}{n}=1+x,$$

从而有 $(1+x)^n\geqslant 1+nx$.

·知识拓展·

均值不等式

设 $a_1,a_2,\cdots,a_n$ 是 n 个正数,则

$$\frac{n}{\dfrac{1}{a_1}+\dfrac{1}{a_2}+\cdots+\dfrac{1}{a_n}}\leqslant\sqrt[n]{a_1a_2\cdots a_n}\leqslant\frac{a_1+a_2+\cdots+a_n}{n}.$$

且仅当 $a_1=a_2=\cdots=a_n$ 时，等号成立.

证 只要证右边不等式成立，因为以 $\frac{1}{a_1},\frac{1}{a_2},\cdots,\frac{1}{a_n}$ 代替 $a_1,a_2,\cdots,a_n$ 就得到左边不等式.

令 $b_i=\frac{a_i}{\sqrt[n]{a_1a_2\cdots a_n}}(i=1,2,\cdots,n)$，则 $b_i>0(i=1,2,\cdots,n)$，且 $b_1b_2\cdots b_n=1$，这时右边不等式变为

$$b_1+b_2+\cdots+b_n\geqslant n.$$

用数学归纳法证明.

当 $n=1$ 时，结论显然成立.

假设当 $n=k$ 时，结论成立，即若 $b_i>0(i=1,2,\cdots,k)$，且 $b_1b_2\cdots b_k=1$，则 $b_1+b_2+\cdots+b_k\geqslant k$. 且仅当 $b_1=b_2=\cdots=b_k=1$ 时，等号成立.

当 $n=k+1$ 时，已知 $b_i>0(i=1,2,\cdots,k+1)$，且 $b_1b_2\cdots b_{k+1}=1$，若 $b_1=b_2=\cdots=b_{k+1}=1$，则

$$b_1+b_2+\cdots+b_{k+1}=k+1.$$

若 $b_1,b_2,\cdots,b_{k+1}$ 不全相等，则由 $b_1b_2\cdots b_{k+1}=1$ 知，必有一个大于1，一个小于1. 不妨假设 $b_1>1$，$b_{k+1}<1$，由 $b_2\cdots b_k(b_1b_{k+1})=1$ 和归纳假设有 $b_2+\cdots+b_k+b_1b_{k+1}\geqslant k$，因而

$$\begin{aligned}b_1+\cdots+b_k+b_{k+1}&=b_2+\cdots+b_k+b_1b_{k+1}+b_1+b_{k+1}-b_1b_{k+1}+1-1\\&\geqslant k+1+(b_1-1)(1-b_{k+1}).\end{aligned}$$

由 $b_1>1,b_{k+1}<1$ 知 $(b_1-1)(1-b_{k+1})>0$，故 $b_1+b_2+\cdots+b_{k+1}>k+1$，即当 $n=k+1$ 时结论也成立.

于是，由数学归纳法知，对任何正整数 n，有 $b_1+b_2+\cdots+b_n\geqslant n$ 成立.

【8】 证明不等式：$n!<\left(\frac{n+1}{2}\right)^n(n>1)$.

证 **方法一** 当 $n=2$ 时，因为 $\left(\frac{2+1}{2}\right)^2=\frac{9}{4}>2=2!$，故不等式成立.

假设当 $n=k$ 时，不等式成立，即 $k!<\left(\frac{k+1}{2}\right)^k$，则当 $n=k+1$ 时，有

$$(k+1)!<\left(\frac{k+1}{2}\right)^k(k+1)=2\left(\frac{k+1}{2}\right)^{k+1}=\left(\frac{k+2}{2}\right)^{k+1}\cdot2\cdot\left(\frac{k+1}{k+2}\right)^{k+1}.$$

由于

$$\left(\frac{k+1}{k+2}\right)^{k+1}=\frac{1}{\left(\frac{k+2}{k+1}\right)^{k+1}}=\frac{1}{\left(1+\frac{1}{k+1}\right)^{k+1}}<\frac{1}{2},$$

从而有 $(k+1)!<\left[\frac{(k+1)+1}{2}\right]^{k+1}$，即当 $n=k+1$ 时，不等式也成立.

于是，由数学归纳法知，对于任何正整数 n，有 $n!<\left(\frac{n+1}{2}\right)^n$.

方法二 要证 $n!<\left(\frac{n+1}{2}\right)^n(n>1)$，只须证 $\sqrt[n]{n!}<\frac{n+1}{2}(n>1)$. 由均值不等式有

$$\sqrt[n]{n!}<\frac{1+2+\cdots+n}{n}=\frac{n+1}{2}(n>1),$$

从而有 $n!<\left(\frac{n+1}{2}\right)^n(n>1)$.

【9】 证明不等式：$2!4!\cdots(2n)!>[(n+1)!]^n(n>1)$.

证 当 $n=2$ 时，因为 $2!4!=48$ 及 $[(2+1)!]^2=36$，所以 $2!4!>[(2+1)!]^2$，故不等式成立.

假设当 $n=k$ 时，不等式成立，即 $2!4!\cdots(2k)!>[(k+1)!]^k$，则当 $n=k+1$ 时，有

$$2!4!\cdots(2k+2)!>[(k+1)!]^k(2k+2)!$$

$$=[(k+1)!]^{k+1}(k+2)(k+3)\cdots(2k+2)$$
$$>[(k+1)!]^{k+1}(k+2)^{k+1}=[(k+2)!]^{k+1},$$

即当 $n=k+1$ 时,不等式也成立.

于是,由数学归纳法知,对任何大于 1 正整数 n,有 $2!4!\cdots(2n)!>[(n+1)!]^n$.

【10】 证明不等式:$\frac{1}{2}\cdot\frac{3}{4}\cdots\frac{2n-1}{2n}<\frac{1}{\sqrt{2n+1}}$.

证 当 $n=1$ 时,因为 $\frac{1}{2}<\frac{1}{\sqrt{3}}$,故不等式成立.

假设当 $n=k$ 时,不等式成立,即 $\frac{1}{2}\cdot\frac{3}{4}\cdots\frac{2k-1}{2k}<\frac{1}{\sqrt{2k+1}}$.

则当 $n=k+1$ 时,由于 $4k^2+8k+3<4k^2+8k+4$,即 $(2k+1)(2k+3)<(2k+2)^2$,亦即 $\frac{\sqrt{2k+1}}{2k+2}<\frac{1}{\sqrt{2k+3}}$,因此由归纳假设有

$$\frac{1}{2}\cdot\frac{3}{4}\cdots\frac{2k+1}{2k+2}<\frac{1}{\sqrt{2k+1}}\cdot\frac{2k+1}{2k+2}=\frac{\sqrt{2k+1}}{2k+2}<\frac{1}{\sqrt{2k+3}},$$

即当 $n=k+1$ 时,不等式也成立.

于是,由数学归纳法知,对任何正整数 n,有 $\frac{1}{2}\cdot\frac{3}{4}\cdots\frac{2n-1}{2n}<\frac{1}{\sqrt{2n+1}}$.

知识点 2 分 割

1. 定义 若分有理数为 A 和 B 两类,使其满足下列条件:

(1) 两类均非空集;

(2) 每一个有理数必属于一类,且仅属于一类;

(3) 属于 A 类(下类) 的任一数小于属于 B 类(上类) 的任何数,

这个分类法称为**分割**.

2. 性质

(1) 若或是下类 A 有最大的数,或是上类 B 有最小的数,则分割 A/B 确定一个有理数.

(2) 若 A 类无最大数,而 B 类亦无最小数,则分割 A/B 确定一个无理数.

有理数和无理数统称为实数.

·知识拓展·

戴德金分割

定义 若将实数集 $\mathbf{R}$ 分成两个子集 S 和 T,它们满足:

(1) $S\neq\varnothing,T\neq\varnothing$;

(2) $\mathbf{R}=S\cup T$;

(3) $\forall x\in S,\forall y\in T$,总有 $x<y$(称 S 为左集,称 T 为右集),

则这个分类方法称为实数集 $\mathbf{R}$ 的一个"戴德金分割",记作 (S,T)(或 S/T).

19 世纪戴德金利用他提出的分割理论,从对有理数的分割精确地给出了实数的定义,并且该定义作为现代数学实数理论的基础之一,由戴德金分割可以推出实数理论中的六大定理:确界原理、单调有界原理、闭区间套定理、有限覆盖定理、致密性定理和柯西收敛准则.

习题 11—14 分 割

【11】 设 c 为正整数，且不为整数的平方，A/B 为确定实数 $\sqrt{c}$ 的分割，其中 B 类包含所有满足 $b^2>c$ 的正有理数 b，而 A 类包含所有其余的有理数. 求证：在 A 类中无最大数，而在 B 类中无最小数.

证 先证 A 类无最大数，即 $\forall a\in A$，无论 a 多大，都 $\exists r\in A$，使得 $r>a$.

设 $a\in A$，由条件 $c\in \mathbf{N}_+$，$c\geqslant 2$，从而 $1\in A$，故可设 $a>1$，于是 $a^2\leqslant c$. 下证 $a^2\neq c$. 事实上，若 $a^2=c$，设 $a=\frac{p}{q}$，p 与 q 为互素的正整数，则 $\frac{p^2}{q^2}=c$. 由于 c 为正整数，而 p^2 与 q^2 也是互素的，故必 $q=1$，从而 $c=p^2$，此与 c 不为整数的平方矛盾. 故必有 $a^2<c$.

取 n 充分大，使 $\frac{2a+1}{n}<c-a^2$，于是 $\frac{2a}{n}+\frac{1}{n^2}\leqslant\frac{2a+1}{n}<c-a^2$，即有 $\left(a+\frac{1}{n}\right)^2<c$，从而 $a+\frac{1}{n}\in A$.

因此，不论 a 为 A 类内多大的数，在 A 类内总能找到比它大的数，故 A 类中无最大数.

再证 B 类中无最小数. 即 $\forall b\in B$，无论多小，都 $\exists r\in B$，使得 $r<b$.

设 $b\in B$，则 $b^2>c$. 取 n 充分大，使 $\frac{2b}{n}<b^2-c$，于是 $\frac{2b}{n}-\frac{1}{n^2}<\frac{2b}{n}<b^2-c$，即 $\left(b-\frac{1}{n}\right)^2>c$，从而 $b-\frac{1}{n}\in B$.

因此，不论 b 为 B 类内多小的数，在 B 类内总能找到比它小的数，故 B 类中无最小数.

实质上，此处分割 A/B 确定了一个无理数 $\sqrt{c}$.

【12】 确定数 $\sqrt[3]{2}$ 的分割 A/B，方法如下：A 类包含所有满足 $a^3<2$ 的有理数 a；B 类包含所有其余的有理数. 证明：在 A 类中无最大数，而在 B 类中无最小数.

证 设 $a\in A$，即 $a^3<2$. 下证 $\exists n\in\mathbf{N}_+$，使得 $\left(a+\frac{1}{n}\right)^3<2$. 事实上，取 n 充分大，使

$n>\frac{3a^2+3a+1}{2-a^3}$，即 $\frac{3a^2+3a+1}{n}<2-a^3$，从而 $\frac{3a^2}{n}+\frac{3a}{n^2}+\frac{1}{n^3}\leqslant\frac{3a^2+3a+1}{n}<2-a^3$，即有 $\left(a+\frac{1}{n}\right)^3<2$，于是 $a+\frac{1}{n}\in A$. 故 A 中无最大数.

设 $b\in B$，则 $b^3\geqslant 2$. 下证 $b^3\neq 2$. 事实上，若 $b^3=2$，设 $b=\frac{p}{q}$，p 与 q 为互素的正整数，则 $\frac{p^3}{q^3}=2$，$p^3=2q^3$，从而 p^3 为偶数，因此 p 必为偶数：$p=2r,r\in\mathbf{N}_+$. 由于 p 与 q 是互素的，故 q 必为奇数，从而 q^3 也为奇数. 但 $q^3=4r^3$ 为偶数，矛盾. 故必有 $b^3>2$.

取充分大的正整数 n，使 $\frac{3b^2+1}{n}<b^3-2$，故 $\frac{3b^2}{n}+\frac{1}{n^3}-\frac{3b}{n^2}<\frac{3b^2}{n}+\frac{1}{n^3}<\frac{3b^2+1}{n}<b^3-2$，即 $\left(b-\frac{1}{n}\right)^3>2$，从而 $b-\frac{1}{n}\in B$. 由此知 B 类中无最小数.

实质上，此处分割 A/B 确定了一个无理数 $\sqrt[3]{2}$.

【13】 作出适当的分割，然后证明等式：

(1) $\sqrt{2}+\sqrt{8}=\sqrt{18}$；

(2) $\sqrt{2}\sqrt{3}=\sqrt{6}$.

证 (1)作确定 $\sqrt{2}$ 的分割 A/B：B 类包含所有满足 $b^2>2$ 的正有理数 b，而 A 类包含所有其余的有理数 a. 又作确定 $\sqrt{8}$ 的分割 S/T：T 类包含所有满足 $t^2>8$ 的正有理数 t，S 类包含所有其余的有理数 s. 根据实数加法的定义，满足不等式

$$a+s<c<b+t(\forall a\in A,b\in B,s\in S,t\in T)$$

的唯一实数 c 就是$\sqrt{2}+\sqrt{8}$.

下证，当 $a+s>0$ 时，有$(a+s)^2<18$，而$(b+t)^2>18$. 从而就有 $a+s<\sqrt{18}<b+t$，于是

$$\sqrt{18}=c=\sqrt{2}+\sqrt{8}.$$

事实上，若 $a+s>0$，则 a 与 s 中至少有一个为正，从而由 $a^2s^2<16$ 知，$as<4$，于是

$$(a+s)^2=a^2+s^2+2as<2+8+8=18.$$

同样，因 $b^2>2,t^2>8,b>0,t>0$，故 $b^2t^2>16,bt>4$，有

$$(b+t)^2=b^2+t^2+2bt>2+8+8=18.$$

(2)作确定$\sqrt{2}$的分割 A/B 如(1)中所示，再作确定$\sqrt{3}$的分割 E/F：F 类包含所有满足$f^2>3$的正有理数 f，而 E 类包含所有其余的有理数 e. 根据实数乘法的定义，满足

$$ae<d<bf(\forall a\in A,a>0,e\in E,e>0,b\in B,f\in F)$$

的正实数 d 存在唯一，它就是$\sqrt{2}\cdot\sqrt{3}$. 又由于当 $a\in A,a>0,e\in E,e>0$ 时，$(ae)^2<6$，而当 $b\in B,f\in F$ 时，$(bf)^2>6$，故恒有 $ae<\sqrt{6}<bf$. 由此可知$\sqrt{6}=d=\sqrt{2}\cdot\sqrt{3}$.

【14】 建立确定数 $2^{\sqrt{2}}$ 的分割.

解 先作分割 E/F，使之确定数$\sqrt{2}$.

其次，作分割 A/B，B 类包含全体正有理数 b，满足：$\frac{p}{q}\in F$(p,q 互素)，且 $b^q>2^p$；A 类包含其余的有理数.

这样的分割 A/B 就确定数 $2^{\sqrt{2}}$.

知识点 3 上确界和下确界

1. 上确界 设 $E\subset\mathbf{R}$ 为有界集，若数 β 满足：

(1) $\forall x\in E$，都有 $x\leqslant\beta$，即 β 是 E 的上界；

(2)对 $\forall\varepsilon>0$，$\exists x_0\in E$，使 $x_0>\beta-\varepsilon$，即 β 又是 E 的最小上界，

则称数 β 为集合 E 的上确界，记作 $\beta=\sup E$.

若集合 E 无下界，则 $\inf E=-\infty$；若集合 E 无上界，则 $\sup E=+\infty$.

2. 下确界 设 $E\subset\mathbf{R}$ 为有界集，若数 α 满足：

(1) $\forall x\in E$，都有 $x\geqslant\alpha$，即 α 是 E 的下界；

(2)对 $\forall\varepsilon>0$，$\exists x_0\in E$，使 $x_0<\alpha+\varepsilon$，即 α 又是 E 的最大下界，

则称数 α 为集合 E 的下确界，记作 $\alpha=\inf E$.

习题 15—20 上确界和下确界

【15】 求证：任何非空有下界的数集有下确界，而任何非空有上界的数集有上确界.

证 只证上确界的结论，下确界的结论类似可证.

方法一 设是 E 非空有上界的数集，分两种情形：

(1) E 中有最大数 α，此时 $\forall a\in E$，都有 $a\leqslant\alpha$，即 α 为 E 的上界. 又由于 $\alpha\in E$，故对 E 的任何上界 M，均有 $\alpha\leqslant M$，即 α 为 E 的最小上界. 故 α 为 E 的上确界.

(2) E 中无最大数. 此时，作分割 A/B：取 B 类为集 E 的一切上界，而 A 类包含其余所有的数. 于是，E 中一切数全部落在 A 内，由 E 非空有上界知，A 和 B 均非空，$\mathbf{R}=A\cup B$，且 A 中的数小于 B 中的数，故

A/B 是一个实数分割. 由 E 中无最大数知，A 中无最大数，从而 B 有最小数 α，则 α 是 E 的最小上界，从而 α 是 E 的上确界.

方法二 为叙述方便，不妨设 S 含有非负数. 由于 S 有上界，故可找到非负整数，使得

(1)对于任何 $x\in S$，有 $x<n+1$；

(2)存在 $a_0\in S$，使 $a_0\geqslant n$.

对半开区间 $[n,n+1)$ 作 10 等分，分点为 $n.1,n.2,\cdots,n.9$，则存在 $0,1,2,\cdots,9$ 中的一个数 n_1，使得

(1)对于任何 $x\in S$，有 $x<n.n_1+\dfrac{1}{10}$；

(2)存在 $a_1\in S$，使 $a_1\geqslant n.n_1$.

再对半开区间 $[n.n_1,n.n_1+\dfrac{1}{10})$ 作 10 等分，则存在 $0,1,2,\cdots,9$ 中的一个数 n_2，使得

(1)对于任何 $x\in S$，有 $x<n.n_1n_1+\dfrac{1}{10^2}$；

(2)存在 $a_2\in S$，使 $a_2\geqslant n.n_1n_2$.

继续不断地 10 等分在前一步骤中所得到的半开区间，可知对任何 $k=1,2,\cdots$，存在 $0,1,2,\cdots,9$ 中的一个数 n_k，使得

(1)对于任何 $x\in S$，有 $x<n,n_1n_2\cdots n_k+\dfrac{1}{10^k}$； ①

(2)存在 $a_k\in S$，使 $a_k\geqslant n,n_1n_2\cdots n_k$.

将上述步骤无限地进行下去，得到实数 $\eta=n.n_1n_2\cdots n_k\cdots$. 以下证明 $\eta=\sup S$. 为此只需证明：

(i)对一切 $x\in S$，有 $x\leqslant\eta$；(ii)对任何 $\alpha<\eta$，存在 $\alpha'\in S$，使 $\alpha<\alpha'$.

倘若结论(i)不成立，即存在 $x\in S$，使 $x>\eta$，则可找到 x 的 k 位不足近似 x_k，使

$$x_k>\bar{\eta}_k=n.n_1n_2\cdots n_k+\frac{1}{10^k},$$

从而得

$$x>n.n_1n_2\cdots n_k+\frac{1}{10^k},$$

但这与不等式①相矛盾，于是(i)得证.

现设 $\alpha<\eta$，则存在 k，使 η 的 k 位不足近似 $\eta_k>\bar{\alpha}_k$，即

$$n.n_1n_2\cdots n_k>\bar{\alpha}_k,$$

根据数 η 的构造，存在 $\alpha'\in S$，使 $\alpha'\geqslant\eta_k$，从而有

$$\alpha'\geqslant\eta_k>\bar{\alpha}_k\geqslant\alpha,$$

即得到 $\alpha<\alpha'$. 这说明(ii)成立.

方法三 用闭区间套定理证明确界原理. 设非空集合 E 有上界 b，取 $a\in E$，考察区间 $[a,b]$.

若 $\dfrac{a+b}{2}$ 为 E 的上界，则记 $[a_1,b_1]=\left[a,\dfrac{a+b}{2}\right]$，否则，记 $[a_1,b_1]=\left[\dfrac{a+b}{2},b\right]$，则 $[a_1,b_1]$ 既有 E 中的点，又包含 E 的上界，且 $b_1-a_1=\dfrac{b-a}{2}$；

若 $\dfrac{a_1+b_1}{2}$ 为 E 的上界，则记 $[a_2,b_2]=\left[a_1,\dfrac{a_1+b_1}{2}\right]$，否则，记 $[a_2,b_2]=\left[\dfrac{a_1+b_1}{2},b_1\right]$，则 $[a_2,b_2]$ 既有 E 中的点，又包含 E 的上界，且 $b_2-a_2=\dfrac{b_1-a_1}{2}=\dfrac{b-a}{2^2}$；

这个过程继续下去，所得闭区间列满足：

(1) $[a_{n+1},b_{n+1}]\subset[a_n,b_n]\ (n\in\mathbf{N}_+)$；

(2) $b_n-a_n=\dfrac{b-a}{2^n}\to0,n\to\infty$；

(3)每一个$[a_n,b_n]$中,既有E中的点,又包含E的上界.

由(1)(2)及闭区间套定理,存在唯一的$\alpha\in[a_n,b_n]$,且有$\lim\limits_{n\to\infty}a_n=\alpha=\lim\limits_{n\to\infty}b_n$.

由(3)$[a_n,b_n](n\in\mathbf{N}_+)$包含$E$的上界,从而$\forall x\in E$,有$x\leqslant b_n$,于是$x\leqslant\alpha$,即$\alpha$为$E$的上界.

对$\forall\varepsilon>0$,由$\lim\limits_{n\to\infty}a_n=\alpha$,$\exists N_0\in\mathbf{N}_+$使得$a_{N_0}>\alpha-\varepsilon$,又$[a_{N_0},b_{N_0}]$包含$E$中的点,选取一个记为$x_0$,则$x_0\geqslant a_{N_0}>\alpha-\varepsilon$,故$\alpha$为$E$的最小上界.

因此$\sup E=\alpha$.

·知识拓展·

闭区间套定理 设闭区间列$[a_n,b_n]$满足:

(1)$[a_{n+1},b_{n+1}]\subset[a_n,b_n](n\in\mathbf{N}_+)$;

(2)$\lim\limits_{n\to\infty}(b_n-a_n)=0$,

则存在唯一的$\xi\in[a_n,b_n]$,且有$\lim\limits_{n\to\infty}a_n=\xi=\lim\limits_{n\to\infty}b_n$.

【16】 证明:一切有理真分数$\frac{m}{n}$(m,n为正整数,且$0<m<n$)所成的集合无最小及最大的元素. 并求这个集合的上确界及下确界.

证 令E表示一切有理真分数$\frac{m}{n}$(m,n为正整数,$0<m<n$)所成的集合. $\forall\frac{m}{n}\in E$,显然有$\frac{m+1}{n+1}\in E$,且$\frac{m+1}{n+1}>\frac{m}{n}$;又$\frac{m^2}{n^2}\in E$,且$\frac{m^2}{n^2}<\frac{m}{n}$;故$E$中既无最大数,也无最小数.

显然$\sup E=1$,$\inf E=0$.

事实上,$\forall\frac{m}{n}\in E$,有$\frac{m}{n}<1$,即1是E的一个上界;$\forall\varepsilon>0$(不妨设$\varepsilon<1$),由有理数的稠密性知,取$r\in(1-\varepsilon,1)\cap\mathbf{Q}\subset E$,即$r\in E$且$r>1-\varepsilon$. 故$\sup E=1$. 类似可验证$\inf E=0$.

【17】 有理数r满足不等式$r^2<2$. 求这些有理数r所成集合的下确界和上确界.

解 方法一 用E表示所有满足$r^2<2$的有理数r所成的集合. 作分割A/B:B类包含所有满足$r^2>2$的正有理数r,A类包含所有其余有理数,则分割A/B确定无理数$\sqrt{2}$,且A中无最大数,于是$\sup E=\sup A=\sqrt{2}$.

同样,分割S/T确定无理数$-\sqrt{2}$,这里S类包含所有满足$r^2>2$的负有理数r,T类包含其余所有有理数,并且T中无最小数. 于是,有$\inf E=\inf T=-\sqrt{2}$.

方法二 用E表示所有满足$r^2<2$的有理数r所成的集合,即$E=\{r|r\in\mathbf{Q},r^2<2\}$,则有

(1)$\forall r\in E$,有$r<\sqrt{2}$,即$\sqrt{2}$为E的上界;

(2)$\forall\varepsilon>0$(不妨设$\varepsilon<1$),由有理数的稠密性,存在有理数$r_0\in(\sqrt{2}-\varepsilon,\sqrt{2})$,则$r_0\in E$且$r_0>\sqrt{2}-\varepsilon$,即$\sqrt{2}$为$E$的最小上界.

故由(1)(2)知,$\sup E=\sqrt{2}$. 类似可证$\inf E=-\sqrt{2}$.

【18】 设E为非空数集,记$E^-=\{x|-x\in E\}$. 证明:

(1)$\inf E^-=-\sup E$; (2)$\sup E^-=-\inf E$.

证 (1)若$\sup E=+\infty$,则存在数列$\{x_n\}\subset E$,$\lim\limits_{n\to\infty}x_n=+\infty$.

于是$\{-x_n\}\subset E^-$且$\lim\limits_{n\to\infty}(-x_n)=-\infty$,从而$\inf E^-=-\infty=-\sup E$.

下设E有上界,从而上确界存在,记为$\sup E=\beta$,则有

(ⅰ)$\forall x\in E$,有$x\leqslant\beta$;

（ⅱ）对 $\forall \varepsilon>0$，$\exists x_0\in E$，使 $x_0>\beta-\varepsilon$.

由（ⅰ）及（ⅱ）可得

（ⅲ）$\forall x\in E^-$，有 $-x\in E$，从而有 $-x\leqslant\beta$，于是 $x\geqslant-\beta$；

（ⅳ）对 $\forall \varepsilon>0$，$\exists -x_0\in E^-$，则 $x_0\in E$，故 $x_0>\beta-\varepsilon$，于是 $-x_0<-\beta+\varepsilon$.

由（ⅲ）及（ⅳ）知，$\inf E^-=-\beta$，所以 $\inf E^-=-\sup E$.

（2）若 $\inf E=-\infty$，则存在数列 $\{x_n\}\subset E$，$\lim\limits_{n\to\infty} x_n=-\infty$. 于是 $\{-x_n\}\subset E^-$ 且 $\lim\limits_{n\to\infty}(-x_n)=+\infty$，从而 $\sup E^-=+\infty=-\inf E$.

下设 E 有下界，从而下确界存在，记为 $\inf E=\alpha$，则有

（ⅴ）$\forall x\in E$，有 $x\geqslant\alpha$；

（ⅵ）对 $\forall \varepsilon>0$，$\exists x_0\in E$，使 $x_0<\alpha+\varepsilon$.

由（ⅴ）及（ⅵ）推得

（ⅶ）$\forall x\in E^-$，有 $-x\in E$，从而有 $-x\geqslant\alpha$，于是 $x\leqslant-\alpha$；

（ⅷ）对 $\forall \varepsilon>0$，$\exists -x_0\in E^-$，则 $x_0\in E$，故 $x_0<\alpha+\varepsilon$，于是 $-x_0>-\alpha-\varepsilon$.

由（ⅶ）及（ⅷ）知，$\sup E^-=-\alpha$，所以 $\sup E^-=-\inf E$.

【19】 设 A,B 为非空数集，定义数集 $A+B=\{z\,|\,z=x+y,x\in A,y\in B\}$. 证明：

（1）$\inf(A+B)=\inf A+\inf B$； （2）$\sup(A+B)=\sup A+\sup B$.

证 （1）若 A 和 B 至少有一个无下界，则 $\inf A=-\infty$ 和 $\inf B=-\infty$ 至少有一个成立，从而

$$\inf(A+B)=-\infty=\inf A+\inf B.$$

下设 A 和 B 都有下界，从而都存在下确界，记为 $\inf A=\alpha_1$，$\inf B=\alpha_2$，则有

（ⅰ）$\forall x\in A,y\in B$，有 $x\geqslant\alpha_1$，$y\geqslant\alpha_2$；

（ⅱ）对 $\forall \varepsilon>0$，$\exists x_0\in A,y_0\in B$，使 $x_0<\alpha_1+\dfrac{\varepsilon}{2}$，$y_0<\alpha_2+\dfrac{\varepsilon}{2}$.

由（ⅰ）及（ⅱ）可得

（ⅲ）$\forall z\in A+B$，有 $z\geqslant\alpha_1+\alpha_2$；

（ⅳ）对 $\forall \varepsilon>0$，$\exists z_0=x_0+y_0\in A+B$，使 $z_0<\alpha_1+\alpha_2+\varepsilon$.

由（ⅲ）及（ⅳ）知，$\inf(A+B)=\alpha_1+\alpha_2=\inf A+\inf B$.

（2）类似可证 $\sup(A+B)=\sup A+\sup B$.

【20】 设 A,B 为非空数集，元素均非负，定义数集 $AB=\{z\,|\,z=xy,x\in A,y\in B\}$. 证明：

（1）$\inf(AB)=\inf A\cdot\inf B$； （2）$\sup A\cdot\sup B=\sup(AB)$.

证 （1）设 $\inf A=\alpha_1$，$\inf B=\alpha_2$，由于 $\forall x\in A,y\in B$，有 $x\geqslant0,y\geqslant0$，故 $\alpha_1\geqslant0,\alpha_2\geqslant0$. 于是

（ⅰ）$\forall x\in A,y\in B$，有 $x\geqslant\alpha_1\geqslant0$，$y\geqslant\alpha_2\geqslant0$；

（ⅱ）对 $\forall \varepsilon>0$，$\exists x_0\in A,y_0\in B$，使 $0\leqslant x_0<\alpha_1+\varepsilon$，$0\leqslant y_0<\alpha_2+\varepsilon$.

由（ⅰ）及（ⅱ）推得

（ⅲ）$\forall z\in AB$，有 $z=xy\geqslant\alpha_1\alpha_2$；

（ⅳ）对 $\forall \varepsilon>0$，$\exists z_0=x_0y_0\in AB$，使 $0\leqslant x_0y_0<(\alpha_1+\varepsilon)(\alpha_2+\varepsilon)=\alpha_1\alpha_2+\varepsilon'$，其中 $\varepsilon'=(\alpha_1+\alpha_2)\varepsilon+\varepsilon^2$.

由（ⅲ）及（ⅳ）知 $\inf(AB)=\alpha_1\alpha_2=\inf A\cdot\inf B$.

（2）若 A 和 B 至少有一个无上界，则 $\sup A=+\infty$ 和 $\sup B=+\infty$ 至少有一个成立，从而由 $\forall x\in A$，$y\in B$，有 $x\geqslant0,y\geqslant0$ 可知（不失一般性，不妨设 $A\neq\{0\}$，$B\neq\{0\}$）

$$\sup(AB)=+\infty=\sup A\cdot\sup B.$$

下设 A 和 B 都有上界，同（1）可证 $\sup A\cdot\sup B=\sup(AB)$.

知识点 4 绝对值

1. 定义 若 x 为实数，则用下列条件所确定的非负数 $|x|$，称为 x 的**绝对值**：

$$|x|=\begin{cases}-x, & x<0,\\ x, & x\geqslant 0.\end{cases}$$

2. 性质 对于任何实数 x 和 y，有 $||x|-|y||\leqslant|x\pm y|\leqslant|x|+|y|$.

习题 21—30 绝对值

【21】 求证不等式：

(1) $|x-y|\geqslant||x|-|y||$；

(2) $|x+x_1+x_2+\cdots+x_n|\geqslant|x|-(|x_1|+|x_2|+\cdots+|x_n|)$.

证 (1)**方法一** 由 $|x-y|=|x+(-y)|\geqslant|x|-|-y|=|x|-|y|$,

$$|x-y|=|y-x|\geqslant|y|-|x|=-(|x|-|y|),$$

即得 $|x-y|\geqslant||x|-|y||$.

方法二 由 $|xy|\geqslant xy$ 知 $x^2-2xy+y^2\geqslant x^2-2|xy|+y^2$，即

$$(x-y)^2\geqslant(|x|-|y|)^2,$$

开方即得 $|x-y|\geqslant||x|-|y||$.

(2)由(1)得 $\qquad |x+x_1+x_2+\cdots+x_n|\geqslant|x|-|x_1+x_2+\cdots+x_n|$,

$$|x_1+x_2+\cdots+x_n|\leqslant|x_1|+|x_2+\cdots+x_n|\leqslant\cdots\leqslant|x_1|+|x_2|+\cdots+|x_n|,$$

所以 $|x+x_1+x_2+\cdots+x_n|\geqslant|x|-(|x_1|+|x_2|+\cdots+|x_n|)$.

【22】 解不等式：$|x+1|<0.01$.

解 由 $|x+1|<0.01$ 可得，$-0.01<x+1<0.01$，所以 $-1.01<x<-0.99$.

【23】 解不等式：$|x-2|\geqslant 10$.

解 由 $|x-2|\geqslant 10$ 可得，$x-2\geqslant 10$ 或 $x-2\leqslant -10$，所以 $x\geqslant 12$ 或 $x\leqslant -8$.

【24】 解不等式：$|x|>|x+1|$.

解 两边平方得 $x^2>(x+1)^2$，即 $2x+1<0$，于是有 $x<-\frac{1}{2}$.

【25】 解不等式：$|2x-1|<|x-1|$.

解 两边平方得 $(2x-1)^2<(x-1)^2$，即 $3x^2-2x<0$，解得 $0<x<\frac{2}{3}$.

【26】 解不等式：$|x+2|+|x-2|\leqslant 12$.

解 **方法一** 令 $x-2=t$，则 $x=2+t$，原不等式变为

$$|t+4|+|t|\leqslant 12，即 |t+4|\leqslant 12-|t|.$$

两边平方得 $t^2+8t+16\leqslant 144-24|t|+t^2$，即 $3|t|\leqslant 16-t$.

将上式两边再平方，化简整理得 $t^2+4t-32\leqslant 0$，于是 $-8\leqslant t\leqslant 4$. 从而

$$-8\leqslant x-2\leqslant 4，即 -6\leqslant x\leqslant 6 即 |x|\leqslant 6.$$

方法二 当 $-2\leqslant x\leqslant 2$ 时，不等式显然成立.

当 $x>2$ 时，由 $|x+2|+|x-2|=2x\leqslant 12$，可得 $x\leqslant 6$.

当 $x<-2$ 时，由 $|x+2|+|x-2|=-2x\leqslant 12$，可得 $x\geqslant -6$.

综上，原不等式的解为$-6\leqslant x\leqslant 6$即$|x|\leqslant 6$.

【27】 解不等式：$|x+2|-|x|>1$.

解 将原式变形为$1+|x|<|x+2|$，两边平方，化简得$2|x|<4x+3$. 再平方，化简得

$$4x^2+8x+3>0.$$

于是$x>-\frac{1}{2}$或$x<-\frac{3}{2}$. 后者不适合，所以$x>-\frac{1}{2}$.

【28】 解不等式：$||x+1|-|x-1||<1$.

解 两边平方，化简得$x^2+\frac{1}{2}<|x^2-1|$，即$x^2-1>x^2+\frac{1}{2}$或$x^2-1<-\left(x^2+\frac{1}{2}\right)$.

前者不可能，所以$x^2-1<-\left(x^2+\frac{1}{2}\right)$，即$x^2<\frac{1}{4}$，解得$|x|<\frac{1}{2}$.

【29】 解不等式：$|x(1-x)|<0.05$.

解 由$|x-x^2|<\frac{1}{20}$，得$x^2-x+\frac{1}{20}>0$且$x^2-x-\frac{1}{20}<0$.

解$x^2-x+\frac{1}{20}>0$，得$x>\frac{5+2\sqrt{5}}{10}$或$x<\frac{5-2\sqrt{5}}{10}$；

解$x^2-x-\frac{1}{20}<0$，得$\frac{5-\sqrt{30}}{10}<x<\frac{5+\sqrt{30}}{10}$.

故原不等式的解为$\frac{5-\sqrt{30}}{10}<x<\frac{5-2\sqrt{5}}{10}$或$\frac{5+2\sqrt{5}}{10}<x<\frac{5+\sqrt{30}}{10}$.

【30】 证明恒等式：$\left(\frac{x+|x|}{2}\right)^2+\left(\frac{x-|x|}{2}\right)^2=x^2$.

证 $\left(\frac{x+|x|}{2}\right)^2+\left(\frac{x-|x|}{2}\right)^2=\frac{1}{2}x^2+\frac{1}{2}x|x|+\frac{1}{2}x^2-\frac{1}{2}x|x|=x^2$.

知识点5 绝对误差和相对误差

定义 设$a(a\neq 0)$是被测量的精确数值，而x是这个量的近似值，则$\Delta=|x-a|$称为被测量的**绝对误差**，而$\delta=\frac{\Delta}{|a|}$称为被测量的**相对误差**.

若数x的绝对误差不超过x的第n个有效数字所对应的位数的单位的一半，则称x有n位精确的数字.

习题31—40 绝对误差和相对误差

【31】 当测量长度10cm时，绝对误差为0.5mm；当测量距离500km时，绝对误差等于200m. 哪种测量较为精确？

解 用相对误差$\delta=\frac{\Delta}{|a|}$进行比较，其中$a$为被测量的精确值，而$\Delta$是绝对误差.

对于前者，$\delta=\frac{0.5\times 0.1}{10}=0.5\%$；对于后者，$\delta=\frac{200}{500\times 1\,000}=0.04\%$.

所以，后者测量较为精确.

【32】 设数$x=2.375\,2$的相对误差为1%，试求此数包含几位精确数字？

解 因为$\frac{\Delta}{2.375\,2}=0.01$，所以$\Delta=0.023\,752$. 因而，此数包含两位精确数字.

【33】 数 $x=12.125$ 包含三位精确数字，试求此数的相对误差？

解 因为 x 包含三位精确数字，所以 $\Delta<0.05$. 于是得相对误差

$$\delta=\frac{\Delta}{|x|}<\frac{0.05}{12.125}<0.42\%, \text{即 } \delta<0.42\%.$$

【34】 矩形的边长 $x=2.50\text{cm}\pm0.01\text{cm}$，$y=4.00\text{cm}\pm0.02\text{cm}$. 求这个矩形的面积 S 界于什么范围内？当其边长取平均值时，矩形面积的绝对误差 Δ 和相对误差 δ 是多少？

解

$$S_{\min}=(2.50-0.01)(4.00-0.02)=9.9102(\text{cm}^2),$$

$$S_{\max}=(2.50+0.01)(4.00+0.02)=10.0902(\text{cm}^2),$$

$$S_{\min}\leqslant S\leqslant S_{\max}, S_{\text{平均}}=2.50\times4.00=10(\text{cm}^2),$$

$$\Delta_1=10.0902-10=0.0902(\text{cm}^2), \Delta_2=10-9.9102=0.0898(\text{cm}^2);$$

$$\Delta\leqslant\max(\Delta_1,\Delta_2)=0.0902(\text{cm}^2), \delta=\frac{\Delta}{10}\leqslant\frac{0.0902}{10}<0.91\%.$$

【35】 物体的质量 $P=12.59\text{g}\pm0.01\text{g}$，其体积 $V=3.2\text{cm}^3\pm0.2\text{cm}^3$. 若对物体的质量和体积都取其平均值，试求物体的密度，并估计密度的绝对误差和相对误差.

解 密度 $C=\dfrac{12.59}{3.2}\text{g/cm}^3=3.93\text{g/cm}^3$.

$C_{\max}=\dfrac{12.60}{3.0}\text{g/cm}^3=4.20\text{g/cm}^3$，$C_{\min}=\dfrac{12.58}{3.4}\text{g/cm}^3=3.70\text{g/cm}^3$，$C_{\min}\leqslant C\leqslant C_{\max}$，

$\Delta_1=C_{\max}-C=0.27\text{g/cm}^3$，$\Delta_2=C-C_{\min}=0.23\text{g/cm}^3$，$\Delta\leqslant\max(\Delta_1,\Delta_2)=0.27\text{g/cm}^3$；

一般地，密度为 $(3.93\pm0.27)\text{g/cm}^3$，$\delta\leqslant\dfrac{0.27}{3.70}<7.3\%$.

【36】 圆半径 $r=7.2\text{m}\pm0.1\text{m}$. 若取 $\pi=3.14$，则求出的圆面积和最小相对误差是多少？

解 圆面积

$$A=\pi\cdot7.2^2\approx51.84\pi(\text{m}^2),$$

$$\Delta_1=\pi(7.2+0.1)^2-\pi\cdot7.2^2=1.45\pi,$$

$$\Delta_2=|\pi(7.2-0.1)^2-\pi\cdot7.2^2|=1.43\pi,$$

$$\Delta\leqslant\max(\Delta_1,\Delta_2)=1.45\pi(\text{m}^2),$$

即一般的圆面积 A 为 $(51.84\pm1.45)\pi(\text{m}^2)$，故 $\delta\leqslant\dfrac{1.45\pi}{51.84\pi}<2.80\%$.

【37】 已测得长方体各边长为

$$x=24.7\text{m}\pm0.2\text{m}, y=6.5\text{m}\pm0.1\text{m}, z=1.2\text{m}\pm0.1\text{m},$$

此长方体的体积 V 界于什么范围内？若测量的各结果都取其平均值，则所求出的体积可能有的绝对误差和相对误差是多少？

解 $24.5\times6.4\times1.1\leqslant V\leqslant24.9\times6.6\times1.3$，即 $172.480\text{m}^3\leqslant V\leqslant213.642\text{m}^3$.

当 x,y,z 均取平均值时，

$$V=24.7\times6.5\times1.2=192.660(\text{m}^3),$$

$$\Delta_1=213.642-192.660=20.982(\text{m}^3),$$

$$\Delta_2=192.660-172.480=20.180(\text{m}^3).$$

于是，$\Delta\leqslant20.982(\text{m}^3)$，$\delta\leqslant\dfrac{20.982}{172.480}\approx12.2\%$.

【38】 测量正方形的边长 x，此处 $2\text{m}<x<3\text{m}$，应有多小的绝对误差，才能使此正方形面积有可能精确到 0.001m^2？

解 按题设有 $0<x^2-4<0.001$ 或 $0<9-x^2<0.001$，解得

$$2.99983<x<3 \text{ 或 } 2<x<2.00024.$$

因此，Δ取二者中误差较小者，即

$$\Delta\leqslant 0.000\ 17(\mathrm{m})=0.17(\mathrm{mm}),$$

故当边长 x 的绝对误差不超过 0.17mm 时，就能使此正方形的面积精确到 $0.001\mathrm{m}^2$.

【39】 假定矩形每边的长皆不超过 10m，为了使根据测量所计算出来的面积与原面积之差不超过 $0.01\mathrm{m}^2$，问测量矩形的边 x 与 y 时，许可的绝对误差 Δ 的值多大？

解 按题设有 $(x+\Delta)(y+\Delta)-xy\leqslant 0.01$，即 $\Delta^2+(x+y)\Delta\leqslant 0.01$，
由于 $x\leqslant 10$ 及 $y\leqslant 10$，所以只要 $\Delta^2+20\Delta\leqslant 0.01$ 即 $\Delta^2+20\Delta-0.01\leqslant 0$ 即可，解得

$$\Delta\leqslant\frac{-20+\sqrt{20^2+0.04}}{2}=-10+\frac{20.000\ 99}{2}=0.000\ 499<0.000\ 5(\mathrm{m}).$$

【40】 设 $\delta(x)$ 及 $\delta(y)$ 为数 x 和 y 的相对误差，$\delta(xy)$ 为数 xy 的相对误差. 证明：

$$\delta(xy)\leqslant\delta(x)+\delta(y)+\delta(x)\delta(y).$$

提示 由绝对误差与相对误差的定义，命题即获证.

证 设 $x=a+\Delta_x$，$y=b+\Delta_y$，其中 a 及 b 分别是 x 及 y 的精确值，Δ_x 及 Δ_y 是绝对误差，则有

$$xy-ab=b\Delta_x+a\Delta_y+\Delta_x\Delta_y,$$

于是

$$\Delta=|xy-ab|\leqslant|b|\Delta_x+|a|\Delta_y+\Delta_x\Delta_y,$$

所以

$$\delta(xy)=\frac{\Delta}{|ab|}\leqslant\frac{\Delta_x}{|a|}+\frac{\Delta_y}{|b|}+\frac{\Delta_x}{|a|}\cdot\frac{\Delta_y}{|b|},$$

即

$$\delta(xy)\leqslant\delta(x)+\delta(y)+\delta(x)\delta(y).$$

第2节 数列的极限（习题41—158）

知识点预览

序号	知识点	题目序号	所在页码
1	数列极限的概念	41—45	P15
2	数列极限的基本定理	46—77	P17
3	极限存在准则	78—107	P24
4	数 e	108—119	P31
5	聚点与上下极限	120—158	P38

知识点1 数列极限的概念

1. 有限极限 设 a 是定数，若对 $\forall\varepsilon>0$，$\exists N\in\mathbf{N}_+$，使得当 $n>N$ 时，有 $|x_n-a|<\varepsilon$，则称数列 $\{x_n\}$ 有极限 a（或者说，数列 $\{x_n\}$ 收敛于 a），亦即 $\lim\limits_{n\to\infty}x_n=a$.

特别地，若 $\lim\limits_{n\to\infty}x_n=0$，则称数列 $\{x_n\}$ 为无穷小数列，或称为无穷小量.

若数列 $\{x_n\}$ 没有极限，则称数列 $\{x_n\}$ 发散.

2. 无穷极限 若 $\lim\limits_{n\to\infty}x_n=\infty$，即对 $\forall G>0$，$\exists N\in\mathbf{N}_+$，使得当 $n>N$ 时，有 $|x_n|>G$，则称 $\{x_n\}$ 发散到无穷大. 这时称数列 $\{x_n\}$ 为无穷大数列，或称为无穷大量.

习题 41—45 数列极限的概念

【41】 设 $x_n=\frac{n}{n+1}(n=1,2,\cdots)$. 证明：$\lim\limits_{n\to\infty}x_n=1$，即：对 $\forall\varepsilon>0$，求出数 $N=N(\varepsilon)$，使得当 $n>N$ 时，有 $|x_n-1|<\varepsilon$.

填下表：

ε	0.1	0.01	0.001	0.000 1	…
N					

证 $\forall\varepsilon>0$，因 $|x_n-1|=\frac{1}{n+1}<\frac{1}{n}$，要使 $|x_n-1|<\varepsilon$，只要 $\frac{1}{n}<\varepsilon$，即 $n>\frac{1}{\varepsilon}$，取 $N=\left[\frac{1}{\varepsilon}\right]$，则当 $n>N$ 时，有 $|x_n-1|<\varepsilon$，所以 $\lim\limits_{n\to\infty}x_n=1$.

填下表：

ε	0.1	0.01	0.001	0.000 1	…
N	10	100	1 000	10 000	…

【42】 设：(1) $x_n=\frac{(-1)^{n+1}}{n}$；(2) $x_n=\frac{2n}{n^3+1}$；(3) $x_n=\frac{1}{n!}$；(4) $x_n=(-1)^n\cdot 0.999^n$. 对 $\forall\varepsilon>0$，求出数 $N=N(\varepsilon)$，使得当 $n>N$ 时，有 $|x_n|<\varepsilon$；从而证明：$\{x_n\}$ 为无穷小量(即它的极限为 0).

对应上面四种情形，填下表：

ε	0.1	0.01	0.001	…
N				

证 (1) $\forall\varepsilon>0$，要使 $|x_n|=\frac{1}{n}<\varepsilon$，只要 $n>\frac{1}{\varepsilon}$，取 $N=\left[\frac{1}{\varepsilon}\right]$，则当 $n>N$ 时，有 $|x_n|<\varepsilon$，所以 $\lim\limits_{n\to\infty}x_n=0$.

(2) $\forall\varepsilon>0$，由于当 $n>2$ 时，有 $|x_n|=\frac{2n}{n^3+1}<\frac{1}{n}$，要使 $|x_n|<\varepsilon$，只要 $n>\frac{1}{\varepsilon}$，取 $N=\max\left\{2,\left[\frac{1}{\varepsilon}\right]\right\}$，则当 $n>N$ 时，有 $|x_n|<\varepsilon$，所以 $\lim\limits_{n\to\infty}x_n=0$.

(3) $\forall\varepsilon>0$，由于 $|x_n|=\frac{1}{n!}\leqslant\frac{1}{n}$，要使 $|x_n|<\varepsilon$，只要 $n>\frac{1}{\varepsilon}$. 取 $N=\left[\frac{1}{\varepsilon}\right]$，则当 $n>N$ 时，有 $|x_n|<\varepsilon$，所以 $\lim\limits_{n\to\infty}x_n=0$.

(4) $\forall\varepsilon>0$，由于当 $n>1\ 000$ 时，有

$$|x_n|=\left(\frac{999}{1\ 000}\right)^n=\frac{1}{\left(1+\frac{1}{999}\right)^n}<\frac{1}{1+\frac{n}{999}}<\frac{1\ 000}{n},$$

要使 $|x_n|<\varepsilon$，只要 $n>\frac{1\ 000}{\varepsilon}$. 取 $N=\max\left\{1\ 000,\left[\frac{1\ 000}{\varepsilon}\right]\right\}$，则当 $n>N$ 时，有 $|x_n|<\varepsilon$，所以 $\lim\limits_{n\to\infty}x_n=0$.

填下表：

ε		0.1	0.01	0.001	…
(1,2,3)	N	10	100	1000	…
(4)	N	10 000	100 000	1 000 000	…

【43】 证明：数列 (1) $x_n=(-1)^n n$，(2) $x_n=2^{\sqrt{n}}$，(3) $x_n=\lg(\lg n)(n\geqslant 2)$，当 $n\to\infty$ 时，

发散于无穷大（即为无穷大量），即：对 $\forall G>0$，求数 $N=N(G)$，使得当 $n>N$ 时，有 $|x_n|>G$.

对应上面的每一种情形，填下表：

ε	10	100	1 000	10 000	…
N					

证 (1) $\forall G>0$，要使 $|x_n|=n>G$，只要 $n>G$. 取 $N=[G]+1$，则当 $n>N$ 时，$|x_n|>G$，所以 $\lim\limits_{n\to\infty}x_n=\infty$.

(2) $\forall G>0$，要使 $|x_n|=2^{\sqrt{n}}>G$，只要 $n>\left(\dfrac{\lg G}{\lg 2}\right)^2$. 取 $N=\left[\left(\dfrac{\lg G}{\lg 2}\right)^2\right]+1$，则当 $n>N$ 时，有 $|x_n|>G$，所以 $\lim\limits_{n\to\infty}x_n=\infty$.

(3) $\forall G>0$，由于当 $n>10$ 时，$\lg n>1$，$\lg(\lg n)>0$. 要使 $|x_n|>G$，只要 $\lg(\lg n)>G$，即 $n>10^{10^G}$. 取 $N=[10^{10^G}]+1$，则当 $n>N$ 时，有 $|x_n|>G$，所以 $\lim\limits_{n\to\infty}x_n=\infty$.

填下表：

G		10	100	1 000	10 000	…
(1)	N	11	101	1 001	10 001	…
(2)	N	12	45	100	177	…
(3)	N	$10^{10^{10}}+1$	$10^{10^{100}}+1$	$10^{10^{1\,000}}+1$	$10^{10^{10\,000}}+1$	…

【44】 求证：$x_n=n^{(-1)^n}$ $(n=1,2,\cdots)$ 无界，但当 $n\to\infty$ 时，$\{x_n\}$ 不是无穷大量.

证 因为 $x_n=n^{(-1)^n}=\begin{cases}2k, & n=2k,\\ \dfrac{1}{2k-1}, & n=2k-1,\end{cases}$ $k\in\mathbf{N}_+$，所以 $\lim\limits_{k\to\infty}x_{2k}=\infty$，$\lim\limits_{k\to\infty}x_{2k-1}=0$.

由于 $\lim\limits_{k\to\infty}x_{2k}=\infty$，故 $\{x_n\}$ 无界；但因 $\lim\limits_{k\to\infty}x_{2k-1}=0$，故 $\{x_n\}$ 不是无穷大量.

【45】 用不等式表述下列命题：(1) $\lim\limits_{n\to\infty}x_n=\infty$；(2) $\lim\limits_{n\to\infty}x_n=-\infty$；(3) $\lim\limits_{n\to\infty}x_n=+\infty$.

解 (1) $\forall G>0$，$\exists N=N(G)$，使得当 $n>N$ 时，有 $|x_n|>G$，此即 $\lim\limits_{n\to\infty}x_n=\infty$.

(2) $\forall G>0$，$\exists N=N(G)$，使得当 $n>N$ 时，有 $x_n<-G$，此即 $\lim\limits_{n\to\infty}x_n=-\infty$.

(3) $\forall G>0$，$\exists N=N(G)$，使得当 $n>N$ 时，有 $x_n>G$，此即 $\lim\limits_{n\to\infty}x_n=+\infty$.

知识点2 数列极限的基本定理

定理 设 $\lim\limits_{n\to\infty}x_n$ 和 $\lim\limits_{n\to\infty}y_n$ 都存在，则有：

(1) 若 $x_n\leqslant y_n$，则 $\lim\limits_{n\to\infty}x_n\leqslant\lim\limits_{n\to\infty}y_n$；

(2) $\lim\limits_{n\to\infty}(x_n\pm y_n)=\lim\limits_{n\to\infty}x_n\pm\lim\limits_{n\to\infty}y_n$；

(3) $\lim\limits_{n\to\infty}(x_ny_n)=\lim\limits_{n\to\infty}x_n\lim\limits_{n\to\infty}y_n$；

(4) 若 $\lim\limits_{n\to\infty}y_n\neq0$，则 $\lim\limits_{n\to\infty}\dfrac{x_n}{y_n}=\dfrac{\lim\limits_{n\to\infty}x_n}{\lim\limits_{n\to\infty}y_n}$.

习题46—77 数列极限的基本定理

【46】 设数列 $\{x_n\}$ 收敛，$\{y_n\}$ 发散，能否断定数列：(1) $\{x_n+y_n\}$；(2) $\{x_ny_n\}$ 的收敛性？举出适当的例子.

解 (1)$\{x_n+y_n\}$一定发散. 如果$\{x_n+y_n\}$收敛,则由$(x_n+y_n)-x_n=y_n$,知$\{y_n\}$收敛,与题设矛盾.

(2)数列$\{x_ny_n\}$可能收敛,也可能发散. 例如:

(ⅰ)令$x_n=\dfrac{1}{n}$,$y_n=n$,则$\{x_n\}$收敛,$\{y_n\}$发散. 由于$x_ny_n=1$,故$\{x_ny_n\}$收敛.

(ⅱ)令$x_n=\dfrac{1}{n}$,$y_n=n^2$,则$\{x_n\}$收敛,$\{y_n\}$发散. 由于$x_ny_n=n$,故$\{x_ny_n\}$发散.

【47】 设数列$\{x_n\}$和$\{y_n\}$都发散,能否断定数列:(1)$\{x_n+y_n\}$;(2)$\{x_ny_n\}$也发散? 举出适当的例子.

解 不能. 例如,令$x_n=\dfrac{1+(-1)^n}{2}$,$y_n=\dfrac{1-(-1)^n}{2}$,则$\{x_n\}$和$\{y_n\}$都发散. 但$x_n+y_n=1$,$x_ny_n=0$,即数列$\{x_n+y_n\}$和$\{x_ny_n\}$都收敛.

【48】 设$\lim\limits_{n\to\infty}x_n=0$, $\{y_n\}$为任意数列,能否断定$\lim\limits_{n\to\infty}x_ny_n=0$? 举出适当的例子.

解 不能. 例如,令$x_n=\dfrac{1}{n}$,则$\lim\limits_{n\to\infty}x_n=0$, 取$y_n=n$,则$\lim\limits_{n\to\infty}x_ny_n=1\neq0$.

【49】 设$\lim\limits_{n\to\infty}x_ny_n=0$. 能否由此得出:或$\lim\limits_{n\to\infty}x_n=0$,或$\lim\limits_{n\to\infty}y_n=0$?

解 不能. 例如,$x_n=\dfrac{1+(-1)^n}{2}$,$y_n=\dfrac{1-(-1)^n}{2}$,则$\lim\limits_{n\to\infty}x_ny_n=0$,但$\lim\limits_{n\to\infty}x_n$ 和$\lim\limits_{n\to\infty}y_n$ 都不存在.

注 若$\{x_n\}$和$\{y_n\}$中至少有一个有极限,则由$\lim\limits_{n\to\infty}x_ny_n=0$可知,$\lim\limits_{n\to\infty}x_n=0$或$\lim\limits_{n\to\infty}y_n=0$至少有一个是成立的.

【50】 求极限$\lim\limits_{n\to\infty}\dfrac{10\ 000n}{n^2+1}$.

解 $\lim\limits_{n\to\infty}\dfrac{10\ 000n}{n^2+1}=\lim\limits_{n\to\infty}\dfrac{10\ 000}{n+\dfrac{1}{n}}=0$.

【51】 求极限$\lim\limits_{n\to\infty}(\sqrt{n+1}-\sqrt{n})$.

解 $\lim\limits_{n\to\infty}(\sqrt{n+1}-\sqrt{n})=\lim\limits_{n\to\infty}\dfrac{(\sqrt{n+1}-\sqrt{n})(\sqrt{n+1}+\sqrt{n})}{\sqrt{n+1}+\sqrt{n}}=\lim\limits_{n\to\infty}\dfrac{1}{\sqrt{n+1}+\sqrt{n}}=0$.

【52】 求极限$\lim\limits_{n\to\infty}\dfrac{\sqrt[3]{n^2}\sin n!}{n+1}$.

解 因为$|\sin n!|\leqslant1$及$\lim\limits_{n\to\infty}\dfrac{\sqrt[3]{n^2}}{n+1}=0$,所以$\lim\limits_{n\to\infty}\dfrac{\sqrt[3]{n^2}\sin n!}{n+1}=0$.

【53】 求极限$\lim\limits_{n\to\infty}\dfrac{(-2)^n+3^n}{(-2)^{n+1}+3^{n+1}}$.

解 $\lim\limits_{n\to\infty}\dfrac{(-2)^n+3^n}{(-2)^{n+1}+3^{n+1}}=\lim\limits_{n\to\infty}\dfrac{\left(-\dfrac{2}{3}\right)^n\cdot\dfrac{1}{3}+\dfrac{1}{3}}{\left(-\dfrac{2}{3}\right)^{n+1}+1}=\dfrac{1}{3}$.

【54】 求极限$\lim\limits_{n\to\infty}\dfrac{1+a+a^2+\cdots+a^n}{1+b+b^2+\cdots+b^n}$($|a|<1$,$|b|<1$).

解 $\lim\limits_{n\to\infty}\dfrac{1+a+a^2+\cdots+a^n}{1+b+b^2+\cdots+b^n}=\lim\limits_{n\to\infty}\dfrac{\dfrac{1-a^{n+1}}{1-a}}{\dfrac{1-b^{n+1}}{1-b}}=\dfrac{1-b}{1-a}$.

【55】 求极限$\lim\limits_{n\to\infty}\left(\dfrac{1}{n^2}+\dfrac{2}{n^2}+\cdots+\dfrac{n-1}{n^2}\right)$.

解 $\lim\limits_{n\to\infty}\left(\frac{1}{n^2}+\frac{2}{n^2}+\cdots+\frac{n-1}{n^2}\right)=\lim\limits_{n\to\infty}\frac{(n-1)n}{2n^2}=\lim\limits_{n\to\infty}\frac{n-1}{2n}=\frac{1}{2}$.

【56】 求极限$\lim\limits_{n\to\infty}\left[\frac{1^2}{n^3}+\frac{2^2}{n^3}+\cdots+\frac{(n-1)^2}{n^3}\right]$.

解 $\lim\limits_{n\to\infty}\left[\frac{1^2}{n^3}+\frac{2^2}{n^3}+\cdots+\frac{(n-1)^2}{n^3}\right]=\lim\limits_{n\to\infty}\frac{(n-1)n(2n-1)}{6n^3}=\lim\limits_{n\to\infty}\frac{1}{6}\left(1-\frac{1}{n}\right)\left(2-\frac{1}{n}\right)=\frac{1}{3}$.

【57】 求极限$\lim\limits_{n\to\infty}\left[\frac{1^2}{n^3}+\frac{3^2}{n^3}+\cdots+\frac{(2n-1)^2}{n^3}\right]$.

解 **方法一** 设 $s_n=1^2+3^2+\cdots+(2n-1)^2$，则

$$\begin{aligned}s_n&=1^2+3^2+\cdots+(2n-1)^2=[1^2+2^2+\cdots+(2n)^2]-[2^2+4^2+\cdots+(2n)^2]\\&=\frac{2n(2n+1)(4n+1)}{6}-4\cdot\frac{n(n+1)(2n+1)}{6}=\frac{n(4n^2-1)}{3},\end{aligned}$$

因而有

$$\lim_{n\to\infty}\left[\frac{1^2}{n^3}+\frac{3^2}{n^3}+\cdots+\frac{(2n-1)^2}{n^3}\right]=\lim_{n\to\infty}\frac{n(4n^2-1)}{3n^3}=\lim_{n\to\infty}\frac{4n^2-1}{3n^2}=\frac{4}{3}.$$

方法二 记 $f(n)=\frac{1^2}{n^3}+\frac{2^2}{n^3}+\cdots+\frac{(n-1)^2}{n^3}$，则由 56 题即得

$$\lim_{n\to\infty}\left[\frac{1^2}{n^3}+\frac{3^2}{n^3}+\cdots+\frac{(2n-1)^2}{n^3}\right]=\lim_{n\to\infty}[8f(2n)-4f(n)]=\frac{8}{3}-\frac{4}{3}=\frac{4}{3}.$$

【58】 求极限$\lim\limits_{n\to\infty}\frac{1}{n}\left[\left(x+\frac{a}{n}\right)+\left(x+\frac{2a}{n}\right)+\cdots+\left(x+\frac{(n-1)a}{n}\right)\right]$.

解 $\lim\limits_{n\to\infty}\frac{1}{n}\left[\left(x+\frac{a}{n}\right)+\left(x+\frac{2a}{n}\right)+\cdots+\left(x+\frac{(n-1)a}{n}\right)\right]$

$=\lim\limits_{n\to\infty}\frac{1}{n}\left\{(n-1)x+\frac{a}{n}[1+2+\cdots+(n-1)]\right\}$

$=\lim\limits_{n\to\infty}\frac{n-1}{n}\left(x+\frac{a}{2}\right)=x+\frac{a}{2}$.

【59】 求极限$\lim\limits_{n\to\infty}\frac{1}{n}\left[\left(x+\frac{a}{n}\right)^2+\left(x+\frac{2a}{n}\right)^2+\cdots+\left(x+\frac{(n-1)a}{n}\right)^2\right]$.

解 $\lim\limits_{n\to\infty}\frac{1}{n}\left[\left(x+\frac{a}{n}\right)^2+\left(x+\frac{2a}{n}\right)^2+\cdots+\left(x+\frac{(n-1)a}{n}\right)^2\right]$

$=\lim\limits_{n\to\infty}\frac{1}{n}\left\{(n-1)x^2+\frac{2ax}{n}[1+2+\cdots+(n-1)]+\frac{a^2}{n^2}[1^2+2^2+\cdots+(n-1)^2]\right\}$

$=\lim\limits_{n\to\infty}\left[\frac{1}{n}(n-1)x^2+\frac{n-1}{n}ax+\frac{(n-1)(2n-1)}{6n^2}a^2\right]=x^2+ax+\frac{a^2}{3}$.

注 这里用到 $1^2+2^2+\cdots+(n-1)^2=\frac{(n-1)n(2n-1)}{6}$.

【60】 求极限$\lim\limits_{n\to\infty}\frac{1^2+3^2+\cdots+(2n-1)^2}{2^2+4^2+\cdots+(2n)^2}$.

解 **方法一** 由 $1^2+2^2+\cdots+n^2=\frac{n(n+1)(2n+1)}{6}$可得

$$1^2+3^2+\cdots+(2n-1)^2=\frac{n}{3}(4n^2-1),$$

$$2^2+4^2+\cdots+(2n)^2=\frac{2n(n+1)(2n+1)}{3}.$$

于是$\lim\limits_{n\to\infty}\frac{1^2+3^2+\cdots+(2n-1)^2}{2^2+4^2+\cdots+(2n)^2}=\lim\limits_{n\to\infty}\frac{2n-1}{2(n+1)}=1$.

方法二 利用 Stolz 定理(见 156 题).

令 $x_n=1^2+3^2+\cdots+(2n-1)^2$，$y_n=2^2+4^2+\cdots+(2n)^2$，则 $y_{n+1}>y_n$ 且 $\lim\limits_{n\to\infty}y_n=+\infty$.

由于 $\lim\limits_{n\to\infty}\dfrac{x_{n+1}-x_n}{y_{n+1}-y_n}=\lim\limits_{n\to\infty}\dfrac{(2n+1)^2}{(2n+2)^2}=1$，故由 Stolz 定理可得

$$\lim_{n\to\infty}\frac{1^2+3^2+\cdots+(2n-1)^2}{2^2+4^2+\cdots+(2n)^2}=\lim_{n\to\infty}\frac{x_n}{y_n}=\lim_{n\to\infty}\frac{x_{n+1}-x_n}{y_{n+1}-y_n}=1.$$

【61】 求极限 $\lim\limits_{n\to\infty}\left(\dfrac{1^3+2^3+\cdots+n^3}{n^3}-\dfrac{n}{4}\right)$.

解 由 $1^3+2^3+\cdots+n^3=\left[\dfrac{n(n+1)}{2}\right]^2$ 可得

$$\lim_{n\to\infty}\left(\frac{1^3+2^3+\cdots+n^3}{n^3}-\frac{n}{4}\right)=\lim_{n\to\infty}\left[\frac{n^2(n+1)^2}{4n^3}-\frac{n}{4}\right]=\lim_{n\to\infty}\frac{2n+1}{4n}=\frac{1}{2}.$$

【62】 求极限 $\lim\limits_{n\to\infty}\dfrac{1^3+4^3+7^3+\cdots+(3n-2)^3}{[1+4+7+\cdots+(3n-2)]^2}$.

提示 利用 Stolz 定理(见 156 题).

解 令 $x_n=1^3+4^3+7^3+\cdots+(3n-2)^3$，$y_n=[1+4+7+\cdots+(3n-2)]^2$，则 $y_{n+1}>y_n$，$\lim\limits_{n\to\infty}y_n=+\infty$，由于

$$\begin{aligned}\frac{x_{n+1}-x_n}{y_{n+1}-y_n}&=\frac{(3n+1)^3}{[1+4+7+\cdots+(3n+1)]^2-[1+4+7+\cdots+(3n-2)]^2}\\&=\frac{(3n+1)^3}{\left[\dfrac{(1+n)(3n+2)}{2}+\dfrac{n(3n-1)}{2}\right](3n+1)}\to 3(n\to\infty).\end{aligned}$$

故由 Stolz 定理，即得

$$\lim_{n\to\infty}\frac{1^3+4^3+7^3+\cdots+(3n-2)^3}{[1+4+7+\cdots+(3n-2)]^2}=\lim_{n\to\infty}\frac{x_n}{y_n}=\lim_{n\to\infty}\frac{x_{n+1}-x_n}{y_{n+1}-y_n}=3.$$

【63】 把由抛物线 $y=b\left(\dfrac{x}{a}\right)^2$，$Ox$ 轴及直线 $x=a$ 所围成的曲边三角形 OAM(图 1.1)的面积，当作以 $\dfrac{a}{n}$ 为底的各内接矩形面积之和当 $n\to\infty$ 的极限值，求此面积.

提示 先求各内接矩形的面积和.

解 底的 n 个分点为 $0,\dfrac{a}{n},\dfrac{2a}{n},\cdots,\dfrac{n-1}{n}a$；它们所对应的高分别为 0，$b\left(\dfrac{1}{n}\right)^2,b\left(\dfrac{2}{n}\right)^2,\cdots,b\left(\dfrac{n-1}{n}\right)^2$，如图 1.1.

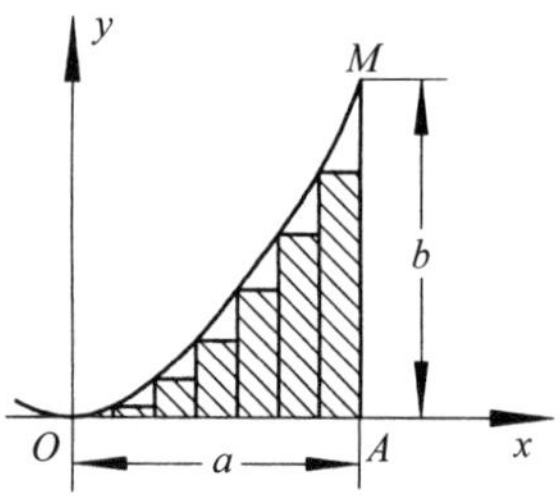

图 1.1

于是，得内接的 n 个矩形面积之和为

$$ab\sum_{k=0}^{n-1}\frac{1}{n}\left(\frac{k}{n}\right)^2=\frac{ab(n-1)(2n-1)}{6n^2},$$

当 $n\to\infty$ 时，它趋向于 $\dfrac{ab}{3}$，即曲边三角形 OAM 的面积为 $\dfrac{ab}{3}$.

【64】 求极限 $\lim\limits_{n\to\infty}\left(\dfrac{1}{2}+\dfrac{3}{2^2}+\dfrac{5}{2^3}+\cdots+\dfrac{2n-1}{2^n}\right)$.

提示 令 $s_n=\dfrac{1}{2}+\dfrac{3}{2^2}+\dfrac{5}{2^3}+\cdots+\dfrac{2n-1}{2^n}$ 及错位相减，易得结果.

解 设

$$s_n=\frac{1}{2}+\frac{3}{2^2}+\frac{5}{2^3}+\cdots+\frac{2n-1}{2^n},$$

则

$$\frac{1}{2}s_n=\frac{1}{2^2}+\frac{3}{2^3}+\cdots+\frac{2n-3}{2^n}+\frac{2n-1}{2^{n+1}},$$

从而 $$s_n-\frac{1}{2}s_n=\frac{1}{2}+\frac{2}{2^2}+\frac{2}{2^3}+\cdots+\frac{2}{2^n}-\frac{2n-1}{2^{n+1}}=\frac{1}{2}+1-\frac{2}{2^n}-\frac{2n-1}{2^{n+1}},$$

于是 $$s_n=3-\frac{4}{2^n}-\frac{2n-1}{2^n}=3-\frac{2n+3}{2^n},$$

而$\lim\limits_{n\to\infty}\frac{2n+3}{2^n}=0$，故得$\lim\limits_{n\to\infty}\left(\frac{1}{2}+\frac{3}{2^2}+\frac{5}{2^3}+\cdots+\frac{2n-1}{2^n}\right)=3.$

【65】 求极限$\lim\limits_{n\to\infty}\left[\frac{1}{1\cdot 2}+\frac{1}{2\cdot 3}+\cdots+\frac{1}{n(n+1)}\right].$

解 $\frac{1}{1\cdot 2}+\frac{1}{2\cdot 3}+\cdots+\frac{1}{n(n+1)}=(1-\frac{1}{2})+(\frac{1}{2}-\frac{1}{3})+\cdots+(\frac{1}{n}-\frac{1}{n+1})=1-\frac{1}{n+1},$

故 $$\lim_{n\to\infty}\left[\frac{1}{1\cdot 2}+\frac{1}{2\cdot 3}+\cdots+\frac{1}{n(n+1)}\right]=\lim_{n\to\infty}\left(1-\frac{1}{n+1}\right)=1.$$

【66】 求极限$\lim\limits_{n\to\infty}(\sqrt{2}\cdot\sqrt[4]{2}\cdot\sqrt[8]{2}\cdots\sqrt[2^n]{2}).$

解 由于 $$\sqrt{2}\cdot\sqrt[4]{2}\cdot\sqrt[8]{2}\cdots\sqrt[2^n]{2}=2^{(\frac{1}{2}+\frac{1}{2^2}+\frac{1}{2^3}+\cdots+\frac{1}{2^n})}=2^{1-\frac{1}{2^n}},$$

故 $$\lim_{n\to\infty}(\sqrt{2}\cdot\sqrt[4]{2}\cdot\sqrt[8]{2}\cdots\cdot\sqrt[2^n]{2})=\lim_{n\to\infty}2^{1-\frac{1}{2^n}}=2.$$

【67】 证明：若$\lim\limits_{n\to\infty}x_n=a$，则$\lim\limits_{n\to\infty}|x_n|=|a|.$

证 因为$\lim\limits_{n\to\infty}x_n=a$，则$\forall\varepsilon>0$，$\exists N\in\mathbf{N}_+$，当$n>N$时，有$|x_n-a|<\varepsilon$. 又因$||x_n|-|a||\leqslant|x_n-a|$，故当$n>N$时，有$||x_n|-|a||<\varepsilon$，于是$\lim\limits_{n\to\infty}|x_n|=|a|.$

【68】 设$x_n\to a(n\to\infty)$，则极限$\lim\limits_{n\to\infty}\frac{x_{n+1}}{x_n}$是什么？

解 按题意，应设$x_n\neq 0(n=1,2,\cdots)$.

若$a\neq 0$，则显然$\lim\limits_{n\to\infty}\frac{x_{n+1}}{x_n}=\frac{\lim\limits_{n\to\infty}x_{n+1}}{\lim\limits_{n\to\infty}x_n}=\frac{a}{a}=1.$

若$a=0$，则$\lim\limits_{n\to\infty}\frac{x_{n+1}}{x_n}$可能不存在，例如，若$\{x_n\}$为：

$$1,1,\frac{1}{2},\frac{1}{2},\frac{1}{2^2},\frac{1}{2^2},\frac{1}{2^3},\frac{1}{2^3},\cdots,$$

则$x_n\to 0(n\to\infty)$，但显然$\lim\limits_{m\to\infty}\frac{x_{2m}}{x_{2m-1}}=1$，$\lim\limits_{m\to\infty}\frac{x_{2m+1}}{x_{2m}}=\frac{1}{2}$，故$\lim\limits_{n\to\infty}\frac{x_{n+1}}{x_n}$不存在.

下证，若$\lim\limits_{n\to\infty}\frac{x_{n+1}}{x_n}$存在，设为$b$，则必有$-1\leqslant b\leqslant 1$.

（反证法）若$|b|>1$. 取r，使$|b|>r>1$. 由$\lim\limits_{n\to\infty}\frac{x_{n+1}}{x_n}=b$，知$\lim\limits_{n\to\infty}\left|\frac{x_{n+1}}{x_n}\right|=|b|>r$. 故$\exists N\in\mathbf{N}_+$，当$n\geqslant N$时，有$\left|\frac{x_{n+1}}{x_n}\right|>r$. 从而，当$n\geqslant N$时，有

$$|x_n|=|x_N|\cdot\left|\frac{x_{N+1}}{x_N}\right|\cdot\left|\frac{x_{N+2}}{x_{N+1}}\right|\cdots\left|\frac{x_n}{x_{n-1}}\right|>|x_N|\cdot r^{n-N},$$

由此可知$\lim\limits_{n\to\infty}x_n=\infty$，此与$\lim\limits_{n\to\infty}x_n=0$矛盾，故必有$-1\leqslant b\leqslant 1$.

综上可得，若$a\neq 0$，则$\lim\limits_{n\to\infty}\frac{x_{n+1}}{x_n}=1$；

若$a=0$，则$\lim\limits_{n\to\infty}\frac{x_{n+1}}{x_n}$可能存在也可能不存在，当$\lim\limits_{n\to\infty}\frac{x_{n+1}}{x_n}$存在时，它必属于$[-1,1]$.

【69】 证明：收敛的数列是有界的.

证 设$\lim\limits_{n\to\infty}x_n=a$. 对$\varepsilon=1$，$\exists N\in\mathbf{N}_+$，当$n>N$时，有$|x_n-a|<1$，即$|x_n|<|a|+1$. 令$M=$

$\max\{|x_1|,|x_2|,\cdots,|x_N|,|a|+1\}$，则$|x_n|\leqslant M(n=1,2,\cdots)$．由此可知数列$\{x_n\}$有界．

【70】 证明：收敛数列或达到其上确界，或达到其下确界，或两者都达到．举出这三类数列的例子．

证 (1)对于各项恒为常数的数列，显然上、下确界均达到．

(2)对于不恒为常数的收敛数列，设$\lim\limits_{n\to\infty}x_n=A$，则或存在某$x_i>A$，或存在某$x_j<A$，或这种$x_i,x_j$都存在．作$A$的充分小的邻域使它不包含$x_i$或$x_j$，或$x_i,x_j$都不包含在此邻域内．由于$x_n\to A(n\to\infty)$，故在这三种情况的任一种下，这个邻域外部都只有$\{x_n\}$中的有限个元素．因此分别为必达到上确界、必达到下确界或上、下确界均必达到．在第一种情形下确界可能达到，也可能达不到；在第二种情形，上确界可能达到，也可能达不到．

例如：$x_n=\left(1+\dfrac{1}{n}\right)^{n+1}$，$y_n=\left(1+\dfrac{1}{n}\right)^n$，$z_n=\dfrac{(-1)^n}{n}$，则数列$\{x_n\}$的上确界4可达到，数列$\{y_n\}$的下确界2可达到，数列$\{z_n\}$的上下确界$\dfrac{1}{2}$，$-1$均可达到．

【71】 证明：趋近于$+\infty$的数列$\{x_n\}$必定达到其下确界．

证 由题设可知$\exists N\in\mathbf{N}_+$，当$n>N$时，有$x_n>x_1$，故$x_1,x_2,\cdots,x_N$中的最小者即为$\{x_n\}$的下确界．

【72】 数列$\{x_n\}$是由下列各式

$$x_1=a,x_2=b,x_n=\frac{x_{n-1}+x_{n-2}}{2}\quad(n=3,4,\cdots)$$

所确定．求$\lim\limits_{n\to\infty}x_n$．

解 由$x_n=\dfrac{x_{n-1}+x_{n-2}}{2}$可得

$$x_{n+1}-x_n=\frac{x_n+x_{n-1}}{2}-x_n=\frac{x_n-x_{n-1}}{-2}=\cdots=\frac{x_2-x_1}{(-2)^{n-1}}=\frac{b-a}{(-2)^{n-1}},$$

$$x_{n+1}=\sum_{m=1}^{n}(x_{m+1}-x_m)+x_1=(b-a)\sum_{m=1}^{n}\frac{1}{(-2)^{m-1}}+a$$

$$=(b-a)\cdot\frac{1-\left(-\frac{1}{2}\right)^n}{1-\left(-\frac{1}{2}\right)}+a=\frac{2}{3}(b-a)\cdot\left[1-\left(-\frac{1}{2}\right)^n\right]+a.$$

所以$\lim\limits_{n\to\infty}x_n=\lim\limits_{n\to\infty}\left\{\dfrac{2}{3}(b-a)\cdot\left[1-\left(-\dfrac{1}{2}\right)^n\right]+a\right\}=\dfrac{a+2b}{3}$.

【73】 证明：若数列$\{x_n\}$收敛，则算术平均值数列$\left\{\xi_n=\dfrac{x_1+x_2+\cdots+x_n}{n}\right\}$也收敛，且

$$\lim_{n\to\infty}\frac{x_1+x_2+\cdots+x_n}{n}=\lim_{n\to\infty}x_n.$$

逆命题不成立，举例说明．

证 设$\lim\limits_{n\to\infty}x_n=a$，则$\forall\varepsilon>0$，$\exists N_1\in\mathbf{N}_+$，当$n>N_1$时，有$|x_n-a|<\dfrac{\varepsilon}{2}$．从而当$n>N_1$时有

$$\left|\frac{x_1+x_2+\cdots+x_n}{n}-a\right|=\left|\frac{x_1-a+x_2-a+\cdots+x_n-a}{n}\right|$$

$$<\frac{|x_1-a+\cdots+x_{N_1}-a|}{n}+\frac{|x_{N_1+1}-a|+\cdots+|x_n-a|}{n}<\frac{M}{n}+\frac{n-N_1}{n}\cdot\frac{\varepsilon}{2}<\frac{M}{n}+\frac{\varepsilon}{2},$$

其中$M=|x_1-a+\cdots+x_{N_1}-a|$.

由$\lim\limits_{n\to\infty}\dfrac{M}{n}=0$，对上述$\varepsilon>0$，$\exists N_2\in\mathbf{N}_+$，当$n>N_2$时，有$\dfrac{M}{n}<\dfrac{\varepsilon}{2}$．取$N=\max\{N_1,N_2\}$，则当$n>N$时有

$$\left|\frac{x_1+x_2+\cdots+x_n}{n}-a\right|<\frac{M}{n}+\frac{\varepsilon}{2}<\varepsilon.$$

故$\lim\limits_{n\to\infty}\dfrac{x_1+x_2+\cdots+x_n}{n}=\lim\limits_{n\to\infty}x_n=a.$

反之不然，例如，数列$\{(-1)^{n+1}\}$发散，但是数列 $\xi_n=\begin{cases}0, & n\text{ 为偶数},\\ -\dfrac{1}{n}, & n\text{ 为奇数}\end{cases}$ 却是收敛的.

【74】 证明：若$\lim\limits_{n\to\infty}x_n=+\infty$，则$\lim\limits_{n\to\infty}\dfrac{x_1+x_2+\cdots+x_n}{n}=+\infty.$

证 因为$\lim\limits_{n\to\infty}x_n=+\infty$，故对$\forall G>0$，$\exists N_1\in\mathbf{N}_+$，当$n>N_1$时，有$x_n>3G$. 记$M=x_1+x_2+\cdots+x_{N_1}$，则

$$\frac{x_1+x_2+\cdots+x_n}{n}=\frac{M}{n}+\frac{x_{N_1+1}+\cdots+x_n}{n}>\frac{M}{n}+\frac{n-N_1}{n}\cdot 3G.$$

又因$\lim\limits_{n\to\infty}\dfrac{M}{n}=0$，$\lim\limits_{n\to\infty}\dfrac{n-N_1}{n}=1$，故$\exists N_2\in\mathbf{N}_+$，当$n>N_2$时，有

$$\frac{M}{n}>-\frac{G}{2},\ \frac{n-N_1}{n}>\frac{1}{2},$$

取$N=\max\{N_1,N_2\}$，则当$n>N$时有

$$\frac{x_1+x_2+\cdots+x_n}{n}>\frac{M}{n}+\frac{n-N_1}{n}\cdot 3G>G.$$

故$\lim\limits_{n\to\infty}\dfrac{x_1+x_2+\cdots+x_n}{n}=+\infty.$

【75】 证明：若数列$\{x_n\}$收敛，且$x_n>0$，$n\in\mathbf{N}_+$，则$\lim\limits_{n\to\infty}\sqrt[n]{x_1x_2\cdots x_n}=\lim\limits_{n\to\infty}x_n.$

证 方法一 设$\lim\limits_{n\to\infty}x_n=a$. 因$x_n>0$，$n\in\mathbf{N}_+$，故$a\geqslant 0$.

先设$a>0$，则$\lim\limits_{n\to\infty}\ln x_n=\ln a$，于是$\lim\limits_{n\to\infty}\dfrac{\ln x_1+\ln x_2+\cdots+\ln x_n}{n}=\ln a.$

由此可知

$$\lim_{n\to\infty}\sqrt[n]{x_1x_2\cdots x_n}=\lim_{n\to\infty}e^{\frac{\ln x_1+\ln x_2+\cdots+\ln x_n}{n}}=e^{\lim\limits_{n\to\infty}\frac{\ln x_1+\ln x_2+\cdots+\ln x_n}{n}}=e^{\ln a}=a=\lim_{n\to\infty}x_n.$$

若$a=0$，则$\lim\limits_{n\to\infty}(-\ln x_n)=+\infty$. 利用上题的结果可知

$$\lim_{n\to\infty}\frac{-\ln x_1-\ln x_2-\cdots-\ln x_n}{n}=+\infty,$$

由此得

$$\lim_{n\to\infty}\sqrt[n]{x_1x_2\cdots x_n}=\lim_{n\to\infty}e^{-\frac{-\ln x_1-\ln x_2-\cdots-\ln x_n}{n}}=e^{-\lim\limits_{n\to\infty}\frac{-\ln x_1-\ln x_2-\cdots-\ln x_n}{n}}=0=\lim_{n\to\infty}x_n.$$

方法二 设$\lim\limits_{n\to\infty}x_n=a$，因$x_n>0$，$n\in\mathbf{N}_+$，故$a\geqslant 0$.

先设$a>0$，则$\lim\limits_{n\to\infty}\dfrac{1}{x_n}=\dfrac{1}{a}$，由均值不等式可得

$$\frac{n}{\frac{1}{x_1}+\frac{1}{x_2}+\cdots+\frac{1}{x_n}}\leqslant\sqrt[n]{x_1x_2\cdots x_n}\leqslant\frac{x_1+x_2+\cdots+x_n}{n}.$$

又 $$\lim_{n\to\infty}\frac{x_1+x_2+\cdots+x_n}{n}=\lim_{n\to\infty}x_n=a,\quad \lim_{n\to\infty}\frac{\frac{1}{x_1}+\frac{1}{x_2}+\cdots+\frac{1}{x_n}}{n}=\lim_{n\to\infty}\frac{1}{x_n}=\frac{1}{a},$$

故$\lim\limits_{n\to\infty}\dfrac{n}{\frac{1}{x_1}+\frac{1}{x_2}+\cdots+\frac{1}{x_n}}=a$. 从而由迫敛性可得$\lim\limits_{n\to\infty}\sqrt[n]{x_1x_2\cdots x_n}=\lim\limits_{n\to\infty}x_n=a.$

若$a=0$，则$\forall\varepsilon>0$，$\exists N_1\in\mathbf{N}_+$，当$n>N_1$时，有$0<x_n<\dfrac{2}{3}\varepsilon$. 又由83题知$\lim\limits_{n\to\infty}\sqrt[n]{x_1x_2\cdots x_{N_1}}=1$，对上述

$\varepsilon>0$，$\exists N_2\in\mathbf{N}_+$，当 $n>N_2$ 时，有 $\sqrt[n]{x_1x_2\cdots x_{N_1}}<\frac{3}{2}$. 取 $N=\max\{N_1,N_2\}$，则当 $n>N$ 时，有

$$0<\sqrt[n]{x_1x_2\cdots x_n}=\sqrt[n]{x_1x_2\cdots x_{N_1}}\cdot\sqrt[n]{x_{N_1+1}\cdots x_n}<\frac{3}{2}\left(\frac{2}{3}\varepsilon\right)^{\frac{n-N_1}{n}}<\varepsilon.$$

由极限定义知 $\lim\limits_{n\to\infty}\sqrt[n]{x_1x_2\cdots x_n}=0=\lim\limits_{n\to\infty}x_n$.

【76】 证明：若 $x_n>0\ (n=1,2,\cdots)$ 且 $\lim\limits_{n\to\infty}\frac{x_{n+1}}{x_n}$ 存在，则 $\lim\limits_{n\to\infty}\sqrt[n]{x_n}=\lim\limits_{n\to\infty}\frac{x_{n+1}}{x_n}$.

证 令 $y_1=x_1$，$y_n=\frac{x_n}{x_{n-1}}\ (n=2,3,\cdots)$，则 $y_n>0$，$x_n=y_1y_2\cdots y_n$，且由题设条件 $\lim\limits_{n\to\infty}y_n$ 存在，设为 a. 于是由上题可知

$$\lim_{n\to\infty}\sqrt[n]{x_n}=\lim_{n\to\infty}\sqrt[n]{y_1y_2\cdots y_n}=\lim_{n\to\infty}y_n=a.$$

【77】 证明：$\lim\limits_{n\to\infty}\frac{n}{\sqrt[n]{n!}}=\mathrm{e}$.

证 设数列 $x_n=\frac{n^n}{n!}\ (n=1,2,\cdots)$，则 $\lim\limits_{n\to\infty}\frac{x_{n+1}}{x_n}=\lim\limits_{n\to\infty}\left(1+\frac{1}{n}\right)^n=\mathrm{e}$，利用上题结果，可得

$$\lim_{n\to\infty}\frac{n}{\sqrt[n]{n!}}=\lim_{n\to\infty}\sqrt[n]{x_n}=\lim_{n\to\infty}\frac{x_{n+1}}{x_n}=\mathrm{e}.$$

知识点3 极限存在准则

1. 迫敛性 若 $y_n\leqslant x_n\leqslant z_n$ 及 $\lim\limits_{n\to\infty}y_n=\lim\limits_{n\to\infty}z_n=a$，则 $\lim\limits_{n\to\infty}x_n=a$；

2. 单调有界原理 单调有界数列必有极限（递增有上界，递减有下界）；

3. 柯西准则 数列 $\{x_n\}$ 收敛的充分必要条件是：$\forall\varepsilon>0$，$\exists N=N(\varepsilon)$，当 $n>N$ 时，对 $\forall p\in\mathbf{N}_+$，有 $|x_{n+p}-x_n|<\varepsilon$.

·知识拓展·

数列 $\{x_n\}$ 收敛的充要条件是它的任何子列收敛（同一个极限）.

如果数列 $\{x_n\}$ 有一个子列发散或者有两个子列收敛到不同的极限，则数列 $\{x_n\}$ 发散.

习题 78—88 迫敛性

【78】 证明：$\lim\limits_{n\to\infty}\frac{n}{2^n}=0$.

证 当 $n>2$ 时，

$$2^n=(1+1)^n=1+n+\frac{n(n-1)}{2}+\cdots+1>\frac{n(n-1)}{2},$$

故 $0<\frac{n}{2^n}<\frac{2}{n-1}$. 又 $\lim\limits_{n\to\infty}\frac{2}{n-1}=0$，由迫敛性知 $\lim\limits_{n\to\infty}\frac{n}{2^n}=0$.

【79】 证明：$\lim\limits_{n\to\infty}\frac{2^n}{n!}=0$.

证 当 $n>3$ 时，有 $0<\frac{2^n}{n!}=\frac{2}{1}\cdot\frac{2}{2}\cdots\frac{2}{n}\leqslant\frac{4}{n}$. 又 $\lim\limits_{n\to\infty}\frac{4}{n}=0$，由迫敛性知 $\lim\limits_{n\to\infty}\frac{2^n}{n!}=0$.

【 80 】 证明：$\lim\limits_{n\to\infty}\frac{n^k}{a^n}=0(a>1)$.

提示 $a^n>\frac{n^2(a-1)^2}{4}(n>2)$. 分别就 $k\leqslant 0, k=1$ 及 $k>0$ 且 $k\neq 1$ 三种情形加以证明.

证 因为 $a>1$，故 $\exists\lambda>0$，使得 $a=1+\lambda$，则当 $n>2$ 时，有 $n-1>\frac{n}{2}$，

$$a^n=(1+\lambda)^n=1+n\lambda+\frac{n(n-1)}{2}\lambda^2+\cdots+\lambda^n>\frac{n(n-1)}{2}\lambda^2>\frac{n^2}{4}\lambda^2=\frac{n^2}{4}(a-1)^2.$$

(1)当 $k\leqslant 0$ 时，显然有 $\lim\limits_{n\to\infty}\frac{n^k}{a^n}=\lim\limits_{n\to\infty}\frac{1}{a^n\cdot n^{-k}}=0$.

(2)当 $k=1$ 时，$0<\frac{n}{a^n}<\frac{4n}{n^2(a-1)^2}=\frac{4}{n(a-1)^2}$，而 $\lim\limits_{n\to\infty}\frac{4}{n(a-1)^2}=0$，所以 $\lim\limits_{n\to\infty}\frac{n}{a^n}=0$.

(3)当 $k>0$ 且 $k\neq 1$ 时，$\frac{n^k}{a^n}=\left[\frac{n}{\sqrt[k]{a^n}}\right]^k$，而 $\sqrt[k]{a}>1$，由(2)知，$\lim\limits_{n\to\infty}\frac{n}{(\sqrt[k]{a})^n}=0$，所以 $\lim\limits_{n\to\infty}\frac{n^k}{a^n}=0$.

综上，当 $a>1$ 时，有 $\lim\limits_{n\to\infty}\frac{n^k}{a^n}=0$.

【 81 】 证明：$\lim\limits_{n\to\infty}\frac{a^n}{n!}=0$.

提示 令 k 表示任一大于 $|a|$ 的正整数，则当 $n>k$ 时，有 $0<\left|\frac{a^n}{n!}\right|<\frac{|a|^{k+1}}{n}$.

证 取 $k=[|a|]+1$，则 $k>|a|$，且当 $n>k$ 时，有

$$0<\left|\frac{a^n}{n!}\right|=\left(\frac{|a|}{1}\cdot\frac{|a|}{2}\cdots\frac{|a|}{k}\right)\left(\frac{|a|}{k+1}\cdot\frac{|a|}{k+2}\cdots\frac{|a|}{n}\right)<|a|^k\frac{|a|}{n}=\frac{|a|^{k+1}}{n}.$$

由于 $\lim\limits_{n\to\infty}\frac{|a|^{k+1}}{n}=0$，所以 $\lim\limits_{n\to\infty}\frac{a^n}{n!}=0$.

【 82 】 证明：$\lim\limits_{n\to\infty}nq^n=0(|q|<1)$.

提示 分别就 $0<q<1$，$-1<q<0$ 及 $q=0$ 三种情形加以证明.

证 (1)当 $0<q<1$ 时，令 $q=\frac{1}{a}$，则 $a>1$，所以 $\lim\limits_{n\to\infty}nq^n=\lim\limits_{n\to\infty}\frac{n}{a^n}=0$.

(2)当 $-1<q<0$ 时，令 $r=-q$，则 $0<r<1$，所以 $\lim\limits_{n\to\infty}nq^n=\lim\limits_{n\to\infty}(-1)^n nr^n=0$.

(3)当 $q=0$ 时，$\lim\limits_{n\to\infty}nq^n=\lim\limits_{n\to\infty}0=0$.

综上，当 $|q|<1$ 时，$\lim\limits_{n\to\infty}nq^n=0$.

【 83 】 证明：$\lim\limits_{n\to\infty}\sqrt[n]{a}=1(a>0)$.

提示 分别就 $a=1$，$a>1$ 及 $0<a<1$ 三种情形加以证明.

证 **方法一** (1)当 $a=1$ 时，显然 $\lim\limits_{n\to\infty}\sqrt[n]{a}=1$.

(2)当 $a>1$ 时，因为 $\sqrt[n]{a}=1+h_n(h_n>0)$，从而 $a=(1+h_n)^n\geqslant 1+nh_n$，故

$$0<\sqrt[n]{a}-1=h_n\leqslant\frac{a-1}{n}.$$

由 $\lim\limits_{n\to\infty}\frac{a-1}{n}=0$ 知，$\lim\limits_{n\to\infty}\sqrt[n]{a}=1$.

(3)当 $0<a<1$ 时，令 $r=\frac{1}{a}$，则 $r>1$，于是 $\lim\limits_{n\to\infty}\sqrt[n]{a}=\lim\limits_{n\to\infty}\frac{1}{\sqrt[n]{r}}=\frac{1}{\lim\limits_{n\to\infty}\sqrt[n]{r}}=1$.

综上，当 $a>0$ 时，$\lim\limits_{n\to\infty}\sqrt[n]{a}=1$.

方法二 (利用均值不等式)

由于 $1\leqslant\sqrt[n]{a}=\sqrt[n]{a\cdot1\cdots1}\leqslant\frac{a+n-1}{n}$，又 $\lim\limits_{n\to\infty}\frac{a+n-1}{n}=1$，故 $\lim\limits_{n\to\infty}\sqrt[n]{a}=1$.

【 84 】 证明：$\lim\limits_{n\to\infty}\sqrt[n]{n}=1$.

证 **方法一** 当 $n>1$ 时，令 $\sqrt[n]{n}=1+h_n(h_n>0)$，则 $n=(1+h_n)^n>1+\frac{n(n-1)}{2}h_n^2$，故 $h_n<\sqrt{\frac{2}{n}}$，于是 $0<\sqrt[n]{n}-1=h_n<\sqrt{\frac{2}{n}}$，由 $\lim\limits_{n\to\infty}\sqrt{\frac{2}{n}}=0$ 知，$\lim\limits_{n\to\infty}\sqrt[n]{n}=1$.

方法二 (利用均值不等式)

由于 $1\leqslant\sqrt[n]{n}=\sqrt[n]{\sqrt{n}\cdot\sqrt{n}\cdot1\cdots1}\leqslant\frac{2\sqrt{n}+n-2}{n}$，$\lim\limits_{n\to\infty}\frac{2\sqrt{n}+n-2}{n}=1$，故 $\lim\limits_{n\to\infty}\sqrt[n]{n}=1$.

【 85 】 证明：$\lim\limits_{n\to\infty}\frac{\log_a n}{n}=0(a>1)$.

证 **方法一** $\forall\varepsilon>0$，由 $\lim\limits_{n\to\infty}\sqrt[n]{n}=1<a^{\varepsilon}$ 可知，$\exists N=N(\varepsilon)$，当 $n>N$ 时，有 $\sqrt[n]{n}<a^{\varepsilon}$，从而当 $n>N$ 时，有 $0<\frac{\log_a n}{n}=\log_a\sqrt[n]{n}<\log_a a^{\varepsilon}=\varepsilon$，故 $\lim\limits_{n\to\infty}\frac{\log_a n}{n}=0$.

方法二 由 $\lim\limits_{n\to\infty}\sqrt[n]{n}=1$，可得 $\lim\limits_{n\to\infty}\frac{\log_a n}{n}=\lim\limits_{n\to\infty}\log_a\sqrt[n]{n}=0$.

【 86 】 证明：$\lim\limits_{n\to\infty}\frac{1}{\sqrt[n]{n!}}=0$.

证 $\forall k\in\{1,2,\cdots,n\}$，$k(n+1-k)=nk-k(k-1)=n+(n-k)(k-1)\geqslant n$. 从而

$$n!\cdot n!=(1\cdot n)\cdot[2\cdot(n-1)]\cdots[k(n+1-k)]\cdots(n\cdot1)\geqslant n^n,$$

即 $(n!)^2\geqslant n^n$，于是 $\sqrt[n]{n!}\geqslant\sqrt{n}$，故 $0<\frac{1}{\sqrt[n]{n!}}\leqslant\frac{1}{\sqrt{n}}$，由 $\lim\limits_{n\to\infty}\frac{1}{\sqrt{n}}=0$ 和迫敛性有 $\lim\limits_{n\to\infty}\frac{1}{\sqrt[n]{n!}}=0$.

【 87 】 当 n 充分大时，下列各组表达式中哪个更大些？

(1) $100n+200$ 或者 $0.01n^2$； (2) 2^n 或者 $n^{1\,000}$； (3) $1\,000^n$ 或者 $n!$.

解 (1) 因为 $\lim\limits_{n\to\infty}\frac{100n+200}{0.01n^2}=0$，所以当 n 充分大时，$0.01n^2$ 较 $100n+200$ 大些.

(2) 因为 $\lim\limits_{n\to\infty}\frac{n^{1\,000}}{2^n}=0$，所以当 n 充分大时，2^n 较 $n^{1\,000}$ 大些.

(3) 因为 $\lim\limits_{n\to\infty}\frac{1\,000^n}{n!}=0$，所以当 n 充分大时，$n!$ 较 $1\,000^n$ 大些.

【 88 】 证明：$\lim\limits_{n\to\infty}\frac{1}{2}\cdot\frac{3}{4}\cdots\frac{2n-1}{2n}=0$.

证 记 $x_n=\frac{1}{2}\cdot\frac{3}{4}\cdots\frac{2n-1}{2n}$，则

$$x_n^2=\frac{1}{2}\cdot\frac{1}{2}\cdot\frac{3}{4}\cdot\frac{3}{4}\cdots\frac{2n-1}{2n}\cdot\frac{2n-1}{2n}<\frac{1}{2}\cdot\frac{2}{3}\cdot\frac{3}{4}\cdot\frac{4}{5}\cdots\frac{2n-1}{2n}\cdot\frac{2n}{2n+1}=\frac{1}{2n+1}.$$

故 $0<x_n<\frac{1}{\sqrt{2n+1}}$. 又 $\lim\limits_{n\to\infty}\frac{1}{\sqrt{2n+1}}=0$，所以 $\lim\limits_{n\to\infty}\frac{1}{2}\cdot\frac{3}{4}\cdots\frac{2n-1}{2n}=0$.

习题 89—95 单调有界原理

【 89 】 设 $x_n=p_0+\frac{p_1}{10}+\cdots+\frac{p_n}{10^n}$，其中 $p_i(i=0,1,2,\cdots)$ 是非负整数，并且从 p_1 起不

大于 9. 证明：数列$\{x_n\}$收敛.

证 $x_{n+1}=x_n+\dfrac{p_{n+1}}{10^{n+1}}$，由 $p_{n+1}\geqslant 0$ 得，$x_{n+1}\geqslant x_n$，因而，数列$\{x_n\}$单调增加.

又因 $p_0\leqslant x_n\leqslant p_0+9\left(\dfrac{1}{10}+\dfrac{1}{10^2}+\cdots+\dfrac{1}{10^n}\right)<1+p_0$，故数列$\{x_n\}$有界. 由单调有界原理知，$\{x_n\}$收敛.

【90】 设 $x_n=\dfrac{10}{1}\cdot\dfrac{11}{3}\cdots\dfrac{n+9}{2n-1}$，证明：数列$\{x_n\}$收敛.

证 $\dfrac{x_{n+1}}{x_n}=\dfrac{n+10}{2n+1}$，当 $n>9$ 时，有$\dfrac{n+10}{2n+1}<1$，故数列$\{x_n\}$从第 10 项起单调减少.
又 $x_n>0(n=1,2,\cdots)$，即$\{x_n\}$有下界. 由单调有界原理知，数列$\{x_n\}$收敛.

【91】 设 $x_n=\left(1-\dfrac{1}{2}\right)\left(1-\dfrac{1}{4}\right)\cdots\left(1-\dfrac{1}{2^n}\right)$，证明：数列$\{x_n\}$收敛.

证 因为 $x_{n+1}=x_n\cdot\left(1-\dfrac{1}{2^{n+1}}\right)<x_n$，所以数列$\{x_n\}$单调减少.
又因 $0<x_n<1(n=1,2,\cdots)$，所以数列$\{x_n\}$有界. 由单调有界原理知，数列$\{x_n\}$收敛.

【92】 设 $x_n=\left(1+\dfrac{1}{2}\right)\left(1+\dfrac{1}{4}\right)\cdots\left(1+\dfrac{1}{2^n}\right)$，证明：数列$\{x_n\}$收敛.

证 因为 $x_{n+1}=x_n\cdot\left(1+\dfrac{1}{2^{n+1}}\right)>x_n$，所以数列$\{x_n\}$单调增加. 又因 $e^a>1+a(a\neq 0)$，所以

$$0<x_n<e^{\frac{1}{2}}\cdot e^{\frac{1}{4}}\cdots e^{\frac{1}{2^n}}=e^{\frac{1}{2}+\frac{1}{2^2}+\cdots+\frac{1}{2^n}}=e^{1-\frac{1}{2^n}}<e,$$

即数列$\{x_n\}$有界. 由单调有界原理知，数列$\{x_n\}$收敛.

【93】 设 $x_1=\sqrt{2}$，$x_2=\sqrt{2+\sqrt{2}}$，…， $x_n=\overbrace{\sqrt{2+\sqrt{2+\cdots+\sqrt{2}}}}^{n\text{重根号}}$，…，证明：数列$\{x_n\}$收敛.

证 首先，数列$\{x_n\}$显然单调增加.
其次，用数学归纳法可证：$x_n\leqslant 2$. 事实上，当 $n=1$ 时显然成立.
假设 $x_k\leqslant 2$，那么 $x_{k+1}=\sqrt{2+x_k}\leqslant\sqrt{2+2}=2$，因而，由数学归纳法可知 $x_n\leqslant 2$ 对一切正整数 n 都成立，即数列$\{x_n\}$有界. 由单调有界原理知，数列$\{x_n\}$收敛.

【94】 设 $a>0$，$x_0>0$，$x_{n+1}=\dfrac{1}{2}\left(x_n+\dfrac{a}{x_n}\right)(n=0,1,2,\cdots)$，证明：$\lim\limits_{n\to\infty}x_n=\sqrt{a}$.

证 显然 $x_n>0(n\in\mathbf{N})$，又

$$x_{n+1}=\frac{1}{2}\left(x_n+\frac{a}{x_n}\right)\geqslant\sqrt{x_n\cdot\frac{a}{x_n}}=\sqrt{a},$$

则

$$\frac{x_{n+1}}{x_n}=\frac{1}{2}\left(1+\frac{a}{x_n^2}\right)\leqslant 1.$$

因此，数列$\{x_n\}$单调递减有下界，由单调有界原理知数列$\{x_n\}$收敛.

设$\lim\limits_{n\to\infty}x_n=l$，则 $l\geqslant\sqrt{a}>0$，在 $x_{n+1}=\dfrac{1}{2}\left(x_n+\dfrac{a}{x_n}\right)$两边取极限，得 $l=\dfrac{1}{2}\left(l+\dfrac{a}{l}\right)$，解得$l=\sqrt{a}$(负值舍去)，故 $\lim\limits_{n\to\infty}x_n=\sqrt{a}$.

【95】 证明：由下列各式

$$x_1=a,y_1=b,x_{n+1}=\sqrt{x_ny_n},y_{n+1}=\frac{x_n+y_n}{2},$$

确定的数列$\{x_n\}$和$\{y_n\}$有公共的极限

$$\mu(a,b)=\lim_{n\to\infty}x_n=\lim_{n\to\infty}y_n.$$

证 由题设条件可得 $x_n,y_n\geqslant 0(n\in\mathbf{N}_+)$，于是 $y_{n+1}=\dfrac{x_n+y_n}{2}\geqslant\sqrt{x_ny_n}=x_{n+1}$，从而当 $n\geqslant 2$ 时，有

$$y_n\geqslant x_n.$$

于是当 $n\geqslant 2$ 时，

$$y_{n+1}=\frac{x_n+y_n}{2}\leqslant\frac{y_n+y_n}{2}=y_n,\ x_{n+1}=\sqrt{x_ny_n}\geqslant\sqrt{x_nx_n}=x_n.$$

从而当 $n>2$ 时，有

$$x_2\leqslant\cdots\leqslant x_n\leqslant y_n\leqslant\cdots\leqslant y_2.$$

故数列 $\{x_n\}$ 单调递增有上界，数列 $\{y_n\}$ 单调递减有下界，由单调有界原理知 $\{x_n\}$ 和 $\{y_n\}$ 均收敛.

设 $\lim\limits_{n\to\infty}x_n=\alpha,\lim\limits_{n\to\infty}y_n=\beta$. 在 $y_{n+1}=\dfrac{x_n+y_n}{2}$ 两边取极限得 $\beta=\dfrac{\alpha+\beta}{2}$，故 $\alpha=\beta$，即 $\lim\limits_{n\to\infty}x_n=\lim\limits_{n\to\infty}y_n$.

习题 96—102 柯西准则

【96】 设 $x_n=a_0+a_1q+\cdots+a_nq^n$，其中 $|a_k|<M(k=0,1,2,\cdots)$ 且 $|q|<1$. 证明：数列 $\{x_n\}$ 收敛.

证 $\forall\varepsilon>0$，由于当 $m>n$ 时有

$$\begin{aligned}|x_m-x_n|&=|a_{n+1}q^{n+1}+\cdots+a_mq^m|\leqslant|a_{n+1}|\cdot|q|^{n+1}+\cdots+|a_m|\cdot|q|^m\\&<M\cdot|q|^{n+1}(1+|q|+\cdots+|q|^{m-n-1})<M\cdot|q|^{n+1}\cdot\frac{1}{1-|q|},\end{aligned}$$

由于 $\lim\limits_{n\to\infty}|q|^{n+1}=0$，故 $\exists N$，当 $n>N$ 时，有 $|q|^{n+1}<\dfrac{(1-|q|)\varepsilon}{M}$.

于是，当 $m>n>N$ 时，有 $|x_m-x_n|<\varepsilon$. 由柯西准则知，数列 $\{x_n\}$ 收敛.

【97】 设 $x_n=\dfrac{\sin 1}{2}+\dfrac{\sin 2}{2^2}+\cdots+\dfrac{\sin n}{2^n}$，证明：数列 $\{x_n\}$ 收敛.

证 $\forall\varepsilon>0$，由于当 $m>n$ 时有

$$\begin{aligned}|x_m-x_n|&=\left|\frac{\sin(n+1)}{2^{n+1}}+\cdots+\frac{\sin m}{2^m}\right|\leqslant\frac{1}{2^{n+1}}\left(1+\frac{1}{2}+\cdots+\frac{1}{2^{m-n-1}}\right)\\&<\frac{1}{2^{n+1}}\cdot\frac{1}{1-\frac{1}{2}}=\frac{1}{2^n}<\frac{1}{n}.\end{aligned}$$

取 $N=\left[\dfrac{1}{\varepsilon}\right]$，则当 $m>n>N$ 时，有 $|x_m-x_n|<\varepsilon$. 由柯西准则知，数列 $\{x_n\}$ 收敛.

【98】 设 $x_n=\dfrac{\cos 1!}{1\cdot 2}+\dfrac{\cos 2!}{2\cdot 3}+\cdots+\dfrac{\cos n!}{n(n+1)}$，证明：数列 $\{x_n\}$ 收敛.

证 $\forall\varepsilon>0$，由于当 $m>n$ 时有

$$\begin{aligned}|x_m-x_n|&=\left|\frac{\cos(n+1)!}{(n+1)(n+2)}+\cdots+\frac{\cos m!}{m(m+1)}\right|\leqslant\frac{1}{(n+1)(n+2)}+\cdots+\frac{1}{m(m+1)}\\&=\left(\frac{1}{n+1}-\frac{1}{n+2}\right)+\cdots+\left(\frac{1}{m}-\frac{1}{m+1}\right)=\frac{1}{n+1}-\frac{1}{m+1}<\frac{1}{n+1}<\frac{1}{n},\end{aligned}$$

取 $N=\left[\dfrac{1}{\varepsilon}\right]$，则当 $m>n>N$ 时，有 $|x_m-x_n|<\varepsilon$. 由柯西准则知，数列 $\{x_n\}$ 收敛.

【99】 设 $x_n=1+\dfrac{1}{2^2}+\cdots+\dfrac{1}{n^2}$，证明：数列 $\{x_n\}$ 收敛.

证 $\forall\varepsilon>0$，由于当 $m>n$ 时有

$$|x_m-x_n|=\frac{1}{(n+1)^2}+\cdots+\frac{1}{m^2}<\frac{1}{n(n+1)}+\cdots+\frac{1}{(m-1)m}=\frac{1}{n}-\frac{1}{m}<\frac{1}{n},$$

取 $N=\left[\frac{1}{\varepsilon}\right]$，则当 $m>n>N$ 时，有 $|x_m-x_n|<\varepsilon$. 由柯西准则知，数列 $\{x_n\}$ 收敛.

【100】 对于数列 $\{x_n\}$，若存在数 C，使得

$$|x_2-x_1|+|x_3-x_2|+\cdots+|x_n-x_{n-1}|<C(n=2,3,\cdots),$$

则称数列 $\{x_n\}$ 为有界变差数列.

证明：有界变差数列必收敛. 举出一个收敛数列而非有界变差的例子.

证 记 $y_n=|x_2-x_1|+|x_3-x_2|+\cdots+|x_n-x_{n-1}|(n=2,3,\cdots)$，则由题设条件知数列 $\{y_n\}$ 单调增加且有界，由单调有界原理知数列 $\{y_n\}$ 收敛. 由柯西收敛准则知，对 $\forall\varepsilon>0$，$\exists N\in\mathbf{N}_+$，当 $m>n>N$ 时，有 $|y_m-y_n|<\varepsilon$，即

$$|x_m-x_{m-1}|+|x_{m-1}-x_{m-2}|+\cdots+|x_{n+1}-x_n|<\varepsilon.$$

于是对数列 $\{x_n\}$，当 $m>n>N$ 时，有

$$\begin{aligned}|x_m-x_n|&=|x_m-x_{m-1}+x_{m-1}-x_{m-2}+\cdots+x_{n+1}-x_n|\\&\leqslant|x_m-x_{m-1}|+|x_{m-1}-x_{m-2}|+\cdots+|x_{n+1}-x_n|<\varepsilon.\end{aligned}$$

由柯西准则知，数列 $\{x_n\}$ 收敛.

举例：$\{x_n\}$：$1,-1,\frac{1}{2},-\frac{1}{2},\frac{1}{3},-\frac{1}{3},\cdots,\frac{1}{n},(-1)\frac{1}{n},\cdots$，它是以零为极限的收敛数列. 但它不是有界变差数列. 事实上，

$$\begin{aligned}&|x_2-x_1|+|x_3-x_2|+|x_4-x_3|+\cdots+|x_{2n}-x_{2n-1}|\\>&|x_2-x_1|+|x_4-x_3|+\cdots+|x_{2n}-x_{2n-1}|\\=&2\left(1+\frac{1}{2}+\frac{1}{3}+\frac{1}{4}+\cdots+\frac{1}{n}\right),\end{aligned}$$

而数列 $\omega_n=1+\frac{1}{2}+\cdots+\frac{1}{n}$ 发散，且单调递增，故 $\omega_n\to+\infty(n\to\infty)$. 于是

$$|x_2-x_1|+|x_3-x_2|+\cdots+|x_{2n}-x_{2n-1}|$$

无界，因而，收敛数列 $\{x_n\}$：$1,-1,\frac{1}{2},-\frac{1}{2},\cdots$ 不是有界变差数列.

【101】 试叙述"数列 $\{x_n\}$ 不满足柯西准则"的含义.

解 数列 $\{x_n\}$ 发散的充分必要条件是：$\exists\varepsilon_0>0$，对 $\forall N$，$\exists n_0>N$，$\exists p_0\in\mathbf{N}_+$，使得 $|x_{n_0+p_0}-x_{n_0}|\geqslant\varepsilon_0$. 或数列 $\{x_n\}$ 发散的充分必要条件是：$\exists\varepsilon_0>0$，对 $\forall N$，$\exists n_0,m_0$，虽有 $n_0>N,m_0>N$，但有 $|x_{n_0}-x_{m_0}|\geqslant\varepsilon_0$.

【102】 利用柯西准则，证明：数列 $x_n=1+\frac{1}{2}+\frac{1}{3}+\cdots+\frac{1}{n}$ 的发散性.

证 取 $\varepsilon_0=\frac{1}{2}$，$\forall N\in\mathbf{N}_+$，取 $n=N+1,m=2n$，虽有 $m,n>N$，但有

$$|x_m-x_n|=\frac{1}{n+1}+\frac{1}{n+2}+\cdots+\frac{1}{2n}>\frac{n}{2n}=\frac{1}{2},$$

由柯西准则知，数列 $\{x_n\}$ 发散.

习题103—107 数列与子列的关系

【103】 求 $\lim\limits_{n\to\infty}\left[\frac{1}{n}-\frac{2}{n}+\frac{3}{n}-\cdots+\frac{(-1)^{n-1}n}{n}\right]$.

提示 偶子列和奇子列收敛到不同的极限，从而原数列发散.

解 记 $x_n=\frac{1}{n}-\frac{2}{n}+\frac{3}{n}-\cdots+\frac{(-1)^{n-1}n}{n}$，则

$$x_{2k}=\frac{1}{2k}-\frac{2}{2k}+\frac{3}{2k}-\cdots-\frac{2k}{2k}=\frac{-k}{2k}=-\frac{1}{2};$$

$$x_{2k-1}=\frac{1}{2k-1}-\frac{2}{2k-1}+\frac{3}{2k-1}-\cdots+\frac{2k-1}{2k-1}=\frac{k}{2k-1},$$

$$\lim_{k\to\infty}x_{2k-1}=\frac{1}{2}\neq-\frac{1}{2}=\lim_{k\to\infty}x_{2k},$$

所以，极限 $\lim\limits_{n\to\infty}\left[\frac{1}{n}-\frac{2}{n}+\frac{3}{n}-\cdots+\frac{(-1)^{n-1}n}{n}\right]$ 不存在.

【104】 证明：若数列 $\{x_n\}$ 收敛，则它的任何子列 $\{x_{n_k}\}$ 也收敛，且有同一极限即 $\lim\limits_{k\to\infty}x_{n_k}=\lim\limits_{n\to\infty}x_n$.

证 设 $\lim\limits_{n\to\infty}x_n=a$，则 $\forall\varepsilon>0$，$\exists N\in\mathbf{N}_+$，当 $n>N$ 时，有 $|x_n-a|<\varepsilon$.

取 $K=N$，则当 $k>K$ 时，有 $n_k\geqslant k>K=N$，从而有 $|x_{n_k}-a|<\varepsilon$. 故 $\{x_{n_k}\}$ 收敛到 a，即 $\lim\limits_{k\to\infty}x_{n_k}=\lim\limits_{n\to\infty}x_n=a$.

【105】 证明：若单调数列的某一子数列收敛，则此单调数列本身也收敛.

证 不妨设数列 $\{x_n\}$ 单调增加，其子数列 $\{x_{n_k}\}$ 收敛于 a，从而 $\{x_{n_k}\}$ 有界，即 $\exists M>0$，$\forall k\in\mathbf{N}_+$，都有 $x_{n_k}\leqslant M$.

$\forall n\in\mathbf{N}_+$，$\exists k_0$，使得 $n\leqslant k_0$，由 $\{x_n\}$ 单调增加，有 $x_n\leqslant x_{n_{k_0}}\leqslant M$. 故数列 $\{x_n\}$ 递增有上界. 由单调有界原理知，数列 $\{x_n\}$ 收敛.

【106】 证明：从有界的数列 $\{x_n\}$ 中，必可选出收敛的子列 $\{x_{n_k}\}$.

证 **方法一** 因为数列 $\{x_n\}$ 有界，故 $\exists a,b\in\mathbf{R}$，使得对 $\forall n\in\mathbf{N}_+$ 有 $a\leqslant x_n\leqslant b$.

将区间 $[a,b]$ 二等分，得区间 $\left[a,\frac{a+b}{2}\right]$ 和 $\left[\frac{a+b}{2},b\right]$，则其中至少有一个区间包含数列 $\{x_n\}$ 的无限多项，将它记为 $[a_1,b_1]$（若两者均含无穷多项，则任取其一作为 $[a_1,b_1]$）. 再等分区间 $[a_1,b_1]$，得区间 $\left[a_1,\frac{a_1+b_1}{2}\right]$ 和 $\left[\frac{a_1+b_1}{2},b_1\right]$，则其中至少有一个区间包含数列 $\{x_n\}$ 的无限多项，将它记为 $[a_2,b_2]$，则 $[a_2,b_2]\subset[a_1,b_1]$. 如此继续下去，可得一闭区间套 $\{[a_n,b_n]\}$，满足：

(1) 每一 $[a_n,b_n]$ $(n=1,2,\cdots)$ 都包含数列 $\{x_n\}$ 中的无限多项.

(2) $[a_1,b_1]\supset[a_2,b_2]\supset\cdots\supset[a_n,b_n]\supset\cdots$.

(3) $\lim\limits_{n\to\infty}(b_n-a_n)=\lim\limits_{n\to\infty}\frac{b-a}{2^n}=0$.

由(2)(3)根据区间套定理，存在唯一的 $c\in[a_n,b_n]$ $(n=1,2,\cdots)$，且

$$\lim_{n\to\infty}a_n=\lim_{n\to\infty}b_n=c.$$

按下法选出 $\{x_n\}$ 的一个子数列 $\{x_{n_k}\}$：在包含于 $[a_1,b_1]$ 内的诸多项中任取一个作为 x_{n_1}. 在包含于 $[a_2,b_2]$ 内且在 x_{n_1} 后面的诸多项中任取一个作为 x_{n_2}. 在包含于 $[a_3,b_3]$ 内且在 x_{n_2} 后面的诸多项中任取一个作为 x_{n_3}. 这个步骤继续下去，得到 $\{x_n\}$ 的一个子数列 $\{x_{n_k}\}$，满足

$$a_k\leqslant x_{n_k}\leqslant b_k\ (k=1,2,\cdots).$$

由此，知 $|x_{n_k}-c|\leqslant b_k-a_k$ $(k=1,2,\cdots)$，故 $\lim\limits_{k\to\infty}x_{n_k}=c$. 从而 $\{x_{n_k}\}$ 是 $\{x_n\}$ 的一个收敛子数列.

方法二 对数列 $\{x_n\}$ 分两种情况来讨论.

(1) 若对任何正整数 k，数列 $\{x_{k+n}\}$ 有最大项. 设 $\{x_{1+n}\}$ 的最大项为 x_{n_1}，因 $\{x_{n_1+n}\}$ 也有最大项，设其最大项为 x_{n_2}，显然有 $n_2>n_1$，且因 $\{x_{n_1+n}\}$ 是 $\{x_{1+n}\}$ 的一个子列，故 $x_{n_2}\leqslant x_{n_1}$. 同理 $\exists n_3>n_2$，使得 $x_{n_3}\leqslant x_{n_2}$，…，这样就得到了一个单调递减的子数列 $\{x_{n_k}\}$.

(2) 至少存在某个正整数 k，数列 $\{x_{k+n}\}$ 没有最大项. 先取 $n_1=k+1$，因 $\{x_{k+n}\}$ 没有最大项，故 x_{n_1} 后面总

存在项 $x_{n_2}(n_2>n_1)$，使得 $x_{n_2}>x_{n_1}$，同理存在 x_{n_2} 后面的项 $x_{n_3}(n_3>n_2)$，使得 $x_{n_3}>x_{n_2}$，…，这样就得到了一个单调递增的子数列 $\{x_{n_k}\}$.

由 $\{x_n\}$ 有界知，单调子数列 $\{x_{n_k}\}$ 有界，从而 $\{x_{n_k}\}$ 收敛.

【107】 证明：若数列 $\{x_n\}$ 无界，则存在子数列 $\{x_{n_k}\}$，使得 $\lim\limits_{k\to\infty}x_{n_k}=\infty$.

证 因 $\{x_n\}$ 无界，故 $\forall G>0$，$\exists n_G\in\mathbf{N}_+$，使 $|x_{n_G}|>G$. 特别地，对 $k=1,2,\cdots$，$\exists n_k\in\mathbf{N}_+$，使 $|x_{n_k}|>k$，故 $\lim\limits_{k\to\infty}x_{n_k}=\infty$.

知识点4 数 e

数列 $\left\{\left(1+\dfrac{1}{n}\right)^n\right\}$ 具有有限的极限，即

$$\lim_{n\to\infty}\left(1+\frac{1}{n}\right)^n=\mathrm{e}=2.718\ 281\ 828\ 4\cdots.$$

习题108—119 与数 e 有关的等式及不等式

【108】 证明：数列 $x_n=\left(1+\dfrac{1}{n}\right)^n(n=1,2,\cdots)$ 单调增加，且有上界. 而数列 $y_n=\left(1+\dfrac{1}{n}\right)^{n+1}(n=1,2,\cdots)$ 单调减少，且有下界. 由此推出数列 $\{x_n\}$ 和 $\{y_n\}$ 有公共的极限：

$$\lim_{n\to\infty}\left(1+\frac{1}{n}\right)^n=\lim_{n\to\infty}\left(1+\frac{1}{n}\right)^{n+1}=\mathrm{e}.$$

提示 利用均值不等式证明数列 $\{x_n\}$，$\{y_n\}$ 单调，利用二者的关系证明有界. 由单调有界原理知数列 $\{x_n\}$ 和 $\{y_n\}$ 都收敛.

证 由均值不等式有

$$\sqrt[n+1]{\left(1+\frac{1}{n}\right)^n}=\sqrt[n+1]{\left(1+\frac{1}{n}\right)^n\cdot 1}\leqslant\frac{n\cdot\left(1+\frac{1}{n}\right)+1}{n+1}=1+\frac{1}{n+1},$$

于是 $x_n=\left(1+\dfrac{1}{n}\right)^n\leqslant\left(1+\dfrac{1}{n+1}\right)^{n+1}=x_{n+1}$，故数列 $\{x_n\}$ 单调增加.

又由于

$$\sqrt[n+2]{\left(\frac{n}{n+1}\right)^{n+1}}=\sqrt[n+2]{\left(\frac{n}{n+1}\right)^{n+1}\cdot 1}\leqslant\frac{(n+1)\cdot\frac{n}{n+1}+1}{n+2}=\frac{n+1}{n+2},$$

故 $\left(\dfrac{n}{n+1}\right)^{n+1}\leqslant\left(\dfrac{n+1}{n+2}\right)^{n+2}$，即

$$\frac{1}{y_n}=\left(\frac{n}{n+1}\right)^{n+1}\leqslant\left(\frac{n+1}{n+2}\right)^{n+2}=\frac{1}{y_{n+1}}.$$

从而数列 $\{y_n\}$ 单调减少.

由 $\{x_n\}$ 和 $\{y_n\}$ 的单调性知

$$2=x_1<\cdots<x_n=\left(1+\frac{1}{n}\right)^n<y_n=\left(1+\frac{1}{n}\right)^{n+1}<\cdots<y_1=4,$$

从而数列 $\{x_n\}$ 和 $\{y_n\}$ 都有界.

综上，数列 $\{x_n\}$ 和 $\{y_n\}$ 都是单调有界的，由单调有界原理知，数列 $\{x_n\}$ 和 $\{y_n\}$ 都收敛，且

$$\lim_{n\to\infty}\left(1+\frac{1}{n}\right)^{n+1}=\lim_{n\to\infty}\left(1+\frac{1}{n}\right)^{n}\left(1+\frac{1}{n}\right)=\lim_{n\to\infty}\left(1+\frac{1}{n}\right)^{n}\cdot\lim_{n\to\infty}\left(1+\frac{1}{n}\right)=\lim_{n\to\infty}\left(1+\frac{1}{n}\right)^{n},$$

即$\{x_n\}$和$\{y_n\}$的极限相同，记为 e. 于是

$$\lim_{n\to\infty}\left(1+\frac{1}{n}\right)^{n}=\lim_{n\to\infty}\left(1+\frac{1}{n}\right)^{n+1}=\mathrm{e}.$$

【109】 证明：$0<\mathrm{e}-\left(1+\frac{1}{n}\right)^{n}<\frac{3}{n}(n=1,2,\cdots)$. 当指数 n 是什么样的数值时，表达式$\left(1+\frac{1}{n}\right)^{n}$与数 e 之差小于 0.001?

证 由上题结果知 $0<\left(1+\frac{1}{n}\right)^{n}<\mathrm{e}<\left(1+\frac{1}{n}\right)^{n+1}$，从而

$$0<\mathrm{e}-\left(1+\frac{1}{n}\right)^{n}<\left(1+\frac{1}{n}\right)^{n+1}-\left(1+\frac{1}{n}\right)^{n},$$

而
$$\left(1+\frac{1}{n}\right)^{n+1}-\left(1+\frac{1}{n}\right)^{n}=\left(1+\frac{1}{n}\right)^{n}\left[\left(1+\frac{1}{n}\right)-1\right]=\frac{1}{n}\left(1+\frac{1}{n}\right)^{n}<\frac{\mathrm{e}}{n}<\frac{3}{n},$$

因而
$$0<\mathrm{e}-\left(1+\frac{1}{n}\right)^{n}<\frac{3}{n}.$$

其次，要使 $\mathrm{e}-\left(1+\frac{1}{n}\right)^{n}<0.001$，只要$\frac{3}{n}\leqslant 0.001$，即 $n\geqslant 3\ 000$，所以，当指数 n 是代表任一不小于 3 000的正整数，表示式$\left(1+\frac{1}{n}\right)^{n}$与数 e 之差就小于 0.001.

【110】 设$\{p_n\}$为趋于$+\infty$的任意数列，而$\{q_n\}$为趋于$-\infty$的任意数列，且 p_n，$q_n\notin[-1,0](n=1,2,\cdots)$，求证：$\lim_{n\to\infty}\left(1+\frac{1}{p_n}\right)^{p_n}=\lim_{n\to\infty}\left(1+\frac{1}{q_n}\right)^{q_n}=\mathrm{e}$.

证 首先不妨设 $p_n>0, n=1,2,\cdots$. 令 $k_n=[p_n]$，即 k_n 表示 p_n 的整数部分，则 $k_n\leqslant p_n<k_n+1$.

由于$\lim_{n\to\infty}p_n=+\infty$，知$\lim_{n\to\infty}k_n=+\infty$，从而$\lim_{n\to\infty}\left(1+\frac{1}{k_n}\right)^{k_n}=\mathrm{e}$. 由于

$$\frac{1}{k_n}\geqslant\frac{1}{p_n}>\frac{1}{k_n+1},\left(1+\frac{1}{k_n}\right)^{k_n+1}>\left(1+\frac{1}{p_n}\right)^{p_n}>\left(1+\frac{1}{k_n+1}\right)^{k_n},$$

而$\lim_{n\to\infty}\left(1+\frac{1}{k_n}\right)^{k_n+1}=\mathrm{e}$，$\lim_{n\to\infty}\left(1+\frac{1}{k_n+1}\right)^{k_n}=\lim_{n\to\infty}\left(1+\frac{1}{k_n+1}\right)^{k_n+1}\left(1+\frac{1}{k_n+1}\right)^{-1}=\mathrm{e}$,

故

$$\lim_{n\to\infty}\left(1+\frac{1}{p_n}\right)^{p_n}=\mathrm{e}.$$

其次不妨设 $q_n<0, n=1,2,\cdots$. 令 $p_n=-q_n$，由$\lim_{n\to\infty}q_n=-\infty$，知$\lim_{n\to\infty}p_n=+\infty$. 于是

$$\lim_{n\to\infty}\left(1+\frac{1}{q_n}\right)^{q_n}=\lim_{n\to\infty}\left(1-\frac{1}{p_n}\right)^{-p_n}=\lim_{n\to\infty}\left(\frac{p_n}{p_n-1}\right)^{p_n}=\lim_{n\to\infty}\left(1+\frac{1}{p_n-1}\right)^{p_n-1}\left(1+\frac{1}{p_n-1}\right)=\mathrm{e}.$$

故

$$\lim_{n\to\infty}\left(1+\frac{1}{p_n}\right)^{p_n}=\lim_{n\to\infty}\left(1+\frac{1}{q_n}\right)^{q_n}=\mathrm{e}.$$

【111】 已知$\lim_{n\to\infty}\left(1+\frac{1}{n}\right)^{n}=\mathrm{e}$，证明：$\lim_{n\to\infty}\left(1+1+\frac{1}{2!}+\frac{1}{3!}+\cdots+\frac{1}{n!}\right)=\mathrm{e}$. 由此推出公式

$$\mathrm{e}=1+1+\frac{1}{2!}+\frac{1}{3!}+\cdots+\frac{1}{n!}+\frac{\theta_n}{n!\,n},$$

其中 $0<\theta_n<1$，并计算数 e 精确到 10^{-5}.

提示 令 $x_n=\left(1+\frac{1}{n}\right)^{n}$，由$\left(1+\frac{1}{n}\right)^{n}$的二项展开式和迫敛性可求得极限.

证 令 $x_n=\left(1+\frac{1}{n}\right)^n$，将其二项展开可得

$$x_n=\left(1+\frac{1}{n}\right)^n=1+1+C_n^2\frac{1}{n^2}+C_n^3\frac{1}{n^3}+\cdots+C_n^k\frac{1}{n^k}+\cdots+\frac{1}{n^n}$$

$$=1+1+\frac{1}{2!}\left(1-\frac{1}{n}\right)+\frac{1}{3!}\left(1-\frac{1}{n}\right)\left(1-\frac{2}{n}\right)+\cdots+\frac{1}{k!}\left(1-\frac{1}{n}\right)\left(1-\frac{2}{n}\right)\cdots\left(1-\frac{k-1}{n}\right)+\cdots+$$

$$\frac{1}{n!}\left(1-\frac{1}{n}\right)\left(1-\frac{2}{n}\right)\cdots\left(1-\frac{n-1}{n}\right).$$

固定 k，当 $n>k$ 时，有

$$x_n>1+1+\frac{1}{2!}\left(1-\frac{1}{n}\right)+\frac{1}{3!}\left(1-\frac{1}{n}\right)\left(1-\frac{2}{n}\right)+\cdots+\frac{1}{k!}\left(1-\frac{1}{n}\right)\left(1-\frac{2}{n}\right)\cdots\left(1-\frac{k-1}{n}\right),$$

两端令 $n\to\infty$ 取极限，得

$$e\geqslant1+1+\frac{1}{2!}+\frac{1}{3!}+\cdots+\frac{1}{k!}.$$

由于此不等式对任何正整数 k 皆成立，因此

$$\lim_{k\to\infty}\left(1+1+\frac{1}{2!}+\frac{1}{3!}+\cdots+\frac{1}{k!}\right)\leqslant e.$$

另一方面，由 x_n 的展开式又知：对任何正整数 n，有

$$x_n<1+1+\frac{1}{2!}+\frac{1}{3!}+\cdots+\frac{1}{n!},$$

两端令 $n\to\infty$ 取极限，得 $$e\leqslant\lim_{n\to\infty}\left(1+1+\frac{1}{2!}+\frac{1}{3!}+\cdots+\frac{1}{n!}\right).$$

于是 $\lim\limits_{n\to\infty}\left(1+1+\frac{1}{2!}+\frac{1}{3!}+\cdots+\frac{1}{n!}\right)=e$.

其次，设 $\omega_n=1+1+\frac{1}{2!}+\frac{1}{3!}+\cdots+\frac{1}{n!}$，则

$$0<\omega_{n+m}-\omega_n=\frac{1}{(n+1)!}+\frac{1}{(n+2)!}+\cdots+\frac{1}{(n+m)!}$$

$$=\frac{1}{(n+1)!}\left[1+\frac{1}{n+2}+\cdots+\frac{1}{(n+2)(n+3)\cdots(n+m)}\right]$$

$$<\frac{1}{(n+1)!}\left[1+\frac{1}{n+2}+\frac{1}{(n+2)^2}+\cdots+\frac{1}{(n+2)^{m-1}}\right]$$

$$<\frac{1}{(n+1)!}\cdot\frac{n+2}{n+1}=\frac{1}{n!}\cdot\frac{n+2}{(n+1)^2}<\frac{1}{n!}\cdot\frac{1}{n}.$$

固定 n 不变，令 $m\to\infty$ 取极限，注意到 $\omega_n<e$，$n=1,2,\cdots$，可得

$$0<e-\omega_n<\frac{1}{n!}\cdot\frac{1}{n},$$

即 $e-\omega_n=\frac{\theta_n}{n!\ n}$，其中 $0<\theta_n<1$，故

$$e=1+1+\frac{1}{2!}+\frac{1}{3!}+\cdots+\frac{1}{n!}+\frac{\theta_n}{n!\ n}. \qquad ①$$

下面用公式①计算 e，使之精确到 10^{-5}. 取 $n=8$，有

$$\frac{1}{8!\ 8}<0.000\ 003\ 2,$$

为保证 e 精确到 10^{-5}，在计算每一项时，计算到第六位小数上四舍五入凑成整数，则舍入误差总的不超过 $\frac{1}{10^6}\times6=\frac{6}{10^6}<10^{-5}$.

列表：

$$\begin{aligned}
&2.000\,000\\
&\frac{1}{2!}=0.500\,000\\
&\frac{1}{3!}=0.166\,667 \qquad (-)\\
&\frac{1}{4!}=0.041\,667 \qquad (-)\\
&\frac{1}{5!}=0.008\,333 \qquad (+)\\
&\frac{1}{6!}=0.001\,389 \qquad (-)\\
&\frac{1}{7!}=0.000\,198 \qquad (+)\\
&\frac{1}{8!}=0.000\,025 \qquad (-)\\
\hline
&2.718\,279
\end{aligned}$$

考虑到修正数的符号，则总误差介于$-\frac{4}{10^6}$和$\frac{2}{10^6}$之间，因而，数 e 介于 2.718 275 及2.718 281之间，所以 $e=2.718\,28\pm0.000\,01$.

【112】 证明：(1)$\lim\limits_{n\to\infty}\left(1+\frac{x}{n}\right)^n=e^x$；　(2)$\lim\limits_{n\to\infty}\left(1+x+\frac{x^2}{2!}+\cdots+\frac{x^n}{n!}\right)=e^x$.

证　(1)当 $x=0$ 时是显然的；

当 $x>0$ 时，令 $y_n=\frac{n}{x}$，则 $y_n\to+\infty$，从而由 110 题的结论有

$$\lim_{n\to\infty}\left(1+\frac{x}{n}\right)^n=\lim_{n\to\infty}\left(1+\frac{1}{y_n}\right)^{y_n\cdot x}=e^x;$$

当 $x<0$ 时，令 $y_n=\frac{n}{x}$，则 $y_n\to-\infty$，从而由 110 题的结论有

$$\lim_{n\to\infty}\left(1+\frac{x}{n}\right)^n=\lim_{n\to\infty}\left(1+\frac{1}{y_n}\right)^{y_n\cdot x}=e^x.$$

综上，对 $\forall x\in\mathbf{R}$，有$\lim\limits_{n\to\infty}\left(1+\frac{x}{n}\right)^n=e^x$.

注　$x\neq0$ 时，可以用归结原则：由 $\lim\limits_{y\to+\infty}\left(1+\frac{x}{y}\right)^y=\lim\limits_{y\to+\infty}\left(1+\frac{x}{y}\right)^{\frac{y}{x}\cdot x}=e^x$，取 $y_n=n$，即得本题结论.

(2)设

$$u_n(x)=\left(1+\frac{x}{n}\right)^n,\ v_n(x)=1+x+\frac{x^2}{2!}+\cdots+\frac{x^n}{n!},\ n=1,2,\cdots,$$

它们是两个函数序列.

首先证明$\{v_n(x)\}$对任何 x 值都是收敛的. 利用柯西收敛准则，对 $\forall n,p\in\mathbf{N}_+$，有

$$\begin{aligned}
|v_{n+p}(x)-v_n(x)|&=\left|\frac{x^{n+1}}{(n+1)!}+\frac{x^{n+2}}{(n+2)!}+\cdots+\frac{x^{n+p}}{(n+p)!}\right|\leqslant\frac{|x|^{n+1}}{(n+1)!}+\frac{|x|^{n+2}}{(n+2)!}+\cdots+\frac{|x|^{n+p}}{(n+p)!}\\
&=\frac{|x|^{n+1}}{(n+1)!}\left(1+\frac{|x|}{(n+2)}+\cdots+\frac{|x|^{p-1}}{(n+2)\cdots(n+p)}\right)\\
&\leqslant\frac{|x|^{n+1}}{(n+1)!}\left(1+\frac{|x|}{(n+2)}+\cdots+\frac{|x|^{p-1}}{(n+2)^{p-1}}\right)\leqslant\frac{|x|^{n+1}}{(n+1)!}\cdot\frac{1}{1-\frac{|x|}{n+2}}.
\end{aligned}$$

于是，对任意固定的 x，有 $\lim\limits_{n\to\infty}|v_{n+p}(x)-v_n(x)|=0$. 从而证明了对每一个 x，存在极限 $\lim\limits_{n\to\infty}v_n(x)=v(x)$，并且 $\lim\limits_{n\to\infty}v_n(|x|)=v(|x|)$.

另一方面，

$$\begin{aligned}|v_n(x)-u_n(x)| &= \left|\sum_{k=0}^{n}\frac{x^k}{k!}-\sum_{k=0}^{n}\frac{x^k}{k!}\left(1-\frac{1}{n}\right)\cdots\left(1-\frac{k-1}{n}\right)\right| \\ &\leqslant \sum_{k=2}^{n}\frac{|x|^k}{k!}\left[1-\left(1-\frac{1}{n}\right)\cdots\left(1-\frac{k-1}{n}\right)\right] \\ &\leqslant \sum_{k=2}^{n}\frac{|x|^k}{k!}\left[1-\left(1-\frac{(k-1)k}{2n}\right)\right] \\ &= \frac{1}{2n}\sum_{k=2}^{n}\frac{|x|^k}{(k-2)!}\leqslant\frac{x^2}{2n}\cdot v(|x|),\end{aligned} \qquad (**)$$

从而对任意固定的 x，有

$$\lim_{n\to\infty}|v_n(x)-u_n(x)|=0.$$

因此对 $\forall x\in\mathbf{R}$，有

$$\lim_{n\to\infty}\left(1+x+\frac{x^2}{2!}+\cdots+\frac{x^n}{n!}\right)=\lim_{n\to\infty}\left(1+\frac{x}{n}\right)^n=\mathrm{e}^x.$$

注 当 $x>0$ 时，由牛顿二项式定理知

$$\begin{aligned}\left(1+\frac{x}{n}\right)^n &= 1+x+\frac{x^2}{2!}\left(1-\frac{1}{n}\right)+\cdots+\frac{x^n}{n!}\left(1-\frac{1}{n}\right)\cdots\left(1-\frac{n-1}{n}\right) \\ &\leqslant 1+x+\frac{x^2}{2!}+\cdots+\frac{x^n}{n!}.\end{aligned}$$

两边令 $n\to\infty$ 取极限，并由(1)可得 $\mathrm{e}^x\leqslant\lim\limits_{n\to\infty}\left(1+x+\frac{x^2}{2!}+\cdots+\frac{x^n}{n!}\right)$.

另一方面，当 $m>n$ 时有

$$\left(1+\frac{x}{m}\right)^m>1+x+\frac{x^2}{2!}\left(1-\frac{1}{m}\right)+\cdots+\frac{x^n}{n!}\left(1-\frac{1}{m}\right)\cdots\left(1-\frac{n-1}{m}\right),$$

令 $m\to\infty$（n 保持不变），并由(1)可得 $\mathrm{e}^x\geqslant1+x+\frac{x^2}{2!}+\cdots+\frac{x^n}{n!}$.

由于上述不等式对任意 n 成立. 因此 $\lim\limits_{n\to\infty}\left(1+x+\frac{x^2}{2!}+\cdots+\frac{x^n}{n!}\right)\geqslant\mathrm{e}^x$.

由此可知 $\lim\limits_{n\to\infty}\left(1+x+\frac{x^2}{2!}+\cdots+\frac{x^n}{n!}\right)=\mathrm{e}^x\,(x>0)$.

当 $x<0$ 时，$-x>0$，由于

$$\left(1+x+\frac{x^2}{2!}+\cdots+\frac{x^n}{n!}\right)\left(1+(-x)+\frac{(-x)^2}{2!}+\cdots+\frac{(-x)^n}{n!}\right)=1+(-1)^n\left(\frac{x^n}{n!}\right)^2$$

及对固定的 x 有 $\lim\limits_{n\to\infty}\frac{x^n}{n!}=0$，故对于 $x<0$，仍然有

$$\lim_{n\to\infty}\left(1+x+\frac{x^2}{2!}+\cdots+\frac{x^n}{n!}\right)=\mathrm{e}^x.$$

【113】 证明：$\lim\limits_{n\to\infty}n\sin(2\pi\mathrm{e}n!)=2\pi$.

证 由 111 题知

$$\mathrm{e}=1+1+\frac{1}{2!}+\cdots+\frac{1}{k!}+\frac{\theta_k}{k!\,k},$$

其中 $0<\theta_k<1$，因而

$$\lim_{n\to\infty} n\sin(2\pi e n!) = \lim_{n\to\infty} n\sin\left\{2\pi n!\left[1+1+\frac{1}{2!}+\cdots+\frac{1}{(n+1)!}+\frac{\theta_{n+1}}{(n+1)!(n+1)}\right]\right\}$$

$$=\lim_{n\to\infty}\left\{\frac{\sin\left[2\pi\left(\frac{1}{n+1}+\frac{\theta_{n+1}}{(n+1)^2}\right)\right]}{2\pi\left(\frac{1}{n+1}+\frac{\theta_{n+1}}{(n+1)^2}\right)}\cdot 2\pi n\left(\frac{1}{n+1}+\frac{\theta_{n+1}}{(n+1)^2}\right)\right\}=2\pi.$$

【114】 证明：数 e 为无理数.

证 反证法. 假设 e 为有理数$\frac{m}{n}$，m,n 互素，则对于这个 n 有公式

$$\frac{m}{n}=2+\frac{1}{2!}+\frac{1}{3!}+\cdots+\frac{1}{n!}+\frac{\theta_n}{n!\,n}(0<\theta_n<1),$$

等式两端同乘 $n!$，即得左端是整数，而右端是整数加一真分数$\frac{\theta_n}{n}$，矛盾. 所以数 e 为无理数.

【115】 证明：$\left(\frac{n}{e}\right)^n<n!<e\left(\frac{n}{2}\right)^n$.

证 先证$\left(\frac{n}{e}\right)^n<n!$. 设 $x_n=\left(\frac{n}{e}\right)^n$，则当 $n>2$ 时有

$$\frac{x_n}{x_{n-1}}=\frac{n^n}{(n-1)^{n-1}e}=\frac{\left(1+\frac{1}{n-1}\right)^{n-1}n}{e}<n.$$

又 $x_1=\frac{1}{e}<1$，故 $x_n=x_1\cdot\frac{x_2}{x_1}\cdots\frac{x_n}{x_{n-1}}<n!$. 从而$\left(\frac{n}{e}\right)^n<n!$.

再证 $n!<e\left(\frac{n}{2}\right)^n$. 由均值不等式有

$$n!<\left(\frac{1+2+\cdots+n}{n}\right)^n=\left(\frac{n+1}{2}\right)^n=\left(\frac{n}{2}\right)^n\left(1+\frac{1}{n}\right)^n<e\left(\frac{n}{2}\right)^n,$$

即 $n!<e\left(\frac{n}{2}\right)^n$.

综上可得
$$\left(\frac{n}{e}\right)^n<n!<e\left(\frac{n}{2}\right)^n.$$

【116】 证明不等式：

(1)$\frac{1}{n+1}<\ln\left(1+\frac{1}{n}\right)<\frac{1}{n}$，$n$ 为任意正整数； (2)$1+a<e^a$，a 为异于零的实数.

证 (1)因为$\left(1+\frac{1}{n}\right)^n<e<\left(1+\frac{1}{n}\right)^{n+1}$，两边取自然对数，得

$$n\ln\left(1+\frac{1}{n}\right)<1<(n+1)\ln\left(1+\frac{1}{n}\right),$$

故
$$\frac{1}{n+1}<\ln\left(1+\frac{1}{n}\right)<\frac{1}{n}.$$

(2)由(1)可得 $e^{\frac{1}{n+1}}<1+\frac{1}{n}<e^{\frac{1}{n}}$. 于是$\forall m\in\mathbf{N}_+$，有$(e^{\frac{1}{n}})^m>\left(1+\frac{1}{n}\right)^m>1+\frac{m}{n}$.

从而$\forall q\in\mathbf{Q}_+$，有 $e^q>1+q$.

$\forall a\in\mathbf{R}_+$，$\exists\{x_n\}\subset\mathbf{Q}_+$，$x_n>a$，$x_n\to a(n\to\infty)$. 从而当 n 充分大时有

$$x_n<a+\frac{1}{n},e^{x_n}>e^a>e^{x_n-\frac{1}{n}}>1+x_n-\frac{1}{n}.$$

两边令 $n\to\infty$取极限可得 $e^a>1+a$.

下证结论对负实数成立.

由 $e^{\frac{1}{n+1}}<1+\frac{1}{n}$可得，$e^{-\frac{1}{n+1}}>\frac{n}{n+1}=1-\frac{1}{n+1}$($n=0$ 时亦成立).

故$\forall n\in \mathbf{N}_+$，有$e^{-\frac{1}{n}}>1-\frac{1}{n}$.

于是$\forall m\in \mathbf{N}_+$，有$e^{-\frac{m}{n}}=(e^{-\frac{1}{n}})^m>\left(1-\frac{1}{n}\right)^m>1-\frac{m}{n}$，故$\forall q\in \mathbf{Q}_-$，有$e^q>1+q$.

$\forall a\in \mathbf{R}_-$，$\exists\{y_n\}\subset \mathbf{Q}_-$，$y_n>a$，$y_n\to a(n\to\infty)$. 从而当$n$充分大时有

$$y_n<a+\frac{1}{n},e^{y_n}>e^a>e^{y_n-\frac{1}{n}}>1+y_n-\frac{1}{n}.$$

两边令$n\to\infty$取极限可得$e^a>1+a$.

【117】 求证：$\lim\limits_{n\to\infty}n(a^{\frac{1}{n}}-1)=\ln a(a>0)$，其中$\ln a$是取$e=2.718\cdots$作底时，数$a$的对数.

证 先设$a>1$. 令$b_n=a^{\frac{1}{n}}-1$，则$b_n>0$，且$\frac{\ln a}{n}=\ln(1+b_n)$，故

$$n(a^{\frac{1}{n}}-1)=\frac{\ln a}{\ln(1+b_n)}b_n.$$

由于$\lim\limits_{n\to\infty}b_n=0$，故$\exists N\in \mathbf{N}_+$，当$n>N$时，有$0<b_n<1$. 于是，对每个$n>N$，存在唯一正整数$k_n$，使$\frac{1}{k_n+1}\leqslant b_n<\frac{1}{k_n}$. 由于$\lim\limits_{n\to\infty}b_n=0(n\to\infty)$，故$\lim\limits_{n\to\infty}k_n=+\infty$. 因此由116题(1)有

$$\frac{1}{k_n+2}<\ln\left(1+\frac{1}{k_n+1}\right)\leqslant\ln(1+b_n)<\ln\left(1+\frac{1}{k_n}\right)<\frac{1}{k_n}.$$

从而$1-\frac{1}{k_n+1}=\frac{k_n}{k_n+1}<\frac{b_n}{\ln(1+b_n)}<\frac{k_n+2}{k_n}=1+\frac{2}{k_n}$.

由于$\lim\limits_{n\to\infty}k_n=+\infty$，故$\lim\limits_{n\to\infty}\frac{b_n}{\ln(1+b_n)}=1$，由此得

$$\lim_{n\to\infty}n(a^{\frac{1}{n}}-1)=\lim_{n\to\infty}\frac{\ln a}{\ln(1+b_n)}b_n=\ln a.$$

现设$0<a<1$. 则$\frac{1}{a}>1$. 于是，由上述结果可知

$$\lim_{n\to\infty}n(a^{\frac{1}{n}}-1)=\lim_{n\to\infty}\left[(-a^{\frac{1}{n}})\cdot n\left(\left(\frac{1}{a}\right)^{\frac{1}{n}}-1\right)\right]=-\ln\frac{1}{a}=\ln a.$$

当$a=1$时，$\lim\limits_{n\to\infty}n(a^{\frac{1}{n}}-1)=\ln a$显然成立. 故此式对任何$a>0$成立.

【118】 证明：数列$x_n=1+\frac{1}{2}+\frac{1}{3}+\cdots+\frac{1}{n}-\ln n(n=1,2,\cdots)$收敛. 因此有公式

$$1+\frac{1}{2}+\frac{1}{3}+\cdots+\frac{1}{n}=C+\ln n+\varepsilon_n,$$

式中$C=0.577\ 216\cdots$称为欧拉常数，且$\lim\limits_{n\to\infty}\varepsilon_n=0$.

证 由116题(1)知$\ln\left(1+\frac{1}{n}\right)<\frac{1}{n}$，即$\ln(n+1)-\ln n<\frac{1}{n}$. 令$n=1,2,\cdots,n$，得

$$\ln 2-\ln 1<1,\ln 3-\ln 2<\frac{1}{2},\ln 4-\ln 3<\frac{1}{3},\cdots,\ln(n+1)-\ln n<\frac{1}{n},$$

相加得

$$\ln(n+1)<1+\frac{1}{2}+\frac{1}{3}+\cdots+\frac{1}{n}.$$

于是

$$x_{n+1}=1+\frac{1}{2}+\frac{1}{3}+\cdots+\frac{1}{n}+\frac{1}{n+1}-\ln(n+1)>\frac{1}{n+1}>0,$$

即数列$\{x_n\}$有下界.

其次 $$x_n-x_{n+1}=-\frac{1}{n+1}+\ln(n+1)-\ln n=\ln\left(1+\frac{1}{n}\right)-\frac{1}{n+1}>0,$$

因为$\frac{1}{n+1}<\ln\left(1+\frac{1}{n}\right)$,所以 $x_n-x_{n+1}>0$,即数列$\{x_n\}$单调递减.

由单调有界原理,$\lim\limits_{n\to\infty}x_n$存在,记为 C,即

$$C=\lim_{n\to\infty}\left(1+\frac{1}{2}+\frac{1}{3}+\cdots+\frac{1}{n}-\ln n\right).$$

它的近似值为 0.577 216,或表示成

$$1+\frac{1}{2}+\frac{1}{3}+\cdots+\frac{1}{n}=C+\ln n+\varepsilon_n,$$

其中$\lim\limits_{n\to\infty}\varepsilon_n=0$.

【119】 求$\lim\limits_{n\to\infty}\left(\frac{1}{n+1}+\frac{1}{n+2}+\cdots+\frac{1}{2n}\right)$.

解 由上题知

$$1+\frac{1}{2}+\cdots+\frac{1}{n}=C+\ln n+\varepsilon_n, \quad ①$$

$$1+\frac{1}{2}+\cdots+\frac{1}{2n}=C+\ln 2n+\varepsilon_{2n}, \quad ②$$

其中 C 为欧拉常数,$\varepsilon_n\to 0$,$\varepsilon_{2n}\to 0(n\to\infty)$.

②式减①式得

$$\frac{1}{n+1}+\frac{1}{n+2}+\cdots+\frac{1}{2n}=\ln 2n-\ln n+(\varepsilon_{2n}-\varepsilon_n)=\ln 2+(\varepsilon_{2n}-\varepsilon_n)\to\ln 2(n\to\infty),$$

所以$\lim\limits_{n\to\infty}\left(\frac{1}{n+1}+\frac{1}{n+2}+\cdots+\frac{1}{2n}\right)=\ln 2$.

知识点 5 聚点与上下极限

1. 聚点 若数列$\{x_n\}$有子列$\{x_{n_k}\}$满足

$$\lim_{k\to\infty}x_{n_k}=\xi(\text{或}\infty),$$

则称 ξ(或∞)为数列$\{x_n\}$的聚点(聚点也称为极限点).

一切有界数列至少有一个有限的聚点(波尔查诺-魏尔斯特拉斯原理).若这个聚点是唯一的,则它即为该数列的有限极限.

2. 上下极限 数列$\{x_n\}$的最小聚点(有限的或无穷的)称为数列$\{x_n\}$的下极限,记为$\varliminf\limits_{n\to\infty}x_n$,数列$\{x_n\}$的最大聚点称为数列$\{x_n\}$的上极限,记为$\varlimsup\limits_{n\to\infty}x_n$.

极限$\lim\limits_{n\to\infty}x_n$ 存在(有限或无穷)的充分必要条件是$\varliminf\limits_{n\to\infty}x_n=\varlimsup\limits_{n\to\infty}x_n$.

·知识拓展·

聚点的等价定义:若 ξ(或∞)的任一邻域内都含有数列$\{x_n\}$中的无限多项,则称 ξ(或∞)为数列$\{x_n\}$的聚点.

习题 120—155 聚点与上下极限

【求数列 $\{x_n\}$ 的最大项(120—122)】

【120】 $x_n=\dfrac{n^2}{2^n}$.

解 当 $n=3$ 时，$n^2>2^n$；当 $n\neq3$ 时，$n^2\leqslant2^n$. 所以 $\{x_n\}$ 的最大项为 $x_3=\dfrac{9}{8}$.

【121】 $x_n=\dfrac{\sqrt{n}}{100+n}$.

解 由 $100+n\geqslant20\sqrt{n}$ 得，$x_n\leqslant\dfrac{1}{20}$，又 $x_{100}=\dfrac{1}{20}$，所以 $\{x_n\}$ 的最大项为 $x_{100}=\dfrac{1}{20}$.

【122】 $x_n=\dfrac{1\ 000^n}{n!}$.

解 $\dfrac{x_{n+1}}{x_n}=\dfrac{1\ 000}{n+1}$. 当 $n+1<1\ 000$ 时，$x_{n+1}>x_n$；当 $n+1>1\ 000$ 时，$x_{n+1}<x_n$.
所以 $\{x_n\}$ 的最大项为 $x_{1\ 000}=\dfrac{1\ 000^{1\ 000}}{1\ 000!}$.

【求数列 $\{x_n\}$ 的最小项(123—124)】

【123】 $x_n=n^2-9n-100$.

解 由于 $x_n=\left(n-\dfrac{9}{2}\right)^2-\dfrac{481}{4}$，所以 $\{x_n\}$ 的最小项为 $x_4=x_5=-120$.

【124】 $x_n=n+\dfrac{100}{n}$.

解 $x_n\geqslant2\sqrt{n\cdot\dfrac{100}{n}}=20$，又 $x_{10}=20$，所以 $\{x_n\}$ 的最小项为 $x_{10}=20$.

【求数列 $\{x_n\}$ 的 $\inf\{x_n\}$，$\sup\{x_n\}$，$\varliminf\limits_{n\to\infty}x_n$ 及 $\varlimsup\limits_{n\to\infty}x_n$(125—134)】

【125】 $x_n=1-\dfrac{1}{n}$.

解 $\inf\{x_n\}=0$，$\sup\{x_n\}=1$，$\varliminf\limits_{n\to\infty}x_n=1$，$\varlimsup\limits_{n\to\infty}x_n=1$.

【126】 $x_n=\dfrac{(-1)^n}{n}+\dfrac{1+(-1)^n}{2}$.

解 $x_{2k}=\dfrac{1}{2k}+1$，$x_{2k-1}=-\dfrac{1}{2k-1}(k=1,2,\cdots)$，故

$$\inf\{x_n\}=-1,\ \sup\{x_n\}=\frac{3}{2},\ \varliminf_{n\to\infty}x_n=0,\ \varlimsup_{n\to\infty}x_n=1.$$

【127】 $x_n=1+\dfrac{n}{n+1}\cos\dfrac{n\pi}{2}$.

解 $x_{4k}=1+\dfrac{4k}{4k+1}$，$x_{4k+1}=1$，$x_{4k+2}=1-\dfrac{4k+2}{4k+3}$，$x_{4k+3}=1(k=1,2,\cdots)$，故

$$\inf\{x_n\}=0,\ \sup\{x_n\}=2,\ \varliminf_{n\to\infty}x_n=0,\ \varlimsup_{n\to\infty}x_n=2.$$

【128】 $x_n=1+2(-1)^{n+1}+3(-1)^{\frac{n(n-1)}{2}}$.

解 $x_{4k}=2$，$x_{4k+1}=6$，$x_{4k+2}=-4$，$x_{4k+3}=0\ (k=1,2,\cdots)$. 故

$$\inf\{x_n\}=-4,\ \sup\{x_n\}=6,\ \varliminf_{n\to\infty}x_n=-4,\ \varlimsup_{n\to\infty}x_n=6.$$

【129】 $x_n=\frac{n-1}{n+1}\cos\frac{2n\pi}{3}$.

解 $x_{3k}=\frac{3k-1}{3k+1}, x_{3k+1}=-\frac{1}{2}\cdot\frac{3k}{3k+2}, x_{3k+2}=-\frac{1}{2}\cdot\frac{3k+1}{3k+3}(k=1,2,\cdots)$,故

$$\inf\{x_n\}=-\frac{1}{2}, \sup\{x_n\}=1, \varliminf_{n\to\infty}x_n=-\frac{1}{2}, \varlimsup_{n\to\infty}x_n=1.$$

【130】 $x_n=(-1)^n n$.

解 $x_{2k}=2k, x_{2k-1}=1-2k(k=1,2,\cdots)$,故

$$\inf\{x_n\}=-\infty, \sup\{x_n\}=+\infty, \varliminf_{n\to\infty}x_n=-\infty, \varlimsup_{n\to\infty}x_n=+\infty.$$

【131】 $x_n=-n[2+(-1)^n]$.

解 $x_{2k}=-6k, x_{2k-1}=1-2k(k=1,2,\cdots)$,故

$$\inf\{x_n\}=-\infty, \sup\{x_n\}=-1, \varliminf_{n\to\infty}x_n=-\infty, \varlimsup_{n\to\infty}x_n=-\infty.$$

【132】 $x_n=n^{(-1)^n}$.

解 $x_{2k}=2k, x_{2k-1}=\frac{1}{2k-1}(k=1,2,\cdots)$,故

$$\inf\{x_n\}=0, \sup\{x_n\}=+\infty, \varliminf_{n\to\infty}x_n=0, \varlimsup_{n\to\infty}x_n=+\infty.$$

【133】 $x_n=1+n\sin\frac{n\pi}{2}$.

解 $x_{4k}=1, x_{4k+1}=4k+2, x_{4k+2}=1, x_{4k+3}=-(4k+2)(k=1,2,\cdots)$. 故

$$\inf\{x_n\}=-\infty, \sup\{x_n\}=+\infty, \varliminf_{n\to\infty}x_n=-\infty, \varlimsup_{n\to\infty}x_n=+\infty.$$

【134】 $x_n=\frac{1}{n-10.2}$.

解 当 n 由 1 到 10 时,x_n 单调减少且 $x_n<0$;当 n 由 11 到 $+\infty$时,x_n 单调减少且 $x_n>0$,所以 $\inf\{x_n\}=x_{10}=-5, \sup\{x_n\}=x_{11}=1.25, \varliminf_{n\to\infty}x_n=0, \varlimsup_{n\to\infty}x_n=0$.

【求 $\varliminf_{n\to\infty}x_n$ 及 $\varlimsup_{n\to\infty}x_n$(135—139)】

【135】 $x_n=\frac{n^2}{1+n^2}\cos\frac{2n\pi}{3}$.

解 $x_{3k}=\frac{(3k)^2}{1+(3k)^2}, x_{3k+1}=-\frac{1}{2}\cdot\frac{(3k+1)^2}{1+(3k+1)^2}, x_{3k+2}=-\frac{1}{2}\cdot\frac{(3k+2)^2}{1+(3k+2)^2}(k=1,2,\cdots)$.

故 $\varliminf_{n\to\infty}x_n=-\frac{1}{2}, \varlimsup_{n\to\infty}x_n=1$.

【136】 $x_n=\left(1+\frac{1}{n}\right)^n\cdot(-1)^n+\sin\frac{n\pi}{4}$.

解

$$x_{8k}=\left(1+\frac{1}{8k}\right)^{8k}, \quad x_{8k+1}=-\left(1+\frac{1}{8k+1}\right)^{8k+1}+\frac{\sqrt{2}}{2},$$

$$x_{8k+2}=\left(1+\frac{1}{8k+2}\right)^{8k+2}+1, \quad x_{8k+3}=-\left(1+\frac{1}{8k+3}\right)^{8k+3}+\frac{\sqrt{2}}{2},$$

$$x_{8k+4}=\left(1+\frac{1}{8k+4}\right)^{8k+4}, \quad x_{8k+5}=-\left(1+\frac{1}{8k+5}\right)^{8k+5}-\frac{\sqrt{2}}{2},$$

$$x_{8k+6}=\left(1+\frac{1}{8k+6}\right)^{8k+6}-1, \quad x_{8k+7}=-\left(1+\frac{1}{8k+7}\right)^{8k+7}-\frac{\sqrt{2}}{2}.$$

故$\underline{\lim\limits_{n\to\infty}} x_n=-\mathrm{e}-\dfrac{\sqrt{2}}{2}$，$\overline{\lim\limits_{n\to\infty}} x_n=\mathrm{e}+1$.

【137】 $x_n=\dfrac{n}{n+1}\sin^2\dfrac{n\pi}{4}$.

解 $x_{4k}=0$，$x_{4k+1}=\dfrac{4k+1}{2(4k+2)}$， $x_{4k+2}=\dfrac{4k+2}{4k+3}$，$x_{4k+3}=\dfrac{4k+3}{2(4k+4)}(k=1,2,\cdots)$.

故$\underline{\lim\limits_{n\to\infty}} x_n=0$，$\overline{\lim\limits_{n\to\infty}} x_n=1$.

【138】 $x_n=\sqrt[n]{1+2^{n\cdot(-1)^n}}$.

解 $x_{2k}=\sqrt[2k]{1+2^{2k}}$，$x_{2k-1}=\sqrt[2k-1]{1+\left(\dfrac{1}{2}\right)^{2k-1}}(k=1,2,\cdots)$.

故$\underline{\lim\limits_{n\to\infty}} x_n=1$，$\overline{\lim\limits_{n\to\infty}} x_n=2$.

【139】 $x_n=\cos^n\dfrac{2n\pi}{3}$.

解 $x_{3k}=1$，$x_{3k+1}=\left(-\dfrac{1}{2}\right)^{3k+1}$，$x_{3k+2}=\left(-\dfrac{1}{2}\right)^{3k+2}(k=1,2,\cdots)$.

故$\underline{\lim\limits_{n\to\infty}} x_n=0$，$\overline{\lim\limits_{n\to\infty}} x_n=1$.

【求以下各数列的聚点(140—144)】

【140】 $\dfrac{1}{2},\dfrac{1}{2},\dfrac{1}{4},\dfrac{3}{4},\dfrac{1}{8},\dfrac{7}{8},\cdots,\dfrac{1}{2^n},\dfrac{2^n-1}{2^n},\cdots$.

解 聚点为0和1，它们分别为偶子列和奇子列的极限.

【141】 $1,\dfrac{1}{2},1+\dfrac{1}{2},\dfrac{1}{3},1+\dfrac{1}{3},\dfrac{1}{2}+\dfrac{1}{3},\dfrac{1}{4},1+\dfrac{1}{4},\dfrac{1}{2}+\dfrac{1}{4},\dfrac{1}{3}+\dfrac{1}{4},\dfrac{1}{5},\cdots,\dfrac{1}{n},1+\dfrac{1}{n},\dfrac{1}{2}+\dfrac{1}{n},\cdots,\dfrac{1}{n-1}+\dfrac{1}{n},\dfrac{1}{n+1},\cdots$.

解 聚点为$0,1,\dfrac{1}{2},\dfrac{1}{3},\cdots$. 它们分别为子列：$\left\{\dfrac{1}{n}\right\}$，$\left\{1+\dfrac{1}{n}\right\}$，$\left\{\dfrac{1}{2}+\dfrac{1}{n}\right\}$，$\left\{\dfrac{1}{3}+\dfrac{1}{n}\right\}$，…的极限.

【142】 $\dfrac{1}{2},\dfrac{1}{3},\dfrac{2}{3},\dfrac{1}{4},\dfrac{2}{4},\dfrac{3}{4},\dfrac{1}{5},\dfrac{2}{5},\dfrac{3}{5},\dfrac{4}{5},\cdots$.

解 该数列恰包含$(0,1)$中全部有理数，由有理数的稠密性，$\forall x\in[0,1]$，$\exists\{x_n\}\subset[0,1]\cap\mathbf{Q}$，使得$x_n\to x(n\to\infty)$，即$x$必为某子列的极限，所以$x$是该数列的聚点. 由此可知$[0,1]$中的任何点都是该数列的聚点，显然$[0,1]$外的点都不是该数列的聚点. 从而聚点集为$[0,1]$.

【143】 $x_n=3\left(1-\dfrac{1}{n}\right)+(-1)^n\cdot 2$.

解 因为$x_{2k}=3\left(1-\dfrac{1}{2k}\right)+2\to 5(k\to\infty)$，$x_{2k-1}=3\left(1-\dfrac{1}{2k-1}\right)-2\to 1(k\to\infty)$，故聚点为5和1.

【144】 $x_n=\dfrac{1}{2}[(a+b)+(-1)^n(a-b)]$.

解 因为$x_{2k}=a\to a(k\to\infty)$，$x_{2k-1}=b\to b(k\to\infty)$，故聚点为$a$和$b$.

【145】 试举出以已知数$a_1,a_2,\cdots,a_p$作为聚点的数列的例子.

解 数列$a_1-\dfrac{1}{2},a_2-\dfrac{1}{2},\cdots,a_p-\dfrac{1}{2},a_1-\dfrac{1}{3},a_2-\dfrac{1}{3},\cdots,a_p-\dfrac{1}{3},\cdots,a_1-\dfrac{1}{n},a_2-\dfrac{1}{n},\cdots,a_p-\dfrac{1}{n},\cdots$，显然该数列以$a_1,a_2,\cdots,a_p$为聚点.

【146】 试举出一个数列，以已知数列$a_1,a_2,\cdots,a_n,\cdots$的所有项为其聚点，所举数列

还必有怎样的聚点?

解 例如,数列

$$a_1+\frac{1}{2},a_2+\frac{1}{2},a_1+\frac{1}{3},a_2+\frac{1}{3},a_3+\frac{1}{3},a_1+\frac{1}{4},a_2+\frac{1}{4},a_3+\frac{1}{4},a_4+\frac{1}{4},\cdots,$$

$$a_1+\frac{1}{n},a_2+\frac{1}{n},a_3+\frac{1}{n},\cdots,a_n+\frac{1}{n},\cdots$$

就以 $a_1,a_2,a_3,\cdots,a_n,\cdots$ 为其聚点.

此外,很明显,若$\{x_n\}$为一数列,使已知数列$\{a_n\}$的各项 $a_1,a_2,a_3,\cdots,a_n,\cdots$ 皆为$\{x_n\}$的聚点,则已知数列$\{a_n\}$本身的聚点也必为数列$\{x_n\}$的聚点.

【147】 举出数列的例子:

(1)没有有限的聚点;

(2)有唯一有限的聚点,但不收敛;

(3)有无限多个聚点;

(4)以每一实数作为聚点.

解 (1)数列 $x_n=n(n=1,2,\cdots)$没有有限的聚点.

(2)数列:$1,-1,\frac{1}{2},-2,\frac{1}{3},-3,\cdots,\frac{1}{n},-n,\cdots$有唯一有限的聚点 0,但此数列却不收敛.

(3)数列$\frac{1}{2},\frac{1}{3},\frac{2}{3},\frac{1}{4},\frac{2}{4},\frac{3}{4},\frac{1}{5},\frac{2}{5},\frac{3}{5},\frac{4}{5},\cdots$有无限多个聚点,聚点集为$[0,1]$.

(4)按"对角线法则"构造一个数列,使每一元素后面跟一个对应的负数,排列顺次如图 1.2.

$$x_1=1,x_2=-1,x_3=\frac{1}{2},x_4=-\frac{1}{2},x_5=2,x_6=-2,$$

$$x_7=3,x_8=-3,x_9=\frac{2}{2},x_{10}=-\frac{2}{2},x_{11}=\frac{1}{3},x_{12}=-\frac{1}{3},$$

$\cdots\cdots$.

此数列恰好包含所有有理数,以每一实数作为其聚点,即聚点集为$(-\infty,+\infty)$.

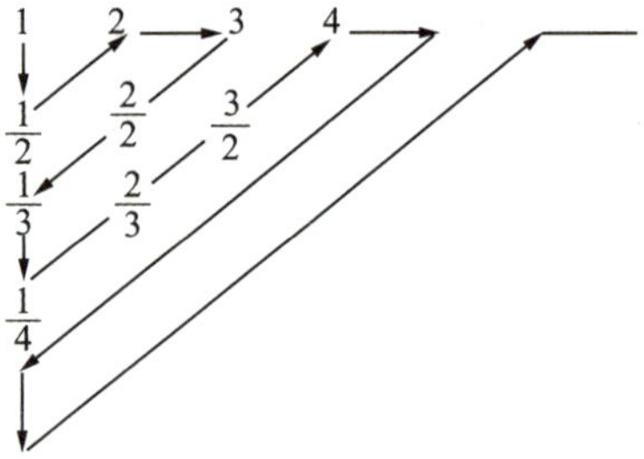

图 1.2

【148】 证明:数列$\{x_n\}$和$\{y_n\}=\{x_n\sqrt[n]{n}\}$有相同的聚点.

证 因为$\lim\limits_{n\to\infty}\sqrt[n]{n}=1$,所以数列$\{x_n\}$的子数列$\{x_{n_k}\}$与$\{y_n\}$的对应的子数列$\{x_{n_k}\sqrt[n_k]{n_k}\}$同时收敛,且具有相同的极限,即数列$\{x_n\}$和$\{y_n\}$有相同的聚点.

【149】 证明:

(1)$\underline{\lim\limits_{n\to\infty}}\, x_n+\underline{\lim\limits_{n\to\infty}}\, y_n\leqslant\underline{\lim\limits_{n\to\infty}}(x_n+y_n)\leqslant\underline{\lim\limits_{n\to\infty}}\, x_n+\overline{\lim\limits_{n\to\infty}}\, y_n$;

(2)$\underline{\lim\limits_{n\to\infty}}\, x_n+\overline{\lim\limits_{n\to\infty}}\, y_n\leqslant\overline{\lim\limits_{n\to\infty}}(x_n+y_n)\leqslant\overline{\lim\limits_{n\to\infty}}\, x_n+\overline{\lim\limits_{n\to\infty}}\, y_n$.

举出在这些关系式中严格不等号成立的例子.

证 (1)**方法一** 先证右端不等式.

根据定义,存在$\{x_n\}$的子数列$\{x_{n_k}\}$使$\lim\limits_{k\to\infty}x_{n_k}=\alpha=\underline{\lim\limits_{n\to\infty}}\, x_n$. 对于数列$\{y_{n_k}\}$,必有子列$\lim\limits_{i\to\infty}y_{n_{k_i}}=\beta=\overline{\lim\limits_{k\to\infty}}\, y_{n_k}$. 显然$\overline{\lim\limits_{k\to\infty}}\, y_{n_k}\leqslant\overline{\lim\limits_{n\to\infty}}\, y_n$. 由于

$$\lim_{i\to\infty}(x_{n_{k_i}}+y_{n_{k_i}})=\alpha+\beta,$$

故 $\alpha+\beta$ 是$\{x_n+y_n\}$的一个聚点. 由此可知 $\alpha+\beta\geqslant\underline{\lim\limits_{n\to\infty}}(x_n+y_n)$. 故得

$$\underline{\lim_{n\to\infty}}(x_n+y_n)\leqslant\alpha+\beta\leqslant\underline{\lim_{n\to\infty}}\, x_n+\overline{\lim_{n\to\infty}}\, y_n.$$

再证左端不等式.

根据定义,存在$\{x_n+y_n\}$的子列$\{x_{n_k}+y_{n_k}\}$使

$$\lim_{k\to\infty}(x_{n_k}+y_{n_k})=\alpha'=\varliminf_{n\to\infty}(x_n+y_n).$$

对于数列$\{x_{n_k}\}$,存在子列$\{x_{n_{k_i}}\}$使$\lim\limits_{i\to\infty}x_{n_{k_i}}=\beta'=\varliminf\limits_{k\to\infty}x_{n_k}$,显然$\varliminf\limits_{k\to\infty}x_{n_k}\geqslant\varliminf\limits_{n\to\infty}x_n$. 由于

$$\lim_{i\to\infty}y_{n_{k_i}}=\lim_{i\to\infty}[(x_{n_{k_i}}+y_{n_{k_i}})-x_{n_{k_i}}]=\alpha'-\beta',$$

故$\alpha'-\beta'$是$\{y_n\}$的一个聚点. 从而$\alpha'-\beta'\geqslant\varliminf\limits_{n\to\infty}y_n$,由此可知

$$\varliminf_{n\to\infty}(x_n+y_n)=\alpha'\geqslant\beta'+\varliminf_{n\to\infty}y_n\geqslant\varliminf_{n\to\infty}x_n+\varliminf_{n\to\infty}y_n.$$

方法二 先证左端不等式. 设$\varliminf\limits_{n\to\infty}x_n=\alpha$,$\varliminf\limits_{n\to\infty}y_n=\beta$,则$\forall\varepsilon>0$,$\exists N\subset\mathbf{N}_+$,当$n>N$时,有$x_n>\alpha-\frac{\varepsilon}{2}$,$y_n>\beta-\frac{\varepsilon}{2}$. 此时有$x_n+y_n>\alpha+\beta-\varepsilon$. 由下极限保不等式的性质可得$\varliminf\limits_{n\to\infty}(x_n+y_n)\geqslant\alpha+\beta-\varepsilon$. 再由$\varepsilon>0$的任意性可得

$$\varliminf_{n\to\infty}(x_n+y_n)\geqslant\alpha+\beta=\varliminf_{n\to\infty}x_n+\varliminf_{n\to\infty}y_n.$$

再证右端不等式.

由上述不等式可得

$$\varliminf_{n\to\infty}x_n=\varliminf_{n\to\infty}(x_n+y_n-y_n)\geqslant\varliminf_{n\to\infty}(x_n+y_n)+\varliminf_{n\to\infty}(-y_n),\text{又}\varliminf_{n\to\infty}(-y_n)=-\varlimsup_{n\to\infty}y_n.$$

故$\varliminf\limits_{n\to\infty}(x_n+y_n)\leqslant\varliminf\limits_{n\to\infty}x_n+\varlimsup\limits_{n\to\infty}y_n$.

(2)**方法一** 先证右端不等式.

根据定义,存在$\{x_n+y_n\}$的一个子列$\{x_{n_k}+y_{n_k}\}$,使

$$\lim_{k\to\infty}(x_{n_k}+y_{n_k})=r=\varlimsup_{n\to\infty}(x_n+y_n).$$

对于数列$\{x_{n_k}\}$,存在子列$\lim\limits_{i\to\infty}x_{n_{k_i}}=\tau=\varlimsup\limits_{k\to\infty}x_{n_k}$. 显然$\varlimsup\limits_{k\to\infty}x_{n_k}\leqslant\varlimsup\limits_{n\to\infty}x_n$. 由于

$$\lim_{i\to\infty}y_{n_{k_i}}=\lim_{i\to\infty}[(x_{n_{k_i}}+y_{n_{k_i}})-x_{n_{k_i}}]=r-\tau,$$

故$r-\tau$是$\{y_n\}$的一个聚点. 从而$r-\tau\leqslant\varlimsup\limits_{n\to\infty}y_n$. 由此可知

$$\varlimsup_{n\to\infty}(x_n+y_n)=r\leqslant\tau+\varlimsup_{n\to\infty}y_n\leqslant\varlimsup_{n\to\infty}x_n+\varlimsup_{n\to\infty}y_n.$$

再证左端不等式.

根据定义,存在$\{y_n\}$的一个子列$\{y_{n_k}\}$,使$\lim\limits_{k\to\infty}y_{n_k}=r'=\varlimsup\limits_{n\to\infty}y_n$. 对于数列$\{x_{n_k}\}$,存在子列$\{x_{n_{k_i}}\}$,使$\lim\limits_{i\to\infty}x_{n_{k_i}}=\tau'=\varliminf\limits_{k\to\infty}x_{n_k}$. 显然$\varliminf\limits_{k\to\infty}x_{n_k}\geqslant\varliminf\limits_{n\to\infty}x_n$. 由于

$$\lim_{i\to\infty}(x_{n_{k_i}}+y_{n_{k_i}})=r'+\tau',$$

故$r'+\tau'$是$\{x_n+y_n\}$的一个聚点. 从而$\varlimsup\limits_{n\to\infty}(x_n+y_n)\geqslant r'+\tau'$. 由此可知

$$\varlimsup_{n\to\infty}(x_n+y_n)\geqslant r'+\tau'\geqslant\varliminf_{n\to\infty}x_n+\varlimsup_{n\to\infty}y_n.$$

严格不等号成立的例子. 例如,

$$\{x_n\}:1,0,1,0,1,0,\cdots,\{y_n\}:0,2,0,2,0,2,\cdots,$$

则有

$$\varliminf_{n\to\infty}x_n+\varliminf_{n\to\infty}y_n=0<\varliminf_{n\to\infty}(x_n+y_n)=1<\varliminf_{n\to\infty}x_n+\varlimsup_{n\to\infty}y_n=2.$$

而对于数列

$$\{x_n\}:0,2,0,2,0,2,\cdots,\{y_n\}:1,0,1,0,1,0,\cdots,$$

则有

$$\varliminf_{n\to\infty}x_n+\varlimsup_{n\to\infty}y_n=1<\varlimsup_{n\to\infty}(x_n+y_n)=2<\varlimsup_{n\to\infty}x_n+\varlimsup_{n\to\infty}y_n=3.$$

方法二 先证右端不等式. 设 $\overline{\lim\limits_{n\to\infty}} x_n=A$, $\overline{\lim\limits_{n\to\infty}} y_n=B$, 则 $\forall\varepsilon>0$, $\exists N\in\mathbf{N}_+$, 当 $n>N$ 时, 有 $x_n<A+\frac{\varepsilon}{2}$, $y_n<B+\frac{\varepsilon}{2}$. 此时有 $x_n+y_n<A+B+\varepsilon$. 由上极限的保不等式的性质可得 $\overline{\lim\limits_{n\to\infty}}(x_n+y_n)\leqslant A+B+\varepsilon$. 再由 $\varepsilon>0$ 的任意性有 $\overline{\lim\limits_{n\to\infty}}(x_n+y_n)\leqslant A+B=\overline{\lim\limits_{n\to\infty}} x_n+\overline{\lim\limits_{n\to\infty}} y_n$.

再证左端不等式. 由上述不等式可得

$$\overline{\lim_{n\to\infty}}\, y_n=\overline{\lim_{n\to\infty}}(x_n+y_n-x_n)\leqslant\overline{\lim_{n\to\infty}}(x_n+y_n)+\overline{\lim_{n\to\infty}}(-x_n)=\overline{\lim_{n\to\infty}}(x_n+y_n)-\underline{\lim_{n\to\infty}}\, x_n,$$

故 $\underline{\lim\limits_{n\to\infty}}\, x_n+\overline{\lim\limits_{n\to\infty}}\, y_n\leqslant\overline{\lim\limits_{n\to\infty}}(x_n+y_n)$.

【150】 设 $x_n\geqslant 0$ 和 $y_n\geqslant 0(n=1,2,\cdots)$. 证明:

(1) $\underline{\lim\limits_{n\to\infty}}\, x_n\cdot\underline{\lim\limits_{n\to\infty}}\, y_n\leqslant\underline{\lim\limits_{n\to\infty}}\, x_ny_n\leqslant\underline{\lim\limits_{n\to\infty}}\, x_n\cdot\overline{\lim\limits_{n\to\infty}}\, y_n$;

(2) $\underline{\lim\limits_{n\to\infty}}\, x_n\cdot\overline{\lim\limits_{n\to\infty}}\, y_n\leqslant\overline{\lim\limits_{n\to\infty}}\, x_ny_n\leqslant\overline{\lim\limits_{n\to\infty}}\, x_n\cdot\overline{\lim\limits_{n\to\infty}}\, y_n$.

举出在这些关系式中严格不等号成立的例子.

证 (1)**方法一** 先证右端不等式.

根据定义, 存在 $\{x_n\}$ 的一个子列 $\{x_{n_k}\}$, 使 $\lim\limits_{k\to\infty} x_{n_k}=\alpha=\underline{\lim\limits_{n\to\infty}}\, x_n\geqslant 0$.

对于数列 $\{y_{n_k}\}$, 存在子数列 $\{y_{n_{k_i}}\}$, 使 $\lim\limits_{i\to\infty} y_{n_{k_i}}=\beta=\overline{\lim\limits_{k\to\infty}}\, y_{n_k}\geqslant 0$. 显然 $\overline{\lim\limits_{k\to\infty}}\, y_{n_k}\leqslant\overline{\lim\limits_{n\to\infty}}\, y_n$. 由于 $\lim\limits_{i\to\infty} x_{n_{k_i}}y_{n_{k_i}}=\alpha\beta$, 故 $\alpha\beta$ 是 $\{x_ny_n\}$ 的一个聚点. 因此 $\underline{\lim\limits_{n\to\infty}}\, x_ny_n\leqslant\alpha\beta$, 再注意到 $\alpha\geqslant 0,\beta\geqslant 0$, 即得知

$$\underline{\lim_{n\to\infty}}\, x_ny_n\leqslant\alpha\beta\leqslant\alpha\cdot\overline{\lim_{n\to\infty}}\, y_n=\underline{\lim_{n\to\infty}}\, x_n\cdot\overline{\lim_{n\to\infty}}\, y_n.$$

再证左端不等式.

若 $\underline{\lim\limits_{n\to\infty}}\, x_n=0$, 则此不等式显然成立, 故设 $\underline{\lim\limits_{n\to\infty}}\, x_n=\beta^*>0$. 于是, $\exists N_0\in\mathbf{N}_+$, 当 $n>N_0$ 时, 有 $x_n>0$. 根据定义, 存在 $\{x_ny_n\}$ 的子数列 $\{x_{n_k}y_{n_k}\}$, 使

$$\lim_{k\to\infty} x_{n_k}y_{n_k}=\alpha'=\underline{\lim_{n\to\infty}}\, x_ny_n\geqslant 0.$$

对于数列 $\{x_{n_k}\}$, 存在子数列 $\{x_{n_{k_i}}\}$, 使 $\lim\limits_{i\to\infty} x_{n_{k_i}}=\beta'=\underline{\lim\limits_{k\to\infty}}\, x_{n_k}$, 注意到 $\beta'=\underline{\lim\limits_{k\to\infty}}\, x_{n_k}\geqslant\underline{\lim\limits_{n\to\infty}}\, x_n=\beta^*>0$ 以及 $x_n>0(n>N_0)$, 知

$$\lim_{i\to\infty} y_{n_{k_i}}=\lim_{i\to\infty}\left[(x_{n_{k_i}}y_{n_{k_i}})\cdot\frac{1}{x_{n_{k_i}}}\right]=\frac{\alpha'}{\beta'},$$

故 $\frac{\alpha'}{\beta'}$ 是 $\{y_n\}$ 的一个聚点. 从而 $\frac{\alpha'}{\beta'}\geqslant\underline{\lim\limits_{n\to\infty}}\, y_n$. 由此可知

$$\underline{\lim_{n\to\infty}}\, x_ny_n=\alpha'\geqslant\beta'\cdot\underline{\lim_{n\to\infty}}\, y_n=\underline{\lim_{n\to\infty}}\, x_n\cdot\underline{\lim_{n\to\infty}}\, y_n.$$

方法二 设 $\underline{\lim\limits_{n\to\infty}}\, x_n=\alpha$, $\underline{\lim\limits_{n\to\infty}}\, y_n=\beta$, 则 $\forall\varepsilon>0$, $\exists N\in\mathbf{N}_+$, 当 $n>N$ 时有 $x_n>\alpha-\varepsilon$, $y_n>\beta-\varepsilon$, 此时

$$x_ny_n>\alpha\beta-(\alpha+\beta)\varepsilon+\varepsilon^2,$$

由下极限的保不等式的性质可得

$$\underline{\lim_{n\to\infty}}(x_ny_n)\geqslant\alpha\beta-(\alpha+\beta)\varepsilon+\varepsilon^2.$$

再由 $\varepsilon>0$ 的任意性知

$$\underline{\lim_{n\to\infty}}(x_ny_n)\geqslant\alpha\beta=\underline{\lim_{n\to\infty}}\, x_n\cdot\underline{\lim_{n\to\infty}}\, y_n.$$

同理可证 $\overline{\lim\limits_{n\to\infty}}(x_ny_n)\leqslant\overline{\lim\limits_{n\to\infty}}\, x_n\cdot\overline{\lim\limits_{n\to\infty}}\, y_n$.

再证(1)的右端.

若 $\overline{\lim\limits_{n\to\infty}}\, y_n=0$, 则 $\overline{\lim\limits_{n\to\infty}}(x_ny_n)=0$. 从而 $\underline{\lim\limits_{n\to\infty}}(x_ny_n)=0$, 结论成立.

若 $\overline{\lim\limits_{n\to\infty}}\, y_n>0$, 则 $\overline{\lim\limits_{n\to\infty}}\, y_n=\underline{\lim\limits_{n\to\infty}}\frac{1}{y_n}$. 故

$$\underline{\lim}_{n\to\infty} x_n=\underline{\lim}_{n\to\infty}\left(x_n y_n\cdot\frac{1}{y_n}\right)\geqslant\underline{\lim}_{n\to\infty}(x_n y_n)\,\underline{\lim}_{n\to\infty}\frac{1}{y_n}=\underline{\lim}_{n\to\infty}(x_n y_n)\cdot\frac{1}{\overline{\lim}_{n\to\infty} y_n}.$$

故$\underline{\lim}_{n\to\infty}(x_n y_n)\leqslant\underline{\lim}_{n\to\infty} x_n\cdot\overline{\lim}_{n\to\infty} y_n$.

(2)先证右端不等式.

可设$\{y_n\}$有上界(若$\{y_n\}$无上界,则$\overline{\lim}_{n\to\infty} y_n=+\infty$,此不等式显然成立). 根据定义,存在$\{x_n y_n\}$的子数列$\{x_{n_k} y_{n_k}\}$,使

$$\lim_{k\to\infty} x_{n_k} y_{n_k}=\bar{\alpha}=\overline{\lim}_{n\to\infty} x_n y_n\geqslant 0.$$

对于$\{x_{n_k}\}$,存在子数列$\{x_{n_{h_i}}\}$,使$\lim_{i\to\infty} x_{n_{k_i}}=\bar{\beta}=\overline{\lim}_{k\to\infty} x_{n_k}\geqslant 0$.

若$\bar{\beta}=0$,则由于$\{y_n\}$有上界,知$\lim_{i\to\infty} x_{n_{k_i}} y_{n_{k_i}}=0$,从而$\bar{\alpha}=0$,此时所要证的不等式显然成立.

下设$\bar{\beta}>0$,则当i充分大时$(i>i_0)$,$x_{n_{k_i}}>0$,故得

$$\lim_{i\to\infty} y_{n_{k_i}}=\lim_{i\to\infty}\left[(x_{n_{k_i}} y_{n_{k_i}})\cdot\frac{1}{x_{n_{k_i}}}\right]=\frac{\bar{\alpha}}{\bar{\beta}},$$

因此$\frac{\bar{\alpha}}{\bar{\beta}}$是$\{y_n\}$的一个聚点,从而$\frac{\bar{\alpha}}{\bar{\beta}}\leqslant\overline{\lim}_{n\to\infty} y_n$. 由此可知

$$\overline{\lim}_{n\to\infty} x_n y_n=\bar{\alpha}\leqslant\bar{\beta}\cdot\overline{\lim}_{n\to\infty} y_n\leqslant\overline{\lim}_{n\to\infty} x_n\cdot\overline{\lim}_{n\to\infty} y_n.$$

再证左端不等式.

根据定义,存在$\{y_n\}$的一子数列$\{y_{n_k}\}$,使$\lim_{k\to\infty} y_{n_k}=r=\overline{\lim}_{n\to\infty} y_n\geqslant 0$,对于$\{x_{n_k}\}$,存在子列$\{x_{n_{k_i}}\}$,使$\lim_{i\to\infty} x_{n_{k_i}}=\tau=\underline{\lim}_{k\to\infty} x_{n_k}\geqslant 0$,显然$\underline{\lim}_{k\to\infty} x_{n_k}\geqslant\underline{\lim}_{n\to\infty} x_n\geqslant 0$. 由于$\lim_{i\to\infty} x_{n_{k_i}} y_{n_{k_i}}=\tau r$,故$\tau r$是$\{x_n y_n\}$的一个聚点. 从而$\tau r\leqslant\overline{\lim}_{n\to\infty} x_n y_n$. 由此可知

$$\underline{\lim}_{n\to\infty} x_n\cdot\overline{\lim}_{n\to\infty} y_n\leqslant\tau r\leqslant\overline{\lim}_{n\to\infty} x_n y_n.$$

严格不等号成立的例子. 例如,

$$\{x_n\}:\ \frac{1}{2},2,\frac{1}{2},2,\frac{1}{2},2,\cdots,$$

$$\{y_n\}:\ 2,\frac{1}{4},2,\frac{1}{4},2,\frac{1}{4},\cdots,$$

则有

$$\underline{\lim}_{n\to\infty} x_n\cdot\underline{\lim}_{n\to\infty} y_n=\frac{1}{8}<\underline{\lim}_{n\to\infty} x_n y_n=\frac{1}{2}<\underline{\lim}_{n\to\infty} x_n\cdot\overline{\lim}_{n\to\infty} y_n=1.$$

而对于数列

$$\{x_n\}:\ 2,\frac{1}{4},2,\frac{1}{4},2,\frac{1}{4},\cdots,$$

$$\{y_n\}:\ \frac{1}{2},2,\frac{1}{2},2,\frac{1}{2},2,\cdots,$$

则有

$$\underline{\lim}_{n\to\infty} x_n\cdot\overline{\lim}_{n\to\infty} y_n=\frac{1}{2}<\overline{\lim}_{n\to\infty} x_n y_n=1<\overline{\lim}_{n\to\infty} x_n\cdot\overline{\lim}_{n\to\infty} y_n=4.$$

【151】 证明:若$\lim_{n\to\infty} x_n$存在,则对于任何数列$\{y_n\}$,有

(1)$\overline{\lim}_{n\to\infty}(x_n+y_n)=\lim_{n\to\infty} x_n+\overline{\lim}_{n\to\infty} y_n$;

(2)$\overline{\lim}_{n\to\infty} x_n y_n=\lim_{n\to\infty} x_n\cdot\overline{\lim}_{n\to\infty} y_n\,(x_n\geqslant 0)$.

证 (1)由于$\lim_{n\to\infty} x_n$存在,故$\underline{\lim}_{n\to\infty} x_n=\lim_{n\to\infty} x_n=\overline{\lim}_{n\to\infty} x_n$,从而

$$\varlimsup_{n\to\infty}(x_n+y_n)\leqslant\varlimsup_{n\to\infty}x_n+\varlimsup_{n\to\infty}y_n=\lim_{n\to\infty}x_n+\varlimsup_{n\to\infty}y_n=\varliminf_{n\to\infty}x_n+\varlimsup_{n\to\infty}y\leqslant\varlimsup_{n\to\infty}(x_n+y_n),$$

故得

$$\varlimsup_{n\to\infty}(x_n+y_n)=\lim_{n\to\infty}x_n+\varlimsup_{n\to\infty}y_n.$$

(2)分三种情形讨论：

（ⅰ）设 $y_n\geqslant0(n=1,2,\cdots)$，则由 $x_n\geqslant0$ 可知

$$\varlimsup_{n\to\infty}x_ny_n\leqslant\varlimsup_{n\to\infty}x_n\cdot\varlimsup_{n\to\infty}y_n=\lim_{n\to\infty}x_n\cdot\varlimsup_{n\to\infty}y_n=\varliminf_{n\to\infty}x_n\cdot\varlimsup_{n\to\infty}y_n\leqslant\varlimsup_{n\to\infty}x_ny_n,$$

故得

$$\varlimsup_{n\to\infty}x_ny_n=\lim_{n\to\infty}x_n\cdot\varlimsup_{n\to\infty}y_n.$$

（ⅱ）设 $y_n\leqslant0(n=1,2,\cdots)$. 则 $-y_n\geqslant0(n=1,2,\cdots)$，于是

$$\begin{aligned}\varliminf_{n\to\infty}(-x_ny_n)&\leqslant\varliminf_{n\to\infty}(-y_n)\cdot\varlimsup_{n\to\infty}x_n=\varliminf_{n\to\infty}(-y_n)\cdot\lim_{n\to\infty}x_n\\&=\varliminf_{n\to\infty}(-y_n)\cdot\varliminf_{n\to\infty}x_n\leqslant\varliminf_{n\to\infty}(-x_ny_n),\end{aligned}$$

故得

$$\varliminf_{n\to\infty}(-x_ny_n)=\lim_{n\to\infty}x_n\cdot\varliminf_{n\to\infty}(-y_n).$$

又根据上、下极限的定义，显然有等式

$$\varliminf_{n\to\infty}(-x_ny_n)=-\varlimsup_{n\to\infty}x_ny_n,\varliminf_{n\to\infty}(-y_n)=-\varlimsup_{n\to\infty}y_n,$$

由此可知

$$\varlimsup_{n\to\infty}x_ny_n=\lim_{n\to\infty}x_n\cdot\varlimsup_{n\to\infty}y_n.$$

（ⅲ）设$\{y_n\}$中有无穷多项是非负的，设这些项构成的子数列为$\{y_{n_k}\}(y_{n_k}\geqslant0,k=1,2,\cdots)$（如果$\{y_n\}$中只有有限项是非负的，则从某一项开始有 $y_n<0$，这时应用（ⅱ）的结果即知所要证的等式成立）. 于是，注意到 $x_n\geqslant0$，显然有（利用(i)已证的结果）

$$\varlimsup_{n\to\infty}x_ny_n=\varlimsup_{k\to\infty}x_{n_k}y_{n_k}=\lim_{k\to\infty}x_{n_k}\cdot\varlimsup_{k\to\infty}y_{n_k}=\lim_{n\to\infty}x_n\cdot\varlimsup_{n\to\infty}y_n.$$

【152】 证明：若 $x_n>0,n\in\mathbf{N}_+$ 及 $\varlimsup\limits_{n\to\infty}x_n\cdot\varlimsup\limits_{n\to\infty}\dfrac{1}{x_n}=1$，则数列$\{x_n\}$收敛.

证　方法一　由题设条件知

$$0<\varlimsup_{n\to\infty}x_n<+\infty,\quad 0<\varlimsup_{n\to\infty}\frac{1}{x_n}<+\infty, \qquad ①$$

由于 $x_n>0,n\in\mathbf{N}_+$，故

$$1=\varliminf_{n\to\infty}\left(x_n\cdot\frac{1}{x_n}\right)\leqslant\varliminf_{n\to\infty}x_n\cdot\varlimsup_{n\to\infty}\frac{1}{x_n}\leqslant\varlimsup_{n\to\infty}\left(x_n\cdot\frac{1}{x_n}\right)=1,$$

故$\varliminf\limits_{n\to\infty}x_n\cdot\varlimsup\limits_{n\to\infty}\dfrac{1}{x_n}=1$. 又由条件$\varlimsup\limits_{n\to\infty}x_n\cdot\varlimsup\limits_{n\to\infty}\dfrac{1}{x_n}=1$ 可得

$$\varliminf_{n\to\infty}x_n\cdot\varlimsup_{n\to\infty}\frac{1}{x_n}=\varlimsup_{n\to\infty}x_n\cdot\varlimsup_{n\to\infty}\frac{1}{x_n}.$$

再注意到①式，可知

$$\varliminf_{n\to\infty}x_n=\varlimsup_{n\to\infty}x_n=a\ (0<a<+\infty).$$

故$\lim\limits_{n\to\infty}x_n$ 存在且$\lim\limits_{n\to\infty}x_n=a$，即数列$\{x_n\}$收敛.

方法二　由 $x_n>0,n\in\mathbf{N}_+$ 可知，$\varliminf\limits_{n\to\infty}x_n\geqslant0$. 如果$\varliminf\limits_{n\to\infty}x_n=0$，则$\varlimsup\limits_{n\to\infty}\dfrac{1}{x_n}=+\infty$，而由$\varlimsup\limits_{n\to\infty}x_n\cdot\varlimsup\limits_{n\to\infty}\dfrac{1}{x_n}=1$ 可知，$0<\varlimsup\limits_{n\to\infty}\dfrac{1}{x_n}<+\infty$，矛盾. 于是$\varliminf\limits_{n\to\infty}x_n>0$，从而存在$\{x_n\}$的子列$\{x_{n_k}\}$，使得

$$\frac{1}{\varliminf\limits_{n\to\infty}x_n}=\frac{1}{\lim\limits_{k\to\infty}x_{n_k}}=\lim_{k\to\infty}\frac{1}{x_{n_k}}\leqslant\varlimsup_{n\to\infty}\frac{1}{x_n}.$$

又存在另一子列$\{x_{m_k}\}$，使得

$$\varlimsup_{n\to\infty}\frac{1}{x_n}=\lim_{k\to\infty}\frac{1}{x_{m_k}}=\frac{1}{\lim\limits_{k\to\infty}x_{m_k}}\leqslant\frac{1}{\varliminf\limits_{n\to\infty}x_n}.$$

故$\varlimsup\limits_{n\to\infty}\dfrac{1}{x_n}=\dfrac{1}{\varliminf\limits_{n\to\infty}x_n}$. 再由条件$\varlimsup\limits_{n\to\infty}x_n\cdot\varlimsup\limits_{n\to\infty}\dfrac{1}{x_n}=1$可得

$$\varliminf_{n\to\infty}x_n=\varlimsup_{n\to\infty}x_n=a\ (0<a<+\infty).$$

因此$\lim\limits_{n\to\infty}x_n$存在且$\lim\limits_{n\to\infty}x_n=a$，即数列$\{x_n\}$收敛.

【**153**】 证明：若对于数列$\{x_n\}$，无论数列$\{y_n\}$怎样选取，以下两个等式中至少有一个成立：

(1)$\varlimsup\limits_{n\to\infty}(x_n+y_n)=\varlimsup\limits_{n\to\infty}x_n+\varlimsup\limits_{n\to\infty}y_n$，(2)$\varlimsup\limits_{n\to\infty}x_ny_n=\varlimsup\limits_{n\to\infty}x_n\cdot\varlimsup\limits_{n\to\infty}y_n\ (x_n\geqslant0,n\in\mathbf{N}_+)$，

则数列$\{x_n\}$是收敛的.

证 若(1)成立，取$y_n=-x_n$，则$\varlimsup\limits_{n\to\infty}y_n=-\varliminf\limits_{n\to\infty}x_n$. 由(1)式得

$$\varlimsup_{n\to\infty}(x_n+y_n)=\varlimsup_{n\to\infty}x_n+\varlimsup_{n\to\infty}y_n=\varlimsup_{n\to\infty}x_n-\varliminf_{n\to\infty}x_n.$$

又由$x_n+y_n=0(n\in\mathbf{N}_+)$可得，$\varlimsup\limits_{n\to\infty}(x_n+y_n)=0$. 由此可知$\varliminf\limits_{n\to\infty}x_n=\varlimsup\limits_{n\to\infty}x_n$，故数列$\{x_n\}$收敛.

若(2)成立.

方法一 取$\{x_n\}$的子列$\{x_{n_k}\}$，使$\lim\limits_{k\to\infty}x_{n_k}=\varliminf\limits_{n\to\infty}x_n$. 取

$$y_n=\begin{cases}0, & n\neq n_k,\\ A, & n=n_k\end{cases}\ (k=1,2,\cdots),$$

其中A为任取的正常数.

注意到$x_n\geqslant0$，由(2)式得，$\varlimsup\limits_{n\to\infty}x_ny_n=\varlimsup\limits_{n\to\infty}x_n\cdot\varlimsup\limits_{n\to\infty}y_n=\varlimsup\limits_{n\to\infty}x_n\cdot A$. 又由

$$x_n\cdot y_n=\begin{cases}0, & n\neq n_k,\\ A\cdot x_{n_k}, & n=n_k\end{cases}\ (k=1,2,\cdots),$$

可得$\varlimsup\limits_{n\to\infty}x_ny_n=\lim\limits_{k\to\infty}(x_{n_k}\cdot A)=\varliminf\limits_{n\to\infty}x_n\cdot A$，由此可知$\varliminf\limits_{n\to\infty}x_n=\varlimsup\limits_{n\to\infty}x_n$，故数列$\{x_n\}$收敛.

方法二 由$x_n\geqslant0$知$\varlimsup\limits_{n\to\infty}x_n\geqslant0$.

若$\varlimsup\limits_{n\to\infty}x_n=0$，则$\varliminf\limits_{n\to\infty}x_n=\varlimsup\limits_{n\to\infty}x_n=0$. 故$\lim\limits_{n\to\infty}x_n=0$，即$\{x_n\}$收敛.

若$\varlimsup\limits_{n\to\infty}x_n>0$，取$y_n=\begin{cases}1, x_n=0,\\ \dfrac{1}{x_n}, x_n>0,\end{cases}$则$1=\varlimsup\limits_{n\to\infty}x_ny_n=\varlimsup\limits_{n\to\infty}x_n\cdot\varlimsup\limits_{n\to\infty}\dfrac{1}{x_n}=\varlimsup\limits_{n\to\infty}x_n\cdot\dfrac{1}{\varliminf\limits_{n\to\infty}x_n}$，

由此可知$\varliminf\limits_{n\to\infty}x_n=\varlimsup\limits_{n\to\infty}x_n$，故$\{x_n\}$收敛.

【**154**】 证明：若数列$\{x_n\}$有界，且$\lim\limits_{n\to\infty}(x_{n+1}-x_n)=0$，则此数列的聚点充满于下极限和上极限$l=\varliminf\limits_{n\to\infty}x_n$，$L=\varlimsup\limits_{n\to\infty}x_n$之间，即区间$[l,L]$中的任意一个数都是该数列的聚点.

证 **方法一** 根据定义，l与L都是$\{x_n\}$的聚点，故只要证明$\forall a\in(l,L)$，a是$\{x_n\}$的一个聚点.

先证：对$\forall\varepsilon>0$及$\forall N\in\mathbf{N}_+$，必有正整数$n^*>N$，使$|x_{n^*}-a|<\varepsilon$.

由假设，$\exists N'\in\mathbf{N}_+$，当$n>N'$时，有$|x_{n+1}-x_n|<\varepsilon$. 令$N_0=\max\{N,N'\}$，则在数列$\{x_{N_0+n}\}$中必至少有两项$x_{n'}$和$x_{n''}$存在，使$x_{n'}<a$，$x_{n''}>a$（因为否则的话，例如，无小于$a$的项，则必$\varliminf\limits_{n\to\infty}x_n\geqslant a$，此与$l<a$矛盾），不妨设$n'<n''$，令满足$n'\leqslant n\leqslant n''$且使$x_n<a$的正整数$n$中之最大者为$n^*$. 显然$n^*\leqslant n''-1$，且$x_{n^*}<a$，$x_{n^*+1}>a$. 故$n^*>N$，$n^*>N'$并且

$$|x_{n^*}-a|<x_{n^*+1}-x_{n^*}<\varepsilon.$$

取 $\varepsilon_1=1, N_1=1$，则存在 $x_{n_1}(n_1>1)$，使 $|x_{n_1}-a|<1$；

取 $\varepsilon_2=\frac{1}{2}, N_2=n_1$，则存在 $x_{n_2}(n_2>n_1)$，使 $|x_{n_2}-a|<\frac{1}{2}$；

取 $\varepsilon_3=\frac{1}{3}, N_3=n_2$，则存在 $x_{n_3}(n_3>n_2)$，使 $|x_{n_3}-a|<\frac{1}{3}$；

这样一直继续下去，则得 $\{x_n\}$ 的一个子数列 $\{x_{n_k}\}$，满足 $|x_{n_k}-a|<\frac{1}{k}(k=1,2,\cdots)$，故 $\lim\limits_{k\to\infty}x_{n_k}=a$，即 a 是 $\{x_n\}$ 的一个聚点.

方法二 根据定义，l 与 L 都是 $\{x_n\}$ 的聚点，故只要证明 $\forall a\in(l,L)$，a 是 $\{x_n\}$ 的一个聚点.

由聚点的等价定义，只要证 $\forall\varepsilon>0$（不妨设 $\varepsilon<\min\left\{\frac{a-l}{2},\frac{L-a}{2}\right\}$），$U(a;\varepsilon)$ 内含有数列 $\{x_n\}$ 的无限多个项.

（反证法）若不然，在 $U(a;\varepsilon)$ 内仅含有数列 $\{x_n\}$ 的有限项，记这有限项的最大下标为 N_1. 由 $\lim\limits_{n\to\infty}(x_{n+1}-x_n)=0$，对上述 $\varepsilon>0$，$\exists N_2\in\mathbf{N}_+$，当 $n>N_2$ 时，有 $x_{n+1}-x_n<\varepsilon$. 取 $N=\max\{N_1,N_2\}$，若 $x_{N+1}<a-\varepsilon$，则当 $n>N$ 时，有 $x_n<a-\varepsilon<L-\varepsilon$，这与 $L=\overline{\lim\limits_{n\to\infty}}x_n$ 矛盾. 若 $x_{N+1}>a+\varepsilon$，则当 $n>N$ 时，有 $x_n>a+\varepsilon>l+\varepsilon$，这与 $l=\underline{\lim\limits_{n\to\infty}}x_n$ 矛盾. 故 $U(a;\varepsilon)$ 内含有数列 $\{x_n\}$ 的无限多个项，从而 a 为数列 $\{x_n\}$ 的聚点.

【155】 设数列 $\{x_n\}$ 满足条件 $0\leqslant x_{m+n}\leqslant x_m+x_n(m,n\in\mathbf{N}_+)$，证明：$\lim\limits_{n\to\infty}\frac{x_n}{n}$ 存在.

证 方法一 由于 $x_n\leqslant x_{n-1}+x_1\leqslant x_{n-2}+x_1+x_1\leqslant\cdots\leqslant nx_1$，故 $0\leqslant\frac{x_n}{n}\leqslant x_1$，从而数列 $\left\{\frac{x_n}{n}\right\}$ 有界. 令 $\underline{\lim\limits_{n\to\infty}}\frac{x_n}{n}=a$，则 $0\leqslant a\leqslant x_1$. 于是 $\forall\varepsilon>0$，$\exists N\in\mathbf{N}_+$，$N>1$，使 $\frac{x_N}{N}<a+\varepsilon$.

又任何正整数 $n>N$ 都可表为 $n=qN+r$，其中 q 为正整数，r 为小于 N 的非负整数（$0\leqslant r<N$）. 从而有

$$x_n=x_{qN+r}\leqslant x_{(q-1)N}+x_N+x_r\leqslant\cdots\leqslant qx_N+x_r\leqslant qx_N+rx_1\leqslant qx_N+Nx_1,$$

于是

$$\frac{x_n}{n}\leqslant\frac{qx_N}{n}+\frac{Nx_1}{n}\leqslant\frac{x_N}{N}+\frac{Nx_1}{n}<a+\varepsilon+\frac{Nx_1}{n}.$$

由此可知 $\overline{\lim\limits_{n\to\infty}}\frac{x_n}{n}\leqslant a+\varepsilon$，再由 $\varepsilon>0$ 的任意性，即得 $\overline{\lim\limits_{n\to\infty}}\frac{x_n}{n}\leqslant a$，故 $\underline{\lim\limits_{n\to\infty}}\frac{x_n}{n}=\overline{\lim\limits_{n\to\infty}}\frac{x_n}{n}$，因此 $\lim\limits_{n\to\infty}\frac{x_n}{n}$ 存在且有限.

方法二 反证法. 由题设条件可知数列 $\left\{\frac{x_n}{n}\right\}$ 有界，假定 $\lim\limits_{n\to\infty}\frac{x_n}{n}$ 不存在，由于

$$0\leqslant\frac{x_n}{n}\leqslant x_1(n=1,2,\cdots),$$

则数列 $\left\{\frac{x_n}{n}\right\}$ 至少有两个聚点 a 与 b，不妨设 $a<b$，于是 $0\leqslant a<b\leqslant x_1$. 根据聚点定义，存在 $\{x_n\}$ 的两个子数列 $\{x_{n_i}\}$ 与 $\{x_{m_j}\}$，使

$$\lim_{i\to\infty}\frac{x_{n_i}}{n_i}=a,\lim_{j\to\infty}\frac{x_{m_j}}{m_j}=b.$$

任给 $\varepsilon>0$，必存在正整数 $i_0>1$，使 $\frac{x_{n_{i_0}}}{n_{i_0}}<a+\varepsilon$. 显然，当 j 充分大时（$j>j_0$），必有 $m_j>n_{i_0}$，由 $0\leqslant x_{m+n}\leqslant x_m+x_n(m,n\in\mathbf{N}_+)$ 可得（$[x]$ 表 x 的整数部分）

$$x_{m_j}\leqslant\left[\frac{m_j}{n_{i_0}}\right]x_{n_{i_0}}+n_{i_0}x_1\leqslant\frac{m_j}{n_{i_0}}x_{n_{i_0}}+n_{i_0}x_1,$$

于是 $j>j_0$ 时，有

$$\frac{x_{m_j}}{m_j}\leqslant\frac{x_{n_{i_0}}}{n_{i_0}}+\frac{n_{i_0}x_1}{m_j}<a+\varepsilon+\frac{n_{i_0}x_1}{m_j},$$

故 $b=\lim\limits_{j\to\infty}\frac{x_{m_j}}{m_j}\leqslant a+\varepsilon$. 由 $\varepsilon>0$ 的任意性得 $b\leqslant a$，此与 $a<b$ 矛盾. 故假设错误，结论成立.

习题 156—158 施托尔茨(O. Stolz)定理

【156】 证明施托尔茨(O. Stolz)定理：若

(1) $y_{n+1}>y_n(n\in\mathbf{N}_+)$； (2) $\lim\limits_{n\to\infty}y_n=+\infty$； (3) $\lim\limits_{n\to\infty}\frac{x_{n+1}-x_n}{y_{n+1}-y_n}$存在，

则 $\lim\limits_{n\to\infty}\frac{x_n}{y_n}=\lim\limits_{n\to\infty}\frac{x_{n+1}-x_n}{y_{n+1}-y_n}$.

证 设 $\lim\limits_{n\to\infty}\frac{x_{n+1}-x_n}{y_{n+1}-y_n}=a$，又 $\lim\limits_{n\to\infty}y_n=+\infty$，则对 $\forall\,\varepsilon>0$，$\exists\,N\in\mathbf{N}_+$，当 $n\geqslant N$ 时，有

$$a-\varepsilon<\frac{x_{n+1}-x_n}{y_{n+1}-y_n}<a+\varepsilon,\ y_n>0.$$

注意到 $y_{n+1}>y_n(n\in\mathbf{N}_+)$，于是当 $n\geqslant N$ 时，有

$$(a-\varepsilon)(y_{n+1}-y_n)<x_{n+1}-x_n<(a+\varepsilon)(y_{n+1}-y_n).$$

于是

$$(a-\varepsilon)(y_{N+1}-y_N)<x_{N+1}-x_N<(a+\varepsilon)(y_{N+1}-y_N),$$
$$(a-\varepsilon)(y_{N+2}-y_{N+1})<x_{N+2}-x_{N+1}<(a+\varepsilon)(y_{N+2}-y_{N+1}),$$
$$\cdots$$
$$(a-\varepsilon)(y_{n+1}-y_n)<x_{n+1}-x_n<(a+\varepsilon)(y_{n+1}-y_n),$$

将上述各式相加，得

$$(a-\varepsilon)(y_{n+1}-y_N)<x_{n+1}-x_N<(a+\varepsilon)(y_{n+1}-y_N),$$

即 $a-\varepsilon<\frac{x_{n+1}-x_N}{y_{n+1}-y_N}<a+\varepsilon$. 于是，当 $n>N$ 时有，$a-\varepsilon<\dfrac{\frac{x_{n+1}}{y_{n+1}}-\frac{x_N}{y_{n+1}}}{1-\frac{y_N}{y_{n+1}}}<a+\varepsilon$.

所以 $\lim\limits_{n\to\infty}\dfrac{\frac{x_{n+1}}{y_{n+1}}-\frac{x_N}{y_{n+1}}}{1-\frac{y_N}{y_{n+1}}}=a$. 又由 $\lim\limits_{n\to\infty}y_n=+\infty$ 可知，$\lim\limits_{n\to\infty}\frac{x_N}{y_{n+1}}=0$，$\lim\limits_{n\to\infty}\left(1-\frac{y_N}{y_{n+1}}\right)=1$.

故 $\lim\limits_{n\to\infty}\frac{x_{n+1}}{y_{n+1}}=\lim\limits_{n\to\infty}\dfrac{\frac{x_{n+1}}{y_{n+1}}-\frac{x_N}{y_{n+1}}}{1-\frac{y_N}{y_{n+1}}}\cdot\lim\limits_{n\to\infty}\left(1-\frac{y_N}{y_{n+1}}\right)+\lim\limits_{n\to\infty}\frac{x_N}{y_{n+1}}=a$，即 $\lim\limits_{n\to\infty}\frac{x_n}{y_n}=a=\lim\limits_{n\to\infty}\frac{x_{n+1}-x_n}{y_{n+1}-y_n}$.

注 本题中，若将条件(3)换为 $\lim\limits_{n\to\infty}\frac{x_{n+1}-x_n}{y_{n+1}-y_n}=+\infty$（或 $-\infty$），则 $\lim\limits_{n\to\infty}\frac{x_n}{y_n}=\lim\limits_{n\to\infty}\frac{x_{n+1}-x_n}{y_{n+1}-y_n}$ 仍成立.

【157】 求：(1) $\lim\limits_{n\to\infty}\frac{n^2}{a^n}(a>1)$；(2) $\lim\limits_{n\to\infty}\frac{\lg n}{n}$.

解 (1)设 $x_n=n^2$，$y_n=a^n(a>1)$，则 $y_{n+1}>y_n$，$\lim\limits_{n\to\infty}y_n=+\infty$，且有

$$\frac{x_{n+1}-x_n}{y_{n+1}-y_n}=\frac{(n+1)^2-n^2}{a^{n+1}-a^n}=\frac{2n+1}{a^n(a-1)}.$$

当 $a>1$ 时，$\lim\limits_{n\to\infty}\frac{2n+1}{a^n(a-1)}=0$，即 $\lim\limits_{n\to\infty}\frac{x_{n+1}-x_n}{y_{n+1}-y_n}=0$. 故 $\lim\limits_{n\to\infty}\frac{x_n}{y_n}=0$，即 $\lim\limits_{n\to\infty}\frac{n^2}{a^n}=0$.

(2)设 $x_n=\lg n, y_n=n$,则 $y_{n+1}>y_n, \lim\limits_{n\to\infty} y_n=+\infty$,且有

$$\frac{x_{n+1}-x_n}{y_{n+1}-y_n}=\lg\left(1+\frac{1}{n}\right)\to 0(n\to\infty),$$

故 $\lim\limits_{n\to\infty}\frac{x_n}{y_n}=\lim\limits_{n\to\infty}\frac{\lg n}{n}=0.$

注 156 题的结果属于 O. Stolz,当 $y_n=n$ 时,早已被 A. L. Cauchy 所证明,此结果常用于确定"$\frac{\infty}{\infty}$"型的不定式 $\frac{x_n}{y_n}$ 的极限,157 题即是一例. 应用此结果,也可证明 73 题及 74 题的结果(此结果属于柯西(Cauchy)). 事实上,令 $x'_n=x_1+x_2+\cdots+x_n, y'_n=n$,则

$$\lim_{n\to\infty}\zeta_n=\lim_{n\to\infty}\frac{x_1+x_2+\cdots+x_n}{n}=\lim_{n\to\infty}\frac{x'_n}{y'_n}=\lim_{n\to\infty}\frac{x'_{n+1}-x'_n}{y'_{n+1}-y'_n}=\lim_{n\to\infty}x_{n+1}=\lim_{n\to\infty}x_n.$$

【158】 证明:若 p 为正整数,则

(1) $\lim\limits_{n\to\infty}\frac{1^p+2^p+\cdots+n^p}{n^{p+1}}=\frac{1}{p+1}$;

(2) $\lim\limits_{n\to\infty}\left(\frac{1^p+2^p+\cdots+n^p}{n^p}-\frac{n}{p+1}\right)=\frac{1}{2}$;

(3) $\lim\limits_{n\to\infty}\frac{1^p+3^p+\cdots+(2n-1)^p}{n^{p+1}}=\frac{2^p}{p+1}$.

证 (1)令 $x_n=1^p+2^p+\cdots+n^p, y_n=n^{p+1}$,则 $y_{n+1}>y_n, \lim\limits_{n\to\infty}y_n=+\infty$,且有

$$\lim_{n\to\infty}\frac{x_{n+1}-x_n}{y_{n+1}-y_n}=\lim_{n\to\infty}\frac{(n+1)^p}{(n+1)^{p+1}-n^{p+1}}=\lim_{n\to\infty}\frac{(n+1)^p}{(n+1)^p+(n+1)^{p-1}n+\cdots+(n+1)n^{p-1}+n^p}$$

$$=\lim_{n\to\infty}\frac{\left(1+\frac{1}{n}\right)^p}{\left(1+\frac{1}{n}\right)^p+\left(1+\frac{1}{n}\right)^{p-1}+\cdots+\left(1+\frac{1}{n}\right)+1}=\frac{1}{p+1},$$

其中用到 $a^{p+1}-b^{p+1}=(a-b)(a^p+a^{p-1}b+\cdots+ab^{p-1}+b^p)$.

故 $\lim\limits_{n\to\infty}\frac{x_n}{y_n}=\lim\limits_{n\to\infty}\frac{1^p+2^p+\cdots+n^p}{n^{p+1}}=\frac{1}{p+1}$.

(2)令 $x_n=(p+1)(1^p+2^p+\cdots+n^p)-n^{p+1}, y_n=(p+1)n^p$,则 $y_{n+1}>y_n, \lim\limits_{n\to\infty}y_n=+\infty$,

$$\lim_{n\to\infty}\frac{x_{n+1}-x_n}{y_{n+1}-y_n}=\lim_{n\to\infty}\frac{(p+1)(n+1)^p+[n^{p+1}-(n+1)^{p+1}]}{(p+1)[(n+1)^p-n^p]}=\lim_{n\to\infty}\frac{\frac{p(p+1)}{2}n^{p-1}+\cdots}{p(p+1)n^{p-1}+\cdots}=\frac{1}{2},$$

所以 $\lim\limits_{n\to\infty}\frac{x_n}{y_n}=\lim\limits_{n\to\infty}\left(\frac{1^p+2^p+\cdots+n^p}{n^p}-\frac{n}{p+1}\right)=\frac{1}{2}$.

(3)令 $x_n=1^p+3^p+\cdots+(2n-1)^p, y_n=n^{p+1}$,则 $y_{n+1}>y_n, \lim\limits_{n\to\infty}y_n=+\infty$,且有

$$\lim_{n\to\infty}\frac{x_{n+1}-x_n}{y_{n+1}-y_n}=\lim_{n\to\infty}\frac{(2n+1)^p}{(n+1)^{p+1}-n^{p+1}}=\lim_{n\to\infty}\frac{(2n+1)^p}{(p+1)n^p+\cdots}=\frac{2^p}{p+1},$$

所以 $\lim\limits_{n\to\infty}\frac{x_n}{y_n}=\lim\limits_{n\to\infty}\frac{1^p+3^p+\cdots+(2n-1)^p}{n^{p+1}}=\frac{2^p}{p+1}$.

第3节 函数及其性质(习题159—244)

知识点预览

序号	知识点	题目序号	所在页码
1	函数的概念	159—221	P51
2	反函数	222—244	P60

知识点1 函数的概念

定义 给定两个实数集 D 和 M,若有对应法则 f,使对 $\forall x\in X$,都有唯一确定的 $y\in M$ 与之对应,则称 f 是定义在数集上 D 的**函数**,记作

$$f:D\to M,x\mapsto y.$$

简记为 $y=f(x)$,$x\in D$. 集合 D 称为函数 f 的**定义域**(或存在域);x 所对应的 y 称为 f 在点 x 的**函数值**,常记为$f(x)$. 全体函数值的集合 $f(D)=\{y\mid y=f(x),x\in D\}(\subset M)$称为 f 的**值域**.

在最简单的情形下,集合 D 为区间$\langle a,b\rangle$(开,闭,或半开半闭),其中 a 和 b 为实数或 $-\infty$和$+\infty$.

若对于 D 中的每一个 x 有若干个 $y=f(x)$与之对应,则 y 称为 x 的**多值函数**.

习题 159—190 求定义域(存在域)和值域

【求下列函数的存在域(159—173)】

【159】 $y=\dfrac{x^2}{1+x}$.

解 仅当$1+x\neq 0$,即 $x\neq -1$ 时,函数有意义,故存在域为$(-\infty,-1)\cup(-1,+\infty)$.

【160】 $y=\sqrt{3x-x^3}$.

解 仅当 $3x-x^3\geqslant 0$ 时,函数有意义,解得存在域为$(-\infty,-\sqrt{3}]\cup[0,\sqrt{3}]$.

【161】 $y=(x-2)\sqrt{\dfrac{1+x}{1-x}}$.

解 仅当$\dfrac{1+x}{1-x}\geqslant 0$ 时,函数有意义,解得存在域为$[-1,1)$.

【162】 (1)$y=\lg(x^2-4)$; (2)$y=\lg(x+2)+\lg(x-2)$.

解 (1)仅当 $x^2-4>0$ 时,函数有意义,解得存在域为$(-\infty,-2)\cup(2,+\infty)$.
(2)仅当 $x+2>0$ 和 $x-2>0$ 同时成立时,函数才有意义,解得存在域为$(2,+\infty)$.

【163】 $y=\sqrt{\sin\sqrt{x}}$.

解 仅当 $\sin\sqrt{x}\geqslant 0$ 时,函数有意义,解得存在域为

$$\{x\,|\,4k^2\pi^2\leqslant x\leqslant(2k+1)^2\pi^2,k\in\mathbf{N}\}.$$

【164】 $y=\sqrt{\cos x^2}$.

解 仅当 $\cos x^2\geqslant0$ 时,即

$$0\leqslant x^2\leqslant\frac{\pi}{2}\text{ 及 }2k\pi-\frac{\pi}{2}\leqslant x^2\leqslant2k\pi+\frac{\pi}{2}(k\in\mathbf{N}_+),$$

函数有意义,解得存在域为

$$\left\{x\,\middle|\,|x|\leqslant\sqrt{\frac{\pi}{2}},\sqrt{(4k-1)\frac{\pi}{2}}\leqslant|x|\leqslant\sqrt{(4k+1)\frac{\pi}{2}},k\in\mathbf{N}_+\right\}.$$

【165】 $y=\lg\left(\sin\frac{\pi}{x}\right)$.

解 仅当 $\sin\frac{\pi}{x}>0$ 时,即 $2k\pi<\frac{\pi}{x}<(2k+1)\pi(k\in\mathbf{Z})$,函数有意义,解得存在域为

$$\left\{x\,\middle|\,\frac{1}{2k+1}<x<\frac{1}{2k},k\in\mathbf{Z}\backslash\{0\}\right\}\cup(1,+\infty).$$

【166】 $y=\frac{\sqrt{x}}{\sin\pi x}$.

解 仅当 $x\geqslant0$ 及 $\sin\pi x\neq0$ 时,函数有意义,解得存在域为 $\{x\,|\,x>0,x\neq n,n\in\mathbf{N}_+\}$.

【167】 $y=\arcsin\frac{2x}{1+x}$.

解 仅当 $\left|\frac{2x}{1+x}\right|\leqslant1$ 时,即 $-1\leqslant2-\frac{2}{1+x}\leqslant1$,函数有意义,解得存在域为 $\left[-\frac{1}{3},1\right]$.

【168】 $y=\arccos(2\sin x)$.

解 仅当 $|2\sin x|\leqslant1$ 时,函数有意义,解得存在域为 $\left\{x\,\middle|\,|x-k\pi|\leqslant\frac{\pi}{6},k\in\mathbf{Z}\right\}$,即 $\left[k\pi-\frac{\pi}{6},k\pi+\frac{\pi}{6}\right]$ $(k\in\mathbf{Z})$.

【169】 $y=\lg[\cos(\lg x)]$.

解 仅当 $\cos(\lg x)>0$ 时,即 $\left(2k-\frac{1}{2}\right)\pi<\lg x<\left(2k+\frac{1}{2}\right)\pi$,函数有意义,解得存在域

$$\{x\,|\,10^{\left(2k-\frac{1}{2}\right)\pi}<x<10^{\left(2k+\frac{1}{2}\right)\pi},k\in\mathbf{Z}\}.$$

【170】 $y=(x-|x|)\sqrt{-\sin^2\pi x}$.

解 由于 $\sin^2\pi x\geqslant0$,故仅当 $\sin\pi x=0$ 时,函数有意义. 解得存在域为 $\mathbf{Z}$.

【171】 $y=\cot\pi x+\arccos(2^x)$.

解 仅当 $\sin\pi x\neq0$ 且 $0<2^x\leqslant1$ 时,函数有意义,解得存在域为 $\{x\,|\,x<0,x\neq-n,n\in\mathbf{N}_+\}$.

【172】 $y=\arcsin(1-x)+\lg(\lg x)$.

解 仅当 $-1\leqslant1-x\leqslant1$ 且 $\lg x>0$ 时,函数有意义,解得存在域为 $(1,2]$.

【173】 $y=(2x)!$.

解 仅当 $2x=n(n\in\mathbf{N})$ 时,函数有意义,所以存在域为 $\left\{x\,\middle|\,x=\frac{n}{2},n\in\mathbf{N}\right\}$.

【174】 设函数 $f(u)$ 的定义域为 $(0,1)$,求下列函数的定义域:

(1) $f(\sin x)$; (2) $f(\ln x)$; (3) $f\left(\frac{[x]}{x}\right)$.

解 (1)当 $0<\sin x<1$ 时,函数有意义,所以定义域为

$$\left\{x\,\middle|\,2k\pi<x<2k\pi+\pi,x\neq2k\pi+\frac{\pi}{2},k\in\mathbf{Z}\right\}.$$

(2)当 $0<\ln x<1$ 时，函数有意义，所以定义域为 $(1,e)$.

(3)当 $0<\frac{[x]}{x}<1$ 时，函数有意义，所以定义域为 $\{x|x>1$ 且 $x\neq k,k=2,3,4,\cdots\}$.

【求下列函数的存在域和值域(175—179)】

【175】 $y=\sqrt{2+x-x^2}$.

解 仅当 $2+x-x^2\geqslant 0$ 时，函数有意义，解得存在域为 $[-1,2]$.

又因 $y=\sqrt{\frac{9}{4}-\left(x-\frac{1}{2}\right)^2}\leqslant\frac{3}{2}$，所以函数值域为 $\left[0,\frac{3}{2}\right]$.

【176】 $y=\lg(1-2\cos x)$.

解 仅当 $1-2\cos x>0$ 时，函数有意义，解得存在域为 $A=\left\{x\,\middle|\,2k\pi+\frac{\pi}{3}<x<2k\pi+\frac{5\pi}{3},k\in\mathbf{Z}\right\}$.

因为 $\max\limits_{x\in A}(1-2\cos x)=1-(-2)=3$，$\inf\limits_{x\in A}(1-2\cos x)=0$，所以，函数值域为 $(-\infty,\lg 3)$.

【177】 $y=\arccos\frac{2x}{1+x^2}$.

解 仅当 $\left|\frac{2x}{1+x^2}\right|\leqslant 1$ 时，即 $x\in\mathbf{R}$，函数有意义，故存在域为 $\mathbf{R}$.

又 $\forall x\in\mathbf{R}$，都有 $0\leqslant\frac{2x}{1+x^2}\leqslant 1$，从而 $0\leqslant\arccos\frac{2x}{1+x^2}\leqslant\pi$，故函数值域为 $[0,\pi]$.

【178】 $y=\arcsin\left(\lg\frac{x}{10}\right)$.

解 仅当 $-1\leqslant\lg\frac{x}{10}\leqslant 1$ 时，即 $1\leqslant x\leqslant 100$，函数有意义，故存在域为 $[1,100]$.

显然函数值域为 $\left[-\frac{\pi}{2},\frac{\pi}{2}\right]$.

【179】 $y=(-1)^x$.

解 存在域为 $\left\{x\,\middle|\,x=\frac{p}{2q+1},p,q\in\mathbf{Z}\right\}$，函数值域为 $\{-1,1\}$.

【求下列函数 $y=f(x)$ 把集合 E_x 映射成的集合 E_y(180—184)】

【180】 $y=x^2,E_x=[1,2]$.

解 $E_y=[1,4]$.

【181】 $y=\lg x,E_x=(10,1000)$.

解 $E_y=(1,3)$.

【182】 $y=\frac{1}{\pi}\operatorname{arccot} x,E_x=\mathbf{R}$.

解 $E_y=(0,1)$.

【183】 $y=\cot\frac{\pi x}{4},E_x=\{x|0<|x|\leqslant 1\}$.

解 $E_y=\{y|1\leqslant|y|<+\infty\}$.

【184】 $y=|x|,E_x=[1,2]$.

解 $E_y=[1,2]$.

【设变量 x 的取值区间为 $(0,1)$，试确定变量 y 的取值集合(185—190)】

【185】 $y=a+(b-a)x$.

解 变量 x 从 0 变至 1 时，y 从 a 变至 b. 于是，变量 y 的变化区间为 $(a,b)(a<b)$ 或 $(b,a)(a>b)$.

【186】 $y=\frac{1}{1-x}$.

解 当 x 从 0 变至 1 时，y 从 1 变至 $+\infty$. 于是，y 的变化区间为 $(1,+\infty)$.

【187】 $y=\frac{x}{2x-1}$.

解 $y=\frac{1}{2}+\frac{1}{2}\cdot\frac{1}{2x-1}$. 当 $x\in\left(0,\frac{1}{2}\right)$ 时，$y\in(-\infty,0)$；当 $x\in\left(\frac{1}{2},1\right)$ 时，$y\in(1,+\infty)$. 于是，y 的变化区间为 $(-\infty,0)\cup(1,+\infty)$.

【188】 $y=\sqrt{x-x^2}$.

解 $y=\sqrt{\frac{1}{4}-\left(x-\frac{1}{2}\right)^2}\in\left[0,\frac{1}{2}\right]$.

当 $x=0,1$ 时，$y=0$；当 $x=\frac{1}{2}$ 时，$y=\frac{1}{2}$. 由于 $x\in(0,1)$，故 y 的变化区间为 $\left(0,\frac{1}{2}\right]$.

【189】 $y=\cot \pi x$.

解 当 x 从 0 变至 1 时，变量 y 从 $+\infty$ 变至 $-\infty$. 于是，变量 y 的变化区间为 $(-\infty,+\infty)$.

【190】 $y=x+[2x]$.

解 当 $x\in\left(0,\frac{1}{2}\right)$ 时，$y\in\left(0,\frac{1}{2}\right)$；当 $x\in\left[\frac{1}{2},1\right)$ 时，$y\in\left[\frac{3}{2},2\right)$.

于是，y 的变化区间为 $\left(0,\frac{1}{2}\right)\cup\left[\frac{3}{2},2\right)$.

习题 191—197 简单函数图像

【191】 在底 $AC=b$ 和高 $BD=h$ 的三角形 ABC（图 1.3）内接一个高 $NM=x$ 的矩形 $KLMN$. 把矩形 $KLMN$ 的周长 P 及其面积 S 表示为 x 的函数. 作函数 $P=P(x)$ 及 $S=S(x)$ 的图像.

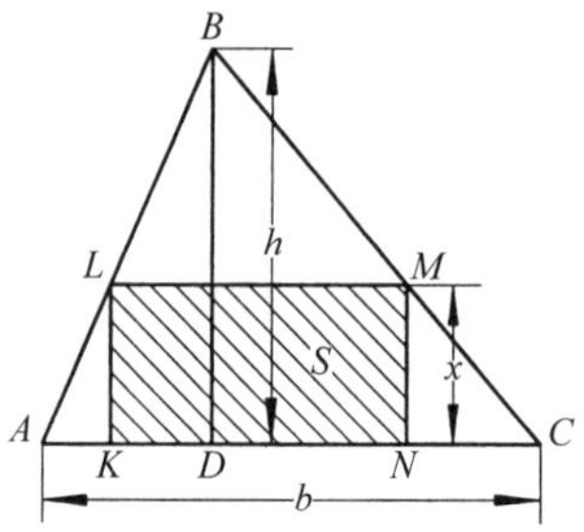

图 1.3

解 因为 $\frac{LM}{b}=\frac{h-x}{h}$，所以 $LM=b\left(1-\frac{x}{h}\right)$. 矩形周长为

$$P=2LM+2x\text{，即 }P=P(x)=2\left(1-\frac{b}{h}\right)x+2b\ (0<x<h).$$

当 $b<h$ 时，图像为图 1.4(1)中直线段 AB 所示（不包含 A,B 两点）.
当 $b>h$ 时，图像为图 1.4(2)中直线段 AC 所示（不包含 A,C 两点）.

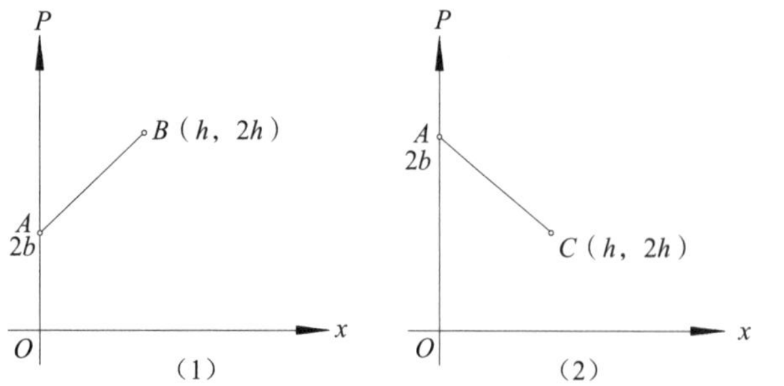

图 1.4

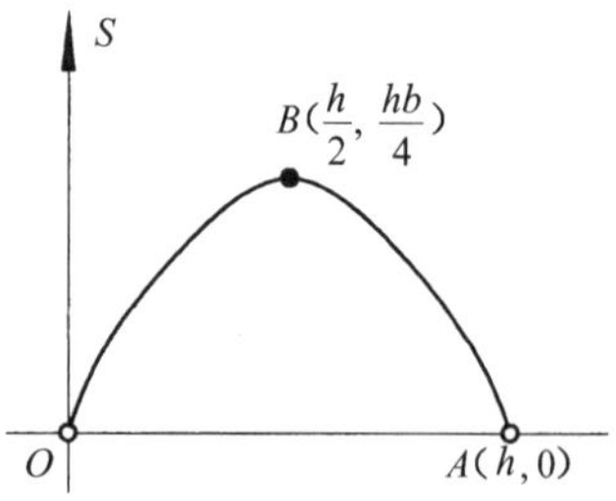

图 1.5

矩形面积为 $S=LM\cdot x=bx\left(1-\frac{x}{h}\right)(0<x<h)$. 图像如图 1.5 所示，它是一段不包含 O 点及 B 点的抛物线弧 $\overset{\frown}{OAB}$.

【192】 在三角形 ABC 中，边 $AB=6$ cm，$AC=8$ cm，角 $BAC=x$，把边 $BC=a$ 和面积 $ABC=S$ 表示为变量 x 的函数. 作函数 $a=a(x)$ 及 $S=S(x)$ 的图像.

解 利用余弦定理得三角形的边

$$a=\sqrt{6^2+8^2-2\cdot 6\cdot 8\cos x}=\sqrt{100-96\cos x}\,(0<x<\pi),$$

如图 1.6 所示（为不包含 A 点及 B 点的曲线弧 $\overset{\frown}{AB}$）.

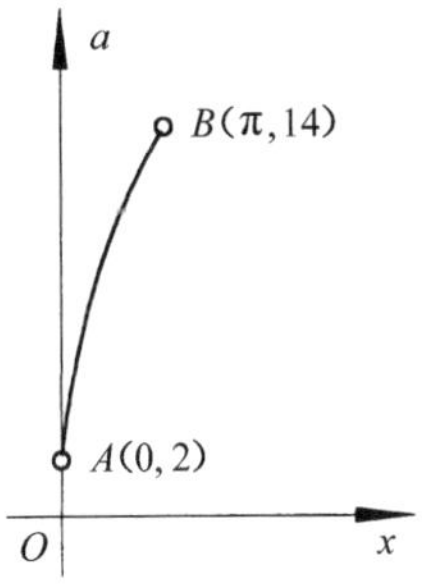

图 1.6

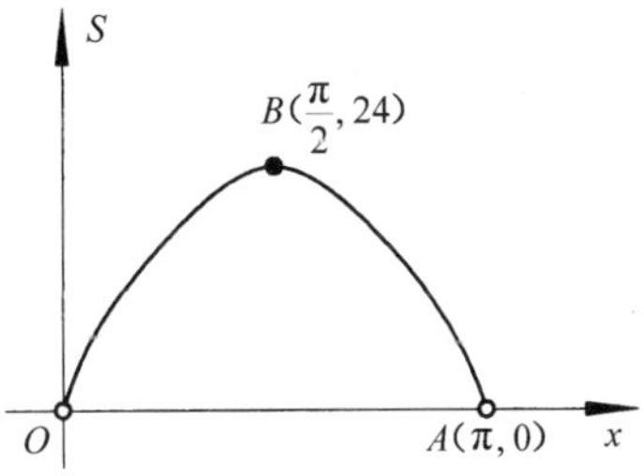

图 1.7

三角形的面积

$$S=\frac{1}{2}\cdot 6\cdot 8\sin x=24\sin x\,(0<x<\pi).$$

图像如图 1.7 所示，为不包含 O 点及 A 点的弧 $\overset{\frown}{OBA}$（两轴取不同单位）.

【193】 在等腰梯形 $ABCD$ 中（图 1.8），底 $AD=a$，$BC=b(a>b)$，高 $HB=h$，引直线 $MN//HB$，MN 与顶点 A 相距 $AM=x$，把图形 $ABNMA$ 的面积 S 表示为变量 x 的函数. 作函数 $S=S(x)$ 的图像.

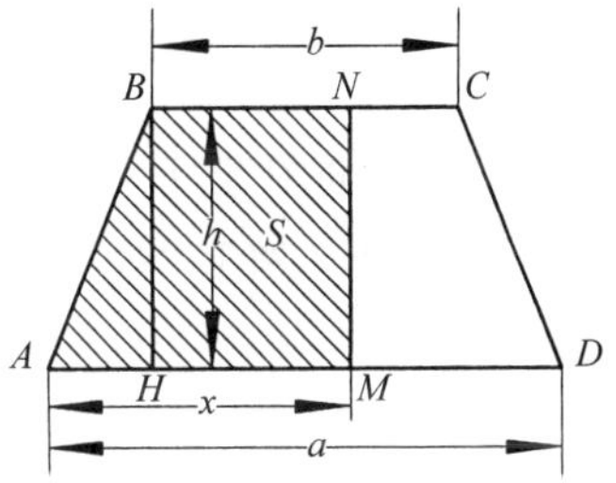

图 1.8

解 $AH=\frac{1}{2}(a-b)$，分三种情况讨论：

(1) 当 $0\leqslant x\leqslant\frac{a-b}{2}$ 时，即 MN 线在 $\triangle ABH$ 内，此时

$$\frac{MN}{h}=\frac{x}{\frac{a-b}{2}},\quad MN=\frac{2hx}{a-b}.$$

于是，$S=\frac{1}{2}MN\cdot x=\frac{hx^2}{a-b}$.

图像为图 1.9 中弧 $\overset{\frown}{OA}$（为抛物线段）.

(2) 当 $\frac{a-b}{2}<x<\frac{a-b}{2}+b=\frac{a+b}{2}$ 时，面积

$$S=\frac{a-b}{2}\cdot\frac{h}{2}+h\left(x-\frac{a-b}{2}\right)=h\left(x-\frac{a-b}{4}\right).$$

图像为图 1.9 中不含 A 点及 B 点的直线段 AB.

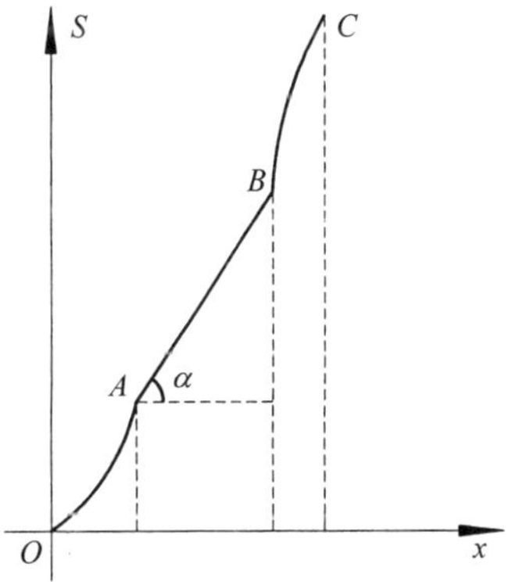

图 1.9

(3) $\frac{a+b}{2}\leqslant x\leqslant a$ 时，面积

$$S=\frac{h(a+b)}{2}-\frac{h}{a-b}\cdot(a-x)^2=h\left[\frac{a+b}{2}-\frac{(a-x)^2}{a-b}\right].$$

图像为图 1.9 中抛物线段 $\overset{\frown}{BC}$.

图 1.9 中各点的位置如下：$A\left(\frac{a-b}{2},\frac{h(a-b)}{4}\right)$，$B\left(\frac{a+b}{2},\frac{h(a+3b)}{4}\right)$，$C\left(a,\frac{h(a+b)}{2}\right)$，$\tan\alpha=h$.

【194】 有 2 g 质量均匀分布在 Ox 轴上的闭区间 $[0,1]$ 上，另有两个质量为 1 g 的质

点分别位于点$x=2$和$x=3$. 设$m(x)$是区间$(-\infty,x)$内的质量的值，求函数$m=m(x)(-\infty<x<+\infty)$的解析表达式. 并作这个函数的图像.

解 当$-\infty<x\leqslant 0$时，$m(x)=0$；

当$0<x\leqslant 1$时，因为$1:x=2:m(x)$，于是$m(x)=2x$；

当$1<x\leqslant 2$时，$m(x)=2$；

当$2<x\leqslant 3$时，$m(x)=3$；

当$3<x\leqslant+\infty$时，$m(x)=4$.

图像如图 1.10 所示.

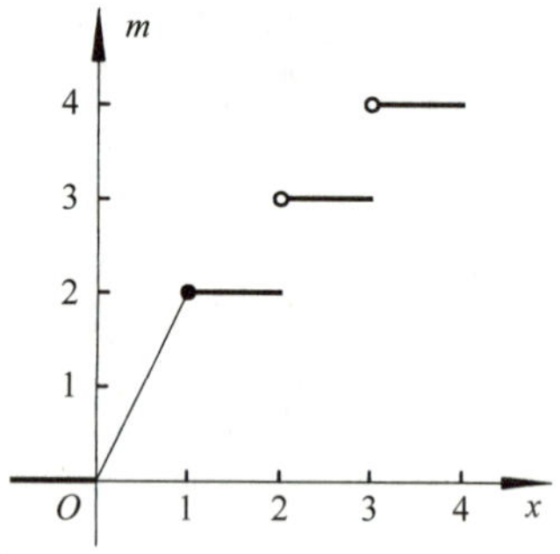

图 1.10

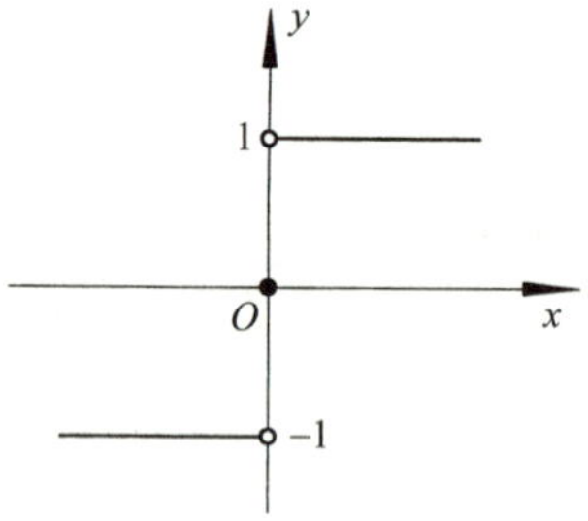

图 1.11

【195】 函数$y=\operatorname{sgn} x$，定义为：$\operatorname{sgn} x=\begin{cases}-1, & x<0,\\ 0, & x=0,\\ 1, & x>0.\end{cases}$

作这个函数的图像. 证明：$|x|=x\operatorname{sgn} x$.

解 函数的图像如图 1.11 所示.

当$x<0$时，$|x|=-x=x\operatorname{sgn} x$；

当$x=0$时，$|x|=0=x\operatorname{sgn} x$；

当$x>0$时，$|x|=x=x\operatorname{sgn} x$.

所以$|x|=x\operatorname{sgn} x$.

【196】 函数$y=[x]$(数x的整数部分)定义如下：

若$x=n+r, n\in\mathbf{Z}, 0\leqslant r<1$，则$[x]=n$.

作这个函数的图像.

解 当$x\in[n,n+1)(n\in\mathbf{Z})$时，$y=n$. 图像如图 1.12 所示.

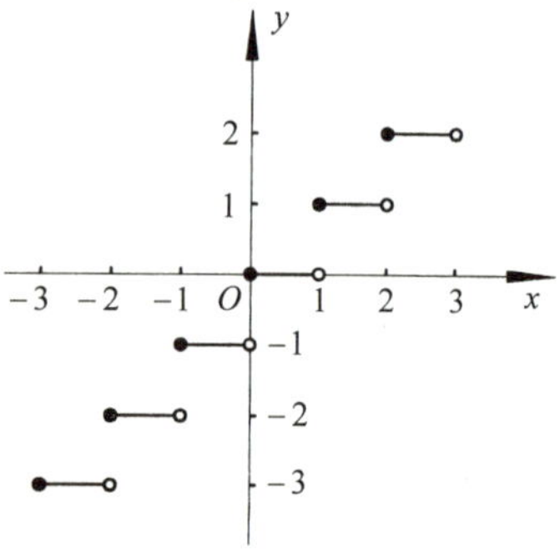

图 1.12

【197】 设$y=\pi(x)(x\geqslant 0)$，表示不超过数x的素数的数目，作这个函数在$0\leqslant x\leqslant 20$时的图像.

解 按题设可知：

当$0\leqslant x<2$时，$\pi(x)=0$；当$2\leqslant x<3$时，$\pi(x)=1$；

当$3\leqslant x<5$时，$\pi(x)=2$；当$5\leqslant x<7$时，$\pi(x)=3$；

当$7\leqslant x<11$时，$\pi(x)=4$；当$11\leqslant x<13$时，$\pi(x)=5$；

当$13\leqslant x<17$时，$\pi(x)=6$；当$17\leqslant x<19$时，$\pi(x)=7$；

当$19\leqslant x\leqslant 20$时，$\pi(x)=8$.

图像如图 1.13 所示.

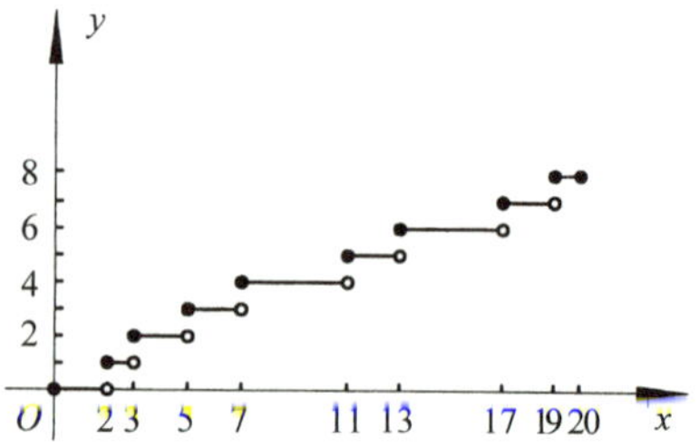

图 1.13

习题 198—221 函数的概念

【198】设 $f(x)=x^4-6x^3+11x^2-6x$,求 $f(0),f(1),f(2),f(3),f(4)$.

解 因为 $f(x)=x(x-1)(x-2)(x-3)$,所以 $f(0)=f(1)=f(2)=f(3)=0,f(4)=24$.

【199】设 $f(x)=\lg x^2$,求 $f(-1),f(-0.001),f(100)$.

解 $f(-1)=\lg 1=0;f(-0.001)=\lg 0.000\,001=-6;f(100)=\lg 10\,000=4$.

【200】设 $f(x)=1+[x]$,求 $f(0.9),f(0.99),f(0.999),f(1)$.

解 $f(0.9)=f(0.99)=f(0.999)=1,f(1)=2$.

【201】设 $f(x)=\begin{cases}1+x, & x\leqslant 0,\\ 2^x, & x>0,\end{cases}$ 求 $f(-2),f(-1),f(0),f(1),f(2)$.

解 $f(-2)=1-2=-1,f(-1)=1-1=0,f(0)=1+0=1,f(1)=2^1=2,f(2)=2^2=4$.

【202】设 $f(x)=\dfrac{1-x}{1+x}$,求 $f(0),f(-x),f(x+1),f(x)+1,f\left(\dfrac{1}{x}\right),\dfrac{1}{f(x)}$.

解
$$f(0)=1,\qquad f(-x)=\frac{1+x}{1-x},$$
$$f(x+1)=\frac{1-(x+1)}{1+(x+1)}=-\frac{x}{x+2},\qquad f(x)+1=\frac{1-x}{1+x}+1=\frac{2}{1+x},$$
$$f\left(\frac{1}{x}\right)=\frac{1-\frac{1}{x}}{1+\frac{1}{x}}=\frac{x-1}{x+1},\qquad \frac{1}{f(x)}=\frac{1}{\frac{1-x}{1+x}}=\frac{1+x}{1-x}.$$

【203】设(1)$f(x)=x-x^3$;(2)$f(x)=\sin\dfrac{\pi}{x}$;(3)$f(x)=(x+|x|)(1-x)$.

求满足以下各式的 x 值:(ⅰ)$f(x)=0$; (ⅱ)$f(x)>0$; (ⅲ)$f(x)<0$.

解 (1)(ⅰ)由 $f(x)=x-x^3=0$,解得 $x=0,1,-1$.

(ⅱ)由 $f(x)=x-x^3=x(1-x)(1+x)>0$,解得 $x<-1$ 和 $0<x<1$.

(ⅲ)$f(x)=x-x^3=x(1-x)(1+x)<0$,解得 $-1<x<0$ 和 $x>1$.

(2)(ⅰ)由 $f(x)=\sin\dfrac{\pi}{x}=0$,得 $\dfrac{\pi}{x}=k\pi(k\in\mathbf{Z}\backslash\{0\})$,即 $x=\dfrac{1}{k}(k\in\mathbf{Z}\backslash\{0\})$.

(ⅱ)由 $f(x)=\sin\dfrac{\pi}{x}>0$,得 $2k\pi<\dfrac{\pi}{x}<(2k+1)\pi(k\in\mathbf{Z})$,所以
$$\frac{1}{2k+1}<x<\frac{1}{2k}(k\in\mathbf{Z}\backslash\{0\})\text{和 }x\in(1,+\infty).$$

(ⅲ)由 $f(x)=\sin\dfrac{\pi}{x}<0$,得 $(2k+1)\pi<\dfrac{\pi}{x}<(2k+2)\pi(k\in\mathbf{Z})$,即
$$\frac{1}{2k+2}<x<\frac{1}{2k+1}(k\in\mathbf{Z}\backslash\{-1\})\text{和 }x\in(-\infty,-1).$$

(3)(ⅰ)由 $f(x)=(x+|x|)(1-x)=0$,得 $x\leqslant 0$ 和 $x=1$.

(ⅱ)由 $f(x)=(x+|x|)(1-x)>0$ 及 $x+|x|\geqslant 0$,得 $\begin{cases}x+|x|>0,\\1-x>0,\end{cases}$ 解得 $0<x<1$.

(ⅲ)由 $f(x)=(x+|x|)(1-x)<0$ 及 $x+|x|\geqslant 0$,得 $\begin{cases}x+|x|>0,\\1-x<0,\end{cases}$ 解得 $x>1$.

【204】设(1)$f(x)=ax+b$; (2)$f(x)=x^2$; (3)$f(x)=a^x$.求

$$\varphi(x)=\frac{f(x+h)-f(x)}{h}.$$

解 (1) $\varphi(x)=\frac{a(x+h)+b-(ax+b)}{h}=a.$

(2) $\varphi(x)=\frac{(x+h)^2-x^2}{h}=2x+h.$

(3) $\varphi(x)=\frac{a^{x+h}-a^x}{h}=a^x\cdot\frac{a^h-1}{h}.$

【205】 设 $f(x)=ax^2+bx+c$,证明:$f(x+3)-3f(x+2)+3f(x+1)-f(x)\equiv0$.

证 $f(x+3)-3f(x+2)+3f(x+1)-f(x)$

$=a(x+3)^2+b(x+3)+c-3[a(x+2)^2+b(x+2)+c]+3[a(x+1)^2+b(x+1)+c]-(ax^2+bx+c)$

$=ax^2+6ax+9a+bx+3b+c-3ax^2-12ax-12a-3bx-6b-3c+3ax^2+6ax+3a+3bx+3b+3c-ax^2-bx-c=0.$

于是 $f(x+3)-3f(x+2)+3f(x+1)-f(x)\equiv0$.

【206】 若 $f(0)=-2$,$f(3)=5$,求线性函数 $f(x)=ax+b$,并求 $f(1)$ 及 $f(2)$(线性插值法).

解 由 $\begin{cases}f(0)=b=-2,\\ f(3)=3a+b=5,\end{cases}$ 解得 $\begin{cases}a=\frac{7}{3},\\ b=-2.\end{cases}$

于是,所求的线性函数 $f(x)=\frac{7}{3}x-2$,且 $f(1)=\frac{1}{3}$,$f(2)=\frac{8}{3}$.

【207】 若 $f(-2)=0$,$f(0)=1$,$f(1)=5$.求二次有理函数 $f(x)=ax^2+bx+c$,并求 $f(-1)$ 及 $f(0.5)$(二次插值法).

解 由 $\begin{cases}f(-2)=4a-2b+c=0,\\ f(0)=c=1,\\ f(1)=a+b+c=5,\end{cases}$ 解得 $\begin{cases}a=\frac{7}{6},\\ b=\frac{17}{6},\\ c=1.\end{cases}$

于是,所求的二次有理函数 $f(x)=\frac{7}{6}x^2+\frac{17}{6}x+1$,且 $f(-1)=-\frac{2}{3}$,$f(0.5)=\frac{65}{24}$.

【208】 设 $f(-1)=0$,$f(0)=2$,$f(1)=-3$,$f(2)=5$.求三次有理函数 $f(x)=ax^3+bx^2+cx+d$.

解 由 $\begin{cases}f(-1)=-a+b-c+d=0,\\ f(0)=d=2,\\ f(1)=a+b+c+d=-3,\\ f(2)=8a+4b+2c+d=5,\end{cases}$ 解得 $\begin{cases}a=\frac{10}{3},\\ b=-\frac{7}{2},\\ c=-\frac{29}{6},\\ d=2.\end{cases}$

于是,所求的三次有理函数 $f(x)=\frac{10}{3}x^3-\frac{7}{2}x^2-\frac{29}{6}x+2$.

【209】 设 $f(0)=15$,$f(2)=30$,$f(4)=90$,求形为 $f(x)=a+bc^x$ 的函数.

解 由 $\begin{cases}f(0)=a+b=15,\\ f(2)=a+bc^2=30,\\ f(4)=a+bc^4=90,\end{cases}$ 解得 $\begin{cases}a=10,\\ b=5,\\ c=2.\end{cases}$

于是，所求的函数 $f(x)=10+5\cdot 2^x$.

【210】 证明：对于线性函数 $f(x)=ax+b$，若自变量的值 $x=x_n(n=1,2,\cdots)$ 组成等差数列，则对应的函数值 $y_n=f(x_n)(n=1,2,\cdots)$ 也组成等差数列.

证 设数列 $\{x_n\}$ 满足 $x_n-x_{n-1}=d$，其中 d 为常数. 于是

$$y_n-y_{n-1}=(ax_n+b)-(ax_{n-1}+b)=a(x_n-x_{n-1})=ad,$$

由于 ad 为一常数，所以，数列 $y_n=f(x_n)$ 也组成等差数列.

【211】 证明：对于指数函数 $f(x)=a^x(a>0)$，若自变量的值 $x=x_n(n=1,2,\cdots)$ 组成等差数列，则对应的函数值 $y_n=f(x_n)(n=1,2,\cdots)$ 组成等比数列.

证 设数列 $\{x_n\}$ 满足 $x_n-x_{n-1}=d$，其中 d 为常数. 于是

$$\frac{y_n}{y_{n-1}}=\frac{a^{x_n}}{a^{x_{n-1}}}=a^{x_n-x_{n-1}}=a^d.$$

由于 a^d 为一常数，于是，函数值 $\{y_n=f(x_n)\}$ 组成等比数列.

【212】 设 $f(x)=\frac{1}{2}(a^x+a^{-x})(a>0)$ 证明：$f(x+y)+f(x-y)=2f(x)f(y)$.

证

$$\begin{aligned}&f(x+y)+f(x-y)\\=&\frac{1}{2}(a^{x+y}+a^{-x-y})+\frac{1}{2}(a^{x-y}+a^{-x+y})\\=&\frac{1}{2}(a^x\cdot a^y+a^{-x}\cdot a^{-y})+\frac{1}{2}(a^x\cdot a^{-y}+a^{-x}\cdot a^y)\\=&\frac{1}{2}a^x(a^y+a^{-y})+\frac{1}{2}a^{-x}(a^{-y}+a^y)\\=&\frac{1}{2}(a^x+a^{-x})(a^y+a^{-y})=2f(x)f(y),\end{aligned}$$

于是 $f(x+y)+f(x-y)=2f(x)f(y)$.

【213】 设 $f(x)+f(y)=f(z)$. 求出 z，若：

(1) $f(x)=ax$；(2) $f(x)=\frac{1}{x}$；(3) $f(x)=\arctan x(|x|<1)$；(4) $f(x)=\lg\frac{1+x}{1-x}$.

解 (1)由 $f(x)+f(y)=ax+ay=a(x+y)=f(z)=az$，得 $z=x+y$.

(2)由 $f(x)+f(y)=\frac{1}{x}+\frac{1}{y}=f(z)=\frac{1}{z}$，得 $z=\frac{xy}{x+y}$.

(3)由 $f(x)+f(y)=\arctan x+\arctan y=\arctan\frac{x+y}{1-xy}=f(z)=\arctan z$，得 $z=\frac{x+y}{1-xy}$.

(4)由 $f(x)+f(y)=\lg\frac{1+x}{1-x}+\lg\frac{1+y}{1-y}=\lg\frac{(1+x)(1+y)}{(1-x)(1-y)}=f(z)=\lg\frac{1+z}{1-z}$，得 $z=\frac{x+y}{1+xy}$.

【214】 设 $\varphi(x)=x^2$ 及 $\psi(x)=2^x$，求 $\varphi[\varphi(x)]$，$\psi[\psi(x)]$，$\varphi[\psi(x)]$ 及 $\psi[\varphi(x)]$.

解 $\varphi[\varphi(x)]=(x^2)^2=x^4$，$\varphi[\psi(x)]=(2^x)^2=2^{2x}$，$\psi[\psi(x)]=2^{2^x}$，$\psi[\varphi(x)]=2^{x^2}$.

【215】 设 $\varphi(x)=\operatorname{sgn} x$ 及 $\psi(x)=\frac{1}{x}$，求 $\varphi[\varphi(x)]$，$\psi[\psi(x)]$，$\varphi[\psi(x)]$ 及 $\psi[\varphi(x)]$.

解 $\varphi[\varphi(x)]=\operatorname{sgn}(\operatorname{sgn} x)=\operatorname{sgn} x$，$\psi[\psi(x)]=\frac{1}{\frac{1}{x}}=x(x\neq 0)$，

$\varphi[\psi(x)]=\operatorname{sgn}\left(\frac{1}{x}\right)=\begin{cases}1, & x>0,\\-1, & x<0,\end{cases}$ $\psi[\varphi(x)]=\frac{1}{\operatorname{sgn} x}=\begin{cases}1, & x>0,\\-1, & x<0.\end{cases}$

【216】 设 $\varphi(x)=\begin{cases}0, & x\leqslant 0,\\x, & x>0,\end{cases}$ $\psi(x)=\begin{cases}0, & x\leqslant 0,\\-x^2, & x>0,\end{cases}$ 求 $\varphi[\varphi(x)]$，$\psi[\psi(x)]$，$\varphi[\psi(x)]$

及 $\psi[\varphi(x)]$.

解 $\varphi[\varphi(x)]=\varphi(x)$, $\psi[\psi(x)]=0$(因为 $-x^2\leqslant 0$), $\varphi[\psi(x)]=0$, $\psi[\varphi(x)]=\psi(x)$.

【217】 设 $f(x)=\dfrac{1}{1-x}$,求 $f[f(x)]$, $f\{f[f(x)]\}$.

解 $f[f(x)]=\dfrac{1}{1-\dfrac{1}{1-x}}=1-\dfrac{1}{x}(x\neq 0 \text{ 且 } x\neq 1)$, $f\{f[f(x)]\}=\dfrac{1}{1-\left(1-\dfrac{1}{x}\right)}=x(x\neq 0 \text{ 且 } x\neq 1)$.

【218】 设 $f_n(x)=\underbrace{f\{f[\cdots f(x)]\}}_{n\text{次}}$. 若 $f(x)=\dfrac{x}{\sqrt{1+x^2}}$,求 $f_n(x)$.

解 用数学归纳法证明 $f_n(x)=\dfrac{x}{\sqrt{1+nx^2}}$.

当 $n=2$ 时, $f_2(x)=f(f(x))=\dfrac{\dfrac{x}{\sqrt{1+x^2}}}{\sqrt{1+\left(\dfrac{x}{\sqrt{1+x^2}}\right)^2}}=\dfrac{x}{\sqrt{1+2x^2}}$.

假设 $n=k$ 时,有 $f_k(x)=\dfrac{x}{\sqrt{1+kx^2}}$,则当 $n=k+1$ 时,有

$$f_{k+1}(x)=\frac{\dfrac{x}{\sqrt{1+kx^2}}}{\sqrt{1+\dfrac{x^2}{1+kx^2}}}=\frac{x}{\sqrt{1+(k+1)x^2}},\text{即当 } n=k+1 \text{ 时结论成立.}$$

从而,由数学归纳法知,对于任何正整数 n,有 $f_n(x)=\dfrac{x}{\sqrt{1+nx^2}}$.

【219】 设 $f(x+1)=x^2-3x+2$,求 $f(x)$.

解 **方法一** 因为 $f(x+1)=(x+1)^2-5(x+1)+6$,于是 $f(x)=x^2-5x+6$.

方法二 令 $t=x+1$. 则 $x=t-1$ 且 $f(t)=(t-1)^2-3(t-1)+2=t^2-5t+6$. 即 $f(x)=x^2-5x+6$.

【220】 设 $f\left(x+\dfrac{1}{x}\right)=x^2+\dfrac{1}{x^2}(|x|\geqslant 2)$,求 $f(x)$.

解 因为 $f\left(x+\dfrac{1}{x}\right)=\left(x+\dfrac{1}{x}\right)^2-2$,于是 $f(x)=x^2-2$.

【221】 设 $f\left(\dfrac{1}{x}\right)=x+\sqrt{1+x^2}(x>0)$,求 $f(x)$.

解 **方法一** 因为 $f\left(\dfrac{1}{x}\right)=\dfrac{1+\sqrt{1+\left(\dfrac{1}{x}\right)^2}}{\dfrac{1}{x}}$,于是 $f(x)=\dfrac{1+\sqrt{1+x^2}}{x}$.

方法二 令 $t=\dfrac{1}{x}$,则 $x=\dfrac{1}{t}$, $f(t)=\dfrac{1}{t}+\sqrt{1+\left(\dfrac{1}{t}\right)^2}=\dfrac{1+\sqrt{1+t^2}}{t}$,从而 $f(x)=\dfrac{1+\sqrt{1+x^2}}{x}$.

知识点 2 反函数

定义 设函数 $y=f(x)$, $x\in D$ 满足:对 $\forall\, y\in f(D)$,存在唯一的 $x\in D$,使得 $f(x)=y$,则按此对应法则确定的 $f(D)$上的函数称为 f 的**反函数**,记作

$$f^{-1}: f(D)\to D, y\mapsto x,\text{或 } x=f^{-1}(y), y\in f(D).$$

若函数 $y=f(x)$是严格单调的,即当 $x_2>x_1$ 时, $f(x_2)>f(x_1)$[或相应地 $f(x_2)<$

$f(x_1)$],则反函数 $x=f^{-1}(y)$存在,且为严格单调函数.

习题 222—228 反函数的求法

【求反函数 $x=\varphi(y)$和它的存在域(222—228)】

【222】 $y=2x+3,-\infty<x<+\infty$.

解 $x=\dfrac{y-3}{2},-\infty<y<+\infty$.

【223】 $y=x^2$. (1)$-\infty<x\leqslant 0$; (2)$0\leqslant x<+\infty$.

解 (1)$x=-\sqrt{y},0\leqslant y<+\infty$; (2)$x=\sqrt{y},0\leqslant y<+\infty$.

【224】 $y=\dfrac{1-x}{1+x}(x\neq -1)$.

解 由于 $y+xy=1-x$,得反函数 $x=\dfrac{1-y}{1+y},y\neq -1$.

【225】 $y=\sqrt{1-x^2}$. (1)$-1\leqslant x\leqslant 0$; (2)$0\leqslant x\leqslant 1$.

解 (1)$x=-\sqrt{1-y^2},0\leqslant y\leqslant 1$; (2)$x=\sqrt{1-y^2},0\leqslant y\leqslant 1$.

【226】 $y=\operatorname{sh}x,\operatorname{sh}x=\dfrac{1}{2}(e^x-e^{-x})(-\infty<x<+\infty)$.

解 由于 $2y=e^x-e^{-x}$,即$(e^x)^2-2ye^x-1=0$,解出 e^x 后两端再取对数,即得

$$x=\operatorname{arsh}y=\ln(y+\sqrt{1+y^2})(-\infty<y<+\infty).$$

【227】 $y=\operatorname{th}x,\operatorname{th}x=\dfrac{e^x-e^{-x}}{e^x+e^{-x}}(-\infty<x<+\infty)$.

解 由 $y=\dfrac{e^x-e^{-x}}{e^x+e^{-x}}=\dfrac{e^{2x}-1}{e^{2x}+1}$,即 $e^{2x}=\dfrac{1+y}{1-y}$,两端再取对数,并注意到$\dfrac{1+y}{1-y}>0$,即$-1<y<1$,于是 $x=\dfrac{1}{2}\ln\dfrac{1+y}{1-y},-1<y<1$.

【228】 $y=\begin{cases}x, & -\infty<x<1,\\ x^2, & 1\leqslant x\leqslant 4,\\ 2^x, & 4<x<+\infty.\end{cases}$

解 $x=\begin{cases}y, & -\infty<y<1,\\ \sqrt{y}, & 1\leqslant y\leqslant 16,\\ \log_2 y, & 16<y<+\infty.\end{cases}$

习题 229—244 函数的特性(单调性、奇偶性、周期性)

【证明下列各函数在所给区间上是严格单调递增函数(229—232)】

【229】 $f(x)=x^2(x\geqslant 0)$.

证 $\forall x_1,x_2\in[0,+\infty),x_1<x_2$,有

$$f(x_2)-f(x_1)=x_2^2-x_1^2=(x_2-x_1)(x_2+x_1)>0.$$

故 $f(x)=x^2$ 在$[0,+\infty)$上是严格单调递增函数.

【230】 $f(x)=\sin x\left(-\dfrac{\pi}{2}\leqslant x\leqslant\dfrac{\pi}{2}\right)$.

证 $\forall x_1,x_2\in\left[-\frac{\pi}{2},\frac{\pi}{2}\right]$，$x_1<x_2$，有 $-\frac{\pi}{2}<\frac{x_1+x_2}{2}<\frac{\pi}{2}$，$0<\frac{x_2-x_1}{2}<\frac{\pi}{2}$，

$$\cos\frac{x_1+x_2}{2}>0,\sin\frac{x_2-x_1}{2}>0,$$

又因

$$f(x_2)-f(x_1)=\sin x_2-\sin x_1=2\cos\frac{x_2+x_1}{2}\sin\frac{x_2-x_1}{2}>0,$$

所以 $f(x)=\sin x$ 在 $\left[-\frac{\pi}{2},\frac{\pi}{2}\right]$ 上是严格单调递增函数.

【231】 $f(x)=\tan x\left(-\frac{\pi}{2}<x<\frac{\pi}{2}\right)$.

证 $\forall x_1,x_2\in\left(-\frac{\pi}{2},\frac{\pi}{2}\right)$，$x_1<x_2$，有 $\cos x_1>0,\cos x_2>0,\sin(x_2-x_1)>0$，

$$f(x_2)-f(x_1)=\frac{\sin x_2}{\cos x_2}-\frac{\sin x_1}{\cos x_1}=\frac{\sin x_2\cos x_1-\cos x_2\sin x_1}{\cos x_1\cos x_2}=\frac{\sin(x_2-x_1)}{\cos x_1\cos x_2}>0.$$

故 $f(x)=\tan x$ 在 $\left(-\frac{\pi}{2},\frac{\pi}{2}\right)$ 上是严格单调递增函数.

【232】 $f(x)=2x+\sin x(-\infty<x<+\infty)$.

提示 注意不等式 $|\sin x_2-\sin x_1|\leqslant|x_2-x_1|$，即易获证.

证 $\forall x_1,x_2\in(-\infty,+\infty)$，$x_1<x_2$，有

$$\begin{aligned}|\sin x_2-\sin x_1|&=2\left|\cos\frac{x_1+x_2}{2}\right|\left|\sin\frac{x_2-x_1}{2}\right|\\&\leqslant2\left|\sin\frac{x_2-x_1}{2}\right|\leqslant2\left|\frac{x_2-x_1}{2}\right|=|x_2-x_1|,\end{aligned}$$

故 $f(x_2)-f(x_1)=2(x_2-x_1)+\sin x_2-\sin x_1\geqslant2(x_2-x_1)-(x_2-x_1)=x_2-x_1>0$.

从而 $f(x)=2x+\sin x$ 在 $(-\infty,+\infty)$ 上是严格单调递增函数.

【证明下列各函数在所给区间内是严格单调递减函数(233—235)】

【233】 $f(x)=x^2(-\infty<x\leqslant0)$.

证 $\forall x_1,x_2\in(-\infty,0]$，$x_1<x_2$，有

$$f(x_2)-f(x_1)=(x_2-x_1)(x_2+x_1)<0,$$

故 $f(x)=x^2$ 在 $(-\infty,0]$ 上是严格单调递减函数.

【234】 $f(x)=\cos x(0\leqslant x\leqslant\pi)$.

证 $\forall x_1,x_2\in[0,\pi]$，$x_1<x_2$，有

$$0<\frac{x_1+x_2}{2}<\pi,0<\frac{x_2-x_1}{2}<\frac{\pi}{2}.$$

$$\sin\frac{x_1+x_2}{2}>0,\sin\frac{x_2-x_1}{2}>0,$$

于是

$$f(x_2)-f(x_1)=\cos x_2-\cos x_1=-2\sin\frac{x_2+x_1}{2}\sin\frac{x_2-x_1}{2}<0.$$

故 $f(x)=\cos x$ 在 $[0,\pi]$ 上是严格单调递减函数.

【235】 $f(x)=\cot x(0<x<\pi)$.

证 $\forall x_1,x_2\in(0,\pi)$，$x_1<x_2$，有 $0<x_2-x_1<\pi,\sin(x_1-x_2)<0$，

$$f(x_2)-f(x_1)=\frac{\cos x_2}{\sin x_2}-\frac{\cos x_1}{\sin x_1}=\frac{\cos x_2\sin x_1-\cos x_1\sin x_2}{\sin x_1\sin x_2}=\frac{\sin(x_1-x_2)}{\sin x_1\sin x_2}<0.$$

故 $f(x)=\cot x$ 在$(0,\pi)$上是严格单调递减函数.

【 236 】 研究下列函数的单调性(设 $f(x)$为非常值函数)：

(1)$f(x)=ax+b$； (2)$f(x)=ax^2+bx+c$； (3)$f(x)=x^3$；

(4)$f(x)=\dfrac{ax+b}{cx+d}$； (5)$f(x)=a^x(a>0)$.

解 (1)$\forall x_1,x_2\in(-\infty,+\infty),x_1<x_2$,有

$$f(x_2)-f(x_1)=a(x_2-x_1)\begin{cases}>0,a>0,\\<0,a<0.\end{cases}$$

故当 $a>0$ 时,$f(x)$严格单调递增;当 $a<0$ 时,$f(x)$严格单调递减.

(2)当 $a=0$ 时,同(1)有,当 $b>0$ 时,$f(x)$严格单调递增;当 $b<0$ 时,$f(x)$严格单调递减.

当 $a\neq0$ 时,有

$$f(x)=a\left(x+\frac{b}{2a}\right)^2+\frac{4ac-b^2}{4a}.$$

(ⅰ)当 $a>0$ 时,抛物线开口向上,顶点在$\left(-\dfrac{b}{2a},\dfrac{b^2-4ac}{4a}\right)$.

于是,$f(x)$在$\left(-\infty,-\dfrac{b}{2a}\right)$严格单调递减;$f(x)$在$\left[-\dfrac{b}{2a},+\infty\right)$严格单调递增.

(ⅱ)当 $a<0$ 时,抛物线开口向下.

于是,$f(x)$在$\left(-\infty,-\dfrac{b}{2a}\right)$严格单调递增,$f(x)$在$\left[-\dfrac{b}{2a},+\infty\right)$严格单调递减.

(3)$\forall x_1,x_2\in(-\infty,+\infty),x_1<x_2$,有

$$f(x_2)-f(x_1)=x_2^3-x_1^3=(x_2-x_1)(x_2^2+x_1x_2+x_1^2)>0.$$

故 $f(x)=x^3$ 在$(-\infty,+\infty)$上严格单调递增.

(4)若 $c=0$,则同(1)有当$\dfrac{a}{d}>0$ 时,$f(x)$严格单调递增;当$\dfrac{a}{d}<0$ 时,$f(x)$严格单调递减.

当 $c\neq0$ 时,有

$$f(x)=\frac{ax+b}{cx+d}=\frac{a}{c}+\frac{b-\frac{ad}{c}}{cx+d}.$$

下面不妨就 $c>0$ 讨论其增减性.

$\forall x_1,x_2\in\left(-\infty,-\dfrac{d}{c}\right)$,或 $x_1,x_2\in\left(-\dfrac{d}{c},+\infty\right)$,$x_1<x_2$,都有

$$f(x_2)-f(x_1)=\left(b-\frac{ad}{c}\right)\cdot\frac{x_1-x_2}{c\left(x_1+\frac{d}{c}\right)\left(x_2+\frac{d}{c}\right)}\begin{cases}<0,b>\frac{ad}{c},\\>0,b<\frac{ad}{c}.\end{cases}$$

于是有

(ⅰ)当 $b>\dfrac{ad}{c}$时,$f(x)$在$\left(-\infty,-\dfrac{d}{c}\right)$及$\left(-\dfrac{d}{c},+\infty\right)$内严格单调递减;

(ⅱ)当 $b<\dfrac{ad}{c}$时,$f(x)$在$\left(-\infty,-\dfrac{d}{c}\right)$及$\left(-\dfrac{d}{c},+\infty\right)$内严格单调递增.

(5)$\forall x_1,x_2\in(-\infty,+\infty),x_1<x_2$,有

$$f(x_2)-f(x_1)=a^{x_2}-a^{x_1}=a^{x_1}(a^{x_2-x_1}-1)\begin{cases}>0,a>1,\\<0,0<a<1.\end{cases}$$

故当 $0<a<1$ 时,$f(x)$在$(-\infty,+\infty)$上严格单调递减;当 $a>1$ 时,$f(x)$在$(-\infty,+\infty)$上严格单调递增.

【 237 】 不等式两端能否同时取对数?

解 不一定，当底大于1时，才能逐项取对数. 因为对数函数当底大于1时为单调递增函数. 若底介于0与1之间，则为单调递减函数，所以，此时就不能逐项取对数.

【238】 设 $\varphi(x)$，$\psi(x)$ 及 $f(x)$ 均为单调递增函数. 证明：若

$$\varphi(x)\leqslant f(x)\leqslant\psi(x), \tag{①}$$

则

$$\varphi[\varphi(x)]\leqslant f[f(x)]\leqslant\psi[\psi(x)]. \tag{②}$$

证 设 x 为三个函数公共域内的任一点，由①式和 $\varphi(x)$，$\psi(x)$ 及 $f(x)$ 单调递增性有

$$\varphi[\varphi(x)]\leqslant\varphi[f(x)]\leqslant f[f(x)]\leqslant f[\psi(x)]\leqslant\psi[\psi(x)],$$

则由 x 的任意性知，②式成立.

【239】 设函数 $f(x)$ 定义在对称区间 $(-l,l)$ 中，若 $f(-x)\equiv f(x)$，则称 $f(x)$ 为偶函数，若 $f(-x)\equiv -f(x)$，则称 $f(x)$ 为奇函数.

确定下列函数中哪些是偶函数，哪些是奇函数：

(1) $f(x)=3x-x^3$； (2) $f(x)=\sqrt[3]{(1-x)^2}+\sqrt[3]{(1+x)^2}$； (3) $f(x)=a^x+a^{-x}\ (a>0)$；

(4) $f(x)=\ln\dfrac{1-x}{1+x}$； (5) $f(x)=\ln(x+\sqrt{1+x^2})$.

解 (1) $f(-x)=-3x+x^3\equiv -f(x)$，故 $f(x)$ 为奇函数.

(2) $f(-x)=\sqrt[3]{(1+x)^2}+\sqrt[3]{(1-x)^2}\equiv f(x)$，故 $f(x)$ 为偶函数.

(3) $f(-x)=a^{-x}+a^x\equiv f(x)$，故 $f(x)$ 为偶函数.

(4) $f(-x)=\ln\dfrac{1+x}{1-x}=-\ln\dfrac{1-x}{1+x}\equiv -f(x)$，故 $f(x)$ 为奇函数.

(5) $f(-x)=\ln(-x+\sqrt{1+x^2})=\ln\dfrac{1}{x+\sqrt{1+x^2}}=-\ln(x+\sqrt{1+x^2})\equiv -f(x)$，故 $f(x)$ 为奇函数.

【240】 证明：定义在对称区间 $(-l,l)$ 内的任何函数 $f(x)$ 可以表示为偶函数与奇函数之和.

证 因为 $f(x)=\dfrac{f(x)+f(-x)}{2}+\dfrac{f(x)-f(-x)}{2}$，而 $\dfrac{f(x)+f(-x)}{2}$ 为偶函数，$\dfrac{f(x)-f(-x)}{2}$ 为奇函数，故 $f(x)$ 可表示成偶函数与奇函数之和.

【241】 若存在数 $T>0$ 使定义在集合 E 上的函数 $f(x)$ 满足等式 $f(x\pm T)=f(x)\ (x\in E)$，则函数 $f(x)$ 称为周期函数，T 称为 $f(x)$ 的周期(函数的周期—在广义的意义上).

说明下列函数中哪些是周期函数，并求它们的最小正周期：

(1) $f(x)=A\cos\lambda x+B\sin\lambda x$； (2) $f(x)=\sin x+\dfrac{1}{2}\sin 2x+\dfrac{1}{3}\sin 3x$；

(3) $f(x)=2\tan\dfrac{x}{2}-3\tan\dfrac{x}{3}$； (4) $f(x)=\sin^2 x$；

(5) $f(x)=\sin x^2$； (6) $f(x)=\sqrt{\tan x}$；

(7) $f(x)=\tan\sqrt{x}$； (8) $f(x)=\sin x+\sin(\sqrt{2}x)$.

解 (1) 若 $\lambda=0$，则 $f(x)\equiv A$，常数函数，以任一正实数为其周期，没有最小正周期.

当 $\lambda\neq 0$ 时，由于

$$f\left(x+\frac{2\pi}{|\lambda|}\right)=A\cos\lambda\left(x+\frac{2\pi}{|\lambda|}\right)+B\sin\lambda\left(x+\frac{2\pi}{|\lambda|}\right)$$
$$=A\cos\lambda x+B\sin\lambda x=f(x),$$

故 $f(x)$为周期函数，且最小正周期为 $T=\frac{2\pi}{|\lambda|}(\lambda\neq 0)$.

(2)由(1)可知 $\sin x,\sin 2x$ 和 $\sin 3x$ 的最小正周期分别为 $2\pi,\pi$ 和$\frac{2\pi}{3}$，故它们的最小公倍数 2π 就是 $f(x)$的最小正周期.

(3)同(1)可证 $\tan\frac{x}{2}$和 $\tan\frac{x}{3}$的最小正周期分别为 2π 和 3π，故 $f(x)$的最小正周期为 6π.

(4)由 $f(x)=\sin^2 x=\frac{1-\cos 2x}{2}$及 $\cos 2x$ 的最小正周期为 π，故 $f(x)$的最小正周期为 π.

(5)假设 $f(x)=\sin x^2$ 是周期函数，周期为 T，则对 $\forall x\in\mathbf{R}$，有 $\sin(x+T)^2=\sin x^2$，令 $x=0$ 得，$T=\sqrt{m\pi}$(m 为某正整数). 再令 $x=\sqrt{2m\pi}$，可得

$$\sin(\sqrt{2m\pi}+\sqrt{m\pi})^2=\sin(3m\pi+2\sqrt{2}m\pi)=\sin(\sqrt{2m\pi})^2=0,$$

于是 $\sin(2\sqrt{2}m\pi)=0$，这与 $2\sqrt{2}m$ 不是整数矛盾. 故 $\sin x^2$ 不是周期函数.

(6)由 $\tan x$ 的最小正周期为 π，知 $f(x)$为周期函数，最小正周期为 π.

(7)假设 $f(x)=\tan\sqrt{x}$ 是周期函数，周期为 T，则对 $\forall x$，有 $\tan\sqrt{x+T}=\tan\sqrt{x}$，令 $x=0$ 得，$T=(m\pi)^2$(m 为某正整数). 再令 $x=(m\pi)^2$，可得

$$\tan\sqrt{(m\pi)^2+(m\pi)^2}=\tan(\sqrt{2}m\pi)=\tan\sqrt{(m\pi)^2}=0,$$

于是 $\tan(\sqrt{2}m\pi)=0$，这与$\sqrt{2}m$ 不是整数矛盾. 故 $\tan\sqrt{x}$不是周期函数.

(8)假设 $f(x)=\sin x+\sin(\sqrt{2}x)$是周期函数，周期为 T，则对 $\forall x\in\mathbf{R}$，有

$$\sin(x+T)+\sin\sqrt{2}(x+T)=\sin x+\sin\sqrt{2}x,$$

令 $x=0$ 得，$\sin T+\sin\sqrt{2}T=0$，即 $\sin\frac{1+\sqrt{2}}{2}T\cos\frac{\sqrt{2}-1}{2}T=0$.

若 $\sin\frac{1+\sqrt{2}}{2}T=0$，则 $T=2(\sqrt{2}-1)k\pi$，即对 $\forall x\in\mathbf{R}$，有

$$\sin[x+2(\sqrt{2}-1)k\pi]+\sin\sqrt{2}[x+2(\sqrt{2}-1)k\pi]=\sin x+\sin\sqrt{2}x,$$

再令 $x=2(\sqrt{2}+1)k\pi$，得 $\sin(4\sqrt{2}k\pi)=2\sin 2\sqrt{2}k\pi$，故 $\cos 2\sqrt{2}k\pi=1$，则 $2\sqrt{2}k\pi=2m\pi$，即$\sqrt{2}k=m$，矛盾.

若 $\cos\frac{\sqrt{2}-1}{2}T=0$，则 $T=(2k+1)(\sqrt{2}+1)\pi$，即对 $\forall x\in\mathbf{R}$，有

$$\sin[x+(2k+1)(\sqrt{2}+1)\pi]+\sin\sqrt{2}[x+(2k+1)(\sqrt{2}+1)\pi]=\sin x+\sin\sqrt{2}x,$$

再令 $x=(2k+1)(1-\sqrt{2})\pi$，得 $\sin[2\sqrt{2}(2k+1)\pi]=2\sin\sqrt{2}(2k+1)\pi$，因而得到 $\cos\sqrt{2}(2k+1)\pi=1$，故 $\sqrt{2}(2k+1)\pi=2m\pi+\frac{\pi}{2}$，即$\sqrt{2}(2k+1)=2m+\frac{1}{2}$(左边为无理数，右边为有理数)，矛盾.

综上可得，$f(x)=\sin x+\sin(\sqrt{2}x)$不是周期函数.

【242】 证明：对于狄利克雷函数 $D(x)=\begin{cases}1, & x\text{ 为有理数},\\ 0, & x\text{ 为无理数},\end{cases}$ 任何有理数皆为其周期.

证 $\forall r\in\mathbf{Q}$，则当 x 为有理数时，$x+r$ 为有理数；当 x 为无理数时，$x+r$ 为无理数，故

$$D(x+r)=\begin{cases}1, & x\text{ 为有理数},\\ 0, & x\text{ 为无理数},\end{cases}$$

即 $D(x+r)=D(x)$，r 为周期.

【243】 证明：定义在共同的集合且周期是可公度的两个周期函数之和及其乘积也是周期函数.

提示 $f_1(x)$及 $f_2(x)$的周期的公倍数就是 $f_1(x)+f_2(x)$及 $f_1(x)f_2(x)$的周期.

证 设 $f_1(x)$ 及 $f_2(x)$ 为定义在集合 A 上的周期函数，T_1 及 T_2 分别为它们的最小正周期. 又设 T 为 T_1 及 T_2 的最大公约数，即 $T_1=Tk_1$，$T_2=Tk_2$，其中 k_1，k_2 为正整数. 于是

$$f_1(x+k_2T_1)=f_1(x),\ f_2(x+k_1T_2)=f_2(x).$$

设 $F_1(x)=f_1(x)+f_2(x)$，$F_2(x)=f_1(x)f_2(x)$，则 k_1k_2T 分别是 $F_1(x)$ 和 $F_2(x)$ 的周期. 事实上，

$$F_1(x+k_1k_2T)=f_1(x+k_1k_2T)+f_2(x+k_1k_2T)=f_1(x)+f_2(x)=F_1(x).$$

$$F_2(x+k_1k_2T)=f_1(x+k_1k_2T)f_2(x+k_1k_2T)=f_1(x)f_2(x)=F_2(x),$$

故 $f_1(x)+f_2(x)$ 和 $f_1(x)f_2(x)$ 均为周期函数.

【244】 证明：若函数 $f(x)(-\infty<x<+\infty)$ 满足等式 $f(x+T)=kf(x)$，其中 k 和 T 为正常数，则 $f(x)=a^x\varphi(x)$，其中 a 为正常数，而 $\varphi(x)$ 为以 T 为周期的函数.

证 由假定 $k>0$，$T>0$，令 $a=k^{\frac{1}{T}}>0$，则 $a^T=k$. 故 $f(x+T)=a^Tf(x)$. 今定义函数

$$\varphi(x):\varphi(x)=a^{-x}f(x).$$

易知 $\varphi(x)$ 是周期为 T 的函数. 事实上，

$$\varphi(x+T)=a^{-(x+T)}f(x+T)=a^{-x}a^{-T}a^Tf(x)=a^{-x}f(x)=\varphi(x).$$

于是 $f(x)=a^x\varphi(x)$，其中 $\varphi(x)$ 是周期为 T 的函数.

第4节 函数的图像表示法（习题245—388）

知识点预览

序号	知识点	题目序号	所在页码
1	用描点法作函数图像	245—332	P66
2	利用已知函数的图像作图	333—376	P93
3	其他类型的函数图像	377—379	P111
4	用函数图像解方程及方程组	380—388	P114

知识点1 用描点法作函数图像

1. 作函数 $y=f(x)$ 的图像步骤

(1)确定函数的存在域 D；

(2)从 D 中选出充分密集的自变量值 $x_1,x_2,\cdots,x_n$ 与相应的函数值组成对应数值表 $y_i=f(x_i)(i=1,2,\cdots,n)$；

(3)在坐标平面 Oxy 上绘出一系列的点 $M_i(x_i,y_i)(i=1,2,\cdots,n)$，并用线把它们连接起来，连线时应考虑函数的一般性质.

2. 函数的一般性质

(1)解方程 $f(x)=0$，求 $f(0)$，求出函数图像与 Ox 轴及 Oy 轴的交点；

(2)确定函数的奇偶性、周期性、单调性、有界性，若有则求出函数的周期和单调区间；

(3)确定函数为正或为负时自变量的变化域；

(4)研究当自变量无限趋于存在域边界时函数的情况，确定函数的渐近线.

利用基本初等函数(幂、指、对、三角、反三角函数)的性质和图像，不用做大量的计算，就可以画出许多函数的草图. 多数函数都是这些简单图像的组合.

习题 245—249 线性函数的图像

【245】 作出线性齐次函数 $y=ax$ 当 $a=0,\frac{1}{2},1,2,-1$ 时的图像.

解 线性齐次函数表示过原点且斜率为 a 的直线，如图 1.14 所示.

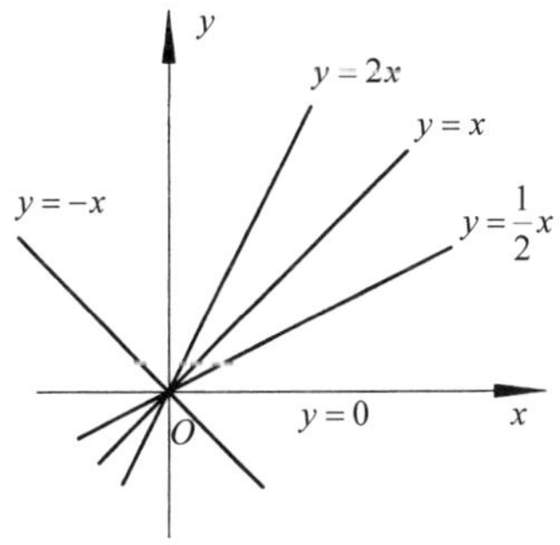

图 1.14

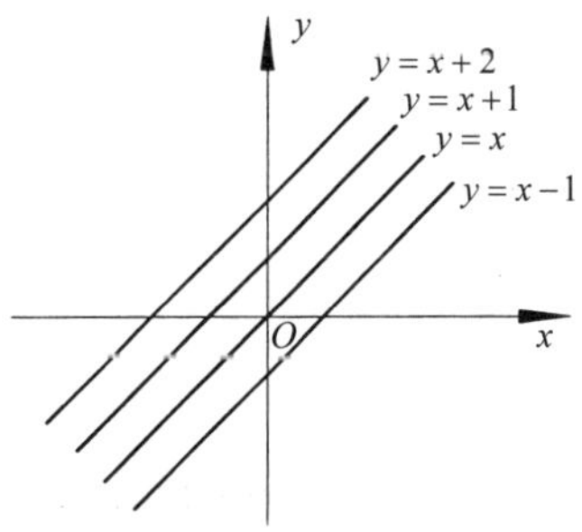

图 1.15

【246】 作出线性函数 $y=x+b$ 当 $b=0,1,2,-1$ 时的图像.

解 线性函数表示过$(0,b)$，$(-b,0)$两点，斜率为 1 的直线. 如图 1.15 所示.

【247】 作出线性函数的图像：

(1)$y=2x+3$； (2)$y=2-0.1x$； (3)$y=-\frac{x}{2}-1$.

解 (1)表示过$(0,3)$，$\left(-\frac{3}{2},0\right)$两点，斜率为 2 的直线；

(2)表示过$(0,2)$，$(20,0)$两点，斜率为-0.1的直线；

(3)表示过$(0,-1)$，$(-2,0)$两点，斜率为$-\frac{1}{2}$的直线.

如图 1.16 所示.

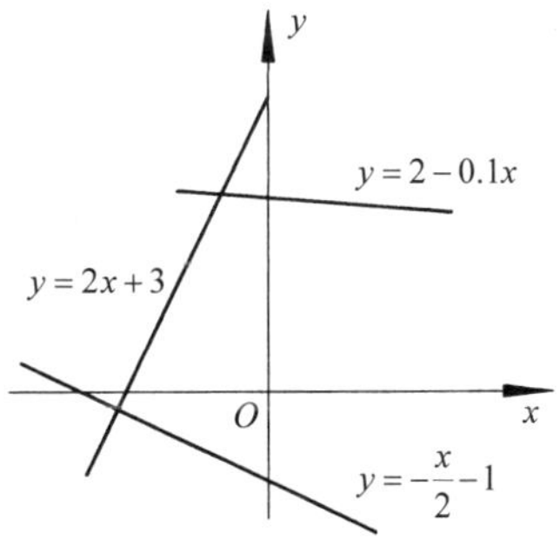

图 1.16

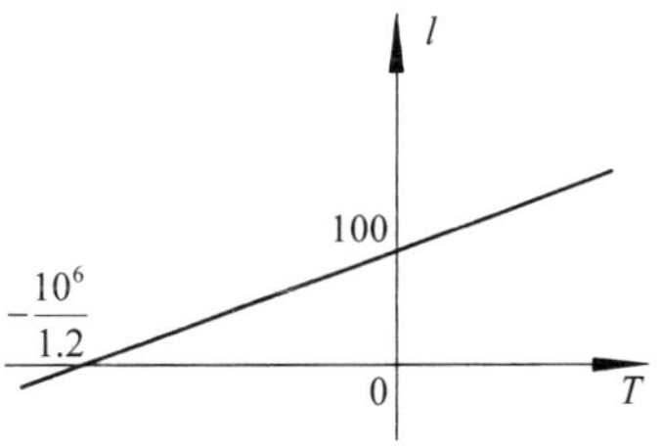

图 1.17

【248】 铁的线性膨胀系数 $\alpha=1.2\times10^{-6}$. 在适当的尺度下作出函数

$$l=f(T)=l_0(1+\alpha T)(-40^\circ\leqslant T\leqslant100^\circ)$$

的图像，其中 T 表温度(以度计)，l 表示当温度为 T 时铁棒的长.

已知当 $T=0°$时，$l=100\text{cm}$.

解 铁棒的长与温度的关系为 $l=l_0(1+\alpha T)$.

当 $T=0$ 时，$l=100$，代入上式得 $l_0=100$.

于是 $l=100(1+1.2\times10^{-6}T)$，如图 1.17 所示(两轴单位不同).

【249】 二质点沿数轴运动，第一质点在初始时刻 $t=0$ 时位于原点 O 左方 20m 处，其速度为 $v_1=10\text{m/s}$；第二质点在 $t=0$ 时位于原点 O 右方 30m 处，其速度为 $v_2=-20\text{m/s}$. 作出此二点运动方程的图像并求它们相遇的时刻和位置.

解 二质点运动方程的位移 s 与时间 t 的关系分别为

$$s=10t-20, s=-20t+30,$$

如图 1.18 所示. 解上述方程，得

$$t=\frac{5}{3}\text{s}, s=-\frac{10}{3}\text{ m},$$

即在运动开始后$\frac{5}{3}$s，在 Ot 轴之下方$\frac{10}{3}$m 处相遇，如图中点 P 所示.

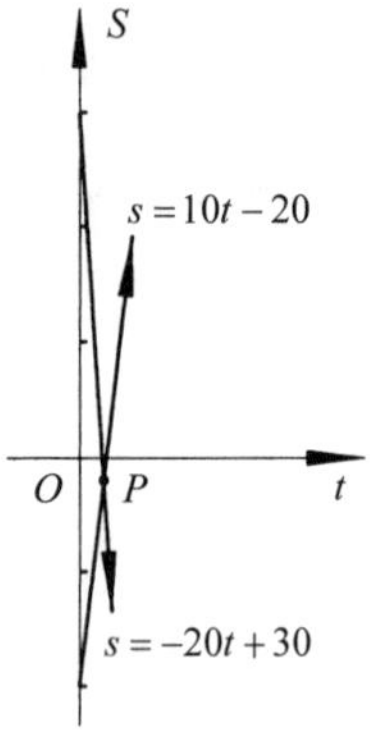

图 1.18

习题 250—256 有理函数的图像

【250】 作出二次有理函数的图像(抛物线)：

(1) $y=ax^2$，当 $a=1,\frac{1}{2},2,-1$ 时； (2) $y=(x-x_0)^2$，当 $x_0=0,1,2,-1$ 时；

(3) $y=x^2+c$，当 $c=0,1,2,-1$ 时.

解 二次有理函数 $y=a(x-x_0)^2+c$，图像为顶点在(x_0,c)的抛物线，$a>0$ 时开口向上，$a<0$ 时开口向下.

(1)如图 1.19 所示. (2)如图 1.20 所示. (3)如图 1.21 所示.

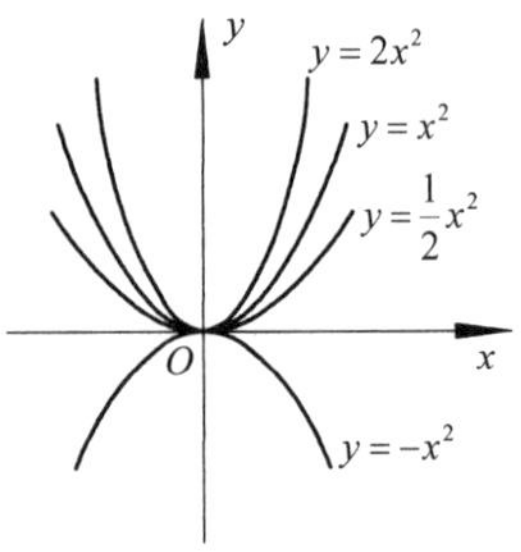

图 1.19

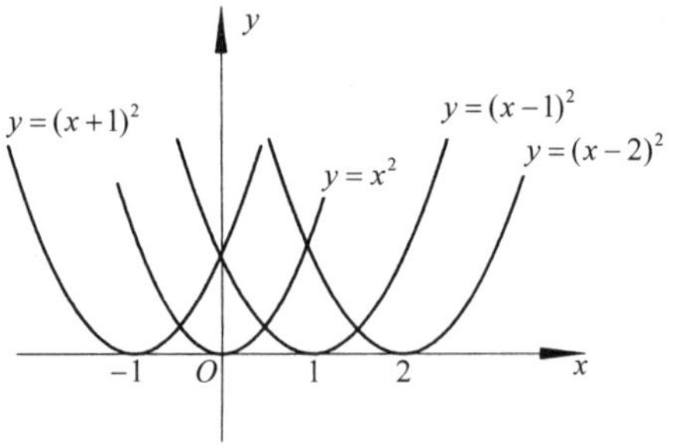

图 1.20

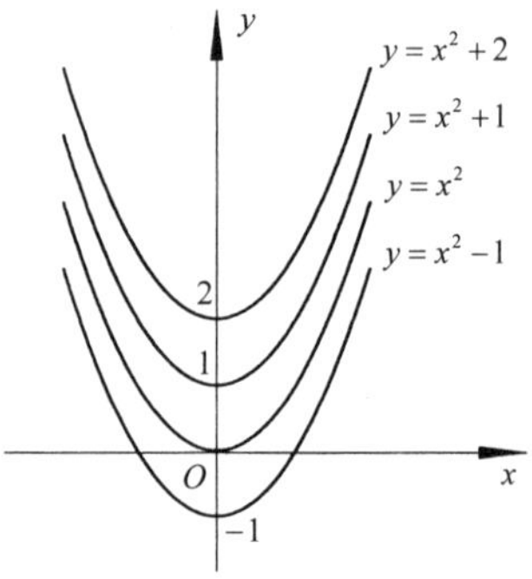

图 1.21

【251】 把二次三项式 $y=ax^2+bx+c$ 化为下面的形状

$$y=y_0+a(x-x_0)^2.$$

再作出它的图像，研究例子：

(1) $y=8x-2x^2$； (2) $y=x^2+3x+2$； (3) $y=-x^2+2x-1$； (4) $y=\frac{1}{2}x^2+x+1$.

解 利用配方法得

$$y=a\left(x+\frac{b}{2a}\right)^2+\frac{4ac-b^2}{4a}=y_0+a(x-x_0)^2,$$

其中 $x_0=-\frac{b}{2a}$，$y_0=\frac{4ac-b^2}{4a}$，如图 1.22 所示.

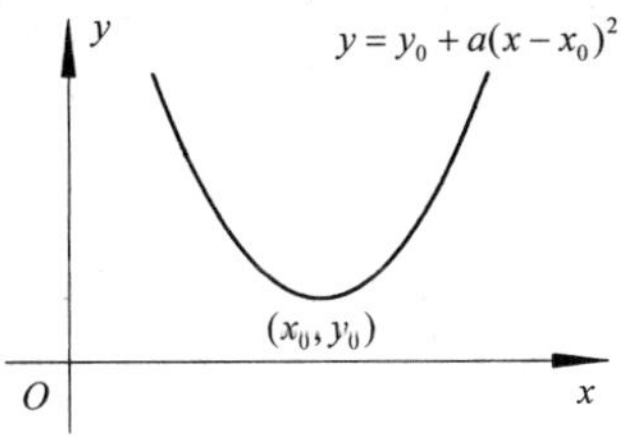

图 1.22

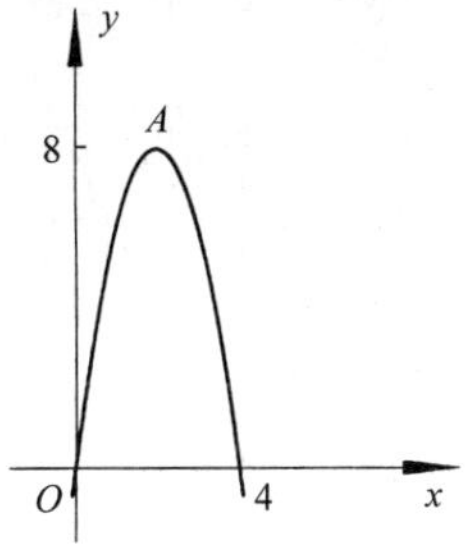

图 1.23

(1) $y=8x-2x^2=8-2(x-2)^2$，$x_0=2$，$y_0=8$，$a=-2$.

顶点 $A(2,8)$，开口向下，如图 1.23 所示.

(2) $y=x^2-3x+2=\left(x-\frac{3}{2}\right)^2-\frac{1}{4}$，$x_0=\frac{3}{2}$，$y_0=-\frac{1}{4}$，$a=1$.

顶点 $B\left(\frac{3}{2},-\frac{1}{4}\right)$，开口向上，如图 1.24 所示.

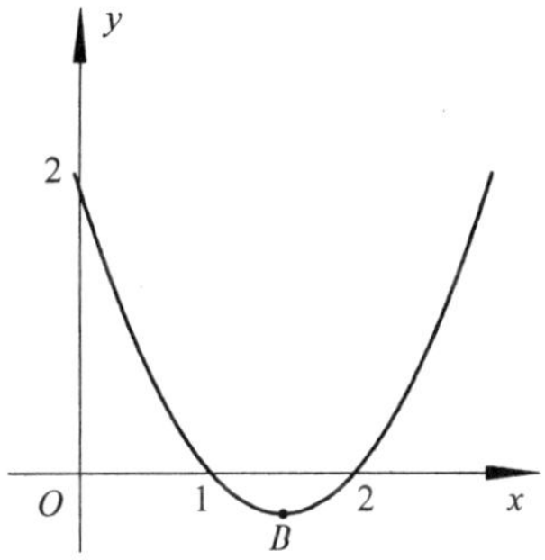

图 1.24

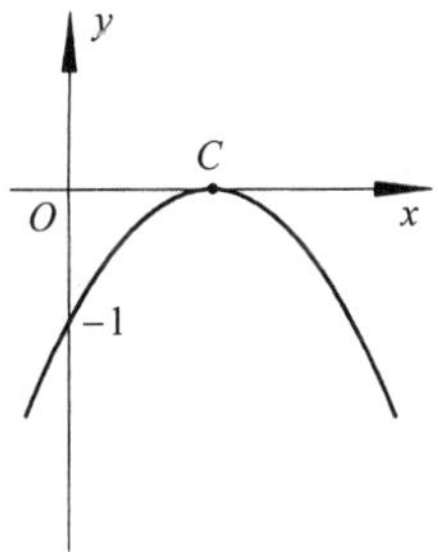

图 1.25

(3) $y=-x^2+2x-1=-(x-1)^2$，$x_0=1$，$y_0=0$，$a=-1$，

顶点 $C(1,0)$，开口向下，如图 1.25 所示.

(4) $y=\frac{1}{2}x^2+x+1=\frac{1}{2}(x+1)^2+\frac{1}{2}$，$x_0=-1$，$y_0=\frac{1}{2}$，$a=\frac{1}{2}$，

顶点 $D\left(-1,\frac{1}{2}\right)$，开口向上，如图 1.26 所示.

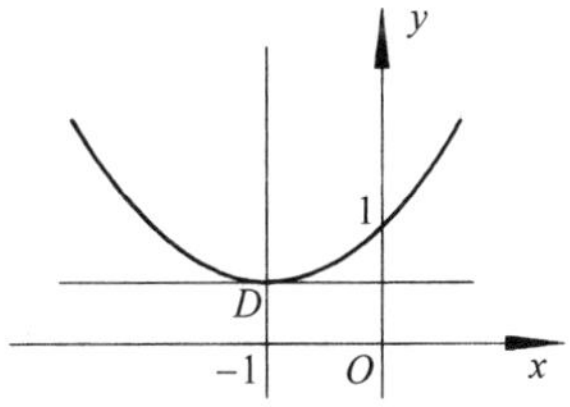

图 1.26

【252】 质点以初速度 $v_0=600\text{m/s}$ 沿与水平面成角 $\alpha=45°$ 的方向射出. 作出运动轨迹的图像，并求最大上升高度及射程(取 $g\approx10\text{m/s}^2$，不计空气阻力).

解 运动轨迹方程为 $y=x\tan\alpha-\frac{gx^2}{2v_0^2\cos^2\alpha}$，

将 $v_0=600$，$g=10$，$\alpha=45°$ 代入得 $y=x-\frac{x^2}{36\ 000}$，即

$$y=-\frac{1}{36\ 000}(x-18\ 000)^2+9\ 000.$$

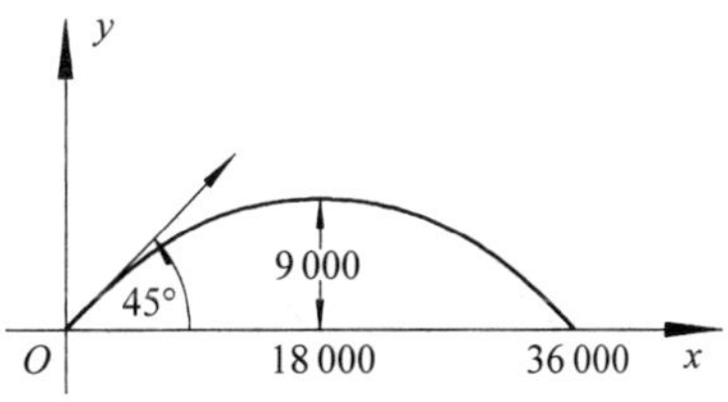

图 1.27

当 $x=18\ 000$ 时，y 值最大，最大上升高度为9 000m；当 $x=36\ 000$ 时，$y=0$，即射程为 36 000m. 如图 1.27 所示.

【作出下列高于二次的有理函数的图像(253—256)】

【253】 $y=x^3+1$

解 函数图像是 $y=x^3$ 的图像上移一个单位,如图 1.28 所示.

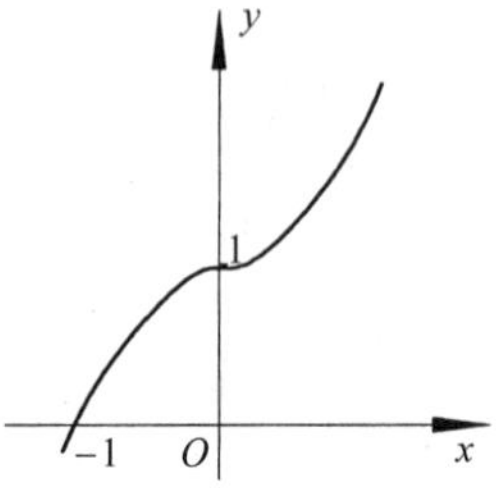

图 1.28

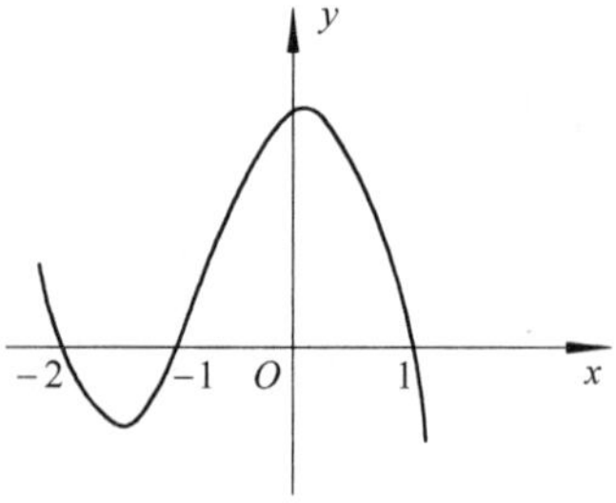

图 1.29

【254】 $y=(1-x^2)(2+x)$.

解 当 $x=\pm1,-2$ 时,$y=0$;当 $x<-2$ 及 $-1<x<1$ 时,$y>0$;当 $-2<x<-1$ 及 $x>1$ 时,$y<0$.
当 $x<-2$ 及 $x>1$ 时,曲线下降;当 $-1<x<1$ 时,曲线由上升到下降;
当 $-2<x<-1$ 时,曲线由下降到上升. 如图 1.29 所示.

【255】 $y=x^2-x^4$.

解

$$y=x^2(1-x)(1+x)=\frac{1}{4}-\left(x^2-\frac{1}{2}\right)^2.$$

图像关于 Oy 轴对称,与两坐标轴的交点为 $(-1,0)$,$(1,0)$,$(0,0)$,且在 $(0,0)$ 点与 Ox 轴相切.

当 $x=\pm\frac{1}{\sqrt{2}}$ 时,$y=\frac{1}{4}$,此时 $A\left(\frac{1}{\sqrt{2}},\frac{1}{4}\right)$ 及 $B\left(-\frac{1}{\sqrt{2}},\frac{1}{4}\right)$ 均为图像上的最高点.

当 $0<x<\frac{1}{\sqrt{2}}$ 时,曲线上升;当 $\frac{1}{\sqrt{2}}<x<+\infty$ 时,曲线下降. 如图 1.30 所示.

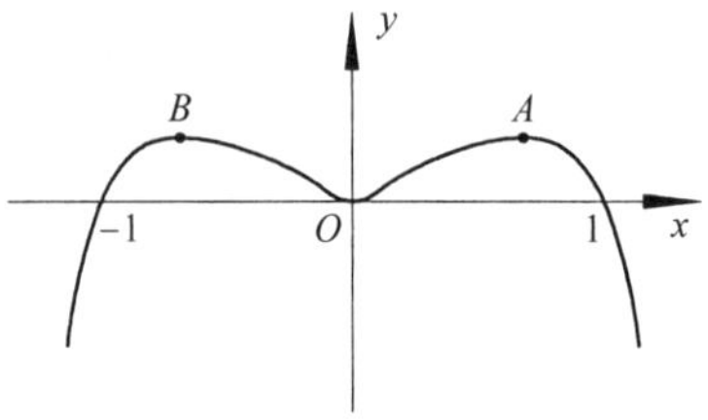

图 1.30

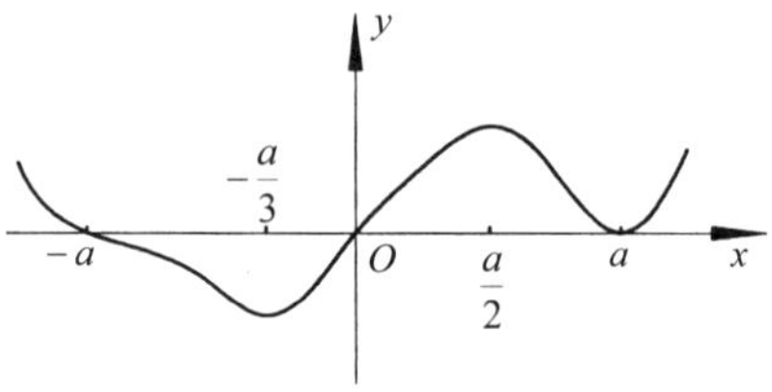

图 1.31

【256】 $y=x(a-x)^2(a+x)^3(a>0)$.

解 当 $x=0,a,-a$ 时,$y=0$. $(-a,0)$ 及 $(a,0)$ 为切点.
当 $x>0$,且 $x\neq a$,及 $x<-a$ 时,$y>0$;当 $-a<x<0$ 时,$y<0$. 如图 1.31 所示.

习题 257—273 分式函数的图像

【作出下列分式线性函数的图像(双曲线)(257—258)】

【257】 $y=\frac{1}{x}$.

解 奇函数,图像关于原点对称.

$$\lim_{x\to0^+}\frac{1}{x}=+\infty,\ \lim_{x\to0^-}\frac{1}{x}=-\infty,\ \lim_{x\to\infty}\frac{1}{x}=0,$$

渐近线为 $x=0,y=0$，如图 1.32 所示.

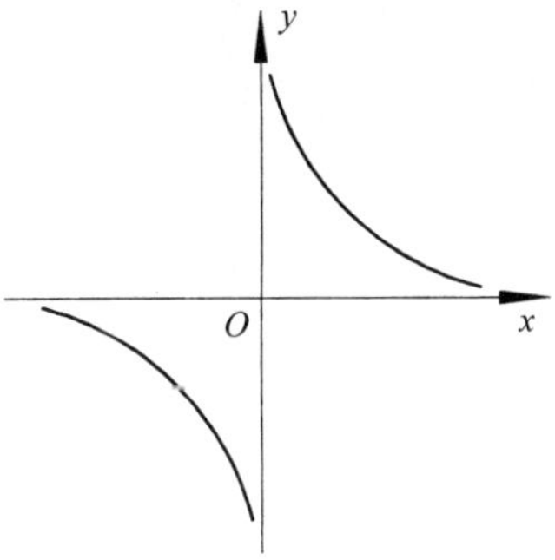

图 1.32

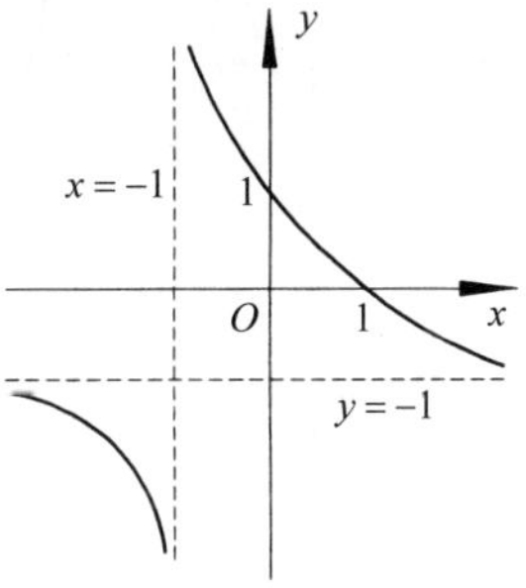

图 1.33

【 258 】 $y=\dfrac{1-x}{1+x}$.

解 $y=-1+\dfrac{2}{1+x}$，图像的对称中心为$(-1,-1)$.

$$\lim_{x\to-1}\frac{1-x}{1+x}=\infty,\lim_{x\to\infty}\frac{1-x}{1+x}=-1,$$

渐近线为 $x=-1,y=-1$，如图 1.33 所示.

【 259 】 把分式线性函数

$$y=\frac{ax+b}{cx+d}(ad-bc\neq0,c\neq0)$$

化为以下形式：$y=y_0+\dfrac{m}{x-x_0}$. 再作它的图像. 研究例子 $y=\dfrac{3x+2}{2x-3}$.

解
$$y=\frac{ax+b}{cx+d}=\frac{a\left(x+\dfrac{d}{c}\right)+b-\dfrac{ad}{c}}{c\left(x+\dfrac{d}{c}\right)}=\frac{a}{c}+\frac{\dfrac{bc-ad}{c^2}}{x-\left(-\dfrac{d}{c}\right)}=y_0+\frac{m}{x-x_0},$$

其中 $x_0=-\dfrac{d}{c}$，$y_0=\dfrac{a}{c}$，$m=\dfrac{bc-ad}{c^2}$，图像的对称中心为(x_0,y_0)，如图 1.34 所示.

对于 $y=\dfrac{3x+2}{2x-3}$，有 $x_0=y_0=\dfrac{3}{2}$，如图 1.35 所示.

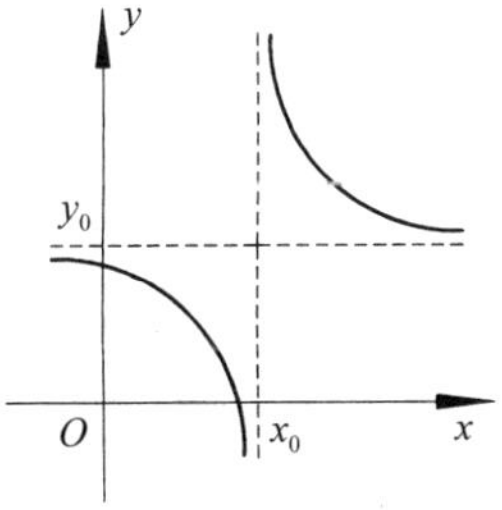

图 1.34

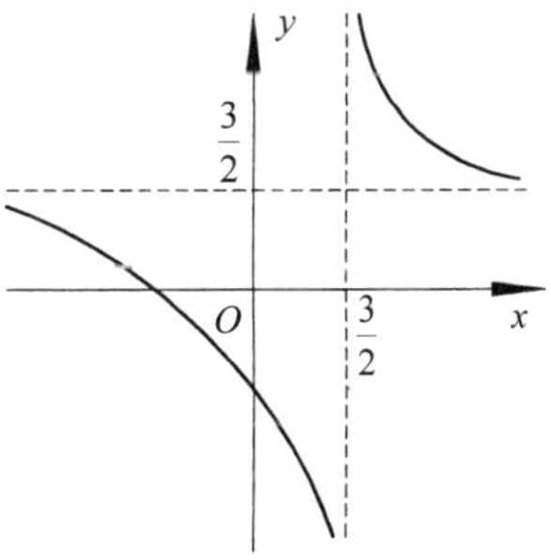

图 1.35

【 260 】 设气体当压强 $p_0=1$ Pa 时占有体积 $V_0=12\ \mathrm{m}^3$. 若气体的温度保持不变，作出气体体积 V 对压强 p 的依赖关系的图像（玻意耳一马略特定律）.

解 当温度 $T=k$(常数)时,气体体积 V 与压力 p 成反比,即 $pV=C$,其中 C 为常数.当 $p_0=1$ 时,$V_0=12$,故 $C=12$,从而 $pV=12$,如图 1.36 所示.

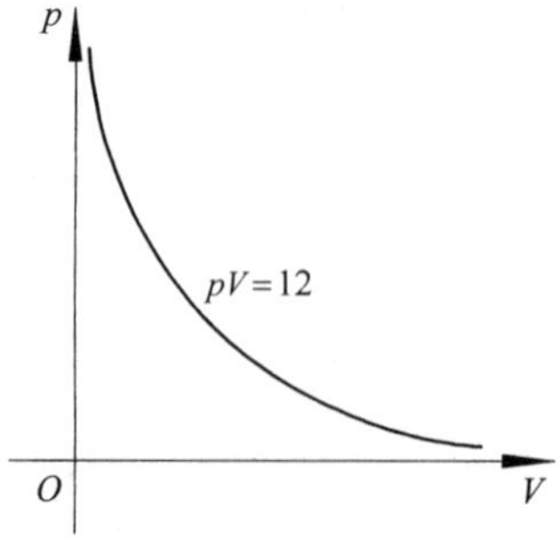

图 1.36

【作出下列有理分式函数的图像(261—270)】

【261】 $y=x+\dfrac{1}{x}$(双曲线).

解 将 $y=x$ 及 $y=\dfrac{1}{x}$ 的图像叠加即得,如图 1.37 中黑粗线所示.

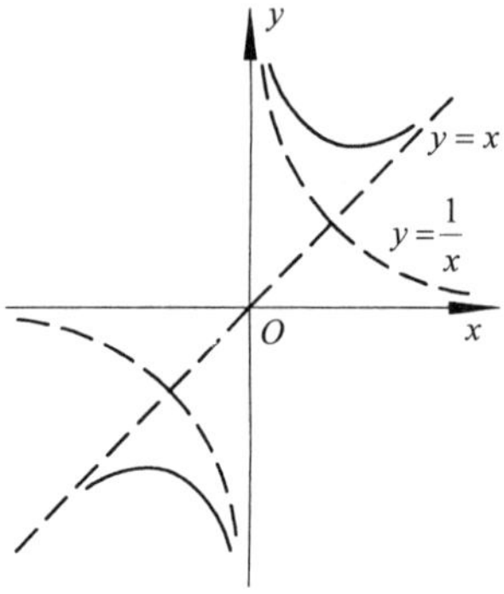

图 1.37

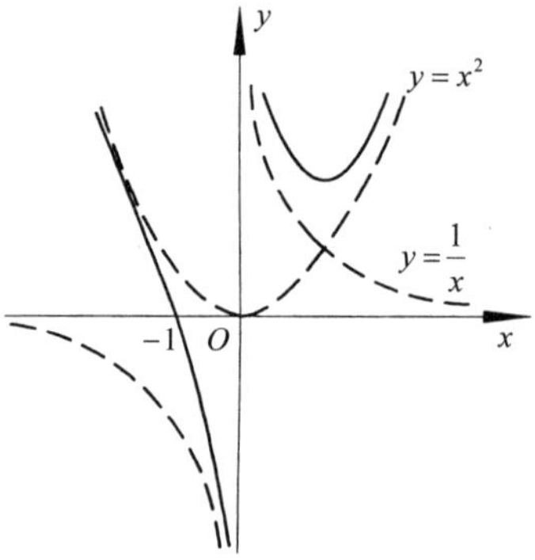

图 1.38

【262】 $y=x^2+\dfrac{1}{x}$(牛顿三叉线).

解 将 $y=x^2$ 及 $y=\dfrac{1}{x}$ 的图像叠加即得,如图 1.38 中黑粗线所示.

【263】 $y=x+\dfrac{1}{x^2}$

解 将 $y=x$ 及 $y=\dfrac{1}{x^2}$ 的图像叠加即得,如图 1.39 中黑粗线所示.

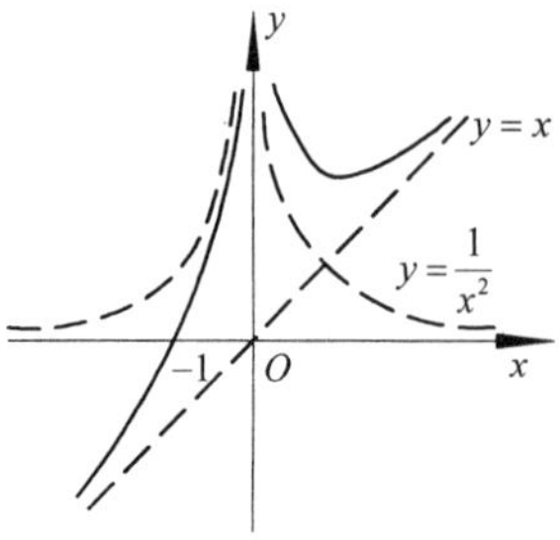

图 1.39

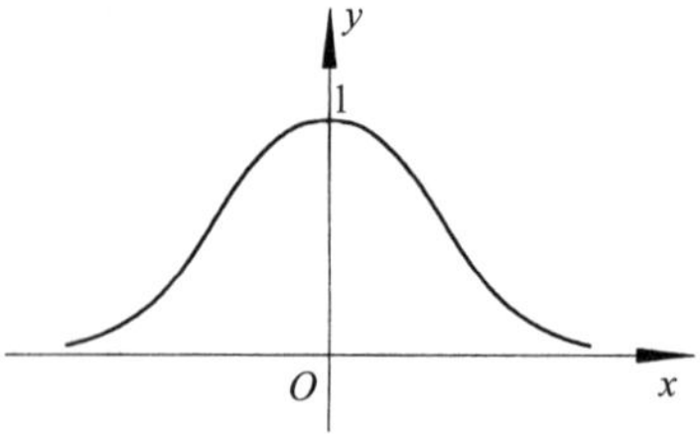

图 1.40

【264】 $y=\dfrac{1}{1+x^2}$(箕舌线).

解 图像关于 Oy 轴对称，位于 Ox 轴上方，最高点为(0,1).

$\lim\limits_{x\to\infty}\dfrac{1}{1+x^2}=0$，图像以 Ox 轴为渐近线，如图 1.40 所示.

【265】 $y=\dfrac{2x}{1+x^2}$(牛顿蛇形线).

解 y 为奇函数，图像关于原点对称.

又因 $\left|\dfrac{2x}{1+x^2}\right|\leqslant 1$，故 $-1\leqslant y\leqslant 1$.

当 $0<x<1$ 时，$y>0$，曲线上升；当 $1<x<+\infty$ 时，$y>0$，曲线下降.

$\lim\limits_{x\to\infty}\dfrac{2x}{1+x^2}=0$，图像以 Ox 轴为渐近线，如图 1.41 所示.

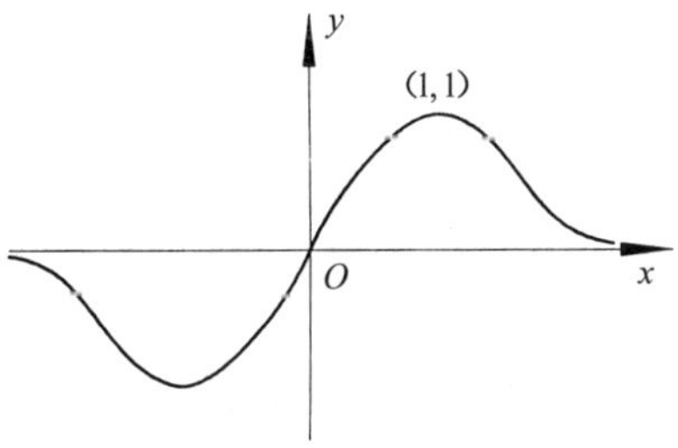

图 1.41

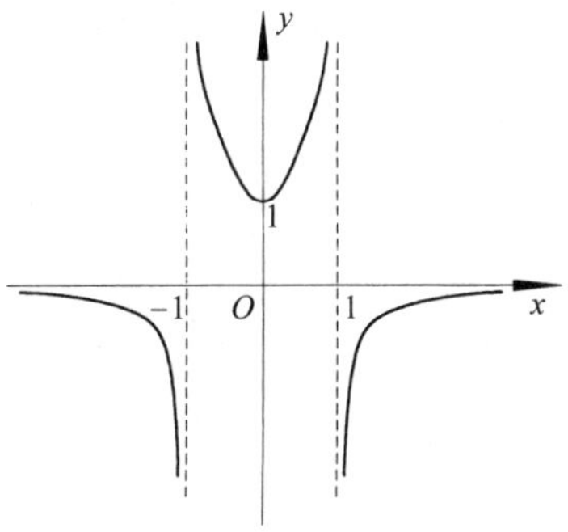

图 1.42

【266】 $y=\dfrac{1}{1-x^2}$.

解 图像关于 Oy 轴对称，且经过点(0,1).

当 $0<x<1$ 及 $x>1$ 时，曲线上升，但当 $x=\pm 1$ 时，y 无意义.

$\lim\limits_{x\to\pm 1}\dfrac{1}{1-x^2}=\infty$，$x=\pm 1$ 为曲线的渐近线. 如图 1.42 所示.

【267】 $y=\dfrac{x}{1-x^2}$.

解 图像关于原点对称，且经过原点. 在(0,1)及(1,+∞)内曲线上升.

$\lim\limits_{x\to\pm 1}\dfrac{1}{1-x^2}=\infty$，$x=\pm 1$ 为渐近线，如图 1.43 所示.

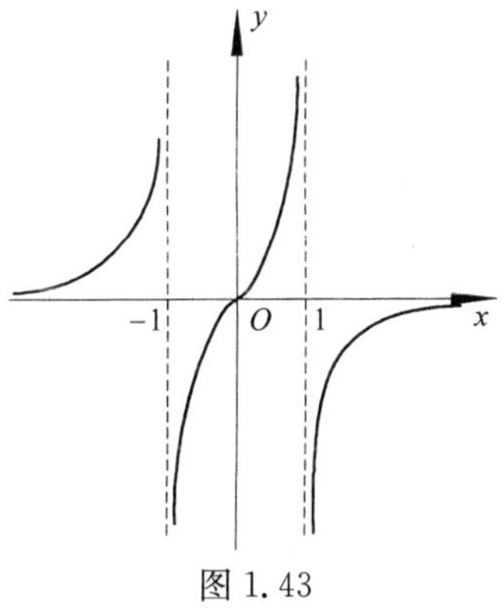

图 1.43

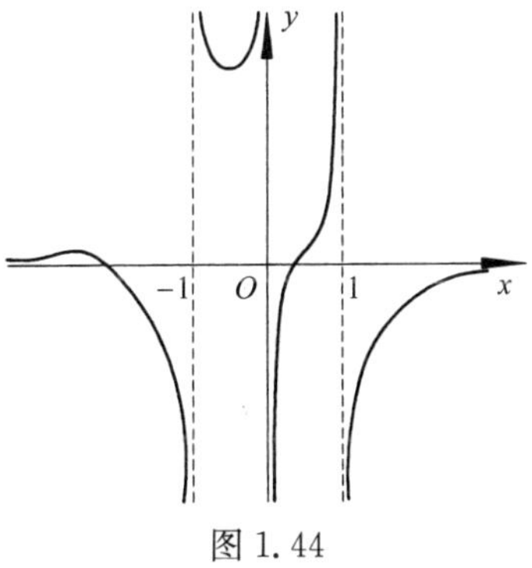

图 1.44

【268】 $y=\frac{1}{1+x}-\frac{2}{x}+\frac{1}{1-x}$.

解 将 $y=\frac{1}{1+x}$，$y=-\frac{2}{x}$ 及 $y=\frac{1}{1-x}$ 的图像叠加即得.

渐近线：$x=-1$，$x=0$，$x=1$ 及 $y=0$，如图 1.44 所示.

【269】 $y=\frac{1}{1+x}-\frac{2}{x^2}+\frac{1}{1-x}$.

解 将 $y=\frac{1}{1+x}$，$y=-\frac{2}{x^2}$ 及 $y=\frac{1}{1-x}$ 的图像叠加即得.

图像关于 Oy 轴对称，渐近线：$x=-1$，$x=1$，$x=0$ 及 $y=0$. 如图 1.45 所示.

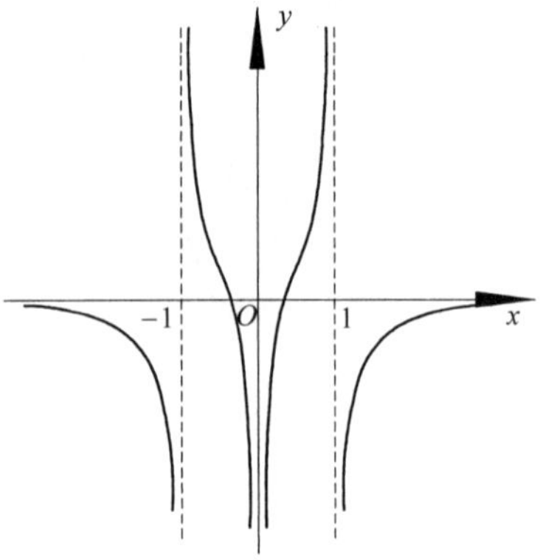

图 1.45

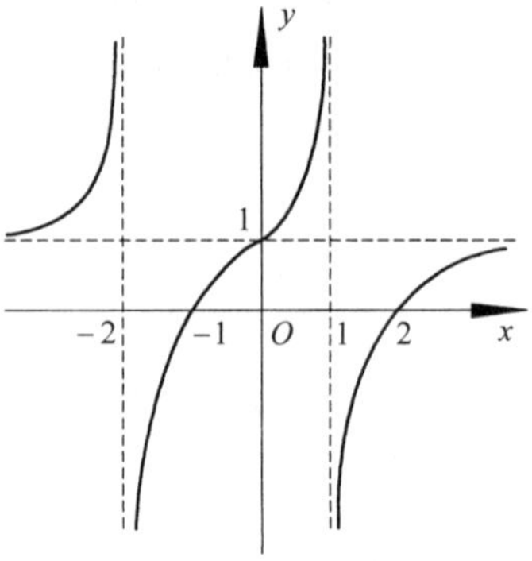

图 1.46

【270】 $y=\frac{(x+1)(x-2)}{(x-1)(x+2)}$.

解 $y=\frac{x^2-x-2}{x^2+x-2}=1-\frac{2x}{x^2+x-2}$. 将 $y=1$ 及 $y=-\frac{2x}{(x+2)(x-1)}$ 的图像叠加即得.

渐近线：$x=-2$，$x=1$，如图 1.46 所示.

【271】 把函数 $y=\frac{ax^2+bx+c}{a_1x+b_1}$ $(a_1\neq 0)$ 化为以下形式：$y=kx+m+\frac{n}{x-x_0}$，然后作出它的草图. 研究例子

$$y=\frac{x^2-4x+3}{x+1}.$$

解 $$y=\frac{a\left(x+\frac{b_1}{a_1}\right)^2+\left(b-\frac{2ab_1}{a_1}\right)\left(x+\frac{b_1}{a_1}\right)+c-\frac{ab_1^2}{a_1^2}-\frac{b_1}{a_1}\left(b-\frac{2ab_1}{a_1}\right)}{a_1\left(x+\frac{b_1}{a_1}\right)}$$

$$=\frac{a}{a_1}x+\frac{a_1b-ab_1}{a_1^2}+\frac{\frac{c}{a_1}-\frac{b_1}{a_1^3}(a_1b-ab_1)}{x-\left(-\frac{b_1}{a_1}\right)}=kx+m+\frac{n}{x-x_0},$$

其中 $k=\frac{a}{a_1}$，$m=\frac{a_1b-ab_1}{a_1^2}$，$x_0=-\frac{b_1}{a_1}$，$n=\frac{c}{a_1}-\frac{b_1}{a_1^3}(a_1b-ab_1)$.

将 $y=kx$，$y=m$，及 $y=\frac{n}{x-x_0}$ 的图像叠加即得，如图 1.47 中黑粗线所示.

对于 $y=\frac{x^2-4x+3}{x+1}=x-5+\frac{8}{x+1}$，如图1.48中黑粗线所示.

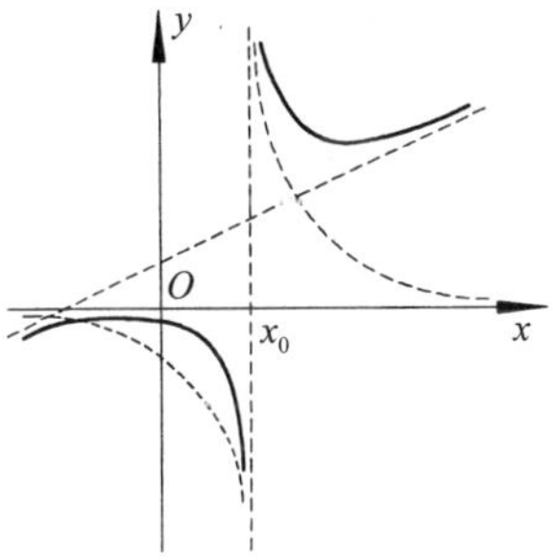

图 1.47

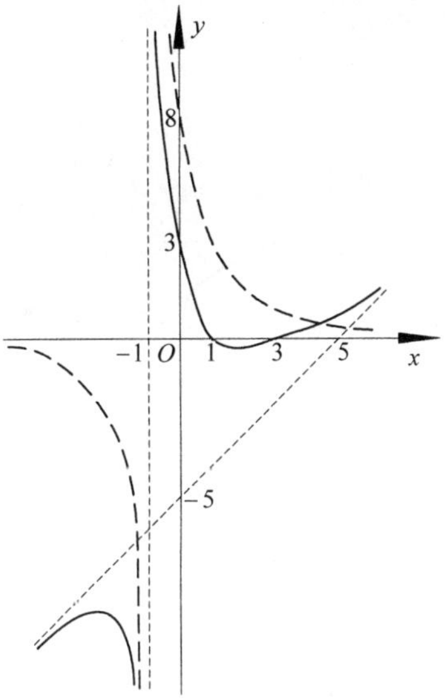

图 1.48

【272】 一质点与引力中心相距 x，质点所受引力的大小为 F，并且当 $x=1$ m 时 $F=10$ N，作出引力 F 的图像(牛顿定律).

解 由万有引力定律知 $F=\frac{k}{x^2}$，其中 k 为常数.

当 $x=1$ 时，$F=10$，从而 $k=10$，于是，$F=\frac{10}{x^2}$，如图 1.49 所示.

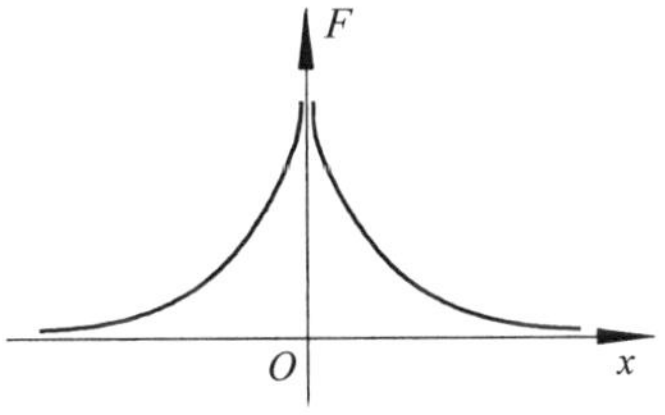

图 1.49

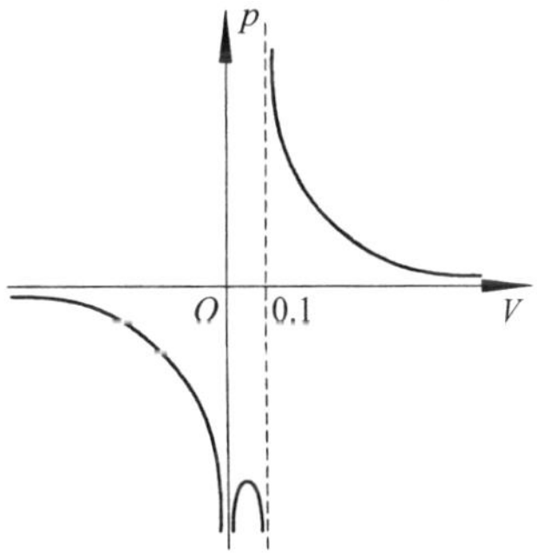

图 1.50

【273】 根据范德瓦耳斯定律，当温度不变时，真实气体的体积 V 和压强 p 以关系式

$$\left(p+\frac{a}{V^2}\right)(V-b)=c$$

相联系. 若 $a=2$，$b=0.1$ 及 $c=10$，作出函数 $p=p(V)$ 的图像.

解 由于 $p=\frac{10}{V-0.1}-\frac{2}{V^2}$，将 $p=\frac{10}{V-0.1}$ 及 $p=\frac{2}{V^2}$ 的图像叠加即得. 如图 1.50 所示.

习题 274—285 无理函数的图像

【作出下列无理函数的图像(274—281)】

【274】 $y=\pm\sqrt{-x-2}$(抛物线).

解 定义域为 $(-\infty,-2]$，$y^2=-(x+2)$，顶点为 $(-2,0)$，开口向左，如图 1.51 所示.

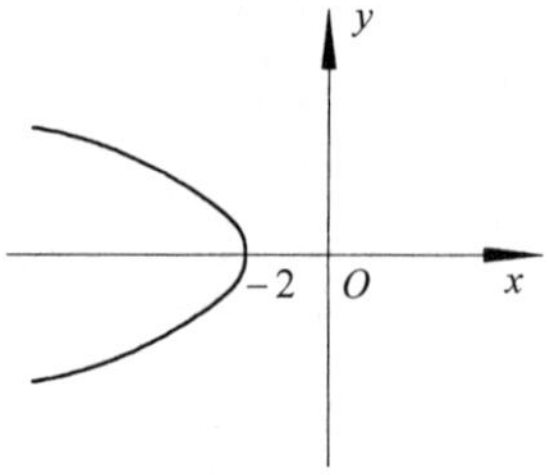

图 1.51

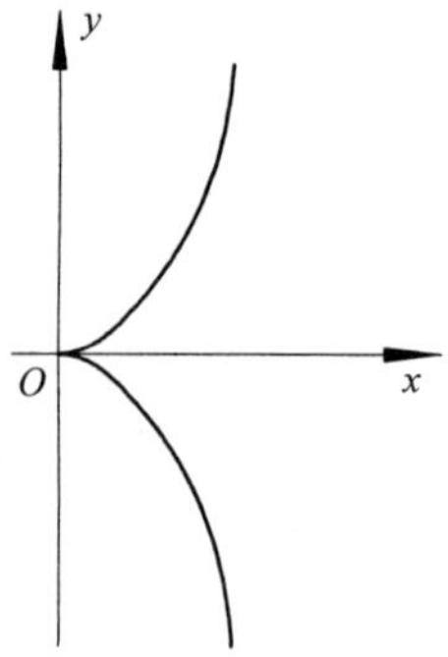

图 1.52

【 275 】 $y=\pm x\sqrt{x}$(半三次抛物线).

解 定义域为$[0,+\infty)$,$y^2=x^3$,图像关于 Ox 轴对称,如图 1.52 所示.

【 276 】 $y=\pm\frac{1}{2}\sqrt{100-x^2}$(椭圆).

解 定义域为$[-10,10]$,$\frac{x^2}{100}+\frac{y^2}{25}=1$,图像关于 Ox 轴和 Oy 轴对称,如图 1.53 所示.

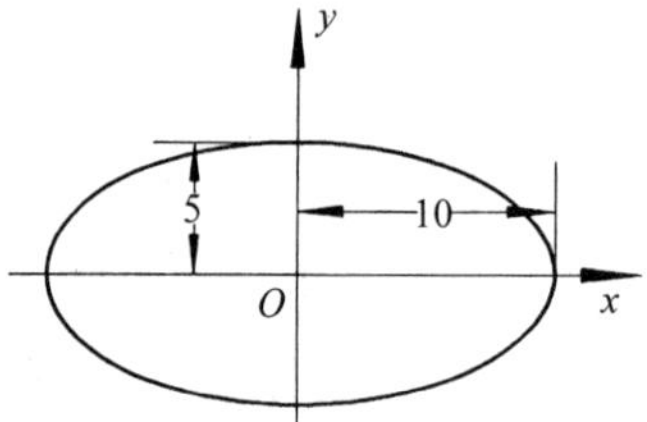

图 1.53

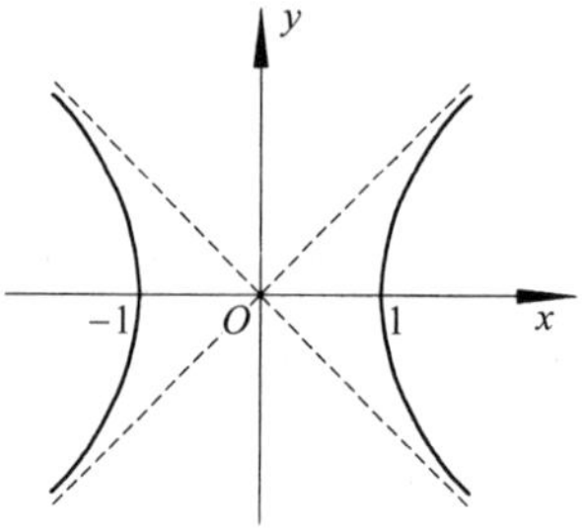

图 1.54

【 277 】 $y=\pm\sqrt{x^2-1}$(双曲线).

解 定义域为$(-\infty,-1]\cup[1,+\infty)$,$x^2-y^2=1$,渐近线 $y=\pm x$,图像如图 1.54 所示.

【 278 】 $y=\pm\sqrt{\frac{1-x}{1+x}}$.

解 定义域为$(-1,1]$,$y^2=\frac{1-x}{1+x}$,$x=-1+\frac{2}{1+y^2}$,$\lim\limits_{x\to-1^+}y=\infty$,$x=-1$ 为渐近线.

将 $x=-1$ 及 $x=\frac{2}{1+y^2}$ 的图像叠加即得,如图 1.55 所示.

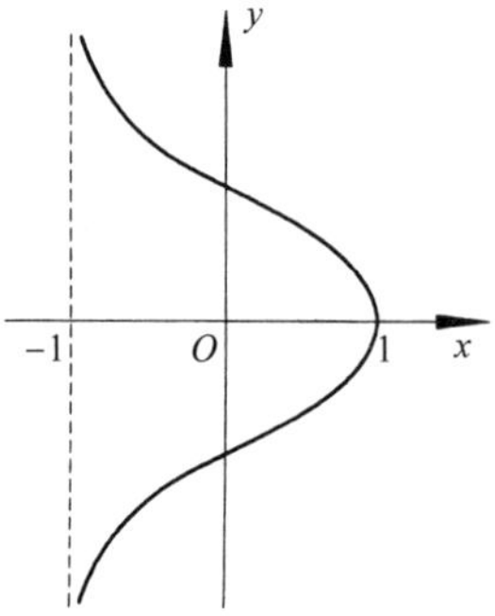

图 1.55

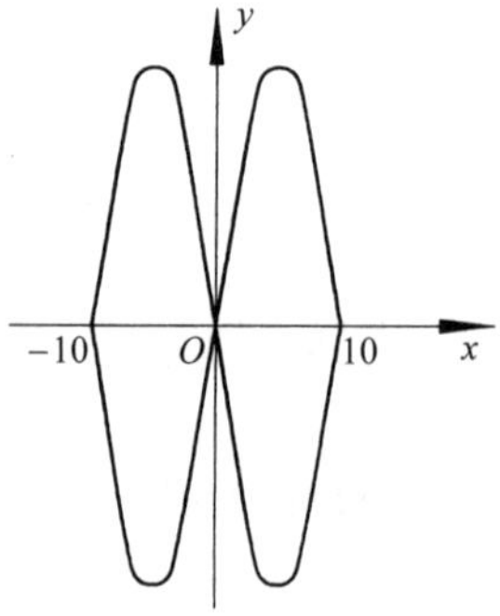

图 1.56

【279】 $y=\pm x\sqrt{100-x^2}$.

解 定义域为$[-10,10]$，当$x=0,\pm 10$时，$y=0$. 将$y=x$和$y=\sqrt{100-x^2}$的图像上点的纵坐标相乘，即可描出图像，如图1.56所示.

【280】 $y=\pm x\sqrt{\dfrac{x}{10-x}}$（蔓叶线）.

解 定义域为$[0,10)$，$y^2(10-x)=x^3$，$\lim\limits_{x\to 10^-}y=\infty$，$x=10$为渐近线. 如图1.57所示.

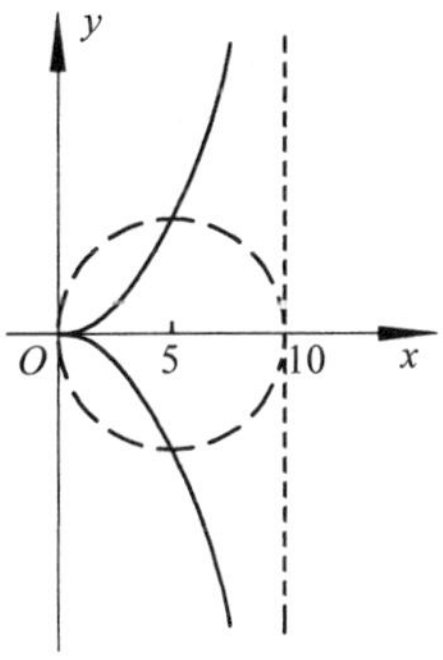

图1.57

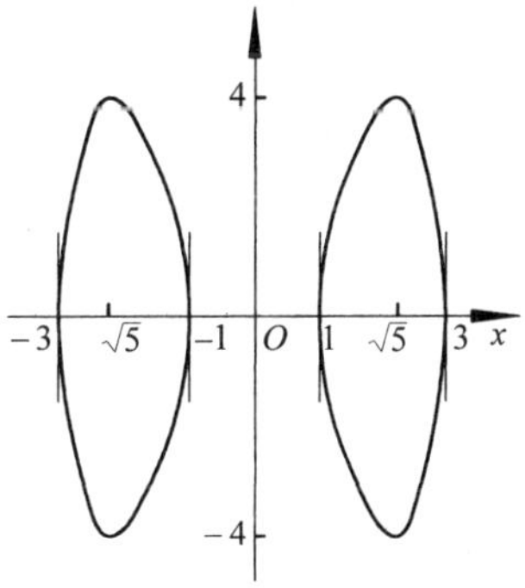

图1.58

【281】 $y=\pm\sqrt{(x^2-1)(9-x^2)}$.

解 定义域为$[-3,-1]\cup[1,3]$，$y=\pm\sqrt{16-(x^2-5)^2}$. 图像如图1.58所示.

【282】 作幂函数$y=x^n$当：(1)$n=1,3,5$；(2)$n=2,4,6$时的图像.

解 幂函数$y=x^n$，图像经过原点，当$n=2k(k\in\mathbf{N}_+)$时，为偶函数，图像关于Oy轴对称；当$n=2k-1$ $(k\in\mathbf{N}_+)$时，为奇函数，图像关于原点对称，如图1.59所示.

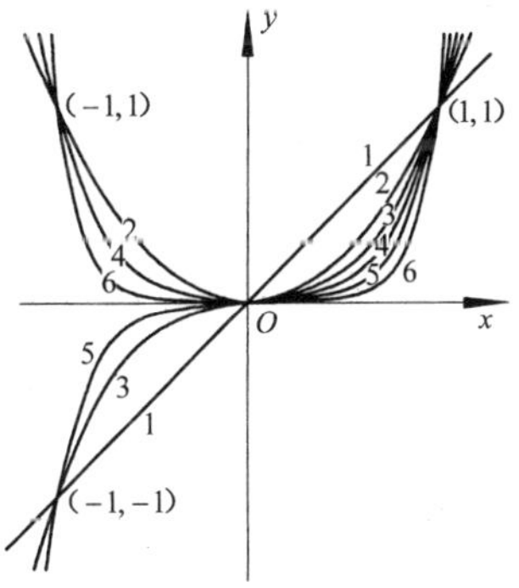

图1.59

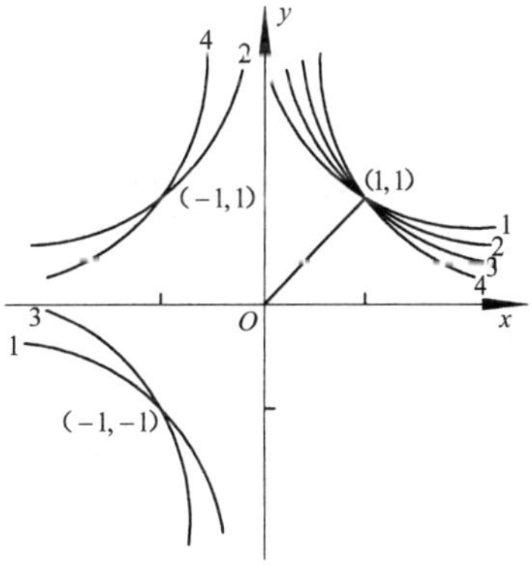

图1.60

【283】 作幂函数$y=x^n$当：(1)$n=-1,-3$；(2)$n=-2,-4$时的图像.

解 幂函数$y=x^n$，图像经过点$(1,1)$，当$n=-2k(k\in\mathbf{N}_+)$时，为偶函数，图像关于Oy轴对称；当$n=-2k+1(k\in\mathbf{N}_+)$时，为奇函数，图像关于原点对称，如图1.60所示.

1. $y=\dfrac{1}{x}$， 2. $y=\dfrac{1}{x^2}$， 3. $y=\dfrac{1}{x^3}$， 4. $y=\dfrac{1}{x^4}$.

【284】 作根式函数$y=\sqrt[m]{x}$，当：(1)$m=2,4$；(2)$m=3,5$时的图像.

解 根式函数$y=\sqrt[m]{x}$，图像经过点$(1,1)$，当$n=2k(k\in\mathbf{N}_+)$时，定义域为$[0,+\infty)$；当$n=2k-1$

$(k\in\mathbf{N}_+)$时，为奇函数，定义域为$(-\infty,+\infty)$，图像关于原点对称，如图 1.61 所示.

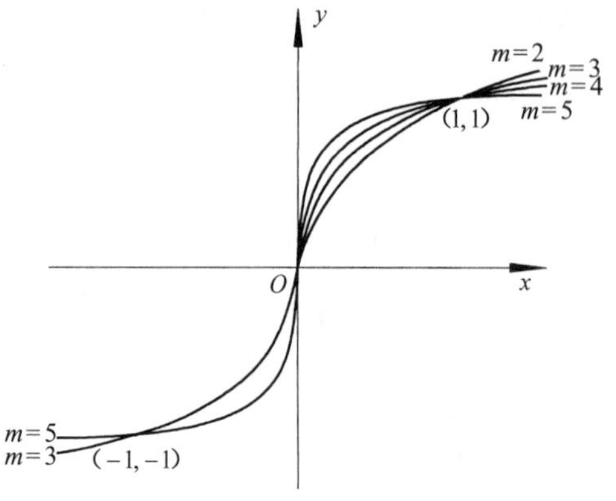

图 1.61

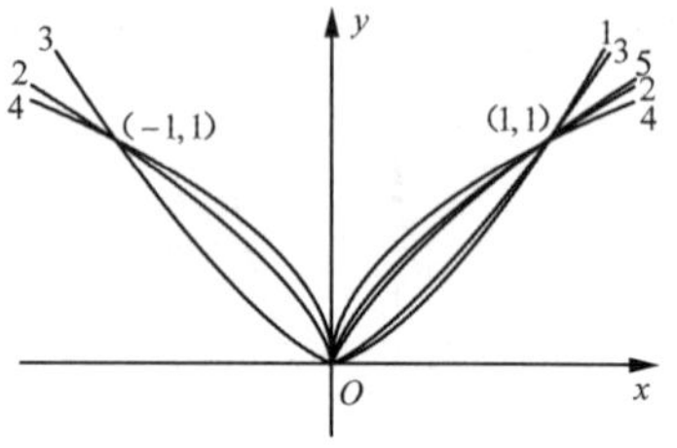

图 1.62

【285】 设：(1)$m=2,k=1$；(2)$m=2,k=3$；(3)$m=3,k=1$；(4)$m=3,k=2$；(5)$m=3,k=4$；(6)$m=4,k=2$；(7)$m=4,k=3$.

作根式函数 $y=\sqrt[m]{x^k}$ 的图像.

解 根式函数 $y=\sqrt[m]{x^k}$，图像经过点$(1,1)$，k 为偶数时，是偶函数，定义域为$(-\infty,+\infty)$，k 为奇数时，奇偶性及定义域同上题 $k=1$ 时的情形.

将所给数据代入 $y=\sqrt[m]{x^k}$，可知：

(1)即 $y=\sqrt{x}$的图像，见图 1.61；(2)$y=x\sqrt{x}$，如图 1.62 所示：1；

(3)即 $y=\sqrt[3]{x}$的图像，见图 1.61；(4)$y=\sqrt[3]{x^2}$，如图 1.62 所示：2；

(5)$y=x\sqrt[3]{x}$，如图 1.62 所示：3；(6)即 $y=\sqrt{|x|}$ 的图像，如图 1.62 所示：4；

(7)$y=\sqrt[4]{x^3}$，如图 1.62 所示：5.

习题 286—291 指数函数与对数函数的图像

【286】 作指数函数 $y=a^x$ 当 $a=\frac{1}{2}$，1，2，e，10 时的图像.

解 指数函数 $y=a^x$，图像经过点$(1,1)$，$a>1$ 时为递增函数，$0<a<1$ 时为递减函数，$a=1$ 时为常数. 图像如图 1.63 所示.

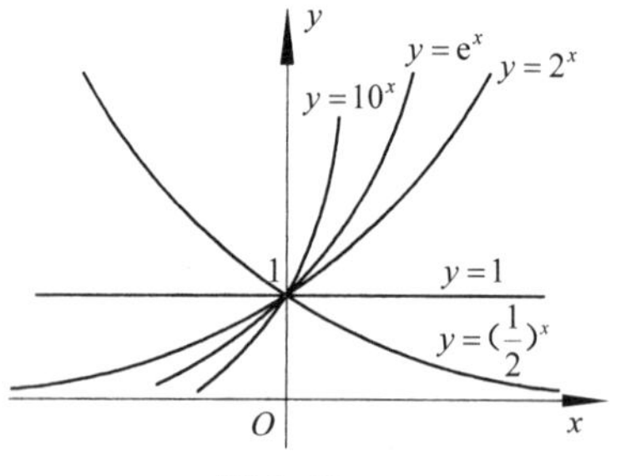

图 1.63

【287】 作复合指数函数 $y=e^{y_1}$ 的图像，设：

(1)$y_1=x^2$；(2)$y_1=-x^2$；(3)$y_1=\frac{1}{x}$；

(4)$y_1=\frac{1}{x^2}$；(5)$y_1=-\frac{1}{x^2}$；(6)$y_1=\frac{2x}{1-x^2}$.

解 图像均位于 Ox 轴上方. (1)(2)(4)(5)图像关于 Oy 轴对称.

(1)如图 1.64 所示;(2)如图 1.65 所示;(3)如图 1.66 所示;
(4)如图 1.67 所示;(5)如图 1.68 所示;(6)如图 1.69 所示.

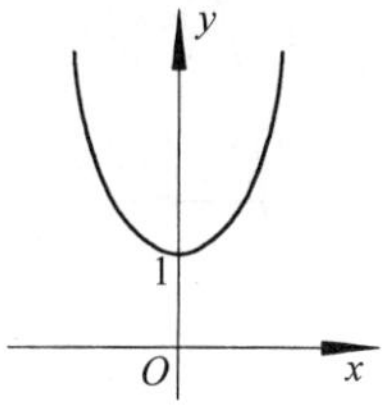

图 1.64

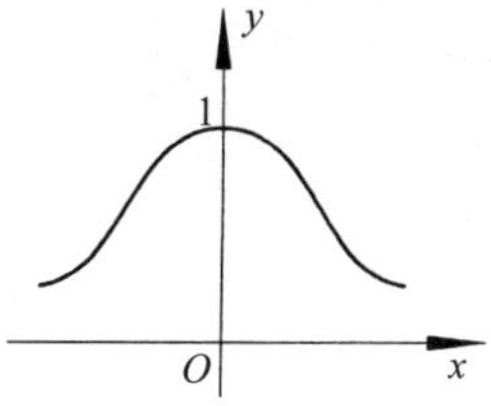

图 1.65

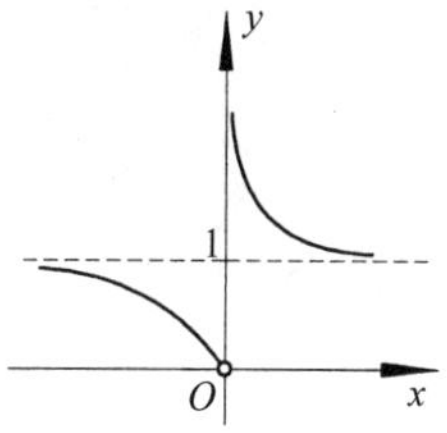

图 1.66

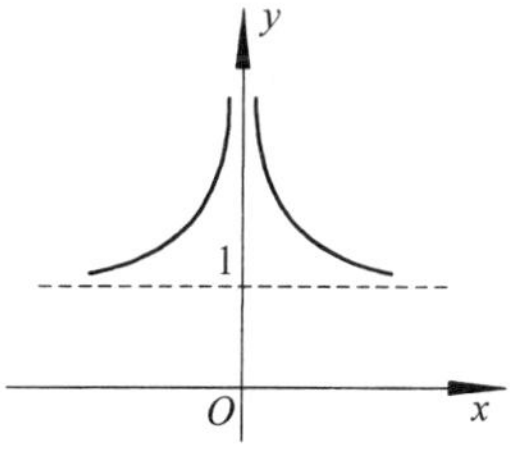

图 1.67

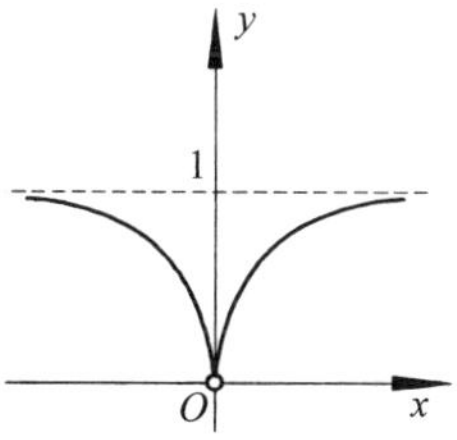

图 1.68

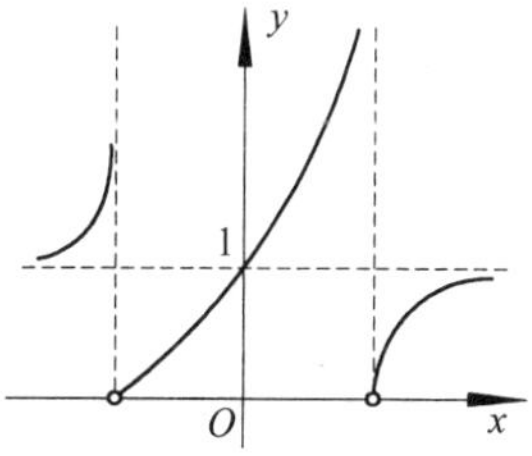

图 1.69

【 288 】 作对数函数 $y=\log_a x$ 当 $a=\frac{1}{2}$,2,e,10 时的图像.

解 对数函数 $y=\log_a x$,定义域为$(0,+\infty)$,图像经过点(1,0),$a>1$ 时为递增函数,$0<a<1$ 时为递减函数.图像如图 1.70 所示.

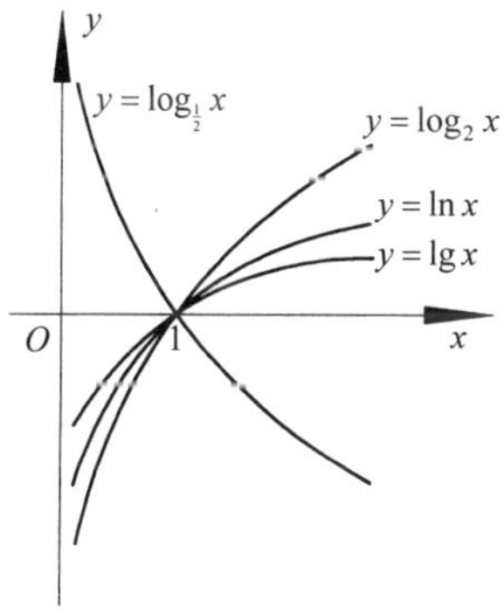

图 1.70

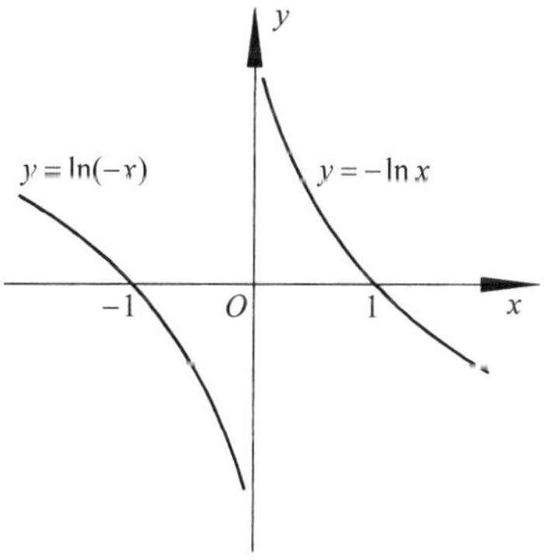

图 1.71

【 289 】 作下列函数的图像:(1)$y=\ln(-x)$; (2)$y=-\ln x$.

解 如图 1.71 所示.

【 290 】 设:(1)$y_1=1+x^2$; (2)$y_1=(x-1)(x-2)^2(x-3)^3$; (3)$y_1=\frac{1-x}{1+x}$;

(4)$y_1=\frac{1}{x^2}$; (5)$y_1=1+e^x$.

作出对数复合函数 $y=\ln y_1$ 的图像.

解 (1)$y=\ln(1+x^2)$,存在域为 **R**,图像关于 Oy 轴对称,如图 1.72 所示;

(2)$y=\ln|x-1|+2\ln|x-2|+3\ln|x-3|$,存在域:$(-\infty,1)\cup(3,+\infty)$,将此三个函数的图像叠加即

得,如图 1.73 所示;

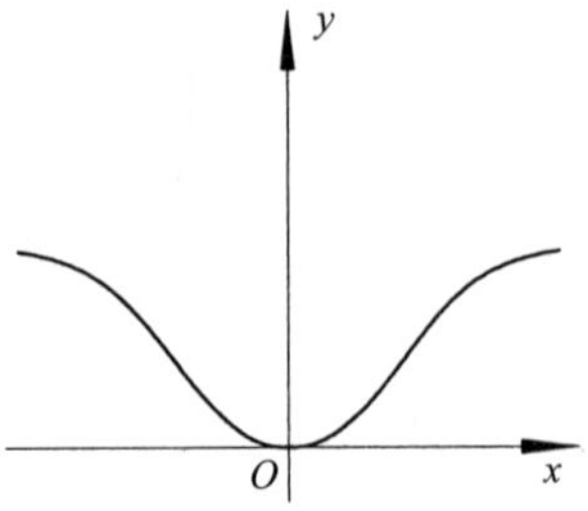

图 1.72

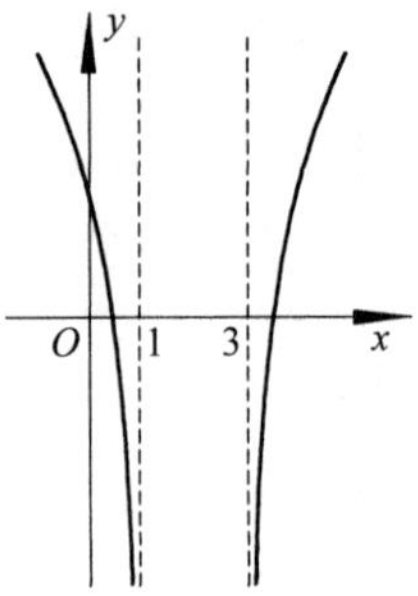

图 1.73

(3) $y=\ln(1-x)-\ln(1+x)$,存在域:$(-1,1)$,将 $y=\ln(1-x)$ 及 $y=-\ln(1+x)$ 的图像叠加即得,如图 1.74 所示;

(4) $y=\ln\dfrac{1}{x^2}$,存在域:$\mathbf{R}\backslash\{0\}$,图像关于 Oy 轴对称,如图 1.75 所示;

(5) $y=\ln(1+e^x)$,存在域为 $\mathbf{R}$,图像如图 1.76 所示;

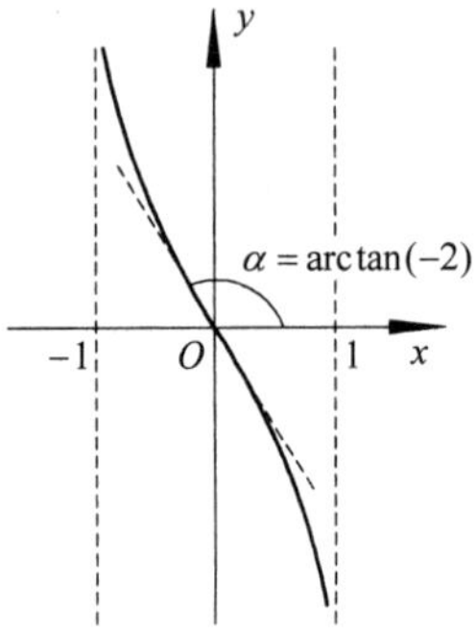

图 1.74

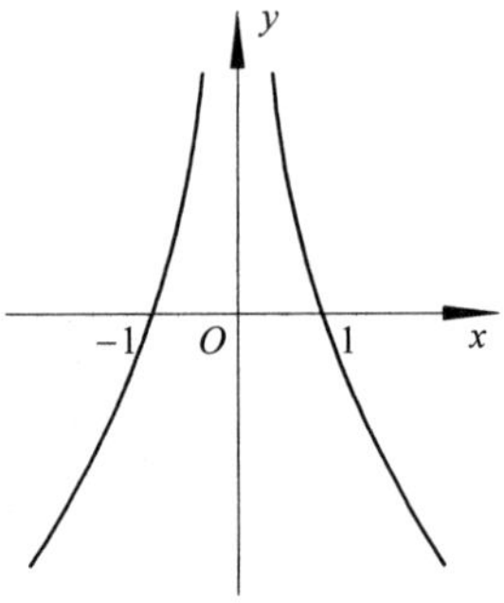

图 1.75

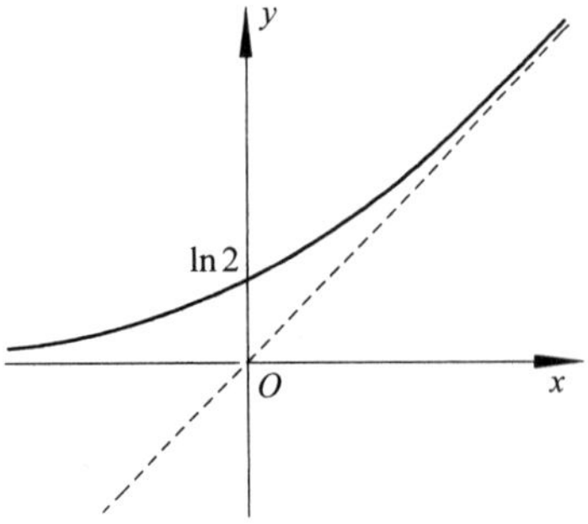

图 1.76

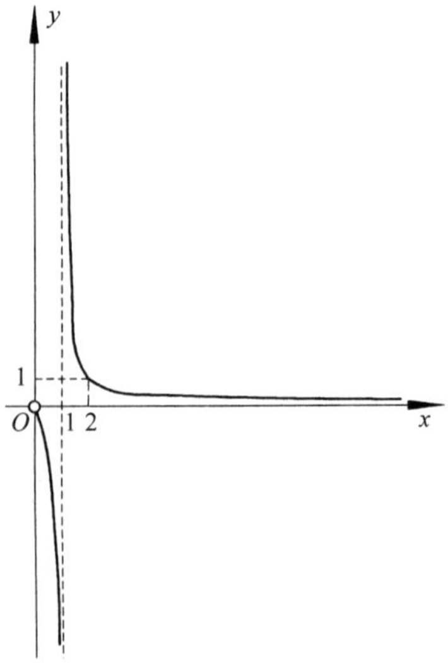

图 1.77

【291】 作函数 $y=\log_x 2$ 的图像.

解 存在域为$(0,1)\cup(1,+\infty)$，$y=\log_x 2=\frac{1}{\log_2 x}$，图像如图 1.77 所示.

习题 292—318 三角函数的图像

【292】 作函数 $y=A\sin x$ 当 $A=1,10,-2$ 时的图像.

解 $y=\sin x$，定义域为 $\mathbf{R}$，以 2π 为周期，再从纵轴“伸长”A 倍，得到 $y=A\sin x$.

$A<0$ 时，$y=A\sin x$ 的图形与 $y=|A|\sin x$ 的图形关于 Ox 轴对称，如图 1.78 所示.

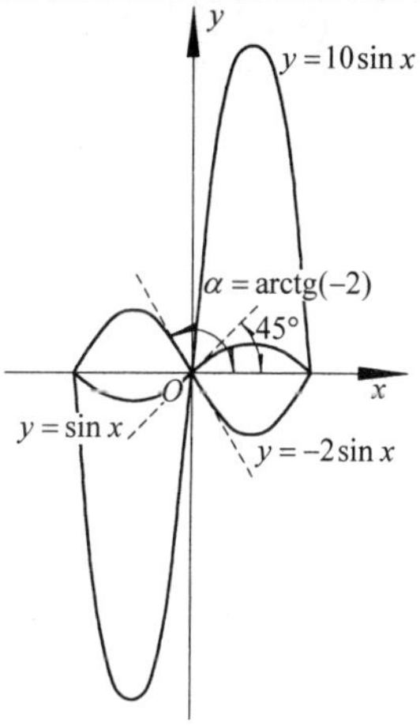

图 1.78

【293】 作函数 $y=\sin(x-x_0)$ 当 $x_0=0,\frac{\pi}{4},\frac{\pi}{2},\frac{3\pi}{4},\pi$ 时的图像.

解 只要将 $y=\sin x$ 的图像向右平移距离$\frac{\pi}{4},\frac{\pi}{2},\frac{3\pi}{4},\pi$ 即得，如图 1.79 所示.

1. $y=\sin x$；2. $y=\sin\left(x-\frac{\pi}{4}\right)$；3. $y=\sin\left(x-\frac{\pi}{2}\right)$；4. $y=\sin\left(x-\frac{3\pi}{4}\right)$；5. $y=\sin(x-\pi)$.

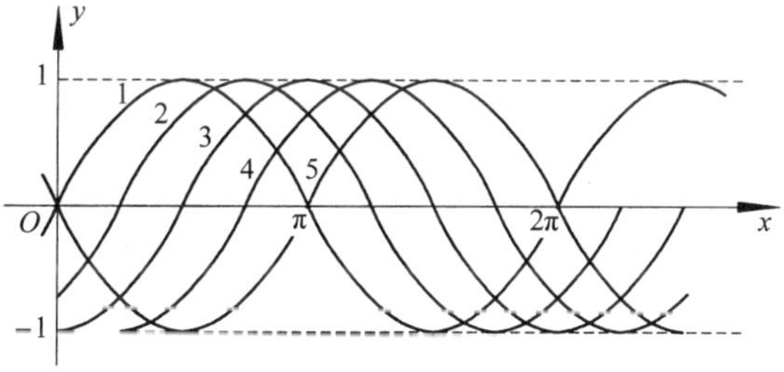

图 1.79

【294】 作函数 $y=\sin nx$ 的图像，设 $n=1,2,3,\frac{1}{2},\frac{1}{3}$.

解 将 $y=\sin x$ 的图像沿 Ox 轴“压缩”n 倍（当 $n<1$ 时为拉伸$\frac{1}{n}$倍），得到 $y=\sin nx$ 的图像，关于原点对称，如图 1.80 所示.

1. $y=\sin x$； 2. $y=\sin 2x$； 3. $y=\sin 3x$； 4. $y=\sin\frac{1}{2}x$； 5. $y=\sin\frac{1}{3}x$.

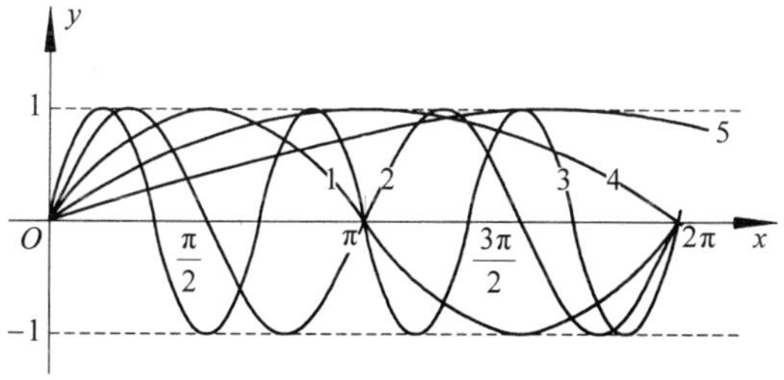

图 1.80

【295】 把函数 $y=a\cos x+b\sin x$ 化为以下形式：$y=A\sin(x-x_0)$，再作它的图像.

研究例子 $y=6\cos x+8\sin x$.

解 $y=\sqrt{a^2+b^2}\left(\frac{a}{\sqrt{a^2+b^2}}\cos x+\frac{b}{\sqrt{a^2+b^2}}\sin x\right)$,

由于 $\left|\frac{a}{\sqrt{a^2+b^2}}\right|\leqslant 1, \left|\frac{b}{\sqrt{a^2+b^2}}\right|\leqslant 1$,

及 $\left(\frac{a}{\sqrt{a^2+b^2}}\right)^2+\left(\frac{b}{\sqrt{a^2+b^2}}\right)^2=1$,

故令 $\sin x_0=\frac{-a}{\sqrt{a^2+b^2}}, \cos x_0=\frac{b}{\sqrt{a^2+b^2}}$,

$A=\sqrt{a^2+b^2}\,(a^2+b^2\neq 0), x_0=-\arctan\frac{a}{b}$,则

$$y=A\sin(x-x_0).$$

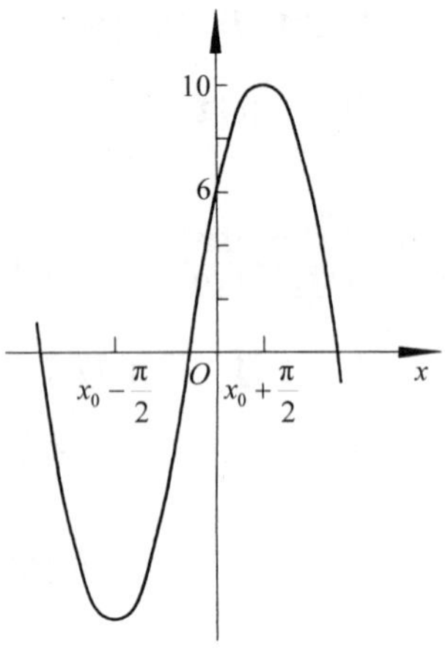

图 1.81

图像作法:先把 $y=\sin x$ 沿 Ox 轴平移距离 $|x_0|$(若 $x_0>0$ 时,则向右移;若 $x_0<0$ 时向左移),然后再从纵轴"伸长"A 倍(当 $A<1$ 时为压缩 $\frac{1}{A}$ 倍).

对于例子 $y=6\cos x+8\sin x, A=\sqrt{6^2+8^2}=10, \sin x_0=-\frac{3}{5}, \cos x_0=\frac{4}{5}, x_0=-\arctan\frac{3}{4}$,图像如图 1.81 所示.

【作出下列三角函数的图像(296—305)】

【 296 】 $y=\cos x$.

解 定义域为 $\mathbf{R}$,以 2π 为周期,图像关于 Oy 轴对称,如图 1.82 所示.

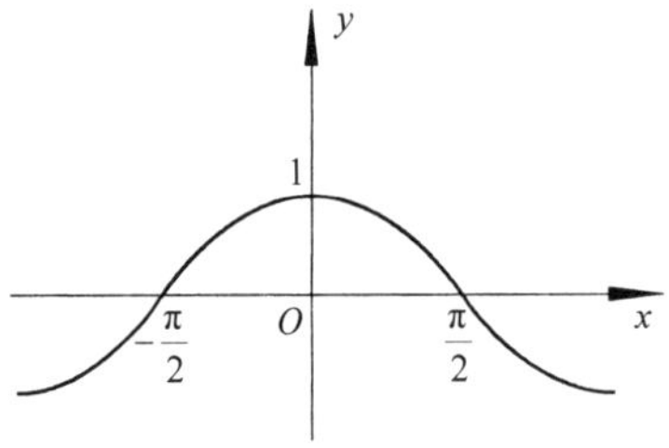

图 1.82

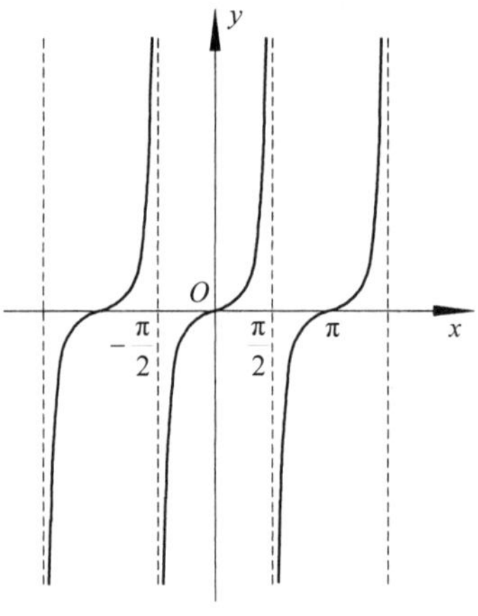

图 1.83

【 297 】 $y=\tan x$.

解 定义域为 $\left\{x\,|\,x\in\mathbf{R}, x\neq k\pi+\frac{\pi}{2}, k\in\mathbf{Z}\right\}$,周期为 π,图像关于原点对称,如图 1.83 所示.

【 298 】 $y=\cot x$.

解 定义域为 $\{x\,|\,x\in\mathbf{R}, x\neq k\pi, k\in\mathbf{Z}\}$,周期为 π,图像关于原点对称,如图 1.84 所示.

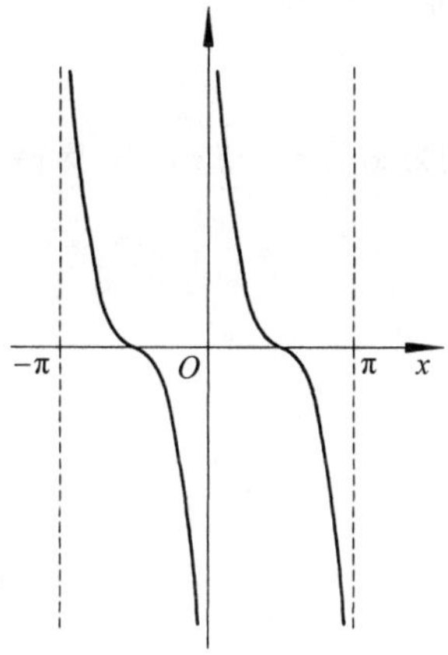

图 1.84

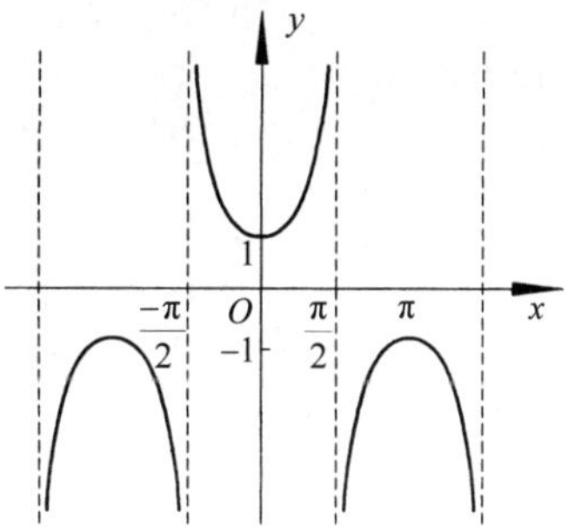

图 1.85

【 299 】 $y=\sec x$.

解 定义域为$\left\{x \mid x\in \mathbf{R}, x\neq k\pi+\frac{\pi}{2}, k\in \mathbf{Z}\right\}$,周期为 2π,图像关于 Oy 轴对称,如图 1.85 所示.

【 300 】 $y=\csc x$.

解 定义域为$\{x \mid x\in \mathbf{R}, x\neq k\pi, k\in \mathbf{Z}\}$,周期为 2π,图像关于原点对称,如图 1.86 所示.

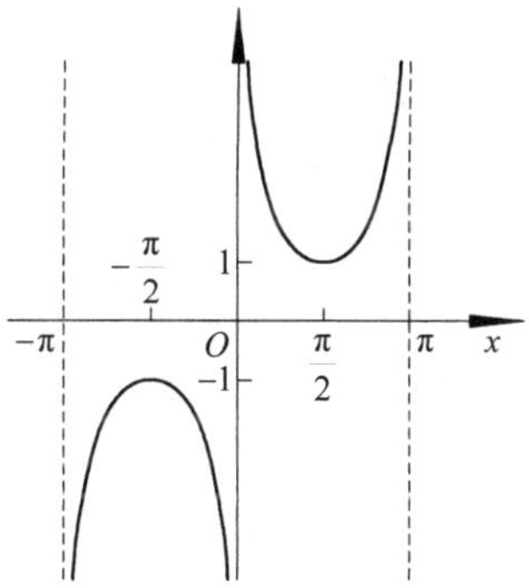

图 1.86

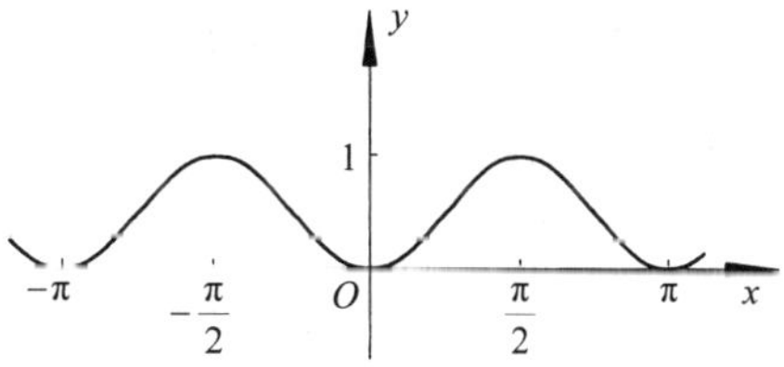

图 1.87

【 301 】 $y=\sin^2 x$

解 $y=\sin^2 x=\frac{1-\cos 2x}{2}$,定义域为 $\mathbf{R}$,以 π 为周期,图像关于 Oy 轴对称,如图 1.87 所示.

【 302 】 $y=\sin^3 x$.

解 定义域为 $\mathbf{R}$,以 2π 为周期,图像关于原点对称,如图 1.88 所示.

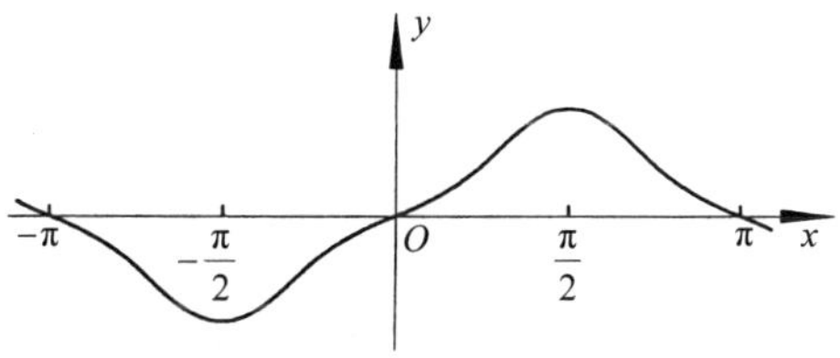

图 1.88

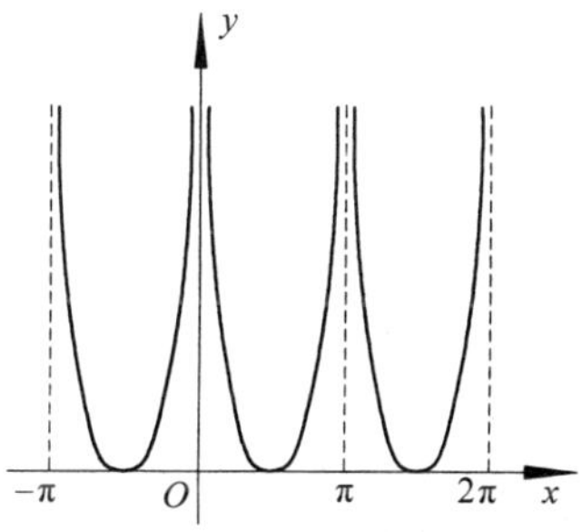

图 1.89

【 303 】 $y=\cot^2 x$.

解 定义域为 $\mathbf{R}$，以 π 为周期，图像关于 Oy 轴对称，如图 1.89 所示.

【 **304** 】 $y=\sin x\sin 3x$.

解 $y=\frac{1}{2}(\cos 2x-\cos 4x)$. 图像关于 Oy 轴对称，周期为 π，将 $y=\frac{1}{2}\cos 2x$ 及 $y=-\frac{1}{2}\cos 4x$ 的图像叠加即得，如图 1.90 所示.

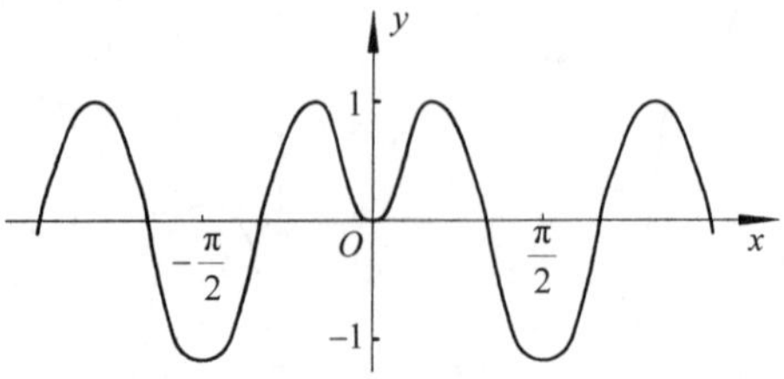

图 1.90

【 **305** 】 $y=\pm\sqrt{\cos x}$.

解 $y^2=\cos x$，图像关于 Ox 轴及 Oy 轴均对称，是以 2π 为周期的周期函数，如图 1.91 所示.

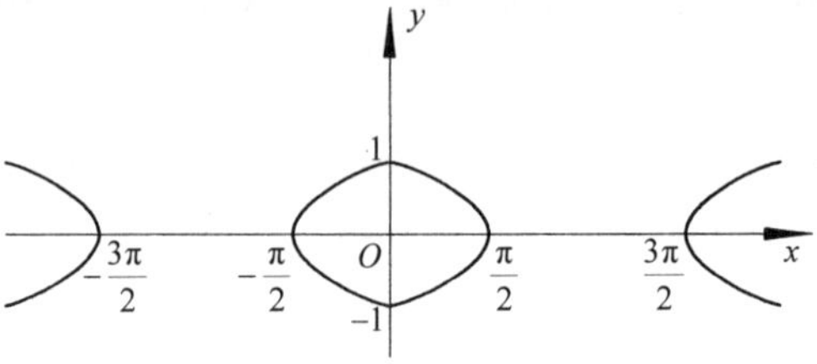

图 1.91

【作出下列函数的图像(306—318)】

【 **306** 】 $y=\sin x^2$.

解 $-1\leqslant y\leqslant 1$，图像关于 Oy 轴对称. 因为

$$f(\sqrt{\pi})=\cdots=f(\sqrt{n\pi})=0(n\in\mathbf{N}_+),\lim_{n\to\infty}(\sqrt{(n+1)\pi}-\sqrt{n\pi})=0,$$

所以，曲线和横轴的相邻交点的相互距离所成的数列的极限为零.

由不等式 $\sin x^2<x^2$，可知这条曲线位于抛物线 $y=x^2$ 的下方. 如图 1.92 所示.

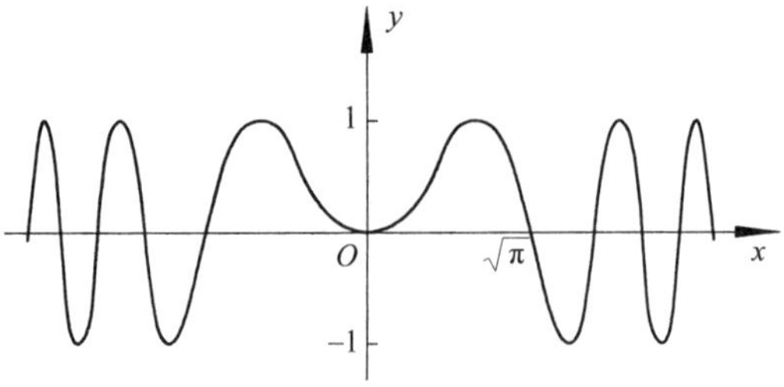

图 1.92

【 **307** 】 $y=\sin\frac{1}{x}$.

解 $-1\leqslant y\leqslant 1$ 且 $\lim\limits_{x\to\infty}y=0$，$y=0$ 为渐近线.

当 x 由 $+\infty$ 减小到 $\frac{2}{\pi}$ 时，$\frac{1}{x}$ 由 0 增大到 $\frac{\pi}{2}$，而 y 由 0 增到 1；但当 x 由 $\frac{2}{\pi}$ 减小到 $\frac{2}{3\pi}$，$\frac{1}{x}$ 由 $\frac{\pi}{2}$ 增大到 $\frac{3\pi}{2}$，而 y 由 1 减小到 -1. 当 $x=\frac{1}{\pi}$ 时，$y=0$. 因为 y 是奇函数，故图像关于原点对称. 当 x 无限接近 0 时，函数在

-1 与 1 之间频繁摆动，并且凝聚于 O 点，而在点 $x=0$ 处，函数 y 没有定义. 图像如图 1.93 所示.

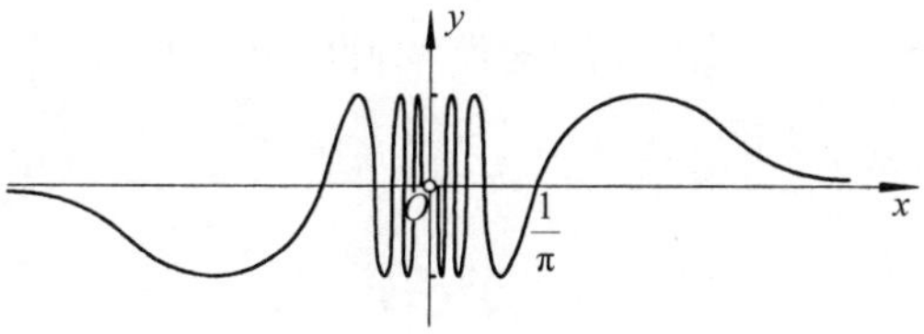

图 1.93

【308】 $y=x\cos\dfrac{\pi}{x}$.

解 $-x\leqslant y\leqslant x$，$\lim\limits_{x\to\infty}y=\infty$. 当 $x=\dfrac{2}{2k+1}(k\in\mathbf{Z})$ 时，$y=0$.

当 $x>2$ 时，y 单调增加. 因为 y 是奇函数，故图像关于原点对称. 而在点 $x=0$ 处，函数 y 没有定义. 当 x 无限接近 0 时，函数作无限次衰减摆动，并凝聚于 O 点，如图 1.94 所示.

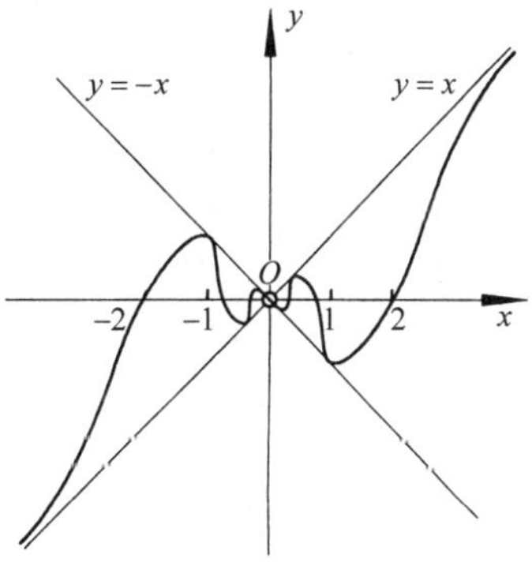

图 1.94

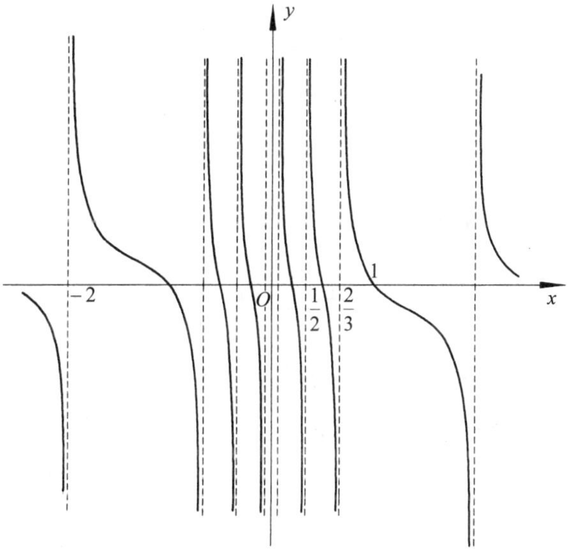

图 1.95

【309】 $y=\tan\dfrac{\pi}{x}$.

解 当 $x=\dfrac{1}{k}(k\in\mathbf{Z})$ 时，$y=0$. 当 $x\to\dfrac{2}{2k+1}(k\in\mathbf{Z})$ 时，$y\to\infty$.

当 $x>2$ 时，$y>0$，且当 $x\to+\infty$ 时，$y\to0$. 因为 y 为奇函数，故图像关于原点对称.

当 $x\to0$ 时，图像凝聚于 O 点，而在点 $x=\dfrac{2}{2k+1}$ 及 $x=0$ 处，函数 y 没有定义.

图像如图 1.95 所示.

【310】 $y=x\left(2+\sin\dfrac{1}{x}\right)$.

解 先作 $y=x\sin\dfrac{1}{x}$ 的图像. 因为 y 为偶函数，故图像关于 Oy 轴对称.

当 $x=\dfrac{2}{(2k+1)\pi}(k\in\mathbf{Z})$ 时，$y=\pm x$；当 $x=\dfrac{1}{k\pi}(k\in\mathbf{Z})$ 时，$y=0$；

当 $x>\dfrac{2}{\pi}$ 时，y 单调增加，且有 $\lim\limits_{x\to\infty}x\sin\dfrac{1}{x}=\lim\limits_{x\to\infty}\dfrac{\sin\dfrac{1}{x}}{\dfrac{1}{x}}=1$.

如图 1.96 所示(在点 $x=0$ 处无定义).

其次,再将函数 $y=2x$ 及 $y=x\sin\frac{1}{x}$ 的图像"叠加",即得 $y=x\left(2+\sin\frac{1}{x}\right)$ 的图像,如图 1.97 所示.

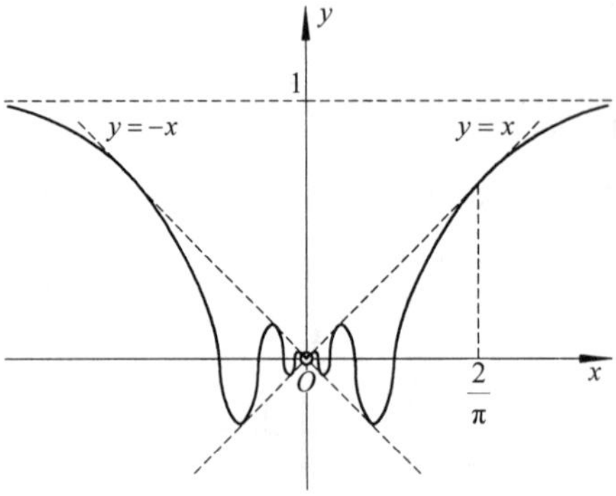

图 1.96

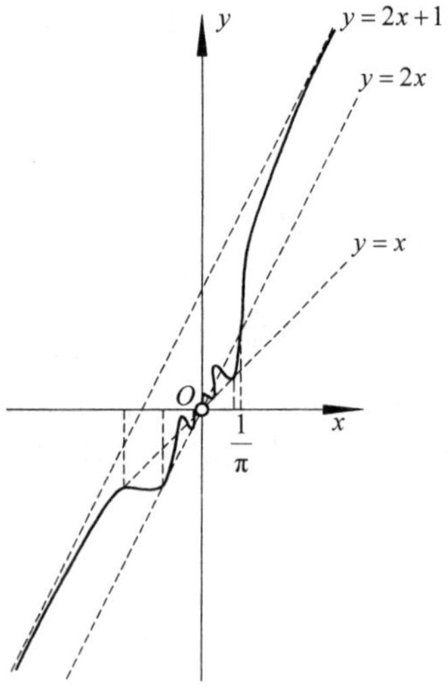

图 1.97

【 311 】 $y=\pm\sqrt{1-x^2}\sin\frac{\pi}{x}$.

解 $y^2=(1-x^2)\sin^2\frac{\pi}{x}$,图像关于原点及 Oy 轴,Ox 轴均对称,由于

$$-\sqrt{1-x^2}\leqslant y\leqslant\sqrt{1-x^2}\ (|x|\leqslant 1),$$

故图像位于圆 $x^2+y^2=1$ 内.

将函数 $y=\pm\sqrt{1-x^2}$ 与 $y=\sin\frac{\pi}{x}$ 的纵坐标对应相乘,即可描出所求的图像,如图 1.98 所示.

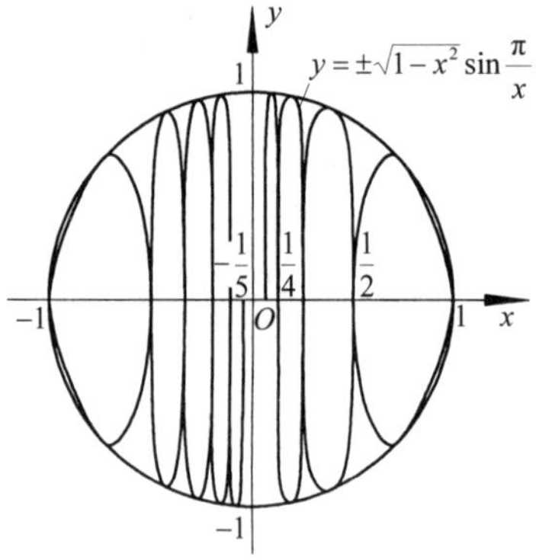

图 1.98

【 312 】 $y=\frac{\sin x}{x}$.

解 $\lim\limits_{x\to 0}y=1$,$\lim\limits_{x\to\infty}y=0$,从而函数有水平渐近线 $y=0$,图像关于 Oy 轴对称.

由于 $|y|\leqslant\frac{1}{|x|}$,故图像在 $y=-\frac{1}{x}$ 及 $y=\frac{1}{x}$ 之间. 又当 $x=k\pi$ 时,$y=0(k\in\mathbf{Z})$.

如图 1.99 所示.

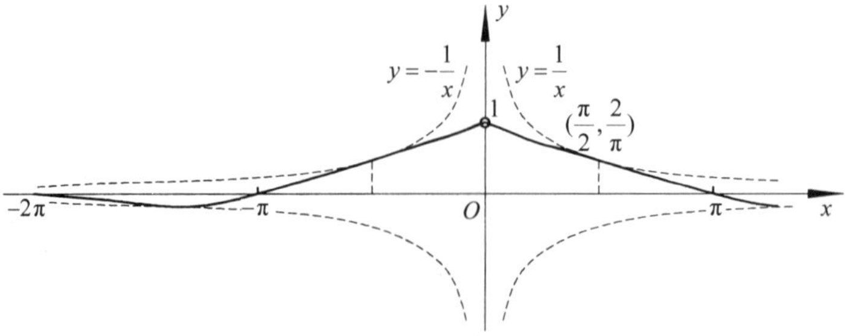

图 1.99

【 313 】 $y=e^x\cos x$.

解 由于 $-e^x\leqslant y\leqslant e^x$,故图像在 $y=e^x$ 及 $y=e^{-x}$ 之间.

当 $x=(2k+1)\frac{\pi}{2}(k\in\mathbf{Z})$ 时，$y=0$，且 $\lim\limits_{x\to-\infty}y=0$，但 $\lim\limits_{x\to+\infty}e^x\cos x$ 不存在. 图像如图 1.100 所示.

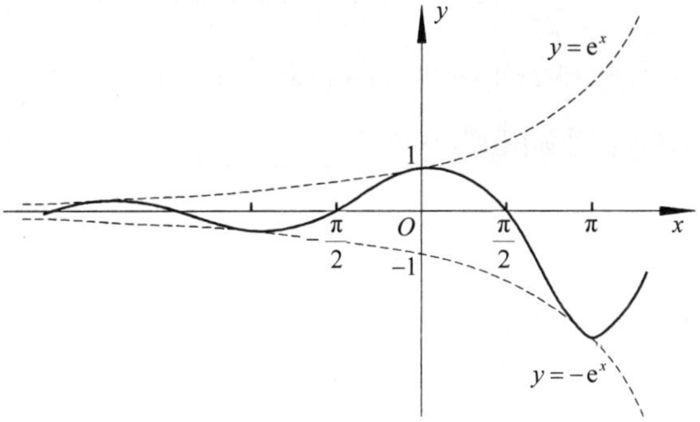

图 1.100

【314】 $y=\pm2^{-x}\sqrt{\sin\pi x}$.

解 当 $2k\leqslant x\leqslant(2k+1)(k\in\mathbf{Z})$ 时，y 值才确定. 当 $k=2k+\frac{1}{2}$ 时，$y=\pm2^{-x}$.

图像关于 Ox 轴对称. $\lim\limits_{x\to+\infty}y=0$，而 $\lim\limits_{x\to-\infty}y$ 不存在. 如图 1.101 所示.

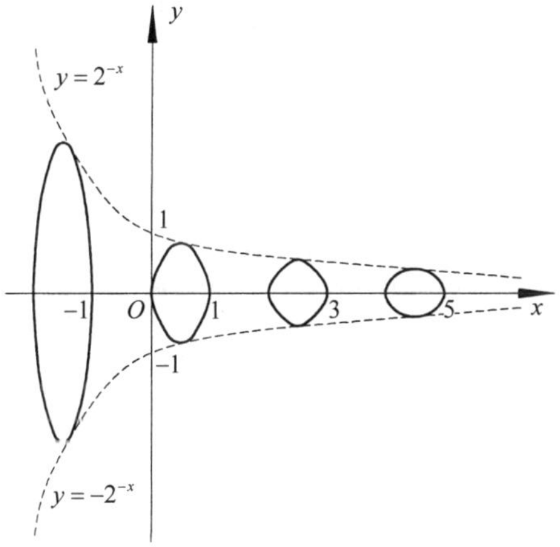

图 1.101

【315】 $y=\frac{\cos x}{1+x^2}$.

解 $-\frac{1}{1+x^2}\leqslant y\leqslant\frac{1}{1+x^2}$，图像在 $y=-\frac{1}{1+x^2}$ 及 $y=\frac{1}{1+x^2}$ 之间，且关于 Oy 轴对称.

$\lim\limits_{x\to\infty}y=0$，$\lim\limits_{x\to0}y=1$. 如图 1.102 所示.

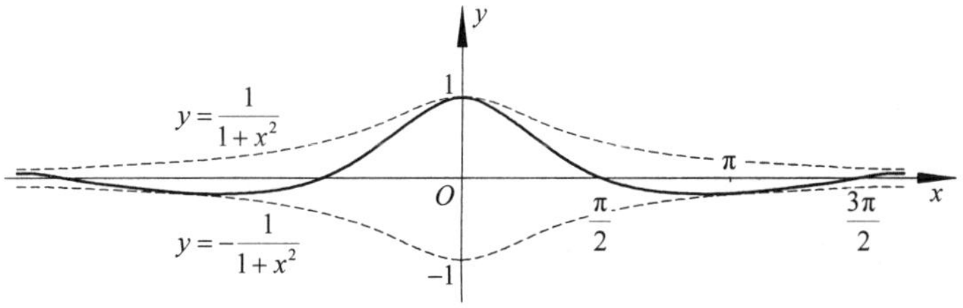

图 1.102

【316】 $y=\ln\cos x$.

解 存在域是开区间集$\left(2k\pi-\frac{\pi}{2},2k\pi+\frac{\pi}{2}\right)(k\in\mathbf{Z})$. 函数 y 以 2π 为周期. 在区间$\left(-\frac{\pi}{2},0\right)$内, y 单调增加,且 $y<0$,在$\left(0,\frac{\pi}{2}\right)$内, y 单调减小, $y<0$,最大值是 $y=\ln\cos 0=0$.

又 $\lim\limits_{x\to-\frac{\pi}{2}^+}y=\lim\limits_{x\to\frac{\pi}{2}^-}y=-\infty$. 图像如图 1.103 所示.

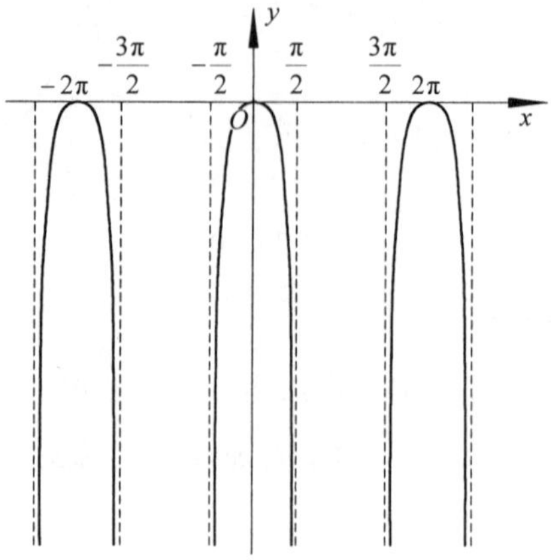

图 1.103

【317】 $y=\cos(\ln x)$.

解 存在域为 $\mathbf{R}_+$.

当 $x=e^{(2k+1)\frac{\pi}{2}}(k\in\mathbf{Z})$时, $y=0$;当 $x=e^{2k\pi}(k\in\mathbf{Z})$时, $y=1$;而当 $x=e^{(2k+1)\pi}$时, $y=-1$. 图像始终在直线 $y=-1$ 和 $y=1$ 之间摆动,而且越靠近原点时,摆动越密. 图像如图 1.104 所示(两轴所取的单位不一致).

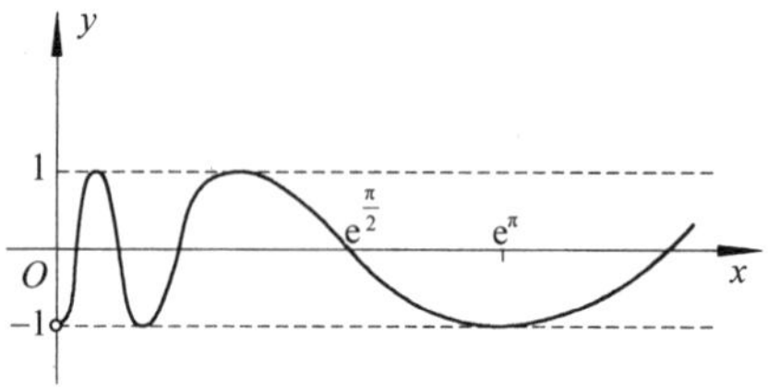

图 1.104

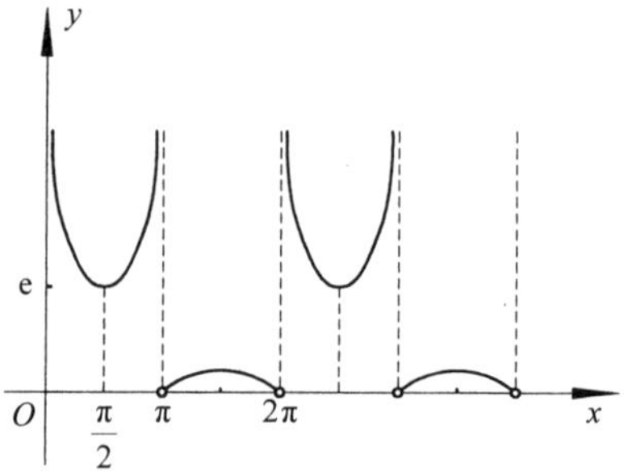

图 1.105

【318】 $y=e^{\frac{1}{\sin x}}$.

解 $y>0$,且函数 y 以 2π 为周期.

当 $0<x<\frac{\pi}{2}$时, y 单调减少;当$\frac{\pi}{2}<x<\pi$ 时, y 单调增加. 又有 $\lim\limits_{x\to0^+}y=\lim\limits_{x\to\pi^-}y=+\infty$, $y\Big|_{x=\frac{\pi}{2}}=e$ 为区间 $(0,\pi)$内函数 y 的最小值.

同理, x 由 π 到$\frac{3\pi}{2}$时, y 由 0 增到$\frac{1}{e}$;而 x 由$\frac{3\pi}{2}$到 2π 时, y 由$\frac{1}{e}$减到 0.

$\lim\limits_{x\to\pi^+}y=\lim\limits_{x\to(2\pi)^-}y=0$. 图像如图 1.105 所示.

习题 319—332 反三角函数的图形

【作出下列反三角函数的图像(319—330)】

【319】 $y=\arcsin x$.

解 定义域为$[-1,1]$,值域为$\left[-\frac{\pi}{2},\frac{\pi}{2}\right]$,图形关于原点对称,如图 1.106 所示的 AB 段曲线.

【320】 $y=\arccos x$.

解 定义域为$[-1,1]$,值域为$[0,\pi]$,图形关于 Oy 轴对称,如图 1.107 所示的 AB 段曲线.

【321】 $y=\arctan x$.

解 定义域为 $\mathbf{R}$,值域为$\left[-\frac{\pi}{2},\frac{\pi}{2}\right]$,图形关于原点对称,如图 1.108 所示的 AB 段曲线.

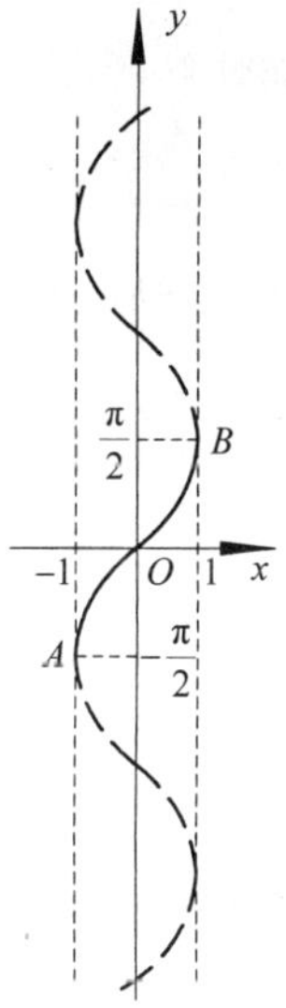

图 1.106

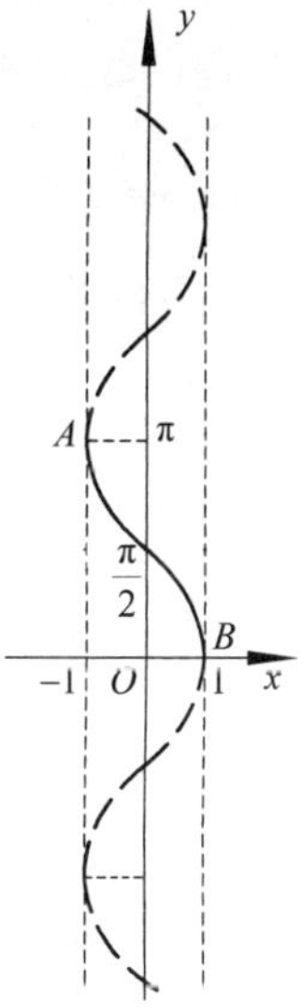

图 1.107

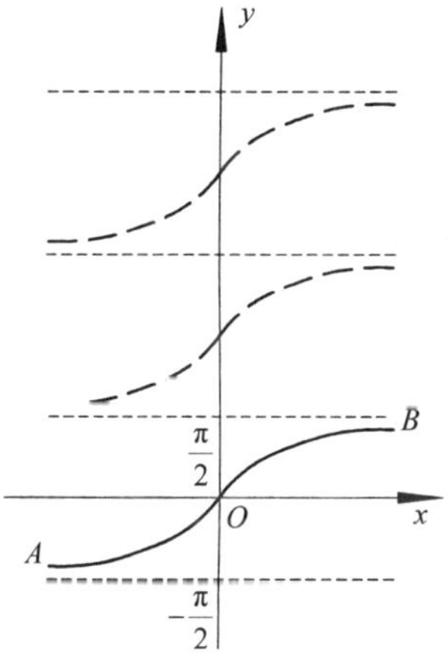

图 1.108

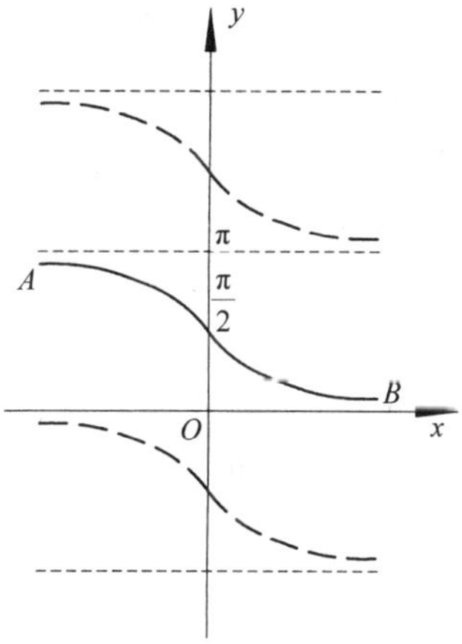

图 1.109

【322】 $y=\operatorname{arccot} x$.

解 定义域为 $\mathbf{R}$,值域为$[0,\pi]$,图形关于原点对称,如图 1.109 所示的 AB 段曲线.

【323】 $y=\arcsin\frac{1}{x}$.

解 图像关于原点对称,存在域为$(-\infty,-1]\cup[1,+\infty)$.

当 $1\leqslant x<+\infty$ 时,由于$\frac{1}{x}$单调减少,所以 y 也是减函数,且有

$$\lim_{x\to 1^+}y=\frac{\pi}{2}=y|_{x=1},\ \lim_{x\to+\infty}y=0.$$

图像如图 1.110 所示.

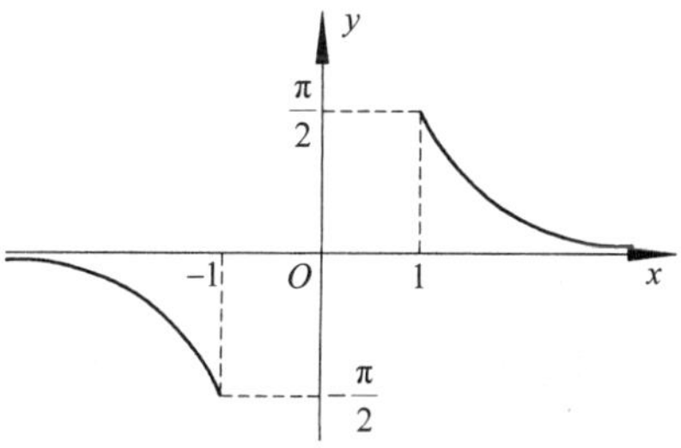

图 1.110

【 324 】 $y=\arccos\frac{1}{x}$.

解 图像关于 Oy 轴对称,存在域是 $(-\infty,-1]\cup[1,+\infty)$.

当 $1\leqslant x<+\infty$ 时,由于 $\frac{1}{x}$ 单调减少,所以 y 是增函数,且有 $\lim\limits_{x\to1^+}y=0$, $\lim\limits_{x\to+\infty}y=\frac{\pi}{2}$.

同理,当 $-\infty<x\leqslant-1$ 时,y 单调增加,且有 $\lim\limits_{x\to-1^-}y=\pi$, $\lim\limits_{x\to-\infty}y=\frac{\pi}{2}$.

图像如图 1.111 所示.

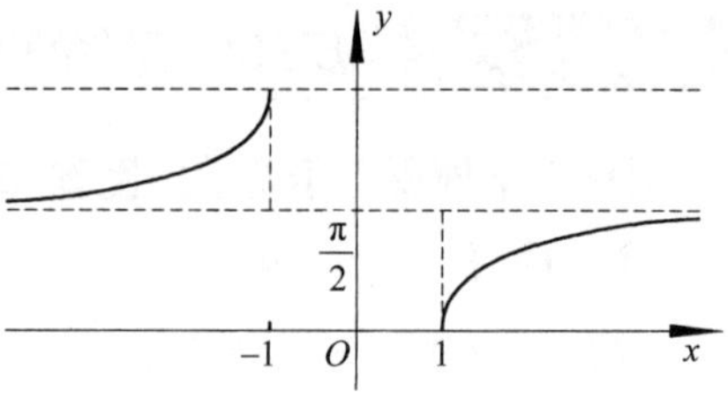

图 1.111

【 325 】 $y=\arctan\frac{1}{x}$.

解 图像关于原点对称,存在域是 $\mathbf{R}\backslash\{0\}$.

当 $x>0$ 时,由于 $\frac{1}{x}$ 单调减少,所以 y 是减函数,且有 $\lim\limits_{x\to0^+}y=\frac{\pi}{2}$, $\lim\limits_{x\to+\infty}y=0$.

图像如图 1.112 所示.

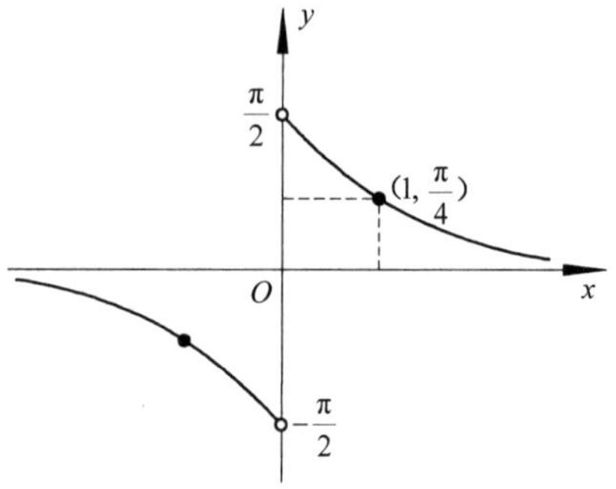

图 1.112

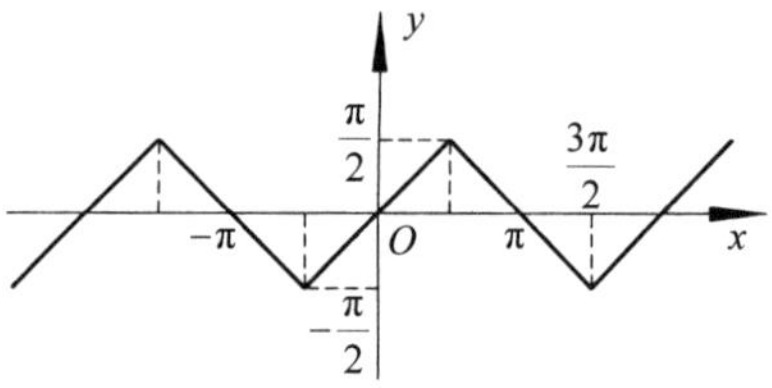

图 1.113

【 326 】 $y=\arcsin(\sin x)$.

解 显然 $-\frac{\pi}{2}\leqslant y\leqslant\frac{\pi}{2}$, $\sin y=\sin x$. 图像以 2π 为周期,关于原点对称.

当 $-\frac{\pi}{2}\leqslant x\leqslant\frac{\pi}{2}$ 时,$y=x$;当 $\frac{\pi}{2}\leqslant x\leqslant\frac{3\pi}{2}$ 时,$y=\pi-x$;当 $\frac{3\pi}{2}\leqslant x\leqslant\frac{5\pi}{2}$ 时,$y=x-2\pi$.

当 $-\frac{\pi}{2}+2k\pi\leqslant x\leqslant\frac{\pi}{2}+2k\pi$ 时,$y=x-2k\pi(k\in\mathbf{Z})$;当 $\frac{\pi}{2}+2k\pi\leqslant x\leqslant\frac{3\pi}{2}+2k\pi$ 时,$y=(\pi-x)+2k\pi$.

图像如图 1.113 所示.

【 327 】 $y=\arcsin(\cos x)$.

解 显然 $-\frac{\pi}{2}\leqslant y\leqslant\frac{\pi}{2}$, $y=\arcsin\left[\sin\left(\frac{\pi}{2}-x\right)\right]$, $\sin y=\sin\left(\frac{\pi}{2}-x\right)$. 图像以 2π 为周期,关于 Oy 轴对称.

由上题,$-\frac{\pi}{2}\leqslant\frac{\pi}{2}-x\leqslant\frac{\pi}{2}$,即 $0\leqslant x\leqslant\pi$ 时,$y=\frac{\pi}{2}-x$;$\frac{\pi}{2}\leqslant\frac{\pi}{2}-x\leqslant\frac{3\pi}{2}$,即 $-\pi\leqslant x\leqslant0$ 时,$y=\frac{\pi}{2}+x$;

一般地,当 $(2k-1)\pi\leqslant x\leqslant2k\pi$ 时,$y=\left(\frac{\pi}{2}+x\right)-2k\pi\ (k\in\mathbf{Z})$;当 $2k\pi\leqslant x\leqslant(2k+1)\pi$ 时,$y=\left(\frac{\pi}{2}-x\right)+2k\pi$.

图像如图 1.114 所示.

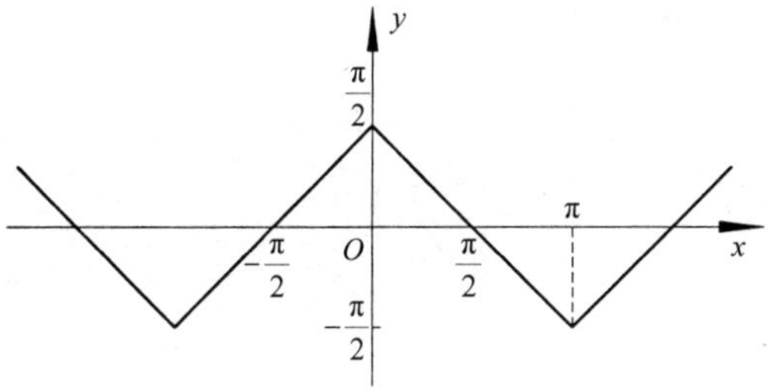

图 1.114

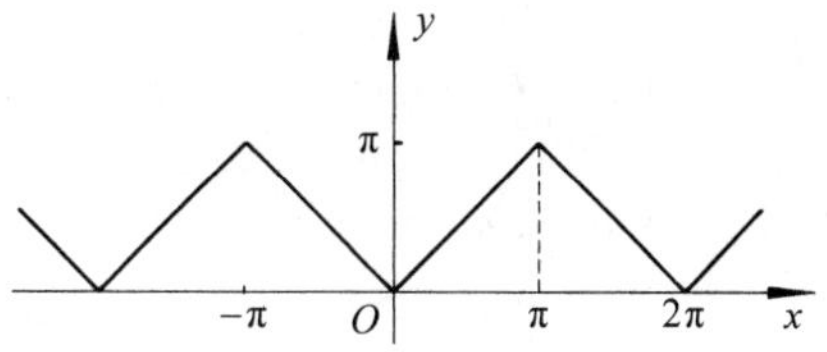

图 1.115

【 328 】 $y=\arccos(\cos x)$.

解 显然 $0\leqslant y\leqslant\pi$，$\cos y=\cos x$. 图像以 2π 为周期，关于 Oy 轴对称.

当 $0\leqslant x\leqslant\pi$ 时，$y=x$；当 $\pi\leqslant x\leqslant 2\pi$ 时，$y=2\pi-x$；当 $-\pi\leqslant x\leqslant 0$ 时，$y=-x$.

一般地，当 $(2k-1)\pi\leqslant x\leqslant 2k\pi$ 时，$y=-x+2k\pi(k\in\mathbf{Z})$；当 $2k\pi\leqslant x\leqslant(2k+1)\pi$ 时，$y=x-2k\pi$.

图像如图 1.115 所示.

【 329 】 $y=\arctan(\tan x)$.

解 显然 $-\frac{\pi}{2}<y<\frac{\pi}{2}$，$\tan y=\tan x$. 图像以 π 为周期，关于原点对称.

当 $-\frac{\pi}{2}<x<\frac{\pi}{2}$ 时，$y=x$；当 $\frac{\pi}{2}<x<\frac{3\pi}{2}$ 时，$y=x-\pi$；当 $-\frac{3\pi}{2}<x<-\frac{\pi}{2}$ 时，$y=\pi+x$.

一般地，当 $-\frac{\pi}{2}+k\pi<x<\frac{\pi}{2}+k\pi$ 时，$y=x-k\pi(k\in\mathbf{Z})$.

图像如图 1.116 所示.

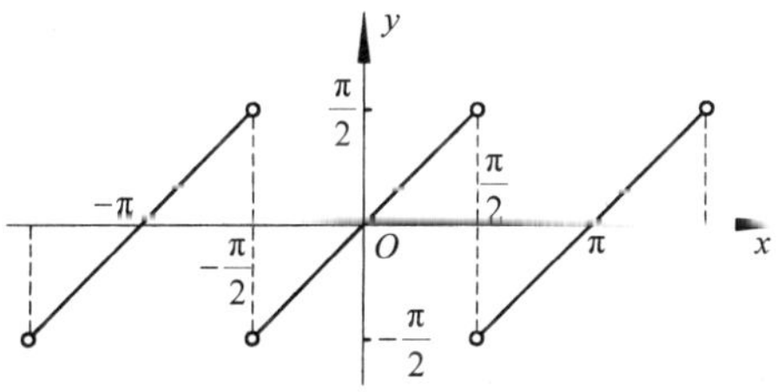

图 1.116

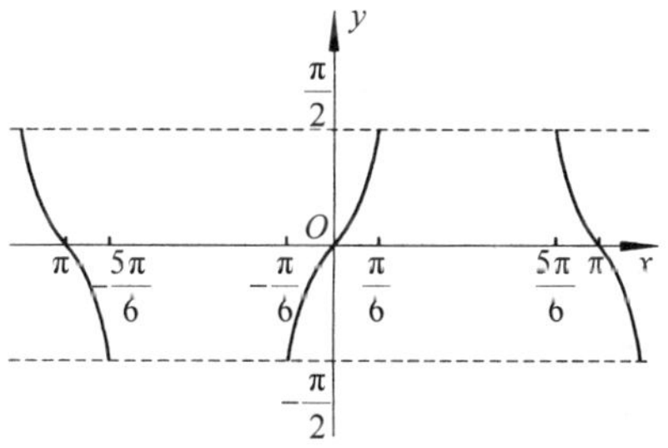

图 1.117

【 330 】 $y=\arcsin(2\sin x)$.

解 显然 $-\frac{\pi}{2}\leqslant y\leqslant\frac{\pi}{2}$，$\sin y=2\sin x$. 图像以 2π 为周期，关于原点对称.

存在域为区间集 $\left[-\frac{\pi}{6}+k\pi,\frac{\pi}{6}+k\pi\right](k\in\mathbf{Z})$.

利用复合函数作图法得其图像，如图 1.117 所示.

【 331 】 设：(1) $y_1=1-\frac{x}{2}$； (2) $y_1=\frac{2x}{1+x^2}$； (3) $y_1=\frac{1-x}{1+x}$； (4) $y_1=e^x$.

作函数 $y=\arcsin y_1$ 的图像.

解 (1)存在域为 $\left\{x\,\middle|\,-1\leqslant 1-\frac{x}{2}\leqslant 1\right\}=[0,4]$. 当 $0\leqslant x\leqslant 2$ 时，y 由 $\frac{\pi}{2}$ 减少到 0；而当 $2\leqslant x\leqslant 4$ 时，y 由 0 减少到 $-\frac{\pi}{2}$. 图像如图 1.118 所示.

(2)图像关于原点对称，存在域为 $\mathbf{R}$. 当 x 由 0 增到 1 时，因 $\frac{2x}{1+x^2}$ 为增函数，故 y 由 0 增到 $\frac{\pi}{2}$；当 $x>1$

时，$\dfrac{2x}{1+x^2}$为减函数，故 y 由$\dfrac{\pi}{2}$减少到 0，且 $\lim\limits_{x\to+\infty}y=0$. 图像如图 1.119 所示.

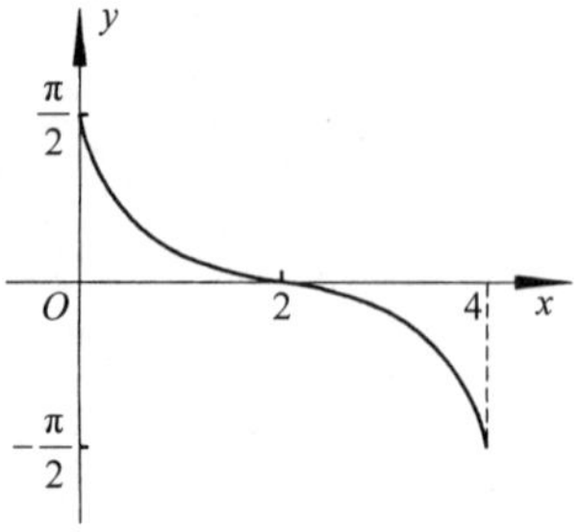

图 1.118

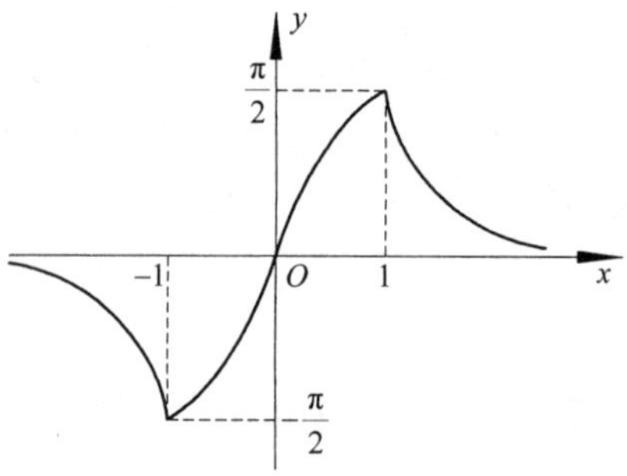

图 1.119

(3)存在域$\left\{x\,\middle|\,\left|\dfrac{1-x}{1+x}\right|\leqslant 1\right\}=[0,+\infty)$. 当 x 由 0 增到 1 时，$\dfrac{1-x}{1+x}$由 1 减少到 0，而 y 由$\dfrac{\pi}{2}$减少到 0；而当 x 由 1 增到$+\infty$时，$\dfrac{1-x}{1+x}$由 0 减少到-1，而 y 由 0 减少到$-\dfrac{\pi}{4}$，且 $\lim\limits_{x\to+\infty}y=\dfrac{\pi}{2}$，图像如图 1.120 所示.

(4)存在域为$(-\infty,0]$. 当 x 由$-\infty$增到 0 时，e^x 由 0 增到 1，而 y 则由 0 增到$\dfrac{\pi}{2}$. 图像如图 1.121 所示.

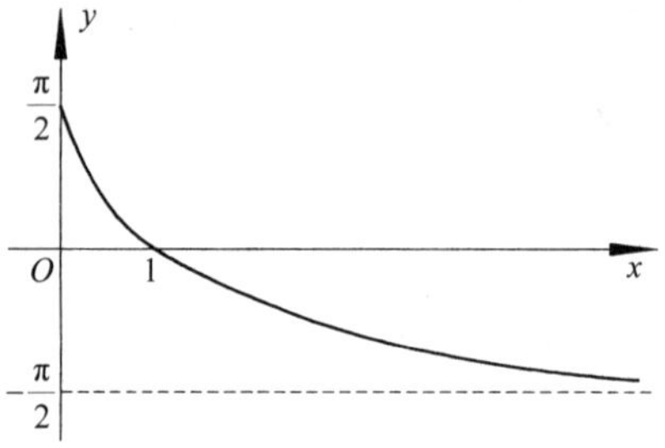

图 1.120

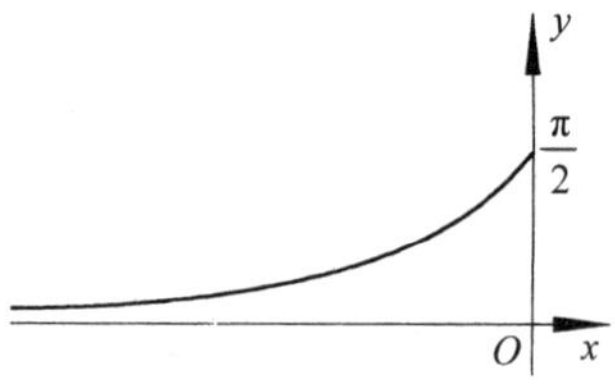

图 1.121

【332】 设：(1)$y_1=x^2$；　(2)$y_1=\dfrac{1}{x^2}$；　(3)$y_1=\ln x$；　(4)$y_1=\dfrac{1}{\sin x}$.

作函数 $y=\arctan y_1$ 的图像.

解　(1)存在域为 $\mathbf{R}$，图像关于 Oy 轴对称，图像如图 1.122 所示的 AB 曲线；

(2)存在域为 $\mathbf{R}\setminus\{0\}$，图像关于 Oy 轴对称，图像如图 1.123 所示；

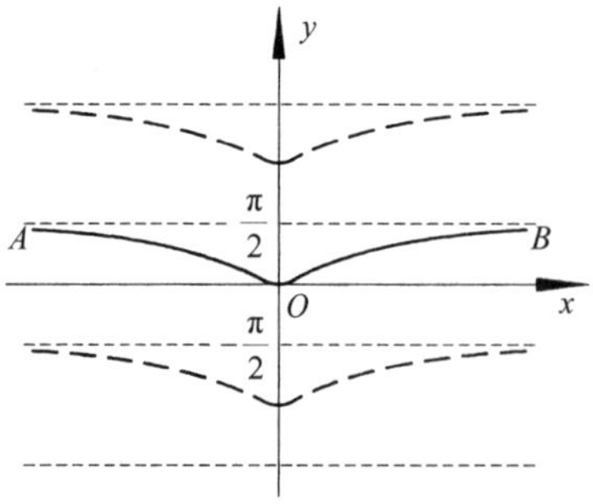

图 1.122

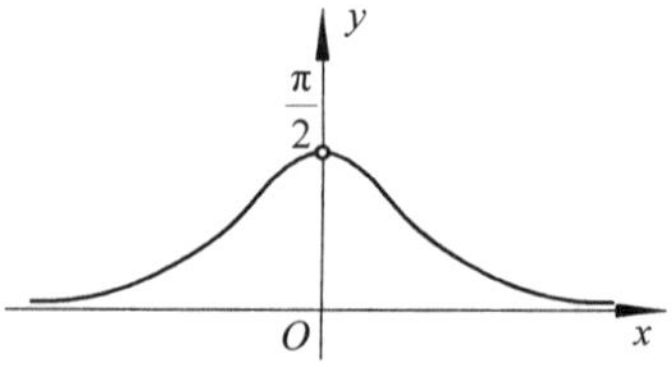

图 1.123

(3)存在域为$(0,+\infty)$，图像如图 1.124 所示的 O_1A 曲线；

(4)存在域$\{x\,|\,x\in\mathbf{R},x\neq k\pi\}$，以 2π 为周期. 当 x 由 0 增到$\dfrac{\pi}{2}$时，$\dfrac{1}{\sin x}$由$+\infty$减到 1，而 y 由$\dfrac{\pi}{2}$减到$\dfrac{\pi}{4}$.

其余以此类推，图像如图 1.125 所示.

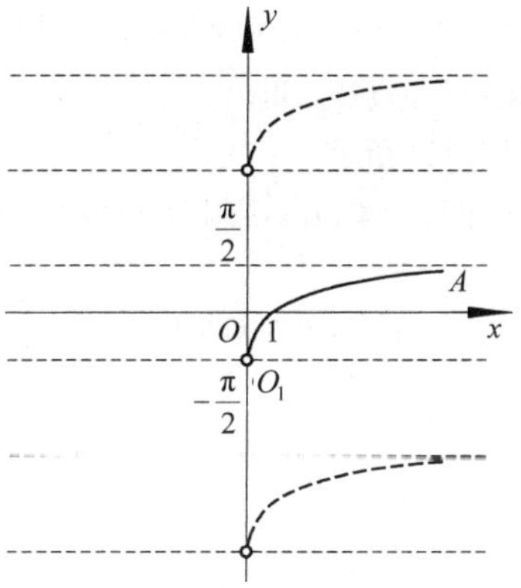

图 1.124

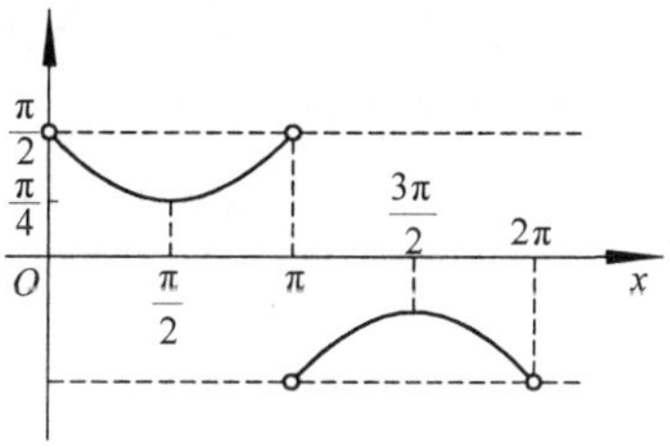

图 1.125

知识点2 利用已知函数的图像作图

1. 利用熟知的函数图像，通过平移、旋转等得到新函数的图像.
2. 利用函数的四则及复合运算作函数图像.
3. 利用函数的基本性质作函数图像.

习题 333—338 利用已知函数图像作图

【333】 已知函数 $y=f(x)$的图像，作下列各函数的图像：

(1)$y=-f(x)$； (2)$y=f(-x)$； (3)$y=-f(-x)$.

解 (1)函数 $y=-f(x)$的图像和函数 $y=f(x)$的图像关于 Ox 轴对称，图像如图 1.126 所示；

(2)函数 $y=f(-x)$的图像和函数 $y=f(x)$的图像关于 Oy 轴对称，图像如图 1.127 所示；

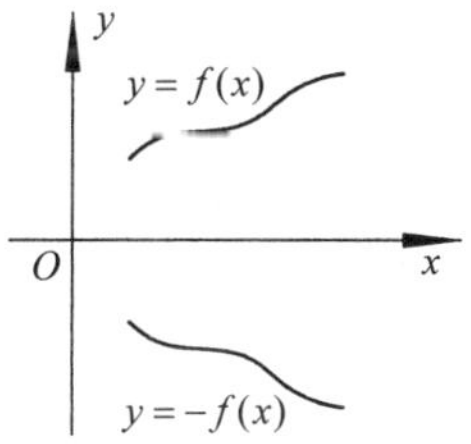

图 1.126

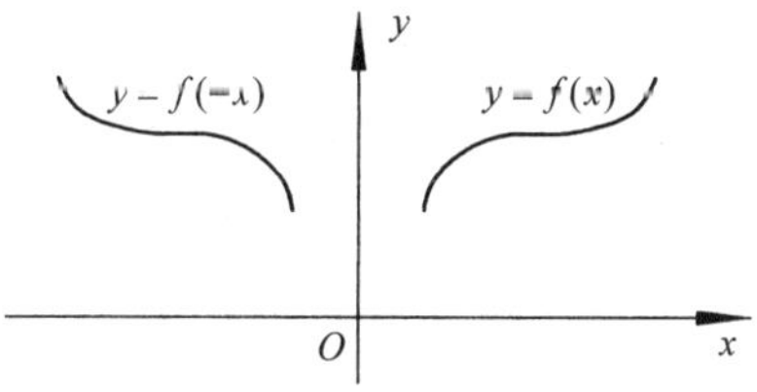

图 1.127

(3)函数 $y=-f(-x)$的图像和函数 $y=f(x)$的图像关于原点对称，图像如图 1.128 所示.

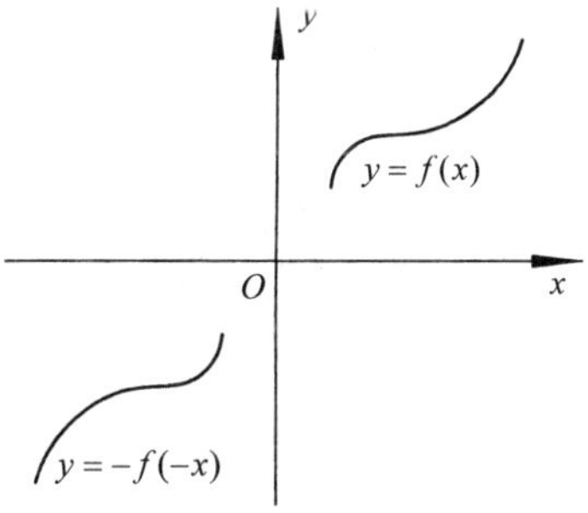

图 1.128

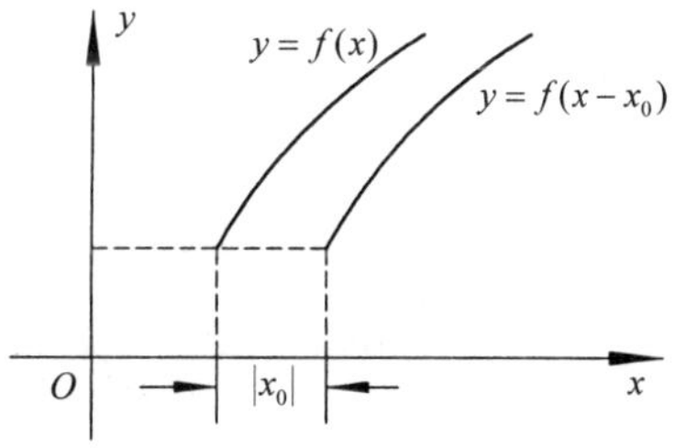

图 1.129

【 334 】 已知函数 $y=f(x)$ 的图像，作下列各函数的图像：

(1) $y=f(x-x_0)$； (2) $y=y_0+f(x-x_0)$； (3) $y=f(2x)$； (4) $y=f(kx+b)(k\neq0)$.

解 (1)函数 $y=f(x-x_0)$ 的图像可由 $y=f(x)$ 的图像平移距离 $|x_0|$ 得出.

当 $x_0>0$ 时，向右平移；当 $x_0<0$ 时，向左平移. 图像如图 1.129 所示.

(2)函数 $y=y_0+f(x-x_0)$ 的图像可由 $y=f(x)$ 的图像先平移距离 $|x_0|$，再上下平移距离 $|y_0|$ 得出，其中当 $y_0>0$ 时，向上平移；当 $y_0<0$ 时，向下平移.

事实上，只要先将坐标原点平移到点 (x_0,y_0)，坐标轴的方向均不变，再在新坐标系中作 $y'=f(x')$ 的图像，其中 $y'=y-y_0$，$x'=x-x_0$. 图像如图 1.130 所示.

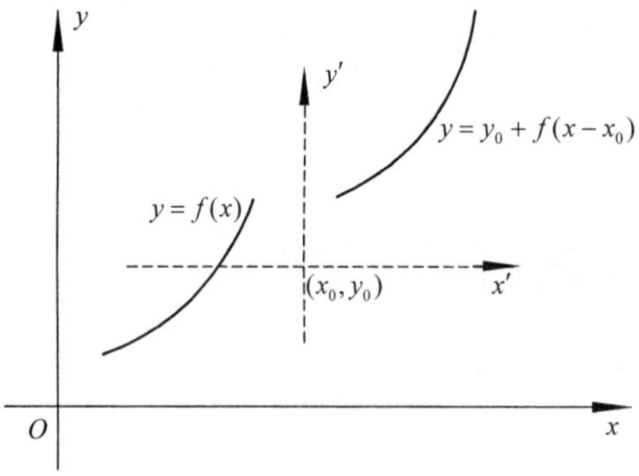

图 1.130

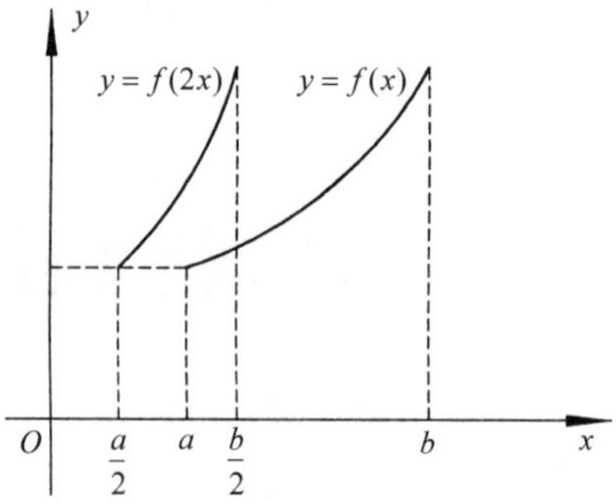

图 1.131

(3)函数 $y=f(2x)$ 的图像可由 $y=f(x)$ 的图像沿 Ox 轴的方向缩小二倍得出. 图像如图 1.131 所示.

(4) $y=f(kx+b)(k\neq0)$ 的图像可由 $y=f(x)$ 的图像先沿 Ox 轴方向“压缩”k 倍（$0<k<1$ 时，理解为“放大”）. 然后再将所得图像平移距离 $|b|$. 图像如图 1.132 所示.

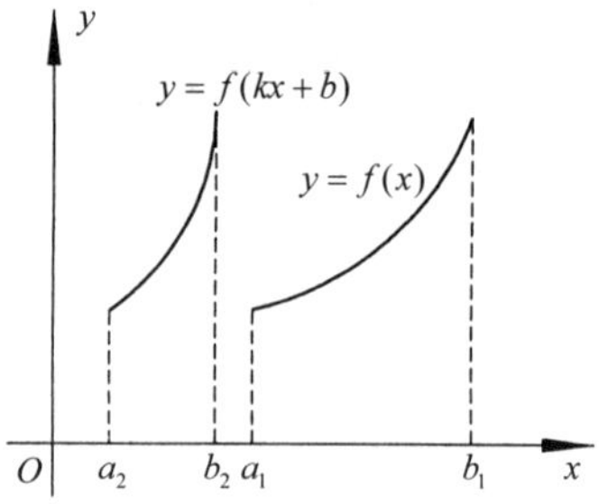

图 1.132

【 335 】 作函数的图像：

(1) $y=2+\sqrt{1-x}$；   (2) $y=1-e^{-x}$；

(3) $y=\ln(1+x)$；   (4) $y=-\frac{\pi}{2}\arcsin(1+x)$；

(5) $y=3+2\cos 3x$.

解 (1)定义域为 $(-\infty,1]$，图像如图 1.133 所示；

(2)定义域为 $\mathbf{R}$，图像如图 1.134 所示；

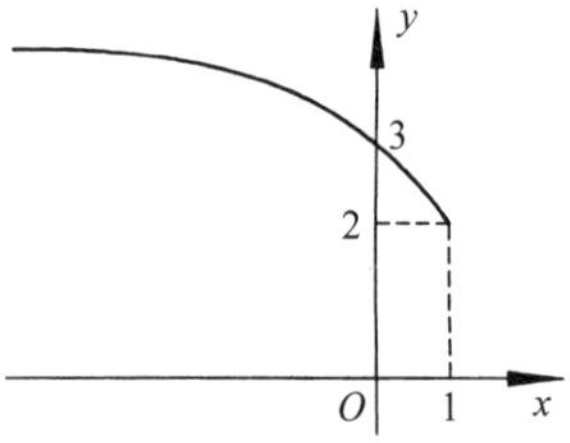

图 1.133

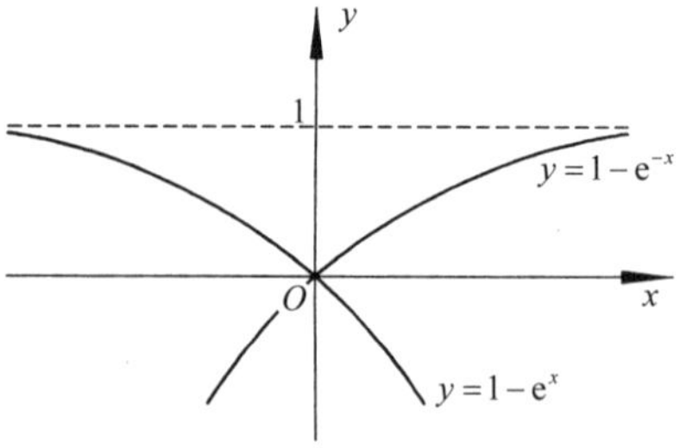

图 1.134

(3)定义域为 $(-1,+\infty)$，图像如图 1.135 所示；

(4)定义域为 $[-2,0]$，图像如图 1.136 所示的 AB 段曲线；

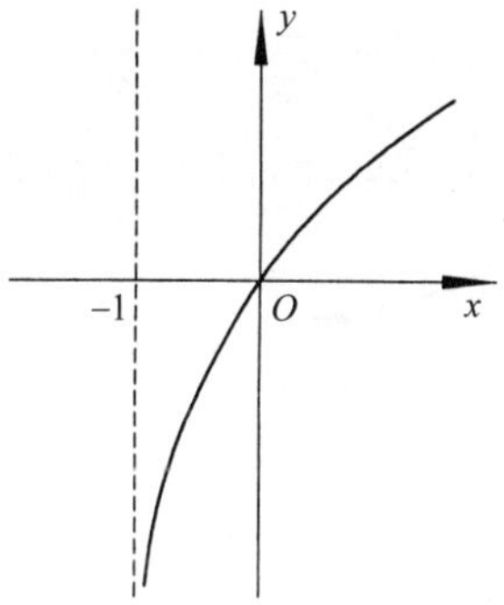

图 1.135

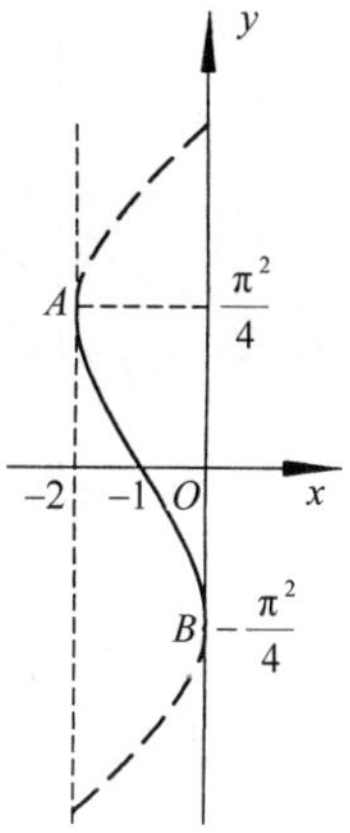

图 1.136

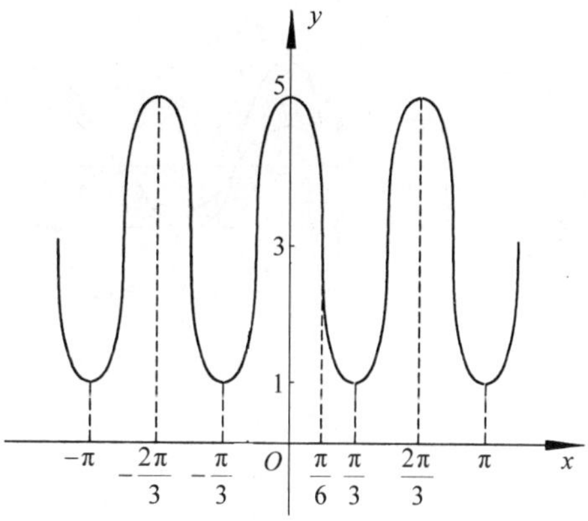

图 1.137

(5)定义域为 **R**,图像如图 1.137 所示的 AB 段曲线.

【 **336** 】 已知函数 $y=f(x)$的图像,作下列函数的图像:

(1)$y=|f(x)|$; (2)$y=\frac{1}{2}[|f(x)|+f(x)]$; (3)$y=\frac{1}{2}[|f(x)|-f(x)]$.

解 (1)当 $f(x)\geqslant 0$ 时,$y=f(x)$;当 $f(x)<0$ 时,$y=-f(x)$. 图像如图 1.138 黑粗线所示.
(2)当 $f(x)\geqslant 0$ 时,$y=f(x)$;当 $f(x)<0$ 时,$y=0$. 图像如图 1.139 黑粗线所示.

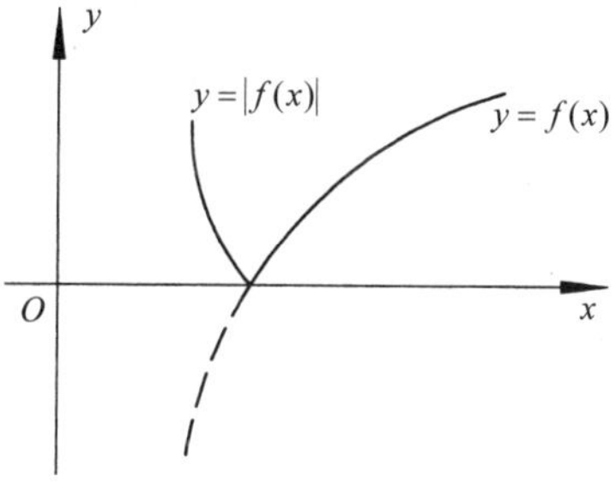

图 1.138

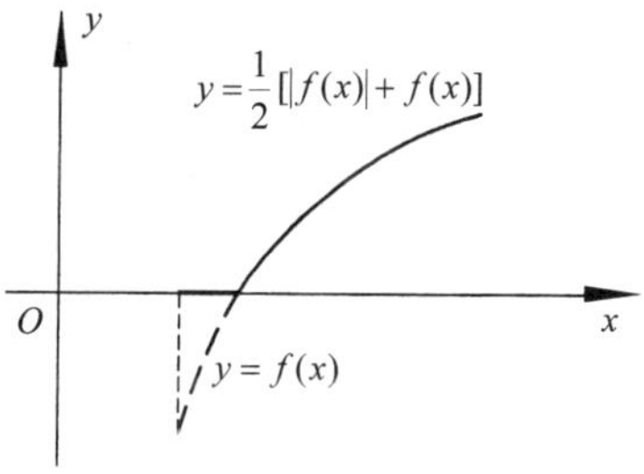

图 1.139

(3)当 $f(x)\geqslant 0$ 时,$y=0$;当 $f(x)<0$ 时,$y=-f(x)$. 图像如图 1.140 黑粗线所示.

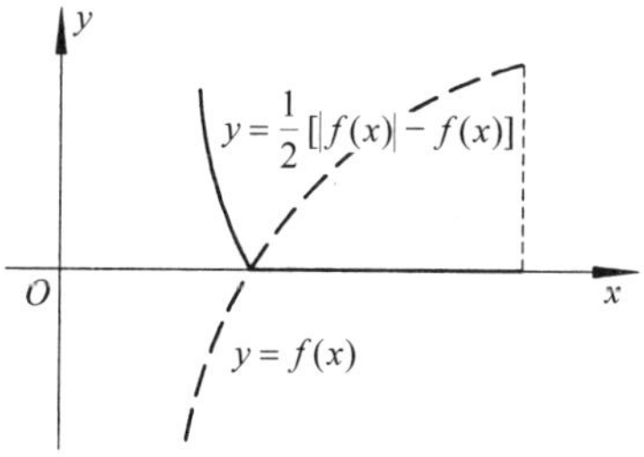

图 1.140

【 **337** 】 已知函数 $y=f(x)$的图像,作下列函数的图像:

(1)$y=f^2(x)$; (2)$y=\sqrt{f(x)}$; (3)$y=\ln f(x)$;

(4)$y=f[f(x)]$; (5)$y=\operatorname{sgn} f(x)$; (6)$y=[f(x)]$.

解 (1)以 $y=1$ 为图像的分界线. 图像如图 1.141 所示,1:$y=f(x)$; 2:$y=f^2(x)$.
(2)当 $f(x)>1$ 时,$\sqrt{f(x)}<f(x)$;当 $0\leqslant f(x)<1$ 时,$\sqrt{f(x)}\geqslant f(x)$.
图像如图 1.142 所示,1:$y=f(x)$; 2:$y=\sqrt{f(x)}$.

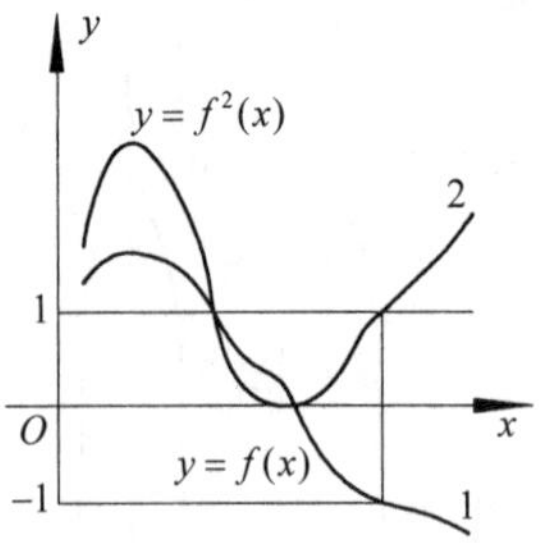

图 1.141

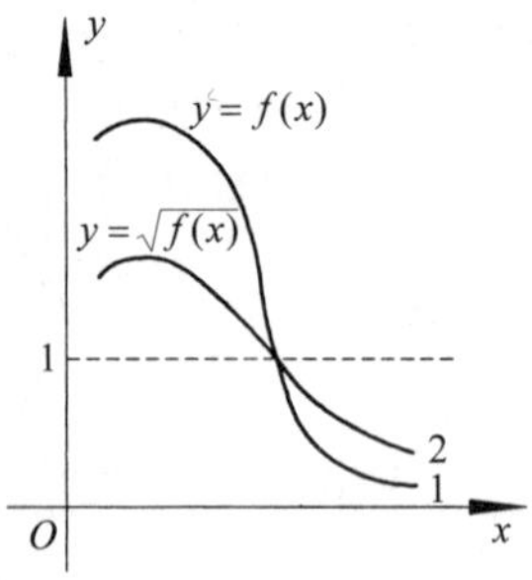

图 1.142

(3)当 $f(x)\geqslant 1$ 时, $\ln f(x)<f(x)$; 而当 $0<f(x)<1$ 时, $\ln f(x)<0$, 且 $\ln f(x)<f(x)$, 故 $y=\ln f(x)$ 的图像始终在 $y=f(x)$ 之下. 图像如图 1.143 所示.

(4)若 $y=f(x)$ 的存在域为 $[a,b]$, 则仅当 $f(x)$ 之值在 a 与 b 之间, 才能使 $f[f(x)]$ 有意义. 其详细作图法见 338 题(3).

图像如图 1.144 所示. 1: $y=f(x)$; 2: $y=f[f(x)]$.

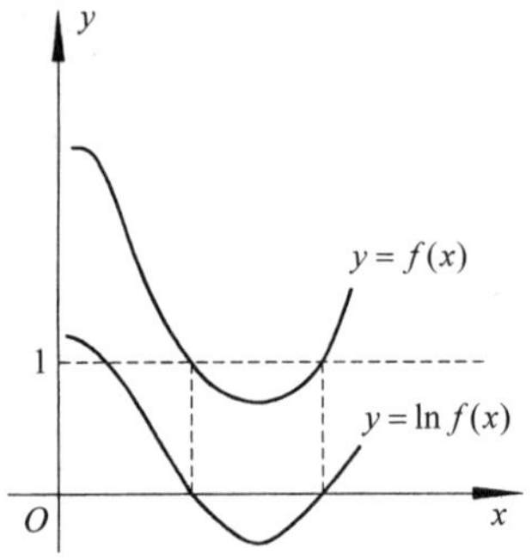

图 1.143

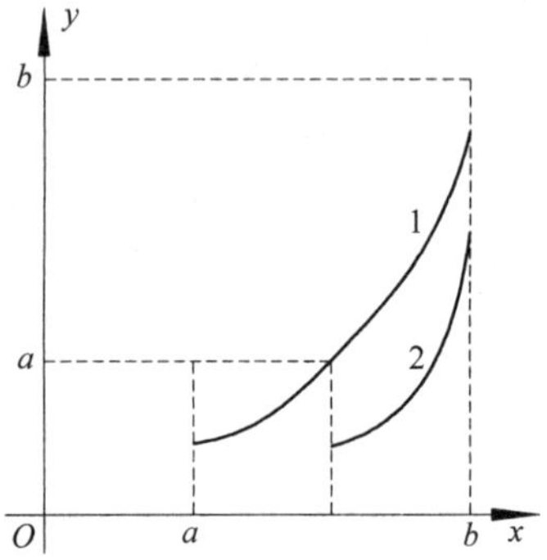

图 1.144

(5)当 $f(x)>0$ 时, $y=1$; 当 $f(x)=0$ 时, $y=0$; 当 $f(x)<0$ 时, $y=-1$. 图像如图 1.145 黑粗线所示.

(6)当 $n\leqslant f(x)<n+1$ 时, $y=n$(n 为正整数). 如图 1.146 黑粗线所示.

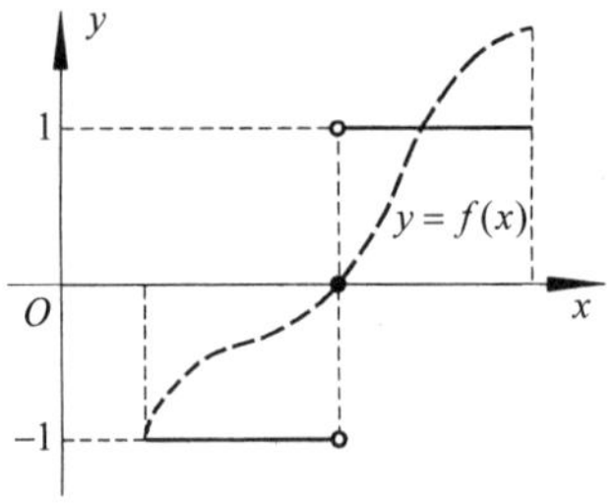

图 1.145

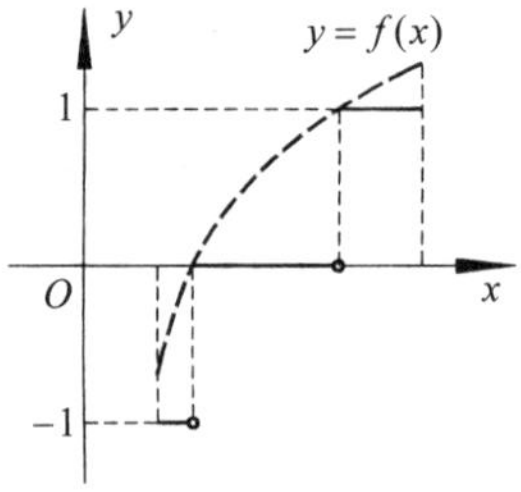

图 1.146

【338】 已知函数 $y=f(x)$ 和 $y=g(x)$ 的图像, 作下列各函数的图像:

(1) $y=f(x)+g(x)$; (2) $y=f(x)g(x)$; (3) $y=f[g(x)]$.

解 (1)利用图像相加法即得. 图像如图 1.147 所示.

(2)利用图像相乘法即得. 图像如图 1.148 所示.

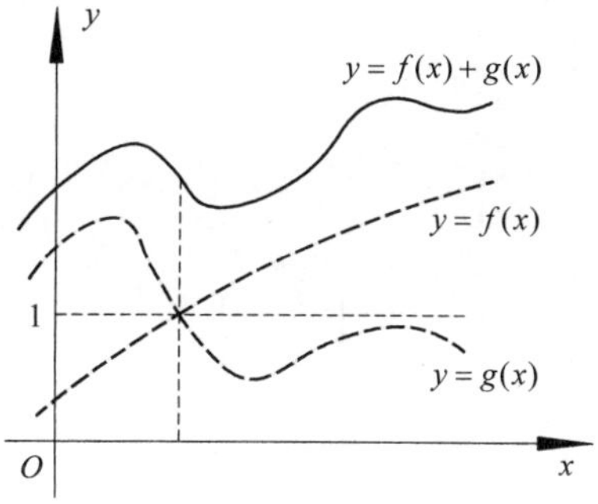

图 1.147

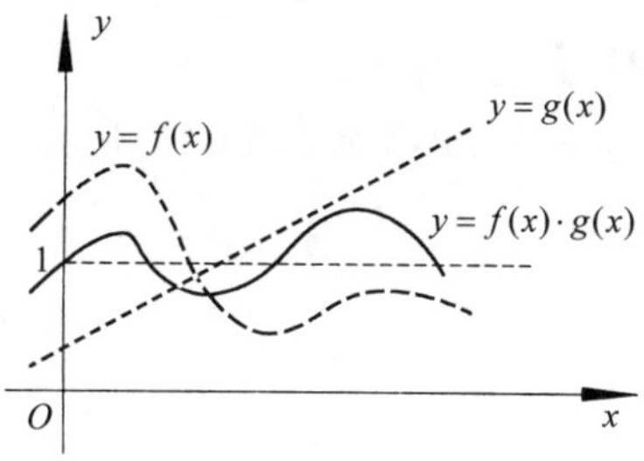

图 1.148

(3)图像如图 1.149 所示. 设 P 点是 Ox 轴上横坐标为 x 的点. 通过 P 点引铅直线. 它和 $y=g(x)$的图像相交得 Q 点(当然假定值 PQ 在 $f(x)$的存在域内)，$PQ=g(x)$.

过 Q 点引水平线，它与 $y=x$ 交于 R 点，过 R 作铅直线与 Ox 轴及 $y=f(x)$分别交于 T 点及 S 点，则 $OT=TR=PQ=g(x)$，因而 $TS=f[g(x)]$.

最后，把 S 点向通过 P 点的铅直线投影得 M 点，此即函数 $y=f[g(x)]$图像上的一点.

至于该图像上的其他点，同法求得.

但要注意，函数 $y=f[g(x)]$的存在域是满足不等式 $a\leqslant g(x)\leqslant b$ 的数 x 的集合，其中$[a,b]$是 $f(x)$的存在域.

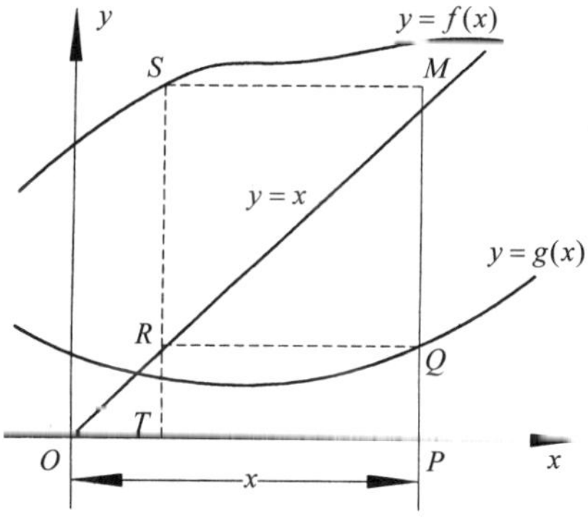

图 1.149

习题 339—348 利用图像加法作图

【利用图像的加法，作下列函数的图像(339—347)】

【339】 $y=1+x+e^{x}$.

解 定义域为 **R**，图像如图 1.150 所示.

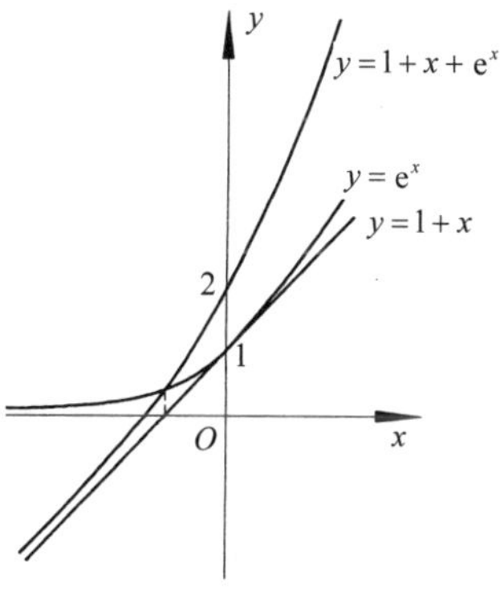

图 1.150

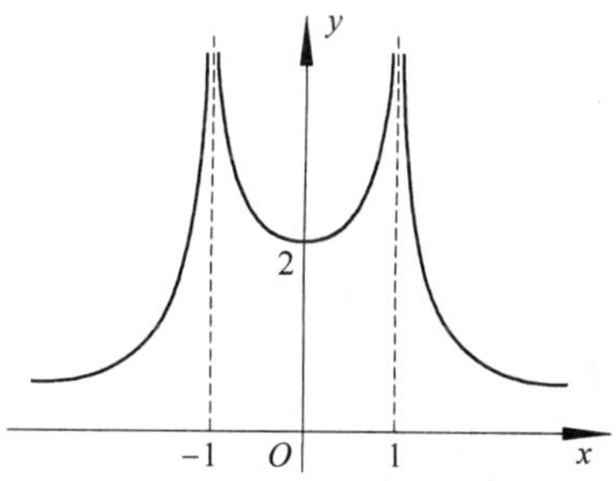

图 1.151

【 340 】 $y=(x+1)^{-2}+(x-1)^{-2}$.

解 定义域为 $\mathbf{R}\backslash\{-1,1\}$,图像关于 Oy 轴对称. 如图 1.151 所示.

【 341 】 $y=x+\sin x$.

解 定义域为 $\mathbf{R}$,图像如图 1.152 所示. $P_1Q_1=P_2Q_2=\cdots=1$.

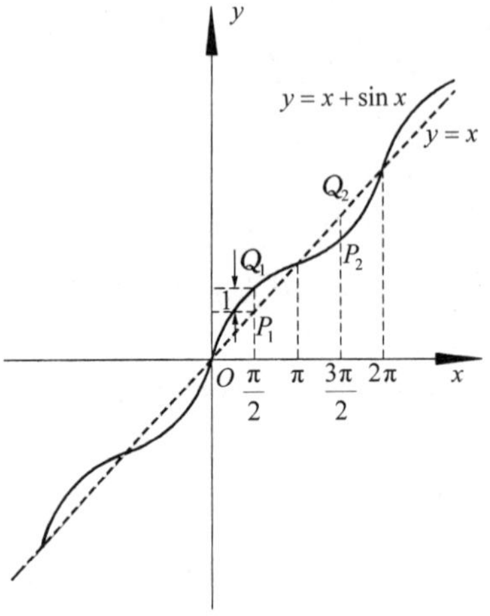

图 1.152

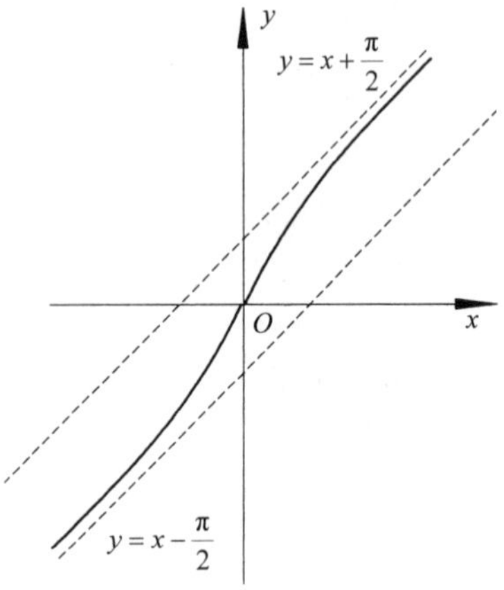

图 1.153

【 342 】 $y=x+\arctan x$.

解 定义域为 $\mathbf{R}$,图像如图 1.153 所示. 图中仅画了主值的一支,一般地,在平行线 $y=x+(2k+1)\frac{\pi}{2}$ 及 $y=x+(2k-1)\frac{\pi}{2}$之间($k\in\mathbf{Z}$),有类似的一支.

【 343 】 $y=\cos x+\frac{1}{2}\cos 2x+\frac{1}{3}\cos 3x$.

解 定义域为 $\mathbf{R}$,图像关于 Oy 轴对称,且关于直线 $x=k\pi$ 对称. 周期为 2π. 图像如图 1.154 所示.

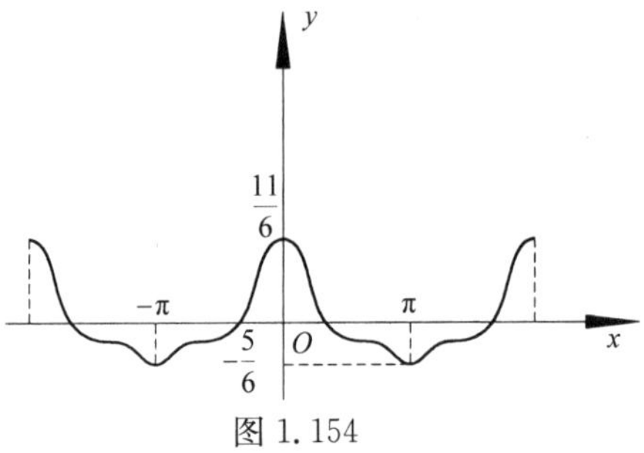

图 1.154

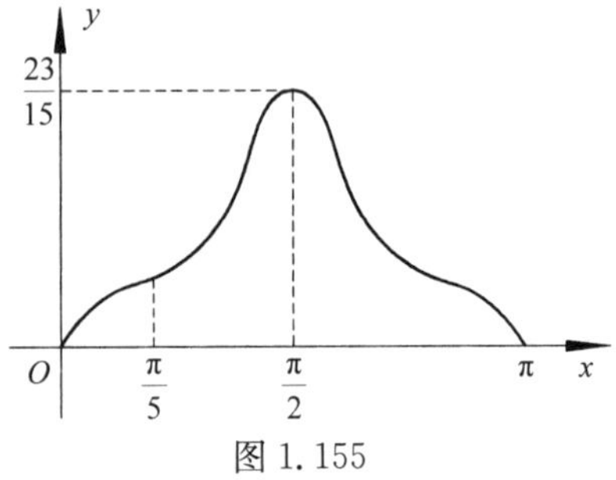

图 1.155

【 344 】 $y=\sin x-\frac{1}{3}\sin 3x+\frac{1}{5}\sin 5x$.

解 定义域为 $\mathbf{R}$,图像关于原点对称,周期为 2π,且有 $f(x+\pi)=-f(x)$,故在$[0,2\pi]$内图像关于直线 $x=\pi$ 反对称. 因此,只需做出$[0,\pi]$内的图像即可. 如图 1.155 所示.

注 若函数关于点 π 反对称,也称之为以 π 为周期的反周期函数.

【 345 】 $y=\sin^4 x+\cos^4 x$.

解 定义域为 $\mathbf{R}$,图像关于 Oy 轴对称,周期为$\frac{\pi}{2}$. 如图 1.156 所示.

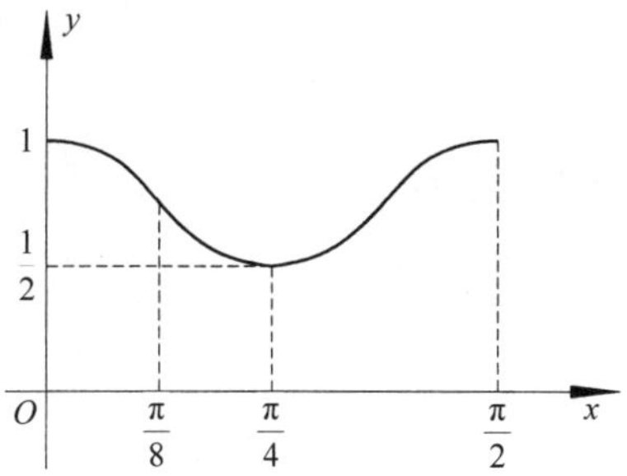

图 1.156

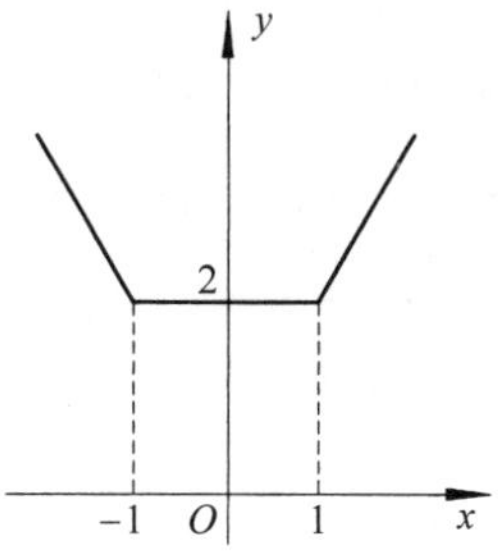

图 1.157

【 346 】 $y=|1-x|+|1+x|$.

解 定义域为 **R**，当 $-1\leqslant x\leqslant 1$ 时，$y=2$；当 $x<-1$ 时，$y=-2x$；当 $x>1$ 时，$y=2x$. 图像如图 1.157 所示.

【 347 】 $y=|1-x|-|1+x|$.

解 定义域为 **R**，当 $-1\leqslant x\leqslant 1$ 时，$y=-2x$；当 $x<-1$ 时，$y=2$；当 $x>1$ 时，$y=-2$. 图像如图 1.158 所示.

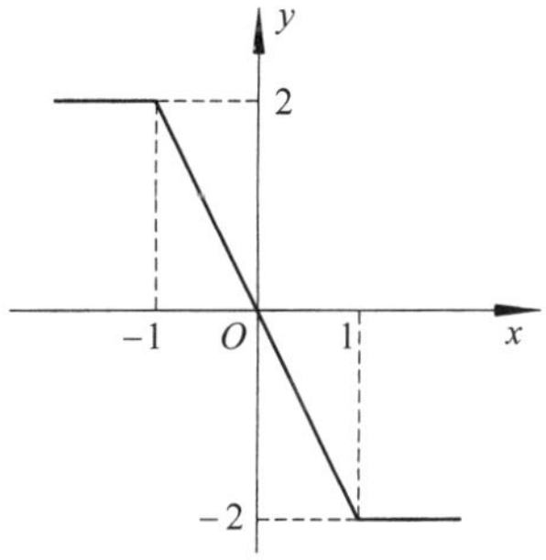

图 1.158

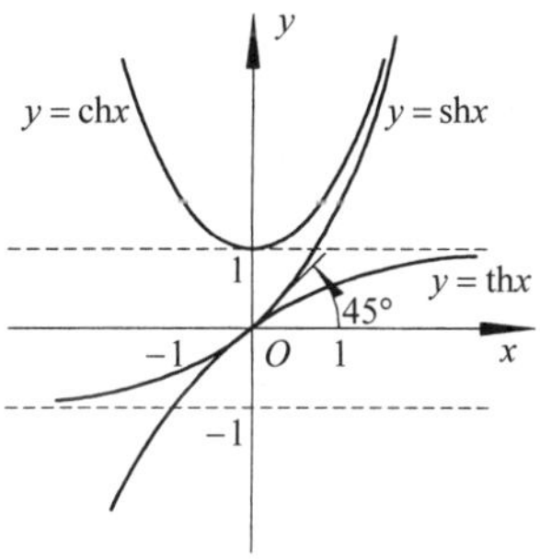

图 1.159

【 348 】 作双曲线函数的图像：

(1) $y=\text{ch }x=\dfrac{1}{2}(e^{x}+e^{-x})$； (2) $y=\text{sh }x=\dfrac{1}{2}(e^{x}-e^{-x})$； (3) $y=\text{th }x=\dfrac{\text{sh }x}{\text{ch }x}$.

解 利用图像的加法易得. 图像如图 1.159 所示.

习题 349—363 利用图像的乘法作图

【利用图像的乘法，作出下列函数的图像(349—356)】

【 349 】 $y=x\sin x$.

解 定义域为 **R**，偶函数，图像关于 Oy 轴对称. 当 $x=k\pi$ $(k\in\mathbf{Z})$ 时，$y=0$；

当 $x=\dfrac{\pi}{2}+2k\pi(k\in\mathbf{Z})$ 时，$y=x$；当 $x=\dfrac{3\pi}{2}+2k\pi(k\in\mathbf{Z})$ 时，$y=-x$.

图像如图 1.160 所示.

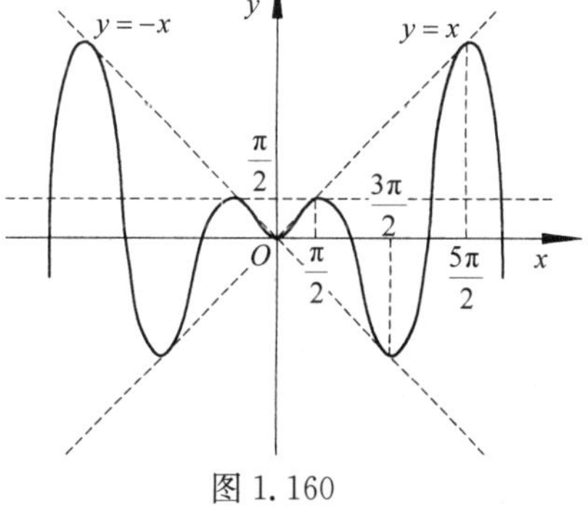

图 1.160

【350】 $y=x\cos x$.

解 定义域为 **R**,奇函数,图像关于原点对称.

当 $x=(2k+1)\frac{\pi}{2}(k\in\mathbf{Z})$时,$y=0$;当 $x=2k\pi(k\in\mathbf{Z})$时,$y=x$;

当 $x=(2k+1)\pi(k\in\mathbf{Z})$时,$y=-x$.

图像如图 1.161 所示.

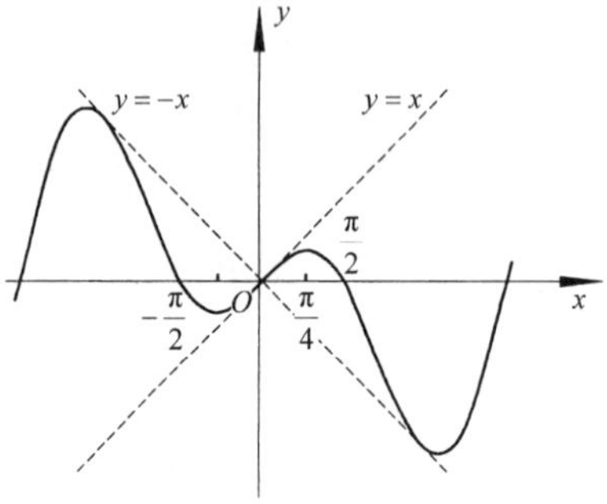

图 1.161

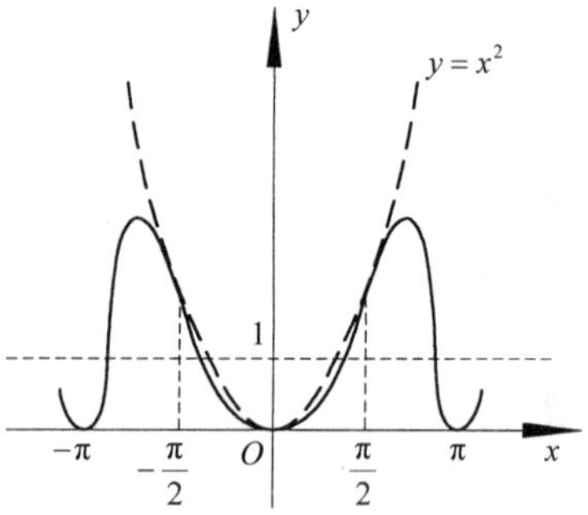

图 1.162

【351】 $y=x^2\sin^2 x$.

解 **方法一** 定义域为 **R**,偶函数,图像关于 Oy 轴对称.

只要将图像 $y=x\sin x$ 作出后,再按 337 题(1)的作法即可画出. 图像如图 1.162 所示.

方法二 图像关于 Oy 轴对称.

当 $x=k\pi(k\in\mathbf{Z})$时,$y=0$;当 $x=(2k+1)\frac{\pi}{2}(k\in\mathbf{Z})$时,$y=x^2$. 如图 1.162 所示.

【352】 $y=\frac{\sin x}{1+x^2}$.

解 定义域为 **R**,奇函数,图像关于原点对称.

当 $x=k\pi(k\in\mathbf{Z})$时,$y=0$;

当 $x=\frac{3\pi}{2}+2k\pi(k\in\mathbf{Z})$时,$y=-\frac{1}{1+x^2}$;

当 $x=\frac{\pi}{2}+2k\pi(k\in\mathbf{Z})$时,$y=\frac{1}{1+x^2}$.

当$x\to\infty$时,$y\to0$.

图像如图 1.163 所示.

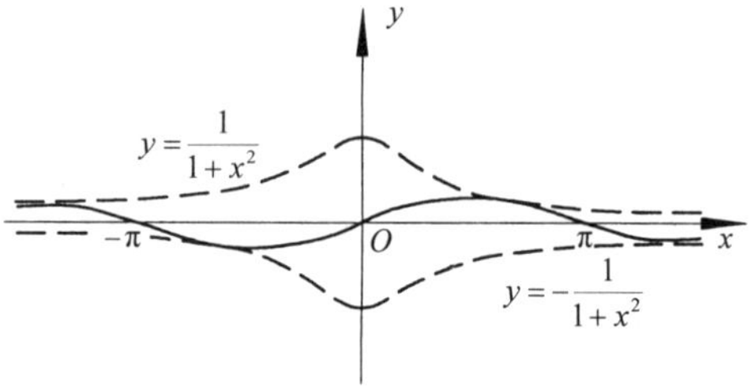

图 1.163

【353】 $y=e^{-x^2}\cos 2x$.

解 定义域为 **R**,偶函数,图像关于 Oy 轴对称.

因$-e^{-x^2}\leqslant y\leqslant e^{-x^2}$,故图像在图像 $y=e^{-x^2}$ 及 $y=-e^{-x^2}$ 之间. 如图 1.164 所示.

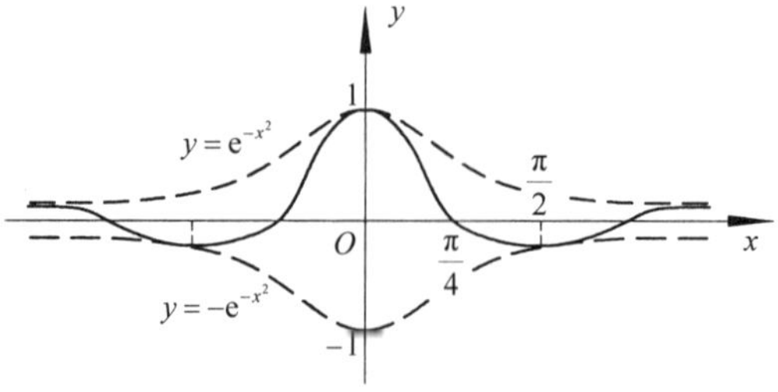

图 1.164

【354】 $y=x\operatorname{sgn}(\sin x)$.

解 定义域为 $\mathbf{R}$,偶函数,图像关于 Oy 轴对称.
当 $x=k\pi(k\in\mathbf{Z})$ 时,$y=0$;当 $2k\pi<x<(2k+1)\pi(k\in\mathbf{Z})$ 时,$y=x$;
当 $(2k+1)\pi<x<(2k+2)\pi(k\in\mathbf{Z})$ 时,$y=-x$.
图像如图 1.165 所示.

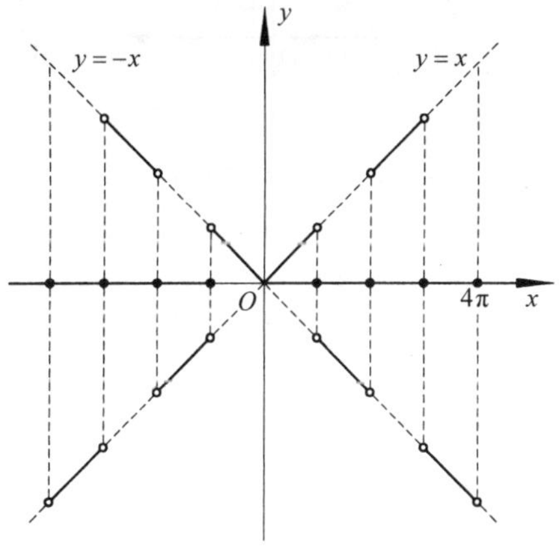

图 1.165

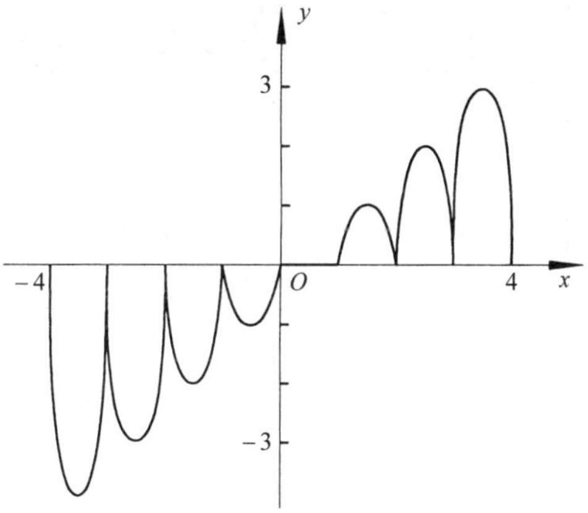

图 1.166

【355】 $y=[x]\cdot|\sin\pi x|$.

解 定义域为 $\mathbf{R}$,当 $x=k(k\in\mathbf{Z})$ 时,$y=0$;当 $n<x<n+1$(n 为正整数)时,$y=n|\sin\pi x|$.
图像如图 1.166 所示.

【356】 $y=\cos x\cdot\operatorname{sgn}(\sin x)$.

解 定义域为 $\mathbf{R}$,奇函数,图像关于原点对称,周期为 π.
当 $x=k\pi(k\in\mathbf{Z})$ 时,$y=0$;当 $2k\pi<x<(2k+1)\pi(k\in\mathbf{Z})$ 时,$y=\cos x$;
当 $(2k+1)\pi<x<(2k+2)\pi(k\in\mathbf{Z})$ 时,$y=-\cos x$.
图像如图 1.167 所示.

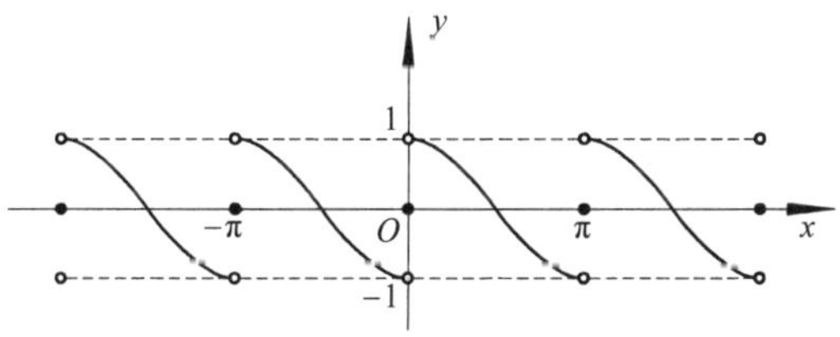

图 1.167

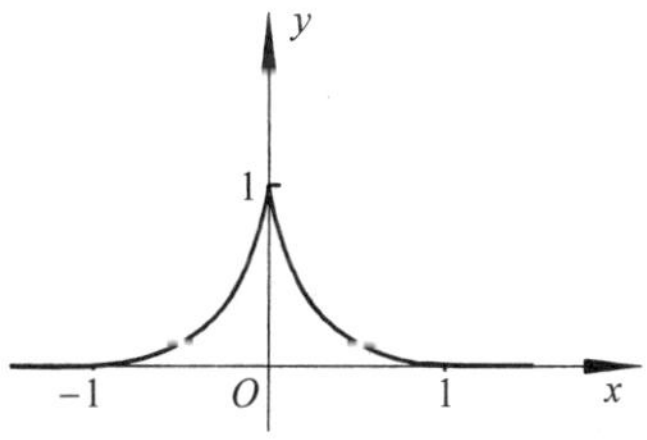

图 1.168

【357】 设 $f(x)=\begin{cases}1-|x|, & |x|\leqslant 1,\\ 0 & |x|>1.\end{cases}$

作函数 $y=f(x)f(a-x)$ 当(1)$a=0$,(2)$a=1$,(3)$a=2$ 时的图像.

解 (1)$y=f(x)f(-x)$.因为 $f(x)$ 为偶函数,所以,$y=f^2(x)$.由函数 $f(x)$ 的定义易得

$$y=\begin{cases}(1+x)^2, & -1\leqslant x<0,\\ (1-x)^2, & 0\leqslant x\leqslant 1,\\ 0, & |x|>1.\end{cases}$$

图像如图 1.168 所示.

(2)$y=f(x)f(1-x)$.由函数 $f(x)$ 的定义易得

$$y=\begin{cases}0, & x\leqslant 0,\\ x-x^2, & 0<x<1,\\ 0, & x\geqslant 1.\end{cases}$$

图像如图 1.169 所示.

(3) $y=f(x)f(2-x)$. 由函数 $f(x)$ 的定义易得 $y=0$. 图像如图 1.170 所示.

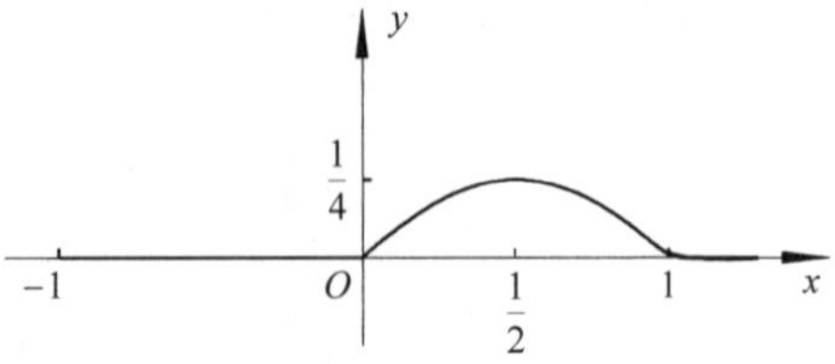

图 1.169

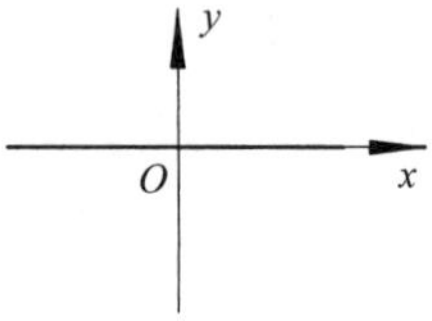

图 1.170

【358】 作函数 $y=x+\sqrt{x}\,\mathrm{sgn}(\sin \pi x)$ 的图像.

解 定义域为 $[0,+\infty)$, 当 $2k<x<2k+1(k\in \mathbf{N})$ 时, $\sin \pi x>0$, $\mathrm{sgn}(\sin \pi x)=1$, 因而, $y=x+\sqrt{x}$; 当 $2k+1<x<2k+2(k\in \mathbf{N})$ 时, $y=x-\sqrt{x}$.

$y=\sqrt{x}\,\mathrm{sgn}(\sin \pi x)$ 的图像如图 1.171(黑粗线所示). $y=x+\sqrt{x}\,\mathrm{sgn}(\sin \pi x)$ 的图像如图 1.172 所示.

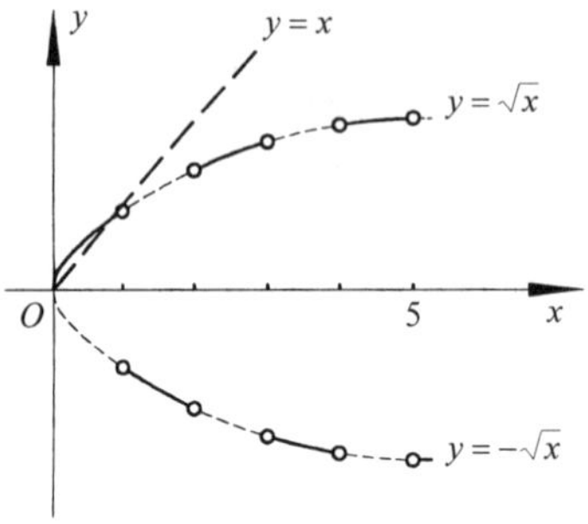

图 1.171

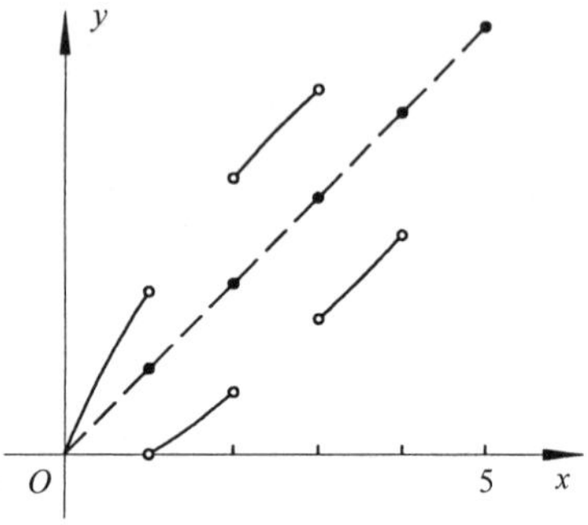

图 1.172

【假设有下列条件, 作函数 $y=\dfrac{1}{f(x)}$ 的图像(359—363)】

【359】 $f(x)=x^2(1-x^2)$.

解 $y=\dfrac{1}{x^2}+\dfrac{1}{1-x^2}$.

利用图像的加法, 将函数 $y=\dfrac{1}{x^2}$ 及 $y=\dfrac{1}{1-x^2}$ 的图像相加即得, 如图 1.173 所示.

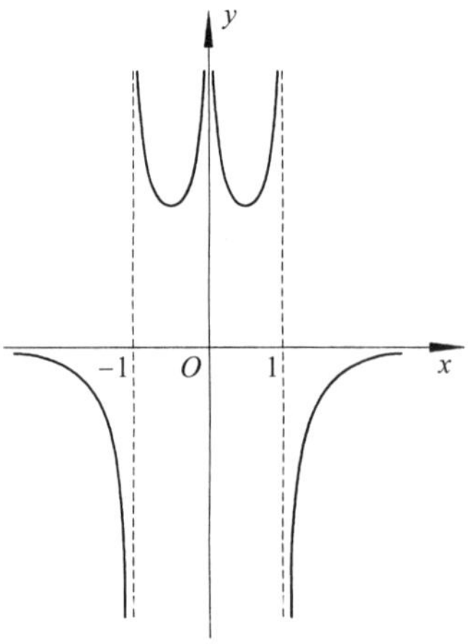

图 1.173

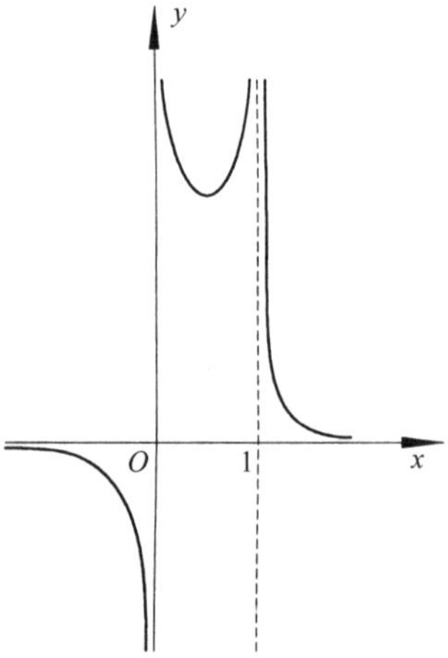

1.174

【360】 $f(x)=x(1-x)^2$.

解 $y=\dfrac{1}{x(1-x)^2}=\dfrac{1}{x}+\dfrac{1}{1-x}+\dfrac{1}{(1-x)^2}$.

当 $x>0$ 时，$y>0$；当 $x<0$ 时，$y<0$. 利用图像的加法即得，如图 1.174 所示.

【361】 $f(x)=\sin^2 x$.

解 $y=\dfrac{1}{\sin^2 x}=\dfrac{2}{1-\cos 2x}$是周期为 π 的周期函数. 图像关于 Oy 轴对称. 如图 1.175 所示.

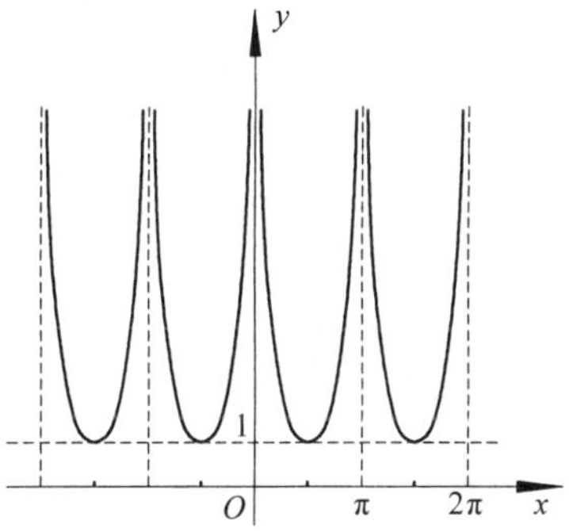

图 1.175

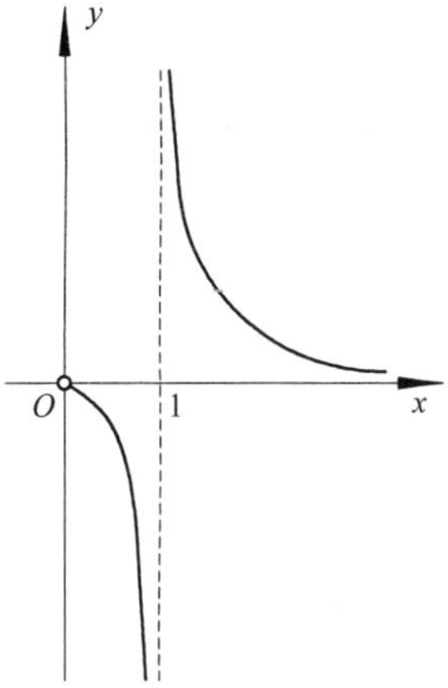

图 1.176

【362】 $f(x)=\ln x$.

解 $y=\dfrac{1}{\ln x}$.

当 $0<x<1$ 时，y 由 0 下降到 $-\infty$；当 $1<x<+\infty$ 时，y 由 $+\infty$ 下降到 0. 图像如图 1.176 所示.

【363】 $f(x)=e^x\sin x$.

解 $y=e^{-x}\csc x$.

因为 $|\csc x|\geqslant 1$，所以 $|y|\geqslant e^{-x}$. 利用图像的乘法即得，如图 1.177 所示.

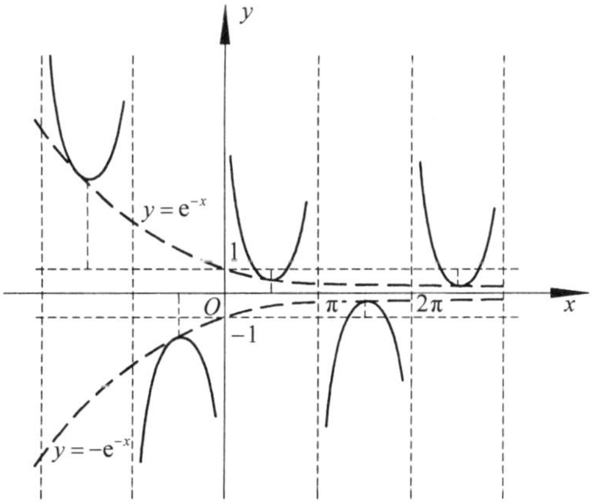

图 1.177

习题 364—366 分段函数的图像

【364】 设 $f(u)=\begin{cases}-1, & u<-1,\\ u, & -1\leqslant u\leqslant 1,\\ 1, & u>1.\end{cases}$

作复合函数 $y=f(u)$ 的图像,其中 $u=2\sin x$.

解 由 $f(u)$ 的定义,

$$f(2\sin x)=\begin{cases}2\sin x, & |x-k\pi|\leqslant\dfrac{\pi}{6},\\ (-1)^k, & \dfrac{\pi}{6}<|x-k\pi|<\dfrac{5\pi}{6}\end{cases}\quad(k\in\mathbf{Z}).$$

图像如图 1.178 所示.

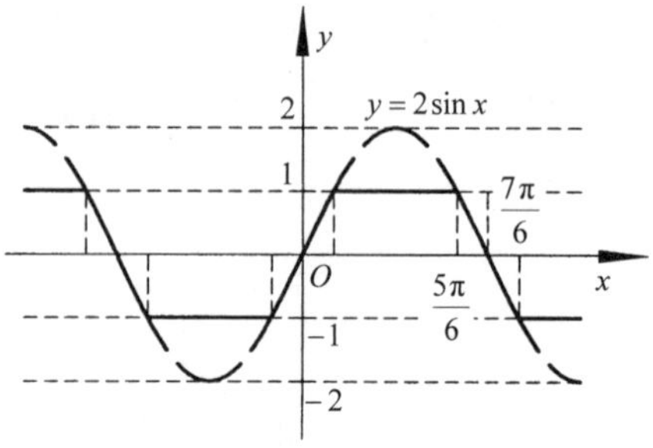

图 1.178

【365】 设 $\varphi(x)=\dfrac{1}{2}(x+|x|)$ 和 $\psi(x)=\begin{cases}x, & x<0,\\ x^2, & x\geqslant 0.\end{cases}$ 作下列函数的图像:

(1) $y=\varphi[\varphi(x)]$; (2) $y=\varphi[\psi(x)]$; (3) $y=\psi[\varphi(x)]$; (4) $y=\psi[\psi(x)]$.

解 (1) $\varphi(x)=\begin{cases}x, & x\geqslant 0,\\ 0, & x<0,\end{cases}$ $\varphi[\varphi(x)]=\varphi(x)$,如图 1.179 所示.

(2) $\varphi[\psi(x)]=\begin{cases}x^2, & x\geqslant 0,\\ 0, & x<0.\end{cases}$ 如图 1.180 所示.

(3) $\psi[\varphi(x)]=\begin{cases}x^2, & x\geqslant 0,\\ 0, & x<0.\end{cases}$ 如图 1.180 所示.

(4) $\psi[\psi(x)]=\begin{cases}x^4, & x\geqslant 0,\\ x, & x<0.\end{cases}$ 如图 1.181 所示.

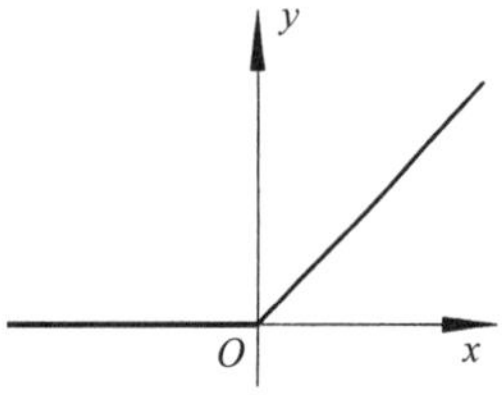

图 1.179

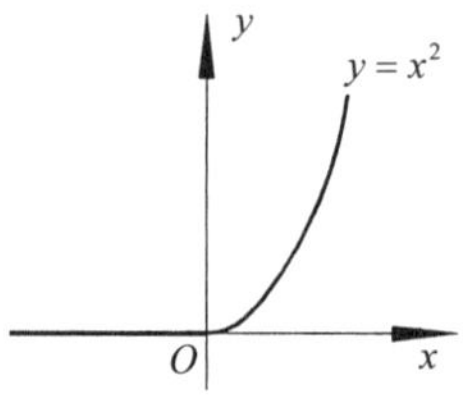

图 1.180

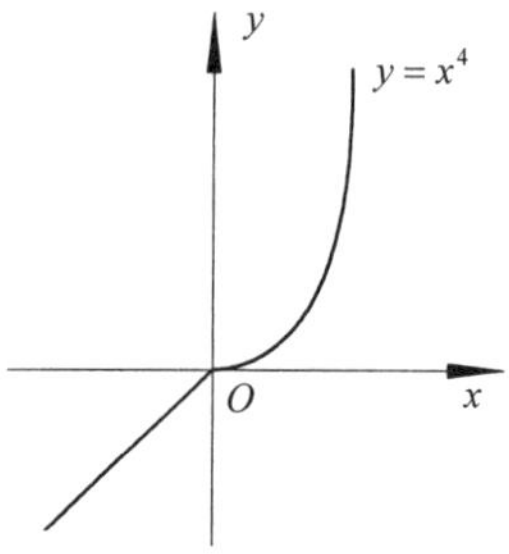

图 1.181

【366】 设 $\varphi(x)=\begin{cases}1, & |x|\leqslant 1,\\ 0, & |x|>1\end{cases}$ 及 $\psi(x)=\begin{cases}2-x^2, & |x|\leqslant 2,\\ 2, & |x|>2.\end{cases}$

作函数:(1) $y=\varphi[\varphi(x)]$; (2) $y=\varphi[\psi(x)]$; (3) $y=\psi[\varphi(x)]$; (4) $y=\psi[\psi(x)]$的图像.

解 (1) $\varphi[\varphi(x)]=1$. 如图 1.182 所示.

(2) $\varphi[\psi(x)]=\varphi[\psi(-x)]$,故图像关于 Oy 轴对称.

当 $0\leqslant x<1$ 时,$\psi(x)=2-x^2$,由于 $1<2-x^2\leqslant 2$,所以 $\varphi[\psi(x)]=0$;

当 $1\leqslant x\leqslant\sqrt{3}$ 时,$\psi(x)=2-x^2$,由于 $-1\leqslant 2-x^2\leqslant 1$,所以 $\varphi[\psi(x)]=1$;

当 $\sqrt{3}<x\leqslant 2$ 时,$\psi(x)=2-x^2$,由于 $-2\leqslant 2-x^2<-1$,所以 $\varphi[\psi(x)]=0$;

当 $x>2$ 时,$\psi(x)=2$,所以 $\varphi[\psi(x)]=0$.

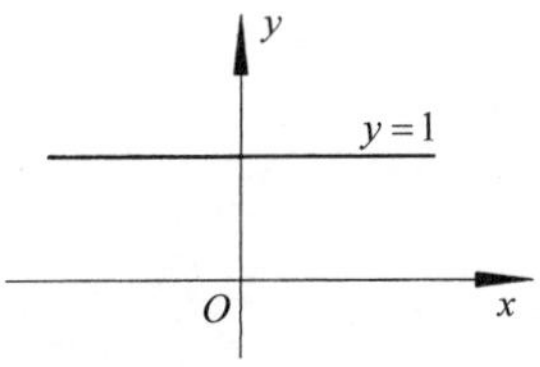

图 1.182

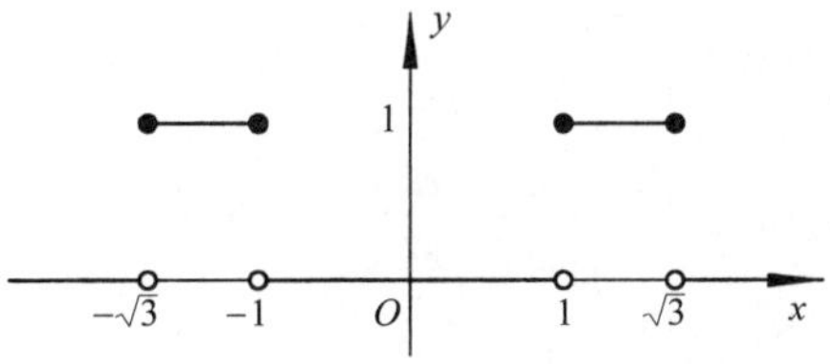

图 1.183

图像如图 1.183 所示.

(3)$\psi[\varphi(x)]=\begin{cases}1, & |x|\leqslant 1,\\ 2, & |x|>1.\end{cases}$ 图像如图 1.184 所示.

(4)$\psi[\psi(x)]=\begin{cases}2-(2-x^2)^2, & |x|\leqslant 2,\\ -2, & |x|>2.\end{cases}$ 图像如图 1.185 所示.

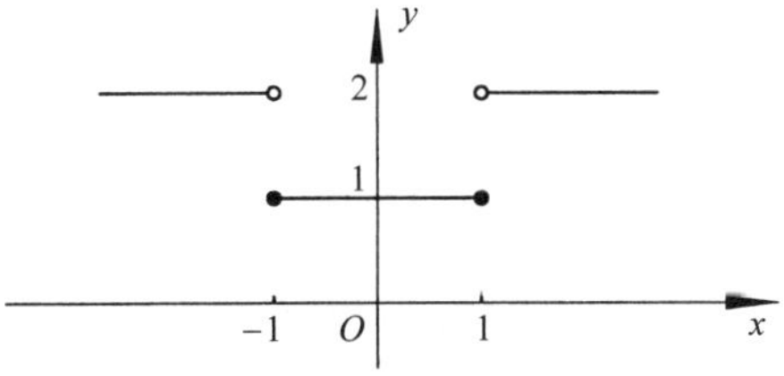

图 1.184

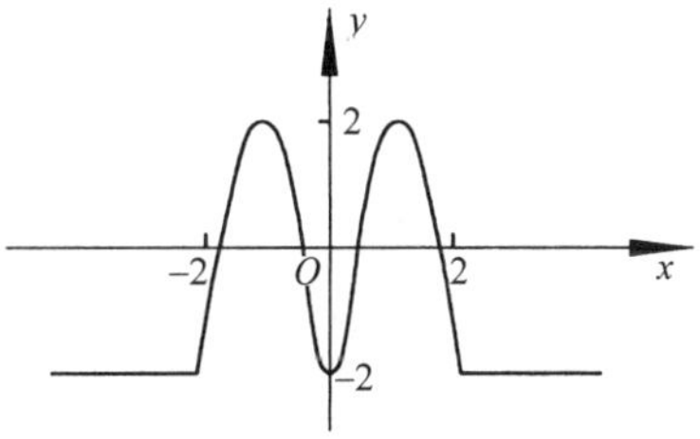

图 1.185

习题 367—376 具有对称性、奇偶性、周期性等函数的图像

【367】 把定义在$(0,+\infty)$上的函数 $f(x)$延拓到$(-\infty,0)$，使所得的函数为：（ⅰ）偶函数；（ⅱ）奇函数.

(1)$f(x)=1-x$； (2)$f(x)=2x-x^2$； (3)$f(x)=\sqrt{x}$；

(4)$f(x)=\sin x$； (5)$f(x)=e^x$； (6)$f(x)=\ln x$.

解 (1)（ⅰ）当 $x<0$ 时，$-x>0$，因 $f(x)$为偶函数，故 $f(x)=f(-x)=1+x$，于是

$$f(x)=\begin{cases}1-x, & x>0,\\ 1+x, & x<0\end{cases}$$

在整个数轴上为偶函数.

（ⅱ）当 $x<0$ 时，$-x>0$，由 $f(x)$为奇函数，故 $f(x)=-f(-x)=-(1+x)$，定义 $f(0)=0$，则

$$f(x)=\begin{cases}1+x, & x>0,\\ 0, & x=0,\\ -(1+x), & x<0\end{cases}$$

在整个数轴上为奇函数.

如图 1.186 所示.

(2)（ⅰ）$f(x)=\begin{cases}2x-x^2, & x>0,\\ -2x-x^2, & x<0\end{cases}$； （ⅱ）$f(x)=\begin{cases}2x-x^2, & x\geqslant 0,\\ 2x+x^2, & x<0.\end{cases}$ 如图 1.187 所示.

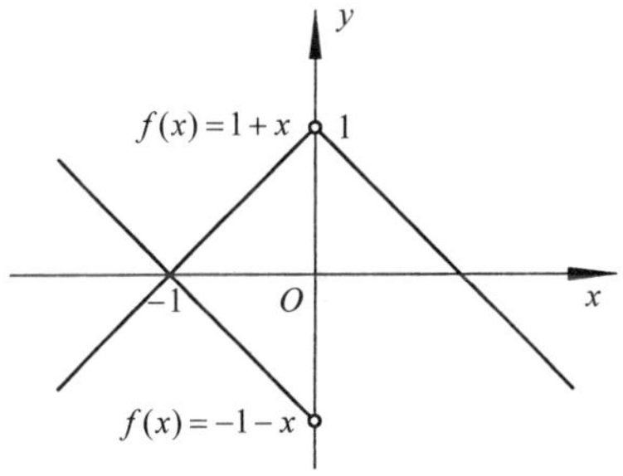

图 1.186

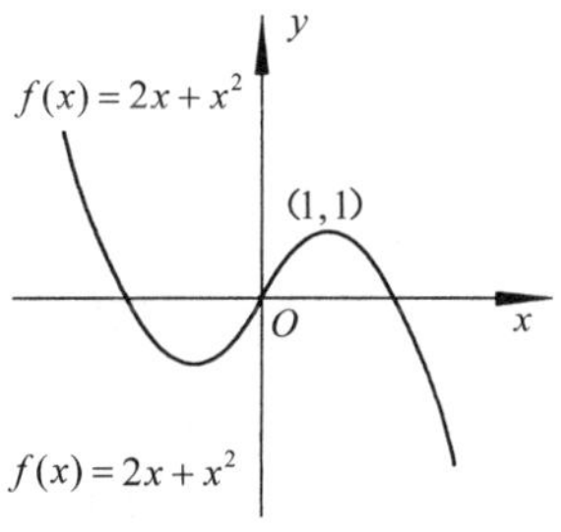

图 1.187

(3)(ⅰ)$f(x)=\begin{cases}\sqrt{x}, & x>0, \\ \sqrt{-x}, & x<0\end{cases}$；（ⅱ）$f(x)=\begin{cases}\sqrt{x}, & x\geqslant 0, \\ -\sqrt{-x}, & x<0.\end{cases}$ 如图 1.188 所示.

(4)(ⅰ)$f(x)=\begin{cases}\sin x, & x>0, \\ -\sin x, & x<0\end{cases}=|\sin x|$；

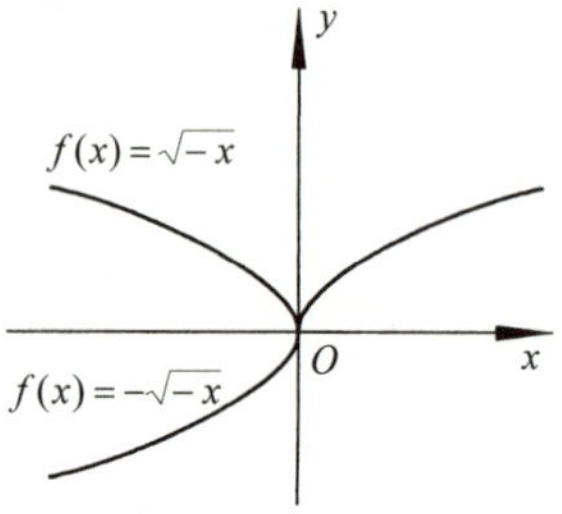

图 1.188

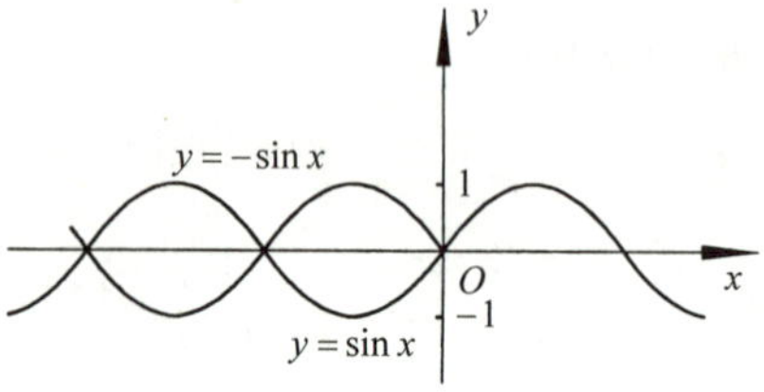

图 1.189

（ⅱ）$f(x)=\begin{cases}\sin x, & x\geqslant 0, \\ -\sin(-x), & x<0\end{cases}=\sin x$. 如图 1.189 所示.

(5)(ⅰ)$f(x)=\begin{cases}e^{x}, & x>0, \\ e^{-x}, & x<0\end{cases}$；（ⅱ）$f(x)=\begin{cases}e^{x}, & x>0, \\ 0, & x=0, \\ -e^{-x}, & x<0.\end{cases}$ 如图 1.190 所示.

(6)(ⅰ)$f(x)=\begin{cases}\ln x, & x>0, \\ \ln(-x), & x<0\end{cases}$；（ⅱ）$f(x)=\begin{cases}\ln x, & x>0, \\ 0, & x=0, \\ -\ln(-x), & x<0.\end{cases}$ 如图 1.191 所示.

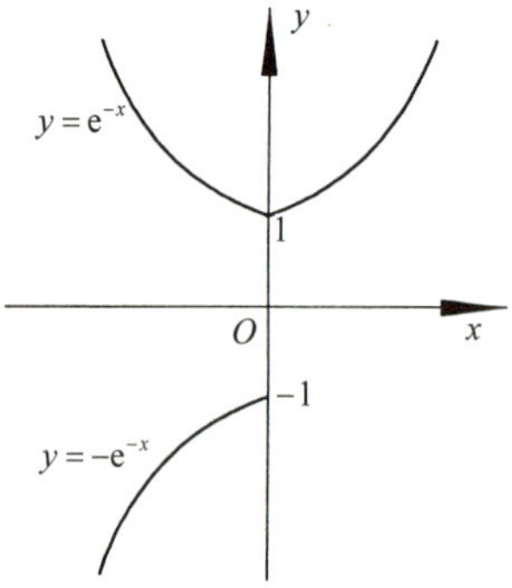

图 1.190

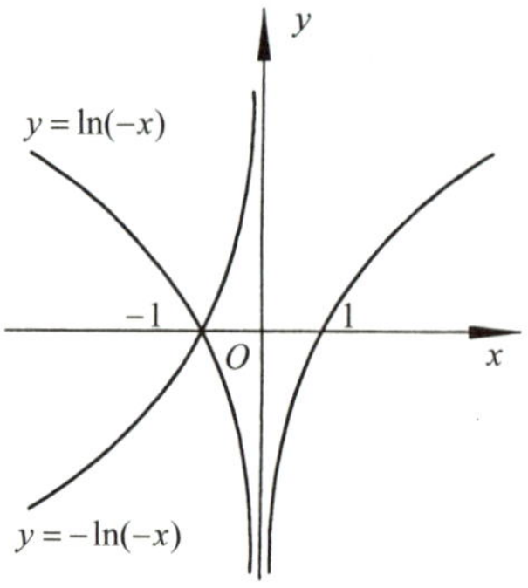

图 1.191

【368】 确定下列函数的图像在竖直方向上的对称轴：

(1)$y=ax^2+bx+c$；　　(2)$y=\dfrac{1}{x^2}+\dfrac{1}{(1-x)^2}$；

(3)$y=\sqrt{a+x}+\sqrt{b-x}\,(0<a<b)$；　　(4)$y=a+b\cos x$.

解　(1)$y=a\left(x+\dfrac{b}{2a}\right)^2+\dfrac{4ac-b^2}{4a}$，它关于直线 $x=-\dfrac{b}{2a}$ 对称.

(2)连接点 $x=0$ 和点 $x=1$ 的线段的垂直平分线，即直线 $x=\dfrac{1}{2}$ 为对称轴.

(3)连接点 $x=-a$ 和点 $x=b$ 的线段的垂直平分线，即直线 $x=\dfrac{b-a}{2}$ 为对称轴.

(4)直线 $x=k\pi(k\in\mathbf{Z})$ 竖直方向为对称轴.

【369】 确定下列函数的图像的对称中心：

(1) $y=ax+b$； (2) $y=\dfrac{ax+b}{cx+d}(c\neq 0)$； (3) $y=ax^3+bx^2+cx+d$；

(4) $y=\dfrac{1}{x-1}+\dfrac{1}{x-2}+\dfrac{1}{x-3}$； (5) $y=1+\sqrt[3]{x-2}$.

解 (1)显然对称中心为(x_0,ax_0+b)，x_0 为任意实数.

(2)由于 $y=\dfrac{1}{x}$的对称中心为$(0,0)$，由图像平移性质知，$y=\dfrac{1}{x-k}+h$ 的对称中心为(k,h)，于是

$$y=\frac{ax+b}{cx+d}=\frac{\frac{a}{c}(cx+d)+b-\frac{ad}{c}}{cx+d}=\frac{a}{c}+\frac{b-\frac{ad}{c}}{c\left(x+\frac{d}{c}\right)}$$

的对称中心为$\left(-\dfrac{d}{c},\dfrac{a}{c}\right)$.

(3)由于 $y=ax^3+cx$ 的对称中心为$(0,0)$，由图像平移性质知，$y=a(x-k)^3+c(x-k)+h$ 的对称中心为(k,h)，又

$$y=ax^3+bx^2+cx+d=a\left(x+\frac{b}{3a}\right)^3+\left(c-\frac{b^2}{3a}\right)\left(x+\frac{b}{3a}\right)+$$
$$a\left(-\frac{b}{3a}\right)^3+b\left(-\frac{b}{3a}\right)^2+c\left(-\frac{b}{3a}\right)+d,$$

故 $y=ax^3+bx^2+cx+d$ 对称中心为$(x_0,ax_0^3+bx_0^2+cx_0+d)$，其中 $x_0=-\dfrac{b}{3a}$.

(4)显然对称中心为$(2,0)$.

(5)由于 $y=\sqrt[3]{x}$的对称中心为$(0,0)$，故由图像的平移性质可知，$y=1+\sqrt[3]{x-2}$的对称中心为$(2,1)$.

注 求对称中心最基本的方法：

(1)设对称中心为(x_0,y_0)，记 $y=f(x)$，则

$$f(x_0+x)+f(x_0-x)=2y_0,$$

从上述等式中求得(x_0,y_0).

(2)由

$$\frac{a(x_0+x)+b}{c(x_0+x)+d}+\frac{a(x_0-x)+b}{c(x_0-x)+d}=2y_0, \qquad (*)$$

得

$$y_0=\frac{1}{2}\lim_{x\to\infty}\left[\frac{a(x_0+x)+b}{c(x_0+x)+d}+\frac{a(x_0-x)+b}{c(x_0-x)+d}\right]=\frac{a}{c}.$$

将 $y_0=\dfrac{a}{c}$，$x=x_0$ 代入$(*)$式，可得 $x_0=-\dfrac{d}{c}$.

(3)分别将 $x=0$ 和 $x=x_0$ 代入 $f(x_0+x)+f(x_0-x)=2y_0$，得

$$x_0=-\frac{b}{3a},\ y_0=ax_0^3+bx_0^2+cx_0+d.$$

(4) $y_0=\lim\limits_{x\to\infty}[f(x_0+x)+f(x_0-x)]=0$，将 $x=x_0$ 代入 $f(x_0+x)+f(x_0-x)=0$，得 $x_0=2$.

(5)分别将 $x=0$ 和 $x=x_0-2$ 代入 $f(x_0+x)+f(x_0-x)=2y_0$，得 $x_0=2$，$y_0=0$.

【370】 作周期函数的图像：

(1) $y=|\sin x|$； (2) $y=\operatorname{sgn}(\cos x)$；

(3) $y=f(x)$，其中 $f(x)=A\dfrac{x}{l}\left(2-\dfrac{x}{l}\right)$，$x\in[0,2l]$，并且 $\forall x\in\mathbf{R}$，$f(x+2l)\equiv f(x)$；

(4) $y=[x]-2\left[\dfrac{x}{2}\right]$；

(5) $y=(x)$，此处 (x) 表示从数 x 至与它最近的整数间的距离.

解 (1) 函数周期 π，如图 1.192 所示.

(2) $y=\operatorname{sgn}(\cos x)=\begin{cases}1, & 2k\pi-\dfrac{\pi}{2}<x<2k\pi+\dfrac{\pi}{2},\\ 0, & x=k\pi+\dfrac{\pi}{2},\\ -1, & 2k\pi+\dfrac{\pi}{2}<x<2k\pi+\dfrac{3\pi}{2}\end{cases}$ $(k\in\mathbf{Z})$，如图 1.193 所示. 周期为 2π.

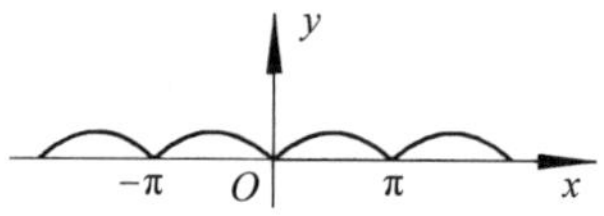

图 1.192

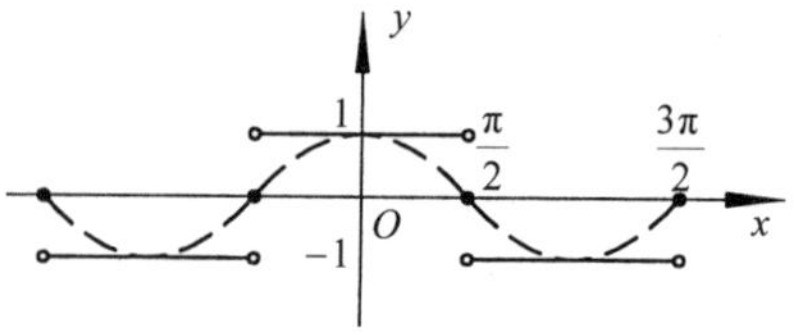

图 1.193

(3) 当 $0\leqslant x\leqslant 2l$ 时，由 $f(x)$ 的定义易得

$$f(x+2kl)=f(x)\,(k\in\mathbf{Z}),$$

故知所给函数为以 $2l$ 为周期的周期函数，在 $[0,2l]$ 内的图像为一抛物线，顶点为 (l,A)，如图 1.194 所示.

(4) 函数周期为 2，如图 1.195 所示.

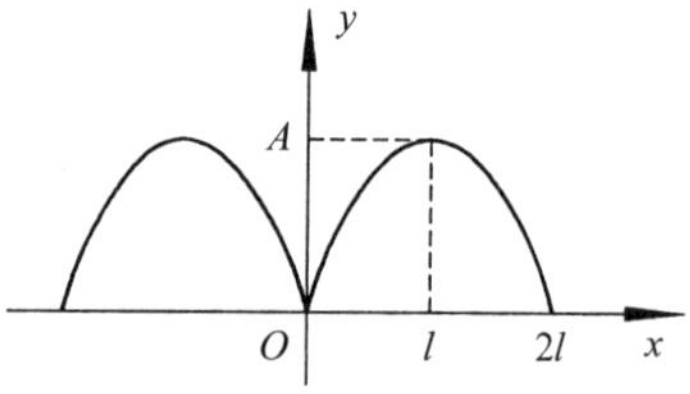

图 1.194

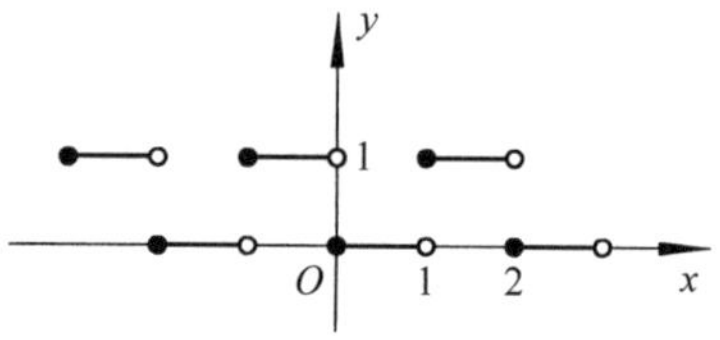

图 1.195

注 原本该题为 $y=|x|-2\left[\dfrac{x}{2}\right]$，当 $x\geqslant 0$ 时，它是以 2 为周期的函数.

(5) $y=(x)=\begin{cases}x-n, & n\leqslant x<n+\dfrac{1}{2},\\ n+1-x, & n+\dfrac{1}{2}\leqslant x<n+1,\end{cases}$ 周期为 1，如图 1.196 所示.

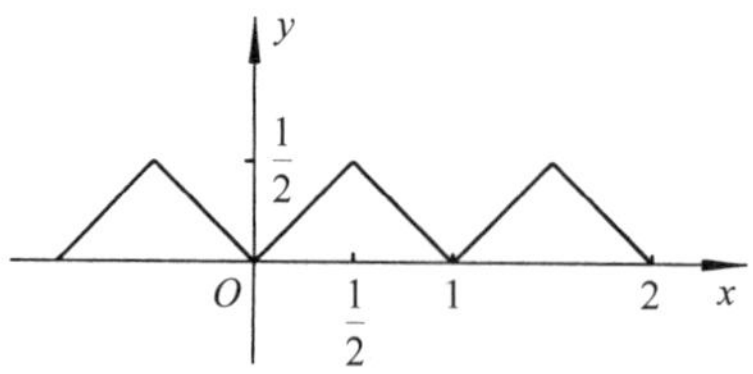

图 1.196

【371】 证明：若函数 $y=f(x)\,(-\infty<x<+\infty)$ 的图像关于竖直方向上的两条直线 $x=a$ 和 $x=b\,(b>a)$ 对称，则函数 $f(x)$ 为周期函数.

证 $\forall x\in\mathbf{R}$，按假设有

$$f(a+x)=f(a-x) \text{ 及 } f(b+x)=f(b-x).$$

在 $f(a+x)=f(a-x)$ 中将 x 换成 $a-x$，则得

$$f(2a-x)=f(x).$$

在 $f(b+x)=f(b-x)$ 中将 x 换成 $b-x$，则得

$$f(2b-x)=f(x).$$

于是有 $f(2a-x)=f(2b-x)$，将其中 x 换成 $2a-x$，则得 $f[x+2(b-a)]=f(x)$.

故 $f(x)$ 为以 $2(b-a)$ 周期的周期函数. 如图 1.197 所示.

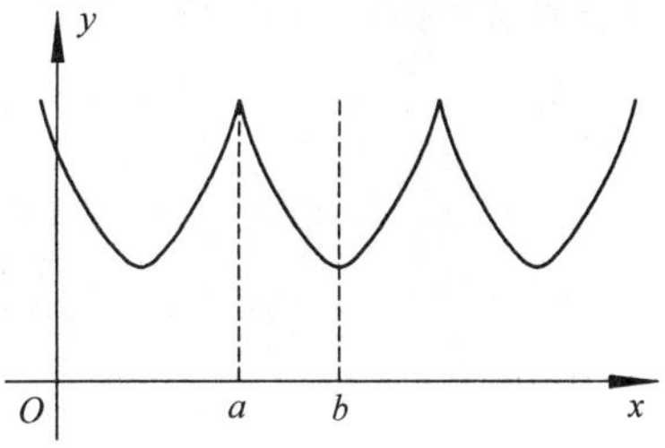

图 1.197

【372】 证明：若函数 $y=f(x)(-\infty<x<+\infty)$ 的图像关于两点 $A(a,y_0)$ 和 $B(b,y_1)(b>a)$ 对称，则函数 $f(x)$ 是线性函数与周期函数的和. 特别的，若 $y_0=y_1$，则函数 $f(x)$ 是周期函数.

证 $\forall x\in\mathbf{R}$，按假设有：

$$f(a+x)-y_0=y_0-f(a-x),\quad f(b+x)-y_1=y_1-f(b-x).$$

在 $f(a+x)-y_0=y_0-f(a-x)$ 中，将 x 换成 $a-x$ 得，$f(x)=2y_0-f(2a-x)$.

在 $f(b+x)-y_1=y_1-f(b-x)$ 中，将 x 换成 $b-x$ 得，$f(x)=2y_1-f(2b-x)$.

于是有 $2y_0-f(2a-x)=2y_1-f(2b-x)$，将其中 x 换成 $2a-x$ 得，

$$f(x)=2(y_0-y_1)+f[2(b-a)+x]. \qquad ①$$

令

$$f(x)=-\frac{y_0-y_1}{b-a}x+\varphi(x), \qquad ②$$

下证 $\varphi(x)$ 一定是周期函数. 事实上，由②式有

$$f[x+2(b-a)]=-\frac{y_0-y_1}{b-a}[x+2(b-a)]+\varphi[x+2(b-a)],$$

$$f(x)-f[x+2(b-a)]=2(y_0-y_1)+\varphi(x)-\varphi[x+2(b-a)].$$

因此，由①式可得

$$\varphi(x)=\varphi[x+2(b-a)]. \qquad ③$$

由②式和③式可知，$f(x)$ 是一个线性函数与一个周期函数的和.

若 $y_0=y_1$，则由②式和③式可知，$f(x)$ 是一个周期函数.

【373】 证明：若函数 $y=f(x)(-\infty<x<+\infty)$ 的图像关于点 $A(a,y_0)$ 和直线 $x=b$ $(b\neq a)$ 对称，则函数 $f(x)$ 是周期函数.

证 $\forall x\in\mathbf{R}$，按假设有

$$f(a+x)-y_0=y_0-f(a-x),\ f(b+x)=f(b-x).$$

在 $f(a+x)-y_0=y_0-f(a-x)$ 中，将 x 换成 $a-x$，得 $f(x)=2y_0-f(2a-x)$.

在 $f(b+x)=f(b-x)$ 中，将 x 换成 $b-x$，得 $f(x)=f(2b-x)$.

于是有 $2y_0-f(2a-x)=f(2b-x)$，分别将 x 换成 $2a-x$ 和 $2b-x$，得

$$f(x)=2y_0-f(2b-2a+x),\ f(x)=2y_0-f(2a-2b+x),$$

两式相减得 $f(2a-2b+x)=f(2b-2a+x)$，再将 x 换成 $2b-2a+x$，即得

$$f(x)=f[4(b-a)+x].$$

因此 $f(x)$ 为以 $4(b-a)$ 为周期的周期函数.

【374】 设 $f(x+1)=2f(x)$，且当 $0\leqslant x\leqslant 1$ 时，$f(x)=x(1-x)$，作函数 $y=f(x)$ $(x\in\mathbf{R})$ 的图像.

解 当 $0\leqslant x\leqslant 1$ 时，图像为一抛物线，顶点为 $\left(\frac{1}{2},\frac{1}{4}\right)$. 由 $f(x+1)=2f(x)$ 可知，当 $1\leqslant x\leqslant 2$ 时，只要将 $[0,1]$ 上纵坐标放大 2 倍；当 $-1\leqslant x\leqslant 0$ 时，$f(x)=\frac{1}{2}f(x+1)$，只要将 $[0,1]$ 上纵坐标缩小 2 倍，其余依

次类推. 图像如图 1.198 所示.

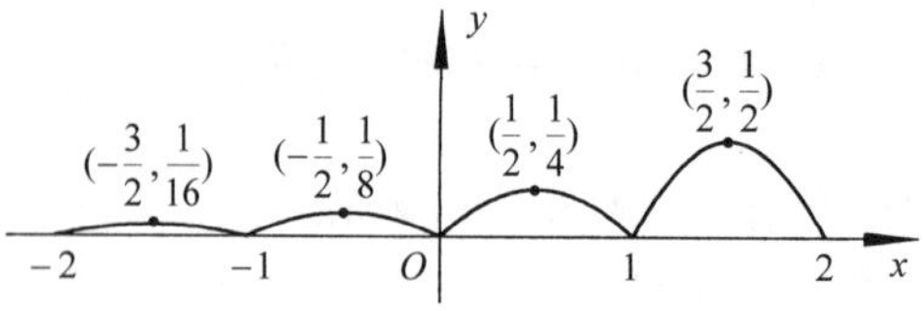

图 1.198

由 $f(x+1)=2f(x)$，可得 $f(x+n)=2^n f(x)(n\in\mathbf{Z})$，当 $x=\frac{1}{2}$ 时，有

$$f\left(\frac{1}{2}+n\right)=2^n f\left(\frac{1}{2}\right)=2^{n-2}.$$

由归结原则

$$\lim_{x\to+\infty} f(x)=\lim_{n\to\infty} f\left(n+\frac{1}{2}\right)=\lim_{n\to\infty} 2^{n-2}=+\infty;$$

$$\lim_{x\to-\infty} f(x)=\lim_{n\to\infty} f\left(-n+\frac{1}{2}\right)=\lim_{n\to\infty} 2^{-n-2}=0.$$

【375】 设 $f(x+\pi)=f(x)+\sin x$，且当 $0\leqslant x\leqslant\pi$ 时，$f(x)=0$. 作函数 $y=f(x)$ $(-\infty<x<+\infty)$ 的图像.

解 由题设知：当 $0\leqslant x\leqslant\pi$ 时，$f(x)=0$；

当 $\pi<x\leqslant 2\pi$ 时，$x=\pi+t, t\in(0,\pi]$，则

$$f(x)=f(t+\pi)=f(t)+\sin t=\sin t;$$

当 $2\pi<x\leqslant 3\pi$ 时，$x=2\pi+t, t\in(0,\pi]$，则

$$f(x)=f(t+2\pi)=f(t+\pi)+\sin(t+\pi)=f(t)=0;$$

当 $3\pi<x\leqslant 4\pi$ 时，$x=2\pi+s, s\in(\pi,2\pi], s=\pi+t, t\in(0,\pi]$，则

$$f(x)=f(2\pi+s)=f(s+\pi)+\sin(s+\pi)=f(s)=f(\pi+t)=f(t)+\sin t=\sin t.$$

依次递推下去可知，$f(x)$ 的周期为 2π. 如图 1.199 所示.

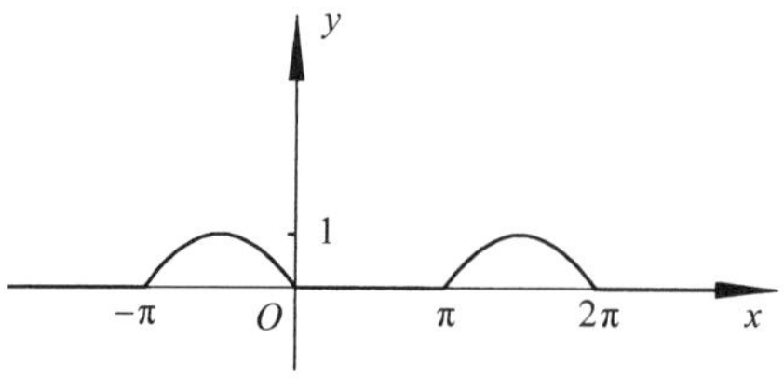

图 1.199

【376】 作函数 $y=y(x)$ 的图像，设：

(1) $x=y-y^3$； (2) $x=\frac{1-y}{1+y^2}$； (3) $x=y-\ln y$； (4) $x^2=\sin y$.

解 (1)将 $x=y$ 与 $x=-y^3$ 的图像叠加，得到 $x=y-y^3$ 的图像，如图 1.200 所示.

(2)将 $x=\frac{1}{1+y^2}$ 与 $x=\frac{-y}{1+y^2}$ 的图像叠加，得到 $x=\frac{1-y}{1+y^2}$ 的图像，如图 1.201 所示.

(3)定义域为 $\{y\mid y>0\}$，如图 1.202 所示.

(4)定义域为 $\{y\mid 2k\pi\leqslant y\leqslant(2k+1)\pi, k\in\mathbf{Z}\}$，如图 1.203 所示.

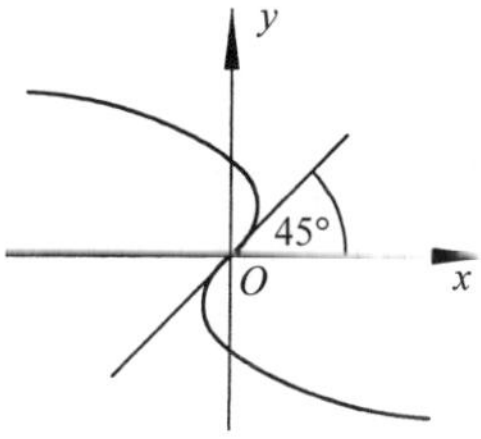

图 1.200

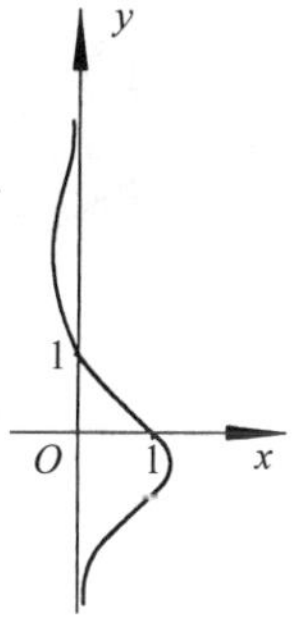

图 1.201

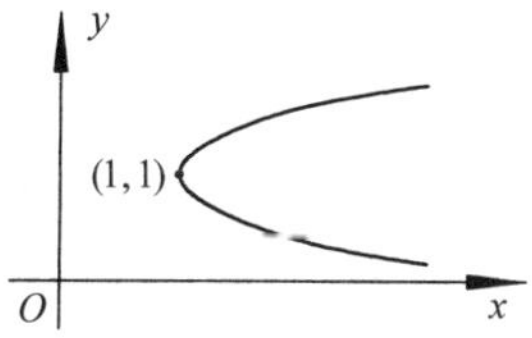

图 1.202

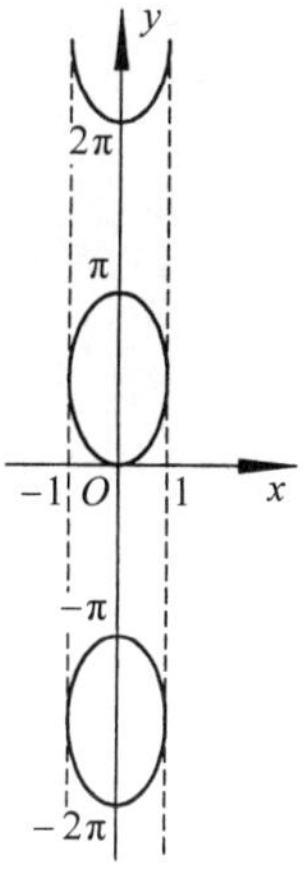

图 1.203

知识点 3 其他类型的函数图像

可以通过转化为已知函数或描点法直接作图.

习题 377—379 参数方程表示的函数及隐函数的图像

【377】 作出下列用参数形式表示的函数的图像,设:

(1)$x=1-t,y=1-t^2$； (2)$x=t+\frac{1}{t},y=t+\frac{1}{t^2}$；

(3)$x=10\cos t,y=\sin t$(椭圆)； (4)$x=\operatorname{ch} t,y=\operatorname{sh} t$(双曲线)；

(5)$x=5\cos^2 t,y=3\sin^2 t$； (6)$x=2(t-\sin t),y=2(1-\cos t)$(摆线)；

(7)$x=\sqrt[t+1]{t},y=\sqrt[t]{t+1}\ (t>0)$.

解 (1)$y=1-(x-1)^2$,如图 1.204 所示.

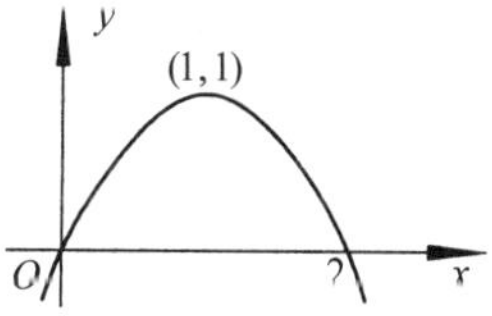

图 1.204

(2)$y=\frac{(x-1)(x+2\pm\sqrt{x^2-4})}{2}$,如图 1.205 所示.

(3)$\frac{x^2}{10^2}+\frac{y^2}{1^2}=1$. 如图 1.206 所示.

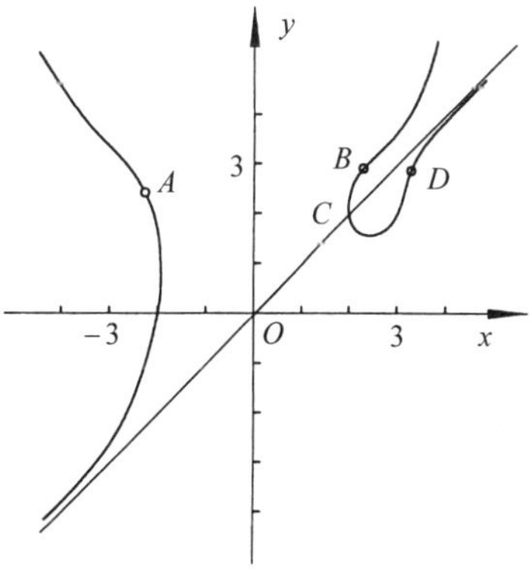

图 1.205

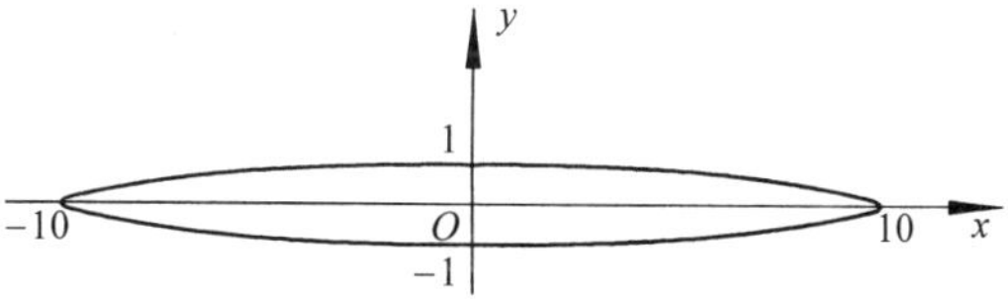

图 1.206

(4)$x^2-y^2=1$. 如图 1.207 所示.

(5)$\frac{x}{5}+\frac{y}{3}=1$，且 $0\leqslant x\leqslant 5, 0\leqslant y\leqslant 3$. 如图 1.208 所示.

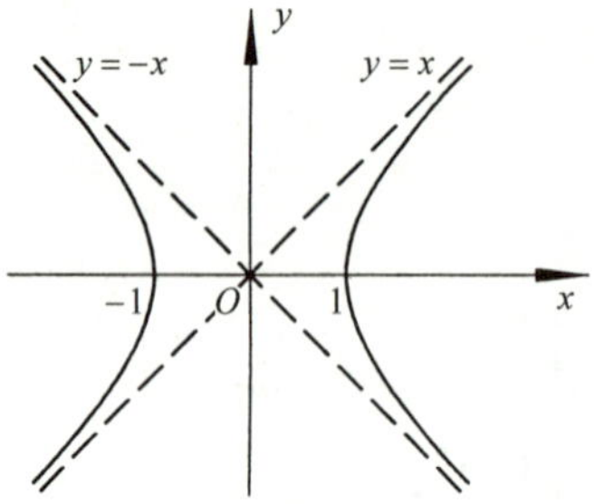

图 1.207

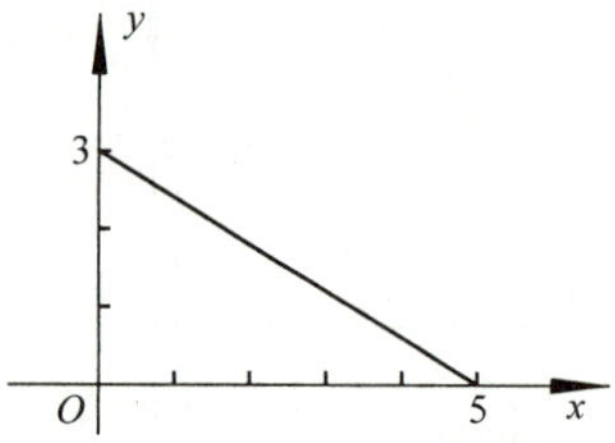

图 1.208

(6)$x=2\arccos(1-\frac{y}{2})-\sqrt{4y-y^2}$. 如图 1.209 所示.

(7)如图 1.210 所示.

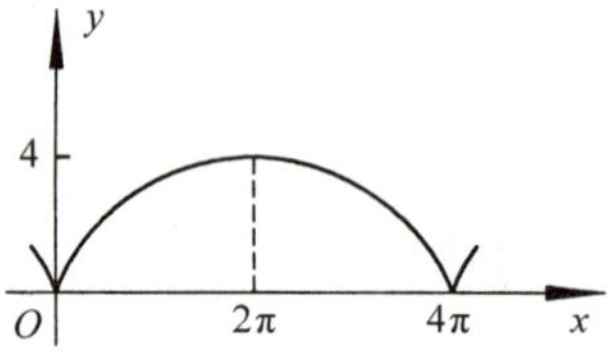

图 1.209

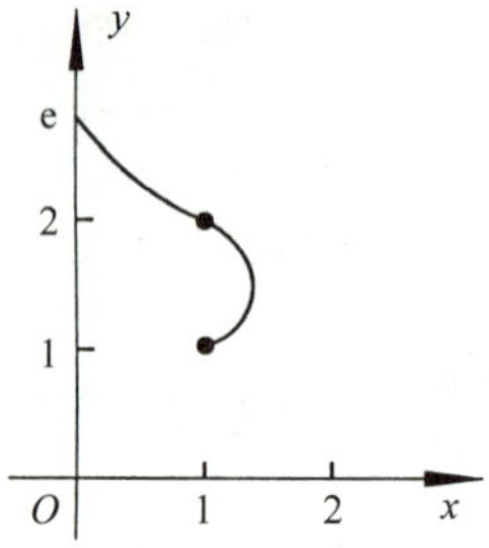

图 1.210

【378】 作下列隐函数的图像：

(1)$x^2-xy+y^2=1$(椭圆)；　　(2)$x^3+y^3-3xy=0$(笛卡儿叶形线)；

(3)$\sqrt{x}+\sqrt{y}=1$(抛物线)；　　(4)$x^{\frac{2}{3}}+y^{\frac{2}{3}}=4$(星形线)；

(5)$\sin x=\sin y$；　　(6)$\cos(\pi x^2)=\cos(\pi y)$；

(7)$x^y=y^x(x>0,y>0)$；　　(8)$x-|x|=y-|y|$.

解 (1)将坐标轴按正向绕原点旋转 45°，得新坐标系 $Ox'y'$，则由旋转公式得

$$x=\frac{x'-y'}{\sqrt{2}},y=\frac{x'+y'}{\sqrt{2}}.$$

代入原式得$\frac{x'^2}{2}+\frac{y'^2}{\frac{2}{3}}=1$，如图 1.211 所示.

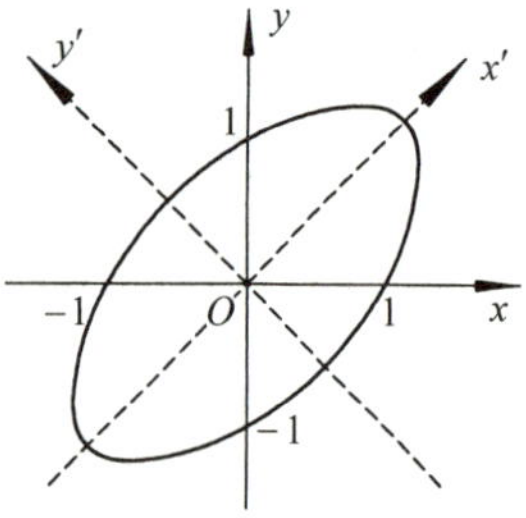

图 1.211

(2)渐近线为 $x+y+1=0$. 如图 1.212 所示.

(3)如图 1.213 所示.

(4)如图 1.214 所示.

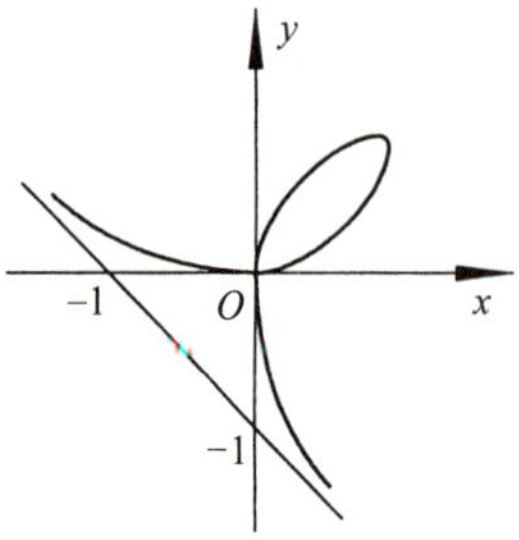

图 1.212

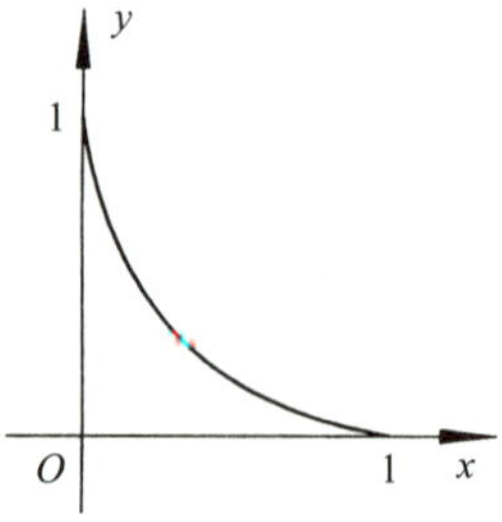

图 1.213

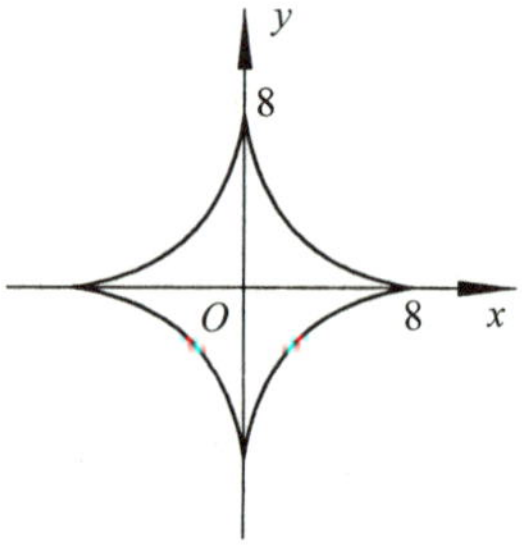

图 1.214

(5)$y=x+2k\pi$ 或 $y=(2k+1)\pi-x(k\in\mathbf{Z})$. 如图 1.215 所示.

(6)$y=x^2+2k$ 或 $y=2k-x^2(k\in\mathbf{Z})$. 如图 1.216 所示.

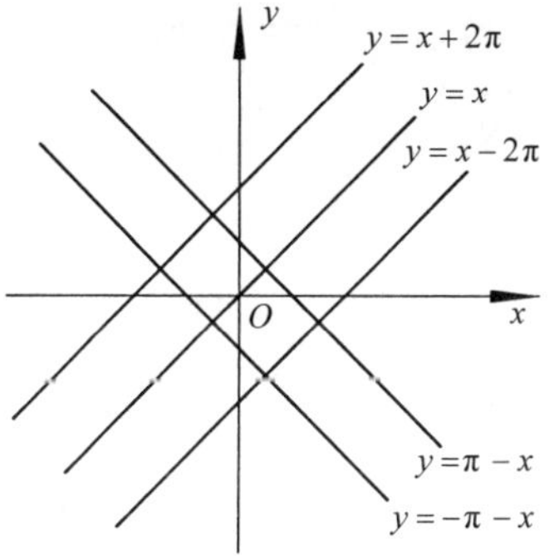

图 1.215

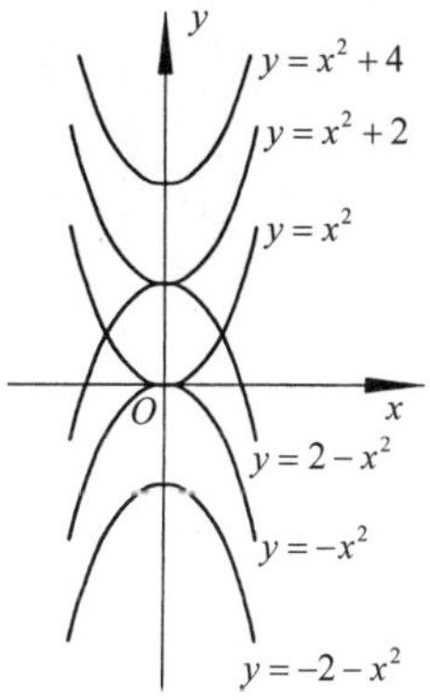

图 1.216

(7)如图 1.217 所示. 参看 1544 题的作图法.

(8)如图 1.218 所示. 图像包括第一象限阴影部分(连同边界)：$x\geqslant0$，$y\geqslant0$ 以及第三象限的黑粗线部分：$y=x$，$x<0$，$y<0$.

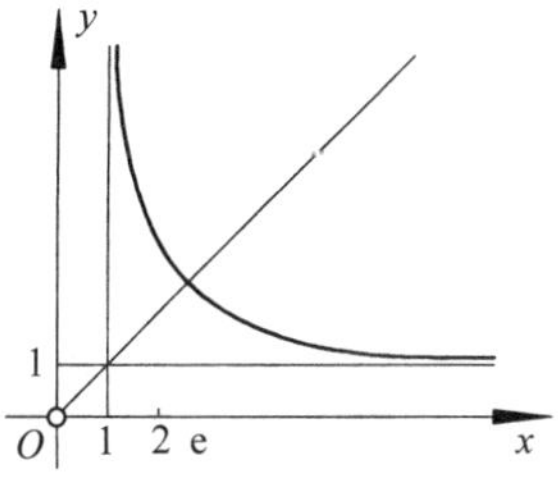

图 1.217

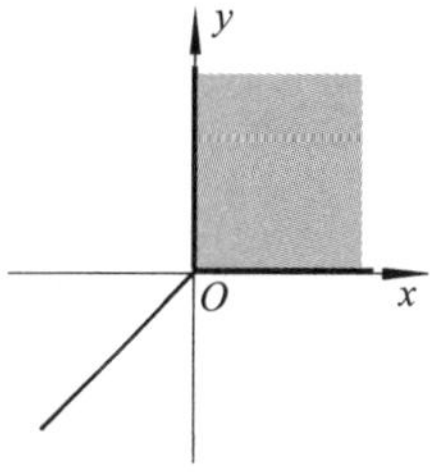

图 1.218

【379】 在极坐标系(r,φ)中作出下列函数 $r=r(\varphi)$ 的图像：

(1)$r=\varphi$(阿基米得螺线)；　(2)$r=\dfrac{\pi}{\varphi}$(双曲螺线)；

(3)$r=\dfrac{\varphi}{\varphi+1}(0\leqslant\varphi<+\infty)$；　(4)$r=2^{\frac{s}{2\pi}}$(对数螺线)；

(5)$r=2(1+\cos\varphi)$(心脏线)；(6)$r=10\sin 3\varphi$(三瓣玫瑰线)；

(7)$r^2=36\cos 2\varphi$(伯努利双纽线)；　(8)$\varphi=\dfrac{r}{r-1}(r>1)$；

(9)$\varphi=2\pi\sin r$.

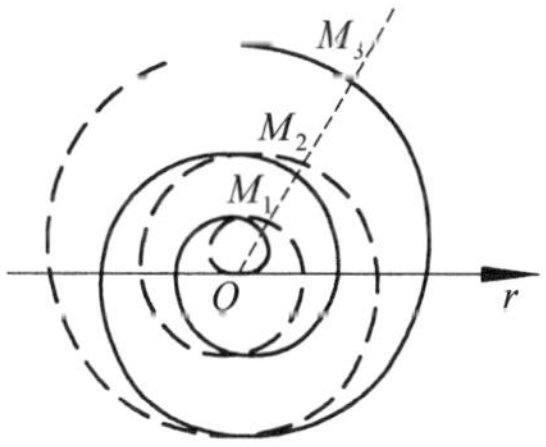

图 1.219

解 (1)如图 1.219 所示. $M_1M_2=M_2M_3=\cdots=2\pi$.

(2)如图 1.220 所示.

(3)如图 1.221 所示.

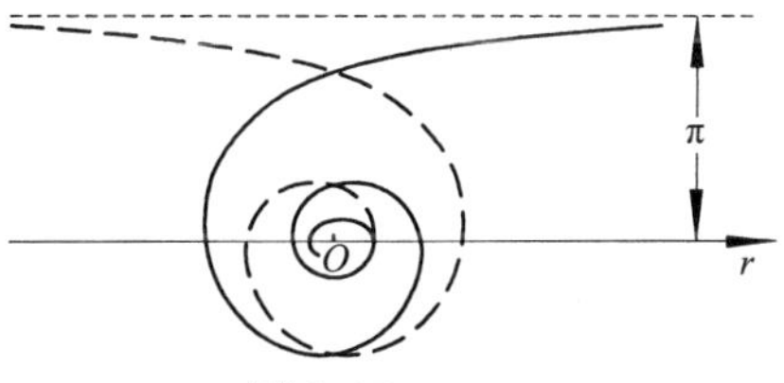

图 1.220

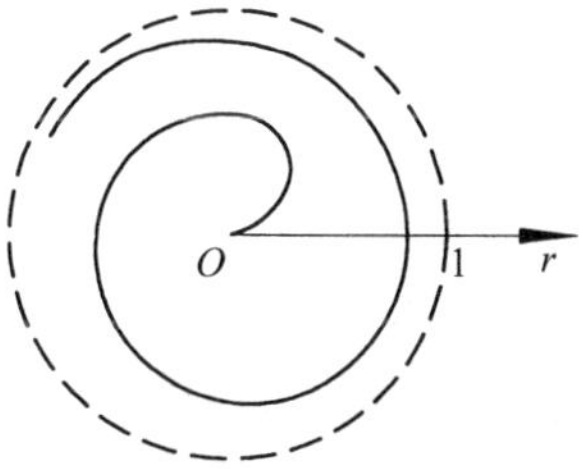

图 1.221

(4)如图 1.222 所示.

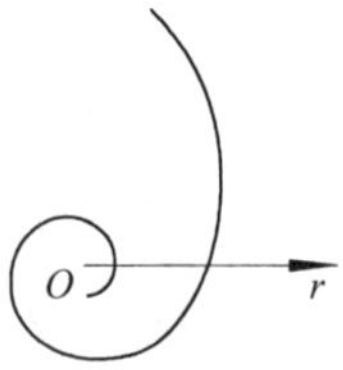

图 1.222

(5)如图 1.223 所示.

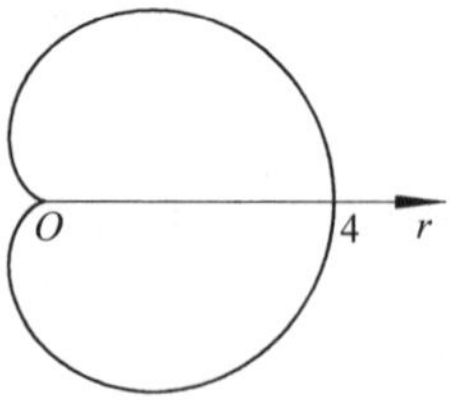

图 1.223

(6)如图 1.224 所示.

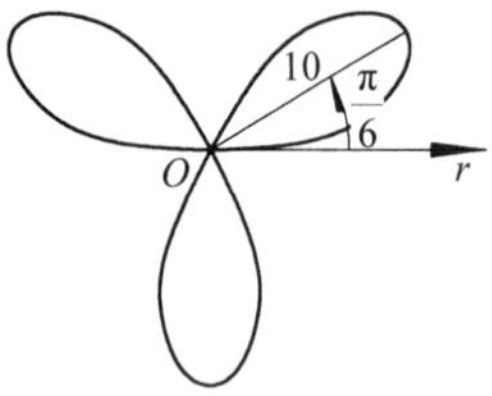

图 1.224

(7)如图 1.225 所示.

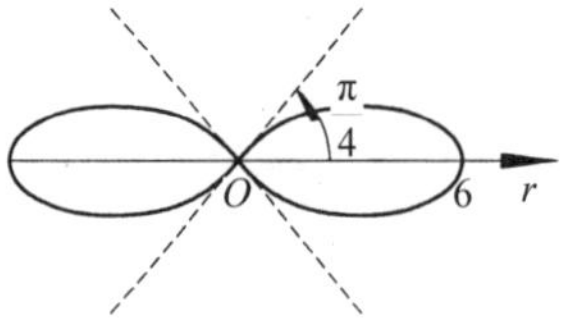

图 1.225

(8)如图 1.226 所示.

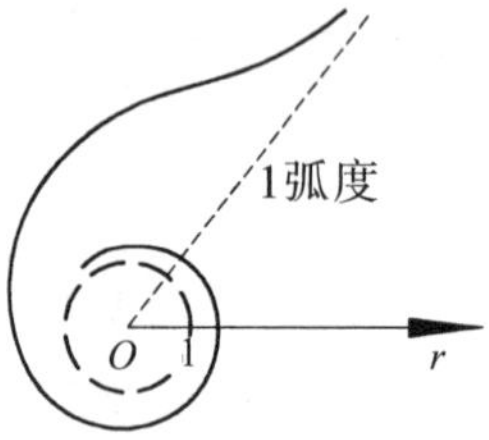

图 1.226

(9)如图 1.227 所示.

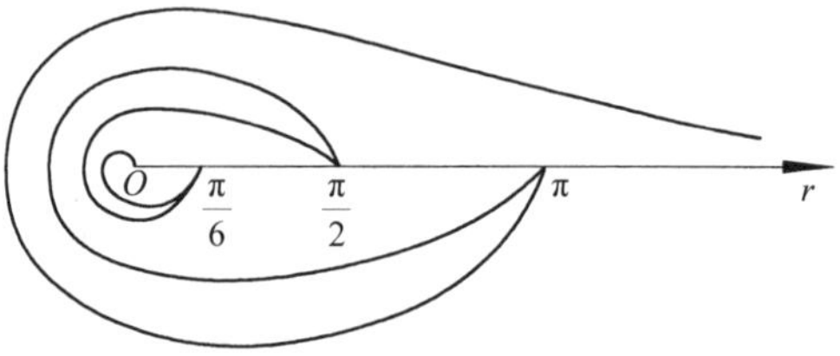

图 1.227

知识点 4 用函数图像解方程及方程组

1. $f(x)=0$ 型 函数 $f(x)$ 的图像与 Ox 轴的交点即为方程的解.

2. $f(x)=g(x)$ 型 函数 $f(x)$ 与 $g(x)$ 的图像交点的横坐标即方程的解.

3. $\begin{cases} f(x,y)=0 \\ g(x,y)=0 \end{cases}$ 型 由 $f(x,y)=0$ 及 $g(x,y)=0$ 确定的函数图像的交点即为方程的解.

习题 380—388 图解法解方程

【用图解法解下列方程(380—386)】

【380】 利用函数 $y=x^3-3x+1$ 的图像近似地求解方程 $x^3-3x+1=0$.

解 如图 1.228 所示. 因 $y|_{x=0}=1>0$, $y|_{x=0.4}=-0.136$,所以在 0 与 0.4 之间有一实根,约为 0.35.

同法可求得其他两根为 1.53 及 −1.88.

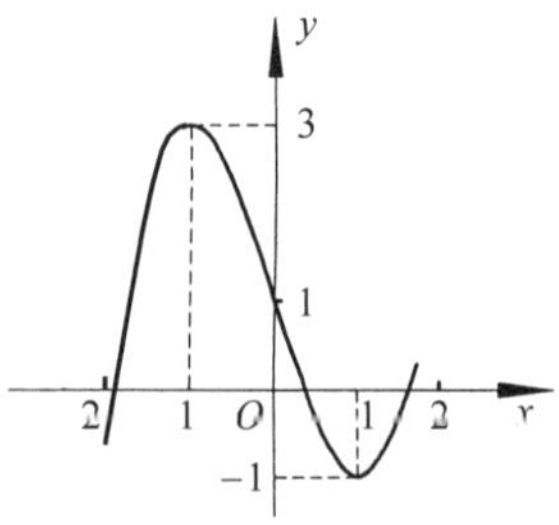

图 1.228

【381】 $x^3-4x-1=0$.

解 作函数 $y=x^3$ 及 $y=4x+1$ 的图像,它们的交点的横坐标即所求之根,如图 1.229.

在图示的根 x_0 邻近研究函数 $f(x)=x^3-4x-1$，若 $f(x_0-\delta)f(x_0+\delta)<0$，则根 x_0 界于 $x_0-\delta$ 及$x_0+\delta$之间，其中 δ 为很小的某个正数.

经判别，根的近似解为 -1.86，-0.25，2.11.

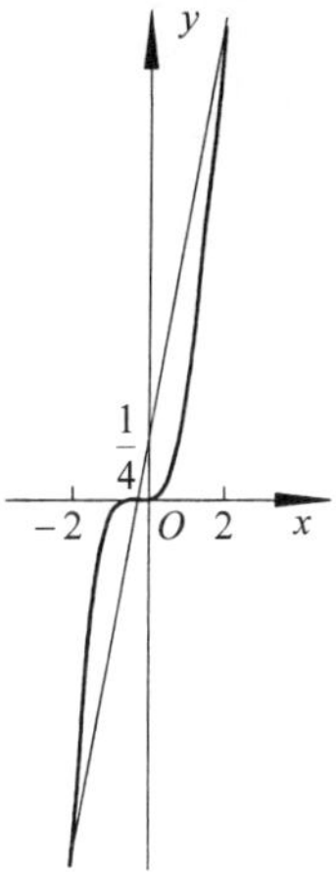

图 1.229

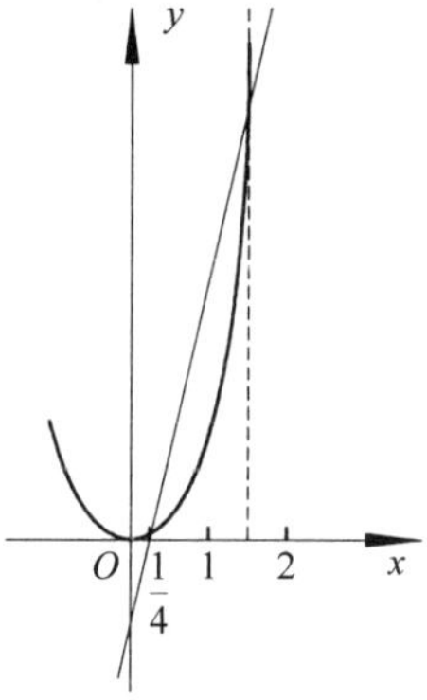

图 1.230

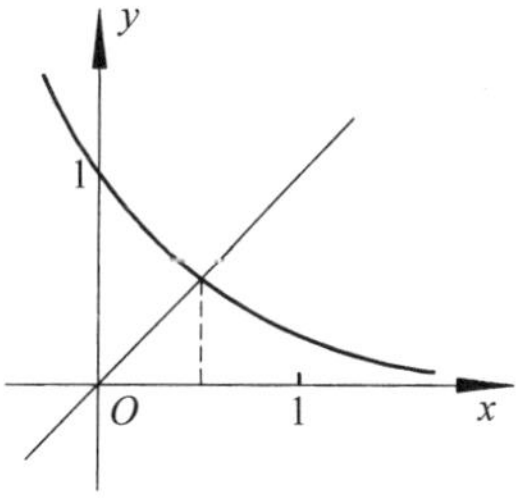

图 1.231

【382】 $x^4-4x+1=0$.

解 作函数 $y=x^4$ 及 $y=4x-1$ 的图像，如图 1.230 所示. 交点的横坐标即所求之根，其近似值为 0.25，1.49.

【383】 $x=2^{-x}$.

解 作函数 $y=2^{-x}$ 及 $y=x$ 的图像，如图 1.231 所示. 交点的横坐标为 0.64，此即所求之根的近似值.

【384】 $\lg x=0.1x$.

解 作函数 $y=\lg x$ 及 $y=0.1x$ 的图像，如图 1.232所示.

交点的横坐标为 1.37 及 10，此即所求之根，前者为近似值，后者为精确值.

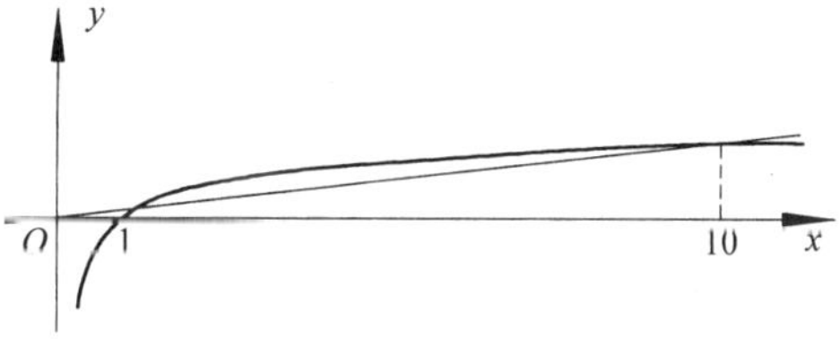

图 1.232

【385】 $10^x=x^2$.

解 作函数 $y=10^x$ 及 $y=x^2$ 的图像，如图 1.233 所示. 交点的横坐标为 -0.54，即所求之根的近似值.

【386】 $\tan x=x(0\leqslant x\leqslant 2\pi)$.

解 作函数 $y=\tan x$ 及 $y=x$ 的图像，如图 1.234 所示.

交点的横坐标为 0 及 4.49，此即所求之根，前者为精确值，后者为近似值.

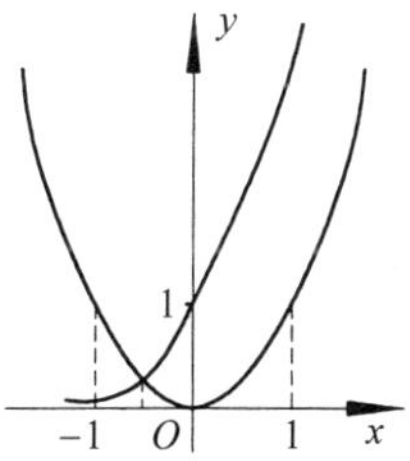

图 1.233

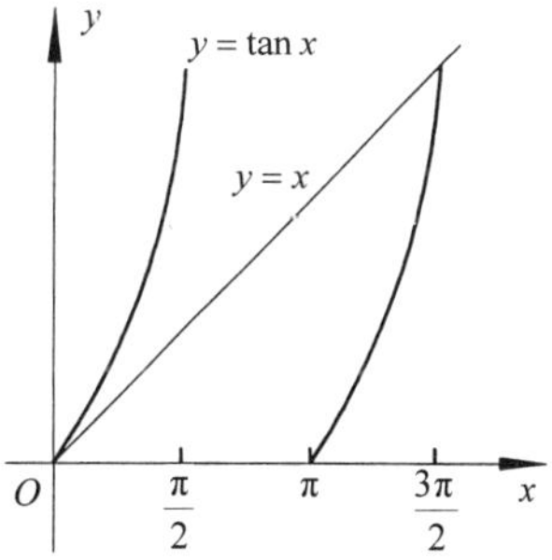

图 1.234

【用图解法解下列方程组(387—388)】

【387】 $\begin{cases}x+y^2=1,\\16x^2+y=4.\end{cases}$

解 作函数 $y^2=1-x$ 及 $-y+4=16x^2$ 的图像,如图 1.235 所示.
交点为点 A,B,C 及 D,它们的坐标即所求之解(近似值):

$x_1=-0.42, y_1=1.19$(A 点); $x_2=0.45, y_2=0.74$(B 点);
$x_3=0.54, y_3=-0.68$(C 点); $x_4=-0.57, y_4=-1.26$(D 点).

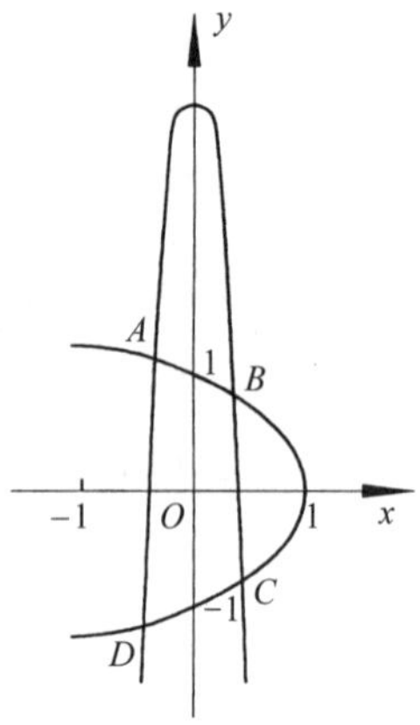

图 1.235

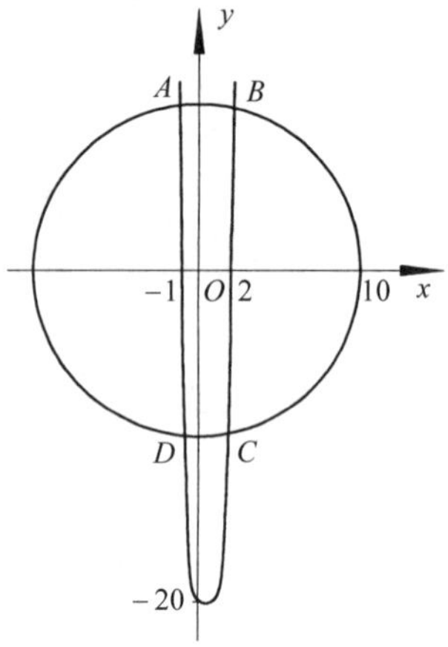

图 1.236

【388】 $\begin{cases}x^2+y^2=100,\\y=10(x^2-x-2).\end{cases}$

解 作函数 $x^2+y^2=100$ 及 $y=10(x^2-x-2)$的图像,如图 1.236 所示.
交点为点 A,B,C 及 D,它们的坐标即所求之解(近似值):

$x_1=-1.30, y_1=9.92$(A 点); $x_2=2.30, y_2=9.73$(B 点);
$x_3=1.62, y_3=-9.87$(C 点); $x_4=-0.62, y_4=-9.98$(D 点).

第5节 函数的极限(习题389—644)

知识点预览

知识点1 有界函数

1. 有界函数 设 $f(x), x\in D$，若 $\exists m, M\in\mathbf{R}$，使得 $\forall x\in D$，都有 $m\leqslant f(x)\leqslant M$，则称 $f(x)$ 为数集 D 上的有界函数.

等价定义：$\exists M>0$，使得 $\forall x\in D$，都有 $|f(x)|\leqslant M$.

2. 上下确界 $f(D)$ 的下确界 $m_0=\inf\limits_{x\in D}\{f(x)\}$ 称为函数 $f(x)$ 在数集 D 上的下确界，$f(D)$ 的上确界 $M_0=\sup\limits_{x\in D}\{f(x)\}$ 称为函数 $f(x)$ 在数集 D 上的上确界.

3. 振幅 差 M_0-m_0 称为函数 $f(x)$ 在数集 D 上的振幅.

4. 确界存在定理 若函数 $f(x)$ 在数集 D 上有上(下)界，则 $f(x)$ 在 D 上必有上(下)确界.

习题389—393 有界函数

【389】 证明：函数 $f(x)=\dfrac{1+x^2}{1+x^4}$ 在区间 $(-\infty,+\infty)$ 上有界.

证 当 $|x|\leqslant 1$ 时，$|f(x)|<\dfrac{1+1}{1}=2$；当 $|x|>1$ 时，$|f(x)|<\dfrac{1+x^4}{1+x^4}=1$.

因而，当 $-\infty<x<+\infty$ 时，有 $|f(x)|<2$，即函数 $f(x)$ 在 $(-\infty,+\infty)$ 上有界.

【390】 证明：函数

$$f(x)=\begin{cases} n, & x=\dfrac{m}{n}(m\text{ 和 }n\text{ 为互素的整数，且 }n>0),\\ 0 & x\text{ 为无理数}, \end{cases}$$

在每一点 x 处为有限的，但并非有界的(即在这点的任何邻域上是无界的).

证 $\forall x_0>0$，当 x_0 固定时，$f(x_0)$ 值也确定. 由于有理数在数轴上处处稠密，故任何 $U(x_0)$ 内总有无限多个有理数.

下面用反证法证明：对 $\forall\delta>0$，函数 $f(x)$ 在区间 $U(x_0;\delta)$ 内是无界的.

若不然，$\exists\delta_0>0$，$\exists M>0$，使当 $x\in U(x_0;\delta_0)$ 时，有 $|f(x)|\leqslant M$. 于是，在 $U(x_0;\delta_0)$ 中的有理数只能表示成 $\dfrac{k_1}{1},\dfrac{k_2}{2},\cdots,\dfrac{k_{[M]}}{[M]}$，其中 k_i 是与分母 $i(i=1,2,\cdots,[M])$ 互素的整数，$[M]$ 为 M 的整数部分. 由于这些有理数都在 $U(x_0;\delta_0)$ 中，故有

$$(x_0-\delta_0)i<k_i<(x_0+\delta_0)i\ (i=1,2,\cdots,[M]),$$

上式表明在 $U(x_0;\delta_0)$ 中的有理数仅为有限个，这与有理数在数轴上的处处稠密性相矛盾. 从而在点 x_0 的邻域 $U(x_0;\delta)$ 上无界.

故由 x_0 的任意性得到，函数 $f(x)$ 在每一个正数 x(有限)的任何邻域上是无界的.

$\forall x_0<0$，$-x_0>0$，由上述证明可知，$f(-x_0)$ 在 $-x_0$ 点的邻域上无界，$f(x)$ 为偶函数，$f(x_0)=f(-x_0)$，则 $f(x)$ 在点 x_0 的邻域上无界. 由 x_0 的任意性得到，$f(x)$ 在每一个负数 x(有限)的任何邻域上是无界的.

对 $x_0=0$，由 $\left\{\dfrac{1}{n}\right\}\subset U(0)$，$\lim\limits_{n\to\infty}\dfrac{1}{n}=0$，$f\left(\dfrac{1}{n}\right)=n\to+\infty$，可知 $f(x)$ 在 0 点的邻域上无界.

综上，$\forall x\in\mathbf{R}$，函数 $f(x)$ 在每一个 x(有限)的任何邻域上是无界的.

【391】 若函数 $f(x)$ 在：(1)开区间，(2)闭区间内的每一点有定义且局部有界，则此函数在该开区间内或闭区间内是否有界？举出适当的例子.

解 (1)一般地说，不一定. 例如，函数 $f(x)=\dfrac{1}{x}$ 在 $(0,1)$ 内每一点有定义且有界，但它在 $(0,1)$ 内无界.

(2)是有界的. 事实上,若 $f(x)$在$[a,b]$上无界,则存在$\{x_n\}\subset[a,b]$,使$\lim\limits_{n\to\infty}f(x_n)=\infty$. 由$\{x_n\}$有界,从而存在收敛子列$\{x_{n_k}\}$,设$\lim\limits_{k\to\infty}x_{n_k}=x_0$,则 $x_0\in[a,b]$. 显然,$f(x)$在 x_0 无界(即在 x_0 的任何邻域上无界),矛盾.

【392】 证明:函数 $f(x)=\dfrac{1}{x}\cos\dfrac{1}{x}$在点 $x=0$ 的任何邻域内无界,但当 $x\to0$ 时不是无穷大.

证 **方法一** 取 $x_k=\dfrac{2}{(2k+1)\pi}$,$y_k=\dfrac{1}{k\pi}(k\in\mathbf{N}_+)$,则$\lim\limits_{k\to\infty}x_k=\lim\limits_{k\to\infty}y_k=0$,

$$\lim_{k\to\infty}f(x_k)=\lim_{k\to\infty}0=0,\lim_{k\to\infty}f(y_k)=\lim_{k\to\infty}(-1)^k k\pi=\infty.$$

由$\lim\limits_{k\to\infty}y_k=0$,$\lim\limits_{k\to\infty}f(y_k)=\infty$可知,函数 $f(x)$在点 $x=0$ 的任何邻域内是无界的.

由$\lim\limits_{k\to\infty}x_k=0$,$\lim\limits_{k\to\infty}f(x_k)=0$ 可知,当 $x\to0$ 时,$f(x)$不成为无穷大.

方法二 首先证 $f(x)$在点 $x=0$ 的任何邻域内无界,即 $f(x)$在任意$U(0;\delta)$内无界.

$\forall\delta>0$,$\forall G>0$,取 k 充分大,使得$\dfrac{1}{k\pi}<\delta$,$k\pi>G$,取 $x_0=\dfrac{1}{k\pi}$,则 $x_0\in U(0;\delta)$,且

$$|f(x_0)|=|k\pi\cos k\pi|=k\pi>G.$$

故 $f(x)$在$U(0;\delta)$内无界. 由 δ 的任意性知,$f(x)$在点 $x=0$ 的任何邻域内无界.

再证当 $x\to0$ 时,$f(x)$不是无穷大.

取 $G_0=\dfrac{1}{2}$,$\forall\delta>0$,取 k 充分大,使$\dfrac{2}{(2k+1)\pi}<\delta$,取 $x_0=\dfrac{2}{(2k+1)\pi}$,则 $x_0\in U(0;\delta)$,且$|f(x_0)|=0<\dfrac{1}{2}$.

故当 $x\to0$ 时,$f(x)$不是无穷大.

【393】 研究函数 $f(x)=\ln x\cdot\sin^2\dfrac{\pi}{x}$在区间$(0,\varepsilon)$内的有界性.

解 当 $\varepsilon\leqslant1$ 时,$f(x)=\ln x\cdot\sin^2\dfrac{\pi}{x}\leqslant0$;当 $\varepsilon>1$ 时,$f(x)=\ln x\cdot\sin^2\dfrac{\pi}{x}\leqslant\ln\varepsilon$;

总之,$f(x)$在$(0,\varepsilon)$内有上界,且 $f(x)\leqslant|\ln\varepsilon|$.

$f(x)$在$(0,\varepsilon)$内无下界. 事实上,$\forall G>0$,取 n 充分大,使得 $n>\max\left\{\dfrac{e^G}{2},\dfrac{1}{2\varepsilon}\right\}$,取 $x_0=\dfrac{1}{2n+\frac{1}{2}}$,则 $x_0\in(0,\varepsilon)$,且

$$f(x_0)=\ln x_0\cdot\sin^2\frac{\pi}{x_0}=\ln x_0=\ln\frac{1}{2n+\frac{1}{2}}<\ln\frac{1}{2n}<\ln e^{-G}=-G,$$

故 $f(x)$在$(0,\varepsilon)$内无下界.

习题 394—406 上下确界

【394】 证明:函数 $f(x)=\dfrac{x}{1+x}$在$[0,+\infty)$内有下确界 $m_0=0$ 和上确界 $M_0=1$.

证 显然 $0\leqslant f(x)<1$,又 $f(0)=0$,故 $m_0=0$. 又 $\lim\limits_{x\to+\infty}f(x)=1$,所以 $M_0=1$.

【395】 函数 $f(x)$在闭区间$[a,b]$上有定义且单调增的,则在此闭区间内函数的下确界和上确界等于什么?

解 $m_0=f(a)$,$M_0=f(b)$,其中 m_0 及 M_0 代表下确界及上确界,以下各题均采用此符号.

【求下列函数的下确界和上确界(396—404)】

【396】 $f(x)=x^2$ 在$(-2,5)$内.

解 $m_0=0$,$M_0=25$.

【397】 $f(x)=\dfrac{1}{1+x^2}$在$(-\infty,+\infty)$内.

解 $m_0=0,M_0=1$.

【398】 $f(x)=\dfrac{2x}{1+x^2}$在$(0,+\infty)$内.

解 由于当$x\in(0,+\infty)$时，$0<f(x)=\dfrac{2x}{1+x^2}\leqslant 1$，且

$$f(1)=1,\ \lim_{x\to 0^+}f(x)=0=\lim_{x\to+\infty}f(x)=0,$$

所以$m_0=0,M_0=1$.

【399】 $f(x)=x+\dfrac{1}{x}$在$(0,+\infty)$内.

解 由$x+\dfrac{1}{x}\geqslant 2$，$f(1)=2$，知$m_0=2$，又$\lim\limits_{x\to+\infty}f(x)=+\infty$，故知$M_0=+\infty$.

【400】 $f(x)=\sin x$在$(0,+\infty)$内.

解 $m_0=-1,M_0=1$.

【401】 $f(x)=\sin x+\cos x$在$[0,2\pi]$内.

解 由$f(x)=\sqrt{2}\sin\left(x+\dfrac{\pi}{4}\right)$知，$m_0=-\sqrt{2},M_0=\sqrt{2}$.

【402】 $f(x)=2^x$在$(-1,2)$内.

解 $m_0=f(-1)=\dfrac{1}{2},M_0=f(2)=4$.

【403】 $f(x)=[x]$在(1)$(0,2)$内； (2)$[0,2]$内.

解 (1)$m_0=0,M_0=1$； (2)$m_0=0,M_0=2$.

【404】 $f(x)=x-[x]$在$[0,1]$内.

解 $m_0=0,M_0=1$.

【405】 设$m[f]$和$M[f]$分别为函数$f(x)$在区间(a,b)内的下确界和上确界.

证明：若$f_1(x)$和$f_2(x)$定义在(a,b)内的函数，则

$$m[f_1+f_2]\geqslant m[f_1]+m[f_2],M[f_1+f_2]\leqslant M[f_1]+M[f_2].$$

举出函数$f_1(x)$和$f_2(x)$的例子，使上述两个关系式为：(1)等式；(2)不等式.

提示 利用上、下确界定义且注意$m[f]\leqslant f\leqslant M[f]$，命题易获证.

证 因为

$$m[f_1]\leqslant f_1\leqslant M[f_1],m[f_2]\leqslant f_2\leqslant M[f_2],$$

所以

$$m[f_1]+m[f_2]\leqslant f_1+f_2,$$

从而有

$$m[f_1]+m[f_2]\leqslant m[f_1+f_2].$$

又因

$$f_1+f_2\leqslant M[f_1]+M[f_2],$$

所以

$$M[f_1+f_2]\leqslant M[f_1]+M[f_2].$$

(1)当$f_1(x)$及$f_2(x)$在(a,b)内具有相同的单调性，且m及M均为有限时，取等式.

(2)$f_1(x)=x^2,f_2(x)=-x^2$，在区间$(-1,1)$内有

$$m[f_1]=0,M[f_1]=1;m[f_2]=-1,M[f_2]=0.$$

又因为$f_1+f_2=0$，所以$m[f_1+f_2]=M[f_1+f_2]=0$.

此时$m[f_1+f_2]>m[f_1]+m[f_2]$，$M[f_1+f_2]<M[f_1]+M[f_2]$取不等式.

又例，$f_1(x)=x$，$f_2(x)=-x$ 在区间$(-1,1)$内，则 $f_1+f_2=0$，显然不等式成立.

【406】 设函数 $f(x)$定义在$[a,+\infty)$内，并且在每一个闭区间$[a,b]$上有界. 令

$$m(x)=\inf_{a\leqslant\xi\leqslant x} f(\xi),\quad M(x)=\sup_{a\leqslant\xi\leqslant x} f(\xi).$$

作函数 $y=m(x)$和 $y=M(x)$的图像，设：(1)$f(x)=\sin x$；(2)$f(x)=\cos x$.

解 (1)如图 1.237 所示. (2)如图 1.237 所示.

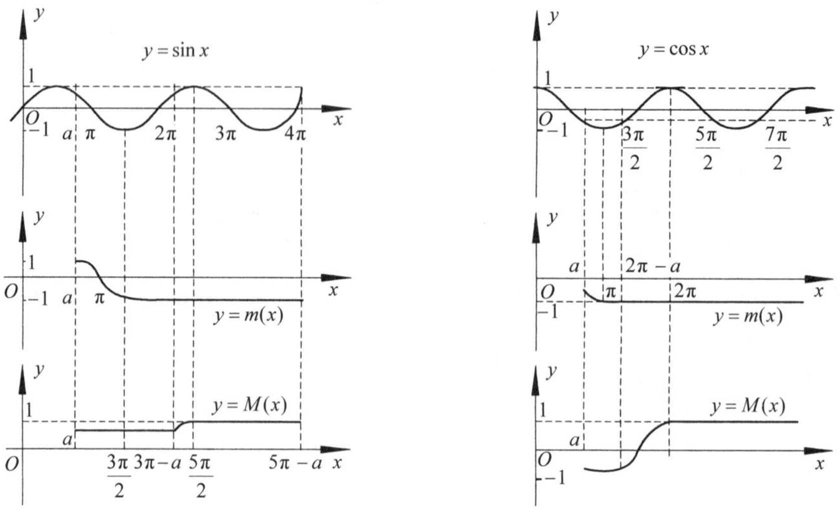

图 1.237

习题 407—409 振 幅

【407】 求函数 $f(x)=x^2$ 在下列区间内的振幅：

(1)(1,3)； (2)(1.9,2.1)； (3)(1.99,2.01)； (4)(1.999,2.001).

解 (1)用 ω 表示振幅，即 $\omega=M_0-m_0$. 因为 $m_0=1$，$M_0=9$，所以 $\omega=8$.

(2)$m_0=1.9^2$，$M_0=2.1^2$，$\omega=2.1^2-1.9^2=0.8$.

(3)$\omega=2.01^2-1.99^2=0.08$.

(4)$\omega=2.001^2-1.999^2=0.008$.

【408】 求函数 $f(x)=\arctan\dfrac{1}{x}$在下列区间内的振幅：

(1)(−1,1)； (2)(−0.1,0.1)； (3)(−0.01,0.01)； (4)(−0.001,0.001).

解 因为 $\lim\limits_{x\to0^+}\arctan\dfrac{1}{x}=\dfrac{\pi}{2}$，$\lim\limits_{x\to0^-}\arctan\dfrac{1}{x}=-\dfrac{\pi}{2}$，所以只要所给区间包含原点，则

$$\omega=\frac{\pi}{2}-\left(-\frac{\pi}{2}\right)=\pi.$$

故有(1)$\omega=\pi$； (2)$\omega=\pi$； (3)$\omega=\pi$； (4)$\omega=\pi$.

【409】 若 $\omega_k(f)$为函数 $f(x)$在区间$|x-\xi|\leqslant k(k>0)$上的振幅，则数 $\omega_0(f)=\lim\limits_{k\to0^+}\omega_k(f)$称为函数 $f(x)$在 ξ 点的振幅.

求下列函数 $f(x)$在点 $x=0$ 的振幅：

(1)$f(x)=\sin\dfrac{1}{x}$； (2)$f(x)=\dfrac{1}{x^2}\cos^2\dfrac{1}{x}$； (3)$f(x)=x\left(2+\sin\dfrac{1}{x}\right)$；

(4)$f(x)=\dfrac{1}{\pi}\arctan\dfrac{1}{x}$； (5)$f(x)=\dfrac{|\sin x|}{x}$； (6)$f(x)=\dfrac{1}{1+e^{\frac{1}{x}}}$；

(7) $f(x)=(1+|x|)^{\frac{1}{x}}$.

解 (1) $\omega_k(f)=2, \omega_0(f)=2$;

(2) $\omega_k(f)=+\infty, \omega_0(f)=+\infty$;

(3) $\omega_k(f)=3k-k=2k, \omega_0(f)=0$;

(4) $\omega_k(f)=\frac{1}{\pi}\left[\arctan\frac{1}{k}-\arctan\frac{1}{(-k)}\right]=\frac{2}{\pi}\arctan\frac{1}{k}, \omega_0(f)=\frac{2}{\pi}\cdot\frac{\pi}{2}=1$;

(5) $\omega_k(f)=2, \omega_0(f)=2$;

(6) $\omega_k(f)=\left|\frac{1}{1+e^{\frac{1}{k}}}-\frac{1}{1+e^{-\frac{1}{k}}}\right|, \omega_0(f)=1$;

(7) $\omega_k(f)=(1+k)^{\frac{1}{k}}-(1+k)^{-\frac{1}{k}}, \omega_0(f)=e-e^{-1}=2\operatorname{sh}1$.

知识点2 函数在一点的极限

1. 有限极限 设函数 $f(x)$ 在点 a 的某个去心邻域 $U^{\circ}(a;\delta')$ 内有定义，A 为定数.

若 $\forall\varepsilon>0, \exists\delta=\delta(\varepsilon)>0(\delta<\delta')$，当 $0<|x-a|<\delta$ 时，有 $|f(x)-A|<\varepsilon$，则称函数 $f(x)$ 当 x 趋于 a 时以为 A 极限，记作 $\lim\limits_{x\to a}f(x)=A$.

2. 无穷极限 设函数 $f(x)$ 在点 a 的某个去心邻域 $U^{\circ}(a;\delta')$ 内有定义，若 $\forall G>0, \exists\delta=\delta(G)>0(\delta<\delta')$，

只要 $0<|x-a|<\delta$，就有 $|f(x)|>G$，则称 $f(x)$ 当 $x\to a$ 时有非正常（或无穷）极限 ∞，记作 $\lim\limits_{x\to a}f(x)=\infty$.

3. 单侧极限 设函数 $f(x)$ 在 $U^{\circ}_{+}(a;\delta')$（或 $U^{\circ}_{-}(a;\delta')$）内有定义，A 为定数. 若 $\forall\varepsilon>0, \exists\delta=\delta(\varepsilon)>0(\delta<\delta')$，当 $a<x<a+\delta$（或 $a-\delta<x<a$）时，有 $|f(x)-A|<\varepsilon$，则称数 A 为函数 $f(x)$ 当 x 趋于 a^{+}（或 a^{-}）时的右（左）极限，记作 $A=\lim\limits_{x\to a^{+}}f(x)$（或 $\lim\limits_{x\to a^{-}}f(x)$）.
左右极限又分别记为 $f(a-0)=\lim\limits_{x\to a^{-}}f(x)$，$f(a+0)=\lim\limits_{x\to a^{+}}f(x)$，左右极限统称为单侧极限.

函数 $f(x)$ 在 a 点极限存在的充分必要条件为 $f(a-0)=f(a+0)$.

4. 两个重要极限

(1) $\lim\limits_{x\to 0}\frac{\sin x}{x}=1$； (2) $\lim\limits_{x\to 0}(1+x)^{\frac{1}{x}}=e\left(\text{或}\lim\limits_{x\to\infty}(1+\frac{1}{x})^{x}=e\right)$.

通常用的变形形式：

$$\lim_{x\to a}\frac{\sin u(x)}{u(x)}=1(\lim_{x\to a}u(x)=0);\lim_{x\to a}[1+u(x)]^{\frac{1}{u(x)}}=e(\lim_{x\to a}u(x)=0).$$

习题410—419 函数在一点的极限定义

【410】 利用"$\varepsilon-\delta$"语言，证明：$\lim\limits_{x\to 2}x^2-4$. 并填下表：

ε	0.1	0.01	0.001	0.000 1	…
δ					

证 $\forall\varepsilon>0$，由于当 $|x-2|<1$，即 $1<x<3$ 时，有

$$|x^2-4|=|x-2||x+2|<5|x-2|,$$

取 $\delta=\min\left\{1,\frac{\varepsilon}{5}\right\}$. 于是，当 $0<|x-2|<\delta$ 时，有 $|x^2-4|<\varepsilon$，即 $\lim\limits_{x\to 2}x^2=4$.

ε	0.1	0.01	0.001	0.000 1	…
δ	0.02	0.002	0.000 2	0.000 02	…

【411】 利用"$G-\delta$"语言，证明：$\lim\limits_{x\to1}\dfrac{1}{(1-x)^2}=+\infty$. 并填下表：

G	10	100	1 000	10 000	…
δ					

证 $\forall G>0$(不妨设 $G>1$)，取 $\delta=\dfrac{1}{G}$，则当 $0<|x-1|<\delta$ 时，有

$$\left|\frac{1}{(1-x)^2}\right|>G^2>G,$$

所以 $\lim\limits_{x\to1}\dfrac{1}{(1-x)^2}=+\infty$.

G	10	100	1 000	10 000	…
δ	0.1	0.01	0.001	0.000 1	…

【412】 利用极限定义表示下列各式：

(1) $\lim\limits_{x\to a}f(x)=b$； (2) $\lim\limits_{x\to a^-}f(x)=b$； (3) $\lim\limits_{x\to a^+}f(x)=b$.

举出适当的例子.

解 (1) $\lim\limits_{x\to a}f(x)=b\Leftrightarrow\forall\varepsilon>0,\exists\delta>0$，当 $0<|x-a|<\delta$ 时，有 $|f(x)-b|<\varepsilon$.

(2) $\lim\limits_{x\to a^-}f(x)=b\Leftrightarrow\forall\varepsilon>0,\exists\delta>0$，当 $0<a-x<\delta$ 时，有 $|f(x)-b|<\varepsilon$.

(3) $\lim\limits_{x\to a^+}f(x)=b\Leftrightarrow\forall\varepsilon>0,\exists\delta>0$，当 $0<x-a<\delta$ 时，有 $|f(x)-b|<\varepsilon$.

例如，对函数 $f(x)=x+1$，有 $\lim\limits_{x\to1}f(x)=\lim\limits_{x\to1^-}f(x)=\lim\limits_{x\to1^+}f(x)=2$.

【利用极限定义表示下列结论，并举出适当的例子(413—415)】

【413】 (1) $\lim\limits_{x\to\infty}f(x)=b$； (2) $\lim\limits_{x\to-\infty}f(x)=b$； (3) $\lim\limits_{x\to+\infty}f(x)=b$.

解 (1) $\lim\limits_{x\to\infty}f(x)=b\Leftrightarrow\forall\varepsilon>0,\exists X>0$，当 $|x|>X$ 时，有 $|f(x)-b|<\varepsilon$.

(2) $\lim\limits_{x\to-\infty}f(x)=b\Leftrightarrow\forall\varepsilon>0,\exists X>0$，当 $x<-X$ 时，有 $|f(x)-b|<\varepsilon$.

(3) $\lim\limits_{x\to+\infty}f(x)=b\Leftrightarrow\forall\varepsilon>0,\exists X>0$，当 $x>X$ 时，有 $|f(x)-b|<\varepsilon$.

例如，对函数 $f(x)=\dfrac{1}{x^2}$，有 $\lim\limits_{x\to-\infty}f(x)=\lim\limits_{x\to+\infty}f(x)=\lim\limits_{x\to\infty}f(x)=0$.

【414】 (1) $\lim\limits_{x\to a}f(x)=\infty$； (2) $\lim\limits_{x\to a}f(x)=-\infty$； (3) $\lim\limits_{x\to a}f(x)=+\infty$；

(4) $\lim\limits_{x\to a^-}f(x)=\infty$； (5) $\lim\limits_{x\to a^-}f(x)=-\infty$； (6) $\lim\limits_{x\to a^-}f(x)=+\infty$；

(7) $\lim\limits_{x\to a^+}f(x)=\infty$； (8) $\lim\limits_{x\to a^+}f(x)=-\infty$； (9) $\lim\limits_{x\to a^+}f(x)=+\infty$.

解 (1) $\lim\limits_{x\to a}f(x)=\infty\Leftrightarrow\forall G>0,\exists\delta>0$，当 $0<|x-a|<\delta$ 时，有 $|f(x)|>G$.

例如，$f(x)=\dfrac{1}{x-1}$，有 $\lim\limits_{x\to1}f(x)=\infty$.

(2) $\lim\limits_{x\to a}f(x)=-\infty\Leftrightarrow\forall G>0,\exists\delta>0$，当 $0<|x-a|<\delta$ 时，有 $f(x)<-G$.

例如，$f(x)=-\dfrac{1}{(x-1)^2}$，有 $\lim\limits_{x\to1}f(x)=-\infty$.

(3) $\lim\limits_{x\to a}f(x)=+\infty\Leftrightarrow\forall G>0,\exists\delta>0$，当 $0<|x-a|<\delta$ 时，有 $f(x)>G$.

例如，$f(x)=\dfrac{1}{(x-1)^2}$，有$\lim\limits_{x\to 1} f(x)=+\infty$.

(4) $\lim\limits_{x\to a^-} f(x)=\infty \Leftrightarrow \forall G>0,\exists \delta>0$，当$-\delta<x-a<0$时，有$|f(x)|>G$.

例如，$f(x)=\dfrac{1}{\sqrt{1-x}}$，有$\lim\limits_{x\to 1^-} f(x)=\infty$.

(5) $\lim\limits_{x\to a^-} f(x)=-\infty \Leftrightarrow \forall G>0,\exists \delta>0$，当$-\delta<x-a<0$时，有$f(x)<-G$.

例如，$f(x)=\dfrac{1}{x-1}$，有$\lim\limits_{x\to 1^-} f(x)=-\infty$.

(6) $\lim\limits_{x\to a} f(x)=+\infty \Leftrightarrow \forall G>0,\exists \delta>0$，当$-\delta<x-a<0$时，有$f(x)>G$.

例如，$f(x)=\dfrac{1}{1-x}$，有$\lim\limits_{x\to 1^-} f(x)=+\infty$.

(7) $\lim\limits_{x\to a^+} f(x)=\infty \Leftrightarrow \forall G>0,\exists \delta>0$，当$0<x-a<\delta$时，有$|f(x)|>G$.

例如，$f(x)=\dfrac{1}{\sqrt{x-1}}$，有$\lim\limits_{x\to 1^+} f(x)=\infty$.

(8) $\lim\limits_{x\to a^+} f(x)=-\infty \Leftrightarrow \forall G>0,\exists \delta>0$，当$0<x-a<\delta$时，有$f(x)<-G$.

例如，$f(x)=\dfrac{1}{1-x}$，有$\lim\limits_{x\to 1^+} f(x)=-\infty$.

(9) $\lim\limits_{x\to a^+} f(x)=+\infty \Leftrightarrow \forall G>0,\exists \delta>0$，当$0<x-a<\delta$时，有$f(x)>G$.

例如，$f(x)=\dfrac{1}{x-1}$，有$\lim\limits_{x\to 1^+} f(x)=+\infty$.

【415】 (1) $\lim\limits_{x\to\infty} f(x)=\infty$； (2) $\lim\limits_{x\to\infty} f(x)=-\infty$； (3) $\lim\limits_{x\to\infty} f(x)=+\infty$；
(4) $\lim\limits_{x\to-\infty} f(x)=\infty$； (5) $\lim\limits_{x\to-\infty} f(x)=-\infty$； (6) $\lim\limits_{x\to-\infty} f(x)=+\infty$；
(7) $\lim\limits_{x\to+\infty} f(x)=\infty$； (8) $\lim\limits_{x\to+\infty} f(x)=-\infty$； (9) $\lim\limits_{x\to+\infty} f(x)=+\infty$.

解 (1) $\lim\limits_{x\to\infty} f(x)=\infty \Leftrightarrow \forall G>0,\exists X>0$，当$|x|>X$时，有$|f(x)|>G$.

例如，$f(x)=x^3$，有$\lim\limits_{x\to\infty} f(x)=\infty$.

(2) $\lim\limits_{x\to\infty} f(x)=-\infty \Leftrightarrow \forall G>0,\exists X>0$，当$|x|>X$时，有$f(x)<-G$.

例如，$f(x)=-x^2$，有$\lim\limits_{x\to\infty} f(x)=-\infty$.

(3) $\lim\limits_{x\to\infty} f(x)=+\infty \Leftrightarrow \forall G>0,\exists X>0$，当$|x|>X$时，有$f(x)>G$.

例如，$f(x)=x^2$，有$\lim\limits_{x\to\infty} f(x)=+\infty$.

(4) $\lim\limits_{x\to-\infty} f(x)=\infty \Leftrightarrow \forall G>0,\exists X>0$，当$x<-X$时，有$|f(x)|>G$.

例如，$f(x)=(-1)^{[x^2]}x$，有$\lim\limits_{x\to-\infty} f(x)=\infty$.

(5) $\lim\limits_{x\to-\infty} f(x)=-\infty \Leftrightarrow \forall G>0,\exists X>0$，当$x<-X$时，有$f(x)<-G$.

例如，$f(x)=x$，有$\lim\limits_{x\to-\infty} f(x)=-\infty$.

(6) $\lim\limits_{x\to-\infty} f(x)=+\infty \Leftrightarrow \forall G>0,\exists X>0$，当$x<-X$时，有$f(x)>G$.

例如，$f(x)=-x$，有$\lim\limits_{x\to-\infty} f(x)=+\infty$.

(7) $\lim\limits_{x\to+\infty} f(x)=\infty \Leftrightarrow \forall G>0,\exists X>0$，当$x>X$时，有$|f(x)|>G$.

例如，$f(x)=(-1)^{[x]}x^2$，有$\lim\limits_{x\to+\infty} f(x)=\infty$.

(8) $\lim\limits_{x\to+\infty} f(x)=-\infty \Leftrightarrow \forall G>0,\exists X>0$，当$x>X$时，有$f(x)<-G$.

例如，$f(x)=-x$，有$\lim\limits_{x\to+\infty} f(x)=-\infty$.

(9) $\lim\limits_{x\to+\infty} f(x)=+\infty \Leftrightarrow \forall G>0, \exists X>0$,当 $x>X$ 时,有 $f(x)>G$.

例如,$f(x)=x$,有 $\lim\limits_{x\to+\infty} f(x)=+\infty$.

【416】 设 $y=f(x)$,利用不等式表示下列结论:

(1) $\lim\limits_{x\to a} f(x)=b^-$; (2) $\lim\limits_{x\to a^-} f(x)=b^-$; (3) $\lim\limits_{x\to a^+} f(x)=b^-$;

(4) $\lim\limits_{x\to a} f(x)=b^+$; (5) $\lim\limits_{x\to a^-} f(x)=b^+$; (6) $\lim\limits_{x\to a^+} f(x)=b^+$;

(7) $\lim\limits_{x\to\infty} f(x)=b^-$; (8) $\lim\limits_{x\to-\infty} f(x)=b^-$; (9) $\lim\limits_{x\to+\infty} f(x)=b^-$;

(10) $\lim\limits_{x\to\infty} f(x)=b^+$; (11) $\lim\limits_{x\to-\infty} f(x)=b^+$; (12) $\lim\limits_{x\to+\infty} f(x)=b^+$;

举出适当的例子.

解 (1) $\lim\limits_{x\to a} f(x)=b^- \Leftrightarrow \forall \varepsilon>0, \exists \delta>0$,当 $0<|x-a|<\delta$ 时,有 $0<b-y<\varepsilon$.

例如,$y=-|x|$,有 $\lim\limits_{x\to 0} f(x)=0^-$.

(2) $\lim\limits_{x\to a^-} f(x)=b^- \Leftrightarrow \forall \varepsilon>0, \exists \delta>0$,当 $0<a-x<\delta$ 时,有 $0<b-y<\varepsilon$.

例如,$y=x$,有 $\lim\limits_{x\to 0^-} f(x)=0^-$.

(3) $\lim\limits_{x\to a^+} f(x)=b^- \Leftrightarrow \forall \varepsilon>0, \exists \delta>0$,当 $0<x-a<\delta$ 时,有 $0<b-y<\varepsilon$.

例如,$y=-x$,有 $\lim\limits_{x\to 0^+} f(x)=0^-$.

(4) $\lim\limits_{x\to a} f(x)=b^+ \Leftrightarrow \forall \varepsilon>0, \exists \delta>0$,当 $0<|a-x|<\delta$ 时,有 $0<y-b<\varepsilon$.

例如,$y=|x|$,有 $\lim\limits_{x\to 0} f(x)=0^+$.

(5) $\lim\limits_{x\to a^-} f(x)=b^+ \Leftrightarrow \forall \varepsilon>0, \exists \delta>0$,当 $0<a-x<\delta$ 时,有 $0<y-b<\varepsilon$.

例如,$y=-x$,有 $\lim\limits_{x\to 0^-} f(x)=0^+$.

(6) $\lim\limits_{x\to a^+} f(x)=b^+ \Leftrightarrow \forall \varepsilon>0, \exists \delta>0$,当 $0<x-a<\delta$ 时,有 $0<y-b<\varepsilon$.

例如,$y=x$,有 $\lim\limits_{x\to 0^+} f(x)=0^+$.

(7) $\lim\limits_{x\to\infty} f(x)=b^- \Leftrightarrow \forall \varepsilon>0, \exists X>0$,当 $|x|>X$ 时,$0<b-y<\varepsilon$.

例如,$y=-\dfrac{1}{|x|}$,有 $\lim\limits_{x\to\infty} f(x)=0^-$.

(8) $\lim\limits_{x\to-\infty} f(x)=b^- \Leftrightarrow \forall \varepsilon>0, \exists X>0$,当 $x<-X$ 时,有 $0<b-y<\varepsilon$.

例如,$y=\dfrac{1}{x}$,有 $\lim\limits_{x\to-\infty} f(x)=0^-$.

(9) $\lim\limits_{x\to+\infty} f(x)=b^- \Leftrightarrow \forall \varepsilon>0, \exists X>0$,当 $x>X$ 时,有 $0<b-y<\varepsilon$.

例如,$y=-\dfrac{1}{x}$,即有 $\lim\limits_{x\to+\infty} f(x)=0^-$.

(10) $\lim\limits_{x\to\infty} f(x)=b^+ \Leftrightarrow \forall \varepsilon>0, \exists X>0$,当 $|x|>X$ 时,$0<y-b<\varepsilon$.

例如,$y=\dfrac{1}{|x|}$,有 $\lim\limits_{x\to\infty} f(x)=0^+$.

(11) $\lim\limits_{x\to-\infty} f(x)=b^+ \Leftrightarrow \forall \varepsilon>0, \exists X>0$,当 $x<-X$ 时,$0<y-b<\varepsilon$.

例如,$y=-\dfrac{1}{x}$,有 $\lim\limits_{x\to-\infty} f(x)=0^+$.

(12) $\lim\limits_{x\to+\infty} f(x)=b^+ \Leftrightarrow \forall \varepsilon>0, \exists X>0$,当 $x>X$ 时,$0<y-b<\varepsilon$.

例如,$y=\dfrac{1}{x}$,有 $\lim\limits_{x\to+\infty} f(x)=0^+$.

【417】 设 $p(x)=a_0x^n+a_1x^{n-1}+\cdots+a_n$，其中 $a_i(i=0,1,\cdots,n)$ 为实数，$a_0\neq 0$. 证明：$\lim\limits_{x\to\infty}|p(x)|=+\infty$.

证 $\forall G>0$，由于当 $|x|>1$ 时，有

$$|p(x)|\geqslant |a_0|\cdot|x^n|\cdot\left|1-\left(\frac{|a_1|}{|a_0|}\cdot\frac{1}{|x|}+\frac{|a_2|}{|a_0|}\cdot\frac{1}{|x|^2}+\cdots+\frac{|a_n|}{|a_0|}\cdot\frac{1}{|x|^n}\right)\right|,$$

由于 $\lim\limits_{x\to\infty}\frac{1}{|x|^i}=0(i=1,2,\cdots,n)$，故 $\exists X_1>0$，当 $|x|>X_1$ 时，恒有

$$\left|1-\left(\frac{|a_1|}{|a_0|}\cdot\frac{1}{|x|}+\frac{|a_2|}{|a_0|}\cdot\frac{1}{|x|^2}+\cdots+\frac{|a_n|}{|a_0|}\cdot\frac{1}{|x|^n}\right)\right|>\frac{1}{2},$$

从而有 $|p(x)|>\frac{1}{2}|a_0|\cdot|x|^n$.

要使 $|p(x)|>G$，只要 $\frac{1}{2}|a_0|\cdot|x|^n>G$，即 $|x|>\sqrt[n]{\frac{2G}{|a_0|}}=X_2$. 取 $X=\max\{X_1,X_2\}$，则当 $|x|>X$ 时，恒有 $|p(x)|>G$，故 $\lim\limits_{x\to\infty}|p(x)|=+\infty$.

【418】 设 $R(x)=\frac{a_0x^n+a_1x^{n-1}+\cdots+a_n}{b_0x^m+b_1x^{m-1}+\cdots+b_m}$，其中 $a_0\neq 0,b_0\neq 0$. 证明：

$$\lim_{x\to\infty}R(x)=\begin{cases}\infty, & n>m,\\ \frac{a_0}{b_0}, & n=m,\\ 0, & n<m.\end{cases}$$

证 分子分母同除以 x^m，得 $R(x)=\frac{a_0x^{n-m}+a_1x^{n-m-1}+\cdots+a_nx^{-m}}{b_0+b_1x^{-1}+\cdots+b_mx^{-m}}$.

当 $n>m$ 时，分子趋于无穷，分母趋于 b_0，所以 $\lim\limits_{x\to\infty}R(x)=\infty$.

当 $n=m$ 时，分子趋于 a_0，分母趋于 b_0，所以 $\lim\limits_{x\to\infty}R(x)=\frac{a_0}{b_0}$.

当 $n<m$ 时，分子趋于 0，分母趋于 b_0，所以 $\lim\limits_{x\to\infty}R(x)=0$.

【419】 设 $R(x)=\frac{P(x)}{Q(x)}$，其中 $P(x)$ 和 $Q(x)$ 为 x 的多项式，且 $P(a)=Q(a)=0$，表达式 $\lim\limits_{x\to a}\frac{P(x)}{Q(x)}$ 可能取何值？

解 若 a 仅为 $P(x)=0$ 及 $Q(x)=0$ 的一重根，则极限 $\lim\limits_{x\to a}\frac{P(x)}{Q(x)}$ 为一确定值(不等于零).

若 a 为 $P(x)=0$ 的 n 重根，而为 $Q(x)=0$ 的 m 重根，则

当 $n>m(n,m$ 均大于 1)时，此极限为 0；

当 $n<m$ 时，此极限为 ∞；

当 $n=m$ 时，此极限为一不等于零的值.

总之，极限 $\lim\limits_{x\to\mu}\frac{P(x)}{Q(x)}$ 为 $0,\infty$，或不等于零的值.

习题 420—451 计算函数在一点的极限

【求下列函数的极限(420—451)】

【420】 (1)$\lim\limits_{x\to 0}\frac{x^2-1}{2x^2-x-1}$； (2)$\lim\limits_{x\to 1}\frac{x^2-1}{2x^2-x-1}$； (3)$\lim\limits_{x\to\infty}\frac{x^2-1}{2x^2-x-1}$.

解 (1) $\lim\limits_{x\to 0}\frac{x^2-1}{2x^2-x-1}=\frac{-1}{-1}=1.$

(2) $\lim\limits_{x\to 1}\frac{x^2-1}{2x^2-x-1}=\lim\limits_{x\to 1}\frac{(x-1)(x+1)}{(2x+1)(x-1)}=\lim\limits_{x\to 1}\frac{x+1}{2x+1}=\frac{2}{3}.$

(3) $\lim\limits_{x\to\infty}\frac{x^2-1}{2x^2-x-1}=\lim\limits_{x\to\infty}\frac{1-\frac{1}{x^2}}{2-\frac{1}{x}-\frac{1}{x^2}}=\frac{1}{2}.$

【421】 $\lim\limits_{x\to 0}\frac{(1+x)(1+2x)(1+3x)-1}{x}.$

解 $(1+x)(1+2x)(1+3x)=1+6x+11x^2+6x^3$，于是，

$$\lim_{x\to 0}\frac{(1+x)(1+2x)(1+3x)-1}{x}=\lim_{x\to 0}(6+11x+6x^2)=6.$$

【422】 $\lim\limits_{x\to 0}\frac{(1+x)^5-(1+5x)}{x^2+x^5}.$

解 $\lim\limits_{x\to 0}\frac{(1+x)^5-(1+5x)}{x^2+x^5}=\lim\limits_{x\to 0}\frac{x^5+5x^4+10x^3+10x^2}{x^2+x^5}=\lim\limits_{x\to 0}\frac{x^3+5x^2+10x+10}{x^3+1}=10.$

【423】 $\lim\limits_{x\to 0}\frac{(1+mx)^n-(1+nx)^m}{x^2}$ （m 与 n 为正整数）.

提示 将 $(1+mx)^n$ 及 $(1+nx)^m$ 展开即易获解.

解 $\frac{(1+mx)^n-(1+nx)^m}{x^2}$

$$=\frac{[1+nmx+\frac{1}{2!}n(n-1)m^2x^2+\cdots+m^nx^n]-[1+mnx+\frac{1}{2!}m(m-1)n^2x^2+\cdots+n^mx^m]}{x^2}$$

$=\frac{n}{2}(n-1)m^2-\frac{m}{2}(m-1)n^2+o(x)=\frac{1}{2}mn(n-m)+o(1)$，

于是 $\lim\limits_{x\to 0}\frac{(1+mx)^n-(1+nx)^m}{x^2}=\frac{1}{2}mn(n-m).$

注 $o(1)$ 表示当 $x\to 0$ 时的无穷小量，即 $\lim\limits_{x\to 0}o(1)=0.$

【424】 $\lim\limits_{x\to\infty}\frac{(x-1)(x-2)(x-3)(x-4)(x-5)}{(5x-1)^5}.$

解

$$\lim_{x\to\infty}\frac{(x-1)(x-2)(x-3)(x-4)(x-5)}{(5x-1)^5}$$

$$=\lim_{x\to\infty}\frac{(1-\frac{1}{x})(1-\frac{2}{x})(1-\frac{3}{x})(1-\frac{4}{x})(1-\frac{5}{x})}{(5-\frac{1}{x})^5}=\frac{1}{5^5}.$$

【425】 $\lim\limits_{x\to\infty}\frac{(2x-3)^{20}(3x+2)^{30}}{(2x+1)^{50}}.$

解 $\lim\limits_{x\to\infty}\frac{(2x-3)^{20}(3x+2)^{30}}{(2x+1)^{50}}=\lim\limits_{x\to\infty}\frac{(2-\frac{3}{x})^{20}(3+\frac{2}{x})^{30}}{(2+\frac{1}{x})^{50}}=\frac{2^{20}\cdot 3^{30}}{2^{50}}=\left(\frac{3}{2}\right)^{30}.$

【426】 $\lim\limits_{x\to\infty}\frac{(x+1)(x^2+1)\cdots(x^n+1)}{[(nx)^n+1]^{\frac{n+1}{2}}}.$

提示 分子与分母的的最高次幂均为 $\frac{n(n+1)}{2}$.

解 $\lim\limits_{x\to\infty}\frac{(x+1)(x^2+1)\cdots(x^n+1)}{[(nx)^n+1]^{\frac{n+1}{2}}}=\lim\limits_{x\to\infty}\frac{\left(1+\frac{1}{x}\right)\left(1+\frac{1}{x^2}\right)\cdots\left(1+\frac{1}{x^n}\right)}{\left[n^n+\frac{1}{x^n}\right]^{\frac{n+1}{2}}}=n^{-\frac{n(n+1)}{2}}$.

【427】 $\lim\limits_{x\to3}\frac{x^2-5x+6}{x^2-8x+15}$.

解 $\lim\limits_{x\to3}\frac{x^2-5x+6}{x^2-8x+15}=\lim\limits_{x\to3}\frac{(x-3)(x-2)}{(x-3)(x-5)}=\lim\limits_{x\to3}\frac{x-2}{x-5}=-\frac{1}{2}$.

【428】 $\lim\limits_{x\to1}\frac{x^3-3x+2}{x^4-4x+3}$.

解 $\lim\limits_{x\to1}=\frac{x^3-3x+2}{x^4-4x+3}=\lim\limits_{x\to1}\frac{(x-1)^2(x+2)}{(x-1)^2(x^2+2x+3)}=\lim\limits_{x\to1}\frac{x+2}{x^2+2x+3}=\frac{1}{2}$.

【429】 $\lim\limits_{x\to1}\frac{x^3-3x+2}{x^4-x^3-x+1}$.

解 $\lim\limits_{x\to1}\frac{x^3-3x+2}{x^4-x^3-x+1}=\lim\limits_{x\to1}\frac{(x-1)^2(x+2)}{(x-1)^2(x^2+x+1)}=\lim\limits_{x\to1}\frac{x+2}{x^2+x+1}=1$.

【430】 $\lim\limits_{x\to2}\frac{x^3-2x^2-4x+8}{x^4-8x^2+16}$.

解 $\lim\limits_{x\to2}\frac{x^3-2x^2-4x+8}{x^4-8x^2+16}=\lim\limits_{x\to2}\frac{(x-2)^2(x+2)}{(x-2)^2(x+2)^2}=\lim\limits_{x\to2}\frac{1}{x+2}=\frac{1}{4}$.

【431】 $\lim\limits_{x\to-1}\frac{x^3-2x-1}{x^5-2x-1}$.

解 $\lim\limits_{x\to-1}\frac{x^3-2x-1}{x^5-2x-1}=\lim\limits_{x\to-1}\frac{(x+1)(x^2-x-1)}{(x+1)(x^4-x^3+x^2-x-1)}=\lim\limits_{x\to-1}\frac{x^2-x-1}{x^4-x^3+x^2-x-1}=\frac{1}{3}$.

【432】 $\lim\limits_{x\to2}\frac{(x^2-x-2)^{20}}{(x^3-12x+16)^{10}}$.

解 $\lim\limits_{x\to2}\frac{(x^2-x-2)^{20}}{(x^3-12x+16)^{10}}=\lim\limits_{x\to2}\frac{(x-2)^{20}(x+1)^{20}}{(x-2)^{20}(x+4)^{10}}=\lim\limits_{x\to2}\frac{(x+1)^{20}}{(x+4)^{10}}=\frac{3^{20}}{6^{10}}=\left(\frac{3}{2}\right)^{10}$.

【433】 $\lim\limits_{x\to1}\frac{x+x^2+\cdots+x^n-n}{x-1}$.

解
$$\begin{aligned}x+x^2+\cdots+x^n-n&=(x-1)+(x^2-1)+\cdots+(x^n-1)\\&=(x-1)[1+(x+1)+\cdots+(x^{n-1}+x^{n-2}+\cdots+1)].\end{aligned}$$

于是

$$\begin{aligned}\lim_{x\to1}\frac{x+x^2+\cdots+x^n-n}{x-1}&=\lim_{x\to1}[1+(x+1)+\cdots+(x^{n-1}+x^{n-2}+\cdots+1)]\\&=1+2++\cdots+(n-1)+n=\frac{n(n+1)}{2}.\end{aligned}$$

【434】 $\lim\limits_{x\to1}\frac{x^m-1}{x^n-1}$（$m$ 和 n 为正整数）.

解 $\lim\limits_{x\to1}\frac{x^m-1}{x^n-1}=\lim\limits_{x\to1}\frac{x^{m-1}+x^{m-2}+\cdots+x+1}{x^{n-1}+x^{n-2}+\cdots+x+1}=\frac{m}{n}$.

【435】 $\lim\limits_{x\to a}\frac{(x^n-a^n)-na^{n-1}(x-a)}{(x-a)^2}$（$n$ 为正整数）.

解 **方法一** $\lim\limits_{x\to a}\frac{(x^n-a^n)-na^{n-1}(x-a)}{(x-a)^2}$

$=\lim\limits_{x\to0}\frac{(x^{n-1}+x^{n-2}a+\cdots+xa^{n-2}+a^{n-1})-na^{n-1}}{x-a}$

$$=\lim_{x\to a}\frac{x^{n-1}-a^{n-1}+x^{n-2}a-a^{n-1}+\cdots+xa^{n-2}-a^{n-1}+a^{n-1}-a^{n-1}}{x-a}$$

$$=\lim_{x\to a}(x^{n-2}+x^{n-3}a+\cdots+xa^{n-3}+a^{n-2}+\cdots+a^{n-2})$$

$$=\lim_{x\to a}[n+(n-1)+\cdots+1]a^{n-2}=\frac{n(n-1)}{2}a^{n-2}.$$

方法二 设 $y=x-a$，则 $x\to a$ 时，$y\to 0$，代入得

$$\lim_{x\to a}\frac{(x^n-a^n)-na^{n-1}(x-a)}{(x-a)^2}=\lim_{y\to 0}\frac{(y+a)^n-a^n-na^{n-1}y}{y^2}$$

$$=\lim_{y\to 0}\frac{y^n+nay^{n-1}+\cdots+\frac{n(n-1)}{2!}a^{n-2}y^2}{y^2}$$

$$=\lim_{y\to 0}\left[\frac{n}{2!}(n-1)a^{n-2}+\frac{1}{3!}n(n-1)(n-2)a^{n-3}y+\cdots+nay^{n-3}+y^{n-2}\right]$$

$$=\frac{n(n-1)}{2}a^{n-2}.$$

【436】 $\lim\limits_{x\to 1}\frac{x^{n+1}-(n+1)x+n}{(x-1)^2}$（$n$ 为正整数）.

解 设 $y=x-1$，则当 $x\to 1$ 时，$y\to 0$，代入得

$$\lim_{x\to 1}\frac{x^{n+1}-(n+1)x+n}{(x-1)^2}=\lim_{y\to 0}\frac{(1+y)^{n+1}-(n+1)(1+y)+n}{y^2}$$

$$=\lim_{y\to 0}\left[\frac{n(n+1)}{2!}+\frac{1}{3!}(n+1)n(n-1)y+\cdots+y^{n-1}\right]=\frac{n(n+1)}{2}.$$

【437】 $\lim\limits_{x\to 1}\left(\frac{m}{1-x^m}-\frac{n}{1-x^n}\right)$（$m$ 和 n 为正整数）.

解 当 $m=n$ 时，此极限显然为零；

当 $m\neq n$ 时，有

$$\frac{m}{1-x^m}-\frac{n}{1-x^n}=\frac{m(1+x+\cdots+x^{n-1})-n(1+x+\cdots+x^{m-1})}{(1-x)(1+x+x^2+\cdots+x^{m-1})(1+x+\cdots+x^{n-1})}$$

$$=\frac{m(1+x+\cdots+x^{n-1}-n)-n(1+x+\cdots+x^{m-1}-m)}{(1-x)(1+x+x^2+\cdots+x^{m-1})(1+x+\cdots+x^{n-1})}$$

$$=\frac{m[(x-1)+\cdots+(x^{n-1}-1)]-n[(x-1)+\cdots+(x^{m-1}-1)]}{(1-x)(1+x+x^2+\cdots+x^{m-1})(1+x+\cdots+x^{n-1})}$$

$$=-\frac{m[1+(x+1)+\cdots+(x^{n-2}+\cdots+1)]-n[1+(1+x)\cdots+(x^{m-2}+\cdots+1)]}{(1+x+x^2+\cdots+x^{m-1})(1+x+\cdots+x^{n-1})}$$

$$=-\frac{\frac{mn(n-1)}{2}-\frac{nm(m-1)}{2}}{mn}=\frac{m-n}{2}.$$

当 $m=n$ 时，上述结果就等于零. 即上述结果对 $m=n$ 的情况仍然适用.

总之，不论 m 及 n 为任何正整数，均有 $\lim\limits_{x\to 1}\left(\frac{m}{1-x^m}-\frac{n}{1-x^n}\right)=\frac{m-n}{2}$.

【438】 $\lim\limits_{x\to\frac{\pi}{6}}\frac{2\sin^2 x+\sin x-1}{2\sin^2 x-3\sin x+1}$.

解 $\lim\limits_{x\to\frac{\pi}{6}}\frac{2\sin^2 x+\sin x-1}{2\sin^2 x-3\sin x+1}=\lim\limits_{x\to\frac{\pi}{6}}\frac{(2\sin x-1)(\sin x+1)}{(2\sin x-1)(\sin x-1)}=\lim\limits_{x\to\frac{\pi}{6}}\frac{\sin x+1}{\sin x-1}=-3.$

【439】 $\lim\limits_{x\to\frac{\pi}{4}}\frac{1-\cot^3 x}{2-\cot x-\cot^3 x}$.

解 **方法一** $\lim\limits_{x\to\frac{\pi}{4}}\frac{1-\cot^3 x}{2-\cot x-\cot^3 x}=\lim\limits_{x\to\frac{\pi}{4}}\frac{\sin^3 x-\cos^3 x}{2\sin^3 x-\sin^2 x\cos x-\cos^3 x}$

$$=\lim_{x\to\frac{\pi}{4}}\frac{\sin^3x-\cos^3x}{\sin^3x-\cos^3x+\sin^3x-\sin^2x\cos x}$$

$$=\lim_{x\to\frac{\pi}{4}}\frac{\sin^2x+\sin x\cos x+\cos^2x}{2\sin^2x+\sin x\cos x+\cos^2x}=\frac{3}{4}.$$

方法二 $\lim\limits_{x\to\frac{\pi}{4}}\dfrac{1-\cot^3x}{2-\cot x-\cot^3x}\xlongequal{\text{令}\cot x=t}\lim\limits_{t\to1}\dfrac{1-t^3}{2-t-t^3}$

$$=\lim_{t\to1}\frac{(1-t)(t^2+t+1)}{(1-t)(t^2+t+2)}=\lim_{t\to1}\frac{t^2+t+1}{t^2+t+2}=\frac{3}{4}.$$

【440】 $\lim\limits_{x\to\frac{\pi}{3}}\dfrac{\tan^3x-3\tan x}{\cos\left(x+\frac{\pi}{6}\right)}$.

解 $\lim\limits_{x\to\frac{\pi}{3}}\dfrac{\tan^3x-3\tan x}{\cos\left(x+\frac{\pi}{6}\right)}=\lim\limits_{x\to\frac{\pi}{3}}\dfrac{\tan x\cdot\dfrac{\sin^2x-3\cos^2x}{\cos^2x}}{\dfrac{\sqrt{3}}{2}\cos x-\dfrac{1}{2}\sin x}$

$$=\lim_{x\to\frac{\pi}{3}}\frac{\tan x(\sin x+\sqrt{3}\cos x)}{-\frac{1}{2}\cos^2x}=-24.$$

【441】 $\lim\limits_{x\to\infty}\lg\dfrac{100+x^2}{1+100x^2}$.

解 $\lim\limits_{x\to\infty}\lg\dfrac{100+x^2}{1+100x^2}=\lg\dfrac{1}{100}=-2.$

【442】 $\lim\limits_{x\to0}\ln\dfrac{nx+\sqrt{1-n^2x^2}}{x+\sqrt{1-x^2}}$.

解 $\lim\limits_{x\to0}\ln\dfrac{nx+\sqrt{1-n^2x^2}}{x+\sqrt{1-x^2}}=\ln1=0.$

【443】 $\lim\limits_{x\to+\infty}\dfrac{\operatorname{sh}\sqrt{x^2+x}-\operatorname{sh}\sqrt{x^2-x}}{\operatorname{ch}x}$.

解 $\operatorname{sh}\sqrt{x^2+x}-\operatorname{sh}\sqrt{x^2-x}=2\operatorname{sh}\dfrac{\sqrt{x^2+x}-\sqrt{x^2-x}}{2}\cdot\operatorname{ch}\dfrac{\sqrt{x^2+x}+\sqrt{x^2-x}}{2}.$

因 $\lim\limits_{x\to+\infty}(\sqrt{x^2+x}-\sqrt{x^2-x})=\lim\limits_{x\to+\infty}\dfrac{2x}{\sqrt{x^2+x}+\sqrt{x^2-x}}=\lim\limits_{x\to+\infty}\dfrac{2}{\sqrt{1+\frac{1}{x}}+\sqrt{1-\frac{1}{x}}}=1$,故

$$\lim_{x\to+\infty}\frac{\operatorname{ch}\frac{\sqrt{x^2+x}+\sqrt{x^2-x}}{2}}{\operatorname{ch}x}=\lim_{x\to+\infty}\frac{e^{\frac{\sqrt{x^2+x}+\sqrt{x^2-x}}{2}}+e^{-\frac{\sqrt{x^2+x}+\sqrt{x^2-x}}{2}}}{e^x+e^{-x}}$$

$$=\lim_{x\to+\infty}\frac{e^{\frac{\sqrt{x^2+x}-x+\sqrt{x^2-x}-x}{2}}+e^{-\frac{\sqrt{x^2+x}+\sqrt{x^2-x}}{2}-x}}{1+e^{-2x}}$$

$$=\lim_{x\to+\infty}\frac{e^{\frac{\frac{x}{\sqrt{x^2+x}+x}-\frac{x}{\sqrt{x^2-x}+x}}{2}}+\frac{1}{e^{\frac{\sqrt{x^2+x}+\sqrt{x^2-x}}{2}+x}}}{1+\frac{1}{e^{2x}}}=1,$$

所以 $\lim\limits_{x\to+\infty}\dfrac{\operatorname{sh}\sqrt{x^2+x}-\operatorname{sh}\sqrt{x^2-x}}{\operatorname{ch}x}=2\operatorname{sh}\dfrac{1}{2}.$

【444】 $\lim\limits_{x\to+\infty}(x-\ln(\operatorname{ch}x))$.

解 $\lim\limits_{x\to+\infty}(x-\ln(\operatorname{ch}x))=\lim\limits_{x\to+\infty}\left(x-\ln\dfrac{e^{2x}+1}{2e^x}\right)=\lim\limits_{x\to+\infty}[2x+\ln2-\ln(1+e^{2x})]$

$$=\lim_{x\to+\infty}[\ln 2-\ln(e^{-2x}+1)]=\ln 2.$$

【445】 $\lim\limits_{x\to\infty}\arcsin\dfrac{1-x}{1+x}$.

解 $\lim\limits_{x\to\infty}\arcsin\dfrac{1-x}{1+x}=\arcsin(-1)=-\dfrac{\pi}{2}$.

【446】 $\lim\limits_{x\to+\infty}\arccos(\sqrt{x^2+x}-x)$.

解 $\lim\limits_{x\to+\infty}\arccos(\sqrt{x^2+x}-x)=\lim\limits_{x\to+\infty}\arccos\dfrac{x}{\sqrt{x^2+x}+x}=\arccos\dfrac{1}{2}=\dfrac{\pi}{3}$.

【447】 $\lim\limits_{x\to2}\arctan\dfrac{x-4}{(x-2)^2}$.

解 $\lim\limits_{x\to2}\arctan\dfrac{x-4}{(x-2)^2}=-\dfrac{\pi}{2}$.

【448】 $\lim\limits_{x\to-\infty}\operatorname{arccot}\dfrac{x}{\sqrt{1+x^2}}$.

解 $\lim\limits_{x\to-\infty}\operatorname{arccot}\dfrac{x}{\sqrt{1+x^2}}=\operatorname{arccot}(-1)=\dfrac{3}{4}\pi$.

【449】 $\lim\limits_{h\to0}\dfrac{\arctan(x+h)-\arctan x}{h}$.

解 $$\lim_{h\to0}\frac{\arctan(x+h)-\arctan x}{h}=\lim_{h\to0}\left(\frac{\arctan\dfrac{h}{1+x(x+h)}}{\dfrac{h}{1+x(x+h)}}\cdot\frac{1}{1+x(x+h)}\right)=\frac{1}{1+x^2}.$$

注 其中利用了 $\lim\limits_{x\to0}\dfrac{\arctan x}{x}=1$.

【450】 $\lim\limits_{x\to\infty}x\left(\dfrac{\pi}{4}-\arctan\dfrac{x}{x+1}\right)$.

解 $$\lim_{x\to\infty}x\left(\frac{\pi}{4}-\arctan\frac{x}{x+1}\right)=\lim_{x\to\infty}x\arctan\frac{1-1\cdot\dfrac{x}{x+1}}{1+1\cdot\dfrac{x}{x+1}}=\lim_{x\to\infty}x\arctan\frac{1}{2x+1}$$

$$=\lim_{x\to\infty}\left(\frac{\arctan\dfrac{1}{2x+1}}{\dfrac{1}{2x+1}}\cdot\frac{x}{2x+1}\right)=\frac{1}{2}.$$

【451】 $\lim\limits_{x\to+\infty}x\left(\dfrac{\pi}{2}-\arcsin\dfrac{x}{\sqrt{x^2+1}}\right)$.

解 $$\lim_{x\to+\infty}x\left(\frac{\pi}{2}-\arcsin\frac{x}{\sqrt{x^2+1}}\right)=\lim_{x\to+\infty}x\arccos\frac{x}{\sqrt{x^2+1}}=\lim_{x\to+\infty}x\arcsin\frac{1}{\sqrt{x^2+1}}$$

$$=\lim_{x\to+\infty}\left(\frac{\arcsin\dfrac{1}{\sqrt{x^2+1}}}{\dfrac{1}{\sqrt{x^2+1}}}\cdot\frac{x}{\sqrt{x^2+1}}\right)=1.$$

注 其中利用了 $\lim\limits_{x\to0}\dfrac{\arcsin x}{x}=1$ 以及 $\arcsin u+\arccos u=\dfrac{\pi}{2}$.

习题 452—481 关于根式的极限求解

【求下列函数的极限(452—470)】

【452】 $\lim\limits_{x\to+\infty}\dfrac{\sqrt{x+\sqrt{x+\sqrt{x}}}}{\sqrt{x+1}}$.

解 分子分母同除以$\sqrt{x}$，得 $\lim\limits_{x\to+\infty}\dfrac{\sqrt{x+\sqrt{x+\sqrt{x}}}}{\sqrt{x+1}}=\lim\limits_{x\to+\infty}\dfrac{\sqrt{1+\sqrt{\frac{1}{x}+\sqrt{\frac{1}{x^3}}}}}{\sqrt{1+\frac{1}{x}}}=1.$

【453】 $\lim\limits_{x\to+\infty}\dfrac{\sqrt{x}+\sqrt[3]{x}+\sqrt[4]{x}}{\sqrt{2x+1}}$.

解 分子分母同除以$\sqrt{x}$，得 $\lim\limits_{x\to+\infty}\dfrac{\sqrt{x}+\sqrt[3]{x}+\sqrt[4]{x}}{\sqrt{2x+1}}=\lim\limits_{x\to+\infty}\dfrac{1+x^{-\frac{1}{6}}+x^{-\frac{1}{4}}}{\sqrt{2+\frac{1}{x}}}=\dfrac{1}{\sqrt{2}}.$

【454】 $\lim\limits_{x\to4}\dfrac{\sqrt{1+2x}-3}{\sqrt{x}-2}$.

解 分子分母同乘以它们的共轭因式，得

$$\lim_{x\to4}\frac{\sqrt{1+2x}-3}{\sqrt{x}-2}=\lim_{x\to4}\frac{(\sqrt{1+2x}-3)(\sqrt{1+2x}+3)(\sqrt{x}+2)}{(\sqrt{x}-2)(\sqrt{x}+2)(\sqrt{1+2x}+3)}$$
$$=\lim_{x\to4}\frac{2(x-4)(\sqrt{x}+2)}{(x-4)(\sqrt{1+2x}+3)}=\lim_{x\to4}\frac{2(\sqrt{x}+2)}{\sqrt{1+2x}+3}=\frac{4}{3}.$$

【455】 $\lim\limits_{x\to-8}\dfrac{\sqrt{1-x}-3}{2+\sqrt[3]{x}}$.

解 分子分母同乘以它们的共轭因式得

$$\lim_{x\to-8}\frac{\sqrt{1-x}-3}{2+\sqrt[3]{x}}=\lim_{x\to-8}\frac{(\sqrt{1-x}-3)(\sqrt{1-x}+3)(4+\sqrt[3]{x^2}-2\sqrt[3]{x})}{(2+\sqrt[3]{x})(4+\sqrt[3]{x^2}-2\sqrt[3]{x})(\sqrt{1-x}+3)}$$
$$=-\lim_{x\to-8}\frac{(8+x)(4+\sqrt[3]{x^2}-2\sqrt[3]{x})}{(8+x)(\sqrt{1-x}+3)}$$
$$=-\lim_{x\to-8}\frac{4+\sqrt[3]{x^2}-2\sqrt[3]{x}}{\sqrt{1-x}+3}=-2.$$

【456】 $\lim\limits_{x\to a}\dfrac{\sqrt{x}-\sqrt{a}+\sqrt{x-a}}{\sqrt{x^2-a^2}}$.

解 分子及分母同乘以式$\sqrt{x}+\sqrt{a}$得

$$\lim_{x\to a}\frac{\sqrt{x}-\sqrt{a}+\sqrt{x-a}}{\sqrt{x^2-a^2}}=\lim_{x\to a}\frac{(\sqrt{x}-\sqrt{a}+\sqrt{x-a})(\sqrt{x}+\sqrt{a})}{\sqrt{x^2-a^2}\,(\sqrt{x}+\sqrt{a})}$$
$$=\lim_{x\to a}\frac{\sqrt{x-a}\,(\sqrt{x-a}+\sqrt{x}+\sqrt{a})}{\sqrt{x-a}\,\sqrt{x+a}\,(\sqrt{x}+\sqrt{a})}$$
$$=\lim_{x\to a}\frac{\sqrt{x-a}+\sqrt{x}+\sqrt{a}}{\sqrt{x+a}\,(\sqrt{x}+\sqrt{a})}=\frac{1}{\sqrt{2a}}(a>0).$$

【457】 $\lim\limits_{x\to3}\dfrac{\sqrt{x+13}-2\sqrt{x+1}}{x^2-9}$.

解 $\lim\limits_{x\to3}\dfrac{\sqrt{x+13}-2\sqrt{x+1}}{x^2-9}=\lim\limits_{x\to3}\dfrac{(\sqrt{x+13}-2\sqrt{x+1})(\sqrt{x+13}+2\sqrt{x+1})}{(x+3)(x-3)(\sqrt{x+13}+2\sqrt{x+1})}$

$=-\lim\limits_{x\to3}\dfrac{3(x-3)}{(x-3)(x+3)(\sqrt{x+13}+2\sqrt{x+1})}$

$=-\lim\limits_{x\to3}\dfrac{3}{(x+3)(\sqrt{x+13}+2\sqrt{x+1})}=-\dfrac{1}{16}.$

【458】 $\lim\limits_{x\to-2}\dfrac{\sqrt[3]{x-6}+2}{x^3+8}.$

解 $\lim\limits_{x\to-2}\dfrac{\sqrt[3]{x-6}+2}{x^3+8}=\lim\limits_{x\to-2}\dfrac{(\sqrt[3]{x-6}+2)[\sqrt[3]{(x-6)^2}-2\sqrt[3]{x-6}+4]}{(x^3+8)(\sqrt[3]{(x-6)^2}-2\sqrt[3]{x-6}+4)}$

$=\lim\limits_{x\to-2}\dfrac{1}{(x^2-2x+4)[\sqrt[3]{(x-6)^2}-2\sqrt[3]{x-6}+4]}=\dfrac{1}{144}.$

【459】 $\lim\limits_{x\to16}\dfrac{\sqrt[4]{x}-2}{\sqrt{x}-4}.$

解 $\lim\limits_{x\to16}\dfrac{\sqrt[4]{x}-2}{\sqrt{x}-4}=\lim\limits_{x\to16}\dfrac{1}{\sqrt[4]{x}+2}=\dfrac{1}{4}.$

【460】 $\lim\limits_{x\to8}\dfrac{\sqrt{9+2x}-5}{\sqrt[3]{x}-2}.$

解 $\lim\limits_{x\to8}\dfrac{\sqrt{9+2x}-5}{\sqrt[3]{x}-2}=\lim\limits_{x\to8}\dfrac{(\sqrt{9+2x}-5)(\sqrt{9+2x}+5)(\sqrt[3]{x^2}+2\sqrt[3]{x}+4)}{(\sqrt[3]{x}-2)(\sqrt[3]{x^2}+2\sqrt[3]{x}+4)(\sqrt{9+2x}+5)}$

$=2\lim\limits_{x\to8}\dfrac{\sqrt[3]{x^2}+2\sqrt[3]{x}+4}{\sqrt{9+2x}+5}=\dfrac{12}{5}.$

【461】 $\lim\limits_{x\to0}\dfrac{\sqrt[n]{1+x}-1}{x}$（$n$ 为整数）.

解 $\lim\limits_{x\to0}\dfrac{\sqrt[n]{1+x}-1}{x}=\lim\limits_{x\to0}\dfrac{(\sqrt[n]{1+x}-1)[\sqrt[n]{(1+x)^{n-1}}+\sqrt[n]{(1+x)^{n-2}}+\cdots+1]}{x[\sqrt[n]{(1+x)^{n-1}}+\sqrt[n]{(1+x)^{n-2}}+\cdots+1]}$

$=\lim\limits_{x\to0}\dfrac{1}{\sqrt[n]{(1+x)^{n-1}}+\sqrt[n]{(1+x)^{n-2}}+\cdots+\sqrt[n]{1+x}+1}=\dfrac{1}{n}.$

【462】 $\lim\limits_{x\to0}\dfrac{\sqrt{1-2x-x^2}-(1+x)}{x}.$

解 $\lim\limits_{x\to0}\dfrac{\sqrt{1-2x-x^2}-(1+x)}{x}=\lim\limits_{x\to0}\dfrac{(\sqrt{1-2x-x^2}-1-x)(\sqrt{1-2x-x^2}+1+x)}{x(\sqrt{1-2x-x^2}+1+x)}$

$=\lim\limits_{x\to0}\dfrac{-2(2+x)}{\sqrt{1-2x-x^2}+1+x}=-2.$

【463】 $\lim\limits_{x\to0}\dfrac{\sqrt[3]{8+3x-x^2}-2}{x+x^2}.$

解 $\lim\limits_{x\to0}\dfrac{\sqrt[3]{8+3x-x^2}-2}{x+x^2}=\lim\limits_{x\to0}\dfrac{\sqrt[3]{8+3x-x^2}-2}{x+x^2}\cdot\dfrac{\sqrt[3]{(8+3x-x^2)^2}+2\sqrt[3]{8+3x-x^2}+4}{\sqrt[3]{(8+3x-x^2)^2}+2\sqrt[3]{8+3x-x^2}+4}$

$=\lim\limits_{x\to0}\dfrac{3-x}{(1+x)[\sqrt[3]{(8+3x-x^2)^2}+2\sqrt[3]{8+3x-x^2}+4]}=\dfrac{1}{4}.$

【464】 $\lim\limits_{x\to0}\dfrac{\sqrt[3]{27+x}-\sqrt[3]{27-x}}{x+2\sqrt[3]{x^4}}.$

解 $\lim\limits_{x\to0}\dfrac{\sqrt[3]{27+x}-\sqrt[3]{27-x}}{x+2\sqrt[3]{x^4}}$

$$=\lim_{x\to0}\left\{\frac{(\sqrt[3]{27+x}-\sqrt[3]{27-x})}{(x+2\sqrt[3]{x^4})}\cdot\frac{[\sqrt[3]{(27+x)^2}+\sqrt[3]{27^2-x^2}+\sqrt[3]{(27-x)^2}]}{[\sqrt[3]{(27+x)^2}+\sqrt[3]{27^2-x^2}+\sqrt[3]{(27-x)^2}]}\right\}$$

$$=\lim_{x\to0}\frac{2}{(1+2\sqrt[3]{x})[\sqrt[3]{(27+x)^2}+\sqrt[3]{27^2-x^2}+\sqrt[3]{(27-x)^2}]}=\frac{2}{27}.$$

【465】 $\lim\limits_{x\to0}\dfrac{\sqrt{1+x}-\sqrt{1-x}}{\sqrt[3]{1+x}-\sqrt[3]{1-x}}$.

解 $\lim\limits_{x\to0}\dfrac{\sqrt{1+x}-\sqrt{1-x}}{\sqrt[3]{1+x}-\sqrt[3]{1-x}}$

$$=\lim_{x\to0}\left\{\frac{(\sqrt{1+x}-\sqrt{1-x})(\sqrt{1+x}+\sqrt{1-x})}{(\sqrt[3]{1+x}-\sqrt[3]{1-x})(\sqrt{1+x}+\sqrt{1-x})}\cdot\frac{[\sqrt[3]{(1+x)^2}+\sqrt[3]{1-x^2}+\sqrt[3]{(1-x)^2}]}{[\sqrt[3]{(1+x)^2}+\sqrt[3]{1-x^2}+\sqrt[3]{(1-x)^2}]}\right\}$$

$$=\lim_{x\to0}\frac{\sqrt[3]{(1+x)^2}+\sqrt[3]{1-x^2}+\sqrt[3]{(1-x)^2}}{\sqrt{1+x}+\sqrt{1-x}}=\frac{3}{2}.$$

【466】 $\lim\limits_{x\to7}\dfrac{\sqrt{x+2}-\sqrt[3]{x+20}}{\sqrt[4]{x+9}-2}$.

解 $\lim\limits_{x\to7}\dfrac{\sqrt{x+2}-\sqrt[3]{x+20}}{\sqrt[4]{x+9}-2}$

$$=\lim_{x\to7}\left\{\frac{[\sqrt[6]{(x+2)^3}-\sqrt[6]{(x+20)^2}](\sqrt[4]{x+9}+2)(\sqrt{x+9}+4)}{(\sqrt[4]{x+9}-2)(\sqrt[4]{x+9}+2)(\sqrt{x+9}+4)}\cdot\right.$$

$$\left.\frac{[\sqrt[6]{(x+2)^{15}}+\sqrt[6]{(x+2)^{12}(x+20)^2}+\cdots+\sqrt[6]{(x+20)^{10}}]}{[\sqrt[6]{(x+2)^{15}}+\cdots+\sqrt[6]{(x+20)^{10}}]}\right\}$$

$$=\lim_{x\to7}\frac{[(x+2)^3-(x+20)^2](\sqrt[4]{x+9}+2)(\sqrt{x+9}+4)}{(x-7)(\sqrt[6]{(x+2)^{15}}+\cdots+\sqrt[6]{(x+2)^{10}})}$$

$$=\lim_{x\to7}\frac{(x-7)(x^2+12x+56)(\sqrt[4]{x+9}+2)(\sqrt{x+9}+4)}{(x-7)(\sqrt[6]{(x+2)^{15}}+\cdots+\sqrt[6]{(x+20)^{10}})}$$

$$=\lim_{x\to7}\frac{(x^2+12x+56)(\sqrt[4]{x+9}+2)(\sqrt{x+9}+4)}{\sqrt[6]{(x+2)^{15}}+\sqrt[6]{(x+2)^{12}(x+20)^2}+\cdots+\sqrt[6]{(x+20)^{10}}}$$

$$=\frac{189\cdot4\cdot8}{3^5+3^4\cdot3+3^3\cdot3^2+3^2\cdot3^3+3\cdot3^4+3^5}=\frac{3^3\cdot7\cdot4\cdot8}{3^5\cdot6}=\frac{112}{27}.$$

【467】 $\lim\limits_{x\to0}\dfrac{\sqrt[3]{1+\frac{x}{3}}-\sqrt[4]{1+\frac{x}{4}}}{1-\sqrt{1-\frac{x}{2}}}$.

解 $\lim\limits_{x\to0}\dfrac{\sqrt[3]{1+\frac{x}{3}}-\sqrt[4]{1+\frac{x}{4}}}{1-\sqrt{1-\frac{x}{2}}}$

$$=\lim_{x\to0}\left\{\frac{\left[\sqrt[12]{\left(1+\frac{x}{3}\right)^4}-\sqrt[12]{\left(1+\frac{x}{4}\right)^3}\right]\left(1+\sqrt{1-\frac{x}{2}}\right)}{\left(1-\sqrt{1-\frac{x}{2}}\right)\left(1+\sqrt{1-\frac{x}{2}}\right)}\cdot\frac{\left[\sqrt[12]{\left(1+\frac{x}{3}\right)^{44}}+\cdots+\sqrt[12]{\left(1+\frac{x}{4}\right)^{33}}\right]}{\left[\sqrt[12]{\left(1+\frac{x}{3}\right)^{44}}+\cdots+\sqrt[12]{\left(1+\frac{x}{4}\right)^{33}}\right]}\right\}$$

$$=\lim_{x\to0}\frac{x\left(\frac{7}{12}+\frac{23x}{48}+\frac{229x^2}{1728}+\frac{x^3}{81}\right)\left(1+\sqrt{1-\frac{x}{2}}\right)}{\frac{x}{2}\left[\sqrt[12]{\left(1+\frac{x}{3}\right)^{44}}+\cdots+\sqrt[12]{\left(1+\frac{x}{4}\right)^{33}}\right]}=\frac{7}{36}.$$

【468】 $\lim\limits_{x\to 0}\dfrac{x^2}{\sqrt[5]{1+5x}-(1+x)}$.

解 $$\lim_{x\to 0}\frac{x^2}{\sqrt[5]{1+5x}-(1+x)}=\lim_{x\to 0}\frac{x^2\left[\sqrt[5]{(1+5x)^4}+\sqrt[5]{(1+5x)^3}(1+x)+\cdots+(1+x)^4\right]}{(1+5x)-(1+x)^5}$$
$$=\lim_{x\to 0}\frac{\sqrt[5]{(1+5x)^4}+\sqrt[5]{(1+5x)^3}(1+x)+\cdots+(1+x)^4}{-10-10x-5x^2-x^3}$$
$$=-\frac{1}{2}.$$

【469】 $\lim\limits_{x\to 0}\dfrac{\sqrt[m]{1+\alpha x}-\sqrt[n]{1+\beta x}}{x}$($m$ 及 n 为非零整数).

提示 分三种情况:(1)m,n 均为正;(2)m,n 均为负;(3)m,n 一正一负.

解 如果 m,n 均为正整数,则
$$\lim_{x\to 0}\frac{\sqrt[m]{1+\alpha x}-\sqrt[n]{1+\beta x}}{x}$$
$$=\lim_{x\to 0}\frac{(1+\alpha x)^n-(1+\beta x)^m}{x\left[\sqrt[mn]{(1+\alpha x)^{mn-1}}+\sqrt[mn]{(1+\alpha x)^{mn-2}}\sqrt[mn]{1+\beta x}+\cdots+\sqrt[mn]{(1+\beta x)^{mn-1}}\right]}$$
$$=\lim_{x\to 0}\frac{(n\alpha-m\beta)+(C_n^2\alpha^2x+\cdots+\alpha^nx^{n-1}-C_m^2\beta^2x-\cdots-\beta^mx^{m-1})}{\sqrt[mn]{(1+\alpha x)^{mn-1}}+\sqrt[mn]{(1+\alpha x)^{mn-2}}\sqrt[mn]{1+\beta x}+\cdots+\sqrt[mn]{(1+\beta x)^{mn-1}}}$$
$$=\frac{n\alpha-m\beta}{mn}=\frac{\alpha}{m}-\frac{\beta}{n}.$$

如果 m,n 均为负整数,设 $m'=-m,n'=-n$,则 m' 及 n' 为正整数,且
$$\sqrt[m]{1+\alpha x}-\sqrt[n]{1+\beta x}=\frac{\sqrt[n']{1+\beta x}-\sqrt[m']{1+\alpha x}}{\sqrt[m']{1+\alpha x}\cdot\sqrt[n']{1+\beta x}}.$$
当 $x\to 0$ 时,上式的分母趋于 1,于是利用本题前半段的结果,得
$$\lim_{x\to 0}\frac{\sqrt[n']{1+\beta x}-\sqrt[m']{1+\alpha x}}{x}=\frac{\beta}{n'}-\frac{\alpha}{m'}=\frac{\alpha}{m}-\frac{\beta}{n}.$$
如果 m,n 一个为负,一个为正,不妨设 $m\in\mathbf{Z}_+,n\in\mathbf{Z}_-$,令 $k=-n$,则 $k\in\mathbf{Z}_+$.因此
$$\lim_{x\to 0}\frac{\sqrt[m]{1+\alpha x}-\sqrt[n]{1+\beta x}}{x}=\lim_{x\to 0}\frac{\sqrt[mk]{(1+\alpha x)^k(1+\beta x)^m}-1}{x\sqrt[k]{1+\beta x}}$$
$$=\lim_{x\to 0}\frac{(1+\alpha x)^k(1+\beta x)^m-1}{x\sqrt[k]{1+\beta x}}\cdot\frac{1}{f^{mk-1}(x)+f^{mk-2}(x)+\cdots+f(x)+1}$$
$$=\lim_{x\to 0}\frac{(k\alpha+m\beta)x+o(x)}{x\sqrt[k]{1+\beta x}}\cdot\frac{1}{f^{mk-1}(x)+f^{mk-2}(x)+\cdots+f(x)+1}$$
$$=\frac{k\alpha+m\beta}{mk}=\frac{\alpha}{m}+\frac{\beta}{k}=\frac{\alpha}{m}-\frac{\beta}{n},$$
其中 $f(x)=\sqrt[mk]{(1+\alpha x)^k(1+\beta x)^m}$.

综上,$\forall\, m,n\in\mathbf{Z},mn\neq 0$,都有$\lim\limits_{x\to 0}\dfrac{\sqrt[m]{1+\alpha x}-\sqrt[n]{1+\beta x}}{x}=\dfrac{\alpha}{m}-\dfrac{\beta}{n}$.

【470】 $\lim\limits_{x\to 0}\dfrac{\sqrt[m]{1+\alpha x}\cdot\sqrt[n]{1+\beta x}-1}{x}$($m$ 及 n 为非零整数).

解 若 m,n 为正整数,同上题第三种情形.
$$\lim_{x\to 0}\frac{\sqrt[m]{1+\alpha x}\cdot\sqrt[n]{1+\beta x}-1}{x}=\lim_{x\to 0}\frac{\sqrt[mn]{(1+\alpha x)^n(1+\beta x)^m}-1}{x}=\frac{n\alpha+m\beta}{mn}=\frac{\alpha}{m}+\frac{\beta}{n}$$
若 m,n 为负整数,则此结果仍然成立.事实上,只需设 $m'=-m,n'=-n$,则 m' 及 n' 为正整数,且
$$\sqrt[m]{1+\alpha x}\cdot\sqrt[n]{1+\beta x}-1=\frac{1-\sqrt[m']{1+\alpha x}\cdot\sqrt[n']{1+\beta x}}{\sqrt[m']{1+\alpha x}\cdot\sqrt[n']{1+\beta x}}.$$

再利用前半段的结果，即得

$$\lim_{x\to 0}\frac{1-\sqrt[m']{1+\alpha x}\cdot\sqrt[n']{1+\beta x}}{x\sqrt[m']{1+\alpha x}\cdot\sqrt[n']{1+\beta x})}=-\frac{\alpha}{m'}-\frac{\beta}{n'}=\frac{\alpha}{m}+\frac{\beta}{n}.$$

若 m,n 一个为负，一个为正，不妨设 $m\in\mathbf{Z}_+,n\in\mathbf{Z}_-$，令 $k=-n$，则 $k\in\mathbf{Z}_+$. 由上题第一种情形可得

$$\lim_{x\to 0}\frac{\sqrt[m]{1+\alpha x}\cdot\sqrt[n]{1+\beta x}-1}{x}=\lim_{x\to 0}\frac{\sqrt[m]{1+\alpha x}-\sqrt[k]{1+\beta x}}{x\sqrt[k]{1+\beta x}}=\frac{\alpha}{m}-\frac{\beta}{k}=\frac{\alpha}{m}+\frac{\beta}{n}.$$

综上，$\forall m,n\in\mathbf{Z},mn\neq 0$，都有 $\lim\limits_{x\to 0}\frac{\sqrt[m]{1+\alpha x}\cdot\sqrt[n]{1+\beta x}-1}{x}=\frac{\alpha}{m}+\frac{\beta}{n}$.

【471】 设 $P(x)=a_1x+a_2x^2+\cdots+a_nx^n$，又 m 为非零整数，证明：

$$\lim_{x\to 0}\frac{\sqrt[m]{1+P(x)}-1}{x}=\frac{a_1}{m}.$$

证 若 m 为正整数，则

$$\begin{aligned}\lim_{x\to 0}\frac{\sqrt[m]{1+P(x)}-1}{x}&=\lim_{x\to 0}\frac{P(x)}{x\{\sqrt[m]{[1+P(x)]^{m-1}}+\cdots+\sqrt[m]{1+P(x)}+1\}}\\&=\lim_{x\to 0}\frac{a_1+a_2x+\cdots+a_nx^{n-1}}{\sqrt[m]{[1+P(x)]^{m-1}}+\cdots+\sqrt[m]{1+P(x)}+1}=\frac{a_1}{m}.\end{aligned}$$

若 m 为负整数，记 $n=-m$，则 n 为正整数，且

$$\lim_{x\to 0}\frac{\sqrt[m]{1+P(x)}-1}{x}=\lim_{x\to 0}\frac{1-\sqrt[n]{1+P(x)}}{x\sqrt[n]{1+P(x)}}=-\frac{a_1}{n}=\frac{a_1}{m}.$$

综上，对 $\forall m\in\mathbf{Z}\backslash\{0\}$，有 $\lim\limits_{x\to 0}\frac{\sqrt[m]{1+P(x)}-1}{x}=\frac{a_1}{m}$.

【求下列函数的极限(472—477)】

【472】 $\lim\limits_{x\to 1}\frac{\sqrt[m]{x}-1}{\sqrt[n]{x}-1}$（$m$ 及 n 为非零整数）.

解 若 m,n 均为正整数，则

$$\lim_{x\to 1}\frac{\sqrt[m]{x}-1}{\sqrt[n]{x}-1}=\lim_{x\to 1}\frac{x^{\frac{n-1}{n}}+x^{\frac{n-2}{n}}+\cdots+1}{x^{\frac{m-1}{m}}+x^{\frac{m-2}{m}}+\cdots+1}=\frac{n}{m}.$$

若 m,n 均为负整数，设 $m'=-m,n'=-n$，则 m' 及 n' 为正整数，且

$$\lim_{x\to 1}\frac{\sqrt[m]{x}-1}{\sqrt[n]{x}-1}=\lim_{x\to 1}\frac{1-\sqrt[m']{x}}{1-\sqrt[n']{x}}\cdot\frac{\sqrt[n']{x}}{\sqrt[m']{x}}=\frac{n'}{m'}=\frac{n}{m}.$$

若 m,n 一个为负，一个为正，不妨设 $m\in\mathbf{Z}_+,n\in\mathbf{Z}_-$，令 $k=-n$，则 $k\in\mathbf{Z}_+$. 于是

$$\lim_{x\to 1}\frac{\sqrt[m]{x}-1}{\sqrt[n]{x}-1}=\lim_{x\to 1}\left(\frac{\sqrt[m]{x}-1}{1-\sqrt[k]{x}}\cdot\sqrt[k]{x}\right)=-\frac{k}{m}=\frac{n}{m}.$$

综上，$\forall m,n\in\mathbf{Z},mn\neq 0$，都有 $\lim\limits_{x\to 1}\frac{\sqrt[m]{x}-1}{\sqrt[n]{x}-1}=\frac{n}{m}$.

【473】 $\lim\limits_{x\to 1}\frac{(1-\sqrt{x})(1-\sqrt[3]{x})\cdots(1-\sqrt[n]{x})}{(1-x)^{n-1}}$.

解 由 $1-a^n=(1-a)(1+a+a^2+\cdots+a^{n-1})$，可得

$$1-\sqrt[k]{x}=\frac{1-x}{1+\sqrt[k]{x}+\sqrt[k]{x^2}+\cdots+\sqrt[k]{x^{k-1}}}\ (k\in\mathbf{N}_+).$$

于是

$$\lim_{x\to 1}\frac{(1-\sqrt{x})(1-\sqrt[3]{x})\cdots(1-\sqrt[n]{x})}{(1-x)^{n-1}}$$

$$=\lim_{x\to1}\frac{(1-x)^{n-1}}{(1-x)^{n-1}(1+\sqrt{x})(1+\sqrt[3]{x}+\sqrt[3]{x^2})\cdots(1+\sqrt[n]{x}+\cdots+\sqrt[n]{x^{n-1}})}$$

$$=\frac{1}{2\cdot3\cdots n}=\frac{1}{n!}.$$

【474】 $\lim\limits_{x\to\infty}x^{\frac{1}{3}}[(x+1)^{\frac{2}{3}}-(x-1)^{\frac{2}{3}}]$.

解 $\lim\limits_{x\to\infty}x^{\frac{1}{3}}[(x+1)^{\frac{2}{3}}-(x-1)^{\frac{2}{3}}]$

$$=\lim_{x\to\infty}\frac{x^{\frac{1}{3}}[(x+1)^{\frac{2}{3}}-(x-1)^{\frac{2}{3}}]\cdot[(x+1)^{\frac{4}{3}}+(x^2-1)^{\frac{2}{3}}+(x-1)^{\frac{4}{3}}]}{(x+1)^{\frac{4}{3}}+(x^2-1)^{\frac{2}{3}}+(x-1)^{\frac{4}{3}}}$$

$$=4\lim_{x\to\infty}\frac{1}{\left(1+\frac{1}{x}\right)^{\frac{4}{3}}+\left(1-\frac{1}{x^2}\right)^{\frac{2}{3}}+\left(1-\frac{1}{x}\right)^{\frac{4}{3}}}=\frac{4}{3}.$$

【475】 $\lim\limits_{x\to\infty}(\sqrt[3]{x^3+x^2+1}-\sqrt[3]{x^3-x^2+1})$.

解 $\lim\limits_{x\to\infty}(\sqrt[3]{x^3+x^2+1}-\sqrt[3]{x^3-x^2+1})$

$$=\lim_{x\to\infty}\frac{2x^2}{\sqrt[3]{(x^3+x^2+1)^2}+\sqrt[3]{(x^3+x^2+1)(x^3-x^2+1)}+\sqrt[3]{(x^3-x^2+1)^2}}=\frac{2}{3}.$$

【476】 $\lim\limits_{x\to0}\frac{(\sqrt{1+x^2}+x)^n-(\sqrt{1+x^2}-x)^n}{x}$($n$ 为正整数).

解 $\lim\limits_{x\to0}\frac{(\sqrt{1+x^2}+x)^n-(\sqrt{1+x^2}-x)^n}{x}$

$$=\lim_{x\to0}\frac{2x}{x}[(x+\sqrt{1+x^2})^{n-1}+(x+\sqrt{1+x^2})^{n-2}(\sqrt{1+x^2}-x)+\cdots+(\sqrt{1+x^2}-x)^{n-1}]$$

$=2n.$

【477】 $\lim\limits_{x\to\infty}\frac{(x-\sqrt{x^2-1})^n+(x+\sqrt{x^2-1})^n}{x^n}$($n$ 为正整数).

解 分子及分母同除以 x^n,无论 $x>0$ 还是 $x<0$,都有

$$\lim_{x\to\infty}\frac{(x-\sqrt{x^2-1})^n+(x+\sqrt{x^2-1})^n}{x^n}=\lim_{x\to\infty}\left[\left(1-\sqrt{1-\frac{1}{x^2}}\right)^n+\left(1+\sqrt{1-\frac{1}{x^2}}\right)^n\right]=2^n.$$

【478】 设二次方程式 $ax^2+bx+c=0$ 的系数 $a\neq0$ 为变量,系数 b 与 c 为常数,且 $b\neq0$,试研究此二次方程式的二根 x_1,x_2 随 $a\to0$ 时的变化趋势.

解 $x_1=\frac{-b+\sqrt{b^2-4ac}}{2a}$,$x_2=\frac{-b-\sqrt{b^2-4ac}}{2a}$,不失一般性,假设 $b>0$,于是有 $\lim\limits_{a\to0}x_2=\infty$,

$$\lim_{a\to0}x_1=\lim_{a\to0}\frac{(-b+\sqrt{b^2-4ac})(-b-\sqrt{b^2-4ac})}{2a(-b-\sqrt{b^2-4ac})}=-2c\lim_{a\to0}\frac{1}{b+\sqrt{b^2-4ac}}=-\frac{c}{b}.$$

【求下列函数的极限(479—481)】

【479】 $\lim\limits_{x\to0}x\sqrt{\cos\frac{1}{x}}$.

解 $\forall x\neq0$,$\left|\sqrt{\cos\frac{1}{x}}\right|\leqslant1$ 有界,所以 $\lim\limits_{x\to0}x\sqrt{\cos\frac{1}{x}}=0$.

【480】 $\lim\limits_{n\to\infty}\sin(\pi\sqrt{n^2+1})$.

解 $\lim\limits_{n\to\infty}\sin(\pi\sqrt{n^2+1})=\lim\limits_{n\to\infty}(-1)^n\sin(\pi\sqrt{n^2+1}-n\pi)$

$$=\lim_{n\to\infty}(-1)^n\sin\frac{\pi}{\sqrt{n^2+1}+n}=0.$$

【481】 $\lim\limits_{n\to\infty}\sin^2(\pi\sqrt{n^2+n})$.

解 方法一 $\lim\limits_{n\to\infty}\sin^2(\pi\sqrt{n^2+n})$

$$=\lim_{n\to\infty}\frac{1-\cos(2\pi\sqrt{n^2+n})}{2}$$

$$=\frac{1}{2}\lim_{n\to\infty}\{1-\cos[2\pi(\sqrt{n^2+n}-n)]\}$$

$$=\frac{1}{2}\lim_{n\to\infty}\left(1-\cos\frac{2n\pi}{\sqrt{n^2+n}+n}\right)=1.$$

方法二 $\lim\limits_{n\to\infty}\sin^2(\pi\sqrt{n^2+n})=\lim\limits_{n\to\infty}\sin^2[\pi(\sqrt{n^2+n}-n)]=\lim\limits_{n\to\infty}\sin^2\dfrac{n\pi}{\sqrt{n^2+n}+n}=1.$

·知识拓展·

定理 若$\lim\limits_{x\to a}u(x)=A>0$，$\lim\limits_{x\to a}v(x)=B$，则$\lim\limits_{x\to a}u(x)^{v(x)}=A^B$.

证 因为$\lim\limits_{x\to a}u(x)=A>0$，所以$\lim\limits_{x\to a}\ln u(x)=\ln a$，故

$$\lim_{x\to a}\ln u(x)^{v(x)}=\lim_{x\to a}v(x)\ln u(x)=\lim_{x\to a}v(x)\cdot\lim_{x\to a}\ln u(x)=B\ln a=\ln a^B.$$

因而有$\lim\limits_{x\to a}u(x)^{v(x)}=A^B$.

习题482—488 幂指函数$u(x)^{v(x)}$类型的极限

【求下列函数的极限(482—488)】

【482】 (1)$\lim\limits_{x\to0}\left(\dfrac{1+x}{2+x}\right)^{\frac{1-\sqrt{x}}{1-x}}$； (2)$\lim\limits_{x\to1}\left(\dfrac{1+x}{2+x}\right)^{\frac{1-\sqrt{x}}{1-x}}$； (3)$\lim\limits_{x\to+\infty}\left(\dfrac{1+x}{2+x}\right)^{\frac{1-\sqrt{x}}{1-x}}$.

解 (1)$\lim\limits_{x\to0}\left(\dfrac{1+x}{2+x}\right)^{\frac{1-\sqrt{x}}{1-x}}=\left(\dfrac{1}{2}\right)^1=\dfrac{1}{2}$；

(2)$\lim\limits_{x\to1}\left(\dfrac{1+x}{2+x}\right)^{\frac{1-\sqrt{x}}{1-x}}=\lim\limits_{x\to1}\left(\dfrac{1+x}{2+x}\right)^{\frac{1}{1+\sqrt{x}}}=\left(\dfrac{2}{3}\right)^{\frac{1}{2}}=\sqrt{\dfrac{2}{3}}$；

(3)$\lim\limits_{x\to+\infty}\left(\dfrac{1+x}{2+x}\right)^{\frac{1-\sqrt{x}}{1-x}}=\lim\limits_{x\to+\infty}\left(\dfrac{1+x}{2+x}\right)^{\frac{1}{1+\sqrt{x}}}=1^0=1.$

【483】 $\lim\limits_{x\to\infty}\left(\dfrac{x+2}{2x-1}\right)^{x^2}$.

解 方法一 由于$\lim\limits_{x\to\infty}\dfrac{x+2}{2x-1}=\dfrac{1}{2}<1$，$\lim\limits_{x\to\infty}x^2=+\infty$，故$\lim\limits_{x\to\infty}\left(\dfrac{x+2}{2x-1}\right)^{x^2}=0$.

方法二 由于$\lim\limits_{x\to\infty}\dfrac{x+2}{2x-1}=\dfrac{1}{2}$，故$\exists X>0$，当$x>X$时，有$\dfrac{1}{4}<\dfrac{x+2}{2x-1}<\dfrac{2}{3}$，从而

$$\left(\frac{1}{4}\right)^{x^2}<\left(\frac{x+2}{2x-1}\right)^{x^2}<\left(\frac{2}{3}\right)^{x^2},$$

又$\lim\limits_{x\to\infty}\left(\dfrac{1}{4}\right)^{x^2}=0$，$\lim\limits_{x\to\infty}\left(\dfrac{2}{3}\right)^{x^2}=0$，故$\lim\limits_{x\to\infty}\left(\dfrac{x+2}{2x-1}\right)^{x^2}=0$.

【484】 $\lim\limits_{x\to\infty}\left(\dfrac{3x^2-x+1}{2x^2+x+1}\right)^{\frac{x^3}{1-x}}$.

解 因为$\lim\limits_{x\to\infty}\dfrac{3x^2-x+1}{2x^2+x+1}=\dfrac{3}{2}>1$，$\lim\limits_{x\to\infty}\dfrac{x^3}{1-x}=\lim\limits_{x\to\infty}\dfrac{x^2}{\frac{1}{x}-1}=-\infty$，所以

$$\lim_{x\to\infty}\left(\frac{3x^2-x+1}{2x^2+x+1}\right)^{\frac{x^3}{1-x}}=0.$$

注 也可以同上题,利用迫敛性求解.

【485】 $\lim\limits_{n\to\infty}\sin^n\dfrac{2\pi n}{3n+1}$.

解 因为$\lim\limits_{n\to\infty}\sin\dfrac{2\pi n}{3n+1}=\sin\dfrac{2\pi}{3}=\dfrac{\sqrt{3}}{2}<1$,所以$\lim\limits_{n\to\infty}\sin^n\dfrac{2\pi n}{3n+1}=0$.

【486】 $\lim\limits_{x\to\left(\frac{\pi}{4}\right)^+}\left[\tan\left(\dfrac{\pi}{8}+x\right)\right]^{\tan 2x}$.

解 因为当$x\to\left(\dfrac{\pi}{4}\right)^+$时,$1<\tan\left(\dfrac{\pi}{8}+x\right)<+\infty$,$\tan 2x\to-\infty$,所以

$$\lim_{x\to\left(\frac{\pi}{4}\right)^+}\left[\tan\left(\frac{\pi}{8}+x\right)\right]^{\tan 2x}=0.$$

【487】 $\lim\limits_{x\to\infty}\left(\dfrac{x^2-1}{x^2+1}\right)^{\frac{x-1}{x+1}}$.

解 $\lim\limits_{x\to\infty}\left(\dfrac{x^2-1}{x^2+1}\right)^{\frac{x-1}{x+1}}=1^1=1$.

【488】 $\lim\limits_{x\to\infty}\left(\dfrac{x^2+2x-1}{2x^2-3x-2}\right)^{\frac{1}{x}}$.

解 $\lim\limits_{x\to\infty}\left(\dfrac{x^2+2x-1}{2x^2-3x-2}\right)^{\frac{1}{x}}=\left(\dfrac{1}{2}\right)^0=1$.

习题 489—510 单侧极限

【求下列函数的极限(489—510)】

【489】 $\lim\limits_{x\to0^+}x\ln x$.

解 设$y=\dfrac{1}{x}$,则$x\to0^+$时,$y\to+\infty$,由$\lim\limits_{x\to+\infty}\dfrac{\log_a x}{x^\varepsilon}=0(a>1,\varepsilon>0)$,可得

$$\lim_{x\to0^+}x\ln x=-\lim_{y\to+\infty}\frac{\ln y}{y}=0.$$

【490】 (1) $\lim\limits_{x\to1^-}\arctan\dfrac{1}{1-x}$; (2) $\lim\limits_{x\to1^+}\arctan\dfrac{1}{1-x}$.

解 (1) $\lim\limits_{x\to1^-}\arctan\dfrac{1}{1-x}=\dfrac{\pi}{2}$; (2) $\lim\limits_{x\to1^+}\arctan\dfrac{1}{1-x}=-\dfrac{\pi}{2}$.

【491】 (1) $\lim\limits_{x\to0^-}\dfrac{1}{1+e^{\frac{1}{x}}}$; (2) $\lim\limits_{1\to0^+}\dfrac{1}{1+e^{\frac{1}{x}}}$.

解 (1) $\lim\limits_{x\to0^-}\dfrac{1}{1+e^{\frac{1}{x}}}=1$; (2) $\lim\limits_{x\to0^+}\dfrac{1}{1+e^{\frac{1}{x}}}=0$.

【492】 (1) $\lim\limits_{x\to-\infty}\dfrac{\ln(1+e^x)}{x}$; (2) $\lim\limits_{x\to+\infty}\dfrac{\ln(1+e^x)}{x}$.

解 (1) $\lim\limits_{x\to-\infty}\dfrac{\ln(1+e^x)}{x}=\lim\limits_{x\to-\infty}\left[\dfrac{1}{x}\cdot\ln(1+e^x)\right]=0$;

(2) $\lim\limits_{x\to+\infty}\dfrac{\ln(1+e^x)}{x}=\lim\limits_{x\to+\infty}\left[1+\dfrac{\ln(e^{-x}+1)}{x}\right]=1$.

【493】 证明：(1) $\lim\limits_{x\to-\infty}\dfrac{2x}{1+x}=2^{+}$； (2) $\lim\limits_{x\to+\infty}\dfrac{2x}{1+x}=2^{-}$.

证 (1)当 $x<-1$ 时，有 $\dfrac{2x}{1+x}=2-\dfrac{2}{1+x}>2$，故 $\lim\limits_{x\to-\infty}\dfrac{2x}{1+x}=2^{+}$；

(2)当 $x>0$ 时，有 $0<\dfrac{2x}{1+x}=2-\dfrac{2}{1+x}<2$，故 $\lim\limits_{x\to+\infty}\dfrac{2x}{1+x}=2^{-}$.

【494】 证明：(1) $\lim\limits_{x\to0^{-}}2^{x}=1^{-}$； (2) $\lim\limits_{x\to0^{+}}2^{x}=1^{+}$.

证 (1)当 $x<0$ 时，$0<2^{x}<1$，故 $\lim\limits_{x\to0^{-}}2^{x}=1^{-}$；

(2)当 $x>0$ 时，$2^{x}>1$，故 $\lim\limits_{x\to0^{+}}2^{x}=1^{+}$.

【495】 设 $f(x)=x+[x^2]$，求 $f(1)$，$f(1-0)$，$f(1+0)$.

解 $f(1)=2$；$f(1-0)=\lim\limits_{x\to1^{-}}(x+[x^2])=1+0=1$；$f(1+0)=\lim\limits_{x\to1^{+}}(x+[x^2])=1+1=2$.

【496】 设 $f(x)=\operatorname{sgn}(\sin\pi x)$，求 $f(n)$，$f(n-0)$，$f(n+0)$ $(n=0,\pm1,\cdots)$.

解 $f(n)=0$；$f(n-0)=\lim\limits_{x\to n^{-}}\operatorname{sgn}(\sin\pi x)=(-1)^{n-1}$；$f(n+0)=\lim\limits_{x\to n^{+}}\operatorname{sgn}(\sin\pi x)=(-1)^{n}$.

【497】 $\lim\limits_{x\to+\infty}[\sqrt{(x+a)(x+b)}-x]$.

解
$$\lim_{x\to+\infty}[\sqrt{(x+a)(x+b)}-x]=\lim_{x\to+\infty}\frac{(x+a)(x+b)-x^2}{\sqrt{(x+a)(x+b)}+x}$$
$$=\lim_{x\to+\infty}\frac{a+b+\dfrac{ab}{x}}{1+\sqrt{\left(1+\dfrac{a}{x}\right)\left(1+\dfrac{b}{x}\right)}}=\frac{a+b}{2}.$$

【498】 $\lim\limits_{x\to+\infty}(\sqrt{x+\sqrt{x+\sqrt{x}}}-\sqrt{x})$.

解
$$\lim_{x\to+\infty}(\sqrt{x+\sqrt{x+\sqrt{x}}}-\sqrt{x})=\lim_{x\to+\infty}\frac{(x+\sqrt{x+\sqrt{x}})-x}{\sqrt{x+\sqrt{x+\sqrt{x}}}+\sqrt{x}}$$
$$=\lim_{x\to+\infty}\frac{\sqrt{1+\sqrt{\dfrac{1}{x}}}}{1+\sqrt{1+\sqrt{\dfrac{1}{x}+\sqrt{\dfrac{1}{x^3}}}}}=\frac{1}{2}.$$

【499】 (1) $\lim\limits_{x\to-\infty}(\sqrt{x^2+x}-x)$；(2) $\lim\limits_{x\to+\infty}(\sqrt{x^2+x}-x)$.

解 (1) $\lim\limits_{x\to-\infty}(\sqrt{x^2+x}-x)=+\infty$；

(2) $\lim\limits_{x\to+\infty}(\sqrt{x^2+x}-x)=\lim\limits_{x\to+\infty}\dfrac{x}{\sqrt{x^2+x}+x}=\lim\limits_{x\to+\infty}\dfrac{1}{\sqrt{1+x^{-1}}+1}=\dfrac{1}{2}$.

【500】 (1) $\lim\limits_{x\to-\infty}(\sqrt{1+x+x^2}-\sqrt{1-x+x^2})$；

(2) $\lim\limits_{x\to+\infty}(\sqrt{1+x+x^2}-\sqrt{1-x+x^2})$.

解 (1)
$$\lim_{x\to-\infty}(\sqrt{1+x+x^2}-\sqrt{1-x+x^2})=\lim_{x\to-\infty}\frac{2x}{\sqrt{1+x+x^2}+\sqrt{1-x+x^2}}$$
$$=\lim_{x\to-\infty}\frac{-2}{\sqrt{\dfrac{1}{x^2}+\dfrac{1}{x}+1}+\sqrt{\dfrac{1}{x^2}-\dfrac{1}{x}+1}}=-1.$$

注 当 $x<0$ 时，$x=-\sqrt{x^2}$.

(2) $\lim\limits_{x\to+\infty}(\sqrt{1+x+x^2}-\sqrt{1-x+x^2})=\lim\limits_{x\to+\infty}\dfrac{2}{\sqrt{\dfrac{1}{x^2}+\dfrac{1}{x}+1}+\sqrt{\dfrac{1}{x^2}-\dfrac{1}{x}+1}}=1.$

注 当 $x>0$ 时，$x=\sqrt{x^2}$.

【501】 $\lim\limits_{x\to+\infty}x(\sqrt{x^2+2x}-2\sqrt{x^2+x}+x)$.

解 方法一 设 $t=\dfrac{1}{x}$，则当 $x\to+\infty$时，$t\to0^+$，从而

$$\lim_{x\to+\infty}x(\sqrt{x^2+2x}-2\sqrt{x^2+x}+x)=\lim_{t\to0^+}\frac{\sqrt{1+2t}-2\sqrt{1+t}+1}{t^2}$$
$$=\lim_{t\to0^+}\frac{(\sqrt{1+2t}+1)^2-4(1+t)}{t^2(\sqrt{1+2t}+1+2\sqrt{1+t})}=\lim_{t\to0^+}\frac{2(\sqrt{1+2t}-1-t)}{t^2(\sqrt{1+2t}+1+2\sqrt{1+t})}$$
$$=\lim_{t\to0^+}\frac{2(\sqrt{1+2t}-1-t)(1+t+\sqrt{1+2t})^2}{t^2(\sqrt{1+2t}+1+2\sqrt{1+t})(1+t+\sqrt{1+2t})^2}$$
$$=\lim_{t\to0^+}\frac{-2}{(\sqrt{1+2t}+1+2\sqrt{1+t})(1+t+\sqrt{1+2t})^2}=-\frac{1}{4}.$$

方法二

$$\lim_{x\to+\infty}x(\sqrt{x^2+2x}-2\sqrt{x^2+x}+x)$$
$$=\lim_{x\to+\infty}x[(\sqrt{x^2+2x}-\sqrt{x^2+x})-(\sqrt{x^2+x}-x)]$$
$$=\lim_{x\to+\infty}x\left(\frac{x}{\sqrt{x^2+2x}+\sqrt{x^2+x}}-\frac{x}{\sqrt{x^2+x}+x}\right)$$
$$=\lim_{x\to+\infty}\frac{x^2(x-\sqrt{x^2+2x})}{(\sqrt{x^2+2x}+\sqrt{x^2+x})(\sqrt{x^2+x}+x)}$$
$$=\lim_{x\to+\infty}\frac{-2x^3}{(\sqrt{x^2+2x}+\sqrt{x^2+x})(\sqrt{x^2+x}+x)(x+\sqrt{x^2+2x})}=-\frac{1}{4}.$$

【502】 $\lim\limits_{x\to0^+}\left[\sqrt{\dfrac{1}{x}+\sqrt{\dfrac{1}{x}+\sqrt{\dfrac{1}{x}}}}-\sqrt{\dfrac{1}{x}-\sqrt{\dfrac{1}{x}+\sqrt{\dfrac{1}{x}}}}\right]$.

解 令 $t=\dfrac{1}{x}$，则 $x\to0^+$ 时，$t\to+\infty$，从而

$$\text{原式}=\lim_{t\to+\infty}\left(\sqrt{t+\sqrt{t+\sqrt{t}}}-\sqrt{t-\sqrt{t+\sqrt{t}}}\right)=\lim_{t\to+\infty}\frac{(t+\sqrt{t+\sqrt{t}})-(t-\sqrt{t+\sqrt{t}})}{\sqrt{t+\sqrt{t+t}}+\sqrt{t-\sqrt{t+\sqrt{t}}}}$$
$$=\lim_{t\to+\infty}\frac{2\sqrt{t+\sqrt{t}}}{\sqrt{t+\sqrt{t+\sqrt{t}}}+\sqrt{t-\sqrt{t+\sqrt{t}}}}=\lim_{t\to+\infty}\frac{2\sqrt{1+\sqrt{t^{-1}}}}{\sqrt{1+\sqrt{t^{-1}+\sqrt{t^{-3}}}}+\sqrt{1-\sqrt{t^{-1}+\sqrt{t^{-3}}}}}=1.$$

【503】 $\lim\limits_{x\to+\infty}(\sqrt[3]{x^3+3x^2}-\sqrt{x^2-2x})$.

解

$$\lim_{x\to+\infty}(\sqrt[3]{x^3+3x^2}-\sqrt{x^2-2x})$$
$$=\lim_{x\to+\infty}[\sqrt[6]{(x^3+3x^2)^2}-\sqrt[6]{(x^2-2x)^3}]$$
$$=\lim_{x\to+\infty}\frac{(x^3+3x^2)^2-(x^2-2x)^3}{\sqrt[6]{(x^3+3x^2)^{10}}+\sqrt[6]{(x^3+3x^2)^8(x^2-2x)^3}+\cdots+\sqrt[6]{(x^2-2x)^{15}}}$$
$$=\lim_{x\to+\infty}\frac{x^5\left(12-\dfrac{3}{x}+\dfrac{8}{x^2}\right)}{\sqrt[6]{(x^3+3x^2)^{10}}+\sqrt[6]{(x^3+3x^2)^8(x^2-2x)^3}+\cdots+\sqrt[6]{(x^2-2x)^{15}}}$$

$$=\lim_{x\to+\infty}\frac{12-\frac{3}{x}+\frac{8}{x^2}}{\sqrt[6]{\left(1+\frac{3}{x}\right)^{10}}+\sqrt[6]{\left(1+\frac{3}{x}\right)^{8}\left(1-\frac{2}{x}\right)^{3}}+\cdots+\sqrt[6]{\left(1-\frac{2}{x}\right)^{15}}}=2.$$

【504】 $\lim\limits_{x\to+\infty}x^{\frac{3}{2}}(\sqrt{x+2}-2\sqrt{x+1}+\sqrt{x})$.

解 **方法一** $\lim\limits_{x\to+\infty}x^{\frac{3}{2}}(\sqrt{x+2}-2\sqrt{x+1}+\sqrt{x})$

$$=\lim_{x\to+\infty}\frac{x^{\frac{3}{2}}(\sqrt{x+2}-2\sqrt{x+1}+\sqrt{x})(\sqrt{x+2}+2\sqrt{x+1}+\sqrt{x})}{\sqrt{x+2}+2\sqrt{x+1}+\sqrt{x}}$$

$$=\lim_{x\to+\infty}\frac{2x^{\frac{3}{2}}(\sqrt{x^2+2x}-x-1)(\sqrt{x^2+2x}+x+1)}{(\sqrt{x+2}+2\sqrt{x+1}+\sqrt{x})(\sqrt{x^2+2x}+x+1)}$$

$$=-2\lim_{x\to+\infty}\frac{1}{\left(\sqrt{1+\frac{2}{x}}+2\sqrt{1+\frac{1}{x}}+1\right)\left(\sqrt{1+\frac{2}{x}}+1+\frac{1}{x}\right)}=-\frac{1}{4}.$$

方法二 $\lim\limits_{x\to+\infty}x^{\frac{3}{2}}(\sqrt{x+2}-2\sqrt{x+1}+\sqrt{x})$

$$=\lim_{x\to+\infty}x^{\frac{3}{2}}\left(\frac{1}{\sqrt{x+2}+\sqrt{x+1}}-\frac{1}{\sqrt{x+1}+\sqrt{x}}\right)=\lim_{x\to+\infty}x^{\frac{3}{2}}\frac{\sqrt{x}-\sqrt{x+2}}{(\sqrt{x+2}+\sqrt{x+1})(\sqrt{x+1}+\sqrt{x})}$$

$$=-2\lim_{x\to+\infty}\frac{x^{\frac{3}{2}}}{(\sqrt{x+2}+\sqrt{x+1})(\sqrt{x+1}+\sqrt{x})(\sqrt{x+2}+\sqrt{x})}=-\frac{1}{4}.$$

【505】 $\lim\limits_{x\to+\infty}[\sqrt[n]{(x+\alpha_1)(x+\alpha_2)\cdots(x+\alpha_n)}-x]$.

解 $\lim\limits_{x\to+\infty}[\sqrt[n]{(x+\alpha_1)(x+\alpha_2)\cdots(x+\alpha_n)}-x]=\lim\limits_{x\to+\infty}\dfrac{(x+\alpha_1)(x+\alpha_2)\cdots(x+\alpha_n)-x^n}{\sum\limits_{j=1}^{n}[\prod\limits_{i=1}^{n}(x+\alpha_i)^{\frac{n-j}{n}}]x^{j-1}}$

$$=\lim_{x\to+\infty}\frac{(\sum\limits_{i=1}^{n}\alpha_i)x^{n-1}+\cdots+\prod\limits_{i=1}^{n}\alpha_i}{\sum\limits_{j=1}^{n}[\prod\limits_{i=1}^{n}(x+\alpha_i)^{\frac{n-j}{n}}]x^{j-1}}=\lim_{i\to+\infty}\frac{\sum\limits_{i=1}^{n}\alpha_i+o\left(\frac{1}{x}\right)}{\sum\limits_{j=1}^{n}\left[\prod\limits_{i=1}^{n}\left(1+\frac{\alpha_i}{x}\right)^{\frac{n-j}{n}}\right]}=\frac{\sum\limits_{i=1}^{n}\alpha_i}{n}.$$

【506】 $\lim\limits_{x\to+\infty}(\sin\sqrt{x+1}-\sin\sqrt{x})$.

解
$$\sin\sqrt{x+1}-\sin\sqrt{x}=2\sin\frac{\sqrt{x+1}-\sqrt{x}}{2}\cos\frac{\sqrt{x+1}+\sqrt{x}}{2}.$$

又因 $\left|\cos\dfrac{\sqrt{x+1}+\sqrt{x}}{2}\right|\leqslant1$，$\dfrac{\sqrt{x+1}-\sqrt{x}}{2}=\dfrac{1}{\sqrt{x+1}+\sqrt{x}}\to0$，$x\to+\infty$，故

$$\lim_{x\to+\infty}(\sin\sqrt{x+1}-\sin\sqrt{x})=0.$$

【507】 $\lim\limits_{x\to+\infty}[\sin\ln(x+1)-\sin\ln x]$.

解 $\sin\ln(x+1)-\sin\ln x=2\sin\dfrac{\ln(x+1)-\ln x}{2}\cos\dfrac{\ln(x+1)+\ln x}{2}$.

因为 $\lim\limits_{x\to+\infty}[\ln(x+1)-\ln x]=\lim\limits_{x\to+\infty}\ln\left(1+\dfrac{1}{x}\right)=0$，所以 $\lim\limits_{x\to+\infty}\sin\dfrac{\ln(x+1)-\ln x}{2}=0$.

又因 $\left|\cos\dfrac{\ln(x+1)+\ln x}{2}\right|\leqslant1$，所以 $\lim\limits_{x\to+\infty}[\sin\ln(x+1)-\sin\ln x]=0$.

【508】 $\lim\limits_{x\to+\infty}\dfrac{\ln(x^2-x+1)}{\ln(x^{10}+x+1)}$.

解 $\lim\limits_{x\to+\infty}\dfrac{\ln(x^2-x+1)}{\ln(x^{10}+x+1)}=\lim\limits_{x\to+\infty}\dfrac{2\ln x+\ln\left(1-\frac{1}{x}+\frac{1}{x^2}\right)}{10\ln x+\ln\left(1+\frac{1}{x^9}+\frac{1}{x^{10}}\right)}$

$$=\lim_{x\to+\infty}\frac{2+\frac{1}{\ln x}\cdot\ln\left(1+\frac{1}{x^2}-\frac{1}{x}\right)}{10+\frac{1}{\ln x}\cdot\ln\left(1+\frac{1}{x^9}+\frac{1}{x^{10}}\right)}=\frac{1}{5}.$$

【509】 $\lim\limits_{x\to+\infty}\frac{\ln(2+e^{3x})}{\ln(3+e^{2x})}$.

解 $\lim\limits_{x\to+\infty}\frac{\ln(2+e^{3x})}{\ln(3+e^{2x})}=\lim\limits_{x\to+\infty}\frac{3x+\ln(2e^{-3x}+1)}{2x+\ln(3e^{-2x}+1)}=\lim\limits_{x\to+\infty}\frac{3+\frac{1}{x}\ln(2e^{-3x}+1)}{2+\frac{1}{x}\ln(3e^{-2x}+1)}=\frac{3}{2}$.

【510】 $\lim\limits_{x\to+\infty}\frac{\ln(1+\sqrt{x}+\sqrt[3]{x})}{\ln(1+\sqrt[3]{x}+\sqrt[4]{x})}$.

解 $\lim\limits_{x\to+\infty}\frac{\ln(1+\sqrt{x}+\sqrt[3]{x})}{\ln(1+\sqrt[3]{x}+\sqrt[4]{x})}=\lim\limits_{x\to+\infty}\frac{\frac{1}{2}\ln x+\ln(x^{-\frac{1}{2}}+1+x^{-\frac{1}{6}})}{\frac{1}{3}\ln x+\ln(x^{-\frac{1}{3}}+1+x^{-\frac{1}{12}})}$

$$=\lim_{x\to+\infty}\frac{\frac{1}{2}+\frac{1}{\ln x}\cdot\ln(x^{-\frac{1}{2}}+1+x^{-\frac{1}{6}})}{\frac{1}{3}+\frac{1}{\ln x}\cdot\ln(x^{-\frac{1}{3}}+1+x^{-\frac{1}{12}})}=\frac{3}{2}.$$

习题 511—578 两个重要极限

【求下列函数的极限(511—520)】

【511】 $\lim\limits_{x\to0}\frac{\sin 5x}{x}$.

解 $\lim\limits_{x\to0}\frac{\sin 5x}{x}=5\lim\limits_{x\to0}\frac{\sin 5x}{5x}=5\cdot1=5$.

【512】 $\lim\limits_{x\to\infty}\frac{\sin x}{x}$.

解 由于$\forall x\in\mathbf{R}$,$|\sin x|\leqslant1$,$\lim\limits_{x\to\infty}\frac{1}{x}=0$,而有界量与无穷小量的乘积仍是无穷小量,故

$$\lim_{x\to\infty}\frac{\sin x}{x}=0.$$

【513】 $\lim\limits_{x\to\pi}\frac{\sin mx}{\sin nx}$($m$ 及 n 为整数).

解 设 $y=\pi-x$,则当 $x\to\pi$ 时,$y\to0$. 于是

$$\lim_{x\to\pi}\frac{\sin mx}{\sin nx}=\lim_{y\to0}\frac{(-1)^{m-1}\sin my}{(-1)^{n-1}\sin ny}=(-1)^{m-n}\lim_{y\to0}\left(\frac{\sin my}{my}\cdot\frac{ny}{\sin ny}\cdot\frac{m}{n}\right)=(-1)^{m-n}\frac{m}{n}.$$

【514】 $\lim\limits_{x\to0}\frac{1-\cos x}{x^2}$.

提示 注意 $1-\cos x=2\sin^2\frac{x}{2}$.

解 $\lim\limits_{x\to0}\frac{1-\cos x}{x^2}=\lim\limits_{x\to0}\frac{2\sin^2\left(\frac{x}{2}\right)}{x^2}=\frac{1}{2}\lim\limits_{x\to0}\left(\frac{\sin\frac{x}{2}}{\frac{x}{2}}\right)^2=\frac{1}{2}$.

【515】 $\lim\limits_{x\to0}\frac{\tan x-\sin x}{\sin^3 x}$.

解 **方法一** $\lim\limits_{x\to 0}\dfrac{\tan x-\sin x}{\sin^3 x}=\lim\limits_{x\to 0}\dfrac{\dfrac{\sin x}{\cos x}-\sin x}{\sin^3 x}=\lim\limits_{x\to 0}\dfrac{1-\cos x}{\cos x\sin^2 x}$

$$=\lim_{x\to 0}\frac{2\sin^2\dfrac{x}{2}}{4\sin^2\dfrac{x}{2}\cos^2\dfrac{x}{2}\cos x}=\lim_{x\to 0}\frac{1}{2\cos^2\dfrac{x}{2}\cos x}=\frac{1}{2}.$$

方法二 $\lim\limits_{x\to 0}\dfrac{\tan x-\sin x}{\sin^3 x}=\lim\limits_{x\to 0}\dfrac{\tan x-\sin x}{x^3}=\lim\limits_{x\to 0}\dfrac{\tan x(1-\cos x)}{x^3}=\lim\limits_{x\to 0}\dfrac{1-\cos x}{x^2}=\dfrac{1}{2}.$

【516】 $\lim\limits_{x\to 0}\dfrac{\sin 5x-\sin 3x}{\sin x}.$

解 **方法一** $\lim\limits_{x\to 0}\dfrac{\sin 5x-\sin 3x}{\sin x}=\lim\limits_{x\to 0}\dfrac{2\cos 4x\sin x}{\sin x}=2\lim\limits_{x\to 0}\cos 4x=2.$

方法二 $\lim\limits_{x\to 0}\dfrac{\sin 5x-\sin 3x}{\sin x}=\lim\limits_{x\to 0}\dfrac{\sin 5x-\sin 3x}{x}=\lim\limits_{x\to 0}\left(\dfrac{\sin 5x}{x}-\dfrac{\sin 3x}{x}\right)=5-3=2.$

【517】 $\lim\limits_{x\to 0}\dfrac{\cos x-\cos 3x}{x^2}.$

解 **方法一** $\lim\limits_{x\to 0}\dfrac{\cos x-\cos 3x}{x^2}=\lim\limits_{x\to 0}\dfrac{2\sin 2x\sin x}{x^2}=4\lim\limits_{x\to 0}\left(\dfrac{\sin x}{x}\right)^2\cos x=4.$

方法二 $\lim\limits_{x\to 0}\dfrac{\cos x-\cos 3x}{x^2}=\lim\limits_{x\to 0}\dfrac{2\sin 2x\sin x}{x^2}=2\lim\limits_{x\to 0}\left(\dfrac{\sin 2x}{x}\cdot\dfrac{\sin x}{x}\right)=2\cdot 2=4.$

【518】 $\lim\limits_{x\to 0}\dfrac{1+\sin x-\cos x}{1+\sin px-\cos px}.$

解 由于 $1+\sin px-\cos px\neq 0$，故 $p\neq 0$.

$$\lim_{x\to 0}\frac{1+\sin x-\cos x}{1+\sin px-\cos px}=\lim_{x\to 0}\frac{2\sin^2\dfrac{x}{2}+\sin x}{2\sin^2\dfrac{px}{2}+\sin px}=\lim_{x\to 0}\frac{\sin\dfrac{x}{2}\left(\sin\dfrac{x}{2}+\cos\dfrac{x}{2}\right)}{\sin\dfrac{px}{2}\left(\sin\dfrac{px}{2}+\cos\dfrac{px}{2}\right)}$$

$$=\lim_{x\to 0}\frac{\dfrac{x}{2}\left(\sin\dfrac{x}{2}+\cos\dfrac{x}{2}\right)}{\dfrac{px}{2}\left(\sin\dfrac{px}{2}+\cos\dfrac{px}{2}\right)}=\lim_{x\to 0}\frac{\sin\dfrac{x}{2}+\cos\dfrac{x}{2}}{p\left(\sin\dfrac{px}{2}+\cos\dfrac{px}{2}\right)}=\frac{1}{p}.$$

【519】 $\lim\limits_{x\to\frac{\pi}{4}}\tan 2x\tan\left(\dfrac{\pi}{4}-x\right).$

解 令 $y=\dfrac{\pi}{4}-x$，则 $x\to\dfrac{\pi}{4}$ 时，$y\to 0$，于是

$$\lim_{x\to\frac{\pi}{4}}\tan 2x\tan\left(\frac{\pi}{4}-x\right)=\lim_{y\to 0}\tan\left(\frac{\pi}{2}-2y\right)\tan y=\lim_{y\to 0}\cot 2y\tan y$$

$$=\lim_{y\to 0}\frac{\sin y\cos 2y}{\sin 2y\cos y}=\lim_{y\to 0}\frac{y\cos 2y}{2y\cos y}=\lim_{y\to 0}\frac{\cos 2y}{2\cos y}=\frac{1}{2}.$$

【520】 $\lim\limits_{x\to 1}(1-x)\tan\dfrac{\pi x}{2}.$

解 令 $y=1-x$，则 $x\to 1$ 时，$y\to 0$，于是

$$\lim_{x\to 1}(1-x)\tan\frac{\pi x}{2}=\lim_{y\to 0}y\cot\frac{\pi y}{2}=\lim_{y\to 0}\frac{y\cos\dfrac{\pi y}{2}}{\sin\dfrac{\pi y}{2}}=\lim_{y\to 0}\frac{y\cos\dfrac{\pi y}{2}}{\dfrac{\pi y}{2}}=\frac{2}{\pi}\lim_{y\to 0}\cos\frac{\pi y}{2}=\frac{2}{\pi}.$$

【521】 证明下列等式：

(1) $\lim\limits_{x\to a}\sin x=\sin a$；　　(2) $\lim\limits_{x\to a}\cos x=\cos a$；

(3) $\lim\limits_{x\to a}\tan x=\tan a\left(a\neq\dfrac{2n-1}{2}\pi,n\in\mathbf{Z}\right)$.

证 (1) $\forall\varepsilon>0$，由于

$$|\sin x-\sin a|=2\left|\sin\frac{x-a}{2}\right|\cdot\left|\cos\frac{x+a}{2}\right|\leqslant 2\left|\sin\frac{x-a}{2}\right|\leqslant|x-a|,$$

取 $\delta=\varepsilon$，则当 $0<|x-a|<\delta$ 时，有 $|\sin x-\sin a|<\varepsilon$，所以 $\lim\limits_{x\to a}\sin x=\sin a$.

(2) $\lim\limits_{x\to a}\cos x=\lim\limits_{x\to a}\sin\left(\dfrac{\pi}{2}-x\right)=\sin\left(\dfrac{\pi}{2}-a\right)=\cos a$.

(3) $\lim\limits_{x\to a}\tan x=\lim\limits_{x\to a}\dfrac{\sin x}{\cos x}=\dfrac{\lim\limits_{x\to a}\sin x}{\lim\limits_{x\to a}\cos x}=\dfrac{\sin a}{\cos a}=\tan a$.

【求下列函数的极限(522—578)】

【522】 $\lim\limits_{x\to a}\dfrac{\sin x-\sin a}{x-a}$.

解 $\lim\limits_{x\to a}\dfrac{\sin x-\sin a}{x-a}=\lim\limits_{x\to a}\dfrac{2\cos\dfrac{x+a}{2}\sin\dfrac{x-a}{2}}{x-a}=\lim\limits_{x\to a}\dfrac{\cos\dfrac{x+a}{2}\sin\dfrac{x-a}{2}}{\dfrac{x-a}{2}}=\cos a$.

【523】 $\lim\limits_{x\to a}\dfrac{\cos x-\cos a}{x-a}$.

解 $\lim\limits_{x\to a}\dfrac{\cos x-\cos a}{x-a}=\lim\limits_{x\to a}\left(\dfrac{-\sin\dfrac{x-a}{2}}{\dfrac{x-a}{2}}\cdot\sin\dfrac{x+a}{2}\right)=-\sin a$.

【524】 $\lim\limits_{x\to a}\dfrac{\tan x-\tan a}{x-a}$.

解 $\lim\limits_{x\to a}\dfrac{\tan x-\tan a}{x-a}=\lim\limits_{x\to a}\dfrac{\dfrac{\sin x}{\cos x}-\dfrac{\sin a}{\cos a}}{x-a}=\lim\limits_{x\to a}\dfrac{\sin(x-a)}{(x-a)\cos x\cos a}=\dfrac{1}{\cos^2 a}$.

【525】 $\lim\limits_{x\to a}\dfrac{\cot x-\cot a}{x-a}$.

解 $\lim\limits_{x\to a}\dfrac{\cot x-\cot a}{x-a}=\lim\limits_{x\to a}\dfrac{\dfrac{\cos x}{\sin x}-\dfrac{\cos a}{\sin a}}{x-a}=-\lim\limits_{x\to a}\dfrac{\sin(x-a)}{x-a}\cdot\dfrac{1}{\sin x\sin a}=-\dfrac{1}{\sin^2 a}$.

【526】 $\lim\limits_{x\to a}\dfrac{\sec x-\sec a}{x-a}$.

解 $\lim\limits_{x\to a}\dfrac{\sec x-\sec a}{x-a}=\lim\limits_{x\to a}\dfrac{\cos a-\cos x}{(x-a)\cos x\cos a}=\lim\limits_{x\to a}\left(\dfrac{\sin\dfrac{x+a}{2}}{\cos x\cos a}\cdot\dfrac{\sin\dfrac{x-a}{2}}{\dfrac{x-a}{2}}\right)=\dfrac{\sin a}{\cos^2 a}$.

【527】 $\lim\limits_{x\to a}\dfrac{\csc x-\csc a}{x-a}$.

解 $\lim\limits_{x\to a}\dfrac{\csc x-\csc a}{x-a}=-\lim\limits_{x\to a}\left(\dfrac{\sin x-\sin a}{x-a}\cdot\dfrac{1}{\sin x\sin a}\right)$

$$=-\lim_{x\to a}\left(\frac{\cos\dfrac{x+a}{2}\sin\dfrac{x-a}{2}}{\dfrac{x-a}{2}}\cdot\frac{1}{\sin x\sin a}\right)=-\frac{\cos a}{\sin^2 a}.$$

【528】 $\lim\limits_{x\to 0}\dfrac{\sin(a+2x)-2\sin(a+x)+\sin a}{x^2}$.

提示 $\sin(a+2x)-2\sin(a+x)+\sin a=[\sin(a+2x)-\sin(a+x)]-[\sin(a+x)-\sin a]$.

解 $\lim\limits_{x\to0}\dfrac{\sin(a+2x)-2\sin(a+x)+\sin a}{x^2}$

$=\lim\limits_{x\to0}\dfrac{[\sin(a+2x)-\sin(a+x)]-[\sin(a+x)-\sin a]}{x^2}$

$=\lim\limits_{x\to0}\dfrac{2\cos\left(a+\frac{3x}{2}\right)\sin\frac{x}{2}-2\cos\left(a+\frac{x}{2}\right)\sin\frac{x}{2}}{x^2}$

$=\lim\limits_{x\to0}\dfrac{2\sin\frac{x}{2}\left[\cos\left(a+\frac{3x}{2}\right)-\cos\left(a+\frac{x}{2}\right)\right]}{x^2}$

$=-\lim\limits_{x\to0}\left[\left(\dfrac{\sin\frac{x}{2}}{\frac{x}{2}}\right)^2\cdot\sin(a+x)\right]=-\sin a.$

【529】 $\lim\limits_{x\to0}\dfrac{\cos(a+2x)-2\cos(a+x)+\cos a}{x^2}$.

解 $\lim\limits_{x\to0}\dfrac{\cos(a+2x)-2\cos(a+x)+\cos a}{x^2}$

$=\lim\limits_{x\to0}\dfrac{[\cos(a+2x)-\cos(a+x)]-[\cos(a+x)-\cos a]}{x^2}$

$=\lim\limits_{x\to0}\dfrac{-2\sin\left(a+\frac{3x}{2}\right)\sin\frac{x}{2}+2\sin\left(a+\frac{x}{2}\right)\sin\frac{x}{2}}{x^2}$

$=-\lim\limits_{x\to0}\dfrac{2\sin\frac{x}{2}\left[\sin\left(a+\frac{3x}{2}\right)-\sin\left(a+\frac{x}{2}\right)\right]}{x^2}$

$=-\lim\limits_{x\to0}\left[\left(\dfrac{\sin\frac{x}{2}}{\frac{x}{2}}\right)^2\cos(a+x)\right]=-\cos a.$

【530】 $\lim\limits_{x\to0}\dfrac{\tan(a+2x)-2\tan(a+x)+\tan a}{x^2}$.

解 **方法一** 由于

$\tan(a+2x)-2\tan(a+x)+\tan a$

$=\tan(a+2x)-\tan(a+x)-[\tan(a+x)-\tan a]$

$=\dfrac{\sin(a+2x)\cos(a+x)-\cos(a+2x)\sin(a+x)}{\cos(a+2x)\cos(a+x)}-\dfrac{\sin(a+x)\cos a-\cos(a+x)\sin a}{\cos(a+x)\cos a}$

$=\dfrac{\sin x[\cos a-\cos(a+2x)]}{\cos a\cos(a+2x)\cos(a+x)}=\dfrac{2\sin^2x\sin(a+x)}{\cos a\cos(a+2x)\cos(a+x)},$

故

$$\lim_{x\to0}\frac{\tan(a+2x)-2\tan(a+x)+\tan a}{x^2}=\lim_{x\to0}\left[\left(\frac{\sin x}{x}\right)^2\cdot\frac{2\sin(a+x)}{\cos a\cos(a+2x)\cos(a+x)}\right]=\frac{2\sin a}{\cos^3a}.$$

方法二 由于 $\tan\alpha-\tan\beta=\tan(\alpha-\beta)[1+\tan\alpha\tan\beta]$，故

$\lim\limits_{x\to0}\dfrac{\tan(a+2x)-2\tan(a+x)+\tan a}{x^2}$

$=\lim\limits_{x\to0}\dfrac{[\tan(a+2x)-\tan(a+x)]-[(\tan(a+x)-\tan a)]}{x^2}$

$=\lim\limits_{x\to0}\dfrac{\tan x[1+\tan(a+2x)\tan(a+x)]-\tan x[1+(\tan(a+x)\tan a)]}{x^2}$

$$=\lim_{x\to0}\frac{\tan x\tan(a+x)[\tan(a+2x)-\tan a]}{x^2}$$

$$=\lim_{x\to0}\frac{\tan x\tan(a+x)\tan 2x[1+\tan(a+2x)\tan a]}{x^2}$$

$$=\lim_{x\to0}\left\{\frac{\tan x}{x}\cdot\frac{\tan 2x}{x}\cdot\tan(a+x)[1+\tan(a+2x)\tan a]\right\}$$

$$=\lim_{x\to0}\left\{\frac{\sin x}{x}\cdot\frac{1}{\cos x}\cdot\frac{\sin 2x}{2x}\cdot\frac{2}{\cos 2x}\cdot\tan(a+x)[1+\tan(a+2x)\tan a]\right\}=\frac{2\sin a}{\cos^3 a}.$$

【531】 $\lim\limits_{x\to0}\dfrac{\cot(a+2x)-2\cot(a+x)+\cot a}{x^2}$.

解 **方法一** 由于 $\cot(a+2x)-2\cot(a+x)+\cot a=\dfrac{-\sin x[\sin a-\sin(a+2x)]}{\sin a\sin(a+x)\sin(a+2x)}$，故

$$\lim_{x\to0}\frac{\cot(a+2x)-2\cot(a+x)+\cot a}{x^2}=\lim_{x\to0}\left[\left(\frac{\sin x}{x}\right)^2\frac{2\cos(a+x)}{\sin a\cdot\sin(a+x)\sin(a+2x)}\right]=\frac{2\cos a}{\sin^3 a}.$$

方法二 由于 $\cot\alpha-\cot\beta=\tan(\beta-\alpha)(1+\cot\alpha\cot\beta)$，故

$$\lim_{x\to0}\frac{\cot(a+2x)-2\cot(a+x)+\cot a}{x^2}$$

$$=\lim_{x\to0}\frac{[\cot(a+2x)-\cot(a+x)]-[\cot(a+x)-\cot a]}{x^2}$$

$$=\lim_{x\to0}\frac{\tan(-x)[1+\cot(a+2x)\cot(a+x)]-\tan(-x)[1+\cot(a+x)\cot a]}{x^2}$$

$$=\lim_{x\to0}\frac{\tan x\cdot\cot(a+x)[\cot a-\cot(a+2x)]}{x^2}$$

$$=\lim_{x\to0}\frac{\tan x\cdot\cot(a+x)\cdot\tan(2x)\cdot[1+\cot a\cdot\cot(a+2x)]}{x^2}$$

$$=2\cot a\cdot(1+\cot^2 a)=\frac{2\cos a}{\sin^3 a}.$$

【532】 $\lim\limits_{x\to0}\dfrac{\sin(a+x)\sin(a+2x)-\sin^2 a}{x}$.

解 $\lim\limits_{x\to0}\dfrac{\sin(a+x)\sin(a+2x)-\sin^2 a}{x}=\lim\limits_{x\to0}\dfrac{\frac{1}{2}[\cos x-\cos(2a+3x)]-\sin^2 a}{x}$

$$=\lim_{x\to0}\frac{\cos x-\cos(2a+3x)-(1-\cos 2a)}{2x}=\lim_{x\to0}\left[\frac{\sin\frac{3x}{2}}{\frac{3x}{2}}\cdot\frac{3\sin\left(2a+\frac{3x}{2}\right)}{2}-\frac{\sin^2\frac{x}{2}}{x}\right]=\frac{3}{2}\sin 2a.$$

【533】 $\lim\limits_{x\to0}\dfrac{1-\cos x\cos 2x\cos 3x}{1-\cos x}$.

解 因为

$$1-\cos x\cos 2x\cos 3x=1-\frac{1}{2}(\cos 4x+\cos 2x)\cos 2x$$

$$=1-\frac{1}{2}\cos 4x\cos 2x-\frac{1}{2}\cos^2 2x$$

$$=1-\frac{1}{4}(\cos 6x+\cos 2x)-\frac{1}{4}(1+\cos 4x)$$

$$=\frac{1}{4}(1-\cos 6x)+\frac{1}{4}(1-\cos 2x)+\frac{1}{4}(1-\cos 4x)$$

$$=\frac{1}{2}(\sin^2 x+\sin^2 2x+\sin^2 3x),$$

所以

$$\lim_{x\to 0}\frac{1-\cos x\cos 2x\cos 3x}{1-\cos x}=\lim_{x\to 0}\frac{\frac{1}{2}(\sin^2 x+\sin^2 2x+\sin^2 3x)}{2\sin^2\frac{x}{2}}$$

$$=\frac{1}{4}\lim_{x\to 0}\left[\left(\frac{\sin x}{\sin\frac{x}{2}}\right)^2+\left(\frac{\sin 2x}{\sin\frac{x}{2}}\right)^2+\left(\frac{\sin 3x}{\sin\frac{x}{2}}\right)^2\right]=\frac{1}{4}(4+16+36)=14.$$

【534】 $\lim\limits_{x\to\frac{\pi}{3}}\dfrac{\sin\left(x-\frac{\pi}{3}\right)}{1-2\cos x}$.

解 令 $y=x-\frac{\pi}{3}$，则 $x\to\frac{\pi}{3}$ 时，$y\to 0$，于是

$$\lim_{x\to\frac{\pi}{3}}\frac{\sin\left(x-\frac{\pi}{3}\right)}{1-2\cos x}=\lim_{y\to 0}\frac{\sin y}{1-\cos y+\sqrt{3}\sin y}=\lim_{y\to 0}\frac{\frac{\sin y}{y}}{\frac{\sin\frac{y}{2}}{\frac{y}{2}}\sin\frac{y}{2}+\sqrt{3}\frac{\sin y}{y}}=\frac{1}{\sqrt{3}}.$$

【535】 $\lim\limits_{x\to 0}\dfrac{\tan(a+x)\tan(a-x)-\tan^2 a}{x^2}$.

解
$$\lim_{x\to 0}\frac{\tan(a+x)\tan(a-x)-\tan^2 a}{x^2}$$

$$=\lim_{x\to 0}\frac{\left(\frac{\tan a+\tan x}{1-\tan a\tan x}\right)\left(\frac{\tan a-\tan x}{1+\tan a\tan x}\right)-\tan^2 a}{x^2}=\lim_{x\to 0}\frac{\tan^2 x(\tan^4 a-1)}{x^2(1-\tan^2 a\tan^2 x)}$$

$$=\lim_{x\to 0}\left[\left(\frac{\sin x}{x}\right)^2\cdot\frac{\tan^4 a-1}{\cos x^2(1-\tan^2 a\tan^2 x)}\right]=\tan^4 a-1=-\frac{\cos 2a}{\cos^4 a}.$$

【536】 $\lim\limits_{x\to 0}\dfrac{\sqrt{1+\tan x}-\sqrt{1+\sin x}}{x^3}$.

解 分子分母同乘以式 $\sqrt{1+\tan x}+\sqrt{1+\sin x}$，有

$$\lim_{x\to 0}\frac{\sqrt{1+\tan x}-\sqrt{1+\sin x}}{x^3}=\lim_{x\to 0}\frac{\tan x-\sin x}{x^3(\sqrt{1+\tan x}+\sqrt{1+\sin x})}$$

$$=\lim_{x\to 0}\frac{\sin x(1-\cos x)}{x^3\cos x(\sqrt{1+\tan x}+\sqrt{1+\sin x})}$$

$$=\lim_{x\to 0}\left[\frac{\sin x}{x}\cdot\frac{2\sin^2\frac{x}{2}}{4\left(\frac{x}{2}\right)^2}\cdot\frac{1}{\cos x(\sqrt{1+\tan x}+\sqrt{1+\sin x})}\right]=\frac{1}{4}.$$

【537】 $\lim\limits_{x\to 0}\dfrac{x^2}{\sqrt{1+x\sin x}-\sqrt{\cos x}}$.

解
$$\lim_{x\to 0}\frac{x^2}{\sqrt{1+x\sin x}-\sqrt{\cos x}}=\lim_{x\to 0}\frac{x^2(\sqrt{1+x\sin x}+\sqrt{\cos x})}{1+x\sin x-\cos x}=\lim_{x\to 0}\frac{\sqrt{1+x\sin x}+\sqrt{\cos x}}{\frac{\sin x}{x}+\frac{2\sin^2\frac{x}{2}}{x^2}}=\frac{4}{3}.$$

【538】 $\lim\limits_{x\to 0}\dfrac{\sqrt{\cos x}-\sqrt[3]{\cos x}}{\sin^2 x}$.

解
$$\lim_{x\to 0}\frac{\sqrt{\cos x}-\sqrt[3]{\cos x}}{\sin^2 x}=\lim_{x\to 0}\frac{-\sqrt[3]{\cos x}(1-\sqrt[6]{\cos x})}{\sin^2 x}$$

$$=-\lim_{x\to 0}\left[\frac{1-\cos x}{\sin^2 x}\cdot\frac{\sqrt[3]{\cos x}}{1+\sqrt[6]{\cos x}+\sqrt[6]{\cos^2 x}+\cdots+\sqrt[6]{\cos^5 x}}\right]$$

$$=-\lim_{x\to 0}\left[\frac{2\sin^2\frac{x}{2}}{4\left(\frac{x}{2}\right)^2}\cdot\frac{x^2}{\sin^2 x}\cdot\frac{\sqrt[3]{\cos x}}{1+\sqrt[6]{\cos x}+\sqrt[6]{\cos^2 x}+\cdots+\sqrt[6]{\cos^5 x}}\right]=-\frac{1}{12}.$$

【539】 $\lim\limits_{x\to 0}\dfrac{\sqrt{1-\cos x^2}}{1-\cos x}$.

解 $\lim\limits_{x\to 0}\dfrac{\sqrt{1-\cos x^2}}{1-\cos x}=\lim\limits_{x\to 0}\dfrac{\sqrt{2}\sin\frac{x^2}{2}}{2\sin^2\frac{x}{2}}=\sqrt{2}\lim\limits_{x\to 0}\left[\dfrac{\sin\frac{x^2}{2}}{\frac{x^2}{2}}\cdot\left(\dfrac{\frac{x}{2}}{\sin\frac{x}{2}}\right)^2\right]=\sqrt{2}$.

【540】 $\lim\limits_{x\to 0}\dfrac{1-\sqrt{\cos x}}{1-\cos\sqrt{x}}$.

解 $\lim\limits_{x\to 0}\dfrac{1-\sqrt{\cos x}}{1-\cos\sqrt{x}}=\lim\limits_{x\to 0}\dfrac{1-\cos x}{2\sin^2\frac{\sqrt{x}}{2}(1+\sqrt{\cos x})}$

$$=\frac{1}{2}\lim_{x\to 0}\left[\left(\frac{\sin\frac{x}{2}}{\frac{x}{2}}\right)^2\cdot\left(\frac{\frac{\sqrt{x}}{2}}{\sin\frac{\sqrt{x}}{2}}\right)^2\frac{x}{1+\sqrt{\cos x}}\right]=0.$$

【541】 $\lim\limits_{x\to 0}\dfrac{1-\cos x\sqrt{\cos 2x}\sqrt[3]{\cos 3x}}{x^2}$.

解 不妨设 $x\in\left(-\frac{\pi}{4},\frac{\pi}{4}\right)$，则

$$\lim_{x\to 0}\frac{1-\cos x\sqrt{\cos 2x}\sqrt[3]{\cos 3x}}{x^2}$$

$$=\lim_{x\to 0}\frac{1-\cos x+\cos x(1-\sqrt{\cos 2x}\sqrt[3]{\cos 3x})}{x^2}$$

$$=\lim_{x\to 0}\frac{2\sin^2\frac{x}{2}}{x^2}+\lim_{x\to 0}\frac{1-\sqrt{\cos 2x}+\sqrt{\cos 2x}(1-\sqrt[3]{\cos 3x})}{x^2}$$

$$=\frac{1}{2}+\lim_{x\to 0}\frac{1-\cos 2x}{x^2(1+\sqrt{\cos 2x})}+\lim_{x\to 0}\frac{1-\cos 3x}{x^2(1+\sqrt[3]{\cos 3x}+\sqrt[3]{\cos^2 3x})}$$

$$=\frac{1}{2}+\lim_{x\to 0}\frac{2\sin^2 x}{x^2(1+\sqrt{\cos 2x})}+\lim_{x\to 0}\frac{2\sin^2\frac{3}{2}x}{x^2(1+\sqrt[3]{\cos 3x}+\sqrt[3]{\cos^2 3x})}=3.$$

【542】 $\lim\limits_{x\to a}\dfrac{\ln x-\ln a}{x-a}\ (a>0)$.

解 $\lim\limits_{x\to a}\dfrac{\ln x-\ln a}{x-a}=\lim\limits_{x\to a}\ln\left(\dfrac{x}{a}\right)^{\frac{1}{x-a}}=\lim\limits_{x\to a}\ln\left(1+\dfrac{x-a}{a}\right)^{\frac{a}{x-a}\cdot\frac{1}{a}}=\ln e^{\frac{1}{a}}=\dfrac{1}{a}$.

【543】 $\lim\limits_{x\to\infty}[(x+2)\ln(x+2)-2(x+1)\ln(x+1)+x\ln x]$.

解 $\lim\limits_{x\to\infty}[(x+2)\ln(x+2)-2(x+1)\ln(x+1)+x\ln x]$

$$=\lim_{x\to\infty}\ln\frac{(x+2)^{x+2}\cdot x^x}{(x+1)^{2x+2}}=\lim_{x\to\infty}\ln\frac{\left(1+\frac{2}{x}\right)^{\frac{x}{2}\cdot\frac{2}{x}\cdot(x+2)}}{\left(1+\frac{1}{x}\right)^{x\cdot\frac{1}{x}\cdot(2x+2)}}=\ln\frac{e^2}{e^2}=0.$$

【544】 $\lim\limits_{x\to0^+}\left[\ln(x\ln a)\cdot\ln\left(\dfrac{\ln ax}{\ln\dfrac{x}{a}}\right)\right](a>1)$.

解 $\lim\limits_{x\to0^+}\left[\ln(x\ln a)\cdot\ln\left(\dfrac{\ln ax}{\ln\dfrac{x}{a}}\right)\right]=\lim\limits_{x\to0^+}\left[(\ln x+\ln\ln a)\cdot\ln\left(\dfrac{\ln a+\ln x}{\ln x-\ln a}\right)\right]$

$$=\lim_{x\to0^+}\ln\left(\frac{\ln a+\ln x}{\ln x-\ln a}\right)^{\ln x+\ln(\ln a)}$$

$$=\lim_{x\to0^+}\ln\left(1+\frac{2\ln a}{\ln x-\ln a}\right)^{\frac{\ln x-\ln a}{2\ln a}\cdot2\ln a\cdot\frac{\ln x+\ln(\ln a)}{\ln x-\ln a}}$$

$$=\ln e^{\ln a^2}=\ln a^2.$$

【545】 $\lim\limits_{x\to\infty}\left(\dfrac{x^2+1}{x^2-1}\right)^{x^2}$.

解 $\lim\limits_{x\to\infty}\left(\dfrac{x^2+1}{x^2-1}\right)^{x^2}=\lim\limits_{x\to\infty}\left(1+\dfrac{2}{x^2-1}\right)^{\frac{x^2-1}{2}\cdot\frac{2x^2}{x^2-1}}=e^2$.

【546】 $\lim\limits_{x\to0}\sqrt[x]{1-2x}$.

解 $\lim\limits_{x\to0}\sqrt[x]{1-2x}=\lim\limits_{x\to0}[1+(-2x)]^{\frac{1}{x}}=\lim\limits_{x\to0}[1+(-2x)]^{\frac{1}{-2x}\cdot(-2)}=e^{-2}$.

【547】 $\lim\limits_{x\to\infty}\left(\dfrac{x+a}{x-a}\right)^{x}$.

解 $\lim\limits_{x\to\infty}\left(\dfrac{x+a}{x-a}\right)^{x}=\lim\limits_{x\to\infty}\left(1+\dfrac{2a}{x-a}\right)^{\frac{x-a}{2a}\cdot\frac{2ax}{x-a}}=e^{2a}$.

【548】 $\lim\limits_{x\to+\infty}\left(\dfrac{a_1x+b_1}{a_2x+b_2}\right)^{x}(a_1>0,a_2>0)$.

提示 分别对 $a_1=a_2$，$a_1<a_2$ 及 $a_1>a_2$ 求极限.

解 (1)当 $a_1=a_2=a$ 时，

$$\lim_{x\to+\infty}\left(\frac{a_1x+b_1}{a_2x+b_2}\right)^{x}=\lim_{x\to+\infty}\left(\frac{ax+b_1}{ax+b_2}\right)^{x}=\lim_{x\to+\infty}\left(1+\frac{b_1-b_2}{ax+b_2}\right)^{x}.$$

若 $b_1=b_2$，则 $\lim\limits_{x\to+\infty}\left(\dfrac{a_1x+b_1}{a_2x+b_2}\right)^{x}=1$；

若 $b_1\neq b_2$，则 $\lim\limits_{x\to+\infty}\left(1+\dfrac{b_1-b_2}{ax+b_2}\right)^{x}=\lim\limits_{x\to+\infty}\left(1+\dfrac{b_1-b_2}{ax+b_2}\right)^{\frac{ax+b_2}{b_1-b_2}\cdot\frac{b_1-b_2}{ax+b_2}\cdot x}=e^{\frac{b_1-b_2}{a_1}}$.

故 $\lim\limits_{x\to+\infty}\left(\dfrac{a_1x+b_1}{a_2x+b_2}\right)^{x}=e^{\frac{b_1-b_2}{a_1}}$.

总之，对任意 b_1,b_2，都有 $\lim\limits_{x\to+\infty}\left(\dfrac{a_1x+b_1}{a_2x+b_2}\right)^{x}=e^{\frac{b_1-b_2}{a_1}}$.

(2)当 $a_1<a_2$ 时，由于 $\lim\limits_{x\to+\infty}\dfrac{a_1x+b_1}{a_2x+b_2}=\dfrac{a_1}{a_2}<1$，故 $\lim\limits_{x\to+\infty}\left(\dfrac{a_1x+b_1}{a_2x+b_2}\right)^{x}=0$.

(3)当 $a_1>a_2$ 时，由于 $\lim\limits_{x\to+\infty}\dfrac{a_1x+b_1}{a_2x+b_2}=\dfrac{a_1}{a_2}>1$，故 $\lim\limits_{x\to+\infty}\left(\dfrac{a_1x+b_1}{a_2x+b_2}\right)^{x}=+\infty$.

【549】 $\lim\limits_{x\to0}(1+x^2)^{\cot^2x}$.

解 $\lim\limits_{x\to0}(1+x^2)^{\cot^2x}=\lim\limits_{x\to0}(1+x^2)^{\frac{1}{x^2}\cdot x^2\cdot\cot^2x}=\lim\limits_{x\to0}(1+x^2)^{\frac{1}{x^2}\cdot\left(\frac{x}{\sin x}\right)^2\cdot\cos^2x}=e$.

【550】 $\lim\limits_{x\to1}(1+\sin\pi x)^{\cot\pi x}$.

解 $\lim\limits_{x\to1}(1+\sin\pi x)^{\cot\pi x}=\lim\limits_{x\to1}(1+\sin\pi x)^{\frac{1}{\sin\pi x}\cdot\cos\pi x}=e^{-1}$.

【551】 $\lim\limits_{x\to0}\left(\dfrac{1+\tan x}{1+\sin x}\right)^{\frac{1}{\sin x}}$.

解 $\lim\limits_{x\to0}\left(\dfrac{1+\tan x}{1+\sin x}\right)^{\frac{1}{\sin x}}=\lim\limits_{x\to0}\left(1+\dfrac{\tan x-\sin x}{1+\sin x}\right)^{\frac{1+\sin x}{\tan x-\sin x}\cdot\frac{\tan x-\sin x}{1+\sin x}\cdot\frac{1}{\sin x}}=e^0=1.$

【552】 $\lim\limits_{x\to a}\left(\dfrac{\sin x}{\sin a}\right)^{\frac{1}{x-a}}$.

解 $\lim\limits_{x\to a}\left(\dfrac{\sin x}{\sin a}\right)^{\frac{1}{x-a}}=\lim\limits_{x\to a}\left(1+\dfrac{\sin x-\sin a}{\sin a}\right)^{\frac{\sin a}{\sin x-\sin a}\cdot\frac{\sin x-\sin a}{x-a}\cdot\frac{1}{\sin a}}.$

因为$\lim\limits_{x\to a}\dfrac{\sin x-\sin a}{x-a}=\lim\limits_{x\to a}\dfrac{2\cos\dfrac{x+a}{2}\sin\dfrac{x-a}{2}}{x-a}=\cos a$,所以$\lim\limits_{x\to a}\left(\dfrac{\sin x}{\sin a}\right)^{\frac{1}{x-a}}=e^{\cot a}$.

【553】 $\lim\limits_{x\to0}\left(\dfrac{\cos x}{\cos 2x}\right)^{\frac{1}{x^2}}$.

解 $\left(\dfrac{\cos x}{\cos 2x}\right)^{\frac{1}{x^2}}=\left(1+\dfrac{\cos x-\cos 2x}{\cos 2x}\right)^{\frac{\cos 2x}{\cos x-\cos 2x}\cdot\frac{\cos x-\cos 2x}{x^2\cos 2x}}.$

因为 $\lim\limits_{x\to0}\dfrac{\cos x-\cos 2x}{x^2}=\lim\limits_{x\to0}\dfrac{2\sin\dfrac{3}{2}x\sin\dfrac{x}{2}}{x^2}=\dfrac{3}{2}$,所以$\lim\limits_{x\to0}\left(\dfrac{\cos x}{\cos 2x}\right)^{\frac{1}{x^2}}=e^{\frac{3}{2}}$.

【554】 $\lim\limits_{x\to\frac{\pi}{4}}(\tan x)^{\tan 2x}$.

解 $\lim\limits_{x\to\frac{\pi}{4}}(\tan x)^{\tan 2x}=\lim\limits_{x\to\frac{\pi}{4}}[1+(\tan x-1)]^{\frac{2\tan x}{1-\tan^2 x}}=\lim\limits_{x\to\frac{\pi}{4}}[1+(\tan x-1)]^{\frac{1}{\tan x-1}\cdot\frac{-2\tan x}{\tan x+1}}=e^{-1}.$

【555】 $\lim\limits_{x\to\frac{\pi}{2}}(\sin x)^{\tan x}$.

解 $\lim\limits_{x\to\frac{\pi}{2}}(\sin x)^{\tan x}=\lim\limits_{x\to\frac{\pi}{2}}[1+(\sin x-1)]^{\frac{1}{\sin x-1}\cdot(\sin x-1)\cdot\tan x}.$

因为$\lim\limits_{x\to\frac{\pi}{2}}[(\sin x-1)\cdot\tan x]=\lim\limits_{x\to\frac{\pi}{2}}\left(\dfrac{-\cos^2 x}{1+\sin x}\cdot\dfrac{\sin x}{\cos x}\right)=-\dfrac{1}{2}\lim\limits_{x\to\frac{\pi}{2}}\dfrac{\sin 2x}{1+\sin x}=0$,所以

$$\lim_{x\to\frac{\pi}{2}}(\sin x)^{\tan x}=e^0=1.$$

【556】 $\lim\limits_{x\to0}\left[\tan\left(\dfrac{\pi}{4}-x\right)\right]^{\cot x}$.

解
$$\begin{aligned}\lim_{x\to0}\left[\tan\left(\frac{\pi}{4}-x\right)\right]^{\cot x}&=\lim_{x\to0}\left(\frac{1-\tan x}{1+\tan x}\right)^{\cot x}\\&=\lim_{x\to0}\left(1+\frac{-2\tan x}{1+\tan x}\right)^{-\frac{1+\tan x}{2\tan x}\cdot\left(\frac{-2}{1+\tan x}\right)}=e^{-2}.\end{aligned}$$

【557】 $\lim\limits_{x\to\infty}\left(\sin\dfrac{1}{x}+\cos\dfrac{1}{x}\right)^x$.

解 $\left(\sin\dfrac{1}{x}+\cos\dfrac{1}{x}\right)^x=\left[1+\left(\sin\dfrac{1}{x}+\cos\dfrac{1}{x}-1\right)\right]^{\frac{1}{\sin\frac{1}{x}+\cos\frac{1}{x}-1}\cdot\left(\sin\frac{1}{x}+\cos\frac{1}{x}-1\right)\cdot x}.$

因为$\lim\limits_{x\to\infty}x\left(\sin\dfrac{1}{x}+\cos\dfrac{1}{x}-1\right)\xlongequal{t=\frac{1}{x}}\lim\limits_{t\to0}\dfrac{\sin t+\cos t-1}{t}=1+\lim\limits_{t\to0}\dfrac{\cos t-1}{t}=1$,所以

$$\lim_{x\to\infty}\left(\sin\frac{1}{x}+\cos\frac{1}{x}\right)^x=e.$$

【558】 $\lim\limits_{x\to0^+}\sqrt[x]{\cos\sqrt{x}}$.

解 $\lim\limits_{x\to0^+}\sqrt[x]{\cos\sqrt{x}}=\lim\limits_{x\to0^+}[1+(\cos\sqrt{x}-1)]^{\frac{1}{x}}=\lim\limits_{x\to0^+}[1+(\cos\sqrt{x}-1)]^{\frac{1}{\cos\sqrt{x}-1}\cdot\frac{\cos\sqrt{x}-1}{x}}.$

因为 $\lim\limits_{x\to0^+}\dfrac{\cos\sqrt{x}-1}{x}=\lim\limits_{x\to0^+}\dfrac{-2\sin^2\dfrac{\sqrt{x}}{2}}{x}=-\dfrac{1}{2}$，所以

$$\lim_{x\to0^+}\sqrt[x]{\cos\sqrt{x}}=e^{-\frac{1}{2}}.$$

【559】 $\lim\limits_{n\to\infty}\left(\dfrac{n+x}{n-1}\right)^n$.

解 $\lim\limits_{n\to\infty}\left(\dfrac{n+x}{n-1}\right)^n=\lim\limits_{n\to\infty}\left(1+\dfrac{x+1}{n-1}\right)^{\frac{n-1}{x+1}\cdot\frac{x+1}{n-1}\cdot n}=e^{x+1}$.

【560】 $\lim\limits_{n\to\infty}\cos^n\dfrac{x}{\sqrt{n}}$.

解

$$\lim_{n\to\infty}\cos^n\frac{x}{\sqrt{n}}=\lim_{n\to\infty}\left(\cos^2\frac{x}{\sqrt{n}}\right)^{\frac{n}{2}}=\lim_{n\to\infty}\left(1+\tan^2\frac{x}{\sqrt{n}}\right)^{-\frac{n}{2}}$$

$$=\lim_{n\to\infty}\left(1+\tan^2\frac{x}{\sqrt{n}}\right)^{\frac{1}{\tan^2\frac{x}{\sqrt{n}}}\cdot\tan^2\frac{x}{\sqrt{n}}\cdot\left(-\frac{n}{2}\right)}.$$

因为 $\lim\limits_{n\to\infty}\dfrac{-n}{2}\tan^2\dfrac{x}{\sqrt{n}}=-\dfrac{x^2}{2}\lim\limits_{n\to\infty}\left(\dfrac{\tan\dfrac{x}{\sqrt{n}}}{\dfrac{x}{\sqrt{n}}}\right)^2=-\dfrac{x^2}{2}$，所以

$$\lim_{n\to\infty}\cos^n\frac{x}{\sqrt{n}}=e^{-\frac{x^2}{2}}.$$

【561】 $\lim\limits_{x\to0}\dfrac{\ln(1+x)}{x}$.

解 $\lim\limits_{x\to0}\dfrac{\ln(1+x)}{x}=\lim\limits_{x\to0}\ln(1+x)^{\frac{1}{x}}=\ln e=1$.

【562】 $\lim\limits_{x\to+\infty}x[\ln(x+1)-\ln x]$.

解 $\lim\limits_{x\to+\infty}x[\ln(x+1)-\ln x]=\lim\limits_{x\to+\infty}\ln\left(1+\dfrac{1}{x}\right)^x=\ln e=1$.

【563】 $\lim\limits_{h\to0}\dfrac{\lg(x+h)+\lg(x-h)-2\lg x}{h^2}\ (x>0)$.

解 $\lim\limits_{h\to0}\dfrac{\lg(x+h)+\lg(x-h)-2\lg x}{h^2}=\lim\limits_{h\to0}\dfrac{\lg(x^2-h^2)-\lg x^2}{h^2}=\lim\limits_{h\to0}\lg\left(1-\dfrac{h^2}{x^2}\right)^{\frac{1}{h^2}}$

$$=\lim_{h\to0}\left[-\frac{1}{x^2}\lg\left(1-\frac{h^2}{x^2}\right)^{-\frac{x^2}{h^2}}\right]=-\frac{1}{x^2}\lg e.$$

【564】 $\lim\limits_{x\to0}\dfrac{\ln\tan\left(\dfrac{\pi}{4}+ax\right)}{\sin bx}$.

解

$$\lim_{x\to0}\frac{\ln\tan\left(\frac{\pi}{4}+ax\right)}{\sin bx}=\lim_{x\to0}\ln\left(\frac{1+\tan ax}{1-\tan ax}\right)^{\frac{1}{\sin bx}}$$

$$=\lim_{x\to0}\ln\left(1+\frac{2\tan ax}{1-\tan ax}\right)^{\frac{1-\tan ax}{2\tan ax}\cdot\frac{2\tan ax}{1-\tan ax}\cdot\frac{1}{\sin bx}}.$$

因为 $\lim\limits_{x\to0}\dfrac{2\tan ax}{1-\tan ax}\cdot\dfrac{1}{\sin bx}=\lim\limits_{x\to0}\dfrac{2\tan ax}{2ax}\cdot\dfrac{bx}{\sin bx}\cdot\dfrac{1}{1-\tan ax}\cdot\dfrac{2a}{b}=\dfrac{2a}{b}$，所以

$$\lim_{x\to0}\frac{\ln\tan\left(\frac{\pi}{4}+ax\right)}{\sin bx}=\lim_{x\to0}\ln e^{\frac{2a}{b}}=\frac{2a}{b}.$$

【565】 $\lim\limits_{x\to0}\left(\dfrac{1+x\cdot2^x}{1+x\cdot3^x}\right)^{\frac{1}{x^2}}$.

解 $\left(\dfrac{1+x\cdot2^x}{1+x\cdot3^x}\right)^{\frac{1}{x^2}}=\left[1+\dfrac{x(2^x-3^x)}{1+x\cdot3^x}\right]^{\frac{1+x\cdot3^x}{x(2^x-3^x)}\cdot\frac{2^x-3^x}{x(1+x\cdot3^x)}}$.

因为 $\lim\limits_{x\to0}\dfrac{2^x-3^x}{x(1+x\cdot3^x)}=\lim\limits_{x\to0}\dfrac{1}{1+x\cdot3^x}\cdot\left(\dfrac{2^x-1}{x}-\dfrac{3^x-1}{x}\right)=\ln2-\ln3=\ln\dfrac{2}{3}$,所以

$$\lim_{x\to0}\left(\frac{1+x\cdot2^x}{1+x\cdot3^x}\right)^{\frac{1}{x^2}}=e^{\ln\frac{2}{3}}=\frac{2}{3}.$$

【566】 $\lim\limits_{x\to0}(x+e^x)^{\frac{1}{x}}$.

解 **方法一** $\lim\limits_{x\to0}(x+e^x)^{\frac{1}{x}}=\lim\limits_{x\to0}e\left(1+\dfrac{x}{e^x}\right)^{\frac{e^x}{x}\cdot e^{-x}}=e\cdot e=e^2$.

方法二 $\lim\limits_{x\to0}(x+e^x)^{\frac{1}{x}}=\lim\limits_{x\to0}[1+(x+e^x-1)]^{\frac{1}{x}}=\lim\limits_{x\to0}[1+(x+e^x-1)]^{\frac{1}{x+e^x-1}\cdot\frac{x+e^x-1}{x}}$.

因为 $\lim\limits_{x\to0}\dfrac{x+e^x-1}{x}=1+\lim\limits_{x\to0}\dfrac{e^x-1}{x}=2$,所以 $\lim\limits_{x\to0}(x+e^x)^{\frac{1}{x}}=e^2$.

【567】 $\lim\limits_{n\to\infty}\tan^n\left(\dfrac{\pi}{4}+\dfrac{1}{n}\right)$.

解 $\lim\limits_{n\to\infty}\tan^n\left(\dfrac{\pi}{4}+\dfrac{1}{n}\right)=\lim\limits_{n\to\infty}\left(\dfrac{1+\tan\dfrac{1}{n}}{1-\tan\dfrac{1}{n}}\right)^n=\lim\limits_{n\to\infty}\left(1+\dfrac{2\tan\dfrac{1}{n}}{1-\tan\dfrac{1}{n}}\right)^{\frac{1-\tan\frac{1}{n}}{2\tan\frac{1}{n}}\cdot\frac{2\tan\frac{1}{n}}{\frac{1}{n}}\cdot\left(1-\tan\frac{1}{n}\right)}=e^2$.

【568】 $\lim\limits_{x\to\infty}\dfrac{(x+a)^{x+a}(x+b)^{x+b}}{(x+a+b)^{2x+a+b}}$.

解 $$\lim_{x\to\infty}\frac{(x+a)^{x+a}(x+b)^{x+b}}{(x+a+b)^{2x+a+b}}=\lim_{x\to\infty}\frac{\left(1+\frac{a}{x}\right)^{x+a}\left(1+\frac{b}{x}\right)^{x+b}}{\left(1+\frac{a+b}{x}\right)^{2x+a+b}}$$

$$=\lim_{x\to\infty}\frac{\left(1+\frac{a}{x}\right)^{\frac{x}{a}\cdot\frac{a}{x}\cdot(x+a)}\left(1+\frac{x}{b}\right)^{\frac{x}{b}\cdot\frac{b}{x}\cdot(x+b)}}{\left(1+\frac{a+b}{x}\right)^{\frac{x}{a+b}\frac{a+b}{x}(2x+a+b)}}$$

$$=\frac{e^a\cdot e^b}{e^{2(a+b)}}=e^{-(a+b)}.$$

【569】 $\lim\limits_{n\to\infty}\left(\dfrac{a-1+\sqrt[n]{b}}{a}\right)^n\ (a>0,b>0)$.

解 $\lim\limits_{n\to\infty}\left(\dfrac{a-1+\sqrt[n]{b}}{a}\right)^n=\lim\limits_{n\to\infty}\left(1+\dfrac{b^{\frac{1}{n}}-1}{a}\right)^{\frac{a}{b^{\frac{1}{n}}-1}\cdot\frac{b^{\frac{1}{n}}-1}{\frac{1}{n}}\cdot\frac{1}{a}}=e^{\frac{1}{a}\ln b}=b^{\frac{1}{a}}$.

【570】 $\lim\limits_{n\to\infty}\left(\dfrac{\sqrt[n]{a}+\sqrt[n]{b}}{2}\right)^n\ (a>0,b>0)$.

解 $\lim\limits_{n\to\infty}\left(\dfrac{\sqrt[n]{a}+\sqrt[n]{b}}{2}\right)^n=\lim\limits_{n\to\infty}\left[1+\left(\dfrac{\sqrt[n]{a}+\sqrt[n]{b}}{2}-1\right)\right]^{\frac{1}{\frac{\sqrt[n]{a}+\sqrt[n]{b}}{2}-1}\cdot\left(\frac{\sqrt[n]{a}+\sqrt[n]{b}}{2}-1\right)\cdot n}$.

由 $\lim\limits_{n\to\infty}n(\sqrt[n]{x}-1)=\lim\limits_{n\to\infty}\dfrac{e^{\frac{\ln x}{n}}-1}{\dfrac{1}{n}}=\ln x\ (x>0)$ 可知,

$$\lim_{n\to\infty}\left(\frac{\sqrt[n]{a}+\sqrt[n]{b}}{2}-1\right)\cdot n=\frac{1}{2}\lim_{n\to\infty}[n(\sqrt[n]{a}-1)+n(\sqrt[n]{b}-1)]=\frac{1}{2}\ln ab=\ln\sqrt{ab},$$

故$\lim\limits_{n\to\infty}\left(\frac{\sqrt[n]{a}+\sqrt[n]{b}}{2}\right)^n=e^{\ln\sqrt{ab}}=\sqrt{ab}$.

【571】 $\lim\limits_{x\to0}\left(\frac{a^x+b^x+c^x}{3}\right)^{\frac{1}{x}}(a>0,b>0,c>0)$.

解 $\lim\limits_{x\to0}\left(\frac{a^x+b^x+c^x}{3}\right)^{\frac{1}{x}}=\lim\limits_{x\to0}\left(1+\frac{a^x+b^x+c^x}{3}-1\right)^{\frac{1}{\frac{a^x+b^x+c^x}{3}-1}\cdot\frac{a^x-1+b^x-1+c^x-1}{3x}}$.

由$\lim\limits_{t\to0}\frac{a^t-1}{t}=\ln a$，得到

$$\lim_{x\to\infty}\frac{a^x-1+b^x-1+c^x-1}{3}=\frac{\ln abc}{3}=\ln\sqrt[3]{abc},$$

从而$\lim\limits_{x\to0}\left(\frac{a^x+b^x+c^x}{3}\right)^{\frac{1}{x}}=e^{\ln\sqrt[3]{abc}}=\sqrt[3]{abc}$.

【572】 $\lim\limits_{x\to0}\left(\frac{a^{x+1}+b^{x+1}+c^{x+1}}{a+b+c}\right)^{\frac{1}{x}}(a>0,b>0,c>0)$.

解 $\lim\limits_{x\to0}\left(\frac{a^{x+1}+b^{x+1}+c^{x+1}}{a+b+c}\right)^{\frac{1}{x}}$

$=\lim\limits_{x\to0}\left[1+\left(\frac{a^{x+1}+b^{x+1}+c^{x+1}}{a+b+c}-1\right)\right]^{\frac{1}{\frac{x^{x+1}+b^{x+1}+c^{x+1}}{a+b+c}-1}\cdot\frac{1}{x}\cdot\left(\frac{a^{x+1}+b^{x+1}+c^{x+1}}{a+b+c}-1\right)}$.

由$\lim\limits_{t\to0}\frac{a^t-1}{t}=\ln a$，得到

$$\begin{aligned}&\lim_{x\to0}\frac{1}{x}\cdot\left(\frac{a^{x+1}+b^{x+1}+c^{x+1}}{a+b+c}-1\right)\\&=\lim_{x\to0}\frac{a^{x+1}+b^{x+1}+c^{x+1}-a-b-c}{x(a+b+c)}\\&=\lim_{x\to0}\frac{1}{a+b+c}\left(a\cdot\frac{a^x-1}{x}+b\cdot\frac{b^x-1}{x}+c\cdot\frac{c^x-1}{x}\right)\\&=\ln(a^ab^bc^c)^{\frac{1}{a+b+c}}.\end{aligned}$$

因而$\lim\limits_{x\to0}\left(\frac{a^{x+1}+b^{x+1}+c^{x+1}}{a+b+c}\right)^{\frac{1}{x}}=e^{\ln(a^ab^bc^c)\frac{1}{a+b+c}}=(a^ab^bc^c)^{\frac{1}{a+b+c}}$.

【573】 $\lim\limits_{x\to0}\left(\frac{a^{x^2}+b^{x^2}}{a^x+b^x}\right)^{\frac{1}{x}}(a>0,b>0)$.

解 $\lim\limits_{x\to0}\left(\frac{a^{x^2}+b^{x^2}}{a^x+b^x}\right)^{\frac{1}{x}}=\lim\limits_{x\to0}\left[1+\left(\frac{a^{x^2}+b^{x^2}}{a^x+b^x}-1\right)\right]^{\left(\frac{a^{x^2}+b^{x^2}}{a^x+b^x}-1\right)^{-1}\cdot\left(\frac{a^{x^2}+b^{x^2}}{a^x+b^x}-1\right)\cdot\frac{1}{x}}$.

由$\lim\limits_{t\to0}\frac{a^t-1}{t}=\ln a$，得到

$$\begin{aligned}&\lim_{x\to0}\left(\frac{a^{x^2}+b^{x^2}}{a^x+b^x}-1\right)\cdot\frac{1}{x}=\lim_{x\to0}\frac{a^x[a^{x(x-1)}-1]+b^x[b^{x(x-1)}-1]}{a^x+b^x}\cdot\frac{1}{x}\\&=\lim_{x\to0}\left\{\left[\frac{a^x[a^{x(x-1)}-1]}{x(x-1)}+\frac{b^x[b^{x(x-1)}-1]}{x(x-1)}\right]\cdot(x-1)\cdot\frac{1}{a^x+b^x}\right\}=-\frac{1}{2}\ln ab.\end{aligned}$$

故$\lim\limits_{x\to0}\left(\frac{a^{x^2}+b^{x^2}}{a^x+b^x}\right)^{\frac{1}{x}}=e^{-\frac{1}{2}\ln ab}=\frac{1}{\sqrt{ab}}$.

【574】 $\lim\limits_{x\to0}(2e^{\frac{x}{x+1}}-1)^{\frac{x^2+1}{x}}$.

解 $\lim\limits_{x\to0}(2e^{\frac{x}{x+1}}-1)^{\frac{x^2+1}{x}}=\lim\limits_{x\to0}[1+2(e^{\frac{x}{x+1}}-1)]^{\frac{1}{2(e^{\frac{x}{x+1}}-1)}\cdot\frac{x^2+1}{x+1}\cdot2\frac{e^{\frac{x}{x+1}}-1}{\frac{x}{x+1}}}=e^2$.

【575】 $\lim\limits_{x\to1}(2-x)^{\sec\frac{\pi x}{2}}$.

解 $\lim\limits_{x\to 1}(2-x)^{\sec\frac{\pi x}{2}}=\lim\limits_{x\to 1}[1+(1-x)]^{\frac{1}{1-x}\cdot\frac{\frac{\pi(1-x)}{2}}{\sin\frac{\pi}{2}(1-x)}\cdot\frac{2}{\pi}}=e^{\frac{2}{\pi}}.$

【576】 $\lim\limits_{n\to\infty}\left(\dfrac{\operatorname{ch}\dfrac{\pi}{n}}{\cos\dfrac{\pi}{n}}\right)^{n^2}.$

解 $$\lim_{n\to\infty}\left(\frac{\operatorname{ch}\frac{\pi}{n}}{\cos\frac{\pi}{n}}\right)^{n^2}=\lim_{n\to\infty}\left(\frac{e^{\frac{\pi}{n}}+e^{-\frac{\pi}{n}}}{2\cos\frac{\pi}{n}}\right)^{n^2}\lim_{n\to\infty}\left[1+\left(\frac{e^{\frac{\pi}{n}}+e^{-\frac{\pi}{n}}}{2\cos\frac{\pi}{n}}-1\right)\right]^{\frac{1}{\frac{e^{\frac{\pi}{n}}+e^{-\frac{\pi}{n}}}{2\cos\frac{\pi}{n}}-1}\cdot\frac{e^{\frac{\pi}{n}}+e^{-\frac{\pi}{n}}-2\cos\frac{\pi}{n}}{2\cos\frac{\pi}{n}}\cdot n^2}.$$

因为
$$\begin{aligned}\lim_{n\to\infty}n^2\left(e^{\frac{\pi}{n}}+e^{-\frac{\pi}{n}}-2\cos\frac{\pi}{n}\right)&=\lim_{n\to\infty}n^2\left[(e^{\frac{\pi}{2n}}-e^{-\frac{\pi}{2n}})^2+2\left(1-\cos\frac{\pi}{n}\right)\right]\\&=\lim_{n\to\infty}n^2\left[(e^{\frac{\pi}{2n}}-e^{-\frac{\pi}{2n}})^2+4\sin^2\frac{\pi}{2n}\right]\\&=\lim_{n\to\infty}\left(\frac{e^{\frac{\pi}{2n}}-1}{\frac{\pi}{2n}}\cdot\frac{\pi}{2}+\frac{e^{-\frac{\pi}{2n}}-1}{-\frac{\pi}{2n}}\cdot\frac{\pi}{2}\right)^2+\lim_{n\to\infty}\pi^2\left(\frac{\sin\frac{\pi}{2n}}{\frac{\pi}{2n}}\right)^2\\&=2\pi^2,\end{aligned}$$

所以 $\lim\limits_{n\to\infty}\left(\dfrac{\operatorname{ch}\dfrac{\pi}{n}}{\cos\dfrac{\pi}{n}}\right)^{n^2}=e^{\pi^2}.$

【577】 $\lim\limits_{n\to\infty}\left[n\arctan\dfrac{1}{n(x^2+1)+x}\cdot\tan^n\left(\dfrac{\pi}{4}+\dfrac{x}{2n}\right)\right].$

解 $$\begin{aligned}&\lim_{n\to\infty}\left[n\arctan\frac{1}{n(x^2+1)+x}\cdot\tan^n\left(\frac{\pi}{4}+\frac{x}{2n}\right)\right]\\&=\lim_{n\to\infty}\left[\frac{\arctan\frac{1}{n(x^2+1)+x}}{\frac{1}{n(x^2+1)+x}}\cdot\frac{n}{n(x^2+1)+x}\cdot\left(1+\frac{2\tan\frac{x}{2n}}{1-\tan\frac{x}{2n}}\right)^{\frac{1-\tan\frac{x}{2n}}{2\tan\frac{x}{2n}}\cdot\frac{\tan\frac{x}{2n}}{\frac{x}{2n}}\cdot\frac{x}{1-\tan\frac{x}{2n}}}\right]\\&=\frac{e^x}{1+x^2}.\end{aligned}$$

【578】 $\lim\limits_{n\to\infty}\left[1+\dfrac{(-1)^n}{n}\right]^{\csc(\pi\sqrt{1+n^2})}.$

解 $$\lim_{n\to\infty}\left[1+\frac{(-1)^n}{n}\right]^{\csc(\pi\sqrt{1+n^2})}=\lim_{n\to\infty}\left[1+\frac{(-1)^n}{n}\right]^{\frac{n}{(-1)^n}\cdot\frac{(-1)^n}{n\sin(\pi\sqrt{1+n^2})}}.$$

由于
$$\begin{aligned}\lim_{n\to\infty}\frac{(-1)^n}{n\sin(\pi\sqrt{1+n^2})}&=\lim_{n\to\infty}\frac{1}{n\sin\pi(\sqrt{1+n^2}-n)}\\&=\lim_{n\to\infty}\frac{1}{n\sin\frac{\pi}{\sqrt{1+n^2}+n}}=\lim_{n\to\infty}\frac{1}{\frac{n\pi}{\sqrt{1+n^2}+n}}=\frac{2}{\pi},\end{aligned}$$

故 $\lim\limits_{n\to\infty}\left[1+\dfrac{(-1)^n}{n}\right]^{\csc(\pi\sqrt{1+n^2})}=e^{\frac{2}{\pi}}.$

习题 579—586 $\lim\limits_{x\to0}\frac{a^x-1}{x}(a>0)$及其应用

【求下列函数的极限(579—586)】

【579】 $\lim\limits_{x\to0}\frac{a^x-1}{x}(a>0)$.

解 令 $y=a^x-1$，则 $x=\log_a(1+y)$，当 $x\to0$ 时，$y\to0$，于是

$$\lim_{x\to0}\frac{a^x-1}{x}=\lim_{y\to0}\frac{y}{\log_a(1+y)}=\lim_{y\to0}\frac{1}{\log_a(1+y)^{\frac{1}{y}}}=\frac{1}{\log_a \mathrm{e}}=\ln a.$$

【580】 $\lim\limits_{x\to a}\frac{a^x-x^a}{x-a}(a>0)$.

解 $\frac{a^x-x^a}{x-a}=\frac{a^a[a^{x-a}-(a^{-1}x)^a]}{x-a}=a^a\cdot\frac{a^{x-a}-1}{x-a}-a^a\frac{(a^{-1}x)^a-1}{x-a}$

$$=a^a\frac{a^{x-a}-1}{x-a}-a^a\frac{\mathrm{e}^{a\ln\frac{x}{a}}-1}{a\ln\frac{x}{a}}\cdot\frac{\ln\left(1+\frac{x-a}{a}\right)}{\frac{x-a}{a}}.$$

由上题$\lim\limits_{x\to a}\frac{a^{x-a}-1}{x-a}=\ln a$，$\lim\limits_{x\to a}\frac{\mathrm{e}^{a\ln\frac{x}{a}}-1}{a\ln\frac{x}{a}}=1$，又$\lim\limits_{x\to a}\frac{\ln\left(1+\frac{x-a}{a}\right)}{\frac{x-a}{a}}=1$，所以

$$\lim_{x\to a}\frac{a^x-x^a}{x-a}=a^a\ln a-a^a=a^a\ln\frac{a}{\mathrm{e}}.$$

【581】 $\lim\limits_{x\to a}\frac{x^x-a^a}{x-a}(a>0)$.

解

$$\frac{x^x-a^a}{x-a}=a^a\cdot\frac{\mathrm{e}^{x\ln x-a\ln a}-1}{x\ln x-a\ln a}\cdot\frac{x\ln x-a\ln a}{x-a}.$$

$$\lim_{x\to a}\frac{x\ln x-a\ln a}{x-a}=\lim_{x\to a}\left(\frac{x\ln x-x\ln a}{x-a}+\ln a\right)$$

$$=\lim_{x\to a}\left[\frac{x}{a}\cdot\frac{\ln\left(1+\frac{x-a}{a}\right)}{\frac{x-a}{a}}+\ln a\right]=1+\ln a=\ln a\mathrm{e},$$

又$\lim\limits_{x\to a}\frac{\mathrm{e}^{x\ln x-a\ln a}-1}{x\ln x-a\ln a}=1$，所以$\lim\limits_{x\to a}\frac{x^x-a^a}{x-a}=a^a\ln a\mathrm{e}$.

【582】 $\lim\limits_{x\to a}\frac{x^\alpha-a^\alpha}{x^\beta-a^\beta}(a>0,\beta\neq0)$.

解 $\lim\limits_{x\to a}\frac{x^\alpha-a^\alpha}{x^\beta-a^\beta}=\lim\limits_{x\to a}a^{\alpha-\beta}\cdot\frac{\left(\frac{x}{a}\right)^\alpha-1}{\left(\frac{x}{a}\right)^\beta-1}=\lim\limits_{x\to a}a^{\alpha-\beta}\cdot\frac{\mathrm{e}^{\alpha\ln\frac{x}{a}}-1}{\alpha\ln\frac{x}{a}}\cdot\frac{\beta\ln\frac{x}{a}}{\mathrm{e}^{\beta\ln\frac{x}{a}}-1}\cdot\frac{\alpha}{\beta}=\frac{\alpha}{\beta}a^{\alpha-\beta}$.

【583】 $\lim\limits_{x\to b}\frac{a^x-a^b}{x-b}(a>0)$.

解 $\lim\limits_{x\to b}\frac{a^x-a^b}{x-b}=\lim\limits_{x\to b}\left(a^b\cdot\frac{a^{x-b}-1}{x-b}\right)=a^b\ln a$.

【584】 $\lim\limits_{h\to0}\frac{a^{x+h}+a^{x-h}-2a^x}{h^2}(a>0)$.

解 $\lim\limits_{h\to0}\frac{a^{x+h}+a^{x-h}-2a^x}{h^2}=\lim\limits_{h\to0}\left(a^x\cdot\frac{a^h+a^{-h}-2}{h^2}\right)=\lim\limits_{h\to0}\frac{a^x}{a^h}\left(\frac{a^h-1}{h}\right)^2=a^x\ln^2 a$.

【585】 $\lim\limits_{x\to 0}\dfrac{a^{x^2}-b^{x^2}}{(a^x-b^x)^2}(a>0,b>0)$.

解 $\lim\limits_{x\to 0}\dfrac{a^{x^2}-b^{x^2}}{(a^x-b^x)^2}=\lim\limits_{x\to 0}\left[\left(\dfrac{a^{x^2}-1}{x^2}-\dfrac{b^{x^2}-1}{x^2}\right)\cdot\left(\dfrac{a^x-1}{x}-\dfrac{b^x-1}{x}\right)^{-2}\right]$

$=(\ln a-\ln b)\cdot(\ln a-\ln b)^{-2}=(\ln a-\ln b)^{-1}=\left(\ln\dfrac{a}{b}\right)^{-1}$.

【586】 $\lim\limits_{x\to a}\dfrac{a^{a^x}-a^{x^a}}{a^x-x^a}(a>0)$.

解 $\lim\limits_{x\to a}\dfrac{a^{a^x}-a^{x^a}}{a^x-x^a}=\lim\limits_{x\to a}\left(a^{x^a}\cdot\dfrac{a^{a^x-x^a}-1}{a^x-x^a}\right)=a^{a^a}\ln a$.

习题 587—605 重要极限的综合应用

【求下列函数的极限(587—602)**】**

【587】 (1) $\lim\limits_{x\to-\infty}\dfrac{\ln(1+3^x)}{\ln(1+2^x)}$； (2) $\lim\limits_{x\to+\infty}\dfrac{\ln(1+3^x)}{\ln(1+2^x)}$.

解 (1) $\lim\limits_{x\to-\infty}\dfrac{\ln(1+3^x)}{\ln(1+2^x)}=\lim\limits_{x\to-\infty}\left[\dfrac{\ln(1+3^x)}{3^x}\cdot\dfrac{2^x}{\ln(1+2x)}\cdot\left(\dfrac{2}{3}\right)^{-x}\right]=1\cdot 1\cdot 0=0$.

(2) $\lim\limits_{x\to+\infty}\dfrac{\ln(1+3^x)}{\ln(1+2^x)}=\lim\limits_{x\to+\infty}\dfrac{x\ln 3+\ln(1+3^{-x})}{x\ln 2+\ln(1+2^{-x})}=\lim\limits_{x\to+\infty}\dfrac{\ln 3+\dfrac{1}{x}\cdot\ln(1+3^{-x})}{\ln 2+\dfrac{1}{x}\cdot\ln(1+2^{-x})}=\dfrac{\ln 3}{\ln 2}$.

【588】 $\lim\limits_{x\to+\infty}\ln(1+2^x)\ln\left(1+\dfrac{3}{x}\right)$.

解 $\lim\limits_{x\to+\infty}\ln(1+2^x)\ln\left(1+\dfrac{3}{x}\right)=\lim\limits_{x\to+\infty}\left[\dfrac{\ln\left(1+\dfrac{3}{x}\right)}{\dfrac{3}{x}}\cdot\dfrac{x\ln 2+\ln(2^{-x}+1)}{\dfrac{x}{3}}\right]=3\ln 2$.

【589】 $\lim\limits_{x\to 1}(1-x)\lg_x 2$.

解 $\lim\limits_{x\to 1}(1-x)\lg_x 2=\lim\limits_{x\to 1}\dfrac{1-x}{\ln x}\cdot\ln 2=-\ln 2\cdot\lim\limits_{x\to 1}\dfrac{x-1}{\ln[1+(x-1)]}=-\ln 2$.

【590】 $\lim\limits_{x\to 0}\dfrac{\ln(1+xe^x)}{\ln(x+\sqrt{1+x^2})}$.

解 $\lim\limits_{x\to 0}\dfrac{\ln(1+xe^x)}{\ln(x+\sqrt{1+x^2})}=\lim\limits_{x\to 0}\dfrac{\dfrac{\ln(1+xe^x)}{xe^x}\cdot xe^x}{\dfrac{\ln(1+x+\sqrt{1+x^2}-1)}{x+\sqrt{1+x^2}-1}\cdot(x+\sqrt{1+x^2}-1)}$

$=\lim\limits_{x\to 0}\dfrac{xe^x}{x+\sqrt{1+x^2}-1}=\lim\limits_{x\to 0}\dfrac{xe^x(\sqrt{1+x^2}-x+1)}{1+x^2-(x-1)^2}$

$=\lim\limits_{x\to 0}\dfrac{e^x(\sqrt{1+x^2}-x+1)}{2}=1$.

【591】 $\lim\limits_{x\to 0}\dfrac{\ln\cos ax}{\ln\cos bx}$.

解 因为$\lim\limits_{t\to 1}\dfrac{\ln t}{t-1}=1$,所以

$$\lim_{x\to 0}\frac{\ln\cos ax}{\ln\cos bx}=\lim_{x\to 0}\left(\frac{\ln\cos ax}{\cos ax-1}\cdot\frac{\cos bx-1}{\ln\cos bx}\cdot\frac{\cos ax-1}{\cos bx-1}\right)=\lim_{x\to 0}\frac{2\sin^2\dfrac{ax}{2}}{2\sin^2\dfrac{bx}{2}}=\frac{a^2}{b^2}.$$

【592】 $\lim\limits_{n\to\infty} n(\sqrt[n]{x}-1)(x>0)$.

解 由 $\lim\limits_{t\to0}\dfrac{a^t-1}{t}=\ln a$ 及归结原则知 $\lim\limits_{n\to\infty} n(\sqrt[n]{x}-1)=\lim\limits_{n\to\infty}\dfrac{x^{\frac{1}{n}}-1}{\dfrac{1}{n}}=\ln x$.

【593】 $\lim\limits_{n\to\infty} n^2(\sqrt[n]{x}-\sqrt[n+1]{x})(x>0)$.

解 由 $\lim\limits_{t\to0}\dfrac{a^t-1}{t}=\ln a$ 及归结原则知

$$\lim_{n\to\infty} n^2(\sqrt[n]{x}-\sqrt[n+1]{x})=\lim_{n\to\infty}\frac{x^{\frac{1}{n}}-x^{\frac{1}{n+1}}}{\dfrac{1}{n^2}}=\lim_{n\to\infty}\frac{x^{\frac{1}{n+1}}\left[x^{\frac{1}{n(n+1)}}-1\right]}{\dfrac{1}{n(n+1)}}\cdot\frac{\dfrac{1}{n(n+1)}}{\dfrac{1}{n^2}}=\ln x.$$

【594】 (1) $\lim\limits_{x\to0}\dfrac{\ln(x^2+e^x)}{\ln(x^4+e^{2x})}$； (2) $\lim\limits_{x\to+\infty}\dfrac{\ln(x^2+e^x)}{\ln(x^4+e^{2x})}$.

解 由 $\lim\limits_{x\to0}x^n e^{-mx}=0(m,n\in\mathbf{N}_+)$，$\lim\limits_{x\to+\infty}x^n e^{-mx}=0(m,n\in\mathbf{N}_+)$ 及 $\lim\limits_{t\to0}\dfrac{\ln(1+t)}{t}=1$，有

$$(1)\lim_{x\to0}\frac{\ln(x^2+e^x)}{\ln(x^4+e^{2x})}=\lim_{x\to0}\frac{x+\ln(1+x^2e^{-x})}{2x+\ln(1+x^4e^{-2x})}=\lim_{x\to0}\frac{1+\dfrac{\ln(1+x^2e^{-x})}{x^2e^{-x}}\cdot xe^{-x}}{2+\dfrac{\ln(1+x^4e^{-2x})}{x^4e^{-2x}}\cdot x^3e^{-2x}}=\frac{1}{2};$$

$$(2)\lim_{x\to+\infty}\frac{\ln(x^2+e^x)}{\ln(x^4+e^{2x})}=\lim_{x\to+\infty}\frac{x+\ln(1+x^2e^{-x})}{2x+\ln(1+x^4e^{-2x})}\lim_{x\to+\infty}\frac{1+\dfrac{\ln(1+x^2e^{-x})}{x^2e^{-x}}xe^{-x}}{2+\dfrac{\ln(1+x^4c^{-2x})}{x^4e^{-2x}}x^3e^{-2x}}=\frac{1}{2}.$$

【595】 $\lim\limits_{x\to+\infty}\left(\ln\dfrac{x+\sqrt{x^2+1}}{x+\sqrt{x^2-1}}\cdot\ln^{-2}\dfrac{x+1}{x-1}\right)$.

解
$$\lim_{x\to+\infty}\left(\ln\frac{x+\sqrt{x^2+1}}{x+\sqrt{x^2-1}}\cdot\ln^{-2}\frac{x+1}{x-1}\right)=\lim_{x\to+\infty}\frac{\ln\left(1+\dfrac{\sqrt{x^2+1}-\sqrt{x^2-1}}{x+\sqrt{x^2-1}}\right)}{\ln^2\left(1+\dfrac{2}{x-1}\right)}$$

$$=\lim_{x\to+\infty}\frac{\dfrac{\sqrt{x^2+1}-\sqrt{x^2-1}}{x+\sqrt{x^2-1}}}{\left(\dfrac{2}{x-1}\right)^2}=\frac{1}{2}\lim_{x\to+\infty}\frac{(x-1)^2}{(x+\sqrt{x^2-1})(\sqrt{x^2+1}+\sqrt{x^2-1})}=\frac{1}{8}.$$

【596】 $\lim\limits_{x\to0}\dfrac{\sqrt{1+x\sin x}-1}{e^{x^2}-1}$.

解 **方法一**
$$\lim_{x\to0}\frac{\sqrt{1+x\sin x}-1}{e^{x^2}-1}=\lim_{x\to0}\frac{x\sin x}{(e^{x^2}-1)(1+\sqrt{1+x\sin x})}$$

$$=\lim_{x\to0}\frac{\dfrac{\sin x}{x}}{\dfrac{e^{x^2}-1}{x^2}(1+\sqrt{1+x\sin x})}=\frac{1}{2}.$$

方法二
$$\lim_{x\to0}\frac{\sqrt{1+x\sin x}-1}{e^{x^2}-1}=\lim_{x\to0}\frac{\frac{1}{2}x\sin x}{x^2}=\frac{1}{2}\lim_{x\to0}\frac{\sin x}{x}=\frac{1}{2}.$$

【597】 $\lim\limits_{x\to0}\dfrac{\cos(xe^x)-\cos(xe^{-x})}{x^3}$.

解
$$\lim_{x\to0}\frac{\cos(xe^x)-\cos(xe^{-x})}{x^3}=\lim_{x\to0}\frac{-2\sin\dfrac{x(e^x+e^{-x})}{2}\sin\dfrac{x(e^x-e^{-x})}{2}}{x^3}$$

$$=-2\lim_{x\to0}\left[\frac{\sin\frac{x(e^x+e^{-x})}{2}}{\frac{x(e^x+e^{-x})}{2}}\cdot\frac{\sin\frac{x(e^x-e^{-x})}{2}}{\frac{x(e^x-e^{-x})}{2}}\cdot\frac{1}{x^3}\cdot\frac{x^2(e^{4x}-1)}{4e^{2x}}\right]$$

$$=-2\lim_{x\to0}\left(\frac{e^{4x}-1}{4x}\cdot\frac{1}{e^{2x}}\right)=-2.$$

【598】 $\lim\limits_{x\to0}\dfrac{e^{\alpha x}-e^{\beta x}}{\sin\alpha x-\sin\beta x}$.

解 $\lim\limits_{x\to0}\dfrac{e^{\alpha x}-e^{\beta x}}{\sin\alpha x-\sin\beta x}=\lim\limits_{x\to0}\dfrac{e^{\beta x}[e^{(\alpha-\beta)x}-1]}{2\cos\frac{\alpha+\beta}{2}x\sin\frac{\alpha-\beta}{2}x}$

$$=\lim_{x\to0}\frac{e^{(\alpha-\beta)x}-1}{(\alpha-\beta)x}\cdot\frac{\frac{\alpha-\beta}{2}x}{\sin\frac{\alpha-\beta}{2}x}\cdot\frac{e^{\beta x}}{\cos\frac{\alpha+\beta}{2}x}=1\cdot1\cdot1=1.$$

【599】 $\lim\limits_{x\to\frac{\pi}{2}}\dfrac{1-\sin^{\alpha+\beta}x}{\sqrt{(1-\sin^{\alpha}x)(1-\sin^{\beta}x)}}(\alpha>0,\beta>0)$.

解 $\lim\limits_{x\to\frac{\pi}{2}}\dfrac{1-\sin^{\alpha+\beta}x}{\sqrt{(1-\sin^{\alpha}x)(1-\sin^{\beta}x)}}=\lim\limits_{x\to\frac{\pi}{2}}\dfrac{1-e^{(\alpha+\beta)\ln\sin x}}{\sqrt{(1-e^{\alpha\ln\sin x})(1-e^{\beta\ln\sin x})}}$

$$=\lim_{x\to\frac{\pi}{2}}\left\{\left[-\frac{e^{(\alpha+\beta)\ln\sin x}-1}{(\alpha+\beta)\ln\sin x}\right]\cdot\left(\frac{\alpha\ln\sin x}{e^{\alpha\ln\sin x}-1}\cdot\frac{\beta\ln\sin x}{e^{\beta\ln\sin x}-1}\right)^{\frac{1}{2}}\cdot\left[\frac{(\alpha+\beta)\ln\sin x}{-\sqrt{\alpha\beta}\ln\sin x}\right]\right\}$$

$$=\frac{\alpha+\beta}{\sqrt{\alpha\beta}}.$$

注 在 $U\left(\frac{\pi}{2},\frac{1}{2}\right)$ 内 $\sin x>0,\ln\sin x\leqslant0$.

【600】 $\lim\limits_{x\to0}\dfrac{e^{\sin2x}-e^{\sin x}}{\operatorname{th}x}$.

解 $\lim\limits_{x\to0}\dfrac{e^{\sin2x}-e^{\sin x}}{\operatorname{th}x}=\lim\limits_{x\to0}\dfrac{(e^{\sin2x}-e^{\sin x})(e^{2x}+1)}{e^{2x}-1}$

$$=\lim_{x\to0}\frac{\left(\frac{e^{\sin2x}-1}{\sin2x}\cdot\frac{\sin2x}{2x}-\frac{e^{\sin x}-1}{\sin x}\cdot\frac{\sin x}{x}\cdot\frac{1}{2}\right)(e^{2x}+1)}{\frac{e^{2x}-1}{2x}}=\frac{\left(1-\frac{1}{2}\right)\cdot2}{1}=1.$$

【601】 $\lim\limits_{x\to0}\dfrac{\operatorname{sh}^2x}{\ln(\operatorname{ch}3x)}$.

解 由 sh x 及 ch x 的定义,可得

$$\lim_{x\to0}\frac{\operatorname{sh}^2x}{\ln(\operatorname{ch}3x)}=\lim_{x\to0}\frac{(e^{2x}-1)^2}{\ln\left[1+\left(\frac{e^{3x}+e^{-3x}}{2}-1\right)\right]\cdot4e^{2x}}$$

$$=\lim_{x\to0}\frac{(e^{2x}-1)^2}{\left(\frac{e^{3x}+e^{-3x}}{2}-1\right)\cdot4e^{2x}}=\lim_{x\to0}\frac{\left(\frac{e^{2x}-1}{2x}\right)^2\cdot(2x)^2}{\left(\frac{e^{3x}+e^{-3x}}{2}-1\right)\cdot4e^{2x}}$$

$$=\lim_{x\to0}\frac{x^2}{e^{2x}\cdot\frac{1}{2e^{3x}}(e^{3x}-1)^2}=\lim_{x\to0}\frac{2}{e^{-x}\cdot\left(\frac{e^{3x}-1}{3x}\right)^2\cdot9}=\frac{2}{9}.$$

【602】 $\lim\limits_{x\to0}\dfrac{\ln\frac{1+x}{1-x}}{\arctan(1+x)-\arctan(1-x)}$.

解 $\lim\limits_{x\to 0}\dfrac{\ln\dfrac{1+x}{1-x}}{\arctan(1+x)-\arctan(1-x)}=\lim\limits_{x\to 0}\left[\dfrac{\ln\left(1+\dfrac{2x}{1-x}\right)}{\dfrac{2x}{1-x}}\cdot\dfrac{\dfrac{2x}{2-x^2}}{\arctan\dfrac{2x}{2-x^2}}\cdot\dfrac{2-x^2}{1-x}\right]=2.$

【603】 $\lim\limits_{n\to\infty}\left[\dfrac{x^{n+1}}{(n+1)!}+\dfrac{x^{n+2}}{(n+2)!}+\cdots+\dfrac{x^{2n}}{(2n)!}\right].$

解 由于

$$\left|\frac{x^{n+1}}{(n+1)!}+\cdots+\frac{x^{2n}}{(2n)!}\right|\leqslant\frac{|x|^{n+1}}{(n+1)!}+\cdots+\frac{|x|^{2n}}{(2n)!}\leqslant\frac{|x|^{n+1}}{(n+1)!}(1+|x|+\cdots+|x|^{n-1}).$$

当 $|x|=1$ 时，上式右端为 $\dfrac{n}{(n+1)!}\to 0(n\to\infty)$；

当 $|x|\neq 1$ 时，此式为

$$\frac{|x|^{n+1}}{(n+1)!}\cdot\frac{1-|x|^n}{1-|x|}=\frac{1}{1-|x|}\cdot\left[\frac{|x|^{n+1}}{(n+1)!}-\frac{|x|}{n+1}\cdot\frac{(|x|^2)^n}{n!}\right]$$

由 $\lim\limits_{n\to\infty}\dfrac{|x|^{n+1}}{(n+1)!}=0$，$\lim\limits_{n\to\infty}\dfrac{(|x|^2)^n}{n!}=0$，故 $\lim\limits_{n\to\infty}\dfrac{|x|^{n+1}}{(n+1)!}\cdot\dfrac{1-|x|^n}{1-|x|}=0.$

于是，对于任意实数 x，有 $\lim\limits_{x\to\infty}\left[\dfrac{x^{n+1}}{(n+1)!}+\dfrac{x^{n+2}}{(n+2)!}+\cdots+\dfrac{x^{2n}}{(2n)!}\right]=0.$

【604】 $\lim\limits_{n\to\infty}(1+x)(1+x^2)(1+x^4)\cdots(1+x^{2^n})(|x|<1).$

解 因为 $|x|<1$，所以

$$\begin{aligned}&\lim_{n\to\infty}(1+x)(1+x^2)(1+x^4)\cdots(1+x^{2^n})\\&=\lim_{n\to\infty}\frac{(1-x)(1+x)(1+x^2)(1+x^4)\cdots(1+x^{2^n})}{1-x}=\lim_{n\to\infty}\frac{1-x^{2^{n+1}}}{1-x}=\frac{1}{1-x}.\end{aligned}$$

【605】 $\lim\limits_{n\to\infty}\cos\dfrac{x}{2}\cos\dfrac{x}{4}\cdots\cos\dfrac{x}{2^n}.$

解 当 $x=0$ 时，原式显然为1.

当 $x\neq 0$ 时，因为

$$\sin x=2\cos\frac{x}{2}\sin\frac{x}{2}=2^2\cos\frac{x}{2}\cos\frac{x}{4}\sin\frac{x}{4}=\cdots=2^n\cos\frac{x}{2}\cos\frac{x}{4}\cdots\cos\frac{x}{2^n}\sin\frac{x}{2^n},$$

所以

$$\lim_{n\to\infty}\cos\frac{x}{2}\cdot\cos\frac{x}{4}\cdots\cos\frac{x}{2^n}=\lim_{n\to\infty}\left(\frac{\sin x}{2^n}\cdot\frac{1}{\sin\frac{x}{2^n}}\right)=\lim_{n\to\infty}\left(\frac{\frac{x}{2^n}}{\sin\frac{x}{2^n}}\cdot\frac{\sin x}{x}\right)=\frac{\sin x}{x}.$$

习题606—614 其他方法求函数极限

【606】 证明柯西定理：若函数 $f(x)$ 定义于区间 $(a,+\infty)$，且在每一个有限的区间 (a,b) 内是有界的，则

(1) $\lim\limits_{x\to+\infty}\dfrac{f(x)}{x}=\lim\limits_{x\to+\infty}[f(x+1)-f(x)]$；

(2) $\lim\limits_{x\to+\infty}[f(x)]^{\frac{1}{x}}=\lim\limits_{x\to+\infty}\dfrac{f(x+1)}{f(x)}(f(x)\geqslant c>0)$，

假定等式右端的极限都存在.

证 **方法一** (1) 记 $\lim\limits_{x\to+\infty}[f(x+1)-f(x)]=A$，则 $\forall\varepsilon>0$，$\exists n_0\in\mathbf{N}_+$，$n_0>a$，使当 $x>n_0$ 时，恒有

$$|f(x+1)-f(x)-A|<\frac{\varepsilon}{3}.$$

由 $f(x)$ 在有限区间上有界，$\exists M>0$，使得 $\forall x\in[n_0,n_0+1]$，有 $|f(x)|\leqslant M$.

$\forall x>n_0$，记 $n=[x]-n_0$，$\tau=x-[x]$，则 $0\leqslant\tau<1$，$x-n=\tau+n_0$，且

$$\frac{f(x)}{x}-A=\frac{n}{x}\left[\frac{f(x)-f(x-n)}{n}-A\right]+\frac{f(x-n)}{x}-\frac{(x-n)A}{x}.$$

由 $x-n=\tau+n_0>n_0$，有

$$\left|\frac{n}{x}\left[\frac{f(x)-f(x-n)}{n}-A\right]\right|\leqslant\left|\frac{f(x)-f(x-n)}{n}-A\right|$$

$$=\frac{1}{n}\left|\sum_{k=1}^{n}[f(x-k+1)-f(x-k)-A]\right|<\frac{1}{n}\cdot\frac{n\varepsilon}{3}=\frac{\varepsilon}{3}.$$

又由 $x-n=\tau+n_0\in[n_0,n_0+1)$，从而当 $x>n_0$ 时，恒有

$$\left|\frac{f(x-n)}{x}\right|\leqslant\frac{M}{x}\to0,\ \left|\frac{(x-n)A}{x}\right|<\frac{(n_0+1)A}{x}\to0,x\to\infty.$$

故 $\exists n_1\in\mathbf{N}_+$，当 $x>n_1$ 时有

$$\left|\frac{f(x-n)}{x}\right|<\frac{\varepsilon}{3},\ \left|\frac{(x-n)A}{x}\right|<\frac{\varepsilon}{3}.$$

取 $X=\max\{n_0,n_1\}$. 于是，当 $x>X$ 时有

$$\left|\frac{f(x)}{x}-A\right|<\frac{\varepsilon}{3}+\frac{\varepsilon}{3}+\frac{\varepsilon}{3}=\varepsilon.$$

由此可知 $\lim\limits_{x\to+\infty}\frac{f(x)}{x}=A$.

方法二　记 $\lim\limits_{x\to+\infty}[f(x+1)-f(x)]=A$，则 $\forall\varepsilon>0$，$\exists n_0\in\mathbf{N}_+$，$n_0>a$，使当 $x>n_0$ 时，恒有

$$|f(x+1)-f(x)-A|<\frac{\varepsilon}{3}.$$

由 $f(x)$ 在有限区间上有界，$\exists M>0$，使得 $\forall x\in[n_0,n_0+1]$，有 $|f(x)|\leqslant M$.

$\forall x>n_0$，记 $n=[x]-n_0$，$\tau=x-[x]$，则 $0\leqslant\tau<1$，$x-n=\tau+n_0\in[n_0,n_0+1)$，且

$$\frac{f(x)}{x}=\left\{\frac{[f(x)-f(x-1)]+\cdots+[f(x-n+1)-f(x-n)]}{n}-\frac{f(x-n)}{n}\right\}\frac{n}{x}$$

$$=\left[\frac{[f(n+\tau+n_0)-f(n+\tau+n_0-1)]+\cdots+[f(\tau+n_0+1)-f(\tau+n_0)]}{n}-\frac{f(\tau+n_0)}{n}\right]\frac{n}{x}.$$

记 $a_n=f(n+\tau+n_0)-f(n+\tau+n_0-1)$，则由 $\lim\limits_{x\to+\infty}[f(x+1)-f(x)]=A$ 知，$\lim\limits_{n\to\infty}a_n=A$，从而

$$\lim_{n\to\infty}\frac{a_n+a_{n-1}+\cdots+a_1}{n}=A.$$

又 $x\to+\infty$ 时，$n\to\infty$，故

$$\lim_{x\to+\infty}\frac{[f(x)-f(x-1)]+\cdots+[f(x-n+1)-f(x-n)]}{n}=A,$$

又由 $|f(\tau+n_0)|\leqslant M$ 可知 $\lim\limits_{x\to+\infty}\frac{f(\tau+n_0)}{n}=0$.

另外由 $\lim\limits_{x\to+\infty}\frac{n}{x}=\lim\limits_{x\to+\infty}\frac{[x]-n_0}{x}=\lim\limits_{x\to+\infty}\frac{x-\tau-n_0}{x}=1$，有

$$\lim_{x\to+\infty}\frac{f(x)}{x}=(A-0)\cdot1=A.$$

(2) 由假定知 $f(x)\geqslant c>0$. 记 $\lim\limits_{x\to+\infty}\frac{f(x+1)}{f(x)}=A'$，显然 $A'\geqslant0$. 下证 $A'>0$. 事实上，若 $A'=0$，则 $\exists X_0>0$，使当 $x\geqslant X_0$ 时，必有 $0<\frac{f(x+1)}{f(x)}<\frac{1}{2}$. 于是

$$0<\frac{f(X_0+n)}{f(X_0)}=\frac{f(X_0+n)}{f(X_0+n-1)}\cdot\frac{f(X_0+n-1)}{f(X_0+n-2)}\cdots\frac{f(X_0+1)}{f(X_0)}<\left(\frac{1}{2}\right)^n.$$

由此可知$\lim\limits_{n\to\infty}f(X_0+n)=0$，此显然与$f(x)\geqslant c>0$矛盾，因此有$A'>0$.

由于$f(x)\geqslant c>0$，且$f(x)$在每个有限区间(a,b)内有界，故函数$\ln f(x)$在每个有限区间(a,b)内也有界，并且

$$\lim_{x\to+\infty}[\ln f(x+1)-\ln f(x)]=\lim_{x\to+\infty}\ln\frac{f(x+1)}{f(x)}=\ln A'.$$

于是，将(1)的结果用于函数$\ln f(x)$，即知

$$\lim_{x\to+\infty}\frac{\ln f(x)}{x}=\ln A'.$$

故有$\lim\limits_{x\to+\infty}[f(x)]^{\frac{1}{x}}=\lim\limits_{x\to+\infty}e^{\ln[f(x)]^{\frac{1}{x}}}=\lim\limits_{x\to+\infty}e^{\frac{\ln f(x)}{x}}=e^{\ln A'}=A'$.

【607】 证明：若(1)函数$f(x)$定义于区域$x>a$内；(2)在每个有限区域$a<x<b$内是有界的；(3)$\lim\limits_{x\to+\infty}[f(x+1)-f(x)]=+\infty$(或$-\infty$)，则$\lim\limits_{x\to+\infty}\dfrac{f(x)}{x}=+\infty$(或$-\infty$).

证 **方法一** 只要证明当$\lim\limits_{x\to+\infty}[f(x+1)-f(x)]=+\infty$时，有$\lim\limits_{x\to+\infty}\dfrac{f(x)}{x}=+\infty$(对于$-\infty$的情形，只要考虑函数$-f(x)$即可归结为$+\infty$的情形).

$\forall G>0$，由$\lim\limits_{x\to+\infty}[f(x+1)-f(x)]=+\infty$，$\exists n_0\in\mathbf{N}_+$，$n_0>a$，使当$x>n_0$时，有

$$f(x+1)-f(x)>4G.$$

$\forall x>2n_0+2$，记$n=[x]-n_0$，$\tau=x-[x]$，则$0\leqslant\tau<1$，$x-n=\tau+n_0\in[n_0,n_0+1)$，且

$$\frac{n}{x}=\frac{[x]-n_0}{x}=\frac{x-\tau-n_0}{x}>\frac{x-(1+n_0)}{x}>\frac{1}{2}.$$

又

$$\frac{f(x)}{x}=\frac{n}{x}\cdot\frac{f(x)-f(x-n)}{n}+\frac{f(x-n)}{x},$$

从而当$x>2n_0+2$时，有

$$\frac{f(x)-f(x-n)}{n}=\frac{1}{n}\sum_{k=1}^{n}[f(x-k+1)-f(x-k)]>\frac{1}{n}\cdot4nG=4G,$$

于是$\dfrac{n}{x}\cdot\dfrac{f(x)-f(x-n)}{n}>\dfrac{1}{2}\cdot4G=2G$.

由$f(x)$在有限区间上有界，及$x-n\in[n_0,n_0+1)$，故$\exists n_1\in\mathbf{N}_+$，使当$x>n_1$时，恒有

$$\left|\frac{f(x-n)}{x}\right|<G.$$

令$X=\max\{2(n_0+1),n_1\}$，则当$x>X$时，恒有$\dfrac{f(x)}{x}>G$. 由此可知$\lim\limits_{x\to+\infty}\dfrac{f(x)}{x}=+\infty$.

注 原题条件(3)误写为$\lim\limits_{x\to+\infty}[f(x+1)-f(x)]=\infty$，结论误写为$\lim\limits_{x\to+\infty}\dfrac{f(x)}{x}=\infty$. 例如，按下式定义$[0,+\infty)$上的函数$f(x)$：

$$f(x)=\begin{cases}2n, & 2n\leqslant x<2n+1,\\ 0, & 2n+1\leqslant x<2n+2,\end{cases}\quad(n=0,1,2,\cdots).$$

显然$f(x)$满足原题的条件(1)和(2)(这时$a=0$)，并且$\lim\limits_{x\to+\infty}[f(x+1)-f(x)]=\infty$；但$\lim\limits_{x\to+\infty}\dfrac{f(x)}{x}\neq\infty$(实际$\lim\limits_{x\to+\infty}\dfrac{f(x)}{x}$不存在，因$\varliminf\limits_{x\to+\infty}\dfrac{f(x)}{x}=0$，$\varlimsup\limits_{x\to+\infty}\dfrac{f(x)}{x}=1$).

方法二 取$n_0\in\mathbf{N}_+$，$n_0>a$，由$f(x)$在有限区间上有界，$\exists M>0$，使得

$$\forall x \in [n_0, n_0+1], 有 \ |f(x)| \leqslant M.$$

$\forall x > n_0$,记 $n = [x] - n_0$,$\tau = x - [x]$,则 $0 \leqslant \tau < 1$,$x - n = \tau + n_0 \in [n_0, n_0+1)$,且

$$\frac{f(x)}{x} = \left\{\frac{[f(x)-f(x-1)]+\cdots+[f(x-n+1)-f(x-n)]}{n} - \frac{f(x-n)}{n}\right\}\frac{n}{x}$$

$$= \left[\frac{[f(n+\tau+n_0)-f(n+\tau+n_0-1)]+\cdots+[f(\tau+n_0+1)-f(\tau+n_0)]}{n} - \frac{f(\tau+n_0)}{n}\right]\frac{n}{x}.$$

记 $a_n = f(n+\tau+n_0) - f(n+\tau+n_0-1)$,则由 $\lim\limits_{x\to+\infty}[f(x+1)-f(x)] = +\infty$ 知,$\lim\limits_{n\to\infty} a_n = +\infty$,从而

$$\lim_{n\to\infty}\frac{a_n + a_{n-1} + \cdots + a_1}{n} = +\infty.$$

又 $x \to +\infty$ 时,$n \to \infty$,故

$$\lim_{x\to+\infty}\frac{[f(x)-f(x-1)]+\cdots+[f(x-n+1)-f(x-n)]}{n} = +\infty.$$

又由 $|f(\tau+n_0)| \leqslant M$ 可知 $\lim\limits_{x\to+\infty}\dfrac{f(\tau+n_0)}{n} = 0$.

另外

$$\lim_{x\to+\infty}\frac{n}{x} = \lim_{x\to+\infty}\frac{[x]-n_0}{x} = \lim_{x\to+\infty}\frac{x-\tau-n_0}{x} = 1,$$

故 $\lim\limits_{x\to+\infty}\dfrac{f(x)}{x} = +\infty$.

【608】 证明:若(1) 函数 $f(x)$ 的定义域为 $x > a$;(2) 在每个有限区域 $a < x < b$ 内是有界的;(3) $\lim\limits_{x\to+\infty}\dfrac{f(x+1)-f(x)}{x^n} = l$(l 为有限数,或 $\pm\infty$),则 $\lim\limits_{x\to+\infty}\dfrac{f(x)}{x^{n+1}} = \dfrac{l}{n+1}$.

证 先证一般性的定理(Stolz 定理在函数情形的推广)若:

(1) 函数 $f(x)$ 与 $g(x)$ 都定义在 $(a, +\infty)$ 内;

(2) $f(x)$ 与 $g(x)$ 在每一个有限区间 (a,b) 内有界,并且 $g(x)$ 在 $(a, +\infty)$ 内满足 $g(x+1) > g(x)$ 且 $\lim\limits_{x\to+\infty} g(x) = +\infty$;

(3) 存在极限 $\lim\limits_{x\to+\infty}\dfrac{f(x+1)-f(x)}{g(x+1)-g(x)} = l$(l 为有限数,或 $\pm\infty$),

则必有 $\lim\limits_{x\to+\infty}\dfrac{f(x)}{g(x)} = l$.

证明如下:先证 l 为有限数.

$\forall \varepsilon > 0$,由 $\lim\limits_{x\to+\infty}\dfrac{f(x+1)-f(x)}{g(x+1)-g(x)} = l$,$\exists n_0 \in \mathbf{N}_+$,$n_0 > a$,使当 $x > n_0$ 时,有

$$\left|\frac{f(x+1)-f(x)}{g(x+1)-g(x)} - l\right| < \varepsilon.$$

由于 $x > a$ 时,$g(x+1) - g(x) > 0$,故 $x > n_0$ 时,恒有

$$(l-\varepsilon)[g(x+1)-g(x)] < f(x+1) - f(x) < (l+\varepsilon)[g(x+1)-g(x)].$$

$\forall x > n_0 + 1$,记 $n = [x] - n_0$,$\tau = x - [x]$,则 $0 \leqslant \tau < 1$,$x - n = \tau + n_0 \in [n_0, n_0+1)$,

$$(l-\varepsilon)[g(x)-g(x-1)] < f(x) - f(x-1) < (l+\varepsilon)[g(x)-g(x-1)],$$

$$\vdots$$

$$(l-\varepsilon)[g(x-n+1)-g(x-n)] < f(x-n+1) - f(x-n) < (l+\varepsilon)[g(x-n+1)-g(x-n)],$$

将上述各式相加可得

$$(l-\varepsilon)[g(x)-g(x-n)] < f(x) - f(x-n) < (l+\varepsilon)[g(x)-g(x-n)],$$

即 $\left|\dfrac{f(x)-f(x-n)}{g(x)-g(x-n)} - l\right| < \varepsilon$. 由此得

$$\lim_{x\to+\infty}\frac{f(x)-f(x-n)}{g(x)-g(x-n)} = l.$$

由 $\lim\limits_{x\to+\infty} g(x)=+\infty$，$f(x)$ 与 $g(x)$ 都在 $n_0\leqslant x<n_0+1$ 上有界，及 $x-n\in[n_0,n_0+1)$ 有

$$\lim_{x\to+\infty}\frac{f(x-n)}{g(x)}=\lim_{x\to+\infty}\frac{g(x-n)}{g(x)}=0,$$

于是由 $\dfrac{f(x)}{g(x)}=\left[1-\dfrac{g(x-n)}{g(x)}\right]\cdot\dfrac{f(x)-f(x-n)}{g(x)-g(x-n)}+\dfrac{f(x-n)}{g(x)}$，可得

$$\lim_{x\to+\infty}\frac{f(x)}{g(x)}=l.$$

再设 $l=+\infty$（若 $l=-\infty$，则考虑函数 $-f(x)$ 即可化为 $l=+\infty$ 的情形）.

$\forall G>0$，由 $\lim\limits_{x\to+\infty}\dfrac{f(x+1)-f(x)}{g(x+1)-g(x)}=+\infty$，$\exists n_0\in\mathbf{N}_+$，$n_0>a$，使当 $x>n_0$ 时，有

$$\frac{f(x+1)-f(x)}{g(x+1)-g(x)}>4G.$$

当 $x>n_0+1$ 时，仿前一段证明，有 $\dfrac{f(x)-f(x-n)}{g(x)-g(x-n)}>4G$，由此得

$$\lim_{x\to+\infty}\frac{f(x)-f(x-n)}{g(x)-g(x-n)}=+\infty.$$

同第一段证明即得 $\lim\limits_{x\to+\infty}\dfrac{f(x)}{g(x)}=+\infty$.

现在应用此一般定理证明本题，在一般性定理中取 $g(x)=x^{n+1}$. 显然此 $g(x)$ 满足一般性定理的条件，并且

$$\lim_{x\to+\infty}\frac{f(x+1)-f(x)}{g(x+1)-g(x)}=\lim_{x\to+\infty}\frac{f(x+1)-f(x)}{(x+1)^{n+1}-x^{n+1}}$$

$$=\lim_{x\to+\infty}\frac{f(x+1)-f(x)}{(n+1)x^n+\frac{1}{2}(n+1)nx^{n-1}+\cdots+(n+1)x+1}$$

$$=\lim_{x\to+\infty}\left[\frac{f(x+1)-f(x)}{x^n}\cdot\frac{1}{(n+1)+\frac{1}{2}(n+1)nx^{-1}+\cdots+(n+1)x^{-n+1}+x^{-n}}\right]=\frac{l}{n+1}.$$

由此，根据此一般性定理，即得 $\lim\limits_{x\to+\infty}\dfrac{f(x)}{x^{n+1}}=\lim\limits_{x\to+\infty}\dfrac{f(x)}{g(x)}=\dfrac{l}{n+1}$.

注 601 题的(1) 和 602 题可直接从上述一般性定理推出. 实际上，只需令 $g(x)=x$，由

$$\lim_{x\to+\infty}\frac{f(x+1)-f(x)}{g(x+1)-g(x)}=\lim_{x\to+\infty}\frac{f(x+1)-f(x)}{(x+1)-x}=\lim_{x\to+\infty}[f(x+1)-f(x)]$$

即知.

【609】 设 $\lim\limits_{x\to0}\dfrac{\varphi(x)}{\psi(x)}=1$，其中 $\psi(x)>0$，再设 $n\to\infty$ 时 $\alpha_{mn}\rightrightarrows0(m=1,2,\cdots,n)$，即对 $\forall\varepsilon>0$，$\exists N(\varepsilon)\in\mathbf{N}_+$，当 $m=1,2,\cdots,n$ 且 $n>N(\varepsilon)$ 时有 $|\alpha_{mn}|<\varepsilon$. 再假定 $\alpha_{mn}\neq0$. 证明：

$$\lim_{n\to\infty}[\varphi(\alpha_{1n})+\varphi(\alpha_{2n})+\cdots+\varphi(\alpha_{nn})]=\lim_{n\to\infty}[\psi(\alpha_{1n})+\psi(\alpha_{2n})+\cdots+\psi(\alpha_{nn})],\quad ①$$

此处假定等式 ① 右端的极限存在.

证 $\forall\varepsilon>0$，$\exists\delta>0$，使当 $0<|x|<\delta$ 时，恒有 $\left|\dfrac{\varphi(x)}{\psi(x)}-1\right|<\varepsilon$，再由 $\psi(x)>0$ 有

$$(1-\varepsilon)\psi(x)<\varphi(x)<(1+\varepsilon)\psi(x).$$

由 $\alpha_{mn}\neq0$ 以及 $\alpha_{mn}\rightrightarrows0(m=1,2,\cdots,n)$ 知，必有正整数 $N=N(\varepsilon)$ 存在，使当 $n>N$ 时，恒有

$$0<|\alpha_{mn}|<\delta(m=1,2,\cdots,n).$$

于是

$$(1-\varepsilon)\psi(\alpha_{mn})<\varphi(\alpha_{mn})<(1+\varepsilon)\psi(\alpha_{mn})(n>N,m=1,2,\cdots,n).$$

将这 n 个不等式相加，得

$$(1-\varepsilon)\sum_{m=1}^{n}\psi(\alpha_{mn})<\sum_{m=1}^{n}\varphi(\alpha_{mn})<(1+\varepsilon)\sum_{m=1}^{n}\psi(\alpha_{mn})(n>N),$$

即 $1-\varepsilon<\dfrac{\sum\limits_{m-1}^{n}\varphi(\alpha_{mn})}{\sum\limits_{n=1}^{n}\psi(\alpha_{mn})}<1+\varepsilon(n>N)$.

由此可知 $\lim\limits_{n\to\infty}\dfrac{\sum\limits_{m=1}^{n}\varphi(\alpha_{mn})}{\sum\limits_{m=1}^{n}\psi(\alpha_{mn})}=1$. 由假定，极限 $\lim\limits_{n\to\infty}\sum\limits_{m=1}^{n}\psi(\alpha_{mn})$ 存在，故

$$\lim_{n\to\infty}\sum_{m=1}^{n}\varphi(\alpha_{mn})=\left(\lim_{n\to\infty}\frac{\sum\limits_{m=1}^{n}\varphi(\alpha_{mn})}{\sum\limits_{m=1}^{n}\psi(\alpha_{mn})}\right)\cdot\left(\lim_{n\to\infty}\sum_{m=1}^{n}\psi(\alpha_{mn})\right)=\lim_{n\to\infty}\sum_{m=1}^{n}\psi(\alpha_{mn}).$$

注 此题应加上条件 $\alpha_{mn}\neq 0$(原题没有)，因为 $\varphi(x)$ 或 $\psi(x)$ 都可能在 $x=0$ 处无定义. 另外，$m=1,2,\cdots$ 应改为 $m=1,2,\cdots,n$.

【利用上述定理，求下列极限(610—614)】

解题思路：根据所求极限，选取恰当的 $\varphi(x)$ 与 $\psi(x)$，使之满足上述定理的要求，从而利用定理结果得到所求的极限.

【610】 $\lim\limits_{n\to\infty}\sum\limits_{k=1}^{n}\left(\sqrt[3]{1+\dfrac{k}{n^2}}-1\right)$.

解 设 $x=\dfrac{k}{n^2}$，$\varphi(x)=\sqrt[3]{1+x}-1$，$\psi(x)=\dfrac{x}{3}$，则首先

$$\lim_{x\to0}\frac{\varphi(x)}{\psi(x)}=\lim_{x\to0}\frac{\sqrt[3]{1+x}-1}{\dfrac{x}{3}}=\lim_{x\to0}\frac{x}{\dfrac{x}{3}[\sqrt[3]{(1+x)^2}+\sqrt[3]{1+x}+1]}=1.$$

其次，$\dfrac{k}{n^2}\rightrightarrows0(n\to\infty;k=1,2,\cdots,n)$. 最后，$\lim\limits_{n\to\infty}\sum\limits_{k=1}^{n}\dfrac{k}{3n^2}=\dfrac{1}{6}\lim\limits_{n\to\infty}\dfrac{n(n+1)}{n^2}=\dfrac{1}{6}$. 所以

$$\lim_{n\to\infty}\sum_{k=1}^{n}\left(\sqrt[3]{1+\frac{k}{n^2}}-1\right)=\frac{1}{6}.$$

【611】 $\lim\limits_{n\to\infty}\sum\limits_{k=1}^{n}\sin\dfrac{ka}{n^2}$.

解 设 $x=\dfrac{ka}{n^2}$，$\varphi(x)=\sin x$，$\psi(x)=x$，则首先 $\lim\limits_{x\to0}\dfrac{\varphi(x)}{\psi(x)}=\lim\limits_{x\to0}\dfrac{\sin x}{x}=1$；其次当 $n\to\infty$ 时，$\dfrac{ka}{n^2}\rightrightarrows0$ $(k=1,2,\cdots,n)$；最后 $\lim\limits_{n\to\infty}\sum\limits_{k=1}^{n}\dfrac{ka}{n^2}=\dfrac{a}{2}$. 故 $\lim\limits_{n\to\infty}\sum\limits_{k=1}^{n}\sin\dfrac{ka}{n^2}=\dfrac{a}{2}$.

【612】 $\lim\limits_{n\to\infty}\sum\limits_{k=1}^{n}(a^{\frac{k}{n^2}}-1)(a>0)$.

解 设 $x=\dfrac{k}{n^2}$，$\varphi(x)=a^x-1$，$\psi(x)=x\ln a$，则首先 $\lim\limits_{x\to0}\dfrac{\varphi(x)}{\psi(x)}=\lim\limits_{x\to0}\left(\dfrac{a^x-1}{x}\cdot\dfrac{1}{\ln a}\right)=1$；

其次当 $n\to\infty$ 时，$\dfrac{k}{n^2}\rightrightarrows0(k=1,2,\cdots,n)$；最后 $\lim\limits_{n\to\infty}\sum\limits_{k=1}^{n}\dfrac{k}{n^2}\ln a=\dfrac{1}{2}\ln a$. 故

$$\lim_{n\to\infty}\sum_{k=1}^{n}(a^{\frac{k}{n^2}}-1)=\frac{1}{2}\ln a.$$

【613】 $\lim\limits_{n\to\infty}\prod\limits_{k=1}^{n}\left(1+\frac{k}{n^2}\right)$.

提示 通过取对数把乘积变成和.

解 设 $y=\prod\limits_{k=1}^{n}\left(1+\frac{k}{n^2}\right)$，$\ln y=\sum\limits_{k=1}^{n}\ln\left(1+\frac{k}{n^2}\right)$，先求极限

$$\lim_{n\to\infty}\ln y=\lim_{n\to\infty}\sum_{k=1}^{n}\ln\left(1+\frac{k}{n^2}\right).$$

设 $x=\frac{k}{n^2}$，$\varphi(x)=\ln(1+x)$，$\psi(x)=x$，则首先 $\lim\limits_{x\to 0}\frac{\varphi(x)}{\psi(x)}=\lim\limits_{x\to 0}\frac{\ln(1+x)}{x}=1$；

其次当 $n\to\infty$ 时，$\frac{k}{n^2}\rightrightarrows 0(k=1,2,\cdots,n)$；最后 $\lim\limits_{n\to\infty}\sum\limits_{k=1}^{n}\frac{k}{n^2}=\frac{1}{2}$. 故 $\lim\limits_{n\to\infty}\ln y=\frac{1}{2}$. 因此

$$\lim_{n\to\infty}\prod_{k=1}^{n}\left(1+\frac{k}{n^2}\right)=e^{\frac{1}{2}}=\sqrt{e}.$$

【614】 $\prod\limits_{k=1}^{n}\cos\frac{ka}{n\sqrt{n}}$.

解 设 $y=\prod\limits_{k=1}^{n}\cos\frac{ka}{n\sqrt{n}}$，当 n 充分大时，$\cos\frac{ka}{n\sqrt{n}}>0$，此时

$$\ln y=\sum_{k=1}^{n}\ln\cos\frac{ka}{n\sqrt{n}}=-\frac{1}{2}\sum_{k=1}^{n}\ln\left(1+\tan^2\frac{ka}{n\sqrt{n}}\right).$$

设 $x=\frac{ka}{n\sqrt{n}}$，$\varphi(x)=\ln(1+\tan^2 x)$，$\psi(x)=x^2$，则首先

$$\lim_{x\to 0}\frac{\varphi(x)}{\psi(x)}=\lim_{x\to 0}\frac{\ln(1+\tan^2 x)}{x^2}=1;$$

其次当 $n\to\infty$ 时，$\frac{ka}{n\sqrt{n}}\rightrightarrows 0(k=1,2,\cdots,n)$；最后

$$\lim_{n\to\infty}\sum_{k=1}^{n}\frac{k^2a^2}{n^3}=\lim_{n\to\infty}\frac{n(n+1)(2n+1)a^2}{6n^3}=\frac{a^2}{3}.$$

所以 $\lim\limits_{n\to\infty}\ln y=-\frac{a^2}{6}$，即 $\lim\limits_{n\to\infty}\prod\limits_{k=1}^{n}\cos\frac{ka}{n\sqrt{n}}=e^{-\frac{a^2}{6}}$.

知识点3 函数极限存在的条件

设 $f(x)$ 在 $U^{\circ}(a;\delta')$ 上有定义，则有

1. 迫敛性 设 $\lim\limits_{x\to a}f(x)=\lim\limits_{x\to a}g(x)=A$，且在 $U^{\circ}(a;\delta')$ 内有 $f(x)\leqslant h(x)\leqslant g(x)$，则

$$\lim_{x\to a}h(x)=A.$$

2. 归结原则 $\lim\limits_{x\to a}f(x)$ 存在的充要条件是，对 $\forall\{x_n\}\subset U^{\circ}(a)$，$\lim\limits_{n\to\infty}x_n=a$，都有 $\{f(x_n)\}$ 收敛.

注 对单侧极限，有更强的形式：

设函数 $f(x)$ 在某 $U^{\circ}_{+}(a)$（或 $U^{\circ}_{-}(a)$）内有定义，

$\lim\limits_{x\to a^+}f(x)=A$（或 $\lim\limits_{x\to a^-}f(x)=A$）存在的充要条件是

对任何以 a 为极限的递减（递增）数列 $\{x_n\}\subset U^{\circ}_{+}(a)$（或 $U^{\circ}_{-}(a)$），有 $\lim\limits_{n\to\infty}f(x_n)=A$.

3. 柯西准则 $\lim\limits_{x\to a}f(x)$存在的充要条件是：$\forall\varepsilon>0$，$\exists\delta=\delta(\varepsilon)>0$，使得$\forall x',x''\in U^\circ(a;\delta')$，只要$0<|x'-a|<\delta$，$0<|x''-a|<\delta$，就有$|f(x')-f(x'')|<\varepsilon$.

4. 单调有界定理 设$f(x)$为定义在$U^\circ_+(a)$（或$U^\circ_-(a)$）上的单调有界函数，则右（或左）极限$\lim\limits_{x\to a^+}f(x)$（或$\lim\limits_{x\to a^-}f(x)$）存在.

习题 615—625 函数极限存在的条件

【615】 证明：$\lim\limits_{x\to+\infty}\dfrac{x^n}{a^x}=0(a>1,n>0)$.

证 $\forall x\geqslant1$，记$k=[x]$，则$k\leqslant x<k+1$，于是当$n>0$时，有

$$\frac{k^n}{a^k}\cdot\frac{1}{a}=\frac{k^n}{a^{k+1}}<\frac{x^n}{a^x}<\frac{(k+1)^n}{a^k}.$$

因为当$x\to+\infty$时，$k\to+\infty$，且$\lim\limits_{m\to+\infty}\dfrac{m^l}{a^m}=0(a>1)$，所以有

$$\lim_{k\to+\infty}\frac{(k+1)^n}{a^k}=\lim_{k\to+\infty}\frac{(k+1)^n}{a^{k+1}}\cdot a=0\cdot a=0,\text{及}\lim_{k\to+\infty}\frac{k^n}{a^{k+1}}=\lim_{k\to+\infty}\frac{k^n}{a^k}\cdot\frac{1}{a}=0\cdot\frac{1}{a}=0,$$

于是由迫敛性，$\lim\limits_{x\to+\infty}\dfrac{x^n}{a^x}=0$.

> **注** 原题设条件误为$a>0$.
>
> 但当$0<a\leqslant1$时，由于$n>0$，故$\lim\limits_{x\to+\infty}\dfrac{x^n}{a^x}=+\infty$. 因而题设条件需要改为$a>1$.

【616】 $\lim\limits_{x\to0}\dfrac{1}{x^{100}}\mathrm{e}^{-\frac{1}{x^2}}$.

解 已知$\lim\limits_{y\to+\infty}\dfrac{y^k}{\mathrm{e}^y}=0$，令$y=\dfrac{1}{x^2}$，则$x\to0$时，$y\to+\infty$，于是$\lim\limits_{x\to0}\dfrac{1}{x^{100}}\mathrm{e}^{-\frac{1}{x^2}}=\lim\limits_{y\to+\infty}\dfrac{y^{50}}{\mathrm{e}^y}=0$.

【617】 证明：$\lim\limits_{x\to+\infty}\dfrac{\log_a x}{x^\varepsilon}=0(a>1,\varepsilon>0)$.

证 令$\log_a x=y$，则$x=a^y$，且当$x\to+\infty$时，$y\to+\infty$. 于是，由$\lim\limits_{x\to+\infty}\dfrac{x^n}{a^x}=0(a>1)$即知，

$$\lim_{x\to+\infty}\frac{\log_a x}{x^\varepsilon}=\lim_{y\to+\infty}\frac{y}{(a^y)^\varepsilon}=\lim_{y\to+\infty}\left(\frac{y^{\frac{1}{\varepsilon}}}{a^y}\right)^\varepsilon=0,$$

即$\lim\limits_{x\to+\infty}\dfrac{\log_a x}{x^\varepsilon}=0$.

【618】 $\lim\limits_{x\to0}x\left[\dfrac{1}{x}\right]$.

解 因为$\forall x\in\mathbf{R}\backslash\{0\}$，有$\dfrac{1}{x}-1<\left[\dfrac{1}{x}\right]\leqslant\dfrac{1}{x}$.

当$x>0$时，有$1-x<x\left[\dfrac{1}{x}\right]\leqslant1$；当$x<0$时，有$1\leqslant x\left[\dfrac{1}{x}\right]<1-x$.

于是由$\lim\limits_{x\to0}(1-x)=\lim\limits_{x\to0}1=1$及函数极限的迫敛性有$\lim\limits_{x\to0}x\left[\dfrac{1}{x}\right]=1$.

【619】 $\lim\limits_{n\to\infty}\underbrace{\sin\sin\cdots\sin}_{n\text{个}}x$.

解 分 $0\leqslant x\leqslant\pi$ 和 $\pi<x\leqslant2\pi$ 两种情况，利用单调有界原理求解.

当 $0\leqslant x\leqslant\pi$ 时，$0\leqslant\sin x\leqslant x$，$0\leqslant\sin(\sin x)\leqslant\sin x$，依次类推，用数学归纳法，即可证得

$$0\leqslant\overbrace{\sin\sin\cdots\sin}^{n个}x\leqslant\overbrace{\sin\sin\cdots\sin}^{n-1个}x\leqslant1.$$

由单调有界原理，要求极限存在有限，记

$$\lim_{n\to\infty}\overbrace{\sin\sin\cdots\sin}^{n个}x=\mu,$$

则 $0\leqslant\mu\leqslant1$，因此 $\lim\limits_{n\to\infty}\overbrace{\sin\sin\cdots\sin}^{n个}x=\sin(\lim\limits_{n\to\infty}\overbrace{\sin\sin\cdots\sin}^{n-1个}x)$，即 $\sin\mu=\mu$，故 $\mu=0$.

当 $\pi<x\leqslant2\pi$ 时，$0\leqslant2\pi-x<\pi$，$\sin x=-\sin(2\pi-x)$，故由上述证明可得

$$\lim_{n\to\infty}\overbrace{\sin\sin\cdots\sin}^{n个}x=-\lim_{n\to\infty}\overbrace{\sin\sin\cdots\sin}^{n个}(2\pi-x)=0.$$

再利用 $\sin x$ 的周期性（周期为 2π），得知对任一 x 值，均有 $\lim\limits_{n\to\infty}\overbrace{\sin\sin\cdots\sin}^{n个}x=0$.

【620】 设 $\lim\limits_{x\to a}\varphi(x)=A$ 及 $\lim\limits_{x\to A}\psi(x)=B$，则由此是否可推出 $\lim\limits_{x\to A}\psi(\varphi(x))=B$?

研究例子：$\varphi(x)=\begin{cases}\dfrac{1}{q}, & x=\dfrac{p}{q}(p,q\text{ 是互素的整数 }),\\ 0, & x\text{ 为无理数},\end{cases}$ $\psi(x)=\begin{cases}1, & x\neq0,\\ 0, & x=0.\end{cases}$ 极限过程为 $x\to0$.

解 不一定. 例如，对于函数

$$\varphi(x)=\begin{cases}\dfrac{1}{q}, & x=\dfrac{p}{q}(p,q\text{ 是互素的整数}),\\ 0, & x\text{ 为无理数},\end{cases}\quad \psi(x)=\begin{cases}1, & x\neq0,\\ 0, & x=0.\end{cases}$$

则有 $\lim\limits_{x\to0}\varphi(x)=0(=A)$ 及 $\lim\limits_{x\to0}\psi(x)=1$，但是 $\lim\limits_{x\to0}\psi[\varphi(x)]$ 不存在.

事实上，取 $\{x_n\}\subset\mathbf{Q}^c$，$\lim\limits_{n\to\infty}x_n=0$，有 $\varphi(x_n)=0$，因此 $\psi[\varphi(x)]=0(n\in\mathbf{N}_+)$；

取 $\{y_n\}\subset\mathbf{Q}$，$\lim\limits_{n\to\infty}y_n=0$，$\varphi(y_n)\neq0$，因此，$\psi[\varphi(y_n)]=1(n=\mathbf{N}_+)$.

由此可知，极限 $\lim\limits_{x\to0}\psi[\varphi(x)]$ 不存在.

注 若存在 $U^{\circ}(a)$，使得在其内 $\varphi(x)\neq A$，则可推出 $\lim\limits_{x\to A}\psi(\varphi(x))=B$.

【621】 数列 $\{x_n\}$ 由以下的等式所给定：

$$x_1=\sqrt{a},x_2=\sqrt{a+\sqrt{a}},x_3=\sqrt{a+\sqrt{a+\sqrt{a}}},\cdots(a>0).$$

求 $\lim\limits_{n\to\infty}x_n$.

提示 利用单调有界原理.

解 首先，数列 $\{x_n\}$ 显然是单调递增的.

其次，数列 $\{x_n\}$ 有上界 $a+1$. 事实上，$n=1$ 时，$x_1=\sqrt{a}<\sqrt{a^2+2a+1}=a+1$.

假设 $n-1$ 时结论成立，即 $x_{n-1}<a+1$，则

$$x_n=\sqrt{a+x_{n-1}}<\sqrt{a+a+1}<\sqrt{a^2+2a+1}=a+1,$$

即 n 时结论成立.

故对 $\forall n\in\mathbf{N}_+$，有 $x_n<a+1$，即数列 $\{x_n\}$ 有上界 $a+1$.

根据单调有界原理，数列 $\{x_n\}$ 的极限 $\lim\limits_{n\to\infty}x_n$ 存在，设其值为 l. 由 $\forall n\in\mathbf{N}_+$，$x_n\geqslant\sqrt{a}>0$，可知 $l\geqslant\sqrt{a}>0$.

在等式 $x_n^2=a+x_{n-1}$ 两端取极限，得 $l^2=a+l$，解得 $l=\dfrac{1+\sqrt{1+4a}}{2}$，即

$$\lim_{n\to\infty} x_n=\frac{1+\sqrt{1+4a}}{2}.$$

【622】 函数列 $y_n=y_n(x)(0\leqslant x\leqslant 1)$：$y_1=\frac{x}{2}$，$y_n=\frac{x}{2}-\frac{y_{n-1}^2}{2}(n=2,3,\cdots)$. 求 $\lim\limits_{n\to\infty} y_n$.

解 当 $x=0$ 时，$y_n=0$，$n=1,2,\cdots$，则 $\lim\limits_{n\to\infty} y_n=0$；

当 $0<x\leqslant 1$ 时，用数学归纳法可证 $\frac{3}{8}x<y_n\leqslant\frac{x}{2}$，$n\in\mathbf{N}_+$.

事实上，$n=1$ 时，$\frac{3x}{8}<y_1=\frac{x}{2}$. 假设 $n-1$ 时结论成立，即 $\frac{3x}{8}<y_{n-1}\leqslant\frac{x}{2}$，则

$$\frac{x}{2}\geqslant y_n=\frac{x}{2}-\frac{y_{n-1}^2}{2}\geqslant\frac{x}{2}-\frac{x^2}{8}>\frac{3x}{8},$$

即 n 时结论成立.

故对 $\forall n\in\mathbf{N}_+$，有 $\frac{3}{8}x<y_n\leqslant\frac{x}{2}$，即数列 $\{y_n\}$ 有界.

由 $\{y_n\}$ 的定义有

$$y_1-y_3=\frac{y_2^2}{2}>0,\ y_2-y_4=\frac{y_3^2-y_1^2}{2}<0,\cdots,$$

用数学归纳法可证

$$y_{2n}-y_{2n+2}<0,\ y_{2n-1}-y_{2n+1}>0(n=1,2,\cdots),$$

即

$$\frac{x}{2}=y_1>y_3>\cdots>y_{2n-1}>\cdots>\frac{3x}{8},$$

$$\frac{3x}{8}<y_2<y_4<\cdots<y_{2n}<\cdots<\frac{x}{2}.$$

可见序列 $\{y_{2n-1}\}$ 及序列 $\{y_{2n}\}$ 都是收敛的. 设极限分别为 A_1，A_2，由

$$y_{2n}=\frac{x}{2}-\frac{y_{2n-1}^2}{2},\ y_{2n+1}=\frac{x}{2}-\frac{y_{2n}^2}{2},$$

求极限得 $A_2=\frac{x}{2}-\frac{A_1^2}{2}$，$A_1=\frac{x}{2}-\frac{A_2^2}{2}$，相减得 $A_1-A_2=(A_1-A_2)\frac{(A_1+A_2)}{2}$. 而

$$\frac{3}{8}x\leqslant A_1\leqslant\frac{x}{2}\leqslant\frac{1}{2},\ \frac{3}{8}x\leqslant A_2\leqslant\frac{x}{2}\leqslant\frac{1}{2}，故 A_1=A_2=A,$$

即 $\{y_{2n}\}$ 及 $\{y_{2n-1}\}$ 都收敛于 A，故 $\{y_n\}$ 收敛于 A. 由 $A=\frac{x}{2}-\frac{A^2}{2}$，得 $A=\sqrt{1+x}-1$，即 $\lim\limits_{n\to\infty} y_n=\sqrt{1+x}-1$.

此结果对 $x=0$ 也成立.

【623】 函数列 $y_n=y_n(x)(0\leqslant x\leqslant 1)$：$y_1=\frac{x}{2}$，$y_n=\frac{x}{2}+\frac{y_{n-1}^2}{2}(n=2,3,\cdots)$. 求 $\lim\limits_{n\to\infty} y_n$.

解 显然，$y_2>y_1$. 假设 $y_n\geqslant y_{n-1}$，则由 $y_{n+1}-y_n=\frac{y_n^2-y_{n-1}^2}{2}$ 可推出 $y_{n+1}\geqslant y_n$.

由数学归纳法知，函数列 $\{y_n\}$ 单调递增.

下证函数列 $\{y_n\}$ 有界，显然 $0\leqslant y_1<1$. 设 $0\leqslant y_k<1$，则 $0\leqslant y_k^2<1$，从而

$$0\leqslant y_{k+1}=\frac{x}{2}+\frac{y_k^2}{2}\leqslant\frac{1}{2}+\frac{1}{2}=1.$$

由数学归纳法知函数列 $\{y_n\}$ 有界.

由单调有界原理可知函数列的极限 $\lim\limits_{n\to\infty} y_n$ 存在. 设其值为 l（显然 $0\leqslant l\leqslant 1$），在 $y_n=\frac{x}{2}+\frac{y_{n-1}^2}{2}$ 两边取极限得 $l=\frac{x}{2}+\frac{l^2}{2}$，解得 $l=1\pm\sqrt{1-x}$，由于 $0\leqslant l\leqslant 1$，故必有

$$\lim_{n\to\infty} y_n = l = 1-\sqrt{1-x}.$$

【624】 为了求开普勒方程 $x-\varepsilon\sin x=m(0<\varepsilon<1)$ 的近似解，假设

$$x_0=m, x_1=m+\varepsilon\sin x_0, \cdots, x_n=m+\varepsilon\sin x_{n-1}, \cdots(\text{迭代逼近法}).$$

证明：存在 $\xi=\lim\limits_{n\to\infty} x_n$，且数 ξ 为开普勒方程的唯一的根.

证 首先考虑 $|x_m-x_n|$. 由于

$$x_2-x_1=\varepsilon(\sin x_1-\sin x_0)=2\varepsilon\sin\frac{x_1-x_0}{2}\cos\frac{x_1+x_0}{2},$$

所以

$$|x_2-x_1|\leqslant 2\varepsilon\left|\sin\frac{x_1-x_0}{2}\right|\leqslant 2\varepsilon\cdot\frac{|x_1-x_0|}{2}=\varepsilon|x_1-x_0|.$$

同理可证 $|x_3-x_2|\leqslant\varepsilon^2|x_1-x_0|$. 设

$$|x_n-x_{n-1}|\leqslant\varepsilon^{n-1}|x_1-x_0|,$$

则有

$$|x_{n+1}-x_n|=2\varepsilon\left|\sin\frac{x_n-x_{n-1}}{2}\right|\cdot\left|\cos\frac{x_n+x_{n-1}}{2}\right|\leqslant\varepsilon|x_n-x_{n-1}|\leqslant\varepsilon^n|x_1-x_0|.$$

由数学归纳法知，对于任意的正整数 n，均有 $|x_n-x_{n-1}|\leqslant\varepsilon^{n-1}|x_1-x_0|$. 于是，当 $m>n$ 时，有

$$\begin{aligned}|x_m-x_n| &\leqslant|x_m-x_{m-1}|+|x_{m-1}-x_{m-2}|+\cdots+|x_{n+1}-x_n|\\ &\leqslant(\varepsilon^{m-1}+\varepsilon^{m-2}+\cdots+\varepsilon^n)|x_1-x_0|=\varepsilon^n\cdot\frac{1-\varepsilon^{m-n}}{1-\varepsilon}\cdot|x_1-x_0|,\end{aligned}$$

而 $|x_1-x_0|=\varepsilon|\sin x_0|\leqslant\varepsilon$，所以

$$|x_m-x_n|\leqslant\varepsilon^{n+1}\cdot\frac{1-\varepsilon^{m-n}}{1-\varepsilon}<\frac{\varepsilon^{n+1}}{1-\varepsilon}.$$

由 $0<\varepsilon<1$ 知 $|x_m-x_n|\to 0(n\to\infty)$. 再由柯西准则知极限 $\lim\limits_{n\to\infty} x_n$ 存在，设其值为 ξ，在等式

$$x_n=m+\varepsilon\sin x_{n-1}$$

两边取极限得 $\xi=m+\varepsilon\sin\xi$. 即数列 $\{x_n\}$ 的极限 ξ 是开普勒方程的根.

最后，证明此根的唯一性. 设 ξ_1 是另一根，则 $\xi_1-\xi=\varepsilon(\sin\xi_1-\sin\xi)$，由此得

$$|\xi_1-\xi|\leqslant\varepsilon|\xi_1-\xi|.$$

因为 $0<\varepsilon<1$，故 $\xi_1=\xi$. 于是，ξ 是开普勒方程的唯一的根.

【625】 令 $f(x)=\sin\dfrac{1}{x}$. 证明：对于满足条件 $-1\leqslant\alpha\leqslant 1$ 的任何数 α，可以选出无穷小数列 $\{x_n\}$，使得 $\lim\limits_{n\to\infty} f(x_n)=\alpha$.

证 对于确定的 α：$|\alpha|\leqslant 1$，总 $\exists x_0\in\left[-\dfrac{\pi}{2},\dfrac{\pi}{2}\right]$，使 $\sin x_0=\alpha$，令 $x_n=\dfrac{1}{2n\pi+x_0}$，则显然有 $\lim\limits_{n\to\infty} x_n=0$，又因 $f(x_n)=\sin\dfrac{1}{x_n}=\sin(2n\pi+x_0)=\alpha$，所以 $\lim\limits_{n\to\infty} f(x_n)=\alpha$.

习题626—638 极限函数的图像

【作出下列函数的图像(626—638)】

【626】 (1) $y=1-x^{100}$； (2) $y=\lim\limits_{n\to\infty}(1-x^{2n})(-1\leqslant x\leqslant 1)$.

解 (1) 如图 1.238 所示，图像关于 y 轴对称.

(2) $y=\lim\limits_{n\to\infty}(1-x^{2n})=\begin{cases}1, & |x|<1,\\ 0, & |x|=1.\end{cases}$ 如图 1.239 所示.

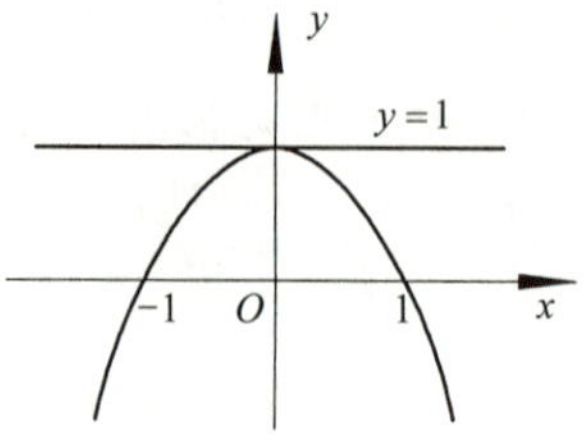

图 1.238

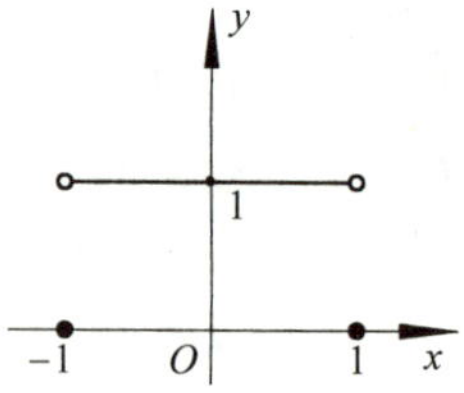

图 1.239

【 627 】 (1)$y=\dfrac{x^{100}}{1+x^{100}}(x\geqslant 0)$； (2)$y=\lim\limits_{n\to\infty}\dfrac{x^n}{1+x^n}(x\geqslant 0)$.

解 (1)如图 1.240 所示.

(2)$y=\begin{cases}0, & 0\leqslant x<1,\\ \dfrac{1}{2}, & x=1,\\ 1, & 1<x<+\infty.\end{cases}$

如图 1.241 所示.

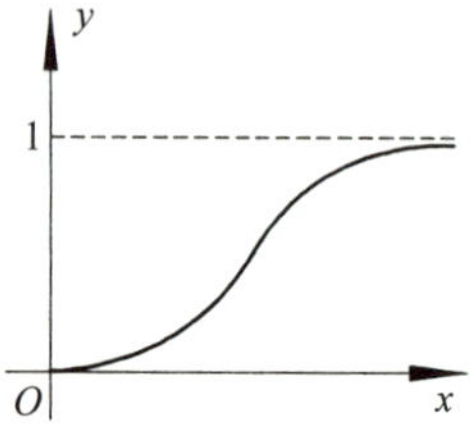

图 1.240

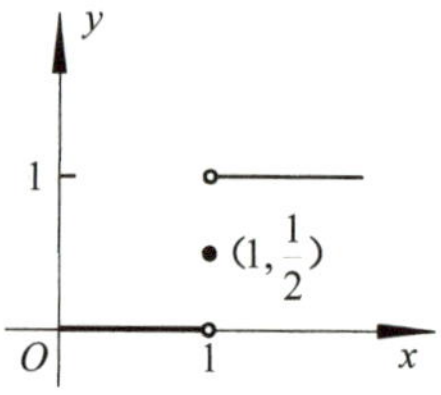

图 1.241

【 628 】 $y=\lim\limits_{n\to\infty}\dfrac{x^n-x^{-n}}{x^n+x^{-n}}(x\neq 0)$.

解 因为 $y=\lim\limits_{n\to\infty}\dfrac{x^{2n}-1}{x^{2n}+1}$,所以 $y=\begin{cases}-1, |x|<1, x\neq 0,\\ 0, |x|=1,\\ 1, |x|>1.\end{cases}$ 如图 1.242 所示.

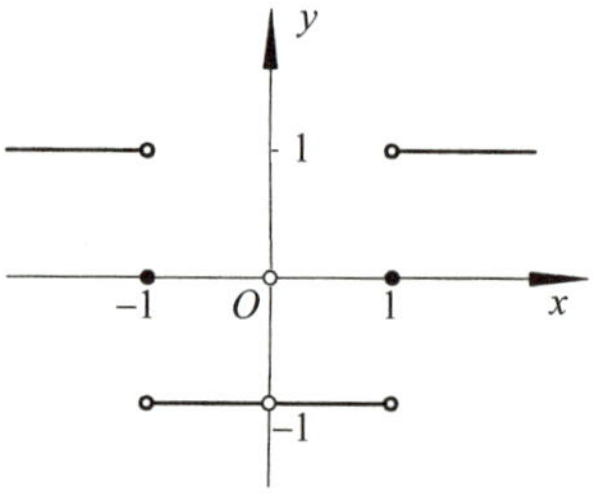

图 1.242

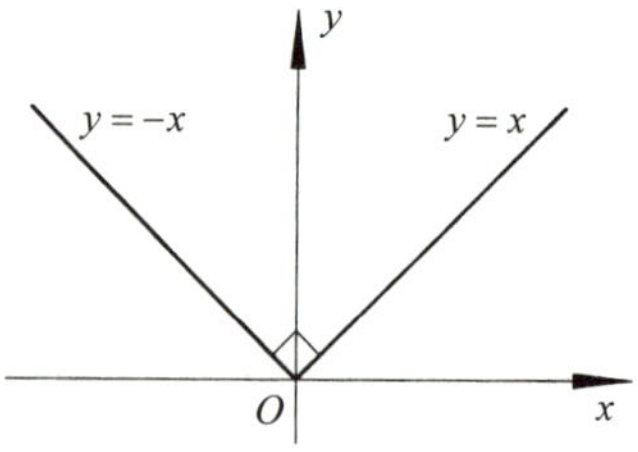

图 1.243

【 629 】 $y=\lim\limits_{n\to\infty}\sqrt{x^2+\dfrac{1}{n^2}}$.

解 $y=\sqrt{x^2}=|x|$. 如图 1.243 所示.

【 630 】 $y=\lim\limits_{n\to\infty}\sqrt[n]{1+x^n}\ (x\geqslant 0)$.

解 由于 $\lim\limits_{n\to\infty}\sqrt[n]{1+x^n}=\max\{1,x\}$,故 $y=\begin{cases}1, & 0\leqslant x\leqslant 1,\\ x, & x>1.\end{cases}$ 如图 1.244 所示.

【631】 $y=\lim\limits_{n\to\infty}\sqrt[n]{1+x^n+\left(\frac{x^2}{2}\right)^n}\ (x\geqslant 0)$.

解 由于$\lim\limits_{n\to\infty}\sqrt[n]{1+x^n+\left(\frac{x^2}{2}\right)^n}=\max\left\{1,x,\frac{x^2}{2}\right\}$，故 $y=\begin{cases}1, 0\leqslant x\leqslant 1,\\ x, 1<x<2,\\ \frac{x^2}{2}, 2\leqslant x\leqslant +\infty\end{cases}$. 如图 1.245 所示.

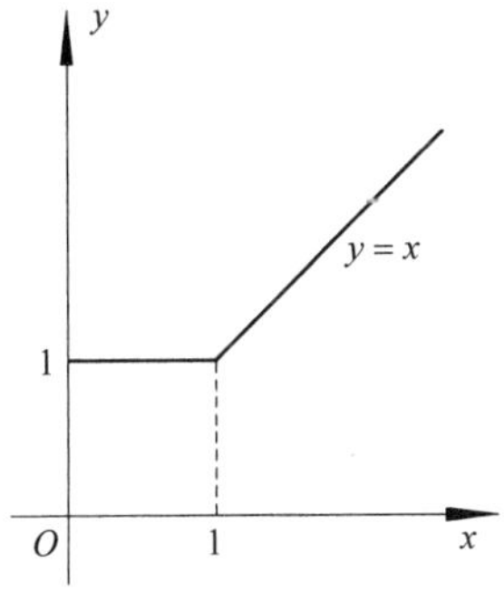

图 1.244

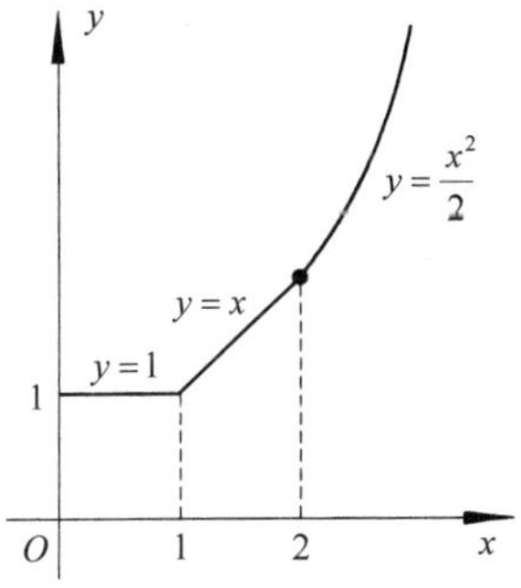

图 1.245

【632】 $y=\lim\limits_{n\to\infty}\sqrt[n]{1+e^{n(x+1)}}$.

解 由于$\lim\limits_{n\to\infty}\sqrt[n]{1+e^{n(x+1)}}=\max\{1,e^{x+1}\}$，故 $y=\begin{cases}1, x\leqslant -1,\\ e^{x+1}, x>-1.\end{cases}$ 如图 1.246 所示.

【633】 $y=\lim\limits_{n\to\infty}\frac{x^{n+2}}{\sqrt{2^{2n}+x^{2n}}}\ (x\geqslant 0)$.

解 $y=\begin{cases}0, 0\leqslant x<2,\\ 2\sqrt{2}, x=2,\\ x^2, x>2.\end{cases}$ 如图 1.247 所示.

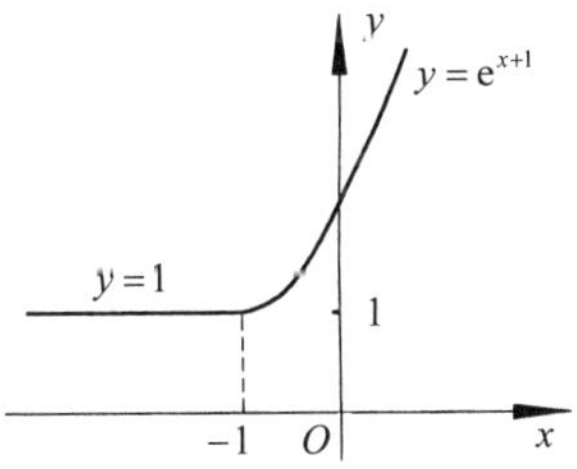

图 1.246

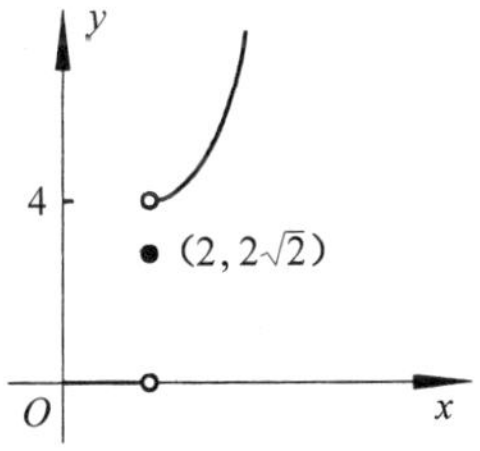

图 1.247

【634】 (1) $y=\sin^{1\,000}x$； (2) $y=\lim\limits_{n\to\infty}\sin^{2n}x$.

解 (1)如图 1.248 所示. 其图像始终在 Ox 轴上方.

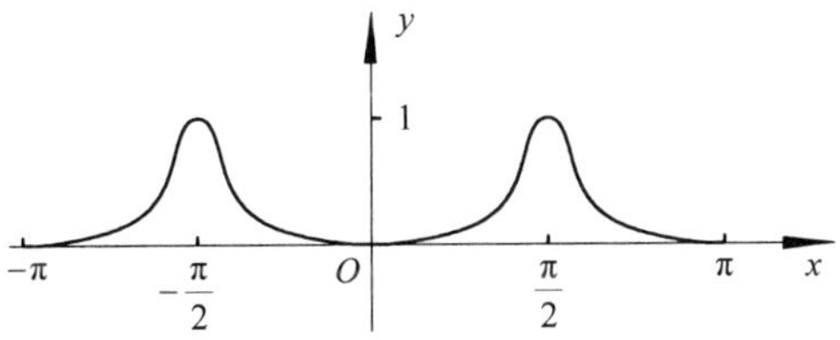

图 1.248

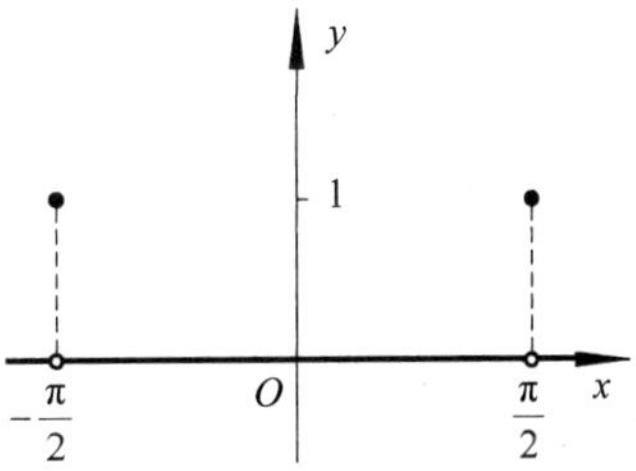

图 1.249

(2) $y=\begin{cases}0, x\neq k\pi+\dfrac{\pi}{2}, k\in\mathbf{Z},\\ 1, x=k\pi+\dfrac{\pi}{2}, k\in\mathbf{Z}.\end{cases}$ 如图 1.249 所示.

【635】 $y=\lim\limits_{n\to\infty}\dfrac{\ln(2^n+x^n)}{n}(x\geqslant 0)$.

解 当 $0\leqslant x\leqslant 2$ 时，$y=\lim\limits_{n\to\infty}\dfrac{\ln(2^n+x^n)}{n}=\lim\limits_{n\to\infty}\dfrac{\ln 2^n\left[1+\left(\dfrac{x}{2}\right)^n\right]}{n}=\ln 2$；

当 $x>2$ 时，$y=\lim\limits_{n\to\infty}\dfrac{\ln(2^n+x^n)}{n}=\lim\limits_{n\to\infty}\dfrac{\ln x^n\left[1+\left(\dfrac{2}{x}\right)^n\right]}{n}=\ln x$.

故 $y=\begin{cases}\ln 2, 0\leqslant x\leqslant 2,\\ \ln x, 2<x<+\infty.\end{cases}$ 如图 1.250 所示.

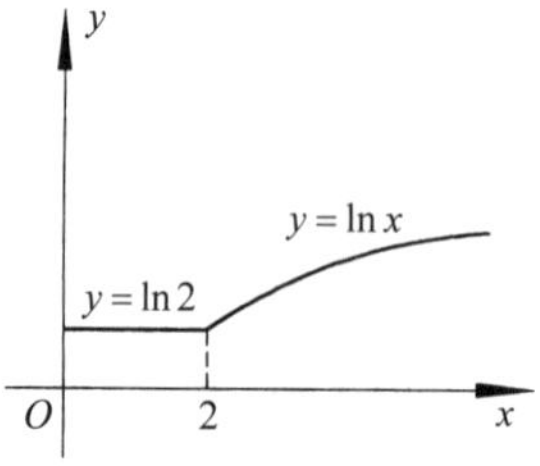

图 1.250

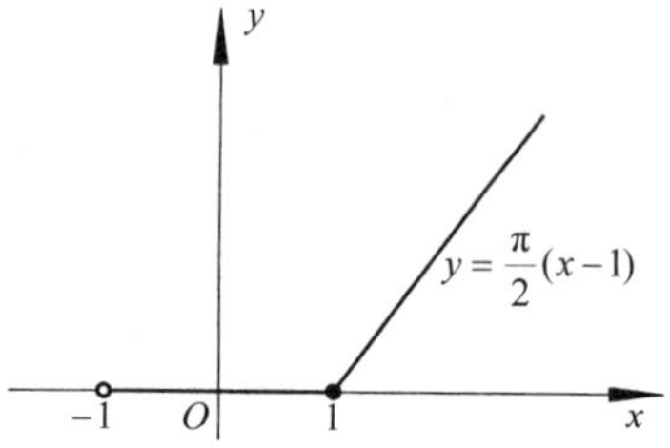

图 1.251

【636】 $y=\lim\limits_{n\to\infty}(x-1)\arctan x^n$.

解 当 $x\leqslant -1$ 时，极限不存在，故 $y=\begin{cases}0, -1<x\leqslant 1,\\ \dfrac{\pi}{2}(x-1), x>1.\end{cases}$ 如图 1.251 所示.

【637】 $y=\lim\limits_{t\to+\infty}\dfrac{x+e^{tx}}{1+e^{tx}}$.

解 $y=\begin{cases}x, x<0,\\ \dfrac{1}{2}, x=0,\\ 1, x>0.\end{cases}$ 如图 1.252 所示.

【638】 $y=\lim\limits_{t\to x}\dfrac{1}{t-x}\ln\dfrac{t}{x}(x>0)$.

解 $y=\lim\limits_{t\to x}\left[\dfrac{\ln\left(1+\dfrac{t-x}{x}\right)}{\dfrac{t-x}{x}}\cdot\dfrac{1}{x}\right]=\dfrac{1}{x}$. 如图 1.253 所示.

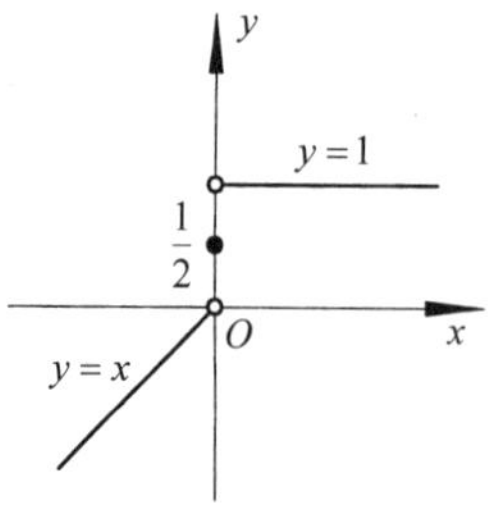

图 1.252

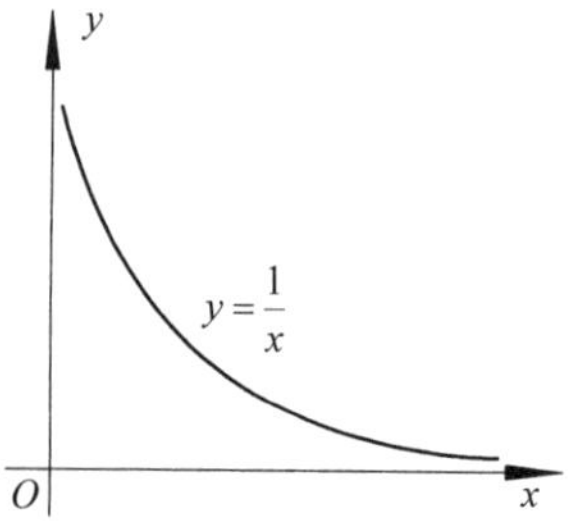

图 1.253

习题 639—642 渐近线

【639】若有

$$\lim_{x\to\infty}[f(x)-(kx+b)]=0,$$

则直线 $y=kx+b$ 称为曲线 $y=f(x)$ 的(斜)渐近线. 利用这方程推出渐近线存在的充分必要条件.

解 先讨论渐近线从右边伸向无穷远的情形：

$$\lim_{x\to+\infty}[f(x)-(kx+b)]=0, \qquad ①$$

当 $x>0$ 时，由 $\dfrac{f(x)}{x}=\dfrac{f(x)-(kx+b)}{x}+k+\dfrac{b}{x}$，可得

$$\lim_{x\to+\infty}\frac{f(x)}{x}=k. \qquad ②$$

又由①式得

$$\lim_{x\to+\infty}[f(x)-kx]=b, \qquad ③$$

即常数 k,b 可由②③式确定.

反之，若极限 $\lim\limits_{x\to+\infty}\dfrac{f(x)}{x}$ 存在，且为有限数 k，极限 $\lim\limits_{x\to\infty}[f(x)-kx]$ 存在且有限，等于 b，则有①式成立，即 $y=kx+b$ 是一条渐近线.

用完全类似的方法可以讨论 $x\to-\infty$ 的情形，且得出同样的结论.

综上所述，所求的渐近线存在的充分必要条件为 $\lim\limits_{x\to\infty}\dfrac{f(x)}{x}=k$ 及 $\lim\limits_{x\to\infty}[f(x)-kx]=b$，此时 $y=kx+b$ 为曲线 $y=f(x)$ 的(斜)渐近线.

> **注** 若 $k=0$，则直线 $y=b$ 称为 $y=f(x)$ 的水平渐近线；
>
> 此外，若函数 $y=f(x)$ 满足 $\lim\limits_{x\to x_0}f(x)=\infty$（或 $\lim\limits_{x\to x_0^+}f(x)=\infty$，$\lim\limits_{x\to x_0^-}f(x)=\infty$），则直线 $x=x_0$ 称为 $y=f(x)$ 的垂直渐近线.

【640】从条件 $\lim\limits_{x\to\infty}\left(\dfrac{x^2+1}{x+1}-ax-b\right)=0$，求常数 a 和 b.

解 由 $\lim\limits_{x\to\infty}\left(\dfrac{x^2+1}{x+1}-ax-b\right)=0$ 得，$\lim\limits_{x\to\infty}\left(\dfrac{x^2+1}{x+1}-ax\right)=b$，从而

$$0=\lim_{x\to\infty}\frac{b}{x}=\lim_{x\to\infty}\left(\frac{x^2+1}{x(x+1)}-a\right),$$

故 $a=\lim\limits_{x\to\infty}\dfrac{x^2+1}{x(x+1)}=\lim\limits_{x\to\infty}\dfrac{1+x^{-2}}{1+x^{-1}}=1$，$b=\lim\limits_{x\to\infty}\left(\dfrac{x^2+1}{x+1}-x\right)=\lim\limits_{x\to\infty}\dfrac{1-x}{x+1}=-1$.

【641】从条件

$$\lim_{x\to-\infty}(\sqrt{x^2-x+1}-a_1x-b_1)=0,\ \lim_{x\to+\infty}(\sqrt{x^2-x+1}-a_2x-b_2)=0,$$

求常数 a_i 和 $b_i(i=1,2)$.

解 同上题

$$a_1=\lim_{x\to-\infty}\frac{\sqrt{x^2-x+1}}{x}=-\lim_{x\to-\infty}\sqrt{1-\frac{1}{x}+\frac{1}{x^2}}=-1,$$

$$b_1=\lim_{x\to-\infty}(\sqrt{x^2-x+1}+x)\xlongequal{t=-x}\lim_{t\to+\infty}(\sqrt{t^2+t+1}-t)$$

$$=\lim_{t\to+\infty}\frac{t+1}{\sqrt{t^2+t+1}+t}=\lim_{t\to+\infty}\frac{1+\frac{1}{t}}{\sqrt{1+\frac{1}{t}+\frac{1}{t^2}}+1}=\frac{1}{2}.$$

$$a_2=\lim_{x\to+\infty}\frac{\sqrt{x^2-x+1}}{x}=\lim_{x\to+\infty}\sqrt{1-\frac{1}{x}+\frac{1}{x^2}}=1,$$

$$b_2=\lim_{x\to+\infty}(\sqrt{x^2-x+1}-x)=\lim_{x\to+\infty}\frac{-x+1}{\sqrt{x^2-x+1}+x}$$

$$=\lim_{x\to+\infty}\frac{-1+\frac{1}{x}}{\sqrt{1-\frac{1}{x}+\frac{1}{x^2}}+1}=-\frac{1}{2}.$$

【642】 求下列曲线的渐近线并作其图像：

(1) $y=\dfrac{x^2}{x^2+x-2}$； (2) $y=\sqrt{x^2+x}$； (3) $y=\sqrt[3]{x^2-x^3}$； (4) $y=\dfrac{xe^x}{e^x-1}$；

(5) $y=\ln(1+e^x)$； (6) $y=x+\arccos\dfrac{1}{x}$； (7) $y=\dfrac{x^{1+x}}{(1+x)^x}$.

解 (1) $y=\dfrac{x^2}{x^2+x-2}=\dfrac{x^2}{(x+2)(x-1)}$，$\lim\limits_{x\to1}y=\infty$ 及 $\lim\limits_{x\to-2}y=\infty$，所以直线 $x=1$ 及 $x=-2$ 为曲线的垂直渐近线.

其次，因为

$$k=\lim_{x\to\infty}\frac{y}{x}=\lim_{x\to\infty}\frac{x^2}{x(x^2+x-2)}=0,$$

$$b=\lim_{x\to\infty}(y-kx)=\lim_{x\to\infty}\frac{x^2}{x^2+x-2}=1,$$

所以 $y=1$ 为曲线的水平渐近线.

曲线通过原点.

当 $-2<x<1$ 时，$y<0$，故曲线在 Ox 轴的下方；

当 $x>1$ 或 $x<-2$ 时，$y>0$，故曲线在 Ox 轴的上方.

适当描若干点：$A(2,1)$，$B(-\sqrt{2},-\sqrt{2})$，$C\left(4,\dfrac{8}{9}\right)$，$D\left(-3,\dfrac{9}{4}\right)$，…，并用光滑曲线连接，即得图像如图 1.254.

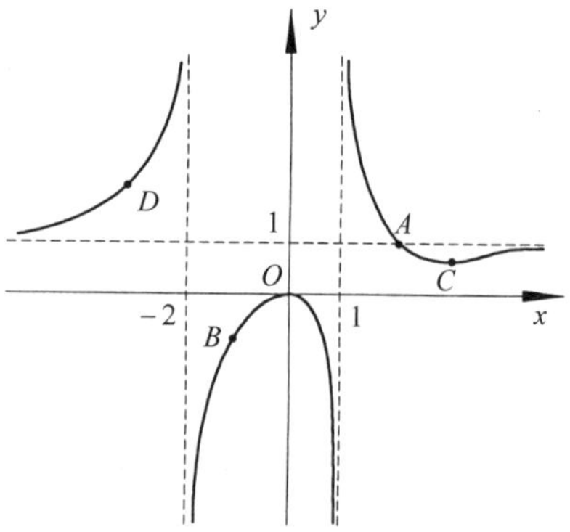

图 1.254

(2) $k_1=\lim\limits_{x\to+\infty}\dfrac{\sqrt{x^2+x}}{x}=1,$

$$b_1=\lim_{x\to+\infty}(\sqrt{x^2+x}-x)=\lim_{x\to+\infty}\frac{x}{\sqrt{x^2+x}+x}=\frac{1}{2},$$

$$k_2=\lim_{x\to-\infty}\frac{\sqrt{x^2+x}}{x}=-1,$$

$$b_2=\lim_{x\to-\infty}(\sqrt{x^2+x}+x)\xlongequal{t=-x}\lim_{t\to+\infty}(\sqrt{t^2-t}-t)=-\lim_{t\to+\infty}\frac{t}{\sqrt{t^2-t}+t}=-\frac{1}{2},$$

于是，直线 $y=x+\dfrac{1}{2}$ 及 $y=-x-\dfrac{1}{2}$ 为曲线的斜渐近线.

曲线 $y=\sqrt{x^2+x}$ 为双曲线

$$\frac{\left(x+\frac{1}{x}\right)^2}{\frac{1}{4}}-\frac{y^2}{\frac{1}{4}}=1,$$

在 Ox 轴上方的部分. 如图 1.255 所示.

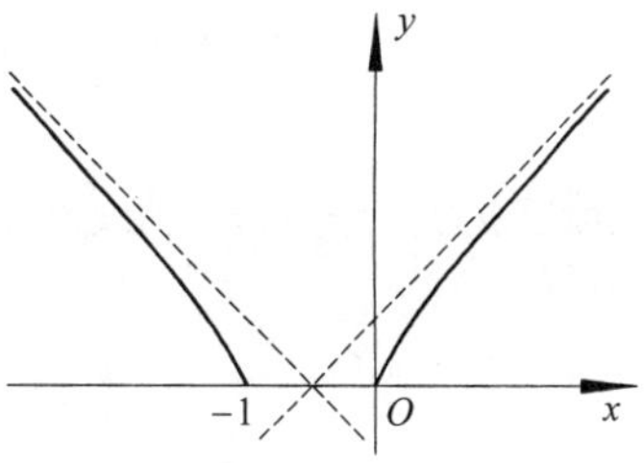

图 1.255

(3) $k=\lim\limits_{x\to\infty}\frac{\sqrt[3]{x^2-x^3}}{x}=\lim\limits_{x\to\infty}\sqrt[3]{\frac{1}{x}-1}=-1,$

$$b=\lim_{x\to\infty}(\sqrt[3]{x^2-x^3}+x)$$

$$=\lim_{x\to\infty}\frac{x^2}{\sqrt[3]{(x^2-x^3)^2}-x\sqrt[3]{x^2-x^3}+x^2}=\frac{1}{3},$$

故斜渐近线为 $y=-x+\frac{1}{3}$.

曲线通过原点及点 $A(1,0)$.

当 $-\infty<x<1$ 时，$y>0$；而当 $x>1$ 时，$y<0$.

如图 1.256 所示.

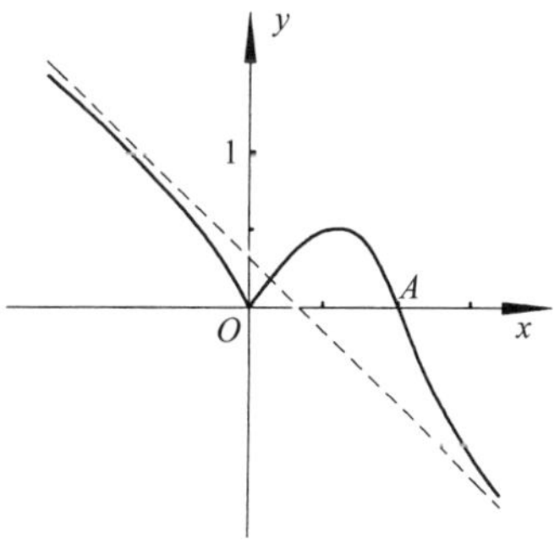

图 1.256

(4) 当 $x>0$ 时，有

$$k=\lim_{x\to+\infty}\frac{xe^x}{x(e^x-1)}=1,$$

$$b=\lim_{x\to+\infty}\left(\frac{xe^x}{e^x-1}-x\right)=\lim_{x\to+\infty}\frac{x}{e^x-1}=0,$$

故渐近线为 $y=x$.

当 $x<0$ 时，有

$$k=\lim_{x\to-\infty}\frac{xe^x}{x(e^x-1)}=0,$$

$$b=\lim_{x\to-\infty}\frac{xe^x}{e^x-1}=0,$$

故另一渐近线为 $y=0$.

曲线在 $x=0$ 处无定义，但 $\lim\limits_{x\to0}\frac{xe^x}{e^x-1}$ 存在，故为可去间断点.

因为 $y>0$，故图像始终在 Ox 轴的上方. 如图 1.257 所示.

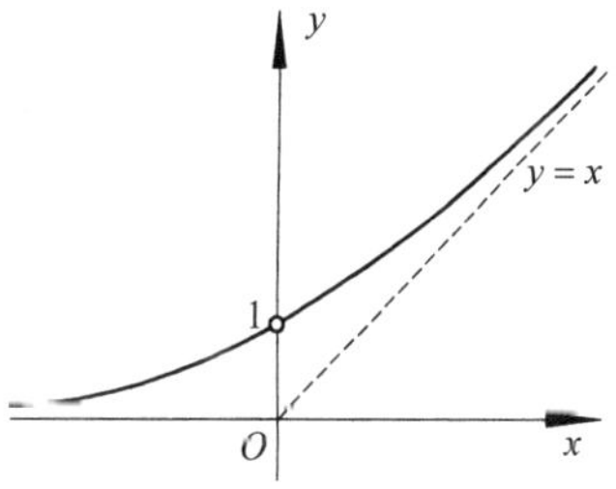

图 1.257

(5) 当 $x>0$ 时，

$$k=\lim_{x\to+\infty}\frac{\ln(1+e^x)}{x}=\lim_{x\to+\infty}\frac{x+\ln(e^{-x}+1)}{x}=1,$$

$$b=\lim_{x\to+\infty}[\ln(1+e^x)-x]=\lim_{x\to+\infty}\ln(e^{-x}+1)=0,$$

故渐近线为 $y=x$.

同法可求，当 $x<0$ 时的渐近线为 $y=0$.

曲线通过点 $A(0,\ln 2)$. 如图 1.258 所示.

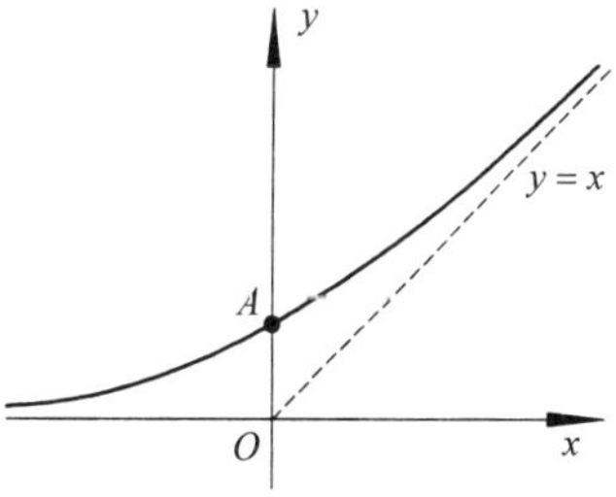

图 1.258

(6)
$$k=\lim_{x\to\infty}\frac{x+\arccos\frac{1}{x}}{x}=1,$$

$$b=\lim_{x\to\infty}\left[\left(x+\arccos\frac{1}{x}\right)-x\right]=\frac{\pi}{2},$$

故渐近线为 $y=x+\frac{\pi}{2}$.

将函数 $y=x$ 及 $y=\arccos\frac{1}{x}$（见 324 题）的图像按相加法即得，如图 1.259 所示.

(7) $$k=\lim_{x\to\infty}\frac{x^x}{(1+x)^x}=\lim_{x\to\infty}\frac{1}{\left(1+\frac{1}{x}\right)^x}=\frac{1}{e},b=\lim_{x\to\infty}\left[\frac{x^{1+x}}{(1+x)^x}-\frac{x}{e}\right]=\frac{1}{2e},$$

故渐近线为 $y=\frac{x}{e}+\frac{1}{2e}$. 曲线通过原点. 如图 1.260 所示.

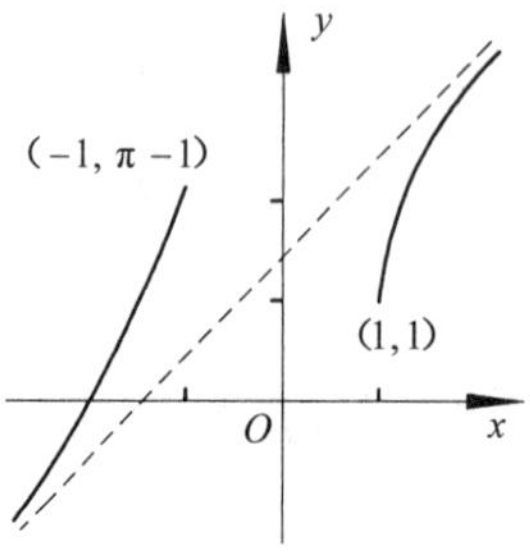

图 1.259

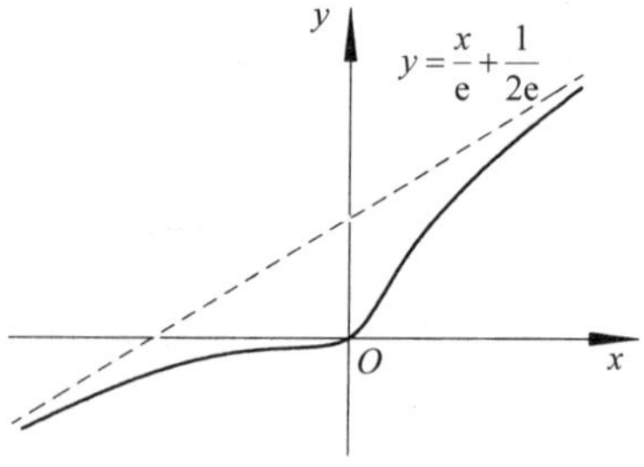

图 1.260

知识点 4 上下极限

定义 设 $f(x)$ 在 $U^\circ(a,\delta')$ 上有定义，数列 $\{x_n\}\subset U^\circ(a,\delta')$，$\lim\limits_{x\to\infty}x_n=a$，若 $\lim\limits_{x\to\infty}f(x_n)=B$（或 ∞），则称数 B（或 ∞）为函数 $f(x)$ 在 a 点的**子列极限**（有限的或无穷的）.

这些子列极限中最小的和最大的分别用 $\varliminf\limits_{x\to a}f(x)$ 和 $\varlimsup\limits_{x\to a}f(x)$ 来表示，分别称为函数 $f(x)$ 在 a 点的**下极限和上极限**.

函数 $f(x)$ 在 a 点有极限（有限的或无穷的）的充分必要条件是 $\varliminf\limits_{x\to a}f(x)=\varlimsup\limits_{x\to a}f(x)$.

习题 643—644 求函数的上下极限

【643】 设：(1) $f(x)=\sin^2\frac{1}{x}+\frac{2}{\pi}\arctan\frac{1}{x}$； (2) $f(x)=(2-x^2)\cos\frac{1}{x}$；

(3) $f(x)=\left(1+\cos^2\frac{1}{x}\right)^{\sec^2\frac{1}{x}}$.

求 $l=\varliminf\limits_{x\to0}f(x)$ 和 $L=\varlimsup\limits_{x\to a}f(x)$.

解 由 l 及 L 的定义，容易求得

(1) $l=-1,L=2$； (2) $l=-2,L=2$；

(3) 由 $(1+y)^{\frac{1}{y}}$ 在 $(0,1]$ 上是递减函数，可得 $l=2,L=e$.

【644】 设：(1) $f(x)=\sin x$； (2) $f(x)=x^2\cos^2x$；

(3) $f(x)=2^{\sin x^2}$； (4) $f(x)=\frac{x}{1+x^2\sin^2x}(x\geqslant0)$.

求 $l=\varliminf\limits_{x\to\infty}f(x)$ 和 $L=\varlimsup\limits_{x\to\infty}f(x)$.

解 由 l 及 L 的定义，容易求得

(1) $l=-1,L=1$； (2) $l=0,L=+\infty$； (3) $l=\frac{1}{2},L=2$； (4) $l=0,L=+\infty$.

第6节 无穷小和无穷大的阶（习题645—661）

知识点预览

知识点	题目序号	所在页码
无穷小量与无穷大量阶的比较	645—661	P177

知识点 无穷小量与无穷大量阶的比较

1. 设函数 $\varphi(x)$ 和 $\psi(x)$ 在某 $U^{\circ}(a)$ 内有定义，若存在 $A>0$，在 $U^{\circ}(a)$ 上成立 $\left|\dfrac{\varphi(x)}{\psi(x)}\right| \leqslant A$，则称函数 $\dfrac{\varphi(x)}{\psi(x)}$ 是 $x\to a$ 时的有界量，或称 $\varphi(x)$ 是当 $x\to a$ 时关于 $\psi(x)$ 的**有界量**，记为

$$\varphi(x)=O(\psi(x))\,(x\to a).$$

特别地，若 $\varphi(x)$ 在某 $U^{\circ}(a)$ 上有界，则记为 $\varphi(x)=O(1)\,(x\to a)$.

设函数 $\varphi(x)$ 和 $\psi(x)$ 均是 $x\to a$ 过程中的无穷小(大)量，又存在 K,L：$0<K<L$，在某 $U^{\circ}(a)$ 内成立 $K<\left|\dfrac{\varphi(x)}{\psi(x)}\right| \leqslant L$，则称 $\varphi(x)$ 和 $\psi(x)$ 是 $x\to a$ 时的**广义的同阶无穷小(大)量**.

特别地，若 $\lim\limits_{x\to a}\dfrac{\varphi(x)}{\psi(x)}=M\neq 0$，则称 $\varphi(x)$ 和 $\psi(x)$ 是 $x\to a$ 时的**狭义的同阶无穷小(大)量**，记作

$$\varphi(x)=O^{*}(\psi(x))\,(x\to a).$$

设函数 $\varphi(x)$ 是 $x\to 0$ 过程中的无穷小量，且有 $\lim\limits_{x\to 0}\dfrac{\varphi(x)}{x^k}=N\neq 0\,(k\in \mathbf{N}_+)$，则称函数 $\varphi(x)$ 为**关于 x 的 k 阶无穷小**.

若当 $x\to\infty$ 时，有 $\lim\limits_{x\to\infty}\dfrac{\varphi(x)}{x^k}=C\neq 0\,(k\in \mathbf{N}_+)$，则称函数 $\varphi(x)$ 为**关于 x 的 k 阶无穷大**.

2. 设函数 $\varphi(x)$ 和 $\psi(x)$ 均是 $x\to a$ 过程中的无穷小(大)量，且有 $\lim\limits_{x\to a}\dfrac{\varphi(x)}{\psi(x)}=0$，则称当 $x\to a$ 时，函数 $\varphi(x)$ 是关于函数 $\psi(x)$ 的**高阶无穷小(低阶无穷大)量**，记作

$$\varphi(x)=o(\psi(x)).$$

3. 若函数 $\varphi(x)$ 和 $\psi(x)$ 均是 $x\to a$ 过程中的无穷小(大)量，且有 $\lim\limits_{x\to a}\dfrac{\varphi(x)}{\psi(x)}=1$，则称函数 $\varphi(x)$ 和 $\psi(x)$ 为 $x\to a$ 时的**等价无穷小(大)量**，记作

$$\varphi(x)\sim\psi(x)\,(x\to a).$$

例如，当 $x\to 0$ 时，常见的等价无穷小有

$\sin x\sim x$； $\tan x\sim x$； $1-\cos x\sim\dfrac{1}{2}x^2$； $a^x-1\sim x\ln a\,(a>0)$； $\mathrm{e}^x-1\sim x$；

$\sqrt[n]{1+x}-1\sim\dfrac{x}{n}$； $\ln(1+x)\sim x$； $\arcsin x\sim x$； $\arctan x\sim x$.

一般地说来，$\varphi(x)+o(\varphi(x))\sim\varphi(x)$.

当求两个函数乘积或商的极限时，已知函数可用其等价的函数来代换.

习题 645—661　无穷小量与无穷大量阶的比较

【645】 把圆心角 $AOB=x$（图 1.261）当作一阶无穷小量，求下列各无穷小量的阶：

(1)弦 AB；　(2)拱高 CD；

(3)扇形 AOB 的面积；　(4)三角形 ABC 的面积；

(5)梯形 ABB_1A_1 的面积；　(6)弓形 ABC 的面积.

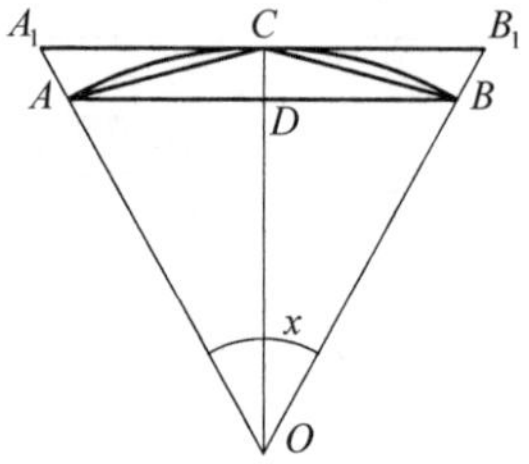

图 1.261

解 设圆的半径为 R，则

(1)弦 $AB=2R\sin\frac{x}{2}$，由于

$$\lim_{x\to0}\frac{2R\sin\frac{x}{2}}{x}=\lim_{x\to0}\frac{\sin\frac{x}{2}}{\frac{x}{2}}\cdot R=R,$$

故弦 AB 是关于 x 的一阶无穷小量.

(2)拱高 $CD=R-R\cos\frac{x}{2}=2R\sin^2\frac{x}{4}$，由于

$$\lim_{x\to0}\frac{2R\sin^2\frac{x}{4}}{x^2}=\lim_{x\to0}\frac{\sin^2\frac{x}{4}}{\left(\frac{x}{4}\right)^2}\cdot\frac{R}{8}=\frac{R}{8},$$

故拱高 CD 是关于 x 的二阶无穷小量.

(3)扇形 AOB 的面积 $S=\frac{1}{2}R^2x$. 因为 $\frac{S}{x}=\frac{1}{2}R^2$，所以，$S$ 是关于 x 的一阶无穷小量.

(4)三角形 ABC 的面积

$$S_{\triangle ABC}=\frac{1}{2}|AB|\cdot|CD|=2R^2\sin\frac{x}{2}\sin^2\frac{x}{4}.$$

因为 $\lim\limits_{x\to0}\frac{2R^2\sin\frac{x}{2}\sin^2\frac{x}{4}}{x^3}=\frac{R^2}{16}$，所以 $\triangle ABC$ 的面积是关于 x 的三阶无穷小量.

(5)由于 $A_1C=R\tan\frac{x}{2}$. 于是，梯形 ABB_1A_1 的面积

$$A_0=\frac{1}{2}\cdot2R\sin^2\frac{x}{4}\left(2R\sin\frac{x}{2}+2R\tan\frac{x}{2}\right)=2R^2\sin^2\frac{x}{4}\sin\frac{x}{2}+2R^2\sin^2\frac{x}{4}\tan\frac{x}{2}.$$

因为 $\lim\limits_{x\to0}\frac{2R^2\sin^2\frac{x}{4}\sin\frac{x}{2}+2R^2\sin^2\frac{x}{4}\tan\frac{x}{2}}{x^3}=\frac{R^2}{8}$，所以面积 A_0 是关于 x 的三阶无穷小量.

(6)弓形 ABC 的面积

$$p=\frac{1}{2}R^2x-\frac{1}{2}\cdot2R\sin\frac{x}{2}\cdot R\cos\frac{x}{2}=\frac{R^2}{2}(x-\sin x).$$

由于 $x-\sin x$ 是奇函数，故只需考虑 $x\to0^+$ 时的情形. 当 $x\in\left(0,\frac{\pi}{2}\right)$ 时，有

$$x-\sin x\leqslant\tan x-\sin x=\frac{\sin x}{\cos x}(1-\cos x)=\frac{\sin x\cdot2\sin^2\frac{x}{2}}{\cos x}=O(x^3);$$

而由 $x\geqslant2\sin\frac{x}{2}$，又有

$$x-\sin x\geqslant 2\sin\frac{x}{2}-\sin x=2\sin\frac{x}{2}\left(1-\cos\frac{x}{2}\right)=4\sin\frac{x}{2}\sin^2\frac{x}{4}=O(x^3).$$

于是，当 x 大于 0 而充分小时，存在两常数 $A>0,B>0$，使

$$Ax^3\leqslant x-\sin x\leqslant Bx^3\text{，即 }A\leqslant\frac{x-\sin x}{x^3}\leqslant B,$$

故弓形面积 p 是关于 x 的三阶无穷小量.

注 实际上，今后将会看到 $x-\sin x\sim\frac{1}{6}x^3(x\to 0)$（但要用到导数的概念）.

【646】 设 $o(f(x))$ 为当 $x\to a$ 时，关于函数 $f(x)$ 低阶的任意无穷大量，$O(f(x))$ 为 $x\to a$ 时关于函数 $f(x)$ 的任意有界量，其中 $f(x)>0$. 证明：当 $x\to a$ 时，有

(1) $o[o(f(x))]=o(f(x))$；

(2) $O[o(f(x))]=o(f(x))$；

(3) $o[O(f(x))]=o(f(x))$；

(4) $O[O(f(x))]=O(f(x))$；

(5) $O(f(x))+o(f(x))=O(f(x))$；

(6) $O(f(x))\cdot O(g(x))=O(f(x)g(x))$.

证 (1)因为

$$\lim_{x\to a}\frac{o[o(f(x))]}{f(x)}=\lim_{x\to a}\left\{\frac{o[o(f(x))]}{o(f(x))}\cdot\frac{o(f(x))}{f(x)}\right\}=0,$$

故 $o[o(f(x))]=o(f(x))(x\to a)$.

(2)由于有界量与无穷小量的乘积还是无穷小量，故

$$\lim_{x\to a}\frac{O[o(f(x))]}{f(x)}=\lim_{x\to a}\left\{\frac{O[o(f(x))]}{o(f(x))}\cdot\frac{o(f(x))}{f(x)}\right\}=0,$$

所以 $O[o(f(x))]=o(f(x))(x\to a)$.

(3)由于无穷小量与有界量的乘积还是无穷小量，故

$$\lim_{x\to a}\frac{o[O(f(x))]}{f(x)}=\lim_{x\to a}\left\{\frac{o[O(f(x))]}{O(f(x))}\cdot\frac{O(f(x))}{f(x)}\right\}=0,$$

故 $o[O(f(x))]=o(f(x))(x\to a)$.

(4) $\forall g(x)\in O[O(f(x))]$，$\exists h(x)\in O(f(x))$ 及 $\exists A,B>0$，使得在某 $U^\circ(a)$ 内有

$$\left|\frac{g(x)}{h(x)}\right|<A,\ \left|\frac{h(x)}{f(x)}\right|<B,$$

$$\left|\frac{g(x)}{f(x)}\right|\leqslant\left|\frac{g(x)}{h(x)}\right|\cdot\left|\frac{h(x)}{f(x)}\right|<AB.$$

所以 $O[O(f(x))]=O(f(x))(x\to a)$.

(5) $\forall g(x)\in O(f(x))$，$\forall h(x)\in o(f(x))$，$\exists K,L>0$，以及 $\delta>0$，使得当 $x\in U^\circ(a;\delta)$ 时有

$$\left|\frac{g(x)}{f(x)}\right|<K,\ \left|\frac{h(x)}{f(x)}\right|<L,$$

从而有

$$\left|\frac{g(x)+h(x)}{f(x)}\right|\leqslant\left|\frac{g(x)}{f(x)}\right|+\left|\frac{h(x)}{f(x)}\right|<K+L,$$

即 $g(x)+h(x)\in O(f(x))$. 故 $O(f(x))+o(f(x))=O(f(x))(x\to a)$.

(6)由于

$$\frac{O(f(x))\cdot O(f(x))}{f(x)g(x)}=\frac{O(f(x))}{f(x)}\cdot\frac{O(g(x))}{g(x)},$$

故 $\exists M>0$，使得在某 $U^\circ(a)$ 内有

$$\left|\frac{O(f(x))\cdot O(f(x))}{f(x)g(x)}\right|=\left|\frac{O(f(x))}{f(x)}\right|\cdot\left|\frac{O(g(x))}{g(x)}\right|<M,$$

因此 $O(f(x))\cdot O(g(x))=O(f(x)g(x))(x\to a)$.

【647】 设 $x\to0^+$，$n>0$. 证明：

(1)$C\cdot O(x^n)=O(x^n)$（C 为常数）； (2)$O(x^n)+O(x^m)=O(x^n)$（$n<m$）；

(3)$O(x^n)O(x^m)=O(x^{n+m})$.

证 (1)$\forall f(x)\in O(x^n)$，$\exists A>0$，使得在某 $U^\circ(0)$ 内，有 $\frac{|f(x)|}{x^n}<A$，从而有

$$\frac{|C\cdot f(x)|}{x^n}=|C|\cdot\frac{|f(x)|}{x^n}<(|C|+1)A,$$

故 $C\cdot O(x^n)=O(x^n)(x\to0^+)$.

(2)$\forall f(x)\in O(x^n)$，$\forall g(x)\in O(x^m)$，$\exists M,N>0,\delta>0$，使得在某 $U^\circ(0;\delta)$ 内有

$$\frac{|f(x)|}{x^n}<M,\frac{|g(x)|}{x^m}<N,$$

于是

$$\frac{|f(x)+g(x)|}{x^n}\leqslant\frac{|f(x)|}{x^n}+\frac{|g(x)|}{x^m}x^{m-n}<M+N\delta,$$

故 $O(x^n)+O(x^m)=O(x^n)(n<m)(x\to0^+)$.

(3)$\forall f(x)\in O(x^n)$，$\forall g(x)\in O(x^m)$，$\exists K,L>0$，使得在某 $U^\circ(0)$ 内有

$$\frac{|f(x)|}{x^n}<K,\frac{|g(x)|}{x^m}<L,$$

于是 $\frac{|f(x)g(x)|}{x^{m+n}}\leqslant\frac{|f(x)|}{x^n}\cdot\frac{|g(x)|}{x^m}<KL$，

故 $$O(x^n)O(x^m)=O(x^{n+m})(x\to0^+).$$

【648】 设 $x\to+\infty$ 和 $n>0$. 证明：

(1)$C\cdot O(x^n)=O(x^n)$； (2)$O(x^n)+O(x^m)=O(x^n)(n>m)$；

(3)$O(x^n)O(x^m)=O(x^{n+m})$.

证 (1)$\forall f(x)\in O(x^n)$，$\exists A>0,X>0$，使得当 $x\in(X,+\infty)$ 时，有 $\frac{|f(x)|}{x^n}<A$，从而有

$$\frac{|C\cdot f(x)|}{x^n}=|C|\cdot\frac{|f(x)|}{x^n}<(|C|+1)A,$$

故 $C\cdot O(x^n)=O(x^n)(x\to+\infty)$.

(2)$\forall f(x)\in O(x^n)$，$\forall g(x)\in O(x^m)$，$\exists M,N>0,X_1>0$，使得当 $x\in(X_1,+\infty)$ 时，有

$$\frac{|f(x)|}{x^n}<M,\frac{|g(x)|}{x^m}<N,$$

于是

$$\frac{|f(x)+g(x)|}{x^n}\leqslant\frac{|f(x)|}{x^n}+\frac{|g(x)|}{x^m}x^{m-n}.$$

由 $n>m$，知 $\lim\limits_{x\to+\infty}x^{m-n}=0$，因而 $\exists X_2>0$，使得当 $x\in(X_2,+\infty)$ 时，有 $x^{m-n}<\frac{1}{2}$.

取 $X=\max\{X_1,X_2\}$，则当 $x\in(X_2,+\infty)$ 时，有

$$\frac{|f(x)+g(x)|}{x^n}<M+\frac{N}{2}.$$

故 $O(x^n)+O(x^m)=O(x^n)(n>m)(x\to+\infty)$.

(3)同 647 题(3)的证明（只要将 $x\to0^+$ 换为 $x\to+\infty$）.

【649】 证明符号～具有下列性质：

(1)反射性：$\varphi(x)\sim\varphi(x)$；

(2)对称性：若 $\varphi(x)\sim\psi(x)$，则 $\psi(x)\sim\varphi(x)$；

(3)传递性：若 $\varphi(x)\sim\psi(x)$ 及 $\psi(x)\sim\chi(x)$，则 $\varphi(x)\sim\chi(x)$.

证 不妨设极限过程为 $x\to a$.

(1)因为 $\frac{\varphi(x)}{\varphi(x)}\equiv1\to1(x\to a)$，所以 $\varphi(x)\sim\varphi(x)(x\to a)$.

(2)因为 $\lim\limits_{x\to a}\frac{\varphi(x)}{\psi(x)}=1$，所以 $\lim\limits_{x\to a}\frac{\psi(x)}{\varphi(x)}=1$，即 $\psi(x)\sim\varphi(x)(x\to a)$.

(3)因为 $\lim\limits_{x\to a}\frac{\varphi(x)}{\psi(x)}=1$，$\lim\limits_{x\to a}\frac{\psi(x)}{\chi(x)}=1$，所以 $\lim\limits_{x\to a}\frac{\varphi(x)}{\chi(x)}=\lim\limits_{x\to a}\frac{\varphi(x)}{\psi(x)}\cdot\lim\limits_{x\to a}\frac{\psi(x)}{\chi(x)}=1$，即 $\varphi(x)\sim\chi(x)$.

【650】 设 $x\to0^+$，证明下列等式：

(1) $2x-x^2=O^*(x)$；　(2) $x\sin\sqrt{x}=O^*(x^{\frac{3}{2}})$；　(3) $x\sin\frac{1}{x}=O(|x|)$；

(4) $\ln x=o\left(\frac{1}{x^{\varepsilon}}\right)(\varepsilon>0)$；　(5) $\sqrt{x+\sqrt{x+\sqrt{x}}}\sim\sqrt[8]{x}$；　(6) $\arctan\frac{1}{x}=O(1)$；

(7) $(1+x)^n=1+nx+o(x)$.

证 由题设 $x\to0^+$，于是

(1)因为 $\lim\limits_{x\to0^+}\frac{2x-x^2}{x}=2\neq0$，所以 $2x-x^2=O^*(x)(x\to0^+)$.

(2)因为 $\lim\limits_{x\to0^+}\frac{x\sin\sqrt{x}}{x\sqrt{x}}=1\neq0$，所以 $x\sin\sqrt{x}=O^*(x^{\frac{3}{2}})(x\to0^+)$.

(3)因为 $\left|x\sin\frac{1}{x}\right|\leqslant|x|(x\neq0)$，所以 $x\sin\frac{1}{x}=O(|x|)(x\to0^+)$.

(4)因为 $\lim\limits_{x\to0^+}\frac{\ln x}{\frac{1}{x^{\varepsilon}}}=\lim\limits_{x\to0^+}x^{\varepsilon}\ln x=\lim\limits_{y\to-\infty}ye^{\varepsilon y}=-\lim\limits_{t\to+\infty}\frac{t}{(e^{\varepsilon})^t}=0$，所以 $\ln x=o\left(\frac{1}{x^{\varepsilon}}\right)(x\to0^+)$.

(5)因为 $\lim\limits_{x\to0^+}\frac{\sqrt{x+\sqrt{x+\sqrt{x}}}}{\sqrt[8]{x}}=\lim\limits_{x\to0^+}\sqrt{x^{\frac{3}{4}}+\sqrt{x^{\frac{1}{2}}+1}}=1$，所以 $\sqrt{x+\sqrt{x+\sqrt{x}}}\sim x^{\frac{1}{8}}(x\to0^+)$.

(6)因为 $\left|\arctan\frac{1}{x}\right|\leqslant\frac{\pi}{2}(x\neq0)$，所以 $\arctan\frac{1}{x}=O(1)(x\to0^+)$.

(7)因 $\lim\limits_{x\to0^+}\frac{(1+x)^n-1-nx}{x}=\lim\limits_{x\to0^+}\left(\frac{1}{2}n(n-1)x+\cdots+x^{n-1}\right)=0$，故 $(1+x)^n-1-nx=o(x)$，即 $(1+x)^n=1+nx+o(x)$.

【651】 设 $x\to+\infty$，证明下列等式：

(1) $2x^3-3x^2+1=O^*(x^3)$；　(2) $\frac{x+1}{x^2+1}=O^*\left(\frac{1}{x}\right)$；　(3) $x+x^2\sin x=O(x^2)$；

(4) $\frac{\arctan x}{1+x^2}=O^*\left(\frac{1}{x^2}\right)$；　(5) $\ln x=o(x^{\varepsilon})(\varepsilon>0)$；　(6) $x^pe^{-x}=o\left(\frac{1}{x^2}\right)$；

(7) $\sqrt{x+\sqrt{x+\sqrt{x}}}\sim\sqrt{x}$；　(8) $x^2+x\ln^{100}x\sim x^2$.

证 由题设 $x\to+\infty$，于是

(1)因为 $\lim\limits_{x\to+\infty}\frac{2x^3-3x^2+1}{x^3}=2\neq0$，所以 $2x^3-3x^2+1=O^*(x^3)(x\to+\infty)$.

(2)因为 $\lim\limits_{x\to+\infty}\frac{\frac{x+1}{x^2+1}}{\frac{1}{x}}=\frac{x(x+1)}{x^2+1}=1\neq0$，所以 $\frac{x+1}{x^2+1}=O^*\left(\frac{1}{x}\right)(x\to+\infty)$.

(3)因为当 $x>1$ 时，有 $\frac{|x+x^2\sin x|}{x^2}=\left|\frac{1}{x}+\sin x\right|\leqslant\left|\frac{1}{x}\right|+1<2$，所以

$$x+x^2\sin x=O(x^2)(x\to+\infty).$$

(4)因为 $\lim\limits_{x\to+\infty}\dfrac{\dfrac{\arctan x}{1+x^2}}{\dfrac{1}{x^2}}=\lim\limits_{x\to+\infty}\dfrac{x^2\arctan x}{1+x^2}=\lim\limits_{x\to+\infty}\left(\dfrac{x^2}{1+x^2}\cdot\arctan x\right)=\dfrac{\pi}{2}\neq0$,所以

$$\frac{\arctan x}{1+x^2}=O^*\left(\frac{1}{x^2}\right)(x\to+\infty).$$

(5)因为 $\lim\limits_{x\to+\infty}\dfrac{\ln x}{x^\varepsilon}=\lim\limits_{y\to+\infty}\dfrac{y}{e^{\varepsilon y}}=0$,所以 $\ln x=o(x^\varepsilon)(x\to+\infty)$.

(6)因为 $\lim\limits_{x\to+\infty}\dfrac{x^p e^{-x}}{\dfrac{1}{x^2}}=\lim\limits_{x\to+\infty}\dfrac{x^{p+2}}{e^x}=0$,所以 $x^p e^{-x}=o\left(\dfrac{1}{x^2}\right)(x\to+\infty)$.

(7)因为 $\lim\limits_{x\to+\infty}\dfrac{\sqrt{x+\sqrt{x+\sqrt{x}}}}{\sqrt{x}}=\lim\limits_{x\to+\infty}\sqrt{1+\sqrt{\dfrac{1}{x}+\sqrt{\dfrac{1}{x^3}}}}=1$,所以 $\sqrt{x+\sqrt{x+\sqrt{x}}}\sim\sqrt{x}(x\to+\infty)$.

(8)因为 $\lim\limits_{x\to+\infty}\dfrac{x^2+x\ln^{100}x}{x^2}=\lim\limits_{y\to+\infty}\left(1+\dfrac{y^{100}}{e^y}\right)=1$,所以,$x^2+x\ln^{100}x\sim x^2(x\to+\infty)$.

【652】 证明当 x 充分大时,下列不等式成立:

(1)$x^2+10x+100<0.001x^3$; (2)$\ln^{1000}x<\sqrt{x}$; (3)$x^{10}e^x<e^{2x}$.

证 (1)因 $\lim\limits_{x\to+\infty}\dfrac{x^2+10x+100}{0.001x^3}=0$,故当 x 充分大以后,有 $\dfrac{x^2+10x+100}{0.001x^3}<1$,即

$$x^2+10x+100<0.001x^3.$$

(2)因为 $\lim\limits_{x\to+\infty}\dfrac{\ln^{1000}x}{\sqrt{x}}=\lim\limits_{x\to+\infty}\dfrac{y^{1000}}{\sqrt{e^y}}=0$,所以当 x 充分大以后,有 $\dfrac{\ln^{1000}x}{\sqrt{x}}<1$,即 $\ln^{1000}x<\sqrt{x}$.

(3)因为 $\lim\limits_{x\to+\infty}\dfrac{x^{10}e^x}{e^{2x}}=\lim\limits_{x\to+\infty}\dfrac{x^{10}}{e^x}=0$,所以当 x 充分大后,有 $\dfrac{x^{10}e^x}{e^{2x}}<1$,即 $x^{10}e^x<e^{2x}$.

【653】 设 $x\to0$. 分出下列函数的形如 Cx^n(C 为常数)的主部,并求其对于无穷小量 x 的阶:

(1)$2x-3x^3+x^5$; (2)$\sqrt{1+x}-\sqrt{1-x}$;

(3)$\sqrt{1-2x}-\sqrt[3]{1-3x}$; (4)$\tan x-\sin x$.

解 所谓函数 $f(x)$ 的主部 $g(x)$,即满足 $\lim\limits_{x\to0}\dfrac{f(x)}{g(x)}=1$ 或 $f(x)=g(x)+o(x)(x\to0)$.

(1)因为 $\lim\limits_{x\to0}\dfrac{2x-3x^3+x^5}{2x}=1$,故其主部为 $2x$,它对于无穷小量 x 是一阶的.

(2)因为 $\lim\limits_{x\to0}\dfrac{\sqrt{1+x}-\sqrt{1-x}}{x}=\lim\limits_{x\to0}\dfrac{2}{\sqrt{1+x}+\sqrt{1-x}}=1$,故其主部为 x,它对于无穷小量 x 是一阶的.

(3)因为 $\sqrt{1-2x}-\sqrt[3]{1-3x}=\dfrac{3x^2-8x^3}{\sqrt[6]{(1+2x)^{15}}+\sqrt[6]{(1-2x)^{12}(1-3x)^2}+\cdots+\sqrt[6]{(1-3x)^{10}}}$,于是

$$\lim_{x\to0}\frac{\sqrt{1-2x}-\sqrt[3]{1-3x}}{\dfrac{x^2}{2}}=1,$$

故其主部为 $\dfrac{x^2}{2}$,它对于无穷小量 x 是二阶的.

(4) 因为 $\tan x-\sin x=\sin x\dfrac{1-\cos x}{\cos x}=\dfrac{2}{\cos x}\sin x\sin^2\dfrac{x}{2}$,故 $\lim\limits_{x\to0}\dfrac{\tan x-\sin x}{\dfrac{x^3}{2}}=1$,其主部为 $\dfrac{x^3}{2}$,它对于无穷小量 x 是三阶的.

【654】 设$x\to 0^+$，证明：无穷小量(1)$f(x)=\dfrac{1}{\ln x}$；(2)$f(x)=e^{-\frac{1}{x^2}}$，不能与任何的无穷小量$x^n(n>0)$相比较. 即：$\forall n\in\mathbf{R}_+$，等式$\lim\limits_{x\to+0}\dfrac{f(x)}{x^n}=K(0<|K|<+\infty)$都不成立.

证 (1) 因为

$$\lim_{x\to 0^+}x^n\ln x=\lim_{y\to-\infty}e^{ny}y=-\lim_{t\to+\infty}\frac{t}{(e^n)^t}=0(n>0),$$

于是$\lim\limits_{x\to 0^+}\dfrac{\frac{1}{\ln x}}{x^n}=\infty$，即$\dfrac{1}{\ln x}$不能与无穷小量$x^n$相比较$(x\to 0^+)$.

(2) 令$y=\dfrac{1}{x^2}$，则$\lim\limits_{x\to 0^+}\dfrac{e^{-\frac{1}{x^2}}}{x^n}=\lim\limits_{y\to+\infty}\dfrac{y^{\frac{n}{2}}}{e^y}=0,(n>0)$故$e^{-\frac{1}{x^2}}$不能与无穷小量$x^n$相比较$(x\to 0^+)$.

【655】 设$x\to 1$，分出下列函数形如$C(x-1)^n$的主部，并求其对于无穷小量$x-1$的阶：

(1)x^3-3x+2； (2)$\sqrt[3]{1-\sqrt{x}}$； (3)$\ln x$； (4)e^x-e； (5)x^x-1.

解 (1) 因为

$$x^3-3x+2=(x-1)^2(x+2),\lim_{x\to 1}\frac{x^3-3x+2}{3(x-1)^2}=1,$$

故其主部为$3(x-1)^2$，它对于无穷小量$x-1$是二阶无穷小量.

(2) 因为

$$\sqrt[3]{1-\sqrt{x}}=-\frac{\sqrt[3]{x-1}}{\sqrt[3]{1+\sqrt{x}}},\lim_{x\to 1}\frac{\sqrt[3]{1-\sqrt{x}}}{-\dfrac{\sqrt[3]{x-1}}{\sqrt[3]{2}}}=1,$$

故其主部为$\dfrac{\sqrt[3]{1-x}}{\sqrt[3]{2}}$，它对于无穷小量$x-1$是$\dfrac{1}{3}$阶无穷小量.

(3) 因为

$$\lim_{x\to 1}\frac{\ln x}{x-1}=\lim_{x\to 1}\frac{\ln[1+(x-1)]}{x-1}=1,$$

故其主部为$x-1$，它对于无穷小量$x-1$是一阶无穷小量.

(4) 因为

$$e^x-e=e(e^{x-1}-1),\lim_{x\to 1}=\frac{e^{x-1}-1}{x-1}=1,$$

故其主部为$e(x-1)$，它对于无穷小量$x-1$是一阶无穷小量.

(5) 因$x^x-1=e^{x\ln x}-1$，又

$$\lim_{x\to 1}\frac{e^{x\ln x}-1}{x-1}=\lim_{x\to 1}\left\{\frac{e^{x\ln x}-1}{x\ln x}\cdot\frac{x\ln[1+(x-1)]}{x-1}\right\}=1,$$

故其主部为$x-1$，它对于$x-1$是一阶无穷小量.

【656】 设$x\to+\infty$，分出下列函数的形如Cx^n的主部，并求其对于无穷大量x的阶：

(1)$x^2+100x+10\ 000$； (2)$\dfrac{2x^5}{x^3-3x+1}$；

(3)$\sqrt[3]{x^2-x}+\sqrt{x}$； (4)$\sqrt{1+\sqrt{1+\sqrt{x}}}$.

解 (1) 因为$x^2+100x+10\ 000\sim x^2(x\to+\infty)$，故其主部为$x^2$，它对于无穷大量$x$是二阶的.

(2) 因为$\lim\limits_{x\to+\infty}\dfrac{\frac{2x^5}{x^3-3x+1}}{2x^2}=\lim\limits_{x\to+\infty}\dfrac{2x^5}{2x^5-6x^3+2x^2}=1$，故其主部为$2x^2$，它对于无穷大量$x$是二阶的.

(3) 由于

$$\sqrt[3]{x^2-x}+\sqrt{x}=x^{\frac{2}{3}}\left(\sqrt[3]{1-\frac{1}{x}}+\sqrt[6]{\frac{1}{x}}\right),$$

$$\lim_{x\to+\infty}\frac{\sqrt[3]{x^2-x}+\sqrt{x}}{x^{\frac{2}{3}}}=\lim_{x\to+\infty}\left(\sqrt[3]{1-\frac{1}{x}}+\sqrt[6]{\frac{1}{x}}\right)=1,$$

故其主部为 $x^{\frac{2}{3}}$,它对于无穷大量 x 是$\frac{2}{3}$ 阶的.

(4) 因为 $\lim\limits_{x\to+\infty}\dfrac{\sqrt{1+\sqrt{1+\sqrt{x}}}}{\sqrt[8]{x}}=1$,故其主部为$\sqrt[8]{x}$,它对于无穷大量 x 是$\frac{1}{8}$ 阶的.

【 657 】 设 $x\to+\infty$,分出下列函数的形如 $C\left(\frac{1}{x}\right)^n$ 的主部,并求其对于无穷小量$\frac{1}{x}$ 的阶:

(1) $\dfrac{x+1}{x^4+1}$; (2) $\sqrt{x+1}-\sqrt{x}$; (3) $\sqrt{x+2}-2\sqrt{x+1}+\sqrt{x}$; (4) $\dfrac{1}{x}\sin\dfrac{1}{x}$.

解 (1) 因为 $\lim\limits_{x\to+\infty}\dfrac{\frac{x+1}{x^4+1}}{\left(\frac{1}{x}\right)^3}=\lim\limits_{x\to+\infty}\dfrac{x^3(x+1)}{x^4+1}=1$,故其主部为$\left(\frac{1}{x}\right)^3$,它对于无穷小量$\frac{1}{x}$ 是三阶的.

(2) 因为 $\lim\limits_{x\to+\infty}\dfrac{\sqrt{x+1}-\sqrt{x}}{\frac{1}{2\sqrt{x}}}=\lim\limits_{x\to+\infty}\dfrac{2\sqrt{x}}{\sqrt{x+1}+\sqrt{x}}=1$,故其主部为$\frac{1}{2}\left(\frac{1}{x}\right)^{\frac{1}{2}}$,它对于无穷小量$\frac{1}{x}$ 是 $\frac{1}{2}$ 阶的.

(3)
$$\begin{aligned}\sqrt{x+2}-2\sqrt{x+1}+\sqrt{x}&=\frac{\sqrt{x}-\sqrt{x+2}}{(\sqrt{x+2}+\sqrt{x+1})(\sqrt{x+1}+\sqrt{x})}\\&=\frac{-2}{(\sqrt{x+2}+\sqrt{x+1})(\sqrt{x+1}+\sqrt{x})(\sqrt{x+2}+\sqrt{x})},\end{aligned}$$

由此得

$$\begin{aligned}&\lim_{x\to+\infty}\frac{\sqrt{x+2}-2\sqrt{x+1}+\sqrt{x}}{-\frac{1}{4}\left(\frac{1}{x}\right)^{\frac{3}{2}}}\\&=\lim_{x\to+\infty}\frac{8}{\left(\sqrt{1+\frac{2}{x}}+\sqrt{1+\frac{1}{x}}\right)\left(\sqrt{1+\frac{1}{x}}+\sqrt{\frac{1}{x}}\right)\left(\sqrt{1+\frac{2}{x}}+\sqrt{\frac{1}{x}}\right)}\\&=1.\end{aligned}$$

故其主部为$-\frac{1}{4}\left(\frac{1}{x}\right)^{\frac{3}{2}}$,它对于无穷小量$\frac{1}{x}$ 是$\frac{3}{2}$ 阶的.

(4) 因为 $\lim\limits_{x\to+\infty}\dfrac{\frac{1}{x}\sin\frac{1}{x}}{\frac{1}{x^2}}=\dfrac{\sin\frac{1}{x}}{\frac{1}{x}}=1$,故其主部为$\left(\frac{1}{x}\right)^2$,它对于无穷小量$\frac{1}{x}$ 是二阶的.

【 658 】 设 $x\to1$,分出下列函数的形如 $C\left(\frac{1}{x-1}\right)^n$ 的主部,并求其对于无穷大量 $\frac{1}{x-1}$ 的阶:

(1) $\dfrac{x^2}{x^2-1}$; (2) $\sqrt{\dfrac{1+x}{1-x}}$; (3) $\dfrac{x}{\sqrt[3]{1-x^3}}$; (4) $\dfrac{1}{\sin\pi x}$; (5) $\dfrac{\ln x}{(1-x)^2}$.

解 (1) $\dfrac{x^2}{x^2-1}=\dfrac{x^2}{(x-1)(x+1)}$，$\lim\limits_{x\to1}\dfrac{\dfrac{x^2}{x^2-1}}{\dfrac{1}{2(x-1)}}=\lim\limits_{x\to1}\dfrac{2x^2}{x+1}=1$，故其主部为$\dfrac{1}{2(x-1)}$，它对于无穷大量$\dfrac{1}{x-1}$是一阶的.

(2) 因为$\lim\limits_{x\to1}\dfrac{\sqrt{\dfrac{1+x}{1-x}}}{\sqrt{2}\,\dfrac{1}{\sqrt{1-x}}}=\lim\limits_{x\to1}\dfrac{\sqrt{1+x}}{\sqrt{2}}=1$，故其主部为$\sqrt{2}\left(\dfrac{1}{1-x}\right)^{\frac{1}{2}}$，它对于无穷大量$\dfrac{1}{1-x}$是$\dfrac{1}{2}$阶的.

(3) 因为$\dfrac{x}{\sqrt[3]{1-x^3}}=\dfrac{x}{\sqrt[3]{1-x}}\cdot\dfrac{1}{\sqrt[3]{1+x+x^2}}$，$\lim\limits_{x\to1}\dfrac{\dfrac{x}{\sqrt[3]{1-x^3}}}{\dfrac{1}{\sqrt[3]{3}\sqrt[3]{1-x}}}=1$，故其主部为$\dfrac{1}{\sqrt[3]{3}}\left(\dfrac{1}{1-x}\right)^{\frac{1}{3}}$，它对于无穷大量$\dfrac{1}{x-1}$是$\dfrac{1}{3}$阶的.

(4) 因为$\lim\limits_{x\to1}\dfrac{\dfrac{1}{\sin\pi x}}{\dfrac{1}{\pi(1-x)}}=\lim\limits_{x\to1}\dfrac{\pi(1-x)}{\sin\pi(1-x)}=1$，故其主部为$\dfrac{1}{\pi(1-x)}$，它对于无穷大量$\dfrac{1}{x-1}$是一阶的.

(5) 因为$\lim\limits_{x\to1}\dfrac{\dfrac{\ln x}{(1-x)^2}}{\dfrac{1}{x-1}}=\lim\limits_{x\to1}\dfrac{\ln[1+(x-1)]}{x-1}=1$，故其主部为$\dfrac{1}{x-1}$，它对于无穷大量$\dfrac{1}{x-1}$是一阶的.

【659】 设$x\to+\infty$，$f_n(x)=x^n(n=1,2,\cdots)$. 证明：

(1) $f_n(x)$中每一个函数都比其前面的一个函数$f_{n-1}(x)$增加较快；

(2) 函数e^x比函数$f_n(x)(n=1,2,\cdots)$中的每一个都增加得较快.

证 (1) 因为$\lim\limits_{x\to+\infty}\dfrac{f_n(x)}{f_{n-1}(x)}=\lim\limits_{x\to+\infty}x=+\infty$，所以，$f_n(x)$比$f_{n-1}(x)$增加较快.

(2) 因为$\forall n\in\mathbf{N}_+$，$\lim\limits_{x\to+\infty}\dfrac{e^x}{x^n}=+\infty$，所以$e^x$比$f_n(x)$中的每一个都增加得较快.

【660】 设$x\to+\infty$，$f_n(x)=\sqrt[n]{x}(n=1,2,\cdots)$. 证明：

(1) 函数$f_n(x)$中每一个都比其前面的一个函数$f_{n-1}(x)$增加得较慢；

(2) 函数$f(x)=\ln x$比函数$f_n(x)(n=1,2,\cdots)$中的每一个都增加得较慢.

证 (1) 因为$\lim\limits_{x\to+\infty}\dfrac{f_n(x)}{f_{n-1}(x)}=\lim\limits_{x\to+\infty}x^{-\frac{1}{n(n-1)}}=0$，所以$f_n(x)$比$f_{n-1}(x)$增加得较慢.

(2) 因为$\forall n\in\mathbf{N}_+$，$\lim\limits_{x\to+\infty}\dfrac{\ln x}{\sqrt[n]{x}}=\lim\limits_{y\to+\infty}\dfrac{y}{e^{\frac{y}{n}}}=0$，所以$\ln x$比$f_n(x)$中的每一个增加得较慢.

【661】 证明：对于任意的函数序列$f_1(x),f_2(x),\cdots,f_n(x),\cdots(x_0<x<+\infty)$，可举出一函数$f(x)$，当$x\to+\infty$时它比函数$f_n(x)(n=1,2,\cdots)$中的每一个都增加得较快.

证 取正整数$N>x_0$. 定义$(x_0,+\infty)$上的函数$f(x)$如下：

$$f(x)=\begin{cases}n\left(\sum\limits_{k=1}^{n}|f_k(x)|+1\right), & n\leqslant x<n+1,(n=N,N+1,\cdots);\\ 0, & x_0<x<N.\end{cases}$$

于是，对任何正整数n，当$x>\max\{N,n\}$时，有

$$\left|\frac{f_n(x)}{f(x)}\right| = \frac{|f_n(x)|}{[x]\left(\sum\limits_{k=1}^{[x]}|f_k(x)|+1\right)} < \frac{1}{[x]},$$

其中$[x]$表示x的整数部分.

由此可知$\lim\limits_{x\to+\infty}\dfrac{f_n(x)}{f(x)}=0(n=1,2,\cdots)$，故当$x\to+\infty$时，$f(x)$比$f_n(x)(n=1,2,\cdots)$中的每一个都增加得较快.

第7节 函数的连续性（习题662—758）

知识点预览

序号	知识点	题目序号	所在页码
1	函数连续性的概念	662—686	P186
2	间断点	687—741	P194
3	初等函数的连续性	742—749	P206
4	闭区间$[a,b]$上连续函数的基本性质	750—758	P209

知识点1 函数连续性的概念

1. 函数在一点的连续性

设$f(x)$在某$U(x_0)$内有定义，若$\lim\limits_{x\to x_0}f(x)=f(x_0)$，即$\forall\varepsilon>0$，$\exists\delta=\delta(\varepsilon,x_0)>0$，当$|x-x_0|<\delta$时，有$|f(x)-f(x_0)|<\varepsilon$，则称函数$f(x)$在点$x_0$连续.

2. 单侧连续

设函数$f(x)$在某$U_+(x_0)$（或$U_-(x_0)$）内有定义，若

$$\lim_{x\to x_0^+}f(x)=f(x_0)\left(\lim_{x\to x_0^-}f(x)=f(x_0)\right),$$

即$\forall\varepsilon>0$，$\exists\delta=\delta(\varepsilon,x_0)>0$，当$0\leqslant x-x_0<\delta(0\leqslant x_0-x<\delta)$时，有$|f(x)-f(x_0)|<\varepsilon$，则称函数$f(x)$在点$x_0$右（或左）连续.

3. 函数在区间上的连续性

若函数$f(x)$在区间I上的每一点都连续，则称函数$f(x)$为I上的连续函数. 对于闭区间或半开半闭区间的端点，函数在这些点上连续是指左连续或者右连续.

习题662—673 函数在一点连续的概念

【662】 已给连续函数$y=f(x)$的图像. 对于给定点a与给定数$\varepsilon>0$，用几何方法表示出这样的数$\delta>0$，使得当$|x-a|<\delta$时，$|f(x)-f(a)|<\varepsilon$.

解 如图1.262所示，如果$\delta_1<\delta_2$，只要取$\delta=\min\{\delta_1,\delta_2\}$，

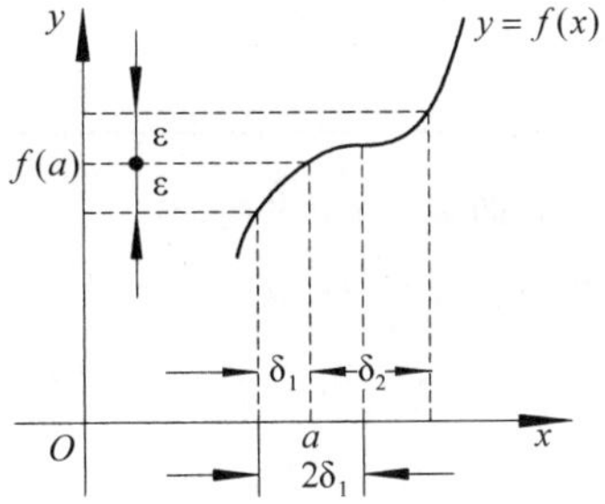

图 1.262

即有 $\delta=\delta_1$. 于是，当 $|x-a|<\delta$ 时，$|f(x)-f(a)|<\varepsilon$.

【663】 需要制造一块边长 $x_0=10\text{cm}$ 的正方形金属板，其面积 $y=x^2$ 与预计值 $y_0=100\text{cm}^2$ 的差不可超过：(1) $\pm1\text{cm}^2$；(2) $\pm0.1\text{cm}^2$；(3) $\pm0.01\text{cm}^2$；(4) $\pm\varepsilon\text{cm}^2$，问其边 x 可以在什么范围内变化？

解 (1) 要使 $|x^2-100|<1$，只要 $\sqrt{99}<x<\sqrt{101}$，解得 $9.95<x<10.05$.

(2) 要使 $|x^2-100|<0.1$，只要 $\sqrt{100-0.1}<x<\sqrt{100+0.1}$，解得 $9.995<x<10.005$.

(3) 要使 $|x^2-100|<0.01$，只要 $\sqrt{100-0.01}<x<\sqrt{100+0.01}$，解得 $9.9995<x<10.0005$.

(4) 要使 $|x^2-100|<\varepsilon$，只要 $\sqrt{100-\varepsilon}<x<\sqrt{100+\varepsilon}$.

【664】 立方体的边介于2m和3m之间，在测量此立方体边长 x 时容许怎样的绝对误差 Δ，方可使计算立方体体积时的绝对误差不超过：

(1) $\varepsilon=0.1\text{m}^3$；(2) $\varepsilon=0.01\text{m}^3$；(3) $\varepsilon=0.001\text{m}^3$.

解 由于 $x_1,x_2\in(2,3)$，要 $|x_1^3-x_2^3|<\varepsilon$，只要

$$|x_1-x_2|(x_1^2+x_1x_2+x_2^2)<\varepsilon,\text{即 }|x_1-x_2|<\frac{\varepsilon}{3\times3^2}=\frac{\varepsilon}{27},$$

故有

(1) $\Delta<\dfrac{0.1}{27}(\text{m})=3.7(\text{mm})$；

(2) $\Delta<\dfrac{0.01}{27}(\text{m})=0.37(\text{mm})$；

(3) $\Delta<\dfrac{0.001}{27}(\text{m})=0.037(\text{mm})$.

【665】 问在 $x_0=100$ 的尽可能多大的邻域内，函数 $y=\sqrt{x}$ 图像的纵坐标与 $y_0=10$ 之差小于 $\varepsilon=10^{-n}(n\geqslant0)$？求当 $n=0,1,2,3$ 时这个邻域的大小.

解 要 $|\sqrt{x}-10|<10^{-n}$，只要 $10[1-10^{-(n+1)}]<\sqrt{x}<10[1+10^{-(n+1)}]$，即只要

$$100[1-10^{-(n+1)}]^2<x<100[1+10^{-(n+1)}]^2,$$

故得

(1) 当 $n=0$ 时，$81<x<121$；

(2) 当 $n=1$ 时，$98.01<x<102.01$；

(3) 当 $n=2$ 时，$98.8001<x<100.2001$；

(4) 当 $n=3$ 时，$99.980001<x<100.020001$.

【666】 利用"$\varepsilon-\delta$"语言，证明：函数 $f(x)=x^2$ 在点 $x=5$ 处连续.

填下表：

ε	1	0.1	0.01	0.001	…
δ					

证 $\forall \varepsilon > 0$，由于当 $|x-5| < 1$，即 $4 < x < 6$ 时，有

$$|x^2-25| = |x-5|\cdot|x+5| < 11|x-5|,$$

要使 $|x^2-25| < \varepsilon$，只要 $11|x-5| < \varepsilon$，取 $\delta = \min\left\{\frac{\varepsilon}{11}, 1\right\}$，则当 $|x-5| < \delta$ 时，有

$$|x^2-25| < \varepsilon,$$

所以函数 $y = x^2$ 在 $x = 5$ 处连续.

填下表：

ε	1	0.1	0.01	0.001	…
δ	0.09	0.009	0.000 9	0.000 09	…

【667】 设 $f(x) = \frac{1}{x}$，$\varepsilon = 0.001$. 对于数值 $x_0 = 0.1, 0.01, 0.001, \cdots$，求出最大的正数 $\delta = \delta(\varepsilon, x_0)$，使得可从不等式 $|x-x_0| < \delta$ 推出不等式 $|f(x)-f(x_0)| < \varepsilon$.

可否对已知的 $\varepsilon = 0.001$ 选出这样的 $\delta > 0$，使它对 $(0,1)$ 中的一切 x_0 值都适用？换言之，可否找到这样的 $\delta > 0$，使得对 $\forall x_0 \in (0,1)$，只要 $|x-x_0| < \delta$，就有 $|f(x)-f(x_0)| < \varepsilon$？

解 由于当 $|x-x_0| < \frac{|x_0|}{2}$ 时，有 $|x| \geqslant |x_0| - |x-x_0| > \frac{|x_0|}{2}$，从而有

$$|f(x)-f(x_0)| = \frac{|x-x_0|}{|x||x_0|} < \frac{|x-x_0|}{\frac{x_0^2}{2}},$$

于是要使 $|f(x)-f(x_0)| < \varepsilon$，只要 $\frac{|x-x_0|}{\frac{x_0^2}{2}} < \varepsilon$，即 $|x-x_0| < \frac{x_0^2}{2}\varepsilon$.

取 $\delta = \min\left\{\frac{x_0^2}{2}\varepsilon, \frac{|x_0|}{2}\right\}$，则当 $|x-x_0| < \delta$ 时，有 $|f(x)-f(x_0)| < \varepsilon$.

取 $\delta = 0.000\,5x_0^2 (\varepsilon = 0.001)$.

当 $x_0 = 0.1$ 时，$\delta = 5\cdot 10^{-6}$；当 $x_0 = 0.01$ 时，$\delta = 5\cdot 10^{-8}$；当 $x_0 = 0.001$ 时，$\delta = 5\cdot 10^{-10}$.

由表达式 $|f(x)-f(x_0)| < \frac{2}{x_0^2}|x-x_0|$ 可知，对于不论怎样小的正数 δ（固定），则当 $|x-x_0| < \delta$ 及 $x_0 \to 0$ 时，$|f(x)-f(x_0)|$ 可任意地大. 因此，无法选出一个公共的正数 δ 来.

【668】 用"$\varepsilon-\delta$"语言以肯定的方式叙述：函数 $f(x)$ 在点 x_0 有定义，而在这一点不连续.

解 $\exists \varepsilon_0 > 0, \forall \delta > 0, \exists x^*$，虽有 $|x^*-x_0| < \delta$，但有 $|f(x^*)-f(x_0)| \geqslant \varepsilon_0$.

【669】 设对于某些数 $\varepsilon > 0$，可找到对应的数 $\delta = \delta(\varepsilon, x_0) > 0$，使得只要 $|x-x_0| < \delta$，就有

$$|f(x)-f(x_0)| < \varepsilon.$$

若：(1) 诸数 ε 形成一有限的集合；(2) 数 ε 组成分数 $\varepsilon = \frac{1}{2^n} (n = 1, 2, \cdots)$ 的无穷集合，则可否断定函数 $f(x)$ 在点 x_0 连续？

解 (1) 不能. 因为 ε 不能任意地小.

(2) 可以. 事实上，对 $\forall \varepsilon > 0$，由 $\lim\limits_{n\to\infty}\frac{1}{2^n} = 0$ 知，$\exists N \in \mathbf{N}_+$，使 $\frac{1}{2^N} < \varepsilon$. 于是对找到的 $\delta > 0$，当 $|x-x_0| <$

δ时，有 $|f(x)-f(x_0)|<\frac{1}{2^N}<\varepsilon$.

【670】 设函数 $f(x)=x+0.001[x]$. 证明：对每一个 $\varepsilon>0.001$，可以选出 $\delta=\delta(\varepsilon,x)>0$，使得只要 $|x'-x|<\delta$，就有 $|f(x')-f(x)|<\varepsilon$. 然而当 $0<\varepsilon\leqslant 0.001$ 时，对于所有的 x 值都无法选出这样的 δ.

这个函数的连续性在哪些点遭到破坏？

证 当 $\varepsilon>0.001$，且 $|x'-x|<1$ 时，有

$$|f(x')-f(x)|=|x'-x+0.001([x']-[x])|\leqslant|x'-x|+0.001.$$

此时只要取 $\delta=\min\{\varepsilon-0.001,1\}$，则当 $|x'-x|<\delta$ 时，恒有 $|f(x')-f(x)|<\varepsilon$.

当 $0<\varepsilon\leqslant 0.001$ 且 x_0 不为整数时，有整数 n，使得 $n<x_0<n+1$. 只要取

$$\delta=\min\{x_0-n,n+1-x_0,\varepsilon\}>0,$$

则当 $|x-x_0|<\delta$ 时，有 $[x]=[x_0]$，从而

$$|f(x)-f(x_0)|=|x-x_0|<\delta\leqslant\varepsilon.$$

而当 $x_0=n$ 为整数时，则无论怎样选取小于1的正数 δ，总有 x 满足 $x<x_0$ 及 $x_0-x<\delta$，使得

$$|f(x)-f(x_0)|=(x_0-x)+0.001>\varepsilon.$$

于是，函数 $f(x)$ 在 $x=n$（整数）的点失去了连续性.

【671】 设 $\forall\delta>0$ 充分小，都 $\exists\varepsilon=\varepsilon(\delta,x_0)>0$，只要 $|x-x_0|<\delta$，就有 $|f(x)-f(x_0)|<\varepsilon$. 由此能否推知函数 $f(x)$ 在 $x=x_0$ 连续？这些不等式描述了函数 $f(x)$ 的什么性质？

解 不能. 因为 ε 是由 δ 确定的，它不能任意小.

这些不等式只能说明函数 $f(x)$ 在点 x_0 的近旁有界. 事实上，$|f(x)|<|f(x_0)|+\varepsilon$.

【672】 设对 $\forall\varepsilon>0$，都 $\exists\delta=\delta(\varepsilon,x_0)>0$，使得若 $|f(x)-f(x_0)|<\varepsilon$，则 $|x-x_0|<\delta$. 由此能否推知函数 $f(x)$ 在 $x=x_0$ 连续？这些不等式描述了函数的什么性质？

解 不能. 若函数 $f(x)$ 的定义域包含在区间 (a,b) 内，则取 $\delta=2(b-a)$，不等式 $|x-x_0|<\delta$ 恒成立，但不能由此得知函数 $f(x)$ 在 $x=x_0$ 连续. 例如

$$f(x)=\begin{cases}x, & -\frac{1}{2}<x<0,\\ 0, & x=\frac{1}{4},\end{cases}$$

$\forall\varepsilon>0$，不妨设 $0<\varepsilon<\frac{1}{2}$，取 $\delta=1$，当 $-\varepsilon<x<0$，有 $\left|f(x)-f(\frac{1}{4})\right|<\varepsilon$，且 $\left|x-\frac{1}{4}\right|<1=\delta$，但是 $f(x)$ 在点 $x=\frac{1}{4}$ 处不连续.

若定义域为无穷区间，例如 $(a,+\infty)$，则必然有

$$\lim_{x\to+\infty}|f(x)|=+\infty.$$

事实上，若不然，$\exists G>0$，存在数列 $\{x_n\}\subset(a,+\infty)$，$\lim\limits_{n\to\infty}x_n=+\infty$，使 $|f(x_n)|\leqslant G(n\in\mathbf{N}_+)$，即数列 $\{f(x_n)\}$ 有界，从而存在收敛子列 $\{f(x_{n_k})\}$，记 $\lim\limits_{k\to\infty}f(x_{n_k})=c\in[-G,G]$. 于是，$\forall\varepsilon>0$，$\exists K\in\mathbf{N}_+$，当 k，$l\geqslant K$ 时，有 $|f(x_{n_k})-f(x_{n_l})|<\varepsilon$. 取 $x_0=x_{n_K}$，显然 $k>K$ 时，有

$$|f(x_{n_k})-f(x_0)|<\varepsilon.$$

但是

$$\lim_{k\to\infty}|x_{n_k}-x_0|=+\infty,$$

即找不到相应的 $\delta=\delta(\varepsilon,x_0)>0$，与题设条件矛盾. 故必有 $\lim\limits_{x\to+\infty}|f(x)|=+\infty$.

【673】 设对 $\forall\delta>0$，都 $\exists\varepsilon=\varepsilon(\delta,x_0)>0$，使得若 $|f(x)-f(x_0)|<\varepsilon$，则 $|x-x_0|<\delta$. 由此能否推知函数 $f(x)$ 在 $x=x_0$ 连续？这些不等式描述了函数的什么性质？

解 不能. 例如，$f(x)=\dfrac{1}{3}\operatorname{sgn}x, x\in(-1,1)$.

在点 $x=0$ 处，对 $\forall\delta>0$，都 $\exists\varepsilon=1>0$，恒有 $|f(x)-f(0)|<1$，$|x-x_0|<\delta$ 成立. 但显然 $f(x)$ 在 $x=0$ 处不连续.

这些不等式只说明了反函数的连续性和单值性.

习题 674—686 函数在区间上的连续性概念

【674】 利用"$\varepsilon-\delta$"语言证明下列函数的连续性：

(1) $ax+b$；　(2) x^2；　(3) x^3；　(4) $\sqrt{x}$；

(5) $\sqrt[3]{x}$；　(6) $\sin x$；　(7) $\cos x$；　(8) $\arctan x$.

证 (1) $\forall x_0\in(-\infty,+\infty)$.

若 $a=0$，则 $\forall\varepsilon>0$，由 $|b-b|\equiv0$，$\forall\delta>0$，当 $|x-x_0|<\delta$ 时，有 $|b-b|=0<\varepsilon$，故 $f(x)=b$ 在点 x_0 连续.

下设 $a\neq0$，$\forall\varepsilon>0$，由于 $|(ax+b)-(ax_0+b)|=|a||x-x_0|$，取 $\delta=\dfrac{\varepsilon}{|a|}$，则当 $|x-x_0|<\delta$ 时，有 $|(ax+b)-(ax_0+b)|<\varepsilon$，故 $f(x)=ax+b$ 在点 x_0 连续.

综上，由 x_0 的任意性知，$f(x)=ax+b$ 在 $(-\infty,+\infty)$ 内连续.

(2) $\forall x_0\in(-\infty,+\infty)$.

$\forall\varepsilon>0$（不妨设 $\varepsilon<1$），由于当 $|x-x_0|<1$ 时，有

$|x^2-x_0^2|=|x-x_0|\cdot|x+x_0|\leqslant|x-x_0|(|x-x_0|+2|x_0|)<(1+2|x_0|)|x-x_0|$.

要使 $|x^2-x_0^2|<\varepsilon$，只要 $(1+2|x_0|)|x-x_0|<\varepsilon$，即 $|x-x_0|<\dfrac{\varepsilon}{(1+2|x_0|)}$.

取 $\delta=\dfrac{\varepsilon}{(1+2|x_0|)}$，则当 $|x-x_0|<\delta$ 时，有 $|x^2-x_0^2|<\varepsilon$. 故 $f(x)=x^2$ 在点 x_0 连续.

由 x_0 的任意性知，$f(x)=x^2$ 在 $(-\infty,+\infty)$ 连续.

(3) $\forall x_0\in(-\infty,+\infty)$.

$\forall\varepsilon>0$（不妨设 $\varepsilon<1$），由于当 $|x-x_0|<1$，即 $|x|<1+|x_0|$ 时，有

$$\begin{aligned}|x^3-x_0^3|&=|x-x_0||x^2+x_0x+x_0^2|\leqslant|x-x_0|(|x^2|+|x||x_0|+|x_0|^2)\\&<|x-x_0|(1+3|x_0|+3x_0^2).\end{aligned}$$

要使 $|x^3-x_0^3|<\varepsilon$，只要 $|x-x_0|(1+3|x_0|+3x_0^2)<\varepsilon$，即 $|x-x_0|<\dfrac{\varepsilon}{1+3|x_0|+3x_0^2}$.

取 $\delta=\dfrac{\varepsilon}{1+3|x_0|+3x_0^2}$，则当 $|x-x_0|<\delta$ 时，有 $|x^3-x_0^3|<\varepsilon$. 故 $f(x)=x^3$ 在点 x_0 连续.

由 x_0 的任意性知，$f(x)=x^3$ 在 $(-\infty,+\infty)$ 内连续.

(4) $\forall x_0\in[0,+\infty)$.

$\forall\varepsilon>0$，由于 $\left|\sqrt{x}-\sqrt{x_0}\right|\leqslant\sqrt{|x-x_0|}$，取 $\delta=\varepsilon^2$，则当 $x\in[0,+\infty)$ 且 $|x-x_0|<\delta$ 时，有 $\left|\sqrt{x}-\sqrt{x_0}\right|<\varepsilon$. 故 $f(x)=\sqrt{x}$ 在点 x_0 连续.

综上，由 x_0 的任意性知，$f(x)=\sqrt{x}$ 在 $[0,+\infty)$ 上连续.

注 设 $a,b\in\mathbf{R}$，则 $\forall k\in\mathbf{N}_+$，有 $\left|\sqrt[k]{|a|}-\sqrt[k]{|b|}\right|\leqslant\sqrt[k]{|a-b|}$.

(5) $\forall x_0\in(-\infty,+\infty)$.

$\forall\varepsilon>0$，由于$\left|\sqrt[3]{x}-\sqrt[3]{x_0}\right|\leqslant\sqrt[3]{|x-x_0|}$，取$\delta=\varepsilon^3$，则当$|x-x_0|<\delta$时，有$\left|\sqrt[3]{x}-\sqrt[3]{x_0}\right|<\varepsilon$. 故$f(x)=\sqrt[3]{x}$在点$x_0$连续.

由x_0的任意性知，$f(x)=\sqrt[3]{x}$在$(-\infty,+\infty)$内连续.

(6) $\forall x_0\in(-\infty,+\infty)$.

$\forall\varepsilon>0$，由于$|\sin x-\sin x_0|=2\left|\sin\dfrac{x-x_0}{2}\right|\left|\cos\dfrac{x+x_0}{2}\right|\leqslant|x-x_0|$，取$\delta=\varepsilon$，则当$|x-x_0|<\delta$时，有$|\sin x-\sin x_0|<\varepsilon$. 故$f(x)=\sin x$在点$x_0$连续.

由x_0的任意性知，$f(x)=\sin x$在$(-\infty,+\infty)$内连续.

(7) $\forall x_0\in(-\infty,+\infty)$.

$\forall\varepsilon>0$，由于$|\cos x-\cos x_0|=2\left|\sin\dfrac{x-x_0}{2}\right|\left|\sin\dfrac{x+x_0}{2}\right|\leqslant|x-x_0|$，取$\delta=\varepsilon$，则当$|x-x_0|<\delta$时，有$|\cos x-\cos x_0|<\varepsilon$. 故$f(x)=\cos x$在点$x_0$连续.

由x_0的任意性知，$f(x)=\cos x$在$(-\infty,+\infty)$内连续.

(8)记$y=\arctan x$，则$y\in\left(-\dfrac{\pi}{2},\dfrac{\pi}{2}\right)$，从而$|y|\leqslant|\tan y|$.

$\forall x_0\in(-\infty,+\infty)$.

若$x_0=0$，$\forall\varepsilon>0$，取$\delta=\varepsilon$，则当$|x-x_0|=|x|<\delta$时，有

$$|\arctan x-\arctan x_0|=|\arctan x|\leqslant|x|<\varepsilon.$$

故$y=\arctan x$在点$x_0=0$连续.

若$x_0\neq0$，$\forall\varepsilon>0$，当$|x-x_0|<\dfrac{|x_0|}{2}$时，有$xx_0>0$，从而有

$$|\arctan x-\arctan x_0|=\left|\arctan\frac{x-x_0}{1+xx_0}\right|\leqslant\left|\frac{x-x_0}{1+xx_0}\right|<|x-x_0|,$$

取$\delta=\min\left\{\dfrac{|x_0|}{2},\varepsilon\right\}$，则当$|x-x_0|<\delta$时，有$|\arctan x-\arctan x_0|<\varepsilon$. 故$f(x)=\arctan x$在点$x_0$连续.

由x_0的任意性知，$f(x)=\arctan x$在$(-\infty,+\infty)$内连续.

【研究下列函数的连续性并绘出图像(675—686)】

【675】 $f(x)=|x|$.

解 **方法一** $\forall x_0\in(-\infty,+\infty)$，$\forall\varepsilon>0$，取$\delta=\varepsilon$，则当$|x-x_0|<\delta$时，有$||x|-|x_0||\leqslant|x-x_0|<\varepsilon$. 故$f(x)=|x|$在点$x_0$连续.

由x_0的任意性知，$f(x)=|x|$在$(-\infty,+\infty)$内连续.

方法二 由$f(x)=|x|=\sqrt{x^2}$及基本初等函数的连续性知$f(x)=|x|$在$(-\infty,+\infty)$内连续.

图像如图1.263所示.

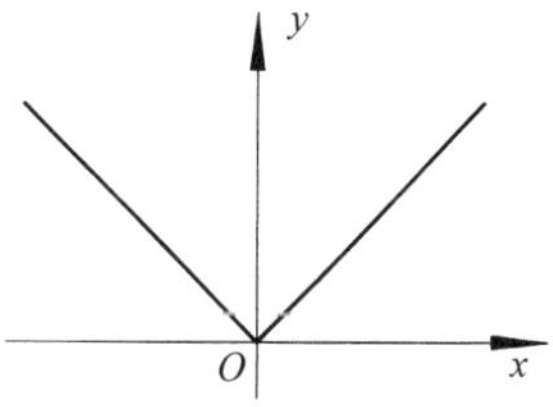

图1.263

【676】 $f(x)=\begin{cases}\dfrac{x^2-4}{x-2}, & x\neq2,\\ A, & x=2.\end{cases}$

解 当$x\neq2$时，$f(x)=\dfrac{x^2-4}{x-2}$显然是连续的.

又

$$\lim_{x\to2}f(x)=\lim_{x\to2}\frac{x^2-4}{x-2}=4,$$

故当$A=4$时，$f(x)$在点$x=2$连续；当$A\neq4$时，$f(x)$在点$x=2$不连续.

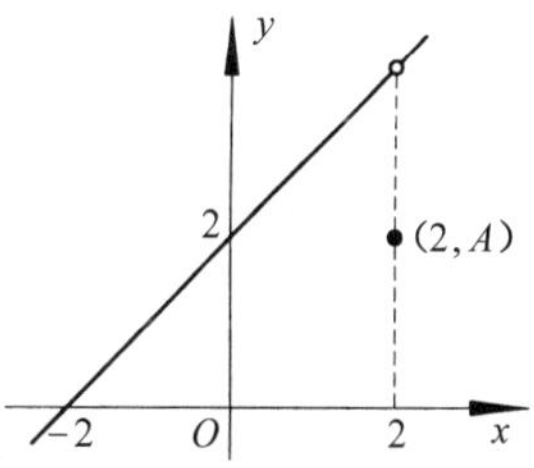

图1.264

图像如图 1.264 所示.

【677】 $f(x)=\begin{cases}\dfrac{1}{(1+x)^2}, & x\neq -1,\\ \text{任意值}, & x=-1.\end{cases}$

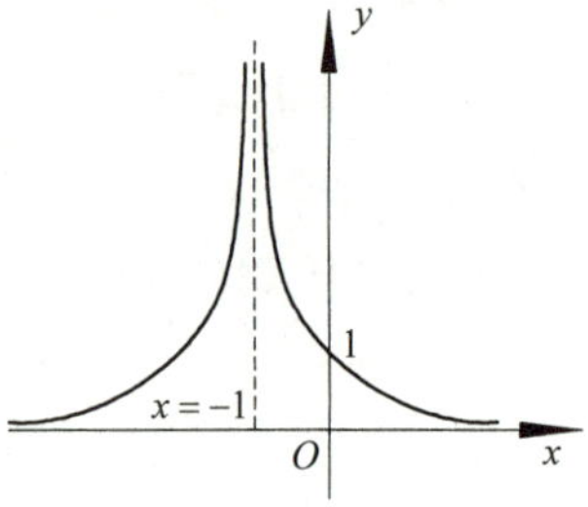

图 1.265

解 当 $x\neq -1$ 时，$f(x)=\dfrac{1}{(1+x)^2}$ 显然是连续的.

又 $\lim\limits_{x\to -1} f(x)=\lim\limits_{x\to -1}\dfrac{1}{(1+x)^2}=+\infty$，故 $f(x)$ 在点 $x=-1$ 不连续.

图像如图 1.265 所示.

【678】 (1) $f_1(x)=\begin{cases}\left|\dfrac{\sin x}{x}\right|, & x\neq 0,\\ 1, & x=0;\end{cases}$ (2) $f_2(x)=\begin{cases}\dfrac{\sin x}{|x|}, & x\neq 0,\\ 1, & x=0.\end{cases}$

解 (1)因为 $\lim\limits_{x\to 0} f_1(x)=1=f_1(0)$，故 $f_1(x)$ 在点 $x=0$ 连续. 又显然 $f_1(x)$ 在点 $x\neq 0$ 处连续. 因此 $f_1(x)$ 在 $(-\infty,+\infty)$ 内连续. 图像关于 Oy 轴对称，如图 1.266 所示.

(2)因为 $\lim\limits_{x\to 0^+} f_2(x)=1$，$\lim\limits_{x\to 0^-} f_2(x)=-1$，故 $\lim\limits_{x\to 0} f_2(x)$ 不存在，因此 $f_2(x)$ 在点 $x=0$ 不连续，在其余各点均连续. 图像关于原点对称，如图 1.267 所示.

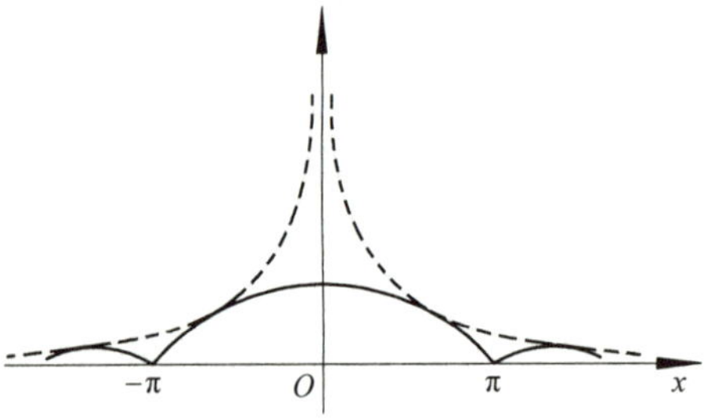

图 1.266

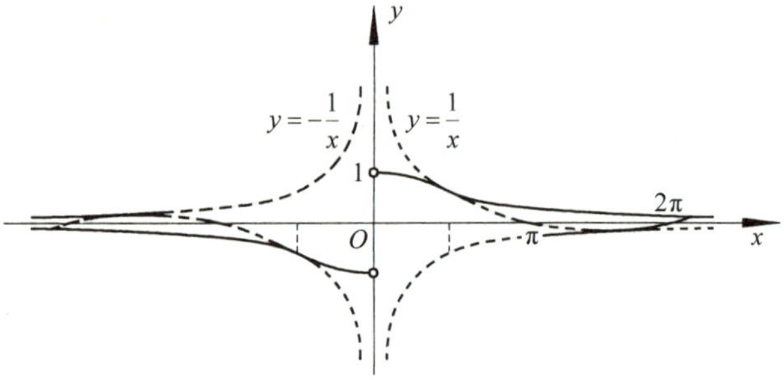

图 1.267

【679】 $f(x)=\begin{cases}\sin\dfrac{1}{x}, & x\neq 0,\\ \text{任意值}, & x=0.\end{cases}$

解 取 $x_n=\dfrac{1}{2n\pi}$，$y_n=\dfrac{1}{2n\pi+\frac{\pi}{2}}$ $(n\in\mathbf{N}_+)$，则

$$\lim_{n\to\infty} x_n=\lim_{n\to\infty} y_n=0,\ \lim_{n\to\infty} f(x_n)=0,\ \lim_{n\to\infty} f(y_n)=1,$$

故 $\lim\limits_{x\to 0} f(x)$ 不存在，从而 $f(x)$ 在点 $x=0$ 不连续，其余各点均连续.

图像关于原点对称，图 1.268 仅为 $x>0$ 的一部分.

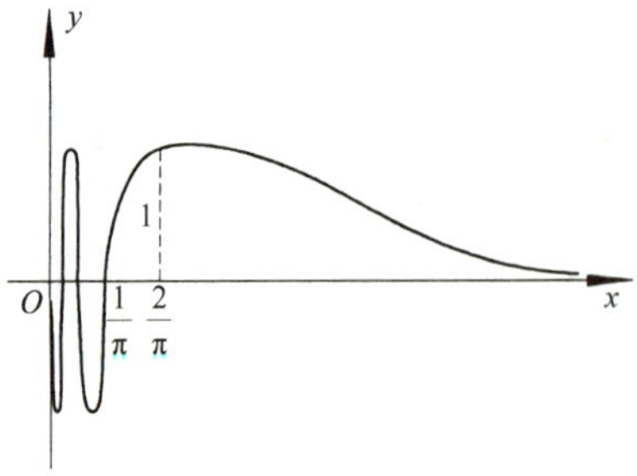

图 1.268

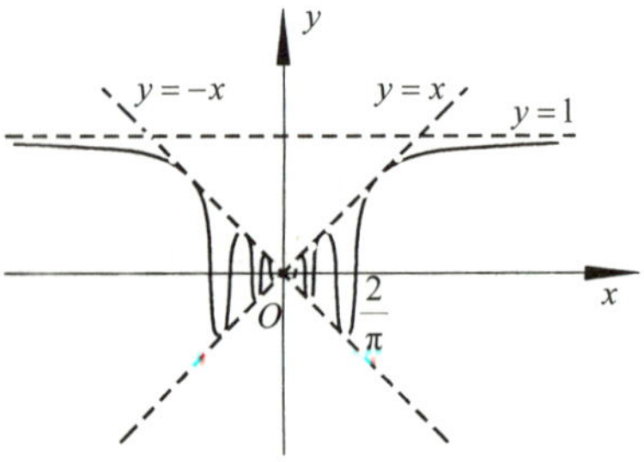

图 1.269

【680】 $f(x)=\begin{cases} x\sin\dfrac{1}{x}, & x\neq 0,\\ 0, & x=0.\end{cases}$

解 因为$\lim\limits_{x\to 0}f(x)=0=f(0)$，故 $f(x)$在点 $x=0$ 连续；
又显然 $f(x)$在 $x\neq 0$ 处连续. 因此 $f(x)$在$(-\infty,+\infty)$内连续.
图像关于 Oy 轴对称，$\lim\limits_{x\to\infty}y=1$，且当$|x|>\dfrac{2}{\pi}$时，有 $0<y<1$. 如图 1.269 所示.

【681】 $f(x)=\begin{cases} e^{-\frac{1}{x^2}}, & x\neq 0,\\ 0, & x=0.\end{cases}$

解 因为$\lim\limits_{x\to 0}f(x)=0=f(0)$，故 $f(x)$在点 $x=0$ 连续，
又显然 $f(x)$在 $x\neq 0$ 处也连续. 因此 $f(x)$在$(-\infty,+\infty)$内连续.
图像关于 Oy 轴对称，$\lim\limits_{x\to\infty}y=1$，且 $0<y<1$. 如图 1.270 所示.

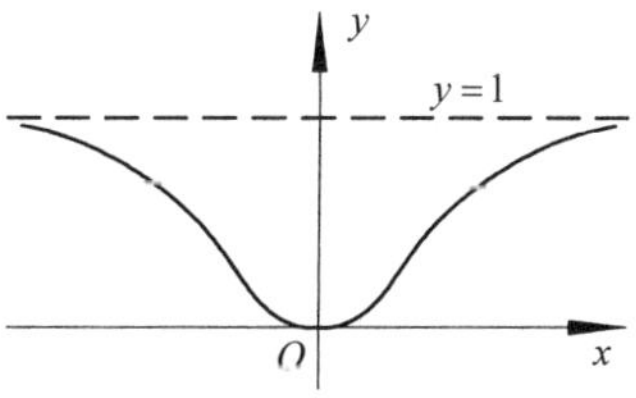

图 1.270

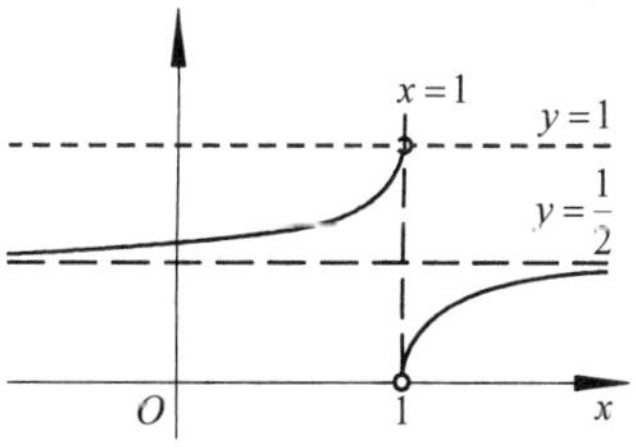

图 1.271

【682】 $f(x)=\begin{cases} \dfrac{1}{1+e^{\frac{1}{x-1}}}, & x\neq 1,\\ \text{任意值}, & x=1.\end{cases}$

解 因为 $\lim\limits_{x\to 1^-}f(x)=1$，$\lim\limits_{x\to 1^+}f(x)=0$，故 $f(x)$在点 $x=1$ 处不连续，在其余各点均连续.
图像如图 1.271 所示. $\lim\limits_{x\to\infty}f(x)=\dfrac{1}{2}$.

【683】 $f(x)=\begin{cases} x\ln x^2, & x\neq 0,\\ a, & x=0.\end{cases}$

解 当 $a=0$ 时，有

$$\lim_{x\to 0}f(x)=\lim_{x\to 0}x\ln x^2 \xlongequal{\ln x^2=-y} \pm\lim_{y\to+\infty}ye^{-\frac{y}{2}}=0=f(0),$$

故 $f(x)$在点 $x=0$ 连续.
又 $f(x)$在其余各点均连续，因而在$(-\infty,+\infty)$内连续；
而当 $a\neq 0$ 时，除点 $x=0$ 处不连续，$f(x)$在其余各点连续.
图像关于原点对称. 如图 1.272 所示.

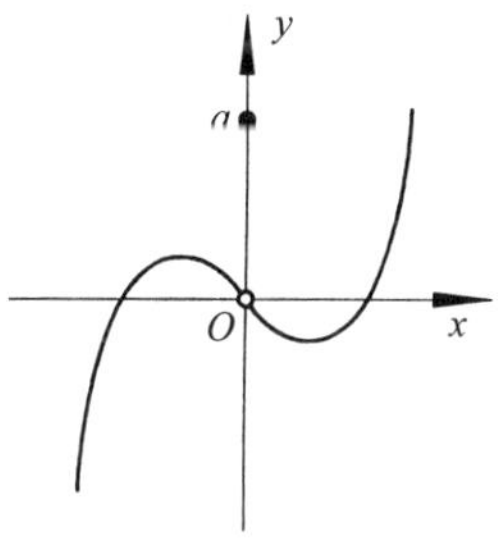

图 1.272

【684】 $f(x)=\operatorname{sgn} x$.

解 因 $f(x)=\operatorname{sgn} x=\begin{cases} 1, x>0,\\ 0, x=0,\\ -1, x<0,\end{cases}$ 故除 $x=0$ 外，其余各点连续. 图像如图 1.273 所示.

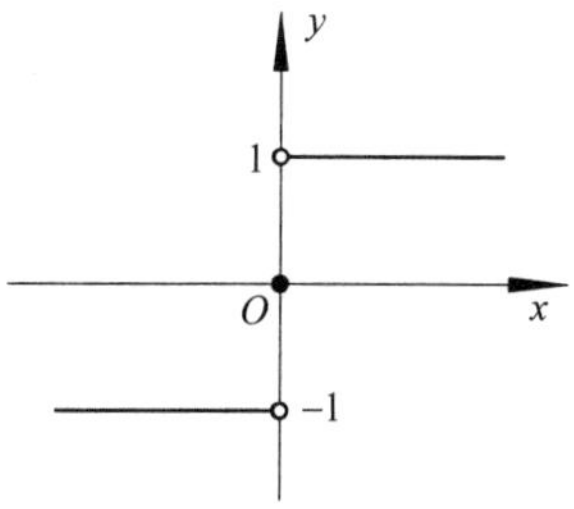

图 1.273

【685】 $f(x)=[x]$.

解 因为 $\forall k\in\mathbf{Z}, f(x)=[x]=\begin{cases}k-1, & k-1\leqslant x<k,\\ k, & k\leqslant x<k+1,\end{cases}$

故 $\lim\limits_{x\to k^-} f(x)=k-1, \lim\limits_{x\to k^+} f(x)=k$.

因此除当 $x=k$(k 为整数)外,其余各点连续.

图像如图 1.274 所示.

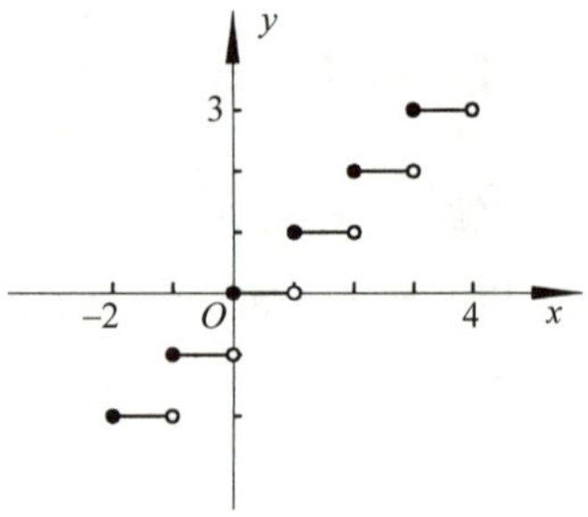

图 1.274

【686】 $f(x)=\sqrt{x}-[\sqrt{x}]$.

解 因为 $\forall k\in\mathbf{Z}_+$,有

$$f(x)=\sqrt{x}-[\sqrt{x}]=\begin{cases}\sqrt{x}-(k-1), & (k-1)^2\leqslant x<k^2,\\ \sqrt{x}-k, & k^2\leqslant x<(k+1)^2,\end{cases}$$

故 $\lim\limits_{x\to k^2-0} f(x)=1, \lim\limits_{x\to k^2+0} f(x)=0$. 因此除当 $x=k^2$(k 为正整数)外,在其余各点都连续.

图像如图 1.275 所示.

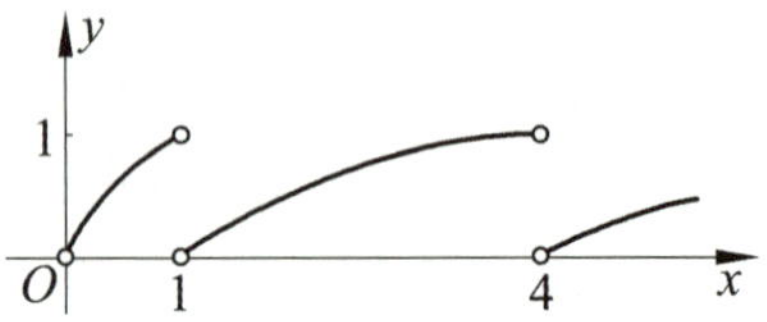

图 1.275

知识点 2 间断点

1. 定义 若 $x=x_0$ 属于函数 $f(x)$ 的定义域 D 或为此集合的聚点,而等式 $\lim\limits_{x\to x_0} f(x)=f(x_0)$ 不成立,则称 x_0 为函数 $f(x)$ 的间断点或不连续点.

2. 性质 若 x_0 为函数 $f(x)$ 的间断点,则必为下列情形之一:

(1) $f(x_0)$ 不存在,换言之,函数在点 $x=x_0$ 处没有定义;

(2) $\lim\limits_{x\to x_0} f(x)$ 不存在;

(3) $f(x_0)$ 和 $\lim\limits_{x\to x_0} f(x)$ 都存在,但不相等.

3. 分类

(1)**第一类间断点**:左右极限都存在且有限.

设 x_0 为 $f(x)$ 的第一类间断点,即 $f(x_0-0)=\lim\limits_{x\to x_0^-} f(x)$ 和 $f(x_0+0)=\lim\limits_{x\to x_0^+} f(x)$ 都存在.

若 $f(x_0-0)=f(x_0+0)$,则点 x_0 称为 $f(x)$ 的可去间断点;

若 $f(x_0-0)\neq f(x_0+0)$,则点 x_0 称为 $f(x)$ 的跳跃间断点.

$|f(x_0+0)-f(x_0-0)|$ 称为函数 $f(x)$ 在点 x_0 的跃度.

(2)**第二类间断点**:至少有一个单侧极限不存在.

若极限 $f(x_0-0)$ 或 $f(x_0+0)$ 中至少有一个等于 ∞,则称 x_0 为 $f(x)$ 的无穷间断点.

函数 $f(x)$ 在点 x_0 连续的充分必要条件为:$f(x_0-0)=f(x_0+0)=f(x_0)$.

习题 687—741 间断点

【求出下列函数的间断点，并研究这些点的性质(687—700)】

【687】 $y=\dfrac{x}{(1+x)^2}$.

解 因为$\lim\limits_{x\to-1}\dfrac{x}{(1+x)^2}=-\infty$，故 $x=-1$ 为无穷间断点.

【688】 $y=\dfrac{1+x}{1+x^3}$.

解 因 $\lim\limits_{x\to-1}\dfrac{1+x}{1+x^3}=\lim\limits_{x\to-1}\dfrac{1}{x^2-x+1}=\dfrac{1}{3}$，故 $x=-1$ 为可去间断点.

【689】 $y=\dfrac{x^2-1}{x^3-3x+2}$.

解 因为$\dfrac{x^2-1}{x^3-3x+2}=\dfrac{(x-1)(x+1)}{(x-1)^2(x+2)}=\dfrac{x+1}{(x-1)(x+2)}$，故 $x=1$ 及 $x=-2$ 均为无穷间断点.

【690】 $y=\dfrac{\dfrac{1}{x}-\dfrac{1}{x+1}}{\dfrac{1}{x-1}-\dfrac{1}{x}}$.

解 因为$\dfrac{\dfrac{1}{x}-\dfrac{1}{x+1}}{\dfrac{1}{x-1}-\dfrac{1}{x}}=\dfrac{x-1}{x+1}$，$\lim\limits_{x\to-1}y=\infty$，$\lim\limits_{x\to0}y=-1$，$\lim\limits_{x\to1}y=0$，所以 $x=-1$ 为无穷间断点，$x=0$ 及 $x=1$为可去间断点.

【691】 $y=\dfrac{x}{\sin x}$.

解 因为$\lim\limits_{x\to0}\dfrac{x}{\sin x}=1$，$\lim\limits_{x\to k\pi}\dfrac{x}{\sin x}=\infty(k\in\mathbf{Z}\backslash\{0\})$，所以 $x=0$ 为可去间断点，$x=k\pi(k\in\mathbf{Z}\backslash\{0\})$为无穷间断点.

【692】 $y=\sqrt{\dfrac{1-\cos\pi x}{4-x^2}}$.

解 因为$\lim\limits_{x\to2}\sqrt{\dfrac{1-\cos\pi x}{4-x^2}}=\lim\limits_{x\to2}\sqrt{\dfrac{2\pi\sin^2\dfrac{\pi}{2}(2-x)}{\dfrac{\pi}{2}(2-x)\cdot2(2+x)}}=0$，同理$\lim\limits_{x\to-2}y=0$，故 $x=2$ 和$x=-2$为可去间断点.

【693】 $y=\cos^2\dfrac{1}{x}$.

解 取 $x_n=\dfrac{1}{2n\pi}$，$y_n=\dfrac{1}{2n\pi+\dfrac{\pi}{2}}$，$n\in\mathbf{N}_+$，则$\lim\limits_{n\to\infty}x_n=\lim\limits_{n\to\infty}y_n=0$，

但$\lim\limits_{n\to\infty}\cos^2\dfrac{1}{x_n}=1$，$\lim\limits_{n\to\infty}\cos^2\dfrac{1}{y_n}=0$，故 $\lim\limits_{x\to0^+}\cos^2\dfrac{1}{x}$不存在. 同理 $\lim\limits_{x\to0^-}\cos^2\dfrac{1}{x}$不存在.

故 $x=0$ 为第二类间断点.

【694】 $y=\operatorname{sgn}\left(\sin\dfrac{\pi}{x}\right)$.

解 取 $x_n=\frac{1}{2n}, y_n=\frac{1}{2n+\frac{1}{2}}, n\in\mathbf{N}_+$，则 $\lim\limits_{n\to\infty}x_n=\lim\limits_{n\to\infty}y_n=0$，但

$$\lim_{n\to\infty}\operatorname{sgn}\left(\sin\frac{\pi}{x_n}\right)=0,\ \lim_{n\to\infty}\operatorname{sgn}\left(\sin\frac{\pi}{y_n}\right)=1,$$

故 $\lim\limits_{x\to0^+}\operatorname{sgn}\left(\sin\frac{\pi}{x}\right)$ 不存在，从而 $x=0$ 为第二类间断点.

因为 $\lim\limits_{x\to\frac{1}{k}^-}\operatorname{sgn}\left(\sin\frac{\pi}{x}\right)=(-1)^{k-1}$，$\lim\limits_{x\to\frac{1}{k}^+}\operatorname{sgn}\left(\sin\frac{\pi}{x}\right)=(-1)^k$，故 $x=\frac{1}{k}(k\in\mathbf{Z}\setminus\{0\})$ 为跳跃间断点.

【695】 $y=\dfrac{\cos\frac{\pi}{x}}{\cos\frac{\pi}{x}}$.

解 因为在 $\frac{\pi}{x}=k\pi+\frac{\pi}{2}$，即 $x=\frac{2}{2k+1}(k\in\mathbf{Z})$ 处函数无定义，但在这些点处极限为 1，故 $x=\frac{2}{2k+1}$ $(k\in\mathbf{Z})$ 为可去间断点.

【696】 $y=\arctan\frac{1}{x}$.

解 因为 $\lim\limits_{x\to0^+}\arctan\frac{1}{x}=\frac{\pi}{2}$，$\lim\limits_{x\to0^-}\arctan\frac{1}{x}=-\frac{\pi}{2}$，故 $x=0$ 为跳跃间断点.

【697】 $y=\sqrt{x}\arctan\frac{1}{x}$.

解 定义域为 $(0,+\infty)$，且 $\lim\limits_{x\to0^+}\sqrt{x}\arctan\frac{1}{x}=0$，故 $x=0$ 为可去间断点.

【698】 $y=e^{x+\frac{1}{x}}$.

解 因为 $\lim\limits_{x\to0^+}e^{x+\frac{1}{x}}=+\infty$，$\lim\limits_{x\to0^-}e^{x+\frac{1}{x}}=0$，所以 $x=0$ 为无穷间断点.

【699】 $y=\frac{1}{\ln x}$.

解 定义域为 $(0,1)\cup(1,+\infty)$，$\lim\limits_{x\to0^+}\frac{1}{\ln x}=0$，$\lim\limits_{x\to1^+}\frac{1}{\ln x}=+\infty$，$\lim\limits_{x\to1^-}\frac{1}{\ln x}=-\infty$，所以 $x=0$ 为可去间断点，$x=1$ 为无穷间断点.

【700】 $y=\dfrac{1}{1-e^{\frac{x}{1-x}}}$.

解 $\lim\limits_{x\to1^+}\frac{1}{1-e^{\frac{x}{1-x}}}=1$，$\lim\limits_{x\to1^-}\frac{1}{1-e^{\frac{x}{1-x}}}=0$，$\lim\limits_{x\to0^+}\frac{1}{1-e^{\frac{x}{1-x}}}=-\infty$，$\lim\limits_{x\to0^-}\frac{1}{1-e^{\frac{x}{1-x}}}=+\infty$，

故 $x=1$ 为跳跃间断点，$x=0$ 为无穷间断点.

【研究下列函数的连续性并绘出大致图像(701—719)】

【701】 $y=\operatorname{sgn}(\sin x)$.

解 $\operatorname{sgn}(\sin x)=\begin{cases}1, & 2k\pi<x<(2k+1)\pi,\\ 0, & x=k\pi,\\ -1, & (2k+1)\pi<x<(2k+2)\pi,\end{cases}$

显然 $x=k\pi(k\in\mathbf{Z})$ 为跳跃间断点. 如图 1.276 所示.

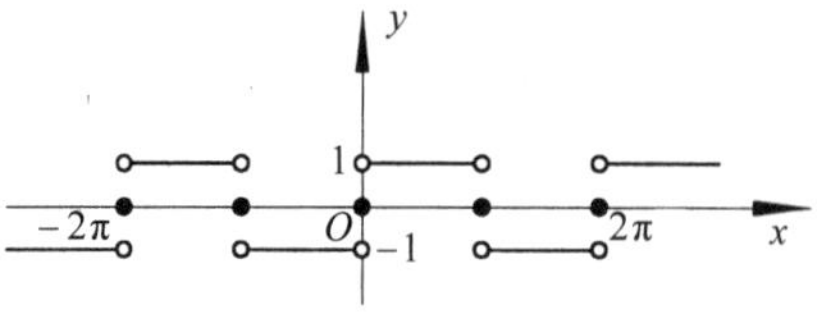

图 1.276

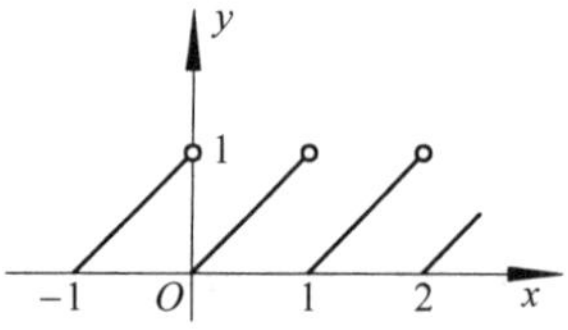

图 1.277

【702】 $y=x-[x]$.

解 $x-[x]=\begin{cases}x-(k-1), & k-1\leqslant x<k,\\ x-k, & k\leqslant x<k+1.\end{cases}$

显然 $\forall k\in \mathbf{Z}$, $\lim\limits_{x\to k^+} y=0$, $\lim\limits_{x\to k^-} y=1$, 故 $x=k(k\in\mathbf{Z})$ 为跳跃间断点. 如图 1.277所示.

【703】 $y=x[x]$.

解 $x[x]=\begin{cases}(k-1)x, & k-1\leqslant x<k,\\ kx, & k\leqslant x<k+1.\end{cases}$

显然 $\lim\limits_{x\to k^+} y=k^2$, $\lim\limits_{x\to k^-} y=(k-1)k$, 故 $x=k(k\in\mathbf{Z}\backslash\{0\})$ 为跳跃间断点. 如图 1.278 所示.

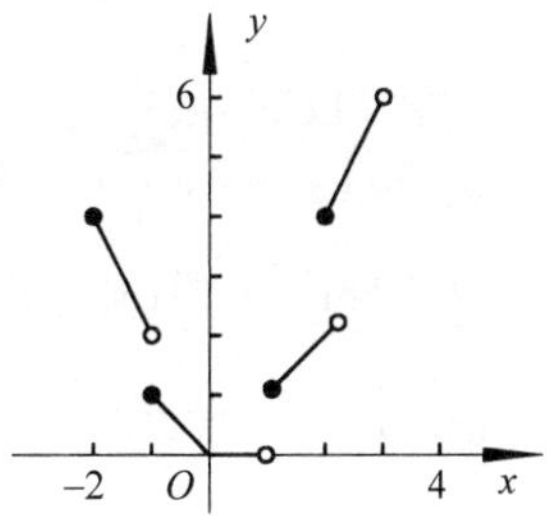

图 1.278

【704】 $y=[x]\sin \pi x$.

解 因为

$$[x]\sin \pi x=\begin{cases}(k-1)\sin \pi x, & k-1<x<k,\\ 0, & x=k, \\ k\sin \pi x, & k<x<k+1\end{cases}\quad (k\in\mathbf{Z})$$

及 $\lim\limits_{x\to k}[x]\sin \pi x=0=y(k)$, 故 y 在 $(-\infty,+\infty)$ 内连续.

图像如图 1.279 所示.

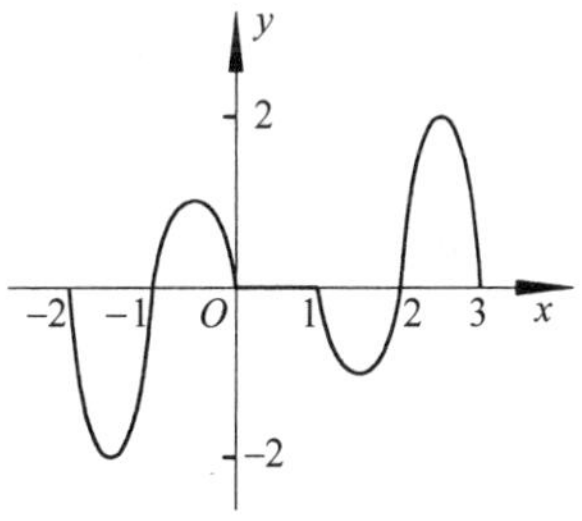

图 1.279

【705】 $y=x^2-[x^2]$.

解 y 为偶函数, $\lim\limits_{x\to 0} y=0=y(0)$, 即 $x=0$ 为连续点.

当 $k\in\mathbf{N}_+$ 时, 有

$$x^2-[x^2]=\begin{cases}x^2-k+1, & \sqrt{k-1}\leqslant x<\sqrt{k},\\ x^2-k, & \sqrt{k}\leqslant x<\sqrt{k+1},\end{cases}$$

显然 $\lim\limits_{x\to \sqrt{k}^+} y=0$, $\lim\limits_{x\to \sqrt{k}^-} y=1$, 故 $x=\pm\sqrt{k}(k\in\mathbf{N}_+)$ 为跳跃间断点.

图像关于原点对称, 图 1.280 仅画了 $x\geqslant 0$ 的部分.

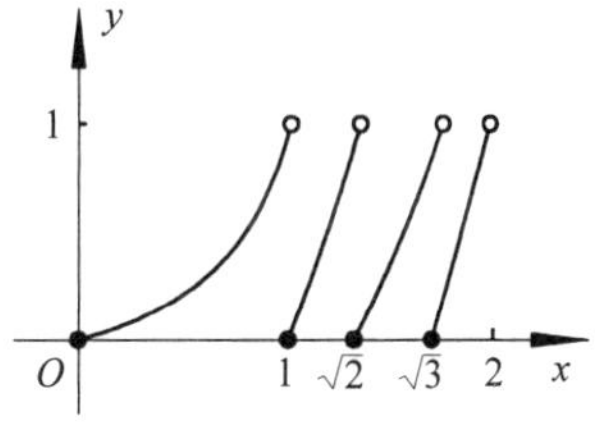

图 1.280

【706】 $y=\left[\dfrac{1}{x}\right]$.

解 因为 $\lim\limits_{x\to 0^+}\left[\dfrac{1}{x}\right]=+\infty$, 故 $x=0$ 无穷间断点.

显然 $\dfrac{1}{x}=k$, 即 $x=\dfrac{1}{k}(k\in\mathbf{Z}\backslash\{0\})$ 为跳跃间断点.

图 1.281 仅画了 $x>0$ 的部分, 并且两轴单位不一致.

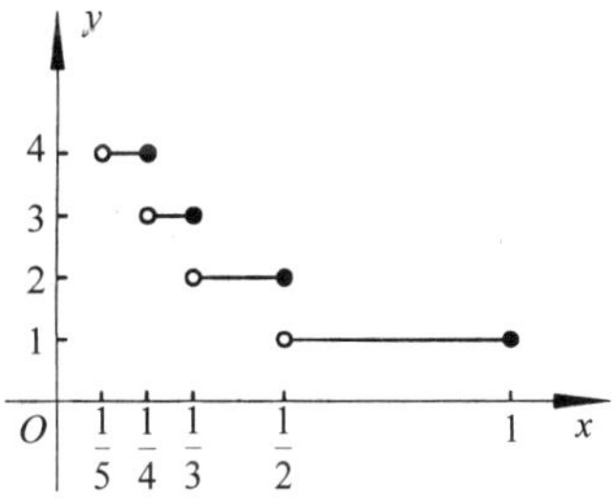

图 1.281

【707】 $y=x\left[\dfrac{1}{x}\right]$.

解 当 $x>0$ 时, $1-x<x\left[\dfrac{1}{x}\right]\leqslant 1$, 故 $\lim\limits_{x\to 0^+} y=1$;

当 $x<0$ 时, $1\leqslant x\left[\dfrac{1}{x}\right]<1-x$, 故 $\lim\limits_{x\to 0^-} y=1$.

因此 $x=0$ 为可去间断点.

又显然 $x=\dfrac{1}{k}(k\in\mathbf{Z}\backslash\{0\})$ 为跳跃间断点.

图 1.282 仅画了 $x>0$ 的部分, 并且两轴单位不一致.

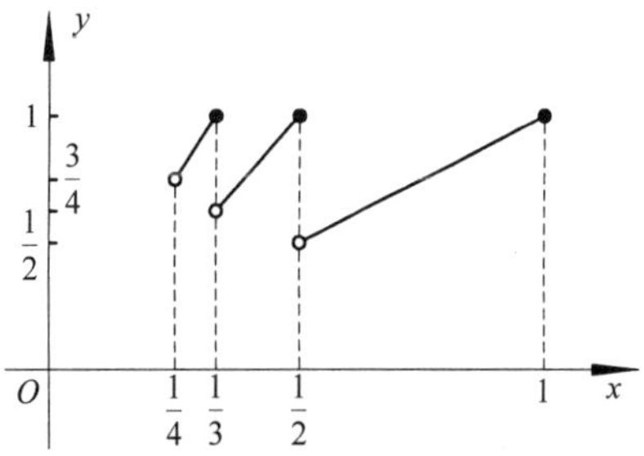

图 1.282

【 708 】 $y=\operatorname{sgn}\left(\cos\dfrac{1}{x}\right)$.

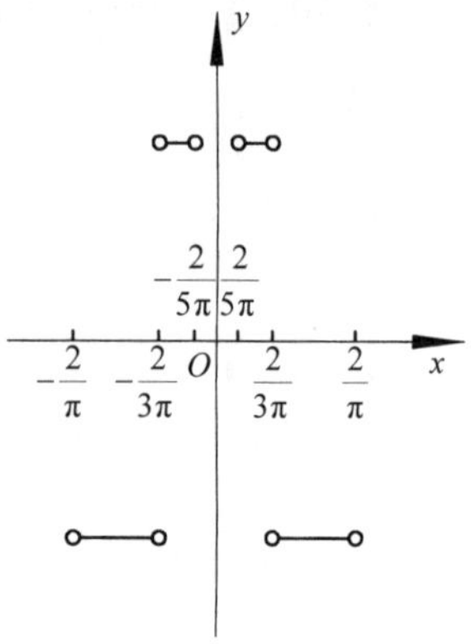

图 1.283

解 取 $x_n=\dfrac{1}{2n\pi}$，$y_n=\dfrac{1}{2n\pi+\dfrac{\pi}{2}}$，$n\in\mathbf{N}_+$，则

$$\lim_{n\to\infty}x_n=\lim_{n\to\infty}y_n=0,\lim_{n\to\infty}\operatorname{sgn}\left(\cos\frac{1}{x_n}\right)=1,\lim_{n\to\infty}\operatorname{sgn}\left(\cos\frac{1}{y_n}\right)=0,$$

故 $\lim\limits_{x\to0^+}\cos^2\dfrac{1}{x}$ 不存在. $x=0$ 为第二类间断点.

又显然使 $\cos\dfrac{1}{x}=0$ 的点，即 $x=\dfrac{2}{(2k+1)\pi}(k\in\mathbf{Z})$ 为跳跃间断点. 图 1.283仅画了当 $k=0,\pm1,\pm2$ 时的情形，图像关于 Oy 轴对称.

【 709 】 $y=\left[\dfrac{1}{x^2}\right]\operatorname{sgn}\left(\sin\dfrac{\pi}{x}\right)$.

解 取 $x_n=\dfrac{1}{2n+\dfrac{1}{2}}$，$z_n=\dfrac{1}{2n}$，则 $\lim\limits_{n\to\infty}x_n=\lim\limits_{n\to\infty}z_n=0$，$\lim\limits_{n\to\infty}y(x_n)=\lim\limits_{n\to\infty}\left(2n+\dfrac{1}{2}\right)^2=+\infty$，$\lim\limits_{n\to\infty}y(z_n)=0$，

故 $\lim\limits_{x\to0^+}y$ 不存在，$x=0$ 为第二类间断点.

又显然 $x=\pm\dfrac{1}{k}(k\in\mathbf{N}_+)$，$x=\pm\dfrac{1}{\sqrt{k}}(k\in\mathbf{N}_+,\sqrt{k}\notin\mathbf{N}_+)$ 为跳跃间断点.

图像如图 1.284 所示，两轴单位不同.

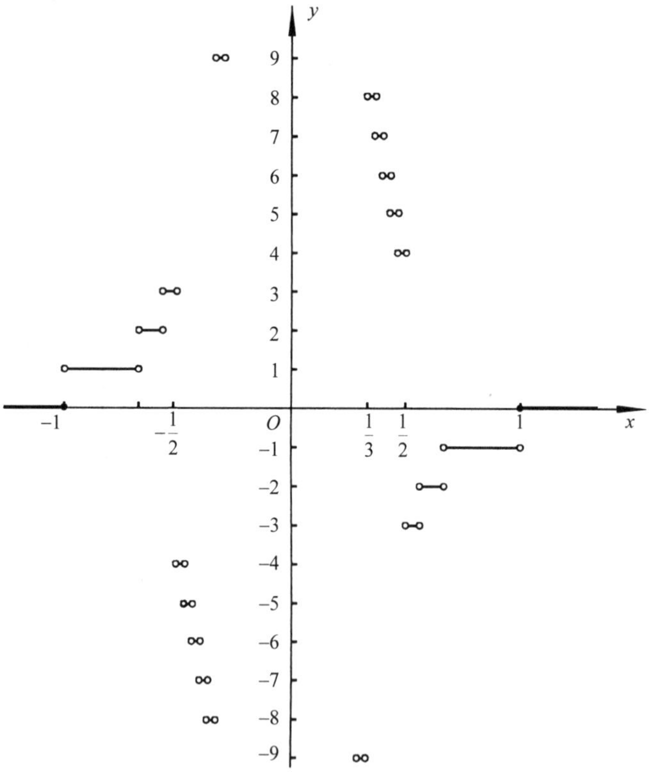

图 1.284

【 710 】 $y=\cot\dfrac{\pi}{x}$.

解 取 $x_n=\frac{1}{2n}, z_n=\frac{1}{2n+1}$，则

$\lim\limits_{n\to\infty}x_n=\lim\limits_{n\to\infty}z_n=0$，

$\lim\limits_{n\to\infty}y(x_n)=\infty, \lim\limits_{n\to\infty}y(z_n)=0$，

故 $\lim\limits_{x\to0^+}y$ 不存在，$x=0$ 为第二类间断点.

又使 $\sin\frac{\pi}{x}=0$ 的点，即 $x=\frac{1}{k}(k\in\mathbf{Z}\backslash\{0\})$ 为无穷间断点.

图像关于原点对称，$\lim\limits_{x\to-\infty}x_n=-\infty$，$\lim\limits_{x\to+\infty}x_n=+\infty$. 如图 1.285 所示.

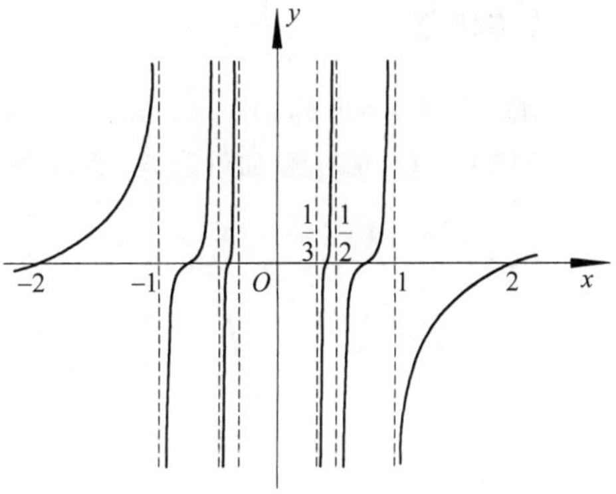

图 1.285

【711】 $y=\sec^2\frac{1}{x}$.

解 取 $x_n=\frac{1}{n\pi+\frac{\pi}{2}}, z_n=\frac{1}{n\pi}$，则 $\lim\limits_{n\to\infty}x_n=\lim\limits_{n\to\infty}z_n=0$，

$\lim\limits_{n\to\infty}y(x_n)=+\infty, \lim\limits_{n\to\infty}y(z_n)=1$，故 $\lim\limits_{x\to0^+}y$ 不存在，

$x=0$为第二类间断点.

又使 $\cos\frac{\pi}{x}=0$ 的点，即 $x=\frac{2}{(2k+1)\pi}(k\in\mathbf{Z})$ 为无穷间断点.

图像关于 Oy 轴对称，$\lim\limits_{x\to+\infty}y=1$. 如图 1.286 所示.

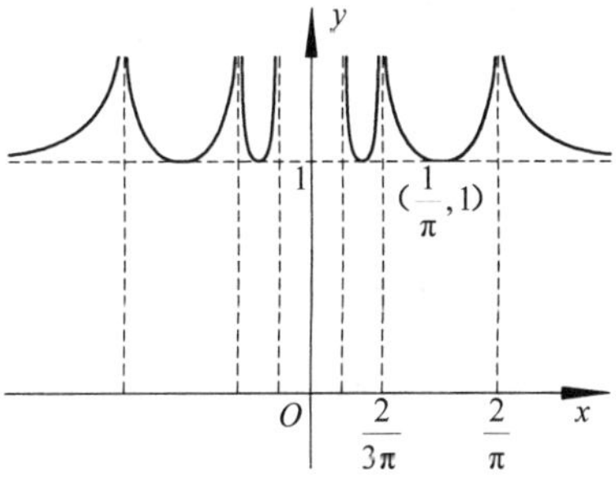

图 1.286

【712】 $y=(-1)^{[x^2]}$.

解 y 为偶函数，$\lim\limits_{x\to0}y=1=y(0)$，即 $x=0$ 为连续点.

当 $k\in\mathbf{N}_+$ 时，有

$$(-1)^{[x^2]}=\begin{cases}(-1)^{k-1}, & \sqrt{k-1}\leqslant x<\sqrt{k},\\(-1)^k, & \sqrt{k}\leqslant x<\sqrt{k+1},\end{cases}$$

显然 $\lim\limits_{x\to\sqrt{k}^+}y=(-1)^k$，$\lim\limits_{x\to\sqrt{k}^-}y=(-1)^{k-1}$，

故 $x=\pm\sqrt{k}(k\in\mathbf{N}_+)$ 为跳跃间断点.

图像如图 1.287 所示.

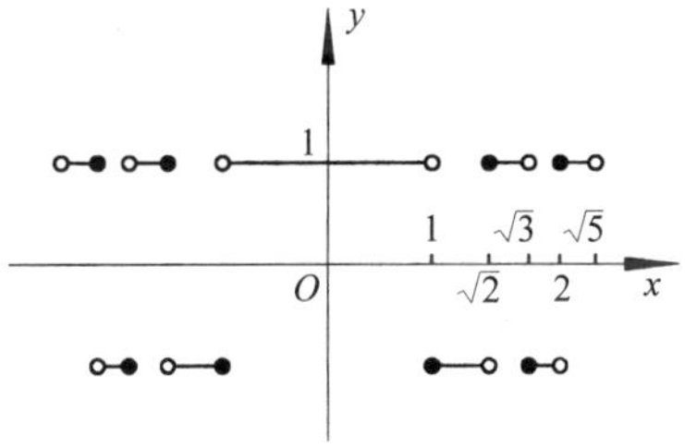

图 1.287

【713】 $y=\arctan\left(\frac{1}{x}+\frac{1}{x-1}+\frac{1}{x-2}\right)$.

解 由于

$$\lim_{x\to0^+}y=\frac{\pi}{2}, \lim_{x\to0^-}y=-\frac{\pi}{2},$$

$$\lim_{x\to1^+}y=\frac{\pi}{2}, \lim_{x\to1^-}y=-\frac{\pi}{2},$$

$$\lim_{x\to2^+}y=\frac{\pi}{2}, \lim_{x\to2^-}y=-\frac{\pi}{2};$$

故 $x=0,1,2$ 均为跳跃间断点. 如图 1.288 所示.

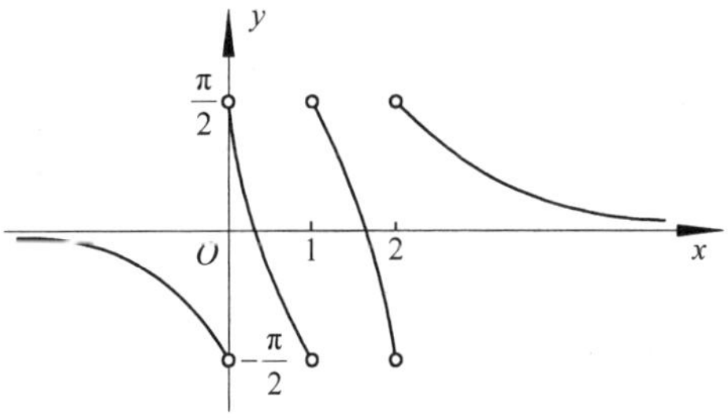

图 1.288

【714】 $y=\frac{1}{x^2\sin^2x}$.

解 显然 $x=k\pi(k\in\mathbf{Z})$ 为无穷间断点.

图像关于 Oy 轴对称，如图 1.289 所示.

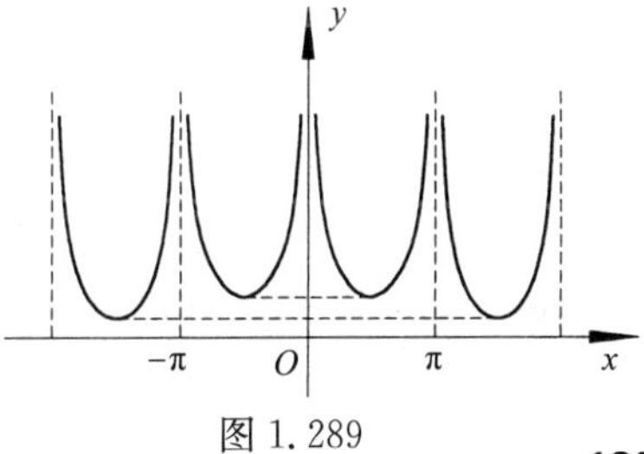

图 1.289

【715】 $y=\frac{1}{\sin x^2}$.

解 显然 $x=\pm\sqrt{k\pi}(k=0,1,2,\cdots)$ 为无穷间断点.
图像关于 Oy 轴对称,如图 1.290 所示. 图中只画了 $x>0$ 的部分.

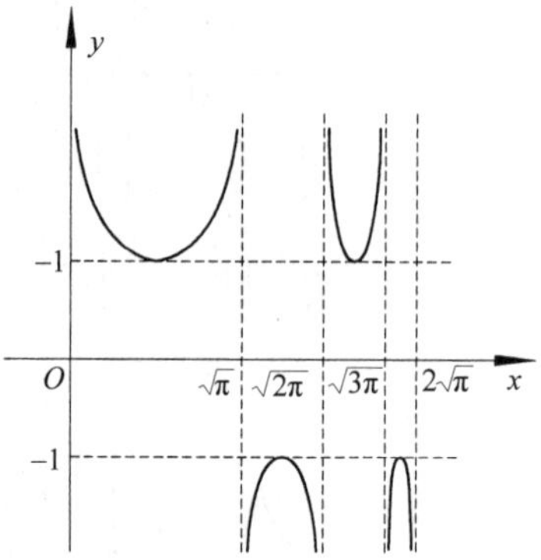

图 1.290

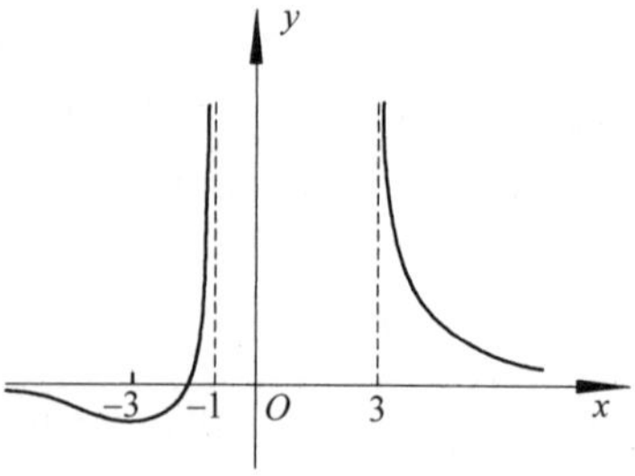

图 1.291

【716】 $y=\ln\frac{x^2}{(x+1)(x-3)}$.

解 定义域为 $x<-1$ 或 $x>3$.
又 $\lim\limits_{x\to-1^-}y=+\infty$, $\lim\limits_{x\to3^+}y=+\infty$,故 $x=-1$ 和 $x=3$ 为无穷间断点.
当 $x<-\frac{3}{2}$ 时,$0<\frac{x^2}{x^2-2x-3}<1$,故 $\ln\frac{1}{(x+1)(x-3)}<0$;
当 $-\frac{3}{2}<x<-1$ 时,$\frac{x^2}{x^2-2x-3}>1$,故 $\ln\frac{1}{(x+1)(x-3)}>0$.
$\lim\limits_{x\to\infty}y=0$,如图 1.291 所示.

【717】 $y=e^{-\frac{1}{x}}$.

解 $\lim\limits_{x\to0^-}y=+\infty$,故 $x=0$ 为无穷间断点.
$\lim\limits_{x\to\infty}y=1$, $\lim\limits_{x\to0^+}y=0$. 图像如图 1.292 所示.

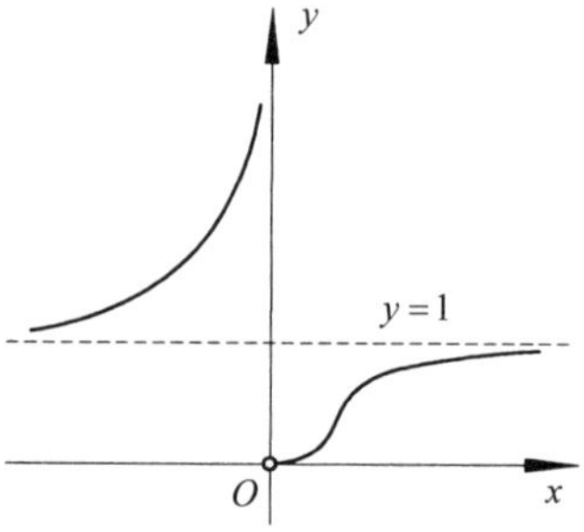

图 1.292

【718】 $y=1-e^{-\frac{1}{x^2}}$.

解 因 $\lim\limits_{x\to0}y=1$,故 $x=0$ 为可去间断点.
图像关于 Oy 轴对称,如图 1.293 所示.

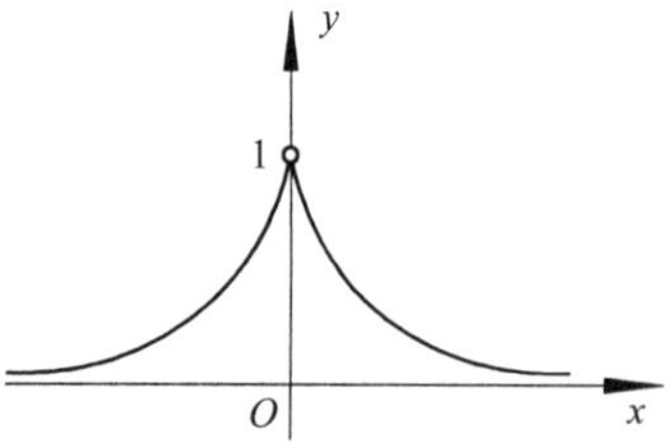

图 1.293

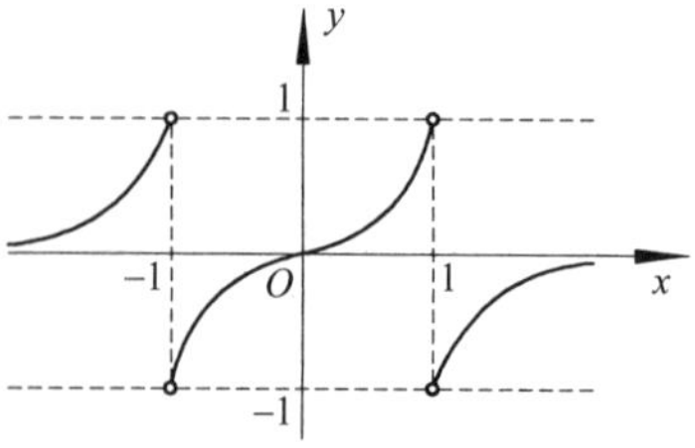

图 1.294

【719】 $y=\operatorname{th}\frac{2x}{1-x^2}$.

解 $y=\operatorname{th}\frac{2x}{1-x^2}=\frac{e^{\frac{4x}{1-x^2}}-1}{e^{\frac{4x}{1-x^2}}+1}$, $\lim\limits_{x\to1^-}y=1$, $\lim\limits_{x\to1^+}y=-1$. 同理可得 $\lim\limits_{x\to-1^+}y=1$, $\lim\limits_{x\to-1^-}y=-1$.

故 $x=\pm1$ 为第一类间断点. y 为奇函数. 图像关于原点对称,如图 1.294 所示.

【研究下列函数的连续性,并作出其图像(720—728)】

【720】 $y=\lim\limits_{n\to\infty}\dfrac{1}{1+x^n}(x\geqslant0)$.

解 $y=\begin{cases}1, & 0\leqslant x<1,\\ \dfrac{1}{2}, & x=1,\\ 0, & x>1,\end{cases}$ 从而 $x=1$ 为第一类间断点.

图像如图 1.295 所示.

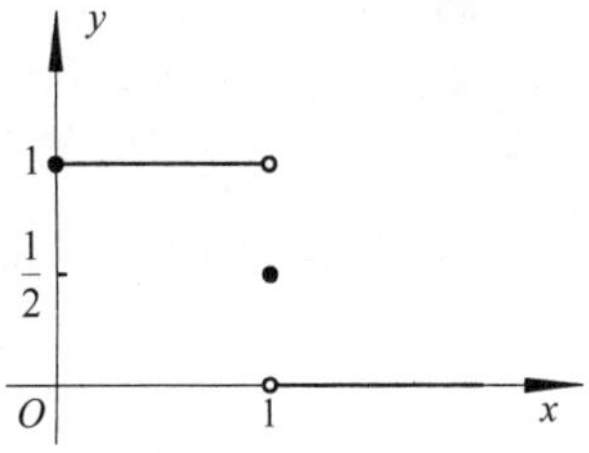

图 1.295

【721】 $y=\lim\limits_{n\to\infty}\dfrac{n^x-n^{-x}}{n^x+n^{-x}}$.

解 $y=\lim\limits_{n\to\infty}\dfrac{n^{2x}-1}{n^{2x}+1}=\begin{cases}-1, & x<0,\\ 0, & x=0,\\ 1, & x>0,\end{cases}$ 即 $y=\operatorname{sgn} x$,

故 $x=0$ 为第一类间断点. 图像如图 1.296 所示.

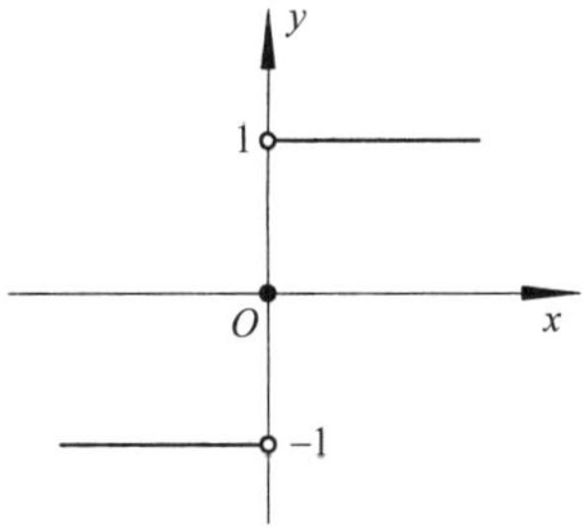

图 1.296

【722】 $y=\lim\limits_{n\to\infty}\sqrt[n]{1+x^{2n}}$.

解 $y=\lim\limits_{n\to\infty}\sqrt[n]{1+(x^2)^n}=\begin{cases}1, & |x|\leqslant1,\\ x^2, & |x|>1.\end{cases}$

故 y 在 $(-\infty,+\infty)$ 内连续. 图像如图 1.297 所示.

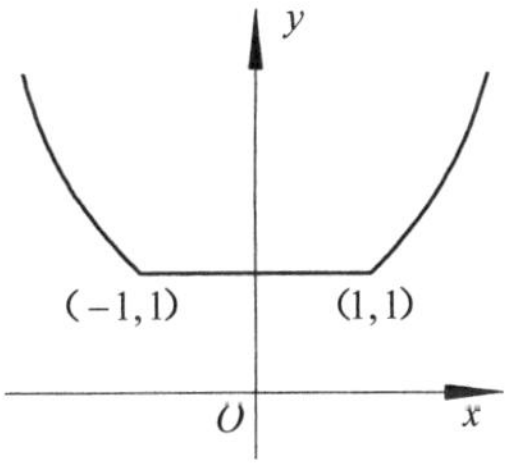

图 1.297

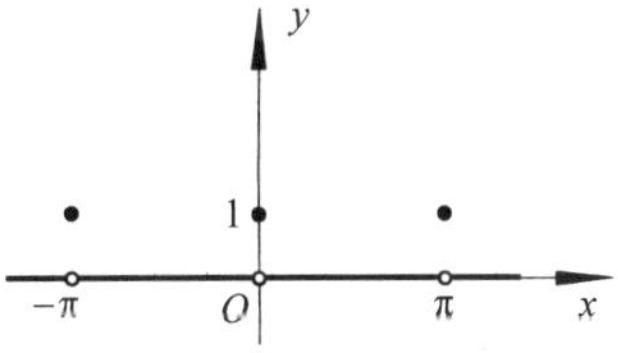

图 1.298

【723】 $y=\lim\limits_{n\to\infty}\cos^{2n}x$.

解 $y=\begin{cases}1, & x=k\pi,\\ 0, & x\neq k\pi\end{cases}(k\in\mathbf{Z})$.

故 $x=k\pi$ 为第一类间断点. 图像如图 1.298 所示.

【724】 $y=\lim\limits_{n\to\infty}\dfrac{x}{1+(2\sin x)^{2n}}$.

解 $y=\begin{cases}x, & |x-k\pi|<\dfrac{\pi}{6},\\ \dfrac{x}{2}, & x=k\pi\pm\dfrac{\pi}{6},\\ 0, & \dfrac{\pi}{6}<|x-k\pi|<\dfrac{5\pi}{6}\end{cases}(k\in\mathbf{Z})$.

$x=k\pi\pm\dfrac{\pi}{6}$ 为第一类间断点. 图像如图 1.299 所示.

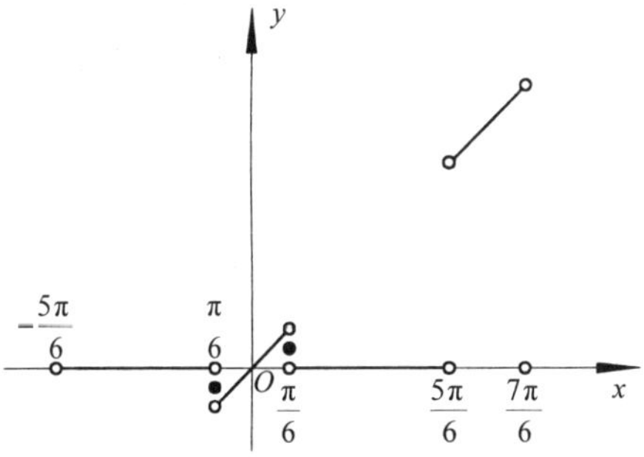

图 1.299

【725】 $y=\lim\limits_{n\to\infty}[x\arctan(n\cot x)]$.

解 $y=\begin{cases}\dfrac{\pi}{2}x, & k\pi<x<k\pi+\dfrac{\pi}{2},\\ 0, & x=k\pi+\dfrac{\pi}{2}, \quad (k\in\mathbf{Z}).\\ -\dfrac{\pi}{2}x, & k\pi+\dfrac{\pi}{2}<x<k\pi+\pi\end{cases}$

$x=\dfrac{k\pi}{2}(k\neq 0)$为第一类间断点. 图像如图 1.300 所示.

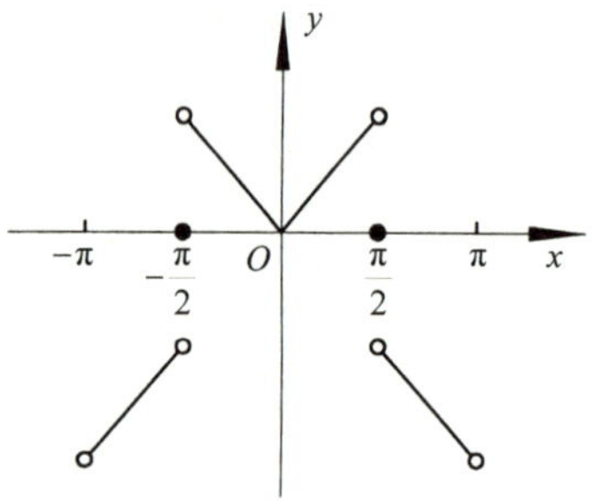

图 1.300

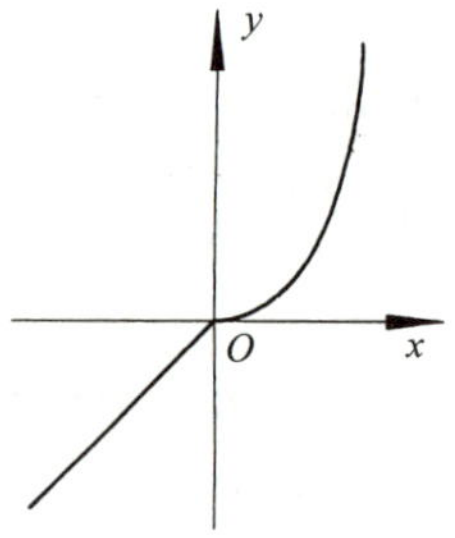

图 1.301

【726】 $y=\lim\limits_{n\to\infty}\dfrac{x+x^2e^{nx}}{1+e^{nx}}$.

解 $y=\begin{cases}x, & x\leqslant 0,\\ x^2, & x>0,\end{cases}$处处连续. 图像如图 1.301 所示.

【727】 $y=\lim\limits_{t\to+\infty}\dfrac{\ln(1+e^{xt})}{\ln(1+e^t)}$.

解 当 $x>0$ 时, $\lim\limits_{t\to+\infty}\dfrac{\ln(1+e^{xt})}{\ln(1+e^t)}=\lim\limits_{t\to+\infty}\dfrac{xt+\ln(1+e^{-xt})}{t+\ln(1+e^{-t})}=x$. $y=\begin{cases}0, & x\leqslant 0,\\ x, & x>0\end{cases}$ 处处连续. 图像如图 1.302所示.

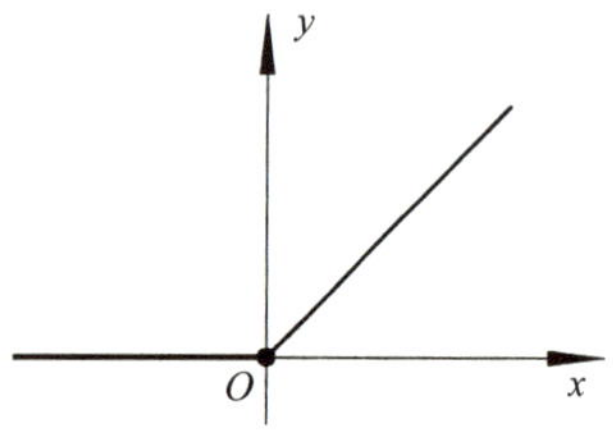

图 1.302

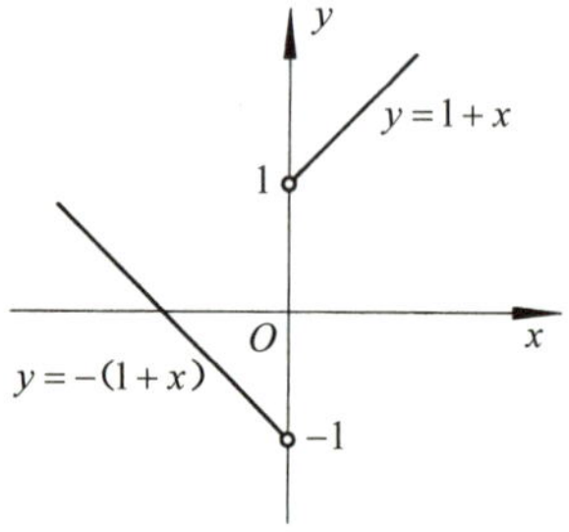

图 1.303

【728】 $y=\lim\limits_{t\to+\infty}(1+x)\operatorname{th} tx$.

解 $y=\lim\limits_{t\to+\infty}(1+x)\dfrac{e^{2xt}-1}{e^{2xt}+1}=\begin{cases}-(1+x), & x<0,\\ 0, & x=0,\\ 1+x, & x>0.\end{cases}$

$x=0$ 为第一类间断点. 图像如图 1.303 所示.

【729】 函数 $f(x)=\begin{cases}2x, & 0\leqslant x\leqslant 1,\\ 2-x, & 1<x\leqslant 2\end{cases}$是否连续?

解 $\lim\limits_{x\to 1^+}f(x)=1$, $\lim\limits_{x\to 1^-}f(x)=2$.

$x=1$ 为跳跃间断点, $f(x)$在$[0,2]$上不连续.

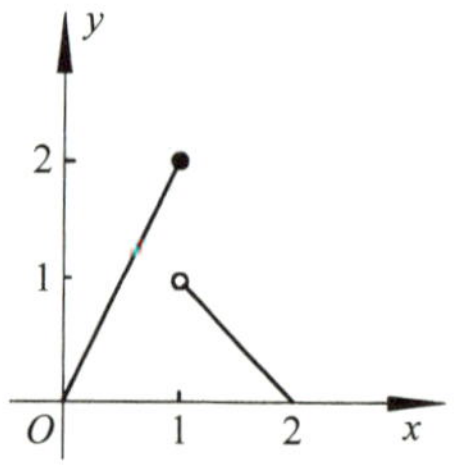

图 1.304

图像如图 1.304 所示.

【730】 设 $f(x)=\begin{cases}e^x, & x<0,\\ a+x, & x\geqslant 0.\end{cases}$ 怎样选择数 a，可使函数 $f(x)$ 连续？

解 当 $x\neq 0$ 时，$f(x)$ 显然连续.

因 $\lim\limits_{x\to 0^+} f(x)=a$ 及 $\lim\limits_{x\to 0^-} f(x)=1$，$f(0)=a$，

故当 $a=1$ 时，$\lim\limits_{x\to 0} f(x)=f(0)$，即函数 $f(x)$ 在 $x=0$ 处连续.

于是当 $a=1$ 时，函数 $f(x)$ 在整个数轴上连续.

图像如图 1.305 所示.

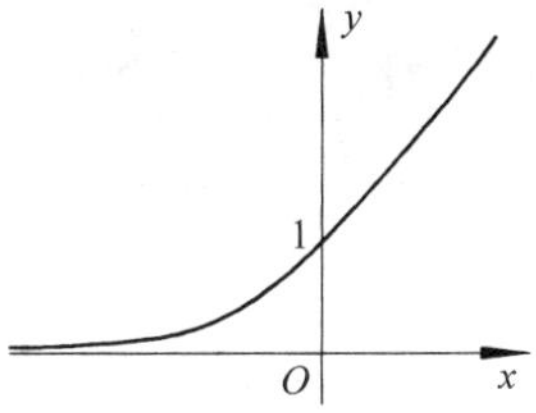

图 1.305

【731】 研究下列函数的连续性，并说明不连续点的性质：

(1) $f(x)=\begin{cases}x^2, & 0\leqslant x\leqslant 1,\\ 2-x, & 1<x\leqslant 2;\end{cases}$　　(2) $f(x)=\begin{cases}x, & |x|\leqslant 1,\\ 1, & |x|>1;\end{cases}$

(3) $f(x)=\begin{cases}\cos\dfrac{\pi x}{2}, & |x|\leqslant 1,\\ |x-1|, & |x|>1;\end{cases}$　　(4) $f(x)=\begin{cases}\cot^2\pi x, & x\text{ 为非整数},\\ 0, & x\text{ 为整数};\end{cases}$

(5) $f(x)=\begin{cases}\sin\pi x, & x\in\mathbf{Q},\\ 0, & x\in\mathbf{Q}^c.\end{cases}$

解 (1) $\lim\limits_{x\to 1^+} f(x)=\lim\limits_{x\to 1} f(x)=1=f(1)$，$f(x)$ 为连续函数.

(2) $\lim\limits_{x\to -1^+} f(x)=-1$，$\lim\limits_{x\to -1^-} f(x)=1$，$x=-1$ 为跳跃间断点.

(3) $\lim\limits_{x\to -1^+} f(x)=0$，$\lim\limits_{x\to -1^-} f(x)=2$，$x=-1$ 为跳跃间断点.

(4) $\lim\limits_{x\to k}\cot^2\pi x=+\infty$，$x=k(k\in\mathbf{Z})$ 为无穷间断点.

(5) $\forall k\notin\mathbf{Z}$，在 $U^\circ_+(k)$ 内，取 $\{x_n\}\subset\mathbf{Q}$，$\{y_n\}\subset\mathbf{Q}^c$，$\lim\limits_{n\to\infty} x_n=\lim\limits_{n\to\infty} y_n=k$，有

$$\lim_{n\to\infty} f(x_n)=\sin k\pi\neq 0,\ \lim_{n\to\infty} f(y_n)=0,$$

故 $\lim\limits_{x\to k^+} f(x)$ 不存在，于是 $x\neq k(k\in\mathbf{Z})$ 为第二类间断点.

【732】 函数 $d=d(x)$ 是数轴 Ox 上的点 x 与由线段 $0\leqslant x\leqslant 1$ 及 $2\leqslant x\leqslant 3$ 所构成的点集间的最短距离. 求函数 d 的解析表示式，作出其图像并研究其连续性.

解 $$d(x)=\begin{cases}-x, & -\infty<x<0,\\ 0, & 0\leqslant x\leqslant 1,\\ x-1, & 1<x\leqslant\dfrac{3}{2},\\ 2-x, & \dfrac{3}{2}<x<2,\\ 0, & 2\leqslant x\leqslant 3,\\ x-3, & 3<x<+\infty.\end{cases}$$

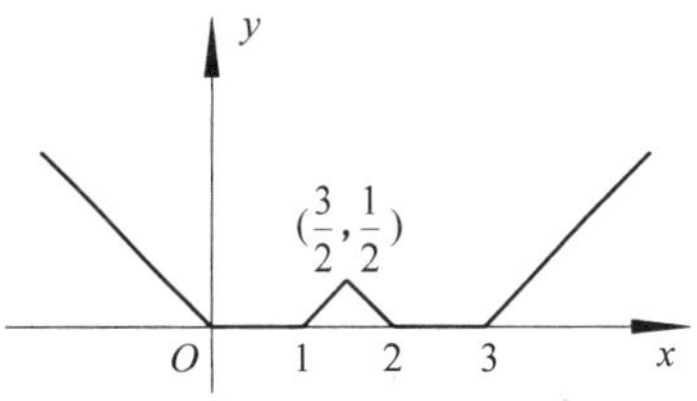

图 1.306

$d(x)$ 处处连续，如图 1.306 所示.

【733】 图像 E 是由高为 1 底为 1 的等腰三角形及底为 1 高为 2 及 3 的二矩形所构成(图 1.307).

函数 $S=S(y)(0\leqslant y<+\infty)$ 是图像 E 介于平行线 $Y=0$ 及 $Y=y$ 之间的那一部分面积；而函数 $b=b(y)(0\leqslant y<+\infty)$ 是用平行线 $Y=y$ 去截图像所得截痕之长. 求函数

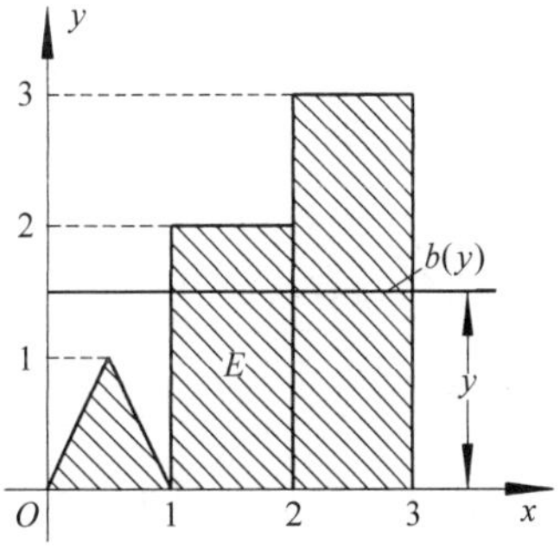

图 1.307

S 及 b 的解析表示式,作出它们的图像并研究其连续性.

解
$$S(y)=\begin{cases}3y-\dfrac{y^2}{2}, & 0\leqslant y\leqslant 1,\\ \dfrac{1}{2}+2y, & 1<y\leqslant 2,\\ \dfrac{5}{2}+y, & 2<y\leqslant 3,\\ \dfrac{11}{2}, & 3<y<+\infty.\end{cases}$$

$S(y)$处处连续,如图 1.308 所示.

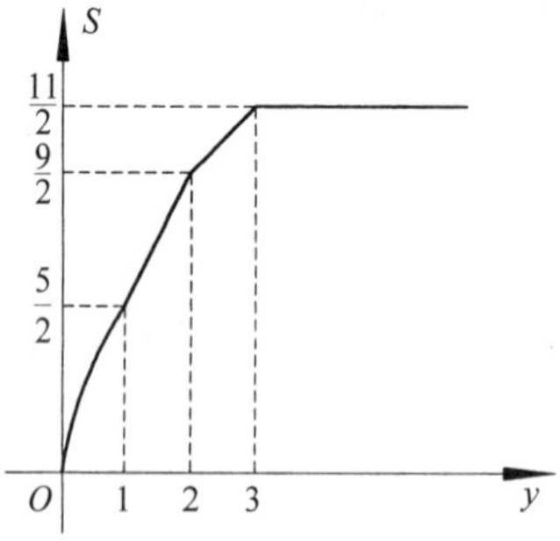

图 1.308

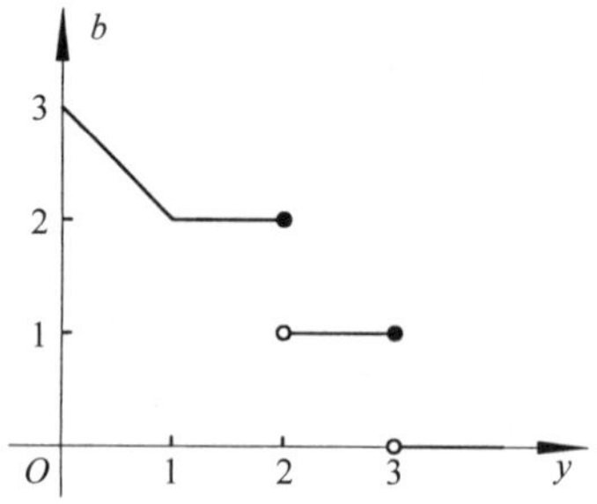

图 1.309

对于函数 $b=b(y)$,根据假设,则有如下解析表示式:

$$b(y)=\begin{cases}3-y, & 0\leqslant y\leqslant 1,\\ 2, & 1<y\leqslant 2,\\ 1, & 2<y\leqslant 3,\\ 0, & 3<y<+\infty.\end{cases}$$

$y=2$ 及 $y=3$ 为第一类间断点. 图像如图 1.309 所示.

【734】 证明:狄利克雷函数 $D(x)=\lim\limits_{m\to\infty}\{\lim\limits_{n\to\infty}\cos^n(\pi m!\ x)\}$对于每一个 x 值都是不连续的.

证 记 $f(m,n)=\cos^n(\pi m!\ x)$.

当 x 为有理数,即 $x=\dfrac{q}{p}$(p,q 为互素的整数,且 $p>0$)时,对 $m>2p$,有 $f(m,n)=1$,于是 $D(x)=1$;

当 x 为无理数时,对任一固定的 m 而言,$|\cos(\pi m!\ x)|<1$,从而$\lim\limits_{n\to\infty}\cos^n(\pi m!\ x)=0$,故此时 $D(x)=0$.

总之 $D(x)=\begin{cases}1, & x\text{ 为有理数},\\ 0, & x\text{ 为无理数}.\end{cases}$

$\forall x_0\in\mathbf{R}$,由实数的稠密性,在 $U^{\circ}{}_{+}(x_0)$内,取$\{x_n\}\subset Q$,$\{y_n\}\subset Q^c$,

$$\lim_{n\to\infty}x_n=\lim_{n\to\infty}y_n=x_0,$$

从而有$\lim\limits_{n\to\infty}D(x_n)=1$,$\lim\limits_{n\to\infty}D(y_n)=0$,故 $\lim\limits_{x\to x_0^+}D(x)$不存在,因此 x_0 为第二类间断点.

由 x_0 的任意性可知,函数 $D(x)$对于每一个 x 值都是不连续的.

【735】 设有函数 $f(x)=xD(x)$,其中 $D(x)$为狄利克雷函数,研究函数 $f(x)$的连续性. 作出这函数的草图.

解 $f(x)=xD(x)=\begin{cases}x, & x\text{ 为有理数},\\ 0, & x\text{ 为无理数}.\end{cases}$

$$\lim_{x\to 0}f(x)=\lim_{x\to 0}xD(x)=0=f(0),$$

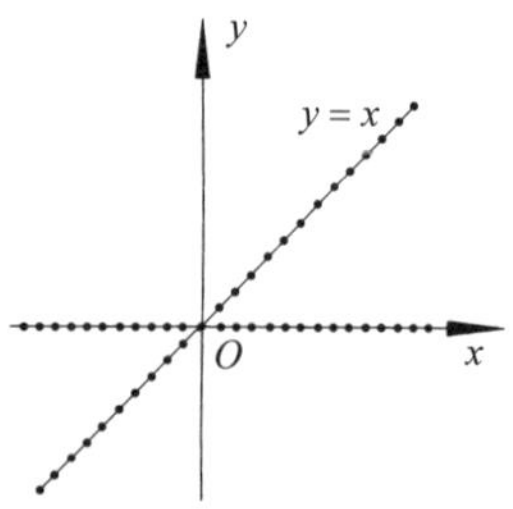

图 1.310

故 $f(x)=xD(x)$在 $x=0$ 处连续

当 $x\neq 0$ 时，同上题证明可知为第二类间断点，

从而 $f(x)=xD(x)$只在 $x=0$ 连续. 图像如图 1.310 所示.

【736】 证明：黎曼函数

$$f(x)=\begin{cases}\dfrac{1}{n}, & x=\dfrac{m}{n},m,n\text{ 互素},\\ 0, & x\text{ 为无理数},\end{cases}$$

在有理点处不连续，而无理点处是连续的. 作出这个函数的略图.

证 不失一般性，仅就区间$[0,1]$讨论，图 1.311 为 $f(x)$在 $x\in[0,2]$时的略图.

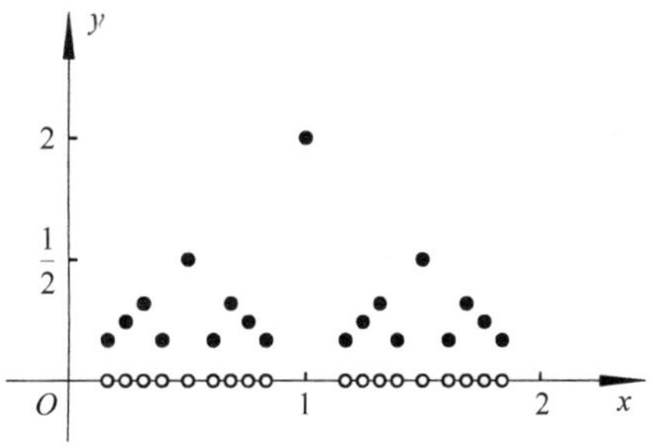

图 1.311

设$\dfrac{m}{n}$为$(0,1)$内任一有理数，取 $\varepsilon_0=\dfrac{1}{2n}$，对任何正数 δ（无论多么小），在$U\left(\dfrac{m}{n},\delta\right)$内总可取到无理数 x，使得

$$\left|f(x)-f\left(\frac{m}{n}\right)\right|=\frac{1}{n}>\frac{1}{2n}=\varepsilon_0,$$

所以 $f(x)$在任何有理点处都不连续.

设 $\xi\in(0,1)$为无理数，$\forall\varepsilon>0$（不妨设 $\varepsilon<\dfrac{1}{2}$），满足$\dfrac{1}{n}\geqslant\varepsilon$ 的正整数n 显然只有有限个（但至少有一个），从而使 $f(x)\geqslant\varepsilon$ 的有理数 $x\in(0,1)$只有有限个（至少有一个），设为 $x_1,x_2,\cdots,x_n$，取

$$\delta=\min\{|x_1-\xi|,|x_2-\xi|,\cdots,|x_n-\xi|,\xi,1-\xi\},$$

则对任何 $x\in U(\xi;\delta)\subset(0,1)$，当 x 为有理数时有 $f(x)<\varepsilon$，当 x 为无理数时 $f(x)=0$，于是，对任何 $x\in U(\xi;\delta)\subset(0,1)$，总有$|f(x)-f(\xi)|<\varepsilon$，这就证明了 $f(x)$在无理点 ξ 处连续.

【737】 研究函数 $f(x)=\begin{cases}\dfrac{nx}{n+1}, & x\text{ 为既约有理分数}\dfrac{m}{n}(n\geqslant 1),\\ |x|, & x\text{ 为无理数}\end{cases}$ 的连续性并作出此函数的草图.

证 当 $x<0$ 时，$f(x)$在无理点处取正值，在有理点处取负值，显然不连续.

对正有理数 $\xi=\dfrac{m}{n}$，$f(\xi)=\dfrac{m}{n+1}$. 取$\{x_k\}\subset Q^c$，$\lim\limits_{k\to\infty}x_k=\xi$，则

$$\lim_{k\to\infty}f(x_k)=\lim_{k\to\infty}|x_k|=\frac{m}{n}\neq\frac{m}{n+1}=f(\xi),$$

故 $f(x)$在正有理数处不连续.

$$\text{当 }\xi\text{ 为正无理数时，}|f(x)-f(\xi)|=\begin{cases}|x-\xi|, & x\in\mathbf{Q}^c,\\ \left|\dfrac{n}{n+1}x-\xi\right|, & x\in\mathbf{Q},\end{cases}$$

$$\left|\frac{n}{n+1}x-\xi\right|=\left|\frac{n}{n+1}(x-\xi)-\frac{\xi}{n+1}\right|\leqslant\frac{n}{n+1}|x-\xi|+\frac{\xi}{n+1}$$
$$\leqslant|x-\xi|+\frac{\xi}{n+1}.$$

$\forall\varepsilon>0$，满足$\dfrac{\xi}{n+1}>\dfrac{\varepsilon}{2}$的正整数 n 至多只有有限个.

取 $\delta\in\left(0,\dfrac{\varepsilon}{2}\right)$，使得 $U(\xi;\delta)$内不含有这样的有理数.

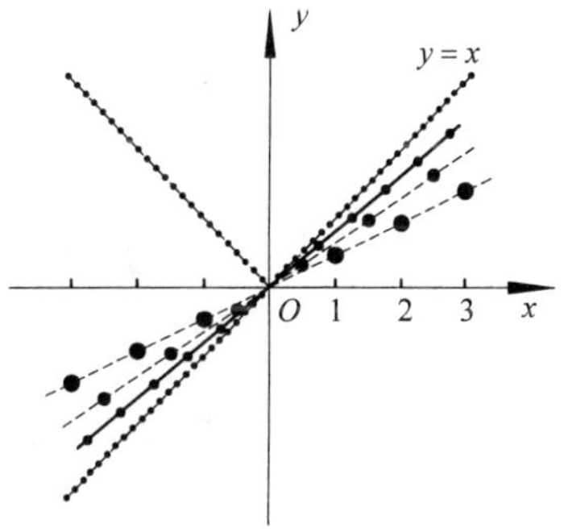

图 1.312

于是，$\forall x\in\mathbf{R}$，当$|x-\xi|<\delta$时，有

$$|f(x)-f(\xi)|\leqslant|x-\xi|+\frac{\xi}{n+1}<\frac{\varepsilon}{2}+\frac{\varepsilon}{2}=\varepsilon.$$

故$\lim\limits_{x\to\xi}f(x)=f(\xi)$，即$f(x)$在正无理点$x=\xi$处连续. 如图1.312所示.

【738】 证明：单调有界函数的一切间断点皆为第一类间断点.

证 不妨设$f(x)$在区间I上单调递增，$\forall x_0\in I$，且设x_0不是I的端点，由$f(x)$递增知，当$x<x_0$时，有$f(x)\leqslant f(x_0)$. 由函数的单调有界定理知，$f(x_0-0)=\lim\limits_{x\to x_0^-}f(x)$存在.

同理可证$f(x_0+0)=\lim\limits_{x\to x_0^+}f(x)$存在，及$f(x)$在$I$的端点处的单侧极限存在.

故若$f(x)$在点x_0不连续，则该点只可能是第一类间断点.

【739】 函数$f(x)=\dfrac{1-\cos x}{x^2}$当自变量$x\neq0$都有定义. 为了使此函数在$x=0$处连续，应当以什么数值作为函数在点$x=0$的值？

解 因为$\lim\limits_{x\to0}\dfrac{1-\cos x}{x^2}=\lim\limits_{x\to0}\dfrac{2\sin^2\frac{x}{2}}{x^2}=\dfrac{1}{2}$，所以取$f(0)=\dfrac{1}{2}$，则$f(x)$在点$x=0$处连续.

【740】 证明：无论怎样选取数$f(1)$，函数$f(x)=\dfrac{1}{1-x}$在$x=1$时都是不连续的.

证 因为$\lim\limits_{x\to1^+}f(x)=-\infty$，$\lim\limits_{x\to1^-}f(x)=+\infty$，所以，无法选择$f(1)$使之在$x=1$处连续.

【741】 下列函数$f(x)$当$x=0$时没有意义，定义$f(0)$的值，使得$f(x)$在点$x=0$处连续：

(1)$f(x)=\dfrac{\sqrt{1+x}-1}{\sqrt[3]{1+x}-1}$；　(2)$f(x)=\dfrac{\tan 2x}{x}$；　(3)$f(x)=\sin x\sin\dfrac{1}{x}$；

(4)$f(x)=(1+x)^{\frac{1}{x}}$；　(5)$f(x)=\dfrac{1}{x^2}\mathrm{e}^{-\frac{1}{x^2}}$；　(6)$f(x)=x^x(x>0)$；

(7)$f(x)=x\ln^2x$.

解 (1)因为$\lim\limits_{x\to0}\dfrac{\sqrt{1+x}-1}{\sqrt[3]{1+x}-1}=\lim\limits_{x\to0}\dfrac{x(\sqrt[3]{(1+x)^2}+\sqrt[3]{1+x}+1)}{x(\sqrt{1+x}+1)}=\dfrac{3}{2}$，故取$f(0)=\dfrac{3}{2}$.

(2)因为$\lim\limits_{x\to0}\dfrac{\tan 2x}{x}=\lim\limits_{x\to0}\dfrac{2\sin 2x}{2x\cos 2x}=2$，故取$f(0)=2$.

(3)因为$\left|\sin\dfrac{1}{x}\right|\leqslant1$，$\lim\limits_{x\to0}\sin x\sin\dfrac{1}{x}=0$，故取$f(0)=0$.

(4)因为$\lim\limits_{x\to0}(1+x)^{\frac{1}{x}}=\mathrm{e}$，故取$f(0)=\mathrm{e}$.

(5)因为$\lim\limits_{x\to0}\dfrac{1}{x^2}\mathrm{e}^{-\frac{1}{x^2}}\xlongequal{y=\frac{1}{x^2}}\lim\limits_{y\to+\infty}\dfrac{y}{\mathrm{e}^y}=0$，故取$f(0)=0$.

(6)因为$\lim\limits_{x\to0^+}x^x=\lim\limits_{x\to0^+}\mathrm{e}^{x\ln x}=\mathrm{e}^0=1$，故取$f(0)=1$.

(7)因为$\lim\limits_{x\to0}x\ln^2x\xlongequal{y=-\ln x}\lim\limits_{y\to+\infty}\dfrac{y^2}{\mathrm{e}^y}=0$，故取$f(0)=0$.

知识点3 初等函数的连续性

1. 定义 若函数$f(x)$和$g(x)$在点x_0连续，则函数$f(x)\pm g(x)$，$f(x)g(x)$，$\dfrac{f(x)}{g(x)}$

$(g(x_0)\neq 0)$也都在点 x_0 连续.

特殊情形 (1)有理函数 $P(x)=a_0+a_1x+\cdots+a_nx^n$ 对任何的 x 值都是连续的；

(2)分式有理函数 $R(x)=\dfrac{a_0+a_1x+\cdots+a_nx^n}{b_0+b_1x+\cdots+b_mx^m}$ 对所有使其分母不为零的 x 值,都是连续的.

2. 性质 (1)基本初等函数 x^n, $\sin x$, $\cos x$, $\tan x$, a^x, $\log_a x$, $\arcsin x$, $\arccos x$, $\arctan x$, …在其定义域内连续.

(2)任何初等函数都在其定义区间上连续.

(3)若函数 $f(x)$ 点 x_0 连续,函数 $g(y)$ 在点 $y=f(x_0)$ 连续,则函数 $g(f(x))$ 在点 x_0 连续.

习题 742—749 初等函数的连续性

【742】 设:(1)函数 $f(x)$ 在点 x_0 连续,函数 $g(x)$ 在点 x_0 不连续;(2)函数 $f(x)$ 和 $g(x)$ 在点 x_0 都不连续,则 $f(x)+g(x)$ 在点 x_0 是否必为不连续的？举出适当的例子.

解 (1) $f(x)+g(x)$ 在点 x_0 必不连续.

反证法.假设 $F(x)=f(x)+g(x)$ 在点 x_0 连续,即 $\lim\limits_{x\to x_0}F(x)=\lim\limits_{x\to x_0}F(x_0)$.由函数 $f(x)$ 在点 x_0 连续,知 $F(x)-f(x)$ 在点 x_0 连续,从而有

$$\lim_{x\to x_0}g(x)=\lim_{x\to x_0}[F(x)-f(x)]=F(x_0)-f(x_0)=g(x_0).$$

即函数 $g(x)$ 在点 x_0 连续,与题设 $g(x)$ 在点 x_0 不连续矛盾.

故假设错误,结论成立,即 $f(x)+g(x)$ 在点 x_0 必不连续.

(2)不是.例如

$$f(x)=\begin{cases}1, & x\geqslant 0,\\ -1, & x<0,\end{cases}\qquad g(x)=\begin{cases}-1, & x\geqslant 0,\\ 1, & x<0.\end{cases}$$

它们在点 $x=0$ 处均不连续,但 $f(x)+g(x)\equiv 0$ 点 $x=0$ 连续.

【743】 设:(1)函数 $f(x)$ 在点 x_0 连续,函数 $g(x)$ 在点 x_0 不连续;(2)函数 $f(x)$ 和 $g(x)$ 在点 x_0 都不连续,则 $f(x)g(x)$ 在点 x_0 是否必不连续？举出适当的例子.

解 (1)不是.例如

$$g(x)=\begin{cases}1, & x\geqslant 0,\\ -1, & x<0,\end{cases}\qquad f(x)=0.$$

满足假设条件,其中 $f(x)$ 处处连续,而 $g(x)$ 在点 $x=0$ 不连续,但 $f(x)g(x)\equiv 0$ 处处连续.

(2)不是.例如

$$f(x)=\begin{cases}1, & x\geqslant 0,\\ -1, & x<0,\end{cases}\qquad g(x)=f(x).$$

它们均在点 $x=0$ 处不连续,但 $f(x)g(x)\equiv 1$ 却处处连续.

【744】 可否断定不连续函数的平方仍为不连续函数？举出处处不连续但其平方连续的函数的例子.

解 不能.例如 $f(x)=\begin{cases}1, & x\geqslant 0,\\ -1, & x<0\end{cases}$ 在点 $x=0$ 处不连续,但 $f^2(x)\equiv 1$ 却处处连续.

又如,函数 $f(x)=\begin{cases}1, & x\in\mathbf{Q},\\ -1, & x\in\mathbf{Q}\end{cases}$ 处处不连续,但 $f^2(x)\equiv 1$ 却处处连续.

【745】 研究函数 $f[g(x)]$ 及 $g[f(x)]$ 的连续性:

(1) $f(x)=\operatorname{sgn} x$ 及 $g(x)=1+x^2$；

(2) $f(x)=\operatorname{sgn} x$ 及 $g(x)=x(1-x^2)$；

(3) $f(x)=\operatorname{sgn} x$ 及 $g(x)=1+x-[x]$.

解 (1) $f[g(x)]\equiv 1$ 处处连续；而 $g[f(x)]=\begin{cases}2, & x\neq 0,\\ 1, & x=0,\end{cases}$ 在点 $x=0$ 处不连续.

(2) 因为当 $x<-1$ 或 $0<x<1$ 时 $g(x)>0$；而当 $-1<x<0$ 或 $x>1$ 时 $g(x)<0$，故

$$f[g(x)]=\begin{cases}1, x<-1,\\ 0, x=-1,\\ -1, -1<x<0,\\ 0, x=0,\\ 1, 0<x<1,\\ 0, x=1,\\ -1, x>1.\end{cases}$$

故 $f[g(x)]$ 在点 $x=-1, x=0, x=1$ 处不连续，而 $g[f(x)]\equiv 0$ 却处处连续.

(3) $f[g(x)]\equiv 1$ 处处连续，$g[f(x)]\equiv 1$ 也处处连续.

【746】 设 $f(u)=\begin{cases}u, & 0<u\leqslant 1,\\ 2-u, & 1<u<2,\end{cases}$ $\varphi(x)=\begin{cases}x, & x\in\mathbf{Q},\\ 2-x, & x\in\mathbf{Q}^c,\end{cases}$ 其中 $0<x<1$. 研究复合函数 $y=f[\varphi(x)]$ 的连续性.

解 当 $x\in\mathbf{Q}$ 时，$u=x$，且 $0<u<1$，故 $f(u)=x$；$x\in\mathbf{Q}^c$ 时，$u=2-x$ 且 $1<u<2$，故 $f(u)=2-u=x$. 从而 $f[\varphi(x)]\equiv x$ 处处连续.

【747】 证明：若 $f(x)$ 为连续函数，则函数 $F(x)=|f(x)|$ 也是连续的.

证 设 x_0 为任一连续点，则 $\forall\varepsilon>0$，$\exists\delta>0$，当 $|x-x_0|<\delta$ 时，有 $|f(x)-f(x_0)|<\varepsilon$. 因而当 $|x-x_0|<\delta$ 时，有

$$||f(x)|-|f(x_0)||\leqslant|f(x)-f(x_0)|<\varepsilon,$$

故 $F(x)=|f(x)|$ 在点 x_0 处连续，由点 x_0 的任意性可知，$F(x)$ 也是连续的.

【748】 证明：若函数 $f(x)$ 是连续函数，则函数

$$f_c(x)=\begin{cases}-c, & f(x)<-c,\\ f(x), & |f(x)|\leqslant c, (c\in\mathbf{R}_+)\\ c, & f(x)>c\end{cases}$$

也是连续函数.

证 易知 $f_c(x)=\dfrac{|c+f(x)|-|c-f(x)|}{2}$.

由 $f(x)$ 和 c 连续知，$c\pm f(x)$ 和 $|c\pm f(x)|$ 都连续，故 $f_c(x)$ 是连续函数.

【749】 证明：若函数 $f(x)$ 和 $g(x)$ 是连续函数，则函数 $\varphi(x)=\min\{f(x),g(x)\}$ 和 $\psi(x)=\max\{f(x),g(x)\}$ 也是连续函数.

证

$$\varphi(x)=\frac{f(x)+g(x)-|f(x)-g(x)|}{2},$$

$$\psi(x)=\frac{f(x)+g(x)+|f(x)-g(x)|}{2}.$$

由函数 $f(x)$ 和 $g(x)$ 连续知，$f(x)\pm g(x)$ 和 $|f(x)-g(x)|$ 都连续，故 $\varphi(x)$ 和 $\psi(x)$ 也是连续函数.

知识点 4 闭区间$[a,b]$上连续函数的基本性质

若函数$f(x)$在闭区间$[a,b]$上连续，则

(1)**有界性** 函数$f(x)$在$[a,b]$上有界；

(2)**最值性** 函数$f(x)$在$[a,b]$上达到其下确界m和上确界M，即取得最小值m与最大值M；

(3)**介值性** 若$f(a)\neq f(b)$，则函数取到所有介于$f(a)$和$f(b)$间的值.

进一步有$f([a,b])=[m,M]$，其中m与M分别是$f(x)$在$[a,b]$上的最小值与最大值.

特别地，若$f(a)f(b)<0$，则$\exists\xi\in(a,b)$，使得$f(\xi)=0$.

习题 750—758 闭区间上连续函数的性质

【750】 证明：若函数$f(x)$在闭区间$[a,b]$上连续，则函数$m(x)=\inf\limits_{a\leqslant t\leqslant x}\{f(t)\}$和$M(x)=\sup\limits_{a\leqslant t\leqslant x}\{f(t)\}$在$[a,b]$上也是连续函数.

证 只证$m(x)$在$[a,b]$连续. $M(x)$的连续性类似可证.

由$f(x)\in\mathbf{C}[a,b]$，$m(x)=\min\limits_{a\leqslant t\leqslant x}\{f(t)\}$，故$m(x)$在$[a,b]$上递减.

$\forall x_0\in(a,b)$. 先证$m(x)$在点x_0右连续.

显然，$\forall x\in[x_0,b)$，$m(x)\leqslant m(x_0)$. 下证：$\forall\varepsilon>0$，$\exists\delta>0$，当$x_0\leqslant x<x_0+\delta$时，有$m(x)>m(x_0)-\varepsilon$. 从而有$\lim\limits_{x\to x_0^+}m(x)=m(x_0)$.

$\forall\varepsilon>0$，由$f(x)$在点x_0连续知，$\exists\delta>0$，当$|x-x_0|<\delta$时，有$|f(x)-f(x_0)|<\varepsilon$. 故当$x_0\leqslant x<x_0+\delta$时，有

$$f(x)>f(x_0)-\varepsilon\geqslant m(x_0)-\varepsilon.$$

而当$a\leqslant x\leqslant x_0$时，由$m(x)$在$[a,b]$上递减，有

$$f(x)\geqslant m(x)>m(x_0)-\varepsilon.$$

由此可知当$x_0\leqslant x<x_0+\delta$时，有$m(x)=\min\limits_{a\leqslant t\leqslant x}\{f(t)\}>m(x_0)-\varepsilon$.

故$\lim\limits_{x\to x_0^+}m(x)=m(x_0)$，即$m(x)$在$x_0$右连续.

下证$m(x)$在点x_0左连续. 若$\exists x_1\in[a,x_0)$，使得$m(x_0)=f(x_1)$，则当$x_1<x\leqslant x_0$时，$m(x)\equiv m(x_0)$，从而$m(x)$在点x_0左连续.

若$m(x_0)=f(x_0)$，$\forall\varepsilon>0$，由$f(x)$在点x_0连续知，$\exists\delta>0$，使当$x_0-\delta<x\leqslant x_0$时，有

$$f(x)<f(x_0)+\varepsilon=m(x_0)+\varepsilon,$$

因此$m(x)\leqslant f(x)<m(x_0)+\varepsilon$. 再由$m(x)$在$[a,b]$上递减知，当$x_0-\delta<x\leqslant x_0$时，有

$$m(x_0)\leqslant m(x)<m(x_0)+\varepsilon.$$

由此可知$\lim\limits_{x\to x_0^-}m(x)=m(x_0)$，即$m(x)$在$x_0$左连续.

同理可证$m(x)$在点a右连续，在点b左连续，故$m(x)$在$[a,b]$上连续.

【751】 设函数$f(x)$在闭区间$[a,b]$有定义且有界，证明：函数

$$m(x)=\inf_{a\leqslant\xi<x}\{f(\xi)\}\text{和}M(x)=\sup_{a\leqslant\xi<x}\{f(\xi)\}$$

在区间$(a,b]$上是左连续的. 而函数

$$\overline{m}(x)=\inf_{x<\xi\leqslant b}\{f(\xi)\}\text{和}\overline{M}(x)=\sup_{x<\xi\leqslant b}\{f(\xi)\}$$

在区间$[a,b)$上是右连续的.

证 $\forall x_0\in(a,b]$,先证$m(x)$在x_0左连续. 由定义知,$m(x)$为$[a,b]$上的递减函数. 由于$f(x)$在$[a,b]$上有界,故$m(x)$恒为有限. $\forall\varepsilon>0$,由下确界定义,$\exists\xi_0\in[a,x_0)$,使得

$$f(\xi_0)<m(x_0)+\varepsilon.$$

取$\delta=x_0-\xi_0>0$,则当$x_0-\delta<x\leqslant x_0$时,有

$$m(x_0)\leqslant m(x)\leqslant f(\xi_0)<m(x_0)+\varepsilon,$$

故$\lim\limits_{x\to x_0^-}m(x)=m(x_0)$. 即$m(x)$在$x_0$点左连续.

由点x_0的任意性得到,$m(x)$在$(a,b]$上左连续.

同法可证$M(x)$在$(a,b]$上左连续.

$\forall x_0\in[a,b)$,先证$\overline{m}(x)$在x_0右连续. 由定义知,$\overline{m}(x)$为$[a,b]$上的递增函数. 由于$f(x)$在$[a,b]$上有界,故$\overline{m}(x)$恒为有限. $\forall\varepsilon>0$,由下确界定义,$\exists\eta_0\in(x_0,b]$,使得

$$f(\eta_0)<\overline{m}(x_0)+\varepsilon.$$

取$\delta_1=\eta_0-x_0>0$,于是,当$x_0\leqslant x<x_0+\delta_1$时,有

$$\overline{m}(x_0)\leqslant\overline{m}(x)\leqslant f(\eta_0)<\overline{m}(x_0)+\varepsilon,$$

故$\lim\limits_{x\to x_0^+}\overline{m}(x)=\overline{m}(x_0)$. 即$\overline{m}(x)$在$x_0$点右连续.

由点x_0的任意性得到,$\overline{m}(x)$在$[a,b)$上右连续.

同法可证$\overline{M}(x)$在$[a,b)$上右连续.

注 (1)本题原题为"证明$m(x)$和$M(x)$在$[a,b]$上左连续",这一结论是错误的,例如

$$f(x)=\begin{cases}0, & x=a,\\ -1, & a<x\leqslant b,\end{cases}\quad 则\ m(x)=\begin{cases}0, & x=a,\\ -1, & a<x\leqslant b,\end{cases}$$

显然,$m(x)$在点$x=a$处不是左连续的.

$$f(x)=\begin{cases}0, & x=a,\\ 1, & a<x\leqslant b,\end{cases}\quad 则\ M(x)=\begin{cases}0, & x=a,\\ 1, & a<x\leqslant b,\end{cases}$$

显然,$M(x)$在点$x=a$处不是左连续的.

(2)本题原题中"定义$\overline{m}(x)=\inf\limits_{a\leqslant\xi\leqslant x}\{f(\xi)\}$和$\overline{M}(x)=\sup\limits_{a\leqslant\xi\leqslant x}\{f(\xi)\}$,证明$\overline{m}(x)$和$\overline{M}(x)$在$[a,b)$上右连续",这一结论也是错误的,例如,对于有界函数

$$f_1(x)=\begin{cases}1, & a\leqslant x\leqslant p,\\ 0, & p<x\leqslant b,\end{cases}\quad f_2(x)=\begin{cases}-1, & a\leqslant x\leqslant p,\\ 0, & p<x\leqslant b,\end{cases}$$

分别有$\overline{m}(x)=f_1(x)$,$\overline{M}(x)=f_2(x)$,显然它们在点p不是右连续的.

【752】 证明:若函数$f(x)$在区间$[a,+\infty)$上连续,$\lim\limits_{x\to+\infty}f(x)$存在且有限,则$f(x)$在区间$[a,+\infty)$上有界.

证 不妨设$A=\lim\limits_{x\to+\infty}f(x)$,对于$\varepsilon=1$,则$\exists X>a$.

当$x>X$时,有$|f(x)|<|A|+1$,又因$f(x)$在$[a,X]$上连续,因而有界,故$\exists M_1>0$.

当$x\in[a,X]$时,有$|f(x)|<M_1$,取$M=\max\{|A|+1,M_1\}$,则当$x\in[a,+\infty)$时,恒有$|f(x)|<M$,即$f(x)$在区间$[a,+\infty)$上有界.

【753】 设函数$f(x)$在区间$(x_0,+\infty)$上连续且有界,证明:对$\forall T\in\mathbf{R}$,都存在数列$\{x_n\}$:$\lim\limits_{n\to\infty}x_n=+\infty$,使$\lim\limits_{n\to\infty}[f(x_n+T)-f(x_n)]=0$.

证 **方法一** 不妨设$T>0$,记$g(y)=f[x_0+(y+1)T]-f(x_0+yT)$,$y\geqslant1$.

由函数 $f(x)$ 在区间 $(x_0,+\infty)$ 上连续且有界可知，$g(y)$ 在 $[1,+\infty)$ 上连续且有界.

取正数列 $\{\varepsilon_n\}$：$\lim\limits_{n\to\infty}\varepsilon_n=0$. 按下法取 $x_1=x_0+k_1T$，使 $|g(k_1)|<\varepsilon_1$. 如果 $g(1)$，$g(2)$ 异号，则由连续函数的介值性定理，存在 k_1：$1<k_1<2$，使得 $|g(k_1)|=0<\varepsilon_1$，这时取 $x_1=x_0+k_1T$.

若 $g(1)$ 与 $g(2)$ 同号，且 $g(1)$，$g(2)$，$g(3)$，$g(4)\cdots$ 都是同号的，不妨设它们均大于零，则必存在一个正整数 $k_1\geqslant 1$，使 $g(k_1)<\varepsilon_1$. 因为，若对一切正整数 n，$g(n)\geqslant\varepsilon_1$，则由 $g(y)$ 的定义，有

$$f(x_0+2T)\geqslant\varepsilon_1+f(x_0+T),$$
$$f(x_0+3T)\geqslant\varepsilon_1+f(x_0+2T),$$
$$f(x_0+4T)\geqslant\varepsilon_1+f(x_0+3T),$$
$$\cdots$$
$$f(x_0+nT)\geqslant\varepsilon_1+f[x_0+(n-1)T].$$

则

$$f(x_0+nT)\geqslant(n-1)\varepsilon_1+f(x_0+T)\to+\infty(n\to\infty),$$

这与 $f(x)$ 在 $(x_0,+\infty)$ 内有界矛盾，故必存在正整数 k_1，使得 $|g(k_1)|<\varepsilon_1$，取 $x_1=x_0+k_1T$.

然后，取正整数 $p_2>k_1+1$，通过考虑 $g(p_2)$，$g(p_2+1)$，$\cdots$ 的符号；仿上，可取

$$x_2=x_0+k_2T, k_2>k_1+1,$$

使 $|g(k_2)|<\varepsilon_2$.

依此类推，即可得到一数列 $\{x_n\}$ 适合要求.

方法二 不妨设 $T>0$，记 $T(x)=f(x+T)-f(x)$. 依 $T(x)$ 的正负分三种情形讨论：

(1)存在充分大的 $X>x_0$，当 $x>X$ 时，恒有 $T(x)\geqslant 0$，即 $f(x+T)\geqslant f(x)$.

令

$$a=X+1, x_1=a+T, x_2=x_1+T, \cdots, x_n=x_{n-1}+T, \cdots,$$

于是 $\lim\limits_{n\to\infty}x_n=+\infty$，且 $f(x_n)=f(x_{n-1}+T)\geqslant f(x_{n-1})$，因此 $\{f(x_n)\}$ 递增有界，故收敛. 设 $\lim\limits_{n\to\infty}f(x_n)=l$，又

$$T(x_n)=f(x_n+T)-f(x_n)=f(x_{n+1})-f(x_n)(n\in\mathbf{N}_+),$$

所以

$$\lim_{n\to\infty}[f(x_n+T)-f(x_n)]=\lim_{n\to\infty}[f(x_{n+1})-f(x_n)]=0.$$

(2)存在充分大的 $X>x_0$，当 $x>X$ 时，恒有 $T(x)\leqslant 0$，则类似方法可证.

(3)若存在数列 $\{x_n^{(1)}\}$，$\{x_n^{(2)}\}$，使 $\lim\limits_{x\to\infty}x_n^{(1)}=\lim\limits_{x\to\infty}x_n^{(2)}=+\infty$，但是

$$T(x_n^{(1)})>0, T(x_n^{(2)})<0, n\in\mathbf{N}_+,$$

因为 $f(x)\in\mathbf{C}[x_n^{(1)},x_n^{(2)}]$（不妨设 $x_n^{(1)}<x_n^{(2)}$，$n\in\mathbf{N}_+$），所以由连续函数的介值性定理，

$$\exists x_n\in(x_n^{(1)},x_n^{(2)})，使 T(x_n)=0(n\in\mathbf{N}_+)，且\lim_{n\to\infty}x_n=+\infty,$$

于是 $\lim\limits_{n\to\infty}[f(x_n+T)-f(x_n)]=0$.

【754】 若 $\varphi(x)$ 和 $\psi(x)$ 为定义在 $(-\infty,+\infty)$ 内的连续周期函数，且 $\lim\limits_{x\to\infty}[\varphi(x)-\psi(x)]=0$. 证明：$\varphi(x)\equiv\psi(x)$.

证 先证 $\varphi(x)$ 和 $\psi(x)$ 的周期相同. 设 $\varphi(x)$ 的周期为 p，则 $\forall x\in\mathbf{R}$，有 $\varphi(x+p)=\varphi(x)$.

由 $\lim\limits_{x\to\infty}[\varphi(x+p)-\psi(x+p)]=0$，得 $\lim\limits_{x\to\infty}[\varphi(x)-\psi(x+p)]=0$，从而

$$\lim_{x\to\infty}[\psi(x)-\psi(x+p)]=\lim_{x\to\infty}[\varphi(x)-\psi(x+p)]-\lim_{x\to\infty}[\varphi(x)-\psi(x)]=0. \quad ①$$

再证 $\psi(x)$ 的周期也是 p，若不然，则至少存在一个 x_0，使 $\psi(x_0)\neq\psi(x_0+p)$，记 $\alpha=|\psi(x_0)-\psi(x_0+p)|>0$，设 $\psi(x)$ 周期为 q，取 $x_n=x_0+nq$，$n\in\mathbf{N}_+$，则有

$$\lim_{n\to\infty}x_n=+\infty, |\psi(x_n)-\psi(x_n+p)|\equiv\alpha(n\in\mathbf{N}_+),$$

从而 $\lim\limits_{n\to\infty}[\psi(x_n)-\psi(x_n+p)]=\alpha$. 但由①式，$\lim\limits_{n\to\infty}[\psi(x_n)-\psi(x_n+p)]=0$，矛盾.

最后证明 $\varphi(x)\equiv\psi(x)$. $\forall x\in\mathbf{R}$，取 $x_n=x+np$，$n\in\mathbf{N}_+$，则有

$$\lim_{n\to\infty} x_n=+\infty, |\varphi(x_n)-\psi(x_n)|\equiv|\varphi(x)-\psi(x)|(n\in\mathbf{N}_+),$$

从而由条件 $\lim\limits_{x\to+\infty}[\varphi(x)-\psi(x)]=0$ 及归结原则可得 $\lim\limits_{n\to\infty}[\varphi(x_n)-\psi(x_n)]=0=\varphi(x)-\psi(x)$，即 $\varphi(x)=\psi(x)$.

由 x 的任意性可得，$\varphi(x)\equiv\psi(x)$.

【755】 证明：若函数 $f(x)$ 具有下列性质：(1)在闭区间 $[a,b]$ 上有定义且单调；(2)取介于 $f(a)$ 和 $f(b)$ 之间所有的数作为其函数值，则此函数在 $[a,b]$ 上连续.

证 不妨设 $f(x)$ 在 $[a,b]$ 上单调递增. 反证法. 假设 $f(x)$ 在点 x_0 处不连续 $(x_0\in[a,b])$. 由 $f(x)$ 单调有界，从而由 738 题知 x_0 只能是第一类间断点，则 $f(x_0)-f(x_0-0)$ 及 $f(x_0+0)-f(x_0)$ 中至少有一个大于零，不妨设 $f(x_0)-f(x_0-0)>0$. 于是，由函数 $f(x)$ 的单调性质知，$f(x)$ 无法取到 $f(x_0-0)$ 和 $f(x_0)$ 之间的数值.

这与题设函数 $f(x)$ 的性质(2)矛盾，从而 $f(x)$ 在 $[a,b]$ 上连续.

【756】 证明：函数 $f(x)=\begin{cases}\sin\dfrac{1}{x-a}, & x\neq a,\\ 0, & x=a\end{cases}$ 在任意闭区间 $[a,b]$ 上取介于 $f(a)$ 和 $f(b)$ 之间的一切中间值，但在 $[a,b]$ 上并不连续.

证 事实上，$f(x)$ 在 $[a,b]$ 上取 $[-1,1]$ 之间的一切值，当然更取 $f(a)=0$ 与 $f(b)(|f(b)|\leqslant 1)$ 之间的一切值.

取 $x_n=\dfrac{1}{2n\pi+\frac{\pi}{2}}+a$，则 $\lim\limits_{n\to\infty} x_n=a$，但 $\lim\limits_{n\to\infty} f(x_n)=1\neq f(0)$，故 $f(x)$ 在点 $x=a$ 处不连续.

【757】 证明：若 $f(x)$ 在区间 (a,b) 内连续，则 $\forall x_1,x_2,\cdots,x_n\in(a,b)$，$\exists\xi\in(a,b)$，使得

$$f(\xi)=\frac{f(x_1)+f(x_2)+\cdots+f(x_n)}{n}.$$

证 不妨设 $a<x_1\leqslant x_2\leqslant\cdots\leqslant x_n<b$，若 $x_1=x_n$，结论显然成立. 下设 $x_1\neq x_n$.

由于 $f(x)\in\mathbf{C}[x_1,x_n]$，故 $f(x)$ 在 $[x_1,x_n]$ 上取得最大值 M 和最小值 m，于是

$$m\leqslant f(x)\leqslant M, x\in[x_1,x_n],$$

从而有

$$m\leqslant\frac{f(x_1)+f(x_2)+\cdots+f(x_n)}{n}\leqslant M.$$

由闭区间上连续函数的性质知，$\exists\xi\in[x_1,x_n]\subset(a,b)$，使 $f(\xi)=\dfrac{f(x_1)+f(x_2)+\cdots+f(x_n)}{n}$.

【758】 设函数 $f(x)$ 在区间 (a,b) 内连续，且 $l=\varliminf\limits_{x\to a^+} f(x)$ 及 $L=\varlimsup\limits_{x\to a^+} f(x)$. 证明：$\forall\lambda\in[l,L]$，存在数列 $\{x_n\}\subset(a,b)$，$\lim\limits_{n\to\infty} x_n=a^+$，使得 $\lim\limits_{n\to\infty} f(x_n)=\lambda$.

证 $\lambda=l$ 或 $\lambda=L$ 时，由上下极限的定义知结论成立. 下设 $l<\lambda<L$.

由上下极限的定义，$\exists\{a_n\},\{b_n\}\subset(a,b)$，$\lim\limits_{n\to\infty} a_n=a^+$，$\lim\limits_{n\to\infty} b_n=a^+$，且

$$\lim_{n\to\infty} f(a_n)=l, \lim_{n\to\infty} f(b_n)=L.$$

于是 $\exists N\in\mathbf{N}_+$，当 $n>N$ 时，有 $f(a_n)<\lambda$ 及 $f(b_n)>\lambda$.

由 $f(x)\in\mathbf{C}[a_n,b_n]$ 和连续函数的介值性定理知，$\forall n>N$，$\exists x_n\in(a_n,b_n)$，使 $f(x_n)=\lambda$.

于是当 $n>N$ 时，$a_n<x_n<b_n$，又 $\lim\limits_{n\to\infty} a_n=a^+$，$\lim\limits_{n\to\infty} b_n=a^+$，故 $\lim\limits_{n\to\infty} x_n=a^+$ 且 $\lim\limits_{n\to\infty} f(x_n)=\lambda$.

第8节 反函数与用参数形式表示的函数（习题759—784）

知识点预览

序号	知识点	题目序号	所在页码
1	反函数的存在性和连续性	759—779	P213
2	以参数形式表示的函数的连续性	780—784	P219

知识点1 反函数的存在性和连续性

1. 定义 若函数 $y=f(x)$ 具有下列性质：

(1)在区间 (a,b) 内有定义并连续；

(2)在 (a,b) 内严格单调，

则存在单值的反函数 $x=f^{-1}(y)$，此函数在区间 (A,B)[或 (B,A)]内有定义并连续，而且是严格单调的，其中 $A=\lim\limits_{x\to a^+}f(x)$，$B=\lim\limits_{x\to b^-}f(x)$.

2. 性质 连续函数 $y=f(x)$ 的多值反函数的一个单值连续分支，可被理解为在其有定义的最大区域上满足方程 $f[g(y)]=y$ 的任何一个单值连续函数 $x=g(y)$.

习题 759—779 反函数的存在性和连续性

【759】 求分式线性函数 $y=\dfrac{ax+b}{cx+d}(ad-bc\neq 0)$ 的反函数. 在怎样的情形下，反函数与已知函数相同？

解 由 $y=\dfrac{ax+b}{cx+d}$ 解得，反函数为 $x=\dfrac{-dy+b}{cy-a}$ 或写成 $y=\dfrac{-dx+b}{cx-a}$. 要反函数与已知函数相同，只要

$$\frac{ax+b}{cx+d}=\frac{-dx+b}{cx-a}.$$

由此得 $\begin{cases}(a+d)c=0,\\ a^2-d^2=0,\\ b(a+d)=0,\end{cases}$ 注意到 $ad-bc\neq 0$，解得 $a+d=0,bc\neq -a^2$，或者 $b=c=0,a=d\neq 0$，

因此所求条件为：$a+d=0,bc\neq -a^2$，或者 $b=c=0,a=d\neq 0$.

【760】 设 $y=x+[x]$，求反函数 $x=x(y)$.

解 若当 $k\leqslant x<k+1$，即当 $2k\leqslant y<2k+1$ 时，$[x]=k(k\in\mathbf{Z})$，此时 $y=x+k$，即反函数为 $x=y-k$.

【761】 证明：存在唯一的连续函数 $y=y(x)(-\infty<x<+\infty)$ 满足开普勒方程

$$y-\varepsilon\sin y=x(0\leqslant\varepsilon<1).$$

证 由624题知数列

$$y_0=x,y_1=x+\varepsilon\sin y_0,y_2=x+\varepsilon\sin y_1,\cdots,y_n=x+\varepsilon\sin y_{n-1},\cdots$$

的极限 $y(x)$ 为开普勒方程 $y-\varepsilon\sin y=x$ 的唯一的根. 下证 $y=y(x)$ 是连续的. 即证 $\forall x_0\in\mathbf{R}$，有

$$\lim_{x\to x_0} y(x)=y(x_0).$$

注意到$\lim\limits_{n\to\infty} y_n(x)=y(x)$，$\lim\limits_{n\to\infty} y_n(x_0)=y(x_0)$，考虑

$$\begin{aligned}|y_n(x)-y_n(x_0)|&=|(x-x_0)+\varepsilon[\sin y_{n-1}(x)-\sin y_{n-1}(x_0)]|\\&\leqslant|x-x_0|+\varepsilon|y_{n-1}(x)-y_{n-1}(x_0)|,\end{aligned}$$

逐次应用此不等式，即得

$$\begin{aligned}|y_n(x)-y_n(x_0)|&\leqslant|x-x_0|(1+\varepsilon+\varepsilon^2+\cdots+\varepsilon^{n-1}+\varepsilon^n)\\&=|x-x_0|\cdot\frac{1-\varepsilon^{n+1}}{1-\varepsilon}\leqslant\frac{1}{1-\varepsilon}|x-x_0|,\end{aligned}$$

令$n\to\infty$，有$|y(x)-y(x_0)|\leqslant\dfrac{1}{1-\varepsilon}|x-x_0|(0\leqslant\varepsilon<1)$. 于是，显然有$\lim\limits_{x\to x_0}y(x)=y(x_0)$. 这就证明了$y(x)$的连续性.

【762】 证明：对于每一个实数$k(-\infty<k<+\infty)$，方程$\cot x=kx$在区间$(0,\pi)$内有唯一连续的根$x=x(k)$.

证 令$f(x)=\dfrac{\cot x}{x}$. 显然，在$(0,\pi)$内$\cot x$和$\dfrac{1}{x}$都是连续的严格减函数，从而$f(x)$在$(0,\pi)$内也是连续的严格城函数，且显然有

$$\lim_{x\to 0^+} f(x)=+\infty,\ \lim_{x\to \pi^-} f(x)=-\infty.$$

由此可知，对$\forall k\in\mathbf{R}$，恰有一个$x\in(0,\pi)$，使$f(x)=k$，即$\cot x=kx$.

另外，由于$f(x)=\dfrac{\cot x}{x}$在$(0,\pi)$内是连续的严格减函数，故$k=f(x)$的反函数$x=x(k)=f^{-1}(k)$存在且是$(-\infty,+\infty)$上的连续的严格减函数. 此$x=x(k)$即方程$\cot x=kx$的根.

综上可知：对任何$k\in(-\infty,+\infty)$，方程$\cot x=kx$在$(0,\pi)$内具有唯一的根$x=x(k)$，且$x(k)$是$k(-\infty<k<+\infty)$的连续的严格减函数，证毕.

【763】 非单调的函数$y=f(x)(-\infty<x<+\infty)$可否有单值的反函数?

解 可以. 例如，函数$y=\begin{cases}x, & x\in\mathbf{Q},\\-x, & x\in\mathbf{Q}'\end{cases}$在区间$(-\infty,+\infty)$内为单值的，但不是单调的函数，而其反函数仍为此函数本身.

【764】 在什么情形下，函数$y=f(x)$和反函数$x=f^{-1}(y)$是同一个函数?

解 为统一坐标起见，我们把$y=f(x)$的反函数记成为$y=f^{-1}(x)$.

按题设应有$f^{-1}(x)\equiv f(x)$，即$x=f[f(x)]$，这就是所求的条件.

【765】 证明：不连续函数$y=(1+x^2)\operatorname{sgn} x$的反函数是连续函数.

证 易见$\operatorname{sgn} y=\operatorname{sgn} x$及$\operatorname{sgn}^2 x=\begin{cases}1,x\neq0,\\0,x=0,\end{cases}$则$y\operatorname{sgn} y=(1+x^2)\operatorname{sgn}^2 x$. 于是，反函数在$|y|\geqslant1$及$y=0$有定义：

$$x=\begin{cases}\sqrt{y\operatorname{sgn} y-1}, & y\geqslant1,\\-\sqrt{y\operatorname{sgn} y-1}, & y\leqslant-1,\\0, & y=0.\end{cases}$$

易见上述函数在其定义域内连续.

【766】 证明：若函数$f(x)$在闭区间$[a,b]$上有定义并且是严格单调的，且$\lim\limits_{n\to\infty} f(x_n)=f(a)(a\leqslant x_n\leqslant b)$，则$\lim\limits_{n\to\infty} x_n=a$.

证 不妨设函数$f(x)$在$[a,b]$上严格递减. 如果结论不成立，则$\exists a_1\in(a,b)$及数列$\{x_n\}$的一个子列

$\{x_{n_k}\}$,使 $x_{n_k}>a_1(k\in\mathbf{N}_+)$.

由于 $f(x)$ 严格单调下降,故有 $f(x_{n_k})<f(a_1)<f(a)$. 于是 $f(a)=\lim\limits_{k\to\infty}f(x_{n_k})\leqslant f(a_1)$,矛盾,因此 $\lim\limits_{n\to\infty}x_n=a$.

【求下列函数的反函数的连续单值分支(767—772)】

【767】 $y=x^2$.

解 反函数的连续单值分支为 $x=\sqrt{y}(0\leqslant y<+\infty)$ 及 $x=-\sqrt{y}(0\leqslant y<+\infty)$.

【768】 $y=2x-x^2$.

解 由于 $x^2-2x+y=0$,故 $x=\dfrac{2\pm\sqrt{4-4y}}{2}=1\pm\sqrt{1-y}$.

于是,连续单值分支为 $x=1-\sqrt{1-y}$ 及 $x=1+\sqrt{1-y}(-\infty<y\leqslant 1)$.

【769】 $y=\dfrac{2x}{1+x^2}$.

解 由于 $x^2y-2x+y=0$,故 $x=\begin{cases}\dfrac{1\pm\sqrt{1-y^2}}{y}, & y\neq 0,\\ 0, & y=0.\end{cases}$

又由于

$$\lim_{y\to 0}\frac{1-\sqrt{1-y^2}}{y}=\lim_{y\to 0}\frac{y^2}{y(1+\sqrt{1-y^2})}=0,\lim_{y\to 0}\frac{1+\sqrt{1-y^2}}{y}=\infty,$$

故反函数的连续单值分支为

$$x=\begin{cases}\dfrac{1-\sqrt{1-y^2}}{y}, & 0<|y|\leqslant 1,\\ 0, & y=0\end{cases} \text{及 } x=\frac{1+\sqrt{1-y^2}}{y}(0<|y|\leqslant 1).$$

【770】 $y=\sin x$.

解 $\forall x\subset\mathbf{R},\exists k\subset\mathbf{Z}$,使得 $x=k\pi+x_1,x_1\in\left[-\dfrac{\pi}{2},\dfrac{\pi}{2}\right],y=\sin x=(-1)^k\sin x_1,x_1=(-1)^k\arcsin y$,故连续单值分支为 $x=(-1)^k\arcsin y+k\pi(k\in\mathbf{Z})(|y|\leqslant 1)$.

【771】 $y=\cos x$.

解 $\forall x\in\mathbf{R},\exists k\in\mathbf{Z}$,使得 $x=2k\pi\pm x_1,x_1\in[0,\pi],y=\cos x=\cos x_1,x_1=\arccos y$,故连续单值分支为 $x=2k\pi\pm\arccos y(k\in\mathbf{Z})(|y|\leqslant 1)$.

【772】 $y=\tan x$.

解 连续单值分支为 $x=\arctan y+k\pi(k=0,\pm 1,\pm 2,\cdots)(-\infty<y<+\infty)$.

【773】 证明:连续函数 $y=1+\sin x$ 在区间 $(0,2\pi)$ 内的值域是闭区间.

证 显然,当 $x\in(0,2\pi)$ 时,$-1\leqslant\sin x\leqslant 1$,从而 $0\leqslant 1+\sin x\leqslant 2$. 由于 $y|_{x=\frac{\pi}{2}}=2,y|_{x=\frac{3\pi}{2}}=0$. 而 $y=1+\sin x$ 是 $\left[\dfrac{\pi}{2},\dfrac{3\pi}{2}\right]$ 上的连续函数,故由介值定理知当 x 从 $\dfrac{\pi}{2}$ 变到 $\dfrac{3\pi}{2}$ 时,y 取 0 到 2 之间的一切数值. 由此可知当 $0<x<2\pi$ 时,y 的值域是闭区间 $[0,2]$.

【774】 证明:等式 $\arcsin x+\arccos x=\dfrac{\pi}{2}$.

证 令 $\varphi=\arcsin x$,则 $\sin\varphi=x$,从而 $\cos\left(\dfrac{\pi}{2}-\varphi\right)=\sin\varphi=x$.

因为 $-\dfrac{\pi}{2}\leqslant\varphi\leqslant\dfrac{\pi}{2}$,故 $0\leqslant\dfrac{\pi}{2}-\varphi\leqslant\pi$,从而 $\dfrac{\pi}{2}-\varphi=\arccos x$,即 $\arcsin x+\arccos x=\dfrac{\pi}{2}$.

【775】 证明：等式 $\arctan x+\arctan\frac{1}{x}=\frac{\pi}{2}\operatorname{sgn} x(x\neq 0)$.

证 当 $x>0$ 时，令 $\varphi=\arctan x$，则 $\tan\varphi=x$，$0<\varphi<\frac{\pi}{2}$. 又 $\cot\left(\frac{\pi}{2}-\varphi\right)=\tan\varphi=x$，故 $\tan\left(\frac{\pi}{2}-\varphi\right)=\frac{1}{x}$. 又 $0<\frac{\pi}{2}-\varphi<\frac{\pi}{2}$，故 $\frac{\pi}{2}-\varphi=\arctan\frac{1}{x}$，即当 $x>0$ 时，有

$$\arctan x+\arctan\frac{1}{x}=\frac{\pi}{2}.$$

当 $x<0$ 时，令 $\varphi=\arctan x$，则得 $\tan\varphi=x$，且 $-\frac{\pi}{2}<\varphi<0$. 又

$$\cot\left(-\frac{\pi}{2}-\varphi\right)=\tan\varphi=x,\tan\left(-\frac{\pi}{2}-\varphi\right)=\frac{1}{x},$$

因为 $-\frac{\pi}{2}<-\frac{\pi}{2}-\varphi<0$，故 $-\frac{\pi}{2}-\varphi=\arctan\frac{1}{x}$，即当 $x<0$ 时，$\arctan x+\arctan\frac{1}{x}=-\frac{\pi}{2}$.

总之，当 $x\neq 0$ 时，$\arctan x+\arctan\frac{1}{x}=\frac{\pi}{2}\operatorname{sgn} x$.

【776】 证明反正切加法定理：

$$\arctan x+\arctan y=\arctan\frac{x+y}{1-xy}+\varepsilon\pi,$$

其中 $\varepsilon=\varepsilon(x,y)$ 为取 0，1，-1 这三个值的函数.

当给定 x 的值时，对于怎样的 y 值，函数 ε 可能不连续？在 xOy 平面上作出函数 ε 连续的相应区域，并求此函数在所得区域内的值.

证 由于 $-\frac{\pi}{2}<\arctan y<\frac{\pi}{2}$ 及 $-\frac{\pi}{2}<\arctan x<\frac{\pi}{2}$，故有 $-\pi<\arctan x+\arctan y<\pi$.

若 x 和 y 的符号相反，则 $-\frac{\pi}{2}<\arctan x+\arctan y<\frac{\pi}{2}$；

若 $x>0$ 和 $y>0$，则 $0<\arctan x+\arctan y<\pi$.

再看这个和是位于 $\left(0,\frac{\pi}{2}\right)$ 还是 $\left(\frac{\pi}{2},\pi\right)$. 条件 $0<\arctan x+\arctan y<\frac{\pi}{2}$，即 $\arctan x<\frac{\pi}{2}-\arctan y$，它相当于 $x<\tan\left(\frac{\pi}{2}-\arctan y\right)=\tan(\operatorname{arccot} y)=\frac{1}{y}$，也即 $xy<1$.

因此，当 $x>0$，$y>0$，$xy<1$ 时，此和位于 $\left(0,\frac{\pi}{2}\right)$；

同法可证，当 $x>0$，$y>0$，$xy>1$ 时，此和位于 $\left(\frac{\pi}{2},\pi\right)$.

仿此，又可证得：当 $x<0$，$y<0$，$xy<1$ 时，此和位于 $\left(-\frac{\pi}{2},0\right)$；当 $x<0$，$y<0$，$xy>1$ 时，此和位于 $\left(-\pi,-\frac{\pi}{2}\right)$.

总之，若 $xy<1$，则此和位于 $\left(-\frac{\pi}{2},\frac{\pi}{2}\right)$；

若 $x>0$，$xy>1$，则此和位于 $\left(\frac{\pi}{2},\pi\right)$；

若 $x<0$，$xy>1$，则此和位于 $\left(-\pi,-\frac{\pi}{2}\right)$.

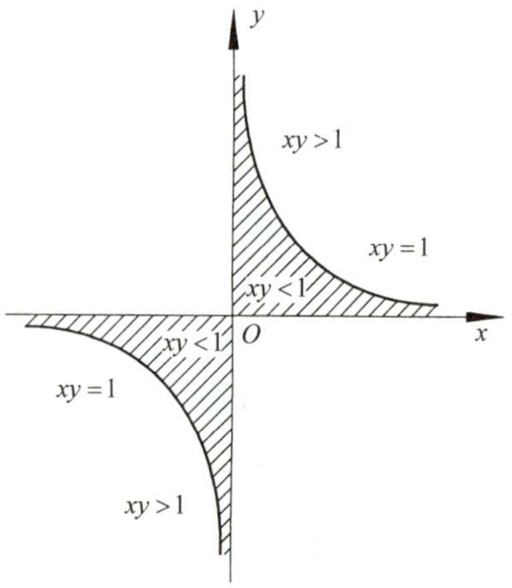

图 1.313

其次，考虑此和的正切 $\tan(\arctan x+\arctan y)=\frac{x+y}{1-xy}$.

令 $u=\arctan x+\arctan y$，$v=\arctan\frac{x+y}{1-xy}$，则得 $\tan u=\tan v$.

因为$-\frac{\pi}{2}<v<\frac{\pi}{2}$，故当$-\frac{\pi}{2}<u<\frac{\pi}{2}$时，$u=v$；当$\frac{\pi}{2}<u<\pi$时，$v+\pi=u$；

当$-\pi<u<-\frac{\pi}{2}$时，$u=-\pi+v$.

因此，有

$$\arctan x+\arctan y=\begin{cases}\arctan\frac{x+y}{1-xy}, & xy<1,\\ \pi+\arctan\frac{x+y}{1-xy}, & x>0, xy>1,\\ -\pi+\arctan\frac{x+y}{1-xy}, & x<0, xy>1,\end{cases}$$

即

$$\arctan x+\arctan y=\arctan\frac{x+y}{1-ry}+\varepsilon\pi,$$

当$xy<1$时，$\varepsilon=0$；当$x>0, xy>1$时，$\varepsilon=1$；当$x<0, xy>1$时，$\varepsilon=-1$.

当x固定时，若$y=\frac{1}{x}$，则ε不连续，因为此时(例如设$x>0$)，当$y>\frac{1}{x}$时$\varepsilon\equiv1$，而当$y<\frac{1}{x}$时$\varepsilon\equiv0$. 如图1.313所示，曲线$xy=1$为函数$\varepsilon=\varepsilon(x,y)$的不连续域.

【777】 证明反正弦加法定理：

$$\arcsin x+\arcsin y=(-1)^{\varepsilon}\arcsin(x\sqrt{1-y^2}+y\sqrt{1-x^2})+\varepsilon\pi(|x|\leqslant1, |y|\leqslant1),$$

其中$\varepsilon=\begin{cases}0, & xy\leqslant0 \text{ 或 } x^2+y^2\leqslant1,\\ \operatorname{sgn} x, & xy>0 \text{ 或 } x^2+y^2>1.\end{cases}$

证 令$u=\arcsin x+\arcsin y(|x|\leqslant1, |y|\leqslant1)$，即得$\sin u=x\sqrt{1-y^2}+y\sqrt{1-x^2}$.

令$v=\arcsin(x\sqrt{1-y^2}+y\sqrt{1-x^2})$，则$v\in\left[-\frac{\pi}{2},\frac{\pi}{2}\right]$，而$u$可有三种情形：

Ⅰ：$-\frac{\pi}{2}\leqslant u\leqslant\frac{\pi}{2}$；Ⅱ：$\frac{\pi}{2}<u\leqslant\pi$；Ⅲ：$-\pi\leqslant u<-\frac{\pi}{2}$. 分别进行讨论.

情形Ⅰ：$-\frac{\pi}{2}\leqslant u\leqslant\frac{\pi}{2}$.

若$xy\leqslant0$，即$0\leqslant x\leqslant1$，$-1\leqslant y\leqslant0$或$-1\leqslant x\leqslant0$，$0\leqslant y\leqslant1$，不论哪一种情况，总有

$$\frac{\pi}{2}\leqslant\arcsin x+\arcsin y=u\leqslant\frac{\pi}{2}.$$

若$x>0, y>0$时，显然有$u\geqslant0$，条件$u\leqslant\frac{\pi}{2}$，即$u=\arcsin x+\arcsin y\leqslant\frac{\pi}{2}$，相当于

$$\arcsin x\leqslant\frac{\pi}{2}-\arcsin y=\arccos y.$$

由于正弦函数在第一象限内是增函数，故$\sin(\arcsin x)\leqslant\sin(\arccos y)$，或$x\leqslant\sqrt{1-y^2}$，即$x^2+y^2\leqslant1$.

同法可证，若$x<0, y<0$时，必有$u\leqslant0$. 且条件$-\frac{\pi}{2}\leqslant u$相当于$x^2+y^2\leqslant1$.

情形Ⅱ：$\frac{\pi}{2}<u\leqslant\pi$. 此时，必有$x>0, y>0$. 条件

$$\frac{\pi}{2}<\arcsin x+\arcsin y\leqslant\pi, \text{即} \arcsin x>\frac{\pi}{2}-\arcsin y,$$

两边取正弦，即得$x^2+y^2>1$.

情形Ⅲ：$-\pi\leqslant u<-\frac{\pi}{2}$. 此时，必有$x<0, y<0$. 条件

$$-\pi\leqslant\arcsin x+\arcsin y<-\frac{\pi}{2}, \text{即} \frac{\pi}{2}<\arcsin(-x)+\arcsin(-y)\leqslant\pi,$$

因此,即 $x^2+y^2>1$.

总之,当 $xy\leqslant 0$ 或 $xy>0$ 但 $x^2+y^2\leqslant 1$ 时,必有 $-\frac{\pi}{2}\leqslant u\leqslant\frac{\pi}{2}$;

当 $x>0,y>0,x^2+y^2>1$ 时,必有 $\frac{\pi}{2}<u\leqslant\pi$;

当 $x<0,y<0,x^2+y^2>1$ 时,必有 $-\pi\leqslant u<-\frac{\pi}{2}$.

但当 $-\frac{\pi}{2}\leqslant u\leqslant\frac{\pi}{2}$ 时,$u=v$;当 $\frac{\pi}{2}<u\leqslant\pi$ 时,$u=\pi-v$;当 $-\pi\leqslant u<-\frac{\pi}{2}$ 时,$u=-\pi-v$.

因此,

$$\arcsin x+\arcsin y=\begin{cases}\arcsin(x\sqrt{1-y^2}+y\sqrt{1-x}), & xy\leqslant 0 \text{ 或 } x^2+y^2\leqslant 1,\\ \pi-\arcsin(x\sqrt{1-y^2}+y\sqrt{1-x}), & x>0,y>0,x^2+y^2>1,\\ -\pi-\arcsin(x\sqrt{1-y^2}+y\sqrt{1-x}), & x<0,y<0,x^2+y^2>1.\end{cases}$$

即

$$\arcsin x+\arcsin y=(-1)^{\varepsilon}\arcsin(x\sqrt{1-y^2}+y\sqrt{1-x})+\varepsilon\pi,$$

其中 $\varepsilon=\begin{cases}0, & xy\leqslant 0 \text{ 或 } x^2+y^2\leqslant 1,\\ \operatorname{sgn} x, & xy>0 \text{ 或 } x^2+y^2>1\end{cases}(|x|\leqslant 1,|y|\leqslant 1)$.

【778】 证明反余弦加法定理:

$$\arccos x+\arccos y=(-1)^{\varepsilon}\arccos(xy-\sqrt{1-x^2}\sqrt{1-y^2})+2\varepsilon\pi(|x|\leqslant 1,|y|\leqslant 1),$$

其中 $\varepsilon=\begin{cases}0, & x+y\geqslant 0,\\ 1, & x+y<0.\end{cases}$

证 由基本不等式 $0\leqslant\arccos x\leqslant\pi$ 及 $0\leqslant\arccos y\leqslant\pi$,有 $0\leqslant\arccos x+\arccos y\leqslant 2\pi$.

若 $0\leqslant\arccos x+\arccos y\leqslant\pi$,则 $\arccos x\leqslant\pi-\arccos y$.

由于 $\arccos x$ 及 $\pi-\arccos y$ 都含在 $[0,\pi]$ 内,而在此区间内余弦函数是减函数,故有

$$x\geqslant\cos(\pi-\arccos y)=-y, \text{即 } x+y\geqslant 0.$$

同法可证:若 $\pi<\arccos x+\arccos y\leqslant 2\pi$,则 $x+y<0$.

又由于 $\cos(\arccos x+\arccos y)=xy-\sqrt{1-x^2}\sqrt{1-y^2}$,故

$$u=\arccos x+\arccos y \text{ 及 } v=\arccos(xy-\sqrt{1-x^2}\sqrt{1-y^2})$$

有同一的余弦. 因 $v\in[0,\pi]$,故若 $0\leqslant u\leqslant\pi$,则 $u=v$;若 $\pi\leqslant u\leqslant 2\pi$,则 $u=2\pi-v$. 因此,

$$\arccos x+\arccos y=\begin{cases}\arccos(xy-\sqrt{1-x^2}\sqrt{1-y^2}), & x+y\geqslant 0,\\ 2\pi-\arccos(xy-\sqrt{1-x^2}\sqrt{1-y^2}), & x+y<0.\end{cases}$$

此即所要证明的公式.

【779】 作出下列函数的图像:

(1) $y=\arcsin x-\arcsin\sqrt{1-x^2}$; (2) $y=\arcsin 2x\sqrt{1-x^2}-2\arcsin x$.

解 (1)利用 777 题的结果得知:由于 $x^2+(-\sqrt{1-x^2})^2=1$,故

$$\begin{aligned}y&=\arcsin x+\arcsin(-\sqrt{1-x^2})\\&=\arcsin[x\sqrt{1-(1-x^2)}-\sqrt{1-x^2}\sqrt{1-x^2}]\\&=\arcsin(x|x|-1+x^2).\end{aligned}$$

当 $-1\leqslant x\leqslant 0$ 时,$y=-\frac{\pi}{2}$;

当 $0<x\leqslant 1$ 时，$y=\arcsin(2x^2-1)$.

可以证明 $\arcsin(2x^2-1)-2\arcsin x=-\frac{\pi}{2}$，故有

$$y=\begin{cases}-\frac{\pi}{2}, & -1\leqslant x\leqslant 0,\\ 2\arcsin x-\frac{\pi}{2}, & 0<x\leqslant 1,\end{cases}$$

如图 1.314 所示.

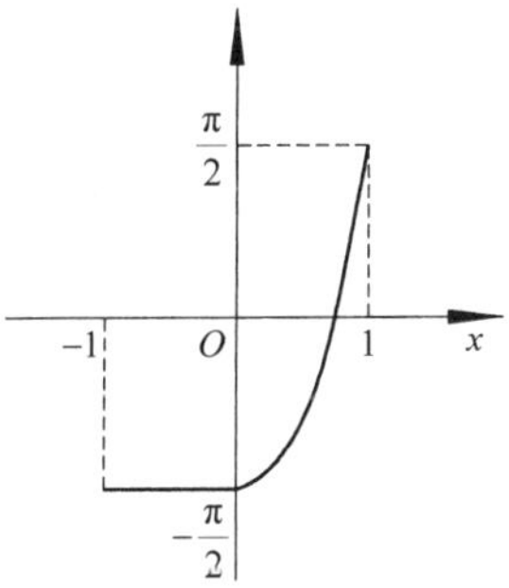

图 1.314

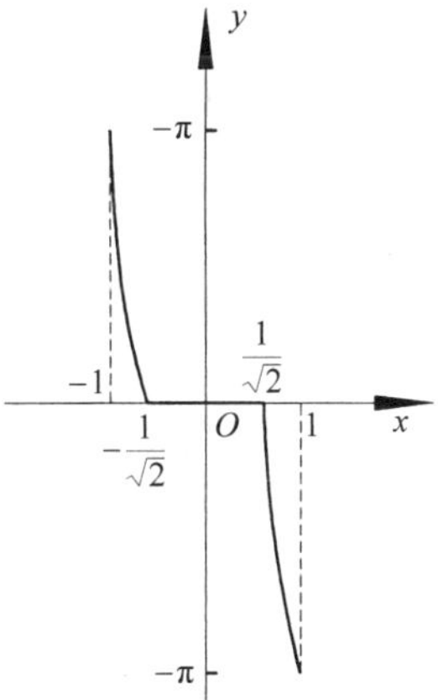

图 1.315

(2)由于 $2\arcsin x=\arcsin x+\arcsin x$

$$=\begin{cases}\arcsin(2x\sqrt{1-x^2}), & |x|\leqslant\frac{1}{\sqrt{2}},\\ \pi\operatorname{sgn}x-\arcsin(2x\sqrt{1-x^2}), & |x|>\frac{1}{\sqrt{2}},\end{cases}$$

故当 $-1\leqslant x<-\frac{1}{\sqrt{2}}$ 时，$y=-(\pi+4\arcsin x)$，

当 $-\frac{1}{\sqrt{2}}\leqslant x\leqslant\frac{1}{\sqrt{2}}$ 时，$y=0$；

当 $\frac{1}{\sqrt{2}}<x\leqslant 1$ 时，$y=\pi-4\arcsin x$. 如图 1.315 所示.

知识点2 以参数形式表示的函数的连续性

定义 若函数 $\varphi(t)$ 和 $\psi(t)$ 在区间 (α,β) 内有定义并连续，且函数 $\varphi(t)$ 在 (α,β) 内严格单调，则方程组

$$x=\varphi(t),\ y=\psi(t)$$

在 (a,b) 内把 y 定义成 x 的单值连续函数，$y=\psi[\varphi^{-1}(x)]$，其中 $a=\lim\limits_{t\to\alpha^+}\varphi(t)$ 及 $b=\lim\limits_{t\to\beta^-}\varphi(t)$.

习题780—784 以参数形式表示的函数的连续性

【780】 函数 $y=y(x)$ 由下面的方程给出：

$$x=\arctan t,\ y=\operatorname{arccot} t\ (-\infty<t<+\infty),$$

求此函数.此函数的定义域是什么?

解 由条件 $-\frac{\pi}{2}<x<\frac{\pi}{2}$, $0<y<\pi$ 且 $\tan x=t$, $\cot y=t$,即得

$$\cot y=\tan x=\cot\left(\frac{\pi}{2}-x\right),$$

从而,当 $-\frac{\pi}{2}<x<\frac{\pi}{2}$ 时,有 $y=\frac{\pi}{2}-x$.

【781】 设 $x=\operatorname{ch} t$, $y=\operatorname{sh} t(-\infty<t<+\infty)$.在参量 t 的哪些变化域中可以把变量 y 看作变量 x 的单值函数?求 y 在不同变化域上的表达式.

解 由于 $x=\operatorname{ch} t$, $y=\operatorname{sh} t$,故 $x^2-y^2=\operatorname{ch}^2 t-\operatorname{sh}^2 t=1$.

当 $\operatorname{sh} t=\frac{e^t-e^{-t}}{2}\geqslant 0$ 时,即 $e^t\geqslant e^{-t}$ 或 $e^{2t}\geqslant 1$ 或 $t\geqslant 0$ 时,$y=\sqrt{x^2-1}$;

当 $t\leqslant 0$ 时,$y=-\sqrt{x^2-1}$.

不论 t 为何值,$x\geqslant 1$,故 $\sqrt{x^2-1}$ 有意义.$t=0$ 是函数 $y=y(x)$ 单值区域的分界值.

【782】 设 y 对 x 的函数关系由方程组 $x=\varphi(t)$, $y=\psi(t)$ 给出,问 $y=y(x)$ 是单值函数的充分必要条件是什么?

解 其充分必要条件:使 $\varphi(t)=x$ 的一切 t 值,函数 $\psi(t)$ 应有同一的值.

先证必要性.若不然,则存在 x^* 及 $t_1\neq t_2$,使

$$\varphi(t_1)=\varphi(t_2)=x^* \text{ 且 } \psi(t_1)\neq\psi(t_2).$$

于是,对于这样的 x^*,一方面有 $y_1=\psi(t_1)$ 及 $y_2=\psi(t_2)$,另一方面又有 $y_1\neq y_2$,这样 y 就不是 x 的单值函数.因此,使 $\varphi(t)=x$ 的一切 t 值,$\psi(t)$ 应有同一的值.

再证充分性.设所述条件满足,则对于任一 $x^*\in\{\varphi(t)\}$,有 t^* 使

$$\varphi(t^*)=x^*, \psi(t^*)=y^*$$

有意义,这样定义的函数 $y=y(x)$ 不因 t^* 的不同选取而不同,因此,它由 x^* 唯一确定.从而,y 定义为 x 的单值函数.

【783】 在怎样的条件下,两个方程组

$$x=\varphi(t), y=\psi(t)(a<t<b) \text{ 及 } x=\varphi[\chi(\tau)], y=\psi[\chi(\tau)](\alpha<\tau<\beta)$$

定义出同一的函数 $y=y(x)$?

解 当 $\alpha<\tau<\beta$ 时,函数 $\chi(\tau)$ 的值域应为区间 (a,b).

【784】 设函数 $\varphi(x)$ 和 $\psi(x)$ 在区间 (a,b) 内有定义并且连续,且

$$A=\inf_{a<x<b}\varphi(x), B=\sup_{a<x<b}\varphi(x).$$

在何种情况下,存在单值函数 $f(x)$,它在区间 (A,B) 内有定义,并且当 $a<x<b$ 时,$\psi(x)=f[\varphi(x)]$?

解 存在单值函数的条件为:$\forall u\in(A,B)$,使 $\varphi(x)=u$ 的一切 x 值,函数 $\psi(x)$ 应取同一的值.这时,对 $u\in(A,B)$ 可定义

$$f(u)=\psi(x),$$

其中 x 为满足 $\varphi(x)=u(a<x<b)$ 的任何数.上述条件保证了这样定义的 $f(u)$ 是单值的.

第9节 函数的一致连续性(习题785—808)

知识点预览

知识点	题目序号	所在页码
函数的一致连续性	785—808	P221

知识点 函数的一致连续性

1. 一致连续性 设函数 $f(x)$ 定义在区间 I 上,若 $\forall \varepsilon>0$,$\exists \delta=\delta(\varepsilon)>0$,对 $\forall x',x''\in X$,只要 $|x'-x''|<\delta$,就有 $|f(x')-f(x'')|<\varepsilon$,则称函数 $f(x)$ 在 I 上一致连续.

2. 康托尔定理 有限闭区间 $[a,b]$ 上的连续函数 $f(x)$ 在 $[a,b]$ 上是一致连续的.

习题 785—808 函数的一致函数性

【785】 某工厂的车间制造正方形平板,其边长 x 在 1cm 到 10cm 之间取值. 当边长的允许误差 δ 为何值时,不论制造多大的平板(边长在上述范围内),其面积 y 与设计值之差皆小于 ε? 考虑下列情形:

(1)$\varepsilon=1\text{cm}^2$; (2)$\varepsilon=0.01\text{cm}^2$; (3)$\varepsilon=0.000\,1\text{cm}^2$.

解 $y=x^2$,$\forall \varepsilon>0$,$\forall x',x''\in[1,10]$,由于

$$|x'^2-x''^2|=|x'-x''|\,|x'+x''|\leqslant 20|x'-x''|,$$

要使 $|x'^2-x''^2|<\varepsilon$,只要 $|x'-x''|<\frac{\varepsilon}{20}$ 即可.

取 $0<\delta\leqslant\frac{\varepsilon}{20}$,则当 $|x'-x''|<\delta$ 时,恒有 $|y(x')-y(x'')|<\varepsilon$.

于是,在加工平板边长时,只要取允许误差 $\delta\leqslant\frac{\varepsilon}{20}$,则当 $|x'-x''|<\delta$ 时,即可满足要求.

(1)当 $\varepsilon=1\text{cm}^2$ 时,$\delta\leqslant\frac{1}{20}=0.05\text{cm}=0.5\text{mm}$;

(2)当 $\varepsilon=0.01\text{cm}^2$ 时,$\delta\leqslant\frac{0.01}{20}=0.000\,5\text{ cm}=0.005\text{mm}$;

(3)当 $\varepsilon=0.000\,1\text{cm}^2$ 时,$\delta\leqslant\frac{0.000\,1}{20}=0.000\,005\text{cm}=0.000\,05\text{mm}$.

【786】 圆柱形套筒的宽为 ε,长为 δ,将套筒套在曲线 $y=\sqrt[3]{x}$ 上并使它沿此曲线滑动,但套筒的轴须保持平行于 Ox 轴. δ 应取何值,才可以使此筒顺利地经过此曲线上由不等式 $-10\leqslant x\leqslant 10$ 所限定的部分? 考虑下列情形:

(1)$\varepsilon=1$; (2)$\varepsilon=0.1$; (3)$\varepsilon=0.001$; (4)ε 为任意小数.

解 $y=\sqrt[3]{x}$. $\forall \varepsilon>0$,当 $y_1\neq y_2$ 时,

$$|y_1-y_2|=\left|\frac{y_1^3-y_2^3}{y_1^2+y_1y_2+y_2^2}\right|=\left|\frac{y_1^3-y_2^3}{\frac{3}{4}(y_1+y_2)^2+\frac{1}{4}(y_1-y_2)^2}\right|\leqslant\frac{|y_1^3-y_2^3|}{\frac{1}{4}|y_1-y_2|^2},$$

即

$$\frac{1}{4}|y_1-y_2|^3<|y_1^3-y_2^3|=|x'-x''|,或|y_1-y_2|\leqslant\sqrt[3]{4|x'-x''|}.$$

要使$|y_1-y_2|<\varepsilon$,只要$4|x'-x''|<\varepsilon^3$,或$|x'-x''|<\frac{\varepsilon^3}{4}$即可,取$0<\delta\leqslant\frac{\varepsilon^3}{4}$,则当$|x'-x''|<\delta$时,恒有$|\sqrt[3]{x'}-\sqrt[3]{x''}|<\varepsilon$.

(1)当$\varepsilon=1$时,$\delta\leqslant\frac{1}{4}$;

(2)当$\varepsilon=0.1$时,$\delta\leqslant 2.5\times10^{-4}$;

(3)当$\varepsilon=0.001$时,$\delta\leqslant 2.5\times10^{-10}$;

(4)当ε为任意小数时,$\delta\leqslant\frac{\varepsilon^3}{4}(\varepsilon\leqslant1)$.

【787】 用"$\varepsilon-\delta$"的语言以肯定的方式表达下述论断意义:函数$f(x)$在某集合(开区间,闭区间,等等)上连续,但在此集合上并不一致连续.

解 设集合为E.所需论断的"$\varepsilon-\delta$"说明如下:

$\forall x_0\in E$,对$\forall\varepsilon>0$,总$\exists\delta(\varepsilon,x_0)>0$,使当$|x-x_0|<\delta(\varepsilon,x_0)$时,恒有

$$|f(x)-f(x_0)|<\varepsilon.$$

同时,$\exists\varepsilon_0>0$,使得对$\forall\delta>0$,都$\exists x_1,x_2\in E$,满足$|x_1-x_2|<\delta$,但有

$$|f(x_1)-f(x_2)|\geqslant\varepsilon_0.$$

或者$\exists\{x_n\},\{y_n\}\subset E$,满足$\lim\limits_{n\to\infty}|x_n-y_n|=0$,但是$\lim\limits_{n\to\infty}|f(x_n)-f(y_n)|\neq0$.

【788】 证明:函数$f(x)=\frac{1}{x}$在区间$(0,1)$内连续,但在$(0,1)$内非一致连续.

证 **方法一** 连续性是显然的,下证其不一致连续.

取$\varepsilon_0=1$,$\forall\delta>0$(不妨设$\delta<1$),取$x_1=\delta$,$x_2=\frac{\delta}{2}$,则$x_1,x_2\in(0,1)$,且

$$|x_1-x_2|=\frac{\delta}{2}<\delta,$$

但有$|f(x_1)-f(x_2)|=\frac{1}{\delta}>1=\varepsilon_0$.

因而$f(x)=\frac{1}{x}$在$(0,1)$内非一致连续.

方法二 取$x_n=\frac{1}{n}$,$y_n=\frac{1}{n+1}$,$n\in\mathbf{N}_+$,则$\{x_n\},\{y_n\}\subset(0,1)$,且

$$\lim_{n\to\infty}|x_n-y_n|=\lim_{n\to\infty}\left(\frac{1}{n}-\frac{1}{n+1}\right)=\lim_{n\to\infty}\frac{1}{n(n+1)}=0,$$

但有$\lim\limits_{n\to\infty}|f(x_n)-f(y_n)|=1\neq0$.

因而$f(x)=\frac{1}{x}$在$(0,1)$内非一致连续.

【789】 证明:函数$f(x)=\sin\frac{\pi}{x}$在区间$(0,1)$内连续且有界,但在$(0,1)$内非一致连续.

证 **方法一** 当 $x\neq 0$ 时,由基本初等函数在其定义域上的连续性可知,$f(x)$是连续的,同时,由于 $|f(x)|\leqslant 1$,因而它也是有界的.

取 $\varepsilon_0=1$,$\forall\delta>0$(不妨设 $\delta<1$),取 n 充分大,使得 $\dfrac{2}{n}<\delta$,取 $x_1=\dfrac{2}{n}$,$x_2=\dfrac{2}{n+1}$,则 $x_1,x_2\in(0,1)$,且 $|x_1-x_2|=\dfrac{2}{n(n+1)}<\dfrac{2}{n}<\delta$,但有 $|f(x_1)-f(x_2)|=1=\varepsilon_0$. 因而 $f(x)=\dfrac{1}{x}$ 在$(0,1)$内非一致连续.

方法二 取 $x_n=\dfrac{2}{n}$,$y_n=\dfrac{2}{n+1}$,$n\in\mathbf{N}_+$,则$\{x_n\}$,$\{y_n\}\subset(0,1)$,且

$$\lim_{n\to\infty}|x_n-y_n|=\lim_{n\to\infty}\left(\frac{2}{n}-\frac{2}{n+1}\right)=\lim_{n\to\infty}\frac{2}{n(n+1)}=0,$$

$\lim\limits_{n\to\infty}|f(x_n)-f(y_n)|=1\neq 0$. 因而 $f(x)$在$(0,1)$内非一致连续.

【790】 证明:函数 $f(x)=\sin x^2$ 在$(-\infty,+\infty)$内连续且有界,但在$(-\infty,+\infty)$内非一致连续.

证 函数 $f(x)$的连续性及其有界性是显然的. 下证其不一致连续性.

方法一 取点列 $x_n=\sqrt{\dfrac{n\pi}{2}}$,$y_n=\sqrt{\dfrac{(n+1)\pi}{2}}$,$n\in\mathbf{N}_+$,则$\{x_n\}$,$\{y_n\}\subset(-\infty,+\infty)$,且

$$\lim_{n\to\infty}|x_n-y_n|=\lim_{n\to\infty}\left(\sqrt{\frac{(n+1)\pi}{2}}-\sqrt{\frac{n\pi}{2}}\right)=\lim_{n\to\infty}\frac{\frac{\pi}{2}}{\sqrt{\frac{(n+1)\pi}{2}}+\sqrt{\frac{n\pi}{2}}}=0,$$

$$\lim_{n\to\infty}|f(x_n)-f(y_n)|=1\neq 0.$$

因而 $f(x)$在$(-\infty,+\infty)$内非一致连续.

方法二 取 $\varepsilon_0=\dfrac{1}{2}$,$\forall\delta>0$,取 n 充分大,使$\sqrt{\dfrac{\pi}{2n}}<\delta$,取 $x_n=\sqrt{2n\pi}$,$y_n=\sqrt{2n\pi+\dfrac{\pi}{2}}$,则

$$|x_n-y_n|=\sqrt{2n\pi+\frac{\pi}{2}}-\sqrt{2n\pi}=\frac{\frac{\pi}{2}}{\sqrt{2n\pi}+\sqrt{2n\pi+\frac{\pi}{2}}}<\frac{\pi}{\sqrt{2n\pi}}<\delta,$$

但有 $|f(x_n)-f(y_n)|=1>\varepsilon_0$. 因而 $f(x)$在$(-\infty,+\infty)$内非一致连续.

【791】 证明:若函数 $f(x)$在$[a,+\infty)$上有定义且连续,$\lim\limits_{x\to+\infty}f(x)$存在且有限,则 $f(x)$在$[a,+\infty)$上一致连续.

证 $\forall\varepsilon>0$,由于 $\lim\limits_{x\to+\infty}f(x)$存在,故必存在 $X>a$,使当 $x'>X$,$x''>X$ 时,恒有

$$|f(x')-f(x'')|<\varepsilon.$$

由于 $f(x)$在$[a,X+1]$上连续,故一致连续,从而 $\exists\delta_1>0$,当 $x'\in[a,X+1]$,$x''\in[a,X+1]$,且 $|x'-x''|<\delta_1$ 时,有 $|f(x')-f(x'')|<\varepsilon$.

取 $\delta=\min\{\delta_1,1\}$,$\forall x',x''\in[a,+\infty)$,$|x'-x''|<\delta$,则 x' 与 x'' 或同时属于$[a,X+1]$,或同时满足 $x'>X$,$x''>X$,因此,恒有

$$|f(x')-f(x'')|<\varepsilon,$$

故 $f(x)$在$[a,+\infty)$上一致连续.

【792】 证明:无界函数 $f(x)=x+\sin x$ 在$(-\infty,+\infty)$上一致连续.

证 $\forall\varepsilon>0$,由于 $\forall x',x''\in[a,+\infty)$有

$$|f(x')-f(x'')|=|(x'-x'')+(\sin x'-\sin x'')|$$

$$\leqslant|x'-x''|+|\sin x'-\sin x''|\leqslant 2|x'-x''|,$$

取 $\delta=\frac{\varepsilon}{2}>0$,则 $\forall x',x''\in[a,+\infty)$,只要 $|x'-x''|<\delta$,就有

$$|f(x')-f(x'')|<\varepsilon.$$

故 $f(x)$ 在 $(-\infty,+\infty)$ 上一致连续.

【793】 函数 $f(x)=x^2$ 在下列区间中是否为一致连续的:

(1) $(-l,l)$,其中 l 为任意大的正数; (2) $(-\infty,+\infty)$.

解 (1) $\varepsilon>0$,由于 $\forall x_1,x_2\in(-l,l)$,有

$$|f(x_1)-f(x_2)|\leqslant 2l|x_1-x_2|.$$

取 $\delta=\frac{\varepsilon}{2l}$,则 $\forall x_1,x_2\in(-l,l)$,只要 $|x_1-x_2|<\delta$,就有 $|f(x_1)-f(x_2)|<\varepsilon$,故 $f(x)$ 在 $(-l,l)$ 上一致连续.

(2) 取 $\varepsilon_0=1$,$\forall\delta>0$,取 n 足够大,使 $\frac{1}{n}<\delta$,取 $x_1=n+\frac{1}{n}$,$x_2=n$,则 $|x_1-x_2|=\frac{1}{n}<\delta$,但有

$$|f(x_1)-f(x_2)|=2+\left(\frac{1}{n}\right)^2>\varepsilon_0.$$

故 $f(x)$ 在 $(-\infty,+\infty)$ 上非一致连续.

【研究下列函数在给定区域上的一致连续性(794—800)】

【794】 $f(x)=\frac{x}{4-x^2}(-1\leqslant x\leqslant 1)$.

解 **方法一** $\forall\varepsilon>0$,由于当 $x_1,x_2\in[-1,1]$ 时,有

$$\begin{aligned}|f(x_1)-f(x_2)|&=\left|\frac{x_1}{4-x_1^2}-\frac{x_2}{4-x_2^2}\right|\\&=\left|\frac{4+x_1x_2}{(4-x_1^2)(4-x_2^2)}\right||x_1-x_2|\\&<\frac{4+1}{3\cdot 3}|x_1-x_2|<|x_1-x_2|.\end{aligned}$$

取 $\delta=\varepsilon$,则 $\forall x_1,x_2\in[-1,1]$,只要 $|x_1-x_2|<\delta$,就有 $|f(x_1)-f(x_2)|<\varepsilon$,因此 $f(x)$ 在 $[-1,1]$ 上一致连续.

方法二 由于 $f(x)$ 在 $[-1,1]$ 上连续,故由康托尔定理知 $f(x)$ 在 $[-1,1]$ 上一致连续.

【795】 $f(x)=\ln x(0<x<1)$.

解 取 $\varepsilon_0=\frac{\ln 2}{2}$,$\forall\delta>0$,取 n 足够大,使 $\frac{1}{n}<\delta$,取 $x_1=\frac{1}{n}$,$x_2=\frac{1}{2n}$,则 $x_1,x_2\in(0,1)$,且 $|x_1-x_2|=\frac{1}{2n}<\delta$,但有 $|f(x_1)-f(x_2)|=\ln 2>\varepsilon_0$,因此 $f(x)$ 在 $(0,1)$ 内非一致连续.

【796】 $f(x)=\frac{\sin x}{x}(0<x<\pi)$.

解 由于 $\lim\limits_{x\to 0}\frac{\sin x}{x}=1$,定义函数

$$F(x)=\begin{cases}1, & x=0,\\ \frac{\sin x}{x}, & 0<x<\pi,\\ 0, & x=\pi.\end{cases}$$

则 $F(x)$ 在 $[0,\pi]$ 上连续,由康托尔定理知,$F(x)$ 在 $[0,\pi]$ 上一致连续. 从而 $f(x)$ 也在 $(0,\pi)$ 上一致连续.

【797】 $f(x)=e^x\cos\frac{1}{x}(0<x<1)$.

解 **方法一** 取 $\varepsilon_0=1$, $\forall\delta>0$(不妨设 $\delta<1$),取 n 足够大,使 $\frac{1}{n}<\delta$,取 $x_n=\frac{2}{(2n+1)\pi}$, $y_n=\frac{1}{n\pi}$ (n 为正整数),则 $x_n,y_n\in(0,1)$,且 $|x_n-y_n|=\frac{1}{(2n+1)n\pi}<\delta$,但有

$$|f(x_n)-f(y_n)|=e^{\frac{1}{n\pi}}>1=\varepsilon_0.$$

因此 $f(x)=e^x\cos\frac{1}{x}$ 在 $(0,1)$ 内非一致连续.

方法二 取 $x_n=\frac{2}{(2n+1)\pi}$, $y_n=\frac{1}{n\pi}$ (n 为正整数),则 $\{x_n\},\{y_n\}\subset(0,1)$,且 $\lim\limits_{n\to\infty}|x_n-y_n|=\lim\limits_{n\to\infty}\frac{1}{(2n+1)n\pi}=0$,但有

$$\lim_{n\to\infty}|f(x_n)-f(y_n)|=1\neq0.$$

因此 $f(x)=e^x\cos\frac{1}{x}$ 在 $(0,1)$ 内非一致连续.

【798】 $f(x)=\arctan x(-\infty<x<+\infty)$.

解 由于 $f(x)$ 在区间 $(-\infty,1]$ 及 $[0,+\infty)$ 上连续,且有

$$\lim_{x\to+\infty}\arctan x=\frac{\pi}{2},\ \lim_{x\to-\infty}\arctan x=-\frac{\pi}{2},$$

由 791 题知 $f(x)$ 在 $(-\infty,1]$ 及 $[0,+\infty)$ 上均一致连续.

于是,对 $\forall\varepsilon>0$, $\exists\delta_1(\varepsilon)>0$,对 $\forall x_1,x_2\in(-\infty,1]$,只要 $|x_1-x_2|<\delta_1(\varepsilon)$,就有

$$|f(x_1)-f(x_2)|<\varepsilon.$$

又 $\exists\delta_2(\varepsilon)>0$,对 $\forall x_1,x_2\in[0,+\infty)$,只要 $|x_1-x_2|<\delta_2(\varepsilon)$,就有 $|f(x_1)-f(x_2)|<\varepsilon$.

取 $\delta(\varepsilon)=\min\{1,\delta_1(\varepsilon),\delta_2(\varepsilon)\}$,则当 $x_1,x_2\in(-\infty,+\infty)$, $|x_1-x_2|<\delta(\varepsilon)$ 时, x_1 与 x_2 必或同时属于 $(-\infty,1]$,或同时属于 $[0,+\infty)$,故恒有

$$|f(x_1)-f(x_2)|<\varepsilon,$$

即 $f(x)$ 在 $(-\infty,+\infty)$ 上一致连续.

【799】 $f(x)=\sqrt{x}(1\leqslant x<+\infty)$.

解 **方法一** $\forall\varepsilon>0$, $\forall x_1,x_2\in[1,+\infty)$,有

$$|\sqrt{x_1}-\sqrt{x_2}|=\left|\frac{x_1-x_2}{\sqrt{x_1}+\sqrt{x_2}}\right|\leqslant\frac{|x_1-x_2|}{2}.$$

取 $\delta=2\varepsilon$,则 $\forall x_1,x_2\in[1,+\infty)$,只要 $|x_1-x_2|<\delta$,就有

$$|\sqrt{x_1}-\sqrt{x_2}|<\frac{1}{2}\cdot2\varepsilon=\varepsilon.$$

因此 $f(x)=\sqrt{x}$ 在 $[1,+\infty)$ 上一致连续.

方法二 $\forall\varepsilon>0$, $\forall x_1,x_2\in[1,+\infty)$,有 $|\sqrt{x_1}-\sqrt{x_2}|\leqslant\sqrt{|x_1-x_2|}$.

取 $\delta=\varepsilon^2$,则 $\forall x_1,x_2\in[1,+\infty)$,只要 $|x_1-x_2|<\delta$,就有

$$|\sqrt{x_1}-\sqrt{x_2}|<\sqrt{\varepsilon^2}=\varepsilon.$$

因此 $f(x)=\sqrt{x}$ 在 $[1,+\infty)$ 上一致连续.

【800】 $f(x)=x\sin x(0\leqslant x<+\infty)$.

解 取 $x_n=2n\pi+\frac{1}{n}$, $y_n=2n\pi$ ($n\in\mathbf{N}_+$),则 $\{x_n\},\{y_n\}\subset[0,+\infty)$, $\lim\limits_{n\to\infty}(x_n-y_n)=0$,但是

$$\lim_{n\to\infty}|f(x_n)-f(y_n)|=\lim_{n\to\infty}\left[\left(2n\pi+\frac{1}{n}\right)\sin\frac{1}{n}\right]=\lim_{n\to\infty}\left(2n\pi\sin\frac{1}{n}+\frac{1}{n}\sin\frac{1}{n}\right).$$

由于$\lim\limits_{n\to\infty}\frac{1}{n}\sin\frac{1}{n}=0$，$\lim\limits_{n\to\infty}2n\pi\sin\frac{1}{n}=\lim\limits_{n\to\infty}\left(2\pi\cdot\frac{\sin\frac{1}{n}}{\frac{1}{n}}\right)=2\pi$，所以

$$\lim_{n\to\infty}|f(x_n)-f(y_n)|=2\pi\neq0.$$

因此，$f(x)=x\sin x$ 在区间$[0,+\infty)$上非一致连续.

【801】 证明：函数 $f(x)=\frac{|\sin x|}{x}$ 在每个区间 $J_1=(-1,0)$ 及 $J_2=(0,1)$ 上都一致连续，但在它们的和 $J_1+J_2=(-1,0)\cup(0,1)$ 上非一致连续.

证 在 $J_1=(-1,0)$ 上 $f(x)=-\frac{\sin x}{x}$，在 $J_2=(0,1)$ 上 $f(x)=\frac{\sin x}{x}$，它们的一致连续性由 796 题可知.

下证在它们的和 $J_1+J_2=(-1,0)\cup(0,1)$ 上非一致连续. 由于

$$\lim_{x\to0^+}f(x)=\lim_{x\to0^+}\frac{\sin x}{x}=1,\ \lim_{x\to0^-}f(x)=-\lim_{x\to0^-}\frac{\sin x}{x}=-1,$$

故 $\exists\eta>0(\eta<1)$，当 $0<x<\eta$ 时，有 $f(x)>\frac{1}{2}$；当 $-\eta<x<0$ 时，有 $f(x)<-\frac{1}{2}$.

取 $\varepsilon_0=1$，$\forall\delta>0$，取两点 x_1 和 x_2，使 $0<x_1<\min\left\{\eta,\frac{\delta}{2}\right\}$，$-\min\left\{\eta,\frac{\delta}{2}\right\}<x_2<0$. 于是，$|x_1-x_2|<\delta$，但是，

$$|f(x_1)-f(x_2)|=f(x_1)-f(x_2)>\frac{1}{2}+\frac{1}{2}=1=\varepsilon_0.$$

由此可知 $f(x)$ 在 $J_1+J_2=(-1,0)\cup(0,1)$ 上非一致连续.

【802】 对于 $\varepsilon>0$，求使下列函数 $f(x)$ 在所给区间上满足一致连续条件的 $\delta=\delta(\varepsilon)$（任意的）：

(1) $f(x)=5x-3(-\infty<x<+\infty)$；

(2) $f(x)=x^2-2x-1(-2\leqslant x\leqslant5)$；

(3) $f(x)=\frac{1}{x}(0.1\leqslant x\leqslant1)$；

(4) $f(x)=\sqrt{x}(0\leqslant x<+\infty)$；

(5) $f(x)=2\sin x-\cos x(-\infty<x<+\infty)$；

(6) $f(x)=\begin{cases}x\sin\frac{1}{x}, & x\neq0,\\ 0, & x=0\end{cases}(0\leqslant x\leqslant\pi)$.

解 (1)由 $|f(x_1)-f(x_2)|=5|x_1-x_2|$ 可知，只需取 $\delta=\frac{\varepsilon}{5}$ 即可.

(2)由 $|f(x_1)-f(x_2)|=|x_1-x_2|\cdot|x_1+x_2-2|\leqslant8|x_1-x_2|$ 可知，取 $\delta=\frac{\varepsilon}{8}$ 即可.

(3)由 $|f(x_1)-f(x_2)|=\frac{|x_1-x_2|}{x_1x_2}\leqslant100|x_1-x_2|$ 可知，只需取 $\delta=0.01\varepsilon$ 即可.

(4)对于 $a\geqslant0,b\geqslant0$，显然有不等式 $|\sqrt{a}-\sqrt{b}|\leqslant\sqrt{|a-b|}$ 成立.

$\forall\varepsilon>0$，取 $\delta=\varepsilon^2$，则 $\forall x_1,x_2\in[0,+\infty)$，只要 $|x_1-x_2|<\delta$，就有

$$\left|\sqrt{x_1}-\sqrt{x_2}\right|\leqslant\sqrt{|x_2-x_1|}<\varepsilon.$$

(5)由于$|f(x_1)-f(x_2)|\leqslant 2|\sin x_1-\sin x_2|+|\cos x_1-\cos x_2|$

$$\leqslant 2|x_1-x_2|+\left|\left(\frac{\pi}{2}-x_1\right)-\left(\frac{\pi}{2}-x_2\right)\right|=3|x_1-x_2|,$$

只需取$\delta=\frac{\varepsilon}{3}$.

(6)$\forall\varepsilon>0$,由于当$x_1,x_2\in\left[\frac{\varepsilon}{3},\pi\right]$时,有

$$\begin{aligned}|f(x_1)-f(x_2)|&=\left|x_1\sin\frac{1}{x_1}-x_2\sin\frac{1}{x_2}\right|\\&=\left|x_1\sin\frac{1}{x_1}-x_1\sin\frac{1}{x_2}+x_1\sin\frac{1}{x_2}-x_2\sin\frac{1}{x_2}\right|\\&\leqslant|x_1|\cdot\left|\sin\frac{1}{x_1}-\sin\frac{1}{x_2}\right|+|x_1-x_2|\cdot\left|\sin\frac{1}{x_2}\right|\\&\leqslant|x_1|\cdot\left|\frac{1}{x_1}-\frac{1}{x_2}\right|+|x_1-x_2|\\&=\left(\frac{1}{x_2}+1\right)\cdot|x_1-x_2|\leqslant\frac{3+\varepsilon}{\varepsilon}|x_1-x_2|.\end{aligned}$$

取$\delta=\min\left\{\frac{\varepsilon}{3},\frac{\varepsilon^2}{3+\varepsilon}\right\}$,$\forall x_1,x_2\in[0,\pi]$,满足$|x_1-x_2|<\delta$,下证$|f(x_1)-f(x_2)|<\varepsilon$.

不妨设$x_1<x_2$,若$x_1\geqslant\frac{\varepsilon}{3}$,则$x_1,x_2$均属于$\left[\frac{\varepsilon}{3},\pi\right]$,故由上式知

$$|f(x_1)-f(x_2)|\leqslant\frac{3+\varepsilon}{\varepsilon}\cdot|x_1-x_2|<\frac{3+\varepsilon}{\varepsilon}\cdot\frac{\varepsilon^2}{3+\varepsilon}=\varepsilon.$$

若$0\leqslant x_1<\frac{\varepsilon}{3}$,则$x_2=x_2-x_1+x_1<\delta+\frac{\varepsilon}{3}\leqslant\frac{2\varepsilon}{3}$. 于是

$$|f(x_1)-f(x_2)|=\left|x_1\sin\frac{1}{x_1}-x_2\sin\frac{1}{x_2}\right|\leqslant|x_1|+|x_2|<\frac{\varepsilon}{3}+\frac{2\varepsilon}{3}=\varepsilon\,(x_1>0),$$

$$|f(x_1)-f(x_2)|=\left|0-x_2\sin\frac{1}{x_2}\right|\leqslant|x_2|<\frac{2\varepsilon}{3}<\varepsilon\,(x_1=0),$$

综上所述,只要$x_1,x_2\in[0,\pi]$,$|x_1-x_2|<\delta$,就有$|f(x_1)-f(x_2)|<\varepsilon$.

【803】 将闭区间[1,10]等分为多少段,就足以让函数$f(x)=x^2$在每一段上的振幅小于0.000 1?

解 设等分为n段,则对于每段中的任意两点均有$|x_1-x_2|\leqslant\frac{9}{n}$. 于是,

$$|x_1^2-x_2^2|=|x_1+x_2||x_1-x_2|\leqslant\frac{(10+10)9}{n}=\frac{180}{n}.$$

按题设,只需$\frac{180}{n}<0.000\,1$,也即$n>1\,800\,000$.

因此,把[1,10]等分为1 800 000个等长的线段,就能满足要求.

【804】 证明:有限个在有限区间(a,b)内一致连续函数的和与它们的乘积在(a,b)内仍一致连续.

证 由于有限个函数相加或相乘可逐次分解成两个函数相加或相乘,故只需考虑两个函数的情况. 设$f(x)$与$g(x)$都在(a,b)内一致连续,下证$f(x)+g(x)$与$f(x)g(x)$也在(a,b)内一致连续.

首先证明$f(x)+g(x)$在(a,b)内一致连续.

$\forall\varepsilon>0$,由$f(x)$在(a,b)内一致连续知,$\exists\delta_1>0$,$\forall x_1,x_2\in(a,b)$,只要$|x'-x''|<\delta_1$,就有

$$|f(x')-f(x'')|<\frac{\varepsilon}{2}.$$

又由于 $g(x)$ 在 (a,b) 内一致连续知，$\exists\delta_2>0,\forall x',x''\in(a,b)$，只要 $|x'-x''|<\delta_2$，就有

$$|g(x')-g(x'')|<\frac{\varepsilon}{2}.$$

取 $\delta=\min\{\delta_1,\delta_2\}$，则 $\forall x_1,x_2\in(a,b)$，当 $|x'-x''|<\delta$ 时，有

$$|[f(x')+g(x')]-[f(x'')+g(x'')]|\leqslant|f(x')-f(x'')|+|g(x')-g(x'')|<\frac{\varepsilon}{2}+\frac{\varepsilon}{2}=\varepsilon.$$

故 $f(x)+g(x)$ 在 (a,b) 内一致连续.

其次证明 $f(x)g(x)$ 在 (a,b) 上一致连续. 为此先证一个结论：若函数 $F(x)$ 在有限区间 (a,b) 内一致连续，则 $F(x)$ 在 (a,b) 内必有界.

事实上，$\forall\varepsilon>0,\exists\delta>0$，使对 $\forall x',x''\in(a,b)$，只要 $|x'-x''|<\delta_2$，就有 $|F(x')-F(x'')|<\varepsilon$. 特别地，

当 $a<x'<a+\delta,a<x''<a+\delta$ 时，必有 $|F(x')-F(x'')|<\varepsilon$；

当 $b-\delta<x'<b,b-\delta<x''<b$ 时，也必有 $|F(x')-F(x'')|<\varepsilon$.

因此，根据柯西收敛准则，知 $F(a+0)=\lim\limits_{x\to a^+}F(x)$ 与 $F(b-0)=\lim\limits_{x\to b^-}F(x)$ 都存在（有限）. 现在 $[a,b]$ 上定义函数 $F^*(x)$ 如下：

$$F^*(x)=\begin{cases}F(x), & a<x<b,\\ F(a+0), & x=a,\\ F(b-0), & x=b.\end{cases}$$

显然 $F^*(x)$ 在闭区间 $[a,b]$ 上连续，从而有界，由此可知 $F(x)$ 在 (a,b) 内有界.

根据 $f(x)$ 与 $g(x)$ 在 (a,b) 内一致连续和上述结论，存在常数 $M>0$，使 $\forall x\in(a,b)$，有

$$|f(x)|\leqslant M,|g(x)|\leqslant M,$$

且对 $\forall\varepsilon>0,\exists\delta>0$，使对 $\forall x',x''\in(a,b)$，只要 $|x'-x''|<\delta$，就有

$$|f(x')-f(x'')|<\frac{\varepsilon}{2M},|g(x')-g(x'')|<\frac{\varepsilon}{2M}.$$

由此可知

$$|f(x')g(x')-f(x'')g(x'')|=|[f(x')-f(x'')]g(x')+f(x'')[g(x')-g(x'')]|$$

$$<\frac{\varepsilon}{2M}\cdot M+\frac{\varepsilon}{2M}\cdot M=\varepsilon.$$

故 $f(x)g(x)$ 在 (a,b) 内一致连续.

注 当 (a,b) 是无穷区间时，(a,b) 内一致连续函数 $f(x)$ 与 $g(x)$ 的和 $f(x)+g(x)$ 也必一致连续，但乘积 $f(x)g(x)$ 不一定一致连续. 例如，设 $(a,b)=(-\infty,+\infty)$，$f(x)=x$ 在 $(-\infty,+\infty)$ 上一致连续，而 $[f(x)]^2=x^2$ 在 $(-\infty,+\infty)$ 上非一致连续（参看 793 题 (2)）.

【805】 证明：若单调有界函数 $f(x)$ 在有限或无穷区间 (a,b) 内都是连续的，则此函数在区间 (a,b) 内一致连续.

证 分三种情形予以证明.

(1)设 (a,b) 是有限区间. 由于 $f(x)$ 在 (a,b) 内单调有界，故 $f(a+0)=\lim\limits_{x\to a^+}f(x)$ 与 $f(b-0)=\lim\limits_{x\to b^-}f(x)$ 都存在（有限）. 按下式定义 $[a,b]$ 上的函数 $f^*(x)$：

$$f^*(x)=\begin{cases}f(x), & a<x<b,\\ f(a+0), & x=a,\\ f(b-0), & x=b,\end{cases}$$

显然 $f^*(x)$在$[a,b]$上连续，从而一致连续，当然在(a,b)内也一致连续，故 $f(x)$在(a,b)内一致连续.

(2)a 为有限数，$b=+\infty$，此时，令

$$f^*(x)=\begin{cases} f(x), & a<x<+\infty, \\ f(a+0), & x=a, \end{cases}$$

则 $f^*(x)$在$[a,+\infty)$上连续，且 $\lim\limits_{x\to+\infty} f^*(x)=\lim\limits_{x\to+\infty} f(x)$存在（有限），故根据 791 题的结果知 $f^*(x)$在$[a,+\infty)$上一致连续，从而 $f(x)$在$[a,+\infty)$上一致连续.

若 $a=-\infty$，b 为有限数. 考虑函数 $g(x)=f(-x)(-b<x<+\infty)$，即化成刚才证明了的左端点是有限数、右端点是$+\infty$的情形.

(3)$a=-\infty$，$b=+\infty$. $\forall\varepsilon>0$，利用(2)已证的结果，$f(x)$在$(0,+\infty)$上一致连续，故$\exists\delta_1>0$，对$\forall x'$，$x''\in(0,+\infty)$且$|x'-x''|<\delta_1$ 时，恒有

$$|f(x')-f(x'')|<\varepsilon.$$

同样利用(2)已证的结果，$f(x)$在$(-\infty,1)$上一致连续，故对上述$\varepsilon>0$，$\exists\delta_2>0$，$\forall x',x''\in(-\infty,1)$且$|x'-x''|<\delta_2$ 时，恒有

$$|f(x')-f(x'')|<\varepsilon.$$

取 $\delta=\min\{1,\delta_1,\delta_2\}$，对$\forall x',x''\in(-\infty,+\infty)$且$|x'-x''|<\delta$，则$x'$与$x''$必或是同属于区间$(-\infty,1)$，或是同属于区间$(0,+\infty)$. 因此，恒有

$$|f(x')-f(x'')|<\varepsilon.$$

由此可知 $f(x)$在$(-\infty,+\infty)$上一致连续.

【806】 证明：在有限区间(a,b)上有定义而且连续的函数 $f(x)$，可用连续的方法延拓到闭区间$[a,b]$上，其充分必要条件是函数 $f(x)$在区间(a,b)内一致连续.

证 必要性：若 $f(x)$可用连续的方法延拓到闭区间$[a,b]$上，则 $f(x)$在$[a,b]$上连续，从而 $f(x)$在$[a,b]$上一致连续，当然 $f(x)$在(a,b)内也一致连续.

充分性：若 $f(x)$在(a,b)内一致连续. 根据 804 题的证明过程，知 $f(a+0)=\lim\limits_{x\to a^+} f(x)$与 $f(b-0)=\lim\limits_{x\to b^-} f(x)$都存在（有限）. 按下式定义$[a,b]$上的函数：

$$f^*(x)=\begin{cases} f(x), & a<x<b, \\ f(a+0), & x=a, \\ f(b-0), & x=b. \end{cases}$$

显然 $f^*(x)$在$[a,b]$上连续，在(a,b)内有 $f^*(x)\equiv f(x)$.

故 $f^*(x)$是 $f(x)$在$[a,b]$上的连续延拓. 证毕.

【807】 函数 $\omega_f(\delta)=\sup|f(x_1)-f(x_2)|$（其中 x_1 和 x_2 为(a,b)中满足$|x_1-x_2|\leqslant\delta$ 的任意两点），称为函数 $f(x)$在区间(a,b)上的连续模.

证明：函数 $f(x)$在区间(a,b)内一致连续的充分必要条件是$\lim\limits_{\delta\to0^+}\omega_f(\delta)=0$.

证 必要性：设 $f(x)$在(a,b)内一致连续，则$\forall\varepsilon>0$，$\exists\delta'>0$，使得$\forall x_1,x_2\in(a,b)$，只要$|x_1-x_2|<\delta'$，就有$|f(x_1)-f(x_2)|<\dfrac{\varepsilon}{2}$. 现设 $0<\delta<\delta'$，则当$|x_1-x_2|<\delta$时，必有

$$|f(x_1)-f(x_2)|<\frac{\varepsilon}{2},$$

从而 $\omega_f(\delta)=\sup|f(x_1)-f(x_2)|\leqslant\dfrac{\varepsilon}{2}<\varepsilon$. 由此可知 $\lim\limits_{\delta\to0^+}\omega_f(\delta)=0$.

充分性：设 $\lim\limits_{\delta\to0^+}\omega_f(\delta)=0$，则$\forall\varepsilon>0$，$\exists\delta'>0$，使当 $0<\delta<\delta'$时，恒有 $\omega_f(\delta)<\varepsilon$.

$\forall x_1, x_2 \in (a,b)$，满足 $|x_1-x_2|<\delta'$.

若 $x_1=x_2$，则显然 $|f(x_1)-f(x_2)|=0<\varepsilon$；

若 $x_1\neq x_2$，令 $|x_1-x_2|=\delta^*$，则 $0<\delta^*<\delta'$，于是 $|f(x_1)-f(x_2)|\leqslant\omega_f(\delta^*)<\varepsilon$.

由此可知 $f(x)$ 在 (a,b) 内一致连续.

【 808 】 设

(1) $f(x)=x^3(0\leqslant x\leqslant 1)$； (2) $f(x)=\sqrt{x}(0\leqslant x\leqslant a)$ 及 $(a<x<+\infty)$；

(3) $f(x)=\sin x+\cos x(0\leqslant x\leqslant 2\pi)$.

对函数 $f(x)$ 的连续模 $\omega_f(\delta)$（参阅前题）作如下形式的估计：$\omega_f(\delta)\leqslant C\delta^\alpha$，其中 C 和 α 为常数.

解 (1) $|x_1^3-x_2^3|=|x_1-x_2||x_1^2+x_1x_2+x_2^2|\leqslant 3\delta$，于是，$\omega_f(\delta)\leqslant 3\delta$.

(2) 当 $0\leqslant x<+\infty$ 时，$\left|\sqrt{x_1}-\sqrt{x_2}\right|\leqslant\sqrt{|x_1-x_2|}\leqslant\sqrt{\delta}$，于是 $\omega_f(\delta)\leqslant\sqrt{\delta}$；

更进一步，当 $a<x<+\infty$ 时，有 $\left|\sqrt{x_1}-\sqrt{x_2}\right|=\dfrac{|x_1-x_2|}{\sqrt{x_1}+\sqrt{x_2}}\leqslant\dfrac{\delta}{2\sqrt{a}}$，故 $\omega_f(\delta)\leqslant\dfrac{\delta}{2\sqrt{a}}$.

(3) $f(x)=\sqrt{2}\sin\left(x+\frac{\pi}{4}\right)$，故

$$\left|\sqrt{2}\sin\left(x_1+\frac{\pi}{4}\right)-\sqrt{2}\sin\left(x_2+\frac{\pi}{4}\right)\right|$$

$$=\sqrt{2}\cdot 2\left|\cos\frac{x_1+x_2+\frac{\pi}{2}}{2}\sin\frac{x_1-x_2}{2}\right|\leqslant\sqrt{2}\cdot 2\cdot\frac{|x_1-x_2|}{2}\leqslant\sqrt{2}\delta,$$

于是 $\omega_f(\delta)\leqslant\sqrt{2}\delta$.

第10节 函数方程（习题809—820）

知识点预览

知识点	题目序号	所在页码
函数方程	809—820	P230

知识点 函数方程

1. 定义 含有未知函数的等式称为函数方程.

2. 函数方程的解 能使函数方程成立的函数叫做函数方程的解. 函数方程可以有一个解，可以无解，也可以有多个解.

3. 解函数方程 求函数方程的解或证明函数方程无解的过程叫解函数方程.

4. 函数方程的解法 通常有迭代法、赋值法、换元法、待定系数法、柯西法等.

习题 809—820 函数方程

【 809 】 证明：对于所有实数 x 和 y 都满足方程

$$f(x+y)=f(x)+f(y) \qquad ①$$

的唯一的连续函数 $f(x)(-\infty<x<+\infty)$ 是线性齐次函数 $f(x)=ax$，其中 $a=f(1)$ 是常数.

证 先证：若 $f(x)$ 满足①式，则对 $\forall c\in\mathbf{Q}$，必有 $f(c)=cf(1)$. 事实上，$\forall m,n\in\mathbf{N}_+$，有

$$f(m)=f(1+1+\cdots+1)=mf(1),$$

$$f(1)=f\left(n\cdot\frac{1}{n}\right)=nf\left(\frac{1}{n}\right),$$

故 $f\left(\frac{1}{n}\right)=\frac{1}{n}f(1)$. 于是 $f\left(\frac{m}{n}\right)=mf\left(\frac{1}{n}\right)=\frac{m}{n}f(1)$.

在①中令 $x=y=0$，得 $f(0)=f(0)+f(0)=2f(0)$，故 $f(0)=0$；

在①中令 $y=-x$，并注意到已证的结果 $f(0)=0$，得 $f(-x)=-f(x)$. 于是

$$f\left(-\frac{m}{n}\right)=-f\left(\frac{m}{n}\right)=-\frac{m}{n}f(1).$$

故对任何有理数 c，有 $f(c)=cf(1)$.

下证对 $\forall d\in\mathbf{Q}^c$，有 $f(d)=df(1)$.

事实上，$\forall d\in\mathbf{Q}^c$，由有理数的稠密性，$\exists\{c_n\}\subset\mathbf{Q}$，使 $\lim\limits_{n\to\infty}c_n=d$. 于是，$f(c_n)=c_nf(1)(n\in\mathbf{N}_+)$，两端令 $n\to\infty$ 取极限，并注意到函数 f 在点 d 连续，即得 $f(d)=df(1)$.

综上，对 $\forall x\in\mathbf{R}$，有 $f(x)=xf(1)=ax$，其中 $a=f(1)$.

【810】 证明：满足方程 $f(x+y)=f(x)+f(y)$ 的单调函数 $f(x)$ 是线性齐次的.

证 由 $f(x)$ 满足方程 $f(x+y)=f(x)+f(y)$ 和 809 题的证明过程知，对 $\forall c\in\mathbf{Q}$，有 $f(c)=cf(1)$.

下证对 $\forall d\in\mathbf{Q}^c$，有 $f(d)=df(1)$.

不妨设 $f(x)$ 单调递增. 由 $f(-x)=-f(x)$，只须证 $d>0$ 时成立即可. 由有理数的稠密性，存在 $\{x_n\}$，$\{y_n\}\subset\mathbf{Q}_+$，满足：

$$x_1<x_2<x_3<\cdots<d<\cdots<y_3<y_2<y_1,$$

并且 $\lim\limits_{n\to\infty}x_n=d$，$\lim\limits_{n\to\infty}y_n=d$，另外还有

$$f(x_n)=x_nf(1),\ f(y_n)=y_nf(1). \qquad ①$$

由于 $f(x)$ 单调递增，故在点 d 的左、右极限均存在有限，并且满足

$$f(d-0)\leqslant f(d)\leqslant f(d+0).$$

在①式中令 $n\to\infty$ 取极限，由归结原则得

$$f(d-0)=df(1),\ f(d+0)=df(1).$$

由此可知 $f(d)=df(1)$.

综上，对 $\forall x\in\mathbf{R}$，有 $f(x)=xf(1)=ax$，其中 $a=f(1)$.

【811】 证明：满足方程 $f(x+y)=f(x)+f(y)$ 且在任意小区间 $(-\varepsilon,\varepsilon)$ 内有界的函数 $f(x)$ 是线性齐次函数.

证 由 $f(x)$ 满足方程 $f(x+y)=f(x)+f(y)$ 和 809 题的证明过程知：对 $\forall c\in\mathbf{Q}$，有 $f(c)=cf(1)$.

下证对 $\forall d\in\mathbf{Q}^c$，有 $f(d)=df(1)$.

反证法：假定 $\exists d_0\in\mathbf{Q}^c$，有 $f(d_0)\neq d_0f(1)$. 令 $f(d_0)-d_0f(1)=\alpha$，则 $\alpha\neq0$. 由有理数的稠密性，$\exists\{c_n\}\subset\mathbf{Q}$，$\lim\limits_{n\to\infty}c_n=d_0$. 于是，对 $\forall m\in\mathbf{N}_+$，有

$$\begin{aligned}f[m(d_0-c_n)]&=mf(d_0-c_n)=m[f(d_0)-f(c_n)]\\&=m[f(d_0)-c_nf(1)]=m(d_0-c_n)f(1)+m\alpha(n,m\in\mathbf{N}_+).\end{aligned}$$

$\forall G>0$. 先取定一个正整数 m,使 $m>\frac{2G}{|\alpha|}$. 对此 m,再取定一个正整数 n,使

$$|m(d_0-c_n)|<\varepsilon,|m(d_0-c_n)f(1)|<G.$$

令 $\bar{x}=m(d_0-c_n)$. 于是 $\bar{x}\in(-\varepsilon,\varepsilon)$,并且

$$|f(\bar{x})|\geqslant|m\alpha|-|m(d_0-c_n)f(1)|>2G-G=G,$$

由 $G>0$ 的任意性知 $f(x)$在$(-\varepsilon,\varepsilon)$无界,矛盾. 于是,对任何无理数 d,也有 $f(dx)=df(x)$.

综上,对 $\forall x\in\mathbf{R}$,有 $f(x)=xf(1)=ax$,其中 $a=f(1)$.

【812】 证明:对所有 x 和 y 都满足方程

$$f(x+y)=f(x)f(y)$$

的唯一不恒等于零的连续函数 $f(x)(-\infty<x<+\infty)$是指数函数 $f(x)=a^x$,其中 $a=f(1)>0$ 为常数.

证 **方法一** $\forall m,n\in\mathbf{N}_+$,

$$f(m)=f(1+1+\cdots+1)=[f(1)]^m,$$

$$f(1)=f\left(n\cdot\frac{1}{n}\right)=\left[f\left(\frac{1}{n}\right)\right]^n,f\left(\frac{1}{n}\right)=[f(1)]^{\frac{1}{n}}.$$

于是 $f\left(\frac{m}{n}\right)=\left[f\left(\frac{1}{n}\right)\right]^m=[f(1)]^{\frac{m}{n}}$.

又 $\forall x\in\mathbf{R}$,有 $f(x)=f(x+0)=f(x)f(0)$,即 $f(x)[f(0)-1]=0$,由于 $f(x)\not\equiv0$,所以 $f(0)=1$. 又在式 $f(x+y)=f(x)+f(y)$中令 $y=-x$,得 $1=f(0)=f(x)f(-x)$,于是

$$f\left(-\frac{m}{n}\right)=\frac{1}{f\left(\frac{m}{n}\right)}=[f(1)]^{-\frac{m}{n}}.$$

由此可知,对 $\forall c\in\mathbf{Q}$,有 $f(c)=[f(1)]^c$.

下证对 $\forall d\in\mathbf{Q}^c$,有 $f(d)=[f(1)]^d$.

事实上,$\forall d\in\mathbf{Q}^c$,由有理数的稠密性,$\exists\{c_n\}\subset\mathbf{Q}$,使$\lim\limits_{n\to\infty}c_n=d$. 于是 $f(c_n)=[f(1)]^{c_n}(n\in\mathbf{N}_+)$,两端令 $n\to\infty$取极限,并注意到函数 f 在点 d 连续,即得 $f(d)=[f(1)]^d$.

由 $1=f(0)=f(1)f(-1)$知,$f(1)\neq0$,又 $f(1)=f\left(\frac{1}{2}\right)f\left(\frac{1}{2}\right)\geqslant0$,故 $f(1)>0$.

综上,对任何实数 $\forall x\in\mathbf{R}$,有 $f(x)=[f(1)]^x=a^x$,其中 $a=f(1)>0$.

方法二 $\forall x\in\mathbf{R}$,$f(x)=f(x+0)=f(x)f(0)$,即 $f(x)[f(0)-1]=0$,由于 $f(x)\not\equiv0$,故 $f(0)=1$. 由 $1=f(0)=f(x)f(-x)$可得,$\forall x\in\mathbf{R}$,$f(x)\neq0$. 又因为

$$f(x)=f\left(\frac{x}{2}+\frac{x}{2}\right)=f^2\left(\frac{x}{2}\right)\geqslant0,$$

故 $\forall x\in\mathbf{R}$,$f(x)>0$.

令 $F(x)=\log_a f(x)$,其中 $a=f(1)>0$. 于是 $F(x)$是$(-\infty,+\infty)$上的连续函数,满足:

$$\begin{aligned}F(x+y)&=\log_a f(x+y)=\log_a[f(x)f(y)]\\&=\log_a f(x)+\log_a f(y)=F(x)+F(y).\end{aligned}$$

故由 809 题的结果,知 $F(x)=a^* x$,这里 $a^*=F(1)=\log_a f(1)=\log_a a=1$,从而 $F(x)=x$.

由此可知 $f(x)=a^x$.

【813】 证明:在区间$(0,\varepsilon)$中有界并满足方程 $f(x+y)=f(x)f(y)$的不恒等于零的函数 $f(x)$是指数函数.

证 由 812 的证明知:$\forall x\in\mathbf{R}$,$f(x)>0$,并且对 $\forall c\in\mathbf{Q}$,有 $f(c)=[f(1)]^c$.

下证对 $\forall d\in \mathbf{Q}^c$，有 $f(d)=[f(1)]^d$. 反证法. 假定对某无理数 d_0，有 $f(d_0)\neq[f(1)]^{d_0}$. 由 $f(1)>0$，有 $f(d_0)=\beta[f(1)]^{d_0}$，$\beta>0$，$\beta\neq 1$. 不妨设 $\beta>1$，取有理数列 $\{c_n\}$：

$$c_1<c_2<c_3<\cdots<d_0,\ \lim_{n\to\infty}c_n=d_0.$$

于是，对任何正整数 m，有

$$f[m(d_0-c_n)]=[f(d_0-c_n)]^m=f^m(d_0)f^m(-c_n)=\beta^m[f(1)]^{m(d_0-c_n)}.$$

$\forall G>0$. 先取定一个正整数 m，使 $\beta^m>2G$. 然后，再取一个 n，使

$$0<m(d_0-c_n)<\varepsilon,[f(1)]^{m(d_0-c_n)}>\frac{1}{2}.$$

于是，令 $x=m(d_0-c_n)$，则 $x\in(0,\varepsilon)$，且 $f(x)>2G\cdot\dfrac{1}{2}=G$，故 $f(x)$ 在 $(0,\varepsilon)$ 无界，此与假定矛盾. 注意，若 $\beta<1$，则需取 $c_1>c_2>c_3>\cdots>d_0$，$\lim\limits_{n\to\infty}c_n=d_0$，并考虑

$$f[-m(d_0-c_n)]=\beta^{-m}[f(1)]^{-m(d_0-c_n)}.$$

由此可知，对 $\forall d\in \mathbf{Q}^c$，有 $f(d)=[f(1)]^d$.

综上，对 $\forall x\in\mathbf{R}$，有 $f(x)=[f(1)]^x=a^x$，其中 $a=f(1)>0$.

【814】 证明：对于所有正数 x 和 y 都满足方程 $f(xy)=f(x)+f(y)$ 的唯一不恒等于零的连续函数 $f(x)(0<x<+\infty)$ 是对数函数 $f(x)=\log_a x$，其中 $a>0$ 为常数.

证 由 $f(1)=f(1)+f(1)=2f(1)$，得 $f(1)=0$. 由于 $f(x)\not\equiv 0$，故 $\exists x_0>0$ 使 $f(x_0)\neq 0$.

先设 $f(x_0)>0$. 由于

$$f(x_0^n)=f(x_0)+f(x_0)+\cdots+f(x_0)=nf(x_0)\to+\infty(n\to\infty),$$

故 $\exists n\in\mathbf{N}_+$，使 $f(x_0^n)>1$. 于是，根据连续函数性质知，在 1 与 x_0^n 之间必存在数 a（显然 $a>0$）使 $f(a)=1$. 现考虑函数 $F(x)=f(a^x)(-\infty<x<+\infty)$. 显然 $F(x)$ 连续且满足下式：

$$F(x+y)=f(a^{x+y})=f(a^x\cdot a^y)=f(a^x)+f(a^y)=F(x)+F(y).$$

于是，根据 809 题的结果知，$F(y)=a^*y(-\infty<y<+\infty)$，其中 $a^*=F(1)=f(a)=1$.

于是 $F(y)=y$，即 $f(a^y)=y$. 令 $a^y=x$，则 $y=\log_a x$，于是

$$f(x)=\log_a x(0<x<+\infty).$$

若 $f(x_0)<0$，取 $g(x)=-f(x)$，则 $g(x_0)>0$，且 $g(x)$ 满足 $g(xy)=g(x)+g(y)$，故由上述证明结果，可知 $g(x)=\log_a x(0<x<+\infty)$，其中 $a>0$，即 $-f(x)=\log_a x$ 或 $f(x)=-\log_a x$. 令 $a^*=\dfrac{1}{a}$，则 $a^*>0$，且 $-\log_a x=\log_{a^*}x$.

故 $f(x)=\log_{a^*}x(0<x<+\infty)$，其中 $a^*>0$.

【815】 证明：对于所有正数 x 和 y 都满足方程

$$f(xy)=f(x)f(y)$$

的唯一不恒等于零的连续函数 $f(x)(0<x<+\infty)$ 是幂函数 $f(x)=x^a$，其中 a 为常数.

证 考虑函数 $F(x)=f(\mathrm{e}^x)(-\infty<x<+\infty)$，则 $F(x)$ 在 $-\infty<x<+\infty$ 连续不恒为零，且满足：

$$F(x+y)=f(\mathrm{e}^{x+y})=f(\mathrm{e}^x\cdot\mathrm{e}^y)=f(\mathrm{e}^x)f(\mathrm{e}^y)=F(x)F(y).$$

于是，根据 812 题的结果知 $F(y)=b^y(-\infty<y<+\infty)$，其中 $b>0$，即 $f(\mathrm{e}^y)=b^y(-\infty<y<+\infty)$.

令 $\mathrm{e}^y=x$，则 $x>0$；显然，存在唯一的 $a\in(-\infty,+\infty)$，使 $\mathrm{e}^a=b$. 于是，

$$f(x)=b^y=\mathrm{e}^{ay}=x^a(0<x<+\infty).$$

【816】 求对于所有实数 x 和 y 都满足方程 $f(xy)=f(x)f(y)$ 的所有的连续函数 $f(x)(-\infty<x<+\infty)$.

证 因为 $f(xy)=f(x)f(y)$，所以 $f(1)=f(1)f(1)$，于是 $f(1)=0$ 或 $f(1)=1$.

当 $f(1)=0$ 时，对于任意实数 x，均有 $f(x)=f(1)f(x)\equiv 0$，

当 $f(1)=1$ 时，由于 $f(1)=f((-1)\cdot(-1))=f(-1)f(-1)=1$，所以 $f(-1)=\pm 1$.

下面分两种情况讨论：

（ⅰ）当 $f(-1)=1$ 时，由于 $f(-x)=f(-1)f(x)=f(x)$，即 $f(x)$ 为偶函数，故只须对 $x>0$ 的情形讨论. 而对于 $x>0$，由 815 题知 $f(x)=x^a$，其中 a 为常数. 然后再利用 $f(-x)=f(x)$，即得 $f(x)=|x|^a$，为保证 $f(x)$ 在 $(-\infty,+\infty)$ 中连续，需 $a\geqslant 0$.

（ⅱ）当 $f(-1)=-1$ 时，即 $f(x)$ 为奇函数，同(i)可得 $f(x)=\operatorname{sgn} x\cdot|x|^a\ (a\geqslant 0)$.

综上所述，所求的函数为下述三种情形之一：

(1) $f(x)\equiv 0$； (2) $f(x)=|x|^a\ (a\geqslant 0)$； (3) $f(x)=\operatorname{sgn} x\cdot|x|^a\ (a\geqslant 0)$.

【817】 证明：不连续函数 $f(x)=\operatorname{sgn} x$ 满足方程 $f(xy)=f(x)+f(y)$.

证 由 $f(x)=\operatorname{sgn} x$ 知，$f(xy)=\operatorname{sgn}(xy)$. 分三种情况讨论：

(1) 当 $xy>0$ 时，x 与 y 同号，此时 $\operatorname{sgn}(xy)=\operatorname{sgn} x\cdot\operatorname{sgn} y=1$；

(2) 当 $xy<0$ 时，x 与 y 异号，此时 $\operatorname{sgn}(xy)=\operatorname{sgn} x\cdot\operatorname{sgn} y=-1$.

(3) 当 $xy=0$ 时，在实数域内，x 与 y 中至少有一个为 0，于是 $\operatorname{sgn}(xy)=\operatorname{sgn} x\cdot\operatorname{sgn} y=0$.

总之，不论哪种情形，均有 $\operatorname{sgn}(xy)=\operatorname{sgn} x\cdot\operatorname{sgn} y$，即 $f(x)=\operatorname{sgn} x$ 满足 $f(xy)=f(x)f(y)$.

【818】 求对于所有实数 x 和 y 都满足方程 $f(x+y)+f(x-y)=2f(x)f(y)$ 的所有的连续函数 $f(x)\ (-\infty<x<+\infty)$.

解 在 $f(x+y)+f(x-y)=2f(x)f(y)$ 中，令 $x=y=0$ 得

$$2f(0)=2f^2(0)，即\ f(0)[f(0)-1]=0.$$

若 $f(0)=0$，则 $\forall x\in\mathbf{R}$，有

$$f(x)=\frac{f(x+0)+f(x-0)}{2}=f(x)f(0)\equiv 0;$$

若 $f(0)=1$，在 $f(x+y)+f(x-y)=2f(x)f(y)$ 中，令 $x=0$ 得，$f(y)+f(-y)=2f(y)$，

即 $f(-y)=f(y)$，故 $f(x)$ 为偶函数，故只须讨论 $x>0$ 的情形.

显然 $f(x)\equiv 1$ 为满足方程的连续函数.

下设 $f(x)\not\equiv 1$. 由 $f(0)=1$ 及 $f(x)$ 的连续性，$\exists c>0$，使当 $x\in[0,c]$ 时，$f(x)>0$. 设 $f(c)=A$，分两种情况讨论：

(1) 当 $0<A\leqslant 1$ 时，存在 θ：$0\leqslant\theta<\frac{\pi}{2}$，使得

$$f(c)=\cos\theta. \qquad ①$$

从而由 $f(x+y)+f(x-y)=2f(x)f(y)$，可得

$$f(2c)=2[f(c)]^2-f(0)=2\cos^2\theta-1=\cos 2\theta,$$

$$f(3c)=2f(2c)f(c)-f(c)=2\cos 2\theta\cos\theta-\cos\theta=\cos 3\theta.$$

假设对小于 n 的正整数 k，都有 $f(kc)=\cos k\theta$，则

$$f(nc)=2f[(n-1)c]f(c)-f[(n-2)c]=2\cos[(n-1)\theta]\cos\theta-\cos[(n-2)\theta]=\cos n\theta.$$

故由第二数学归纳法可知，对于所有的正整数 n，均有

$$f(nc)=\cos n\theta. \qquad ②$$

又由 $f(\frac{c}{2})>0$，及 $\left[f\left(\frac{c}{2}\right)\right]^2=\frac{1}{2}[f(0)+f(c)]=\frac{1}{2}(1+\cos\theta)=\cos^2\frac{\theta}{2}$，

解得 $f\left(\frac{1}{2}c\right)=\cos\frac{\theta}{2}$，又由 $f(\frac{c}{2^2})>0$，及

$$\left[f\left(\frac{1}{2^2}c\right)\right]^2=\frac{1}{2}[f(0)+f(\frac{1}{2}c)]=\frac{1}{2}(1+\cos\frac{\theta}{2})=\cos^2\frac{\theta}{2^2},$$

解得 $f\left(\frac{1}{2^2}c\right)=\cos\frac{\theta}{2^2}$.

同样，利用数学归纳法，对 $\forall n\in\mathbf{N}_+$，均有

$$f\left(\frac{1}{2^n}c\right)=\cos\left(\frac{1}{2^n}\theta\right). \qquad ③$$

对③重复应用由①到②的推理过程，可知对 $\forall m\in\mathbf{N}_+$，均有 $f\left(\frac{m}{2^n}c\right)=\cos\left(\frac{m}{2^n}\theta\right)$.

又 $\forall x\in\mathbf{R}_+$，存在 $\frac{m}{2^n}$ 型的数列 $\{x_n\}$，$x_n\to x$，$n\to\infty$，由 $f(x)$ 的连续性得

$$f(cx)=\lim_{n\to\infty}f(cx_n)=\lim_{n\to\infty}\cos(\theta x_n)=\cos\theta c.$$

又 $f(x)$ 为偶函数，故上式对 $x<0$ 也成立. 当 $x=0$ 时，$f(cx)=\cos(\theta x)$ 显然成立. 因此，对于 $\forall x\in\mathbf{R}$，均有 $f(cx)=\cos(\theta x)$. 令 $y=cx$，并令 $\frac{\theta}{c}=a$，则

$$f(y)=\cos ay，即\ f(x)=\cos ax.$$

当 $a=0$ 时，$f(x)=\cos 0\equiv 1$.

(2) 当 $A>1$ 时，存在 $\theta>0$，使得 $f(c)=a=\operatorname{ch}\theta$.

根据双曲余弦的关系式，再重复上面的推理过程，可得 $f(x)=\operatorname{ch}ax$.

综上所述，所求的函数为 $f(x)\equiv 0$ 或 $f(x)=\cos ax$ 或 $f(x)=\operatorname{ch}ax$.

【819】 求对于所有实数 x 和 y 都满足方程组：

$$f(x+y)=f(x)f(y)-g(x)g(y),$$
$$g(x+y)=f(x)g(y)+f(y)g(x),$$

以及规范条件 $f(0)=1$ 和 $g(0)=0$ 的所有有界连续函数 $f(x)$ 和 $g(x)$ $(-\infty<x<+\infty)$.

解 考虑函数 $F(x)=f^2(x)+g^2(x)$，则

$$\begin{aligned}F(x+y)&=f^2(x+y)+g^2(x+y)\\&=[f(x)f(y)-g(x)g(y)]^2+[f(x)g(y)+f(y)g(x)]^2\\&=F(x)F(y).\end{aligned}$$

因 $F(0)=1$ 及 $F(x)\neq 0$，由 812 题可得 $F(x)=a^x$，$x\in(-\infty,+\infty)$，其中 $a=F(1)>0$ 为常数.

由于 $f(x)$ 及 $g(x)$ 均有界，故只能有 $a=1$. 因此，对 $\forall x\in\mathbf{R}$，有 $f^2(x)+g^2(x)=1$. 因为

$$0=g(0)=g(x-x)=f(x)g(-x)+f(-x)g(x)$$

及

$$1=f(0)=f(x-x)=f(x)f(-x)-g(-x)g(x),$$

上面二式分别乘以 $g(-x)$ 及 $f(-x)$，然后相加，得

$$f(-x)=f(x)[f^2(-x)+g^2(-x)]=f(x);$$

如果上面二式分别乘以 $f(-x)$ 及 $g(-x)$，然后相减，得

$$g(-x)=-g(x)[g^2(-x)+f^2(-x)]=-g(x).$$

从而可得

$$\begin{aligned}f(x+y)+f(x-y)&=f(x)f(y)-g(x)g(y)+f(x)f(-y)-g(x)g(-y)\\&=2f(x)f(y).\end{aligned}$$

于是,考虑到 $f(x)$ 的有界性及 $f(x)\neq 0$,由 818 题可得 $f(x)=\cos ax$.

再由 $f^2(x)+g^2(x)=1$ 可得 $g(x)=\pm\sin ax$.

【820】 设 $\Delta f(x)=f(x+\Delta x)-f(x)$ 及 $\Delta^2 f(x)=\Delta\{\Delta f(x)\}$ 分别为函数 $f(x)$ 的一阶、二阶有限差分.

证明:若函数 $f(x)$,$x\in(-\infty,+\infty)$,是连续的且 $\Delta^2 f(x)\equiv 0$,则此函数是线性函数,即 $f(x)=ax+b$,其中 a 和 b 为常数.

证 由 $\Delta^2 f(x)\equiv 0$ 得,$\forall x\in\mathbf{R}$,都有

$$f(x+\Delta x+\Delta x)-f(x+\Delta x)\equiv f(x+\Delta x)-f(x), \tag{①}$$

于是有

$$f(x+2\Delta x)-f(x)\equiv 2[f(x+\Delta x)-f(x)].$$

将 $x_1=x+\Delta x$ 代入①式,得 $f(x+3\Delta x)-f(x+2\Delta x)\equiv f(x+2\Delta x)-f(x+\Delta x)$,从而有

$$f(x+3\Delta x)-f(x)\equiv 3[f(x+\Delta x)-f(x)].$$

继续下去可得,对 $\forall n\in\mathbf{N}_+$ 有,$f(x+n\Delta x)-f(x)\equiv n[f(x+\Delta x)-f(x)]$.

令 $x=0,\Delta x=\frac{1}{n}$,可得 $f(1)-f(0)=n\left[f\left(\frac{1}{n}\right)-f(0)\right]$,即

$$f\left(\frac{1}{n}\right)-f(0)=\frac{1}{n}[f(1)-f(0)].$$

又 $\forall m\in\mathbf{N}_+$,令 $x=0,\Delta x=\frac{1}{n}$,可得 $f\left(\frac{m}{n}\right)-f(0)\equiv m\left[f\left(\frac{1}{n}\right)-f(0)\right]$,从而有

$$f\left(\frac{m}{n}\right)-f(0)=\frac{m}{n}[f(1)-f(0)].$$

所以 $f\left(\frac{m}{n}\right)=a\cdot\frac{m}{n}+b$,其中 $a=f(1)-f(0)$ 及 $b=f(0)$ 均为常数.

于是,对 $\forall x\in\mathbf{Q}$,均有 $f(x)=ax+b$.

对于无理数 $\forall x\in\mathbf{Q}^c$,$\exists\{x_n\}\subset\mathbf{Q}$,$x_n\to x$,$n\to\infty$,由 $f(x)$ 的连续性可得

$$\lim_{n\to\infty}f(x_n)=f(x).$$

另一方面

$$\lim_{n\to\infty}f(x_n)=\lim_{n\to\infty}(ax_n+b)=ax+b.$$

因此对于所有的实数 x,均有 $f(x)=ax+b$.

过关检测

过关检测题

1.(2024 厦门大学)求极限$\lim\limits_{n\to\infty}\dfrac{1\cdot 1!+2\cdot 2!+\cdots+n\cdot n!}{(n+1)!}$.

2.(2024 合肥工业大学)求极限$\lim\limits_{n\to\infty}n^2(3^{\frac{1}{n}}-3^{\frac{1}{n+1}})$.

3.(2024 合肥工业大学)求极限$\lim\limits_{n\to\infty}\dfrac{\ln n}{\ln(1^{2023}+2^{2023}+\cdots+n^{2023})}$.

4.(2024 山东大学) 比较下列无穷大量：

(1)x 与$(\ln x)^{100}(x \to +\infty)$；(2)$(\ln x)^{100}$ 与 $e^{(\ln x)^{\frac{1}{100}}}(x \to +\infty)$.

5.(2024 中国科学技术大学) 计算极限 $I = \lim\limits_{n \to \infty} n\left(\frac{1}{n^2+1^2}+\frac{1}{n^2+2^2}+\cdots+\frac{1}{n^2+n^2}\right)$.

6.(2024 浙江大学) 求极限$\lim\limits_{x \to 0}\left[\frac{1}{\ln(1+x)}-\frac{1}{\ln(x+\sqrt{1+x^2})}\right]$.

7.（2024 武汉大学）$\lim\limits_{x\to0}\dfrac{\sin x-\arctan x}{\tan x-\arcsin x}$.

8.（2024 华中科技大学）求极限 $I=\lim\limits_{x\to0}\left(-\dfrac{\cot x}{e^{-2x}}+\dfrac{1}{e^{-x}\sin^2x}-\dfrac{1}{x^2}\right)$.

9.（2024 浙江大学）已知数列$\{x_n\}$满足 $x_1=\dfrac{\sqrt{2}}{2}$，$x_{n+1}=\sqrt{\dfrac{2x_n^2}{x_n^2+2}}$.

（1）证明：$\lim\limits_{n\to\infty}x_n=0$；（2）求$\lim\limits_{n\to\infty}n[x_n-\ln(1+x_n)]$.

10.（2024 北京师范大学）设 $a_1>0$，$a_{n+1}=\ln(1+a_n)$（$n=1,2,\cdots$），求$\lim\limits_{n\to\infty}a_n$ 及$\lim\limits_{n\to\infty}na_n$.

11.(2024 山东大学)(1) 证明:$\frac{x}{1+x}<\ln(1+x)<x,x>0$;

(2) 证明:数列$\{a_n\}$极限存在,其中 $a_n=1+\frac{1}{2}+\frac{1}{3}+\cdots+\frac{1}{n}-\ln n$.

12.(2024 复旦大学)(1) 设$\{a_n\}$满足 $a_{n+1}=a_n+\frac{2}{a_n}$,且 $a_1=2024$,则$\lim\limits_{n\to\infty}\frac{a_n}{\sqrt{n}}=$ ________.

(2) 设 $x>0$,则极限$\lim\limits_{n\to\infty}\mathrm{e}^{n(\sqrt[n]{x}-1)}=$ ________.

13.(2024 中国科学技术大学)设 $a>0,x_1>0,x_{n+1}=\frac{1}{2}\left(x_n+\frac{a}{x_n}\right)$,证明:$\lim\limits_{n\to\infty}x_n$ 存在,并求出$\lim\limits_{n\to\infty}x_n$.

14.(2024 中国科学技术大学) 已知一实数列$\{a_n\}$,$s_n=a_1+\cdots+a_n$,记

$$\sigma_n=\frac{s_1+s_2+\cdots+s_n}{n}.$$

(1) 证明:当$\lim\limits_{n\to\infty}s_n$存在时,$\lim\limits_{n\to\infty}\sigma_n$也存在.

(2) 已知$\{\sigma_n\}$收敛,且$a_n=o\left(\frac{1}{n}\right)$,证明$\{s_n\}$收敛.

15.(2024 浙江大学) 已知$(x,f(x))$的图像为有界闭集,证明:$f(x)$连续.

16.(2024 南开大学) 设$f(x)$在$[a,b]$上连续,$f(a)<f(b)$,证明:存在$[c,d]\subseteq[a,b]$,使得$f(x)$在$[c,d]$上最小值为$f(a)$,最大值为$f(b)$.

17.(2024 中国人民大学) 设$f(x)$在$[0,+\infty)$上一致连续,$\forall x\geqslant 0$有$\lim\limits_{n\to\infty}f(x+n)=0$,证明:$\lim\limits_{x\to+\infty}f(x)=0$.

18.（2024 北京师范大学）设 $f(x)$ 在 $[a,+\infty)$ 上连续，且当 $x\to+\infty$ 时有渐近线 $y=bx+c$，证明：$f(x)$ 在 $[a,+\infty)$ 上一致连续.

19.（2024 中国科学院大学，西南交通大学）设 $f(x)$ 在 (a,b) 内连续，证明以下条件等价：

(1) $f(x)$ 在 (a,b) 内一致连续.

(2) $f(x)$ 在端点 a 和 b 处极限存在.

(3) $f(x)$ 可延拓成 $[a,b]$ 上的连续函数.

20.（2024 南昌大学，郑州大学，云南大学，西南大学）设 $f(x)$ 在 $[a,+\infty)$ 上一致连续，$g(x)$ 在 $[a,+\infty)$ 上连续，且 $\lim\limits_{x\to+\infty}[f(x)-g(x)]=0$，证明：$g(x)$ 在 $[a,+\infty)$ 上一致连续.

答案解析

1. **解**　**方法一**　注意到：$n\cdot n! = n\cdot n! + n! - n! = (n+1)! - n!$，所以

$$\lim_{n\to\infty}\frac{1\cdot 1!+2\cdot 2!+\cdots+(n-1)(n-1)!+n\cdot n!}{(n+1)!}$$

$$=\lim_{n\to\infty}\frac{\sum\limits_{k=1}^{n}k\cdot k!}{(n+1)!}=\lim_{n\to\infty}\frac{\sum\limits_{k=1}^{n}[(k+1)!-k!]}{(n+1)!}$$

$$=\lim_{n\to\infty}\frac{(n+1)!-1!}{(n+1)!}=1-\lim_{n\to\infty}\frac{1}{(n+1)!}=1.$$

方法二　利用 Stolz 定理可知

$$\lim_{n\to\infty}\frac{1\cdot 1!+2\cdot 2!+\cdots+(n-1)(n-1)!+n\cdot n!}{(n+1)!}$$

$$=\lim_{n\to\infty}\frac{\sum\limits_{k=1}^{n}k\cdot k!}{(n+1)!}=\lim_{n\to\infty}\frac{\sum\limits_{k=1}^{n}k\cdot k!-\sum\limits_{k=1}^{n-1}k\cdot k!}{(n+1)!-n!}$$

$$=\lim_{n\to\infty}\frac{n\cdot n!}{(n+1)!-n!}=\lim_{n\to\infty}\frac{n}{\frac{(n+1)!}{n!}-1}=1.$$

2. **解**　**方法一**　利用等价无穷小替换 $3^{\frac{1}{n}-\frac{1}{n+1}}-1\sim\left(\frac{1}{n}-\frac{1}{n+1}\right)\ln 3(n\to\infty)$.

$$\lim_{n\to\infty}n^2(3^{\frac{1}{n}}-3^{\frac{1}{n+1}})=\lim_{n\to\infty}n^2 3^{\frac{1}{n+1}}(3^{\frac{1}{n}-\frac{1}{n+1}}-1)$$

$$=\lim_{n\to\infty}n^2 3^{\frac{1}{n+1}}\left(\frac{1}{n}-\frac{1}{n+1}\right)\ln 3=\lim_{n\to\infty}\frac{n}{n+1}3^{\frac{1}{n+1}}\ln 3=\ln 3.$$

方法二　由 Lagrange 中值定理知

$$\lim_{n\to\infty}n^2(3^{\frac{1}{n}}-3^{\frac{1}{n+1}})=\lim_{n\to\infty}3^{\xi}\ln 3\cdot n^2\left(\frac{1}{n}-\frac{1}{n+1}\right),\xi\in\left(\frac{1}{n+1},\frac{1}{n}\right).$$

由夹逼定理易知 $\lim\limits_{n\to\infty}\xi=0$，故

$$\lim_{n\to\infty}n^2(3^{\frac{1}{n}}-3^{\frac{1}{n+1}})=\lim_{n\to\infty}n^2\ln 3\left(\frac{1}{n}-\frac{1}{n+1}\right)=\lim_{n\to\infty}\frac{n^2\ln 3}{n(n+1)}=\ln 3.$$

3. **解**　利用 Stolz 定理有

$$\lim_{n\to\infty}\frac{1}{n^{2024}}(1^{2023}+2^{2023}+\cdots+n^{2023})=\lim_{n\to\infty}\frac{n^{2023}}{n^{2024}-(n-1)^{2024}}=\frac{1}{2024},$$

故 $\left\{\ln\frac{1^{2023}+2^{2023}+\cdots+n^{2023}}{n^{2024}}\right\}$ 有界，从而

$$\lim_{n\to\infty}\frac{\ln n}{\ln(1^{2023}+2^{2023}+\cdots+n^{2023})}=\lim_{n\to\infty}\frac{\ln n}{2024\ln n+\ln\frac{1^{2023}+2^{2023}+\cdots+n^{2023}}{n^{2024}}}=\frac{1}{2024}.$$

4. **解**　(1) $\lim\limits_{x\to+\infty}\frac{(\ln x)^{100}}{x}=\lim\limits_{x\to+\infty}\frac{(\ln x)^{99}}{x}=\lim\limits_{x\to+\infty}\frac{(\ln x)^{98}}{x}=\cdots=\lim\limits_{x\to+\infty}\frac{\ln x}{x}=\lim\limits_{x\to+\infty}\frac{1}{x}=0$，

从而 x 为 $(\ln x)^{100}$ 的高阶无穷大.

(2) $(\ln x)^{100}=e^{100\ln(\ln x)}=e^{[(100\ln(\ln x))^{100}]^{\frac{1}{100}}}$，而

$$\lim_{x\to+\infty}\frac{(100\ln(\ln x))^{100}}{\ln x}=\lim_{x\to+\infty}\frac{100^{101}(\ln(\ln x))^{99}\dfrac{1}{\ln x}\dfrac{1}{x}}{\dfrac{1}{x}}$$

$$=\lim_{x\to+\infty}\frac{100^{101}(\ln(\ln x))^{99}}{\ln x}=\lim_{x\to+\infty}\frac{100^{101}\cdot 99\cdot(\ln(\ln x))^{98}}{\ln x}$$

$$=\cdots=\lim_{x\to+\infty}\frac{100^{101}\cdot 99!\cdot\ln(\ln x)}{\ln x}=\lim_{x\to+\infty}\frac{100^{101}\cdot 99!}{\ln x}=0.$$

从而 $e^{(\ln x)^{\frac{1}{100}}}$ 是 $(\ln x)^{100}$ 的高阶无穷大.

5. 解 $I=\lim\limits_{n\to\infty}\dfrac{1}{n}\sum\limits_{i=1}^{n}\dfrac{1}{1+\dfrac{i^2}{n^2}}=\displaystyle\int_0^1\frac{1}{1+x^2}dx=\frac{\pi}{4}.$

6. 解 **方法一** 因为 $\lim\limits_{x\to0}\dfrac{\ln(x+\sqrt{1+x^2})}{x}\overset{洛}{=}\lim\limits_{x\to0}\dfrac{1}{\sqrt{1+x^2}}=1$,所以

$$\ln(x+\sqrt{1+x^2})\sim x(x\to0).$$

因而有

$$\lim_{x\to0}\left[\frac{1}{\ln(1+x)}-\frac{1}{\ln(x+\sqrt{1+x^2})}\right]$$

$$=\lim_{x\to0}\frac{\ln(x+\sqrt{1+x^2})-\ln(1+x)}{x\ln(1+x)}=\lim_{x\to0}\frac{\ln(x+\sqrt{1+x^2})-\ln(1+x)}{x^2}$$

$$=\lim_{x\to0}\frac{\dfrac{1}{\sqrt{1+x^2}}-\dfrac{1}{1+x}}{2x}=\lim_{x\to0}\frac{1+x-\sqrt{1+x^2}}{2x\sqrt{1+x^2}(1+x)}$$

$$=\frac{1}{2}\lim_{x\to0}\frac{1+x-\sqrt{1+x^2}}{x}=\frac{1}{2}\left(1+\lim_{x\to0}\frac{1-\sqrt{1+x^2}}{x}\right)$$

$$=\frac{1}{2}\left(1+\lim_{x\to0}\frac{-\dfrac{x^2}{2}}{x}\right)=\frac{1}{2}.$$

方法二 由 Taylor 公式有

$$\lim_{x\to0}\left[\frac{1}{\ln(1+x)}-\frac{1}{\ln(x+\sqrt{1+x^2})}\right]=\lim_{x\to0}\frac{\operatorname{arsh}x-\ln(1+x)}{\ln(1+x)\operatorname{arsh}x}$$

$$=\lim_{x\to0}\frac{\left[x-\dfrac{1}{6}x^3+o(x^3)\right]-\left[x-\dfrac{1}{2}x^2+o(x^2)\right]}{x^2}=\lim_{x\to0}\frac{\dfrac{1}{2}x^2+o(x^2)}{x^2}=\frac{1}{2}.$$

7. 解 **方法一** 利用洛必达法则

$$\lim_{x\to0}\frac{\sin x-\arctan x}{\tan x-\arcsin x}=\lim_{x\to0}\frac{\cos x-\dfrac{1}{1+x^2}}{\sec^2 x-\dfrac{1}{\sqrt{1-x^2}}}$$

$$=\lim_{x\to0}\frac{\sqrt{1-x^2}}{1+x^2}\frac{(1+x^2)\cos x-1}{\sqrt{1-x^2}\sec^2 x-1}=\lim_{x\to0}\frac{(1+x^2)\cos x-1}{\sqrt{1-x^2}\sec^2 x-1}$$

$$=\lim_{x\to 0}\frac{(1+x^2)\cos x-1}{\sqrt{1-x^2}\sec^2 x-1}=\lim_{x\to 0}\frac{2x\cos x-(1+x^2)\sin x}{\frac{-x}{\sqrt{1-x^2}}\sec^2 x+2\sqrt{1-x^2}\sec^2 x\tan x}$$

$$=\lim_{x\to 0}\frac{2x\cos x-(1+x^2)\sin x}{\frac{-x}{\sqrt{1-x^2}}+2\sqrt{1-x^2}\tan x}=\lim_{x\to 0}\frac{2x\cos x-(1+x^2)\sin x}{2(1-x^2)\tan x-x}$$

$$=\lim_{x\to 0}\frac{2x\cos x-(1+x^2)\sin x}{2(1-x^2)\tan x-x}=\lim_{x\to 0}\frac{2\cos x-4x\sin x-(1+x^2)\cos x}{-4x\tan x+2(1-x^2)\sec^2 x-1}=1.$$

方法二 直接 Taylor 展开得

$$\lim_{x\to 0}\frac{\sin x-\arctan x}{\tan x-\arcsin x}=\lim_{x\to 0}\frac{\left[x-\frac{x^3}{6}+o(x^3)\right]-\left[x-\frac{x^3}{3}+o(x^3)\right]}{\left[x+\frac{x^3}{3}+o(x^3)\right]-\left[x+\frac{x^3}{6}+o(x^3)\right]}=\lim_{x\to 0}\frac{\frac{x^3}{6}+o(x^3)}{\frac{x^3}{6}+o(x^3)}=1.$$

8. **解** **方法一**

$$I=\lim_{x\to 0}\left(-\frac{\cot x}{e^{-2x}}+\frac{1}{e^{-x}\sin^2 x}-\frac{1}{x^2}\right)=\lim_{x\to 0}\frac{-x^2\cos x\sin x+e^{-x}x^2-e^{-2x}\sin^2 x}{e^{-2x}x^2\sin^2 x}$$

$$=\lim_{x\to 0}\frac{-\cos x\sin x+e^{-x}-e^{-2x}\frac{\sin^2 x}{x^2}}{x^2}=\lim_{x\to 0}\frac{-\cos x\sin x+e^{-x}-e^{-2x}\left[1-\frac{x^2}{3}+o(x^2)\right]}{x^2}$$

$$=\lim_{x\to 0}\frac{-\cos x\sin x+e^{-x}-e^{-2x}\left(1-\frac{x^2}{3}\right)}{x^2}$$

$$=\lim_{x\to 0}\frac{-\cos 2x-e^{-x}+e^{-2x}\left(2+\frac{2x}{3}-\frac{2x^2}{3}\right)}{2x}$$

$$=\lim_{x\to 0}\frac{2\sin 2x+e^{-x}+e^{-2x}\left(\frac{4}{3}x^2-\frac{8}{3}x-\frac{10}{3}\right)}{2}=-\frac{7}{6}.$$

方法二

$$I=\lim_{x\to 0}\left(-\frac{\cot x}{e^{-3x}}+\frac{1}{e^{-x}\sin^2 x}-\frac{1}{x^2}\right)=\lim_{x\to 0}\frac{-x^2\cos x\sin x+e^{-x}x^2-e^{-2x}\sin^2 x}{e^{-2x}x^2\sin^2 x}$$

$$=\lim_{x\to 0}\frac{e^{-x}-\cos x\sin x-e^{-2x}\left(\frac{\sin x}{x}\right)^2}{x^2},$$

当 $x\to 0$ 时，由 Taylor 公式，有

$$\cos x=1-\frac{x^2}{2}+o(x^2),\sin x=x+o(x^2),$$

$$e^{-x}=1-x+\frac{x^2}{2}+o(x^2),e^{-2x}=1-2x+2x^2+o(x^2),$$

代入得

$$I=\lim_{x\to 0}\frac{e^{-x}-\cos x\sin x-e^{-2x}\left(\frac{\sin x}{x}\right)^2}{x^2}$$

$$=\lim_{x\to 0}\frac{\left[\left(1-x+\frac{x^2}{2}\right)-x-(1-2x+2x^2)\left(1-\frac{x^2}{3}\right)+o(x^2)\right]}{x^2}$$

$$=\lim_{x\to 0}\frac{\frac{x^2}{2}-\frac{5x^2}{3}+o(x^2)}{x^2}=-\frac{7}{6}.$$

9. **解** (1) 归纳易知$(\forall n\in\mathbf{N}_+)x_n>0$,所以递推式可以化为$\frac{1}{x_{n+1}^2}=\frac{1}{x_n^2}+\frac{1}{2}$,累加可得$\frac{1}{x_n^2}=2+\frac{1}{2}(n-1)=\frac{n+3}{2}$,即$x_n=\sqrt{\frac{2}{n+3}}$. 所以$\lim\limits_{n\to\infty}x_n=\lim\limits_{n\to\infty}\sqrt{\frac{2}{n+3}}=0$.

(2) 由(1) 可知$\lim\limits_{n\to\infty}n[x_n-\ln(1+x_n)]=\frac{1}{2}\lim\limits_{n\to\infty}nx_n^2=\frac{1}{2}\lim\limits_{n\to\infty}\frac{2n}{n+3}=1$.

10. **解** 由数学归纳法,易知$a_n>0(n=1,2,\cdots)$,因为$a_{n+1}=\ln(1+a_n)<a_n$,故数列$\{a_n\}$单调递减有下界,则$\lim\limits_{n\to\infty}a_n$存在. 利用$f(x)=x-\ln(1+x)$的性质,易知$\lim\limits_{n\to\infty}a_n=0$. 由 Stolz 定理

$$\lim_{n\to\infty}na_n=\lim_{n\to\infty}\frac{n}{\frac{1}{a_n}}=\lim_{n\to\infty}\frac{n+1-n}{\frac{1}{a_{n+1}}-\frac{1}{a_n}}=\lim_{n\to\infty}\frac{a_{n+1}a_n}{a_n-a_{n+1}}$$

$$=\lim_{n\to\infty}\frac{a_n\ln(1+a_n)}{a_n-\ln(1+a_n)}=\lim_{n\to\infty}\frac{a_n^2}{a_n-\ln(1+a_n)}=2.$$

11. **证** (1) **方法一** 令$F(x)=x-\ln(1+x)\ (x>0)$,则$F'(x)=1-\frac{1}{1+x}>0$,即当$x>0$时,$F(x)$单调增加,又$F(0)=0$,所以$F(x)>0\ (x>0)$,从而$\ln(1+x)<x$. 再令$G(x)=\ln(1+x)-\frac{x}{1+x}\ (x>0)$,则$G'(x)=\frac{x}{(1+x)^2}>0$,即当$x>0$时,$G(x)$单调增加,又$G(0)=0$,所以$G(x)>0\ (x>0)$,从而$\frac{x}{1+x}<\ln(1+x)$.

方法二 令$f(x)=\ln x\ (x>0)$,根据拉格朗日中值定理,得

$$\ln(1+x)=\ln(x+1)-\ln 1=xf'(\xi)=\frac{x}{\xi},$$

其中$1<\xi<x$,所以$\frac{x}{1+x}<\ln(1+x)<x,x>0$.

(2) 由(1) 知,当$n\geqslant 1$时,

$$a_{n+1}-a_n=\left[1+\frac{1}{2}+\cdots+\frac{1}{n}+\frac{1}{n+1}-\ln(n+1)\right]-\left(1+\frac{1}{2}+\cdots+\frac{1}{n}-\ln n\right)$$

$$=\frac{1}{n+1}-\ln(n+1)+\ln n=\frac{1}{n+1}-\ln\left(1+\frac{1}{n}\right)<0,$$

所以数列$\{a_n\}$单调递减. 又因为

$$a_n=1+\frac{1}{2}+\cdots+\frac{1}{n}-\ln n$$

$$>\ln(1+1)+\ln\left(1+\frac{1}{2}\right)+\cdots+\ln\left(1+\frac{1}{n}\right)-\ln n$$

$$=\ln(n+1)-\ln n>0,$$

所以数列$\{a_n\}$有下界,根据单调有界准则可知数列$\{a_n\}$收敛.

12. **解** (1) 显然$\{a_n\}$是严格单调增加的正数列. 因此只有两种可能:$\lim\limits_{n\to\infty}a_n=c$存在且有限,或$\lim\limits_{n\to\infty}a_n=\infty$.

对于前一种情形,由 $a_{n+1}=a_n+\dfrac{2}{a_n}$ 两边取极限有 $c=c+\dfrac{2}{c}$,矛盾,所以 $\lim\limits_{n\to\infty}a_n=\infty$.

利用 Stolz 定理,得

$$\lim_{n\to\infty}\frac{a_n^2}{n}=\lim_{n\to\infty}\frac{a_{n+1}^2-a_n^2}{(n+1)-n}=\lim_{n\to\infty}\left(4+\frac{4}{a_n^2}\right)=4,$$

所以 $\lim\limits_{n\to\infty}\dfrac{a_n}{\sqrt{n}}=2$.

(2) $\lim\limits_{n\to\infty}\mathrm{e}^{n(\sqrt[n]{x}-1)}=\lim\limits_{n\to\infty}\mathrm{e}^{n(\mathrm{e}^{\frac{\ln x}{n}}-1)}=\mathrm{e}^{\lim\limits_{n\to\infty}n(\mathrm{e}^{\frac{\ln x}{n}}-1)}=\mathrm{e}^{\lim\limits_{n\to\infty}n\frac{\ln x}{n}}=\mathrm{e}^{\ln x}=x$.

13. **证** 因为

$$x_{n+1}=\frac{1}{2}\left(x_n+\frac{a}{x_n}\right)\geqslant\sqrt{x_n\cdot\frac{a}{x_n}}=\sqrt{a}>0,$$

由此得到

$$x_{n+1}-x_n=\frac{1}{2}\left(x_n+\frac{a}{x_n}\right)-x_n=\frac{a-x_n^2}{2x_n}\leqslant 0,$$

即数列 $\{x_n\}$ 单调减少且有界,故 $\lim\limits_{n\to\infty}x_n$ 存在. 设 $\lim\limits_{n\to\infty}x_n=\beta$,因为 $x_n\geqslant\sqrt{a}>0(n\geqslant 2)$,由数列极限的保号性知 $\beta>0$. 对递推公式 $x_{n+1}=\dfrac{1}{2}\left(x_n+\dfrac{a}{x_n}\right)$ 两端同时取极限,得到

$$\beta=\frac{1}{2}\left(\beta+\frac{a}{\beta}\right),$$

解得 $\beta=\sqrt{a}$. 所以 $\lim\limits_{n\to\infty}x_n=\sqrt{a}$.

14. **证** (1) 由 Stolz 定理,$\lim\limits_{n\to\infty}\sigma_n=\lim\limits_{n\to\infty}\dfrac{s_n}{n-(n-1)}=\lim\limits_{n\to\infty}s_n$.

(2) 根据 Abel 变换:$\sum\limits_{k=1}^{n}ka_k=ns_n-\sum\limits_{k=1}^{n-1}s_k$,所以

$$\sigma_n=\frac{(n+1)s_n-\sum\limits_{k=1}^{n}ka_k}{n},$$

根据 Stolz 定理及 $na_n=o(1)$ 可知

$$\lim_{n\to\infty}s_n=\lim_{n\to\infty}\left(\frac{n\sigma_n}{n+1}+\frac{\sum\limits_{k=1}^{n}ka_k}{n+1}\right)=\lim_{n\to\infty}\sigma_n+\lim_{n\to\infty}na_n=\lim_{n\to\infty}\sigma_n.$$

15. **证** 充分性. 设 $f(x)$ 为 $[a,b]$ 上的连续函数,对 $\forall(x_n,f(x_n))\in G_f$,有

$$(x_n,f(x_n))\to(x_0,y_0).$$

由于函数 $f(x)$ 在闭区间 $[a,b]$ 上连续,所以

$$y_0=\lim_{n\to\infty}f(x_n)=f(x_0).$$

即 $(x_n,f(x_n))\to(x_0,f(x_0))\in G_f$. 这就证明了 G_f 为闭集,又因为 $f(x)$ 连续,所以 $f([a,b])$ 有界. 从而 G_f 为有界集,进而 G_f 为有界闭集,即 G_f 为紧集.

必要性. 反证法:假设 $f\notin\mathbf{C}([a,b])$. 取 x_0 为 f 的不连续点,则 $\exists\varepsilon_0>0,x_n\to x_0(n\to\infty)$,有 $f(x_n)\geqslant f(x_0)+\varepsilon_0$ 或 $f(x_n)\leqslant f(x_0)-\varepsilon_0$, $\forall n\in\mathbf{N}_+$.

由 G_f 紧集,$(x_n,f(x_n))\in G_f$ 必有收敛子列 $(x_{n_k},f(x_{n_k}))$. 记

$$\lim_{k\to\infty}(x_{n_k},f(x_{n_k}))=(\lim_{k\to\infty}x_{n_k},\lim_{k\to\infty}f(x_{n_k}))=(x_0,\lim_{k\to\infty}f(x_{n_k}))\in G_f,$$

则 $\begin{cases}(x_0,\lim\limits_{k\to\infty}f(x_{n_k}))=(x_0,f(x_0)),\\ \lim\limits_{k\to\infty}f(x_{n_k})=f(x_0),\end{cases}$ 当 k 充分大,有 $f(x_0)-\varepsilon_0<f(x_{n_k})<f(x_0)+\varepsilon_0$.

这与上述结论矛盾.

反例:考虑 $f(x)=\begin{cases}0,x=0,\\ \dfrac{1}{x},x\in(0,1].\end{cases}$ 显然 $G_f=\{(x,f(x))\mid x\in[0,1]\}$ 为 $\mathbf{R}^2$ 中的无界闭集,而 f 在点 $x=0$ 处不连续.

16. **证** 由连续函数介值定理,存在 $\xi\in(a,b)$ 使得 $f(\xi)=\dfrac{f(a)+f(b)}{2}$. 记 $A=\{x\mid f(x)=f(a),x<\xi\}$,因为 $a\in A$,故 A 为非空有界集合. 记 $\alpha=\sup A$,若 $\alpha\notin A$,则存在 $\{x_n\}\subset A$ 使得 $\lim\limits_{n\to\infty}x_n=\alpha$. 由 $f(x)$ 连续知 $f(\alpha)=\lim\limits_{n\to\infty}f(x_n)=a$,矛盾.

因为 $f(\xi)>f(a)$,故 $\forall x\in(\alpha,\xi),f(x)>f(a)$. 令 $B=\{x\mid f(x)=f(b),x>\alpha\}$,因为 $b\in B$,故 B 为非空有界集合. 记 $\beta=\inf B$,可证 $\beta\in B$.

因为 $f(a)<f(b)$,故 $\forall x\in(\alpha,\beta),f(x)<f(b)$. 若 $\beta<\xi$,则取 $[c,d]=[\alpha,\beta]$ 即可.

若 $\beta>\xi$,令 $C=\{x\mid f(x)=f(a),x<\beta\}$,记 $\gamma=\sup C$,可证 $\gamma\in\mathbf{C}$,故 $\forall x\in(\gamma,\beta)$,$f(x)>f(a)$. 因 $(\gamma,\beta)\subset(\alpha,\beta)$,故 $\forall x\in(\gamma,\beta),f(x)<f(b)$. 故取 $[c,d]=(\gamma,\beta)$ 即可.

17. **证** $f(x)$ 在 $[0,+\infty)$ 上一致连续,等价于:$\forall\varepsilon>0$,存在 $\delta>0,\forall x,y\geqslant0$,只要 $|x-y|<\delta$,就有 $|f(x)-f(y)|<\dfrac{\varepsilon}{2}$. 取 $k=\left[\dfrac{1}{\delta}\right]+1$,设 $x_i=\dfrac{i}{k}(0\leqslant i\leqslant k)$,则

$$x_i-x_{i-1}=\frac{1}{k}<\delta(1\leqslant i\leqslant k).$$

$\lim\limits_{n\to\infty}f(x_i+n)=0(1\leqslant i\leqslant k)$,可知存在 $N_i\in\mathbf{N}_+,\forall n>N_i$,有 $|f(x_i+n)|<\dfrac{\varepsilon}{2}$. 取 $N=\max\{N_1,N_2,\cdots,N_k\}$,则 $\forall n>N$,有 $|f(x_i+n)|<\dfrac{\varepsilon}{2}(1\leqslant i\leqslant k)$. $\forall x>N+1$,记 $[x]=n,0\leqslant x-n<1\Rightarrow$ 存在 $x_i(1\leqslant i\leqslant k)$,使得 $x_{i-1}\leqslant x-n\leqslant x_i\Rightarrow n+x_{i-1}\leqslant x\leqslant n+x_i\Rightarrow|x-(n+x_i)|\leqslant x_i-x_{i-1}<\delta\Rightarrow|f(x)-f(n+x_i)|<\dfrac{\varepsilon}{2},n\geqslant N+1>N\geqslant N_i\Rightarrow|f(n+x_i)|<\dfrac{\varepsilon}{2}\Rightarrow|f(x)|\leqslant|f(x)-f(n+x_i)|+|f(n+x_i)|<\varepsilon\Rightarrow$ $\lim\limits_{x\to+\infty}f(x)=0$,证毕.

18. **证** **方法一** 令 $g(x)=bx+c$,

(1) 因为 $\lim\limits_{x\to+\infty}[f(x)-g(x)]=0$. 所以 $\forall\varepsilon>0,\exists X>0$,当 $x>X$ 时,有

$$|f(x)-g(x)|<\frac{\varepsilon}{3}.$$

因为 $g(x)$ 在 $[a,+\infty)$ 上一致连续,所以对上述的 $\varepsilon>0,\exists\delta_1>0,\forall x',x''\subset[a,+\infty)$,只要 $|x'-x''|<\delta_1$ 时,就有

$$|g(x')-g(x'')|<\frac{\varepsilon}{3}.$$

所以 $\forall \varepsilon>0, \exists X>0, \delta_1>0$,当 $x', x''>X, |x'-x''|<\delta_1$ 时,有

$$\begin{aligned}|f(x')-f(x'')| &= |f(x')-g(x')+g(x')-g(x'')+g(x'')-f(x'')| \\ &\leqslant |f(x')-g(x')|+|g(x')-g(x'')|+|g(x'')-f(x'')| \\ &< \frac{\varepsilon}{3}+\frac{\varepsilon}{3}+\frac{\varepsilon}{3}=\varepsilon.\end{aligned}$$

所以函数 $f(x)$ 在 $[X,+\infty)$ 上一致连续.

(2) 由康托定理可知函数 $f(x)$ 在 $[a, X+1)$ 上一致连续. 所以对上述 $\varepsilon>0, \exists \delta_2>0$,当 $x', x'' \in [a, X+1], |x'-x''|<\delta_2$,有 $|f(x')-f(x'')|<\varepsilon$.

(3) $\forall \varepsilon>0$,取 $\delta=\min\{1, \delta_1, \delta_2\}>0, \forall x', x'' \in [a,+\infty)$ 且当 $|x'-x''|>\delta$ 时,有

$$|f(x')-f(x'')|<\varepsilon.$$

所以函数 $f(x)$ 在 $[a,+\infty)$ 上一致连续.

方法二　令 $F(x)=f(x)-ax-b$,则 $F(x)$ 在 $[a,+\infty)$ 上连续且 $\lim\limits_{x \to +\infty} F(x)=0$,故 $F(x)$ 在 $[a,+\infty)$ 上一致连续. 又 $y=ax+b$ 在 $[a,+\infty)$ 上一致连续,由

$$f(x)=F(x)+ax+b, \forall x \in [a,+\infty)$$

知, $f(x)$ 在 $[a,+\infty)$ 上一致连续.

19. **证**　(1)⇒(2):由于 $f(x)$ 在 (a,b) 上一致连续,所以对任意的 $\varepsilon>0$,存在 $\delta>0$(限制 $\delta<b-a$),使得 $x', x'' \in (a,b)$ 且 $|x'-x''|<\delta$ 时,有

$$|f(x')-f(x'')|<\varepsilon.$$

特别地,对任意的 $x', x'' \in (a, a+\delta)$,有

$$|f(x')-f(x'')|<\varepsilon,$$

由柯西准则可知 $\lim\limits_{x \to a^+} f(x)$ 存在. 同理可知 $\lim\limits_{x \to b^-} f(x)$ 也存在.

(2)⇒(3):由于 $\lim\limits_{x \to a^+} f(x)$ 与 $\lim\limits_{x \to b^-} f(x)$ 存在,于是可定义函数

$$F(x)=\begin{cases}\lim\limits_{x \to a^+} f(x), & x=a, \\ f(x), & x \in (a,b), \\ \lim\limits_{x \to b^-} f(x), & x=b.\end{cases}$$

显然 $F(x)$ 在 $[a,b]$ 上连续.

(3)⇒(1):设 $f(x)$ 可延拓为 $[a,b]$ 上的连续函数 $F(x)$,由康托定理可知 $F(x)$ 在 $[a,b]$ 上一致连续,特别地, $F(x)$ 在 (a,b) 上也一致连续. 而 $x \in (a,b)$ 时,有 $F(x)=f(x)$,因此 $f(x)$ 在 (a,b) 上一致连续.

20. **证**　由于 $f(x)$ 在区间 $[a,+\infty)$ 上一致连续,所以对任意的 $\varepsilon>0$,存在 $\delta_1>0$,对任意的 $x', x'' \in [a,+\infty)$,只要 $|x'-x''|<\delta_1$,就有

$$|f(x')-f(x'')|<\varepsilon.$$

另外,由于 $\lim\limits_{x \to +\infty}[f(x)-g(x)]=0$,所以对上述 $\varepsilon>0$,存在 $M>a$,使得 $x \geqslant M$ 时,有

$$|f(x)-g(x)|<\frac{\varepsilon}{3}.$$

于是对任意的 $x', x'' \in [M,+\infty)$,只要 $|x'-x''|<\delta_1$,就有

$$|g(x')-g(x'')| \leqslant |g(x')-f(x')|+|f(x')-f(x'')|+|f(x'')-g(x'')|$$

$$< \frac{\varepsilon}{3} + \frac{\varepsilon}{3} + \frac{\varepsilon}{3} = \varepsilon.$$

另外，由于 $g(x)$ 在 $[a,+\infty)$ 上连续，自然在 $[a,M+1]$ 上也连续，从而一致连续，所以对上述的 $\varepsilon > 0$，存在 $\delta_2 > 0$，使得对任意的 $x', x'' \in [a, M+1]$，只要 $|x' - x''| < \delta_2$，就有

$$|g(x') - g(x'')| < \varepsilon.$$

现在取 $\delta = \min\{\delta_1, \delta_2, 1\}$，则对 $\forall x', x'' \in [a,+\infty)$，当 $|x' - x''| < \delta$ 时，必有 x', x'' 同时属于 $[a, M+1]$ 或者同时属于 $[M,+\infty)$，从而

$$|g(x') - g(x'')| < \varepsilon,$$

即 $g(x)$ 在 $[a,+\infty)$ 上一致连续.